中国当代小城镇规划建设管理丛书

小城镇基础设施统筹与专项规划

（第二版）

汤铭潭　主编

中国建筑工业出版社

图书在版编目(CIP)数据

小城镇基础设施统筹与专项规划/汤铭潭主编. —2 版.
北京：中国建筑工业出版社，2013.10
（中国当代小城镇规划建设管理丛书）
ISBN 978-7-112-15639-9

Ⅰ.①小…　Ⅱ.①汤…　Ⅲ.①小城镇-基础设施-城市
规划　Ⅳ.①TU984.11

中国版本图书馆 CIP 数据核字(2013)第 165354 号

本书集中了小城镇基础设施 9 个规划导则，10 个专项规划的理论、方法与实践研究；反映
了小城镇相关规划领域的最新科研教学成果及理论实践总结。

全书分上下两篇，上篇包括小城镇基础设施统筹规划的理论基础与技术指标、小城镇基础
设施工程规划导则、小城镇道路交通工程规划，下篇包括小城镇给水工程规划、小城镇排水工
程规划、小城镇电力工程规划、小城镇通信工程规划、小城镇供热工程规划、小城镇燃气工程
规划、小城镇环境卫生工程规划、小城镇工程管线综合规划等市政专项规划，以及规划案例与
导则应用示范分析。

全书不但涉及知识面广、资料翔实、内容丰富，而且集系统性、先进性、实用性、可读性
于一体。本书可作为从事小城镇规划、建设、管理的技术人员、研究人员、行政管理人员，以
及建制镇与乡镇领导学习工作的指导参考用书，也可作为大专院校的教学参考用书和城市规划
建设领域的相关培训教材，也可作为城乡统筹规划建设研究的参考资料。

责任编辑：姚荣华　胡明安
责任设计：李志立
责任校对：姜小莲　党　蕾

中国当代小城镇规划建设管理丛书
小城镇基础设施统筹与专项规划
（第二版）
汤铭潭　主编

*

中国建筑工业出版社出版、发行（北京西郊百万庄）
各地新华书店、建筑书店经销
北京科地亚盟排版公司制版
北京云浩印刷有限责任公司印刷

*

开本：787×1092 毫米　1/16　印张：40¾　字数：1020 千字
2013 年 10 月第二版　　2013 年 10 月第二次印刷
定价：**128.00** 元
ISBN 978-7-112-15639-9
　　（24215）

中国当代小城镇规划建设管理丛书

编 审 委 员 会

主任委员：王士兰

副主任委员：白明华　单德启

委　　　员（以姓氏笔画为序）：

王士兰　白明华　刘仁根　汤铭潭

张惠珍　单德启　周静海　蔡运龙

编 写 委 员 会

主任委员：刘仁根

副主任委员：汤铭潭（常务）　　王士兰

委　　　员（以姓氏笔画为序）：

王士兰　白明华　冯国会　刘仁根

刘亚臣　汤铭潭　李永洁　宋劲松

单德启　张文奇　谢映霞　蔡运龙

蔡　瀛

本书主编：汤铭潭

序　一

从历史的长河看，城市总是由小到大的。从世界的城市看，既有荷兰那样的中小城市为主的国家；也有墨西哥那样人口偏集于大城市的国家；当然也有像德国等大、中、小城市比较均匀分布的国家。从我国的国情看，城市发展的历史久矣，今后多发展些大城市、还是多发展些中城市、抑或小城市，虽有不同主张，但从现实的眼光看，由于自然特点、资源条件和历史基础，小城市在中国是不可能消失的，大概总会有一定的比例，在有些地区还可能有相当的比例。所以，走小城市（镇）与大、中城市协调发展的中国特色的城镇化道路是比较实际和大家所能接受的。

《中共中央关于制定国民经济和社会发展第十个五年计划的建议》提出："要积极稳妥地推进城镇化"，"发展小城镇是推进城镇化的重要途径"。"发展小城镇是带动农村经济和社会发展的一个大战略"。应该讲是正确和全面的。

当前我国小城镇正处在快速发展时期，小城镇建设取得了较大成绩，不用说在沿海发达地区的小城镇普遍地繁荣昌盛，即使是西部、东北部地区的小城镇也有了相当的建设，有一些看起来还是很不错的。但确实也还有一些小城镇经济不景气、发展很困难，暴露出不少不容忽视的问题。

党的"十五大"提出要搞好小城镇规划建设以来，小城镇规划建设问题受到各级人民政府和社会各方面的前所未有的重视。如何按中央提出的城乡统筹和科学发展观指导、解决当前小城镇面临急需解决的问题，是我们城乡规划界面临需要完成的重要任务之一。小城镇的规划建设问题，不仅涉及社会经济方面的一些理论问题，还涉及规划标准、政策法规、城镇和用地布局、生态、人居环境、产业结构、基础设施、公共设施、防灾减灾、规划编制与规划管理以及规划实施监督等方方面面。

从总体上看，我国小城镇规划研究的基础还比较薄弱。近年来虽然列了一些小城镇的研究课题，有了一些研究成果，但总的来看还是不够的。特别是成果的出版发行还很不够。中国建筑工业出版社拟在2004年重点推出中国当代小城镇规划建设管理这套大型丛书，无疑是一件很有意义的工作。

这套丛书由我国高校和国家城市规划设计科研机构的一批专家、教授共同编写。在大量调查分析和借鉴国外小城镇建设经验的基础上，针对我国各类不同小城镇规划建设的实际应用，论述我国小城镇规划、建设与管理的理论、方法和实践，内容是比较丰富的。反映了近年来中国城市规划设计研究院、清华大学、北京大学、浙江大学、华中科技大学等科研和教学研究最新成果。也是我国产、学、研结合，及时将科研教研成果转化为生产力，繁荣学术与经济的又一成功尝试。虽然丛书中有的概念和提法尚不够严谨，有待进一步商榷、研究与完善，但总的来说，仍不失为一套适用的技术指导参考丛书。可以相信这套丛书的出版对于我国小城镇健康、快速、可持续发展，将起到很好的作用。

中国科学院院士
中国工程院院士
中国城市科学研究会理事长

周干峙

序 二

我国的小城镇，到 2003 年底，根据统计有 20300 个。如果加上一部分较大的乡镇，数量就更多了。在这些小城镇中，居住着 1 亿多城镇人口，主要集中在镇区。因此，它们是我国城镇体系中一个重要的组成部分。小城镇多数处在大中城市和农村交错的地区，与农村、农业和农民存在着密切的联系。在当前以至今后中国城镇化快速发展的历史时期内，小城镇将发挥吸纳农村富余劳动力和农户迁移的重要作用，为解决我国的"三农"问题作出贡献。近年来，大量农村富余劳动力流向沿海大城市打工，形成一股"大潮"。但多数打工农民并没有"定居"大城市。原因之一是：大城市的"门槛"过高。因此，有的农民工虽往返打工 10 余年而不定居，他们从大城市挣了钱，开了眼界，学了技术和知识，回家乡买房创业，以图发展。小城镇，是这部分农民长居久安，施展才能的理想基地。有的人从小城镇得到了发展，再打回大城市。这是一幅城乡"交流"的图景。其实，小城镇的发展潜力和模式是多种多样的。上面说的仅仅是其中一种形式而已。

中央提出包括城乡统筹在内的"五个统筹"和可持续发展的科学发展观，对我国小城镇的发展将会产生新的观念和推动力。在小城镇的经济社会得到进一步发展的基础上，城镇规划、设计、建设、环境保护、建设管理等都将提到重要的议事日程上来。2003 年，国家重要科研成果《小城镇规划标准研究》已正式出版。现在将要陆续出版的《中国当代小城镇规划建设管理丛书》则是另一部适应小城镇发展建设需要的大型书籍。《丛书》内容包括小城镇发展建设概论、规划的编制理论与方法、基础设施工程规划、城市设计、建筑设计、生态环境规划、规划建设科学管理等。由有关的科研院所、高等院校的专家、教授撰写。

小城镇的规划、建设、管理与大、中城市虽有共性的一面，但是由于城镇的职能、发展的动力机制、规模的大小、居住生活方式的差异，以及管理运作模式等很多方面的不同，而具有其自身的特点和某些特有的规律。现在所谓"千城一面"的问题中就包含着大中小城市和小城镇"一个样"的缺点。这套"丛书"结合小城镇的特点，全面涉及其建设、规划、设计、管理等多个方面，可以为从事小城镇发展建设的领导者、管理者和广大科技人员提供重要的参考。

希望中国的小城镇发展迎来新的春天。

中国工程院院士

中国城市规划学会副理事长

原中国城市规划设计研究院院长

邹德慈

丛 书 前 言

两年前，中国城市规划设计研究院等单位完成了科技部下达的《小城镇规划标准研究》课题，通过了科技部和建设部组织的专家验收和鉴定。为了落实两部应尽快宣传推广的意见，其成果及时由中国建筑工业出版社出版发行。同时，为了适应新的形势，进一步做好小城镇的规划建设管理工作，中国建筑工业出版社提出并与中国城市规划设计研究院共同负责策划、组织这套《中国当代小城镇规划建设管理丛书》的编写工作，经过两年多的努力，这套丛书现在终于陆续与大家见面了。

一

对于小城镇概念，目前尚无统一的定义。不同的国度、不同的区域、不同的历史时期、不同的学科和不同的工作角度，会有不同的理解。也应当允许有不同的理解，不必也不可能强求一律。仅从城乡划分的角度看，目前至少有七八种说法。就中国的现实而言，小城镇一般是介于设市城市与农村居民点之间的过渡型居民点；其基本主体是建制镇；也可视需要适当上下延伸（上至 20 万人口以下的设市城市，下至集镇）。新中国成立以来，特别是改革开放以来，我国小城镇和所有城镇一样，有了长足的发展。据统计，1978 年，全国设市城市只有 191 个，建制镇 2173 个，市镇人口比重只有 12.50%。2002 年底，全国设市城市达 660 个，其中人口在 20 万以下设市城市有 325 个。建制镇数量达到 20021 个（其中县城关镇 1646 个，县城关镇以外的建制镇 18375 个）；集镇 22612 个。建制镇人口 13663.56 万人（不含县城关镇），其中非农业人口 6008.13 万人；集镇人口 5174.21 万人，其中非农业人口 1401.50 万人。建制镇的现状用地面积 2032391hm²（不含县城关镇），集镇的现状用地面积 79144hm²。

党和国家历来十分重视农业和农村工作，十分重视小城镇发展。特别是党的"十五"大以来，国家为此召开了许多会议，颁发过许多文件，党和国家领导人作过许多重要讲话，提出了一系列重要方针、原则和新的要求。主要有：

——发展小城镇，是带动农村经济和社会发展的一个大战略，必须充分认识发展小城镇的重大战略意义；

——发展小城镇，要贯彻既要积极又要稳妥的方针，循序渐进，防止一哄而起；

——发展小城镇，必须遵循"尊重规律、循序渐进；因地制宜、科学规划；深化改革、创新机制；统筹兼顾、协调发展"的原则；

——发展小城镇的目标，力争经过 10 年左右的努力，将一部分基础较好的小城镇建设成为规模适度、规划科学、功能健全、环境整洁、具有较强辐射能力的农村区域性经济文化中心，其中少数具备条件的小城镇要发展成为带动能力更强的小城市，使全国城镇化水平有一个明显的提高；

——现阶段小城镇发展的重点是县城和少数有基础、有潜力的建制镇；

——大力发展乡镇企业，繁荣小城镇经济、吸纳农村剩余劳动力；乡镇企业要合理布局，逐步向小城镇和工业小区集中；

——编制小城镇规划，要注重经济社会和环境的全面发展，合理确定人口规模与用地规模，既要坚持建设标准，又要防止贪大求洋和乱铺摊子；

——编制小城镇规划，要严格执行有关法律法规，切实做好与土地利用总体规划以及交通网络、环境保护、社会发展等各方面规划的衔接和协调；

——编制小城镇规划，要做到集约用地和保护耕地，要通过改造旧镇区，积极开展迁村并点，土地整理，开发利用基地和废弃地，解决小城镇的建设用地，防止乱占耕地；

——小城镇规划的调整要按法定程序办理；

——要重视完善小城镇的基础设施建设，国家和地方各级政府要在基础设施、公用设施和公益事业建设上给予支持；

——小城镇建设要各具特色，切忌千篇一律，要注意保护文物古迹和文化自然景观；

——要制定促进小城镇发展的投资政策、土地政策和户籍政策。

……

上述这些方针政策对做好小城镇的规划建设管理工作有着十分重要的现实意义。

在新的历史时期，小城镇已经成为农村经济和社会进步的重要载体，成为带动一定区域农村经济社会发展的中心。乡镇企业的崛起和迅速发展，农、工、商等各业并举和繁荣，形成了农村新的产业格局。大批农民走进小城镇务工经商，推动了小城镇的发展，促进了人流、物流、信息流向小城镇的集聚，带动了小城镇各项基础设施的建设，改善了小城镇生产、生活和投资环境。

发展小城镇，是从中国的国情出发，借鉴国外城市化发展趋势作出的战略选择。发展小城镇，对带动农村经济，推动社会进步，促进城乡与大中小城镇协调发展都具有重要的现实意义和深远的历史意义。

二

在我国的经济与社会发展中，小城镇越来越发挥着重要作用。但是，小城镇在规划建设管理中还存在着一些值得注意的问题。主要是：

（一）城镇体系结构不够完善。从市域、县域角度看，不少地方小城镇经济发展的水平不高，层次较低，辐射功能薄弱。不同规模等级小城镇之间纵向分工不明确，职能雷同，缺乏联系，缺少特色。在空间结构方面，由于缺乏统一规划，或规划后缺乏应有的管理体制和机制，区域内重要的交通、能源、水利等基础设施和公共服务设施缺乏有序联系和协调，有的地方则重复建设，造成浪费。

（二）城镇规模偏小。据统计，全国建制镇（不含县城关镇）平均人口规模不足 1 万人，西部地区不足 5000 人。在县城以外的建制镇中，镇区人口规模在 0.3～0.6 万人等级的小城镇占多数，其次为 0.6～1.0 万人，再次为 0.3 万人以下。以浙江省为例，全省城镇人口规模在 1 万人以下的建制镇占 80%，0.5 万人以下的占 50% 以上。从用地规模看，据原国家体改委小城镇课题组对 18 个省市 1035 个建制镇（含县城关镇）的随机抽样调查表明，建成区平均面积为 176hm^2，占镇域总面积的 2.77%，平均人均占有土地面积为 108m^2。

（三）缺乏科学的规划设计和规划管理。首先是认识片面，在规划指导思想上出现偏差。对"推进城市化"、"高起点"、"高标准"、"超前性"等缺乏全面准确的理解。从全局看，这些提法无可非议。但是不同地区、不同类型、不同层次、不同水平的小城镇发展基础和发展条件千差万别，如何"推进"、如何"发展"、如何"超前"，"起点"高到什么程度，不应一个模式、一个标准。由于存在认识上的问题，有的地方对城镇规划提出要"五十年不落后"的要求，甚至提出"拉大架子、膨胀规模"的口号。在学习外国、外地的经验时往往不顾国情、市情、县情、镇情，盲目照抄照搬。建大广场、大马路、大建筑，搞不切实际的形象工程，占地过多，标准过高，规模过大，求变过急，造成资金的大量浪费，与现有人口规模和经济发展水平极不适应。

针对小城镇规划建设管理工作存在的问题，当前和今后一个时期，应当牢固树立全面协调和可持续的科学发展观，将城乡发展、区域发展、经济社会发展、人与自然和谐发展与国内发展和对外开放统筹起来，使我国的大中小城镇协调发展。以国家的方针政策为指引，以推动农村全面建设小康社会为中心，以解决"三农"问题服务为目标，充分运用市场机制，加快重点镇和城郊小城镇的建设与发展，全面提高小城镇规划建设管理总体水平。要突出小城镇发展的重点，积极引导农村富余劳动力、富裕农民和非农产业加快向重点镇、中心镇聚集；要注意保护资源和生态环境，特别是要把合理用地、节约用地、保护耕地置于首位；要不断满足小城镇广大居民的需要，为他们提供安全、方便、舒适、优美的人居环境；要坚持以制度创新为动力，逐步建立健全小城镇规划建设管理的各项制度，提高小城镇建设工作的规范化、制度化水平；要坚持因地制宜，量力而行，从实际需要出发，尊重客观发展规律，尊重各地对小城镇发展模式的不同探索，科学规划，合理布局，量力而行，逐步实施。

三

近年来，小城镇的规划建设管理工作面临新形势，出现了许多新情况和新问题。如何把小城镇规划好、建设好、管理好，是摆在我们面前的一个重要课题。许多大专院校、科研设计单位对此进行了大量的理论探讨和设计实践活动。这套丛书正是在这样的背景下编制完成的。

这套丛书由丛书主编负责提出丛书各卷编写大纲和编写要求，组织与协调丛书全过程编写，并由中国城市规划设计研究院、浙江大学、清华大学、华中科技大学、沈阳建筑大学、北京大学、广东省建设厅、广东省城市发展研究中心、广东省城乡规划设计研究院、中山大学、辽宁省城乡规划设计研究院、广州市城市规划勘察设计研究院等单位长期从事城镇规划设计、教学和科研工作，具有丰富的理论与实践经验的教授、专家撰写。由丛书编审委员会负责集中编审，如果没有他们崇高的敬业精神和强烈的责任感，没有他们不计报酬的品德和付出的辛勤劳动，没有他们的经验、理论和社会实践，就不会有这套丛书的出版。

这套丛书从历史与现实、中国与外国、理论与实践、传统与现代、建设与保护、法规与创新的角度，对小城镇的发展、规划编制、基础设施、城市设计、住区与公建设计、生态环境以及小城镇规划管理方面进行了全面系统的论述，有理论、有观点、有方法、有案例，深入浅出，内容丰富，资料翔实，图文并茂，可供小城镇研究人员、不同专业设计人员、管理人员以及大专院校相关专业师生参阅。

这套丛书的各卷之间既相互联系又相对独立，不强求统一。由于角度不同，在论述上个别地方多少有些差异和重复。由于条件的局限和作者学科的局限，有些地方不够全面、不够深入，有些提法还值得商榷，欢迎广大读者和同行朋友们批评指正。但不管怎么说，这套丛书能够出版发行，本身是一件好事，值得庆幸。值此谨向丛书编审委员会表示深深的谢意，向中国建筑工业出版社的张惠珍副总编和王跃、姚荣华、胡明安三位编审表示深深的谢意，向关心、支持和帮助过这套丛书的专家、领导表示深深的谢意。

中国城市规划设计研究院副院长

刘仁根

第二版前言

世界上城镇间的集聚和扩散活动总是通过城镇间的交通、通信、供水、供电等联系的基础设施网络进行。因此，无论是从促进城镇发展，还是搞好城镇基础设施规划建设来说，小城镇基础设施规划，突出其网络系统规划与共享统筹规划都是十分必要的，特别是对于城镇密集地区和城市郊区小城镇来说尤为重要。

另一方面，我国小城镇处于城之尾，乡之首；分布量大面广，不同地区，不同类别小城镇及其基础设施差异很大，小城镇基础设施规划要从小城镇的特点与实际考虑，区别不同于城市基础设施，研究适合小城镇的规划特点、要求、内容与方法是本书第二版进一步突出的另一重点。由此，本书第二版上篇进一步突出小城镇基础设施规划的共享统筹与规划理论基础。

同时，随着城镇化和小城镇的进一步推进与发展，对小城镇基础设施及其规划的要求也越来越高，小城镇基础设施专项规划的编制已越来越多，规划的方法、内容与深度需要规范与完善。为适应规划编制的发展趋势与变革，下篇着重突出市政专项规划的编写。

基于上述考虑，本书第二版从书名到内容编排进一步突出统筹共享规划与专项规划。上篇为小城镇基础设施统筹与交通竖向规划，内容包括统筹规划的理论基础与技术指标，规划导则，道路交通规划与竖向规划；下篇为小城镇市政专项规划，内容包括给水、排水、电力、通信、供热、燃气、环卫工程专项规划与工程管线综合规划，以及规划案例分析与导则综合示范应用分析等。

本书可作为从事小城镇规划、建设、管理的技术人员、研究人员、行政管理人员，以及建制镇与乡镇领导学习工作的指导参考用书，也可作为大专院校的教学参考用书和城市规划建设领域的相关培训教材，也可作为城乡统筹规划建设研究的参考资料。

汤铭潭

第一版前言

本书是"中国当代小城镇规划建设管理丛书"小城镇基础设施工程规划卷。全书分上、下两册，涵盖了小城镇交通道路工程等10个方面的小城镇基础设施规划导则和11个小城镇基础设施工程专项规划的理论、方法与实践研究；反映了近年来国家科研院所和高校联合完成的小城镇规划相关国家攻关课题的最新科研成果和规划、教学理论、实践总结。

基础设施是城镇生存和发展必须具备的工程基础设施和社会基础设施的总称。通常主要指工程基础设施。小城镇建设与发展首先要抓基础设施建设，而规划又是建设的龙头。因此，小城镇基础设施工程规划不能不说是相当重要的。道路交通、水、电、通信等工程设施水平或促进或制约小城镇发展，而道路网又是用地布局的骨架，在小城镇规划编制中，本身就占有十分重要的位置。

我国小城镇量大面广，不同地区、不同类别小城镇经济发展条件和基础的差别很大。小城镇基础设施有其明显的分散性、差异性，有其规划布局和各项系统工程规划的特殊性，也有其不同的配置经济性和合理性；另一方面，我国小城镇基础设施规划基础薄弱，相关研究不多，规划中较普遍存在的盲目套用城市基础设施规划方法、技术指标，每个镇基础设施规划各自求全，各自为政，重复建设等问题亟待纠正。因此，**研究不同地区、不同类别、不同规模小城镇基础设施的合理水平和定量化规划技术指标，研究适合不同分布形态小城镇的不同工程系统及其不同的规划理论方法，研究不同小城镇基础设施的综合布局、合理配置规划导则、标准，以及跨镇区域基础设施的统筹规划、联建共享是编写好本书的十分重要的基础。体现上述研究成果，解决上述问题是本书编著的目标，也是本书的主要特色。**

本书编写基于中国城市规划设计研究院和沈阳建筑大学、华南理工大学、辽宁省城乡建设规划设计研究院、广东省城乡规划设计研究院、北京工业大学、哈尔滨工业大学等合作完成的若干国家小城镇攻关课题和相关规划、教学理论、方法与实践研究。由于本书涉及的规划导则、标准、技术指标有一个全国范围意见广泛征询和试点示范应用、实践印证的过程也即遵循理论——实践——理论的不断完善过程，本书初稿自2004年通过杭州编审会议审查以后，又经历了两年的稿件修改和最后定稿工作。值此出版之际，除丛书前言提及的感谢外，同时应特别感谢科技部牵头的六部委小城镇发展重大项目联合办公室建设部城乡规划司、科技司、湖北省建设厅、广东省建设厅、广州市规划局、上海市规划局、上海市城市规划设计研究院、重庆市规划局、安徽省建设厅、安徽省铜陵市规划局、吉林省建设厅、吉林省城乡规划设计研究院、青海省建设厅、青海省城乡规划设计研究院、青海省西宁城乡规划设计院、山东青岛市规划局、江苏省南京市规划局、辽宁省大连市规划局、大连市城乡规划设计研究院、北京市规委昌平分局、浙江省城乡规划设计研究院、河南省建设厅、河南省城乡规划设计研究院、河南省信阳市规划局、河南省信阳市城市规划设计研究院、福建省建设厅、福建省城乡规划设计研究院、福建省泉州市规划局、河北省唐山市规划局、四川省城乡规划设计研究院、四川省村镇规划设计研究院、四川省绵阳市规划局、广东省城乡规划设计研究院、江苏省徐州市规划局、湖北省城乡规划设计研究院、湖北省武汉市规划局等部门和单位对小城镇规划标准导则意见征询和反馈工作，以及课题成果专家论证、试点应用工作的大力支持！同时也特别感谢科技部、建设部、信息产业部、清华大学、北京大学、北京市城市规划设计研究院、哈尔滨工业大学、北京工业大学、中国水利水电科学院、唐山市燃气规划设计院的专家、领导对相关工程规划标准、技术指标的论证与审查工作的支持！并应特别感谢丛书编审委员周静海教授和编写委员冯国会教授对本书编写组织工作的全力支持！本书规划案例同时收录了一些兄弟单位完成的相关规划，在此也向有关同仁深表感谢！

本书由主编负责全书编写策划和主要章节编写，多次提出与反馈整个编写过程的修改意见，并负责整体协调，完成部分修改和全书统校及定稿。编写人员组成与分工附后。

本书涉及专业面很广，内容也很多，限于作者学识，书中纰漏、偏颇之处在所难免，期盼读者指正，以便进一步修改完善。

汤铭潭

目　　录

上篇　小城镇基础设施统筹规划与交通及竖向规划

下篇　小城镇市政专项规划

上　篇

小城镇基础设施统筹规划
与交通及竖向规划

第1章 小城镇基础设施统筹规划的 理论基础与技术指标

城镇是基础设施统筹规划的载体。小城镇基础设施统筹规划涉及与其相关的城镇体系与镇（乡）村体系，并与小城镇本身的空间分布形态相关联。

1.1 小城镇及其相关的城镇体系与镇（乡）村体系

1.1.1 城镇（乡）主要构成要素

根据居民点在社会经济建设中所担负的任务和人口规模的不同，聚落（Human Settlement）可以分为城市与乡村两大类。

图1.1.1为我国城市与镇（乡）村主要构成要素关系。

图1.1.1 城镇与镇、乡村主要构成要素关系

1.1.2 建制镇与乡镇

广义而言，目前我国的小城镇是由县城镇、县城镇以外的建制镇和乡构成，广义小城镇组成结构如图1.1.2所示。

图1.1.2 广义小城镇组成结构

（1）县城镇，即县域中心城，作为县人民政府所在地，具有多种便利，必然聚集县域各种要素。县城镇作为县域政治、经济、文化的中心，在发挥上连城市、下引乡村的社会和经济功能中起最重要的核心作用，因而是我国小城镇的最重要的组成部分。根据其在所处地区政治、经济、文化生活中所处地位的不同、建设条件和自然资源等因素的不同，又可分为以下三种情况❶：其一，重点发展型县城镇：这类型县城镇交通条件优越，能源、水、土地等资源丰富，或拥有一定规模的国家或省级大中型建设项目，可逐步发展为10万人以上的小城市；其二，适度发展型县城镇：这部分县城镇资源与建设条件不如前者，可适度发展至5~8万人规模；其三，一般县城镇：这部分县城镇缺乏进一步发展的条件，只是发展一些为农业服务的加工工业，远期可建设达到3~5万人的规模。

（2）县城以外的建制镇是县域的次级小城镇，是本镇域的政治、经济、文化中心，又可分为中心镇和一般镇。中心镇是县（市）域内一定区域范围内的农村经济、文化中心，是与其镇域周边地区有着密切联系，并对以其为中心的区域村镇有较大经济辐射和带动作用的小城镇。一个县一般设有1~2个中心镇，对我国西部地区而言，中心镇也就是县城镇。就中心镇的地位和作用来说，中心镇也是我国小城镇的最重要的组成部分。一般镇是县城镇和中心镇以外的建制镇，是我国城镇体系中的最低一层，数量上在我国小城镇和建制镇中，一般镇占绝大部分。1998年全国共有19066个建制镇，其中一般镇约占95%。

建制镇是乡村一定区域内政治、经济、文化和生活服务的中心。

（3）乡（镇）通常是指乡、民族乡人民政府所在地，是本乡域的政治、经济、文化中心。乡虽然规模和作用不如建制镇，但在我国数量不少。其中一部分随着乡村产业结构的调整和剩余劳动力的转移，当经济效益和人口聚集达到一定规模时，将上升为建制镇。

1.1.3 城镇体系

任何一个城市都不可能孤立地存在，当区域内的城市发展到一定阶段的时候，为了维持城市正常的活动，城市与城市之间、城市与外部区域之间就有了物质、能量、人员、信息交换的需要，这种交互作用将地理上彼此分离的城市结合为具有结构和功能的有机整体，即城镇体系。因此，城镇体系是指在一个相对完整的区域或国家中，由不同职能分工、不同等级规模、空间分布有序的联系密切、相互依存的城镇构成的城镇群体，简言之，就是一定空间区域内具有内在联系的城镇集合。❶

城镇体系结构如图1.1.3所示。

图1.1.3 城镇体系结构图

1.1.4 镇（乡）村体系

《城乡规划法》明确城乡规划的城市、镇、乡、村4个层次。我国实行镇、乡管村体制，对应镇乡村的镇（乡）村体系是指在我国一定地域内，由不

❶ 全国注册城市规划师执业考试应试指南．上海：同济大学出版社，2001

4

同等级、不同规模、不同职能而彼此相互联系、相互依存、相互制约的镇（乡）村组成的有机系统。图1.1.4所示为镇（乡）村体系结构图。

图1.1.4 镇（乡）村体系结构图

1.2 小城镇的空间分布形态

从空间形态上划分，我国小城镇整体上可分为两大类：一类城乡一体、以连片发展的"城镇密集区"形态存在；一类城乡界线分明、以完整的独立形态存在。❶

1.2.1 以"城镇密集区"形态存在的小城镇

以这种形态存在的小城镇中，城与乡、镇域与镇区已经没有明确界线，城镇村庄首尾相接密集连片。城镇多具有明显的交通与区位优势，以公路为轴沿路发展。这类型小城镇目前主要存在于我国沿海经济发达省份的局部地区。例如，珠江三角洲地区已经形成了全国连绵程度最高的城镇密集地区，城镇密度达到1个/100km²，城镇间平均距离不到10km。许多城镇的建成区已连成一片，初步形成了大都市连绵区的雏形。2002年珠三角内圈层约15000km²的地域范围内，各类建设用地面积高达4000km²，是全国城镇建设用地密度最高的地区。❶

1.2.2 以完整、独立形态存在的小城镇

这类型小城镇广泛存在，按其所处空间位置又可大致分为以下三种类型：

(1)"城镇周边地区"的小城镇

"城市周边地区"的小城镇包括大中城市周边的小城镇和小城市及县城周边的小城镇，这类小城镇的发展与中心城紧密相关，互为影响。大中城市周边的小城镇又可细分为以下三类：

1) 位于大中城市规划建设用地范围内的小城镇：这类小城镇可就近接受大中城市的经济辐射，在资金、技术、信息等方面有独特的优势。虽然有的目前是独立发展的小城镇，但将来极有可能发展成为大城市的一个组团。

2) 可作为大中城市卫星城的小城镇：这类小城镇与前一类小城镇类似，只是距离大

---

❶ 引自《小城镇发展与规划》参考文献：《珠江三角洲城镇群协调发展研究》。

中城市比前者略远。一般位于大中城市合理的卫星城距离（30～50km），与大中城市有较为便捷的交通联系，直接接受大中城市的辐射，且肩负着作为卫星城镇接受大中城市产业扩散和人口分流的任务。

3）介于上述两者之间的小城镇：这类小城镇位于前两类小城镇之间，接受中心城市和卫星城的双重辐射，其本身对镇域范围的辐射较弱。这类型小城镇的人口大量向卫星城和中心城市迁移，本身的人口规模较小，农业劳动力的非农化也将大量出现在这些地区。镇域的发展应主要是为中心城市和卫星城服务的第一产业（如蔬菜、水果、养殖业等）和为城市工业配套的第二产业。城镇的功能除重点为农业生产服务外，可发展一些小型的加工工业，其他较大型的产业应集中到卫星城去发展。

（2）"经济发达、城镇具有带状发展趋势地区"的小城镇

这类型小城镇主要沿交通轴线分布，具有明显的交通与区位优势，最具有经济发展的潜能，极有可能发展形成城镇带。

（3）远离城市独立发展的小城镇

这类小城镇远离城市，目前和将来都相对比较独立。这类小城镇中除少部分实力相对较强、有一定发展潜力外，大部分小城镇的经济实力较弱，以为本地农村服务为主。

1.3　小城镇及其基础设施的基本特点

1.3.1　小城镇的基本特点

（1）"城之尾，乡之首"

小城镇称为"城之尾，乡之首"，是城乡结合部的社会综合体，是镇域经济、政治、文化中心。因而它应该具有上接城市、下引乡村、促进区域经济和社会全面进步的综合功能。

从城镇体系看，小城镇是城镇体系和城市居民点中的最下一个层次。从乡村地域体系看，小城镇又是乡村地域体系的最上层次。目前大多数小城镇为镇行政机构驻地，也是乡镇企业的基地及城乡物资交流的集散点，一般都安排有商业服务业网点、文教卫生及公用设施等。在小城镇经济结构中，三种经济所有制（国家、集体、个体）并存，其中集体和个体经济占有一定的比重。20 世纪 80 年代初期，费孝通先生考察苏南小城镇时，探讨了小城镇的等级体系、行政管理、不同区域经济发展之间的关系以及小城镇规划建设等问题，对小城镇进行了独到的概括："小城镇是由乡村中比乡村社区高一层次的社会实体组成，这群社会实体是以一批并不从事农业生产劳动的人口为主体组成的社区，无论从地域、人口、经济、环境等因素看，他们都具有乡村社区相异的特点，又都与周围乡村社区保持着不能缺少的联系"。因此小城镇既不同于乡村又不同于城市。在经济发展、信息传递等方面，小城镇都起着城市与乡村之间的纽带作用。

从"中间发展带"理论看，我国的小城镇介于大中城市和广大农村之间，是我国的中间发展带，其接触面最大，易引进大中城市的技术、资金和人才等；另外受计划经济体制的影响相对较小，易于改革。同时，作为广大农村地区的增长极，小城镇是促进农村工业化和农村经济结构转型的地域载体，是城乡生产要素流动和组合的传承中介，也是加速推进农业和农村现代化的重要突破口。

（2）数量大分布广

我国小城镇数量大，分布广，增长快。

图 1.3.1 为我国建制镇增长曲线。

2002 年年底，全国共有建制镇 19811 个与 1978 年的 2176 个建制镇相比，增长了 8 倍。近些年建制镇数变化不大。在数量增加的同时，我国小城镇在基础设施、科学教育、物质生活和文化生活各方面都有明显的提高和改善。

图 1.3.1　我国建制镇数目增长曲线图
（根据建设部村镇建设年度统计资料绘制）

（3）发展明显差异

长期以来，我国小城镇的数量分布及发展层次都是东高西低状态，经济实力明显东强西弱，乡村产业化进程和乡村市场经济发展东快西慢，乡镇企业发展东多西少，小城镇发展明显存在空间差异：从东到西小城镇建设水平和经济实力逐步递减。

1.3.2　小城镇基础设施特征分析

（1）就区域系统而言的系统性与整体性

小城镇基础设施工程的主要特征从区域系统来说，与城市基础设施工程一样，有其明显的系统性与整体性。

从系统工程学观点来说，基础设施工程是一个巨系统，并由其不同子系统组成。基础设施工程包括的子系统有给水系统、排水系统、能源系统、信息系统、环境卫生系统和综合防灾系统。前四个子系统为城镇生存和发展必需的基础设施支撑子系统，后两个子系统为城镇生存和发展必需的基础设施保障子系统。

基础设施工程系统是一个整体。上述系统与子系统之间、子系统与子系统之间存在的相互关系本身就存在统一系统的系统性与整体性的规律特征。

（2）布局分散性与区域差异性

小城镇基础设施工程不同于城市基础设施工程，有其明显的布局分散性和区域差异性。

由于我国小城镇分布面很广，也很分散，特别是一些分布在山区、僻远地区的小城镇，分散、独立分布的小城镇依托区域和城市基础设施的可能性很小。小城镇基础设施的分散性是小城镇规划复杂性及区别于城市工程规划不同的主要因素之一。

　　小城镇基础设施的分散性给小城镇基础设施的规划布局、合理规模和经济运行，以及建设资金的集中、有效投资等都带来许多困难。针对小城镇基础设施分散性，以及分散独立型小城镇规划，以县（市）域城镇体系规划为基础，强化县（市）域基础设施规划对小城镇规划的指导作用显得尤为重要。

　　小城镇基础设施的明显区域差异性主要包括小城镇基础设施现状和建设基础的差异，相关资源和需求的差异，设施布局和系统规划差异以及规模大小和经济运行的差异。

　　小城镇基础设施的区域差异性也是小城镇基础设施规划复杂性及与城市基础设施规划较大不同的主要因素之一。

　　小城镇基础设施的上述差异性要求做小城镇基础设施规划时，应按不同地区、不同类别、不同规模、不同发展时期的不同合理水平和定量化指标，结合小城镇实际选择和确定不同的规划标准。

　　小城镇基础设施的上述差异性还要求小城镇基础设施建设应因地制宜选择和确定相应的经济适用技术。

　　（3）小城镇基础设施的规划布局及其系统工程规划的特殊性

　　我国小城镇基础设施的规划布局及其单项设施的系统工程规划，就规划整体与方法而言，与城市基础设施的规划布局及其系统工程规划有较大不同。前者因不同的城镇分布形态，而选择不同的规划布局与方法，采用单一的规划布局和单一的规划方法，小城镇基础设施配置不但投资、运行很不经济，而且资源也会造成很大浪费。前者的一些单项设施系统也因其小城镇的不同分布形态而异。小城镇某项基础设施工程不一定是一个完整的系统，对于较集中分布的小城镇，一个小城镇某项基础设施往往是一个较大区域某项基础设施系统的组成部分，而不是一个完整的某项设施系统。如上述一个小城镇的给水设施，需要配置往往只是配水厂以下系统设施，而配水厂以上的给水设施则是在一个相邻区域范围统筹规划布局的共享设施。与前者不同，后者某项基础设施系统多为一个完整的组成系统，除区域大型电厂等重大基础设施在区域统筹规划布局外，主要系统设施多在城市规划区范围布局、配置。

　　（4）小城镇基础设施的规划建设超前性

　　城镇建设，基础设施先行。小城镇基础设施作为小城镇生存与发展必须具备的基本要素，毋庸置疑，在小城镇经济、社会发展中起着至关重要的作用。小城镇基础设施建设是小城镇经济社会发展的前提和基础。小城镇基础设施建设必须超前其社会经济的发展。

　　小城镇基础设施工程规划应结合小城镇实际并考虑基础设施的超前发展，在需求预测上选择合理的超前系数，在规划建设上选择合理的水平，同时积极采用新技术，新工艺，新方法。

　　对于超常规发展的小城镇，更应考虑基础设施的相应超前要求；对于目前基础设施和经济建设十分落后的小城镇，其基础设施规划应充分考虑小城镇中、远期规划经济社会发展的变化与规划建设目标对基础设施的相应超常发展要求。

1.4　我国小城镇基础设施现状剖析及其若干规划建设重点

　　国家小城镇重点研究课题《小城镇规划标准研究》在对经济发达地区、经济发展一般地区和经济欠发达地区典型、有代表性的小城镇进行大量相关调研，在宏观、微观结合综合分析的基础上，提出我国小城镇基础设施现状水平总体评价，并通过侧重对供水、排水、供电、通信、防洪、环境卫生工程设施现状突出要点的剖析，提出小城镇基础设施规划建设若干重点。

1.4.1 我国小城镇基础设施的规划建设现状整体评估

我国小城镇基础设施建设发展很不平衡，不同地区小城镇基础设施差别很大。东部沿海经济发达地区一批小城镇基础设施建设颇具规模，有的甚至接近邻近城市水平，如广东中山小榄镇、深圳龙岗镇、浙江台州路桥镇、温州龙港镇等；而对照城镇化要求，我国小城镇基础设施规划建设现状整体水平普遍不高，道路缺乏铺装，给水普及率和排水管线覆盖率低，基础设施建设普遍滞后，"欠账"严重，建设不配套，环境质量下降；基础设施工程规划一是缺乏城镇基础设施统筹规划，各镇为政，自我一统，水厂等设施重复建设严重，未能建立起区域性（城镇群）大配套的有效供给体系；二是县（市）域城镇体系起步晚，县（市）域基础设施规划水平低，不能充分发挥其对县（市）域小城镇基础设施建设的指导作用。

1.4.2 我国小城镇若干工程基础设施的现状和规划建设重点分析

1.4.2.1 给水工程设施

全国小城镇给水工程设施发展较快，有一定基础，但发展不平衡，集镇供水设施普及率较低，小城镇给水工程设施整体现状水平不高。

（1）20世纪70年代至90年代中期，新建县镇供水企业日生产能力为1271.50万t，占现总数的41.85%，供水管道29523.27km，占现总数的75.89%。县镇供水企业发展很不平衡，规模较大者主要集中在东部经济发达地区。上海9县中有6个日综合生产能力在10万t以上（全国1165个县镇供水企业仅17个企业在10万t以上），浙江、广东、北京160个县镇供水企业日综合能力超过3万t的有80%。西部及其他经济欠发达地区县镇供水业日综合生产能力普遍很低，基本上都在几千吨或1万t左右，经济发展一般地区日综合生产能力以几万吨居多。

（2）部分建制镇，主要是中西部经济欠发达地区和缺水地区一些建制镇以及全国近半数的集镇，尚未建有供水工程设施，或者供水设施不足。

（3）缺乏较集中分布小城镇给水工程的区域统筹协调规划。多数小城镇各自建设水厂，规模小、运行成本高、水源保护困难。

以重庆市调查为例，重庆624个建制镇共有水厂659个，日供水能力63万t，分析平均每个水厂日供水能力不到1000t。

（4）多数小城镇供水管网为树枝状，供水可靠性不高；供水管道特别是配水管道材质差，敷设简陋，不符合规范，不加更新改造，难以确保用水点水质满足饮用水健康要求。

（5）不同地区小城镇水源保护和供水水质达标情况差别很大。

生态环境条件良好的山区小城镇的山泉等水源不经处理或简单处理即符合饮用水水质要求，对福建南平10多个山区小城镇分散和集中供水水质抽样调查均属上述情况；但有不少地区小城镇供水水质达不到要求，一些地区水污染造成的水资源短缺成为城镇发展的突出问题。由于乡镇企业规模小、技术含量低、污染点多面广、治理困难，东部沿海平原如浙江沿海平原水网密布，水流无定向，无法进行上、下游之分，一些地区城镇下游水厂几乎成了上游城镇的污水处理厂。

1.4.2.2　排水工程设施

目前，小城镇排水和污水处理设施处于相当落后的水平。排水设施投资普遍很小，也从一个侧面反映小城镇基础设施的整体水平普遍不高，排水工程设施应是加强小城镇基础设施建设、改变小城镇落后面貌的一个突出重点。

（1）根据对四川、重庆、湖北、福建、浙江、广东、山东、河南、天津等 9 省市小城镇的有关调查，小城镇现状排水管网面积普及率估约 40%～60%，东部沿海地区尚有不少建制镇无系统排污管渠，绝大多数小城镇没有集中污水处理厂，只有东部经济基础和发展条件优越地区的少数小城镇开始建设小型污水处理厂。中西部经济发展一般地区和欠发达地区许多小城镇尚只有明渠或简单排水渠道，更没有系统排污管渠。小城镇基本上没有污水处理厂，不少小城镇污水未经处理就近排入环境水体，污染严重。如据重庆市的有关调查，由此造成一些地区次级河流污染还相当严重，以致下游地区人畜饮水都成问题。

（2）根据 9 省市小城镇现状排水体制调查，多数为合流制，少数为分流制。

由于合流制，特别是直排式合流制，污水不经处理，直接就近排入水体，对水体污染严重，一般不宜采用；选择截流式合流制，雨天仍有部分混合污水，经溢流井溢出，直接排入水体，对水体污染仍然较严重；而分流制适应小城镇建设发展，环境保护和卫生条件好，应是小城镇排水体制的发展方向。

我国多数小城镇排水设施尚处建设阶段，为便于排水体制过渡，避免今后改造困难，应结合小城镇实际和近期远期结合，经分析比较，改变目前不适宜的排水体制，因时因地而宜选定各时期适宜的排水体制。如经济发展一般地区小城镇可先采用不完全分流制，某些条件适宜或特殊地区（如雨水稀少、废水全部处理的地区）小城镇可采用截流式合流制。

（3）我国小城镇污水排放量逐年增加，大量污水未经处理或未经有效处理排放，一方面污染水环境，另一方面加剧水资源短缺。

我国雨水资源丰富，年降水量达 $61900 \times 10^8 \mathrm{m}^3$，然而由于没有很好利用，雨水资源浪费，许多缺水城镇一是暴雨造成洪涝，二是旱季严重缺水。

当今，许多国家把雨水资源化作为城镇生态系统的一部分。在德国的一些地区利用雨水可节约饮用水达 50%，在公共场所用水和工业用水中节约更多，并且雨水利用还有更多的经济、生态意义。

我国小城镇雨水资源、污水处理的综合利用，尚只处于试点起步阶段，并较多用于农业，但发展前景看好。以干旱的新疆为例，充分利用光热资源丰富的有利条件，1994 年除城市外，全区 69 个县城已有 40 个县城因地制宜立项建设稳定塘污水处理工程，初步形成污水处理稳定塘体系，经过处理的污水，夏季多用于农田灌溉，而非灌溉期的污水利用，采取秋天整地，冬天稳定塘出水，处理水取代清水压盐碱地取得很好的效益。

1.4.2.3　电力工程设施

我国电力工业发展较快，随着国家电网和地方电网、农村电网不断扩大，我国小城镇用电除极少数外都已解决，供电工程设施大多有一定基础，但也存在较多问题。

（1）平原、丘陵地区小城镇以大电网和地方小电网供电为主，有丰富水资源的山区等地区小城镇以小水电供电为主。

小城镇电网最高一级电压县城和中心镇一般为 110kV，一般镇多为 35kV，小城镇电网多数属农村电网。

（2）小城镇农村电网小容量火电机组效率低，污染严重；小水电规模小，受河流季节性和气候的影响，保证出力低。

（3）多数小城镇电网电源点单一，形不成环网供电，一旦线路事故检修，容易造成较大范围停电。

（4）地方小电网和农村电网网络结构不健全，供电可靠性得不到保证。

（5）大多数小城镇变配电设备落后、陈旧，输配电线路老化，供电半径大，线损高，事故隐患多。

（6）由于历史原因，多数地区小城镇供电工程缺乏统一规划和管理，电网重复建设，结构不合理，交叉供电现象突出；农村电网电价高。

小城镇供电工程规划建设必须把加快农村电网改造放在重要位置，同时必须加强区域统筹规划。

1.4.2.4 通信工程设施

改革开放以来，我国通信事业发展很快。我国小城镇通信工程设施，已建有一定基础，特别县驻地镇通信能力有很大提高；传输落后、带宽不足已成为制约小城镇通信发展的主要瓶颈；小城镇广播电视网络已初步建成。

（1）除少数经济欠发达地区外，本地网县城 C4 汇接局市话和长话基本上都已实现程控交换，县以上传输电路基本上都已数字化；一般镇建有程控模块局或农话自动端局，乡镇全部开通自动电话农话交换点，实现自动交换。

（2）据东部沿海省市以及京津唐地区和海南等省市有关调查，经济发达地区和经济发展一般地区光纤网络和接入网发展较快，已实现光缆到镇，但大多数尚属起步阶段。而中西部经济发展一般地区和经济欠发达地区的许多小城镇，早期建设的传输网采用准同步数字传输体制（PDH），部分地区甚至还是铜缆传输，同时，小城镇用户接入仍以模拟铜线为主要接入方式，网络光纤化进程缓慢，网络层次不清，传输体制落后，带宽不足已成为制约小城镇通信发展的主要瓶颈。

小城镇通信工程设施应着眼于通信网络的可持续发展，加速小城镇传输网改造，并以网络带动业务发展，这应是小城镇近中期通信规划、建设的一个突出重点。

据对四川、重庆、海南等省市的有关重点调查，许多地区小城镇都已开始传输网的改造升级。以四川仁寿县为例，改造后的传输网包括一个 8 个站点的 2.5G bit/s 主环和 4 个 622Mbit/s、8 个 155Mbit/s 的子环，形成分层网络结构，不同网层配套不同速率的传输设备，主干层搭建宽带业务平台，有利于网络可持续发展，配线层便于业务发展在线升级，有力地促进小城镇通信发展。

（3）小城镇镇区现状电话普及率约 8～35 部/百人，大多数小城镇电话普及率较低，同时经济发达地区和经济欠发达地区的小城镇电话普及率差别很大。

（4）经济发达地区移动通信网已覆盖至大多数小城镇，经济发展一般地区和欠发达地区移动通信一般已覆盖到县城和部分重点小城镇。

1.4.2.5 防洪工程设施

我国经历了 1995 年以来几次洪灾，特别是 1998 年的特大洪灾以后，防洪工程设施得到普遍重视和加强。许多小城镇防洪工程设施有了一定基础，但对照防洪标准要求还有一定距离，特大洪灾也暴露了小城镇防洪和建设中，一些地区小城镇选址、建设不当，防洪设施薄弱，水利设施老化，环境生态破坏严重，江河湖泊淤积，排洪能力减弱，以及水库管理技术水平低，泄洪调度失误等较多问题。

（1）据对四川、重庆、湖北、福建等省市山区、长江流域、三峡库区防洪的有关调查，小城镇洪灾与当地环境生态严重破坏有密切关系。如重庆山区小城镇多属老少边穷地区，由于一是多年来毁林开荒、广种薄收、山高陡峭、耕作粗放，森林资源遭到破坏，水土流失严重，水土流失面积占土地面积的 60％以上，二是山区小城镇建设不结合当地地形地貌及地质条件，追求规模，采用削山填沟，高边坡深开挖方式建设，不但破坏自然生态组合，造成隐患，而且大量的弃渣、弃土、破坏植被，引起水土流失，加上山区小城镇防洪工程设施较薄弱，造成山洪、暴雨崩塌、滑坡和泥石流等灾害频繁。

三峡库区小城镇，位于水陆生态交错地带，小城镇分布较密集，近年来毁林开荒、陡坡垦殖，库区原有森林植被遭受严重破坏，沿江两岸森林覆盖率仅为 5％～7％，且主要为人工林和次生林，水源涵养和水土保护能力较低，加之地形破碎，地面切割强烈，地质薄弱，以及土地过度垦殖状态，致使水土流失严重，导致滑坡、崩塌和泥石流比较严重。

上述地区小城镇防洪应在加强防洪设施建设的同时，封山植树，退耕还林，保护环境生态，库区小城镇移民迁建、选址布局规划与建设，应重视防洪和环境生态及考虑必要的异地移民。

（2）沿江滨湖洪水重灾区小城镇由于多年来河道、湖泊、沙滩不断被不合理围垦和利用，加上河道上游水土流失日趋严重，导致江河湖泊淤积，排洪能力减弱，且水利设施老化，又长年受洪水困苦，损失惨重。

如江西省鄱阳湖地区及赣、抚、信、饶、修等河流尾闾地区，由于上述原因造成对鄱阳湖调蓄洪水及河道行洪的严重影响，鄱阳湖由建国初期高水湖面面积约 5100km² 减为现在 3900km²，蓄洪容积 $370 \times 10^8 m^3$ 减为现在 $298 \times 10^8 m^3$，赣、抚、信、饶、修五大河流及其支流也普遍出现同流量下水位升高的现象，而该地区对 1 万亩以上 5 万亩以下圩堤按相应湖水位 21.68m 设防，绝大多数的圩堤现状防洪能力约 3～30 年一遇不等，中小圩堤的现状防洪能力一般在 3～15 年一遇。1995～1999 年 5 年中有 4 年洪灾，且最高水位超过 21.8m，洪水溃垸时有发生，特别是 1998 年特大洪水使江西省溃决千亩以上，10 万亩以下圩堤 240 座，仅此淹没农田就有 109 万亩。

沿江滨湖洪水重灾区小城镇防洪应按"平垸行洪、退田还湖、移民建镇"的国家重大防洪举措和洪水灾后小城镇重建规划，改变原来就地防洪、避洪为易地主动防洪，通过碍洪圩堤的平退，扩大江河行洪断面，增加湖区蓄洪容积以及移民建镇，新镇科学合理规划选址、布局与建设，为分蓄洪区防洪水利设施安全建设和沿江滨湖洪水重灾区小城镇根除水患创造条件。

1.4.2.6　环境卫生工程设施

我国大多数小城镇环境卫生工程设施基础十分薄弱，与小城镇排水、污水处理设施一样，整体现状水平相当落后。小城镇环境卫生工程设施是加强小城镇基础设施建设，改变小城镇"脏、乱、差"面貌的另一个突出重点。

（1）据对四川、重庆、福建等省市小城镇的环境卫生工程设施现状的重点调查，小城镇生活垃圾的收集、运输设施数量少、不配套，多数小城镇生活垃圾主要采用露天堆放等简易处理方式，而且一些小城镇固体垃圾和建筑垃圾无序随意堆放，侵占溪流、池塘、水洼，对小城镇水体和周围生态环境造成严重破坏，如同污水未经处理任意排放一样，是对环境的不负责任，可能获得短期利益，但必将造成难以治理的状况，终将付出更大代价。

（2）根据四川、重庆、福建等省市小城镇有关调查资料的综合分析，小城镇现状固体垃圾有效收集率约在15%～50%左右，现状垃圾无害化处理率约在5%～35%左右，现状资源回收利用率约在5%～25%左右，而大多数小城镇现状固体垃圾有效收集率、垃圾无害化处理率和资源回收利用率都处在上述中的较低水平。

（3）许多小城镇镇容镇貌脏、乱、差现象突出，以路为市，以街为市，车辆、人流混杂，污水、垃圾不能得到有效收集与处理，严重影响小城镇环境质量。

（4）许多小城镇公厕少，且大多是旱厕，卫生面貌差。要改变小城镇环境卫生的落后面貌，必须统筹规划，因地制宜，搞好垃圾收运、处理、综合利用和环境卫生公共设施的规划建设，加强管理队伍建设，提高规划建设与管理水平。

尚应指出的是，建设资金缺乏是各地调查反映的基础设施建设中普遍存在的问题，同时目前许多小城镇规模偏小、布局过于分散也是影响小城镇基础设施建设与效益的问题之一。

1.5 小城镇基础设施的区域统筹规划及其优化配置与联建共享

1.5.1 不同空间分布形态的小城镇发展依托基础设施条件相关分析

不同空间分布形态小城镇可依托、共享的区域基础设施条件，以及区位条件不同，其经济发展各不相同。

我国小城镇的空间分布形态如同1.2节小城镇的空间分布形态所述主要分为城镇密集形态和独立形态两大类。

对于密集型空间分布形态的小城镇包括独立形态的城市周边地区小城镇和经济发达、城镇具有带状发展地区的小城镇。具有明显依托和共享城市、区域基础设施，以及具备城镇发展的其他一些有利条件，如小城镇密集地区城镇群的组成之一，城镇差别相对较小或在较快缩小。这类分布形态小城镇基础设施强调区域城镇统筹与共享。

就距中心城相对较近，沿主要交通干线等较集中分布的小城镇而言，如东部长江三角洲、珠江三角洲、京、津、唐、辽东半岛、山东半岛、闽东南和浙江沿海等城镇密集地区小城镇，中部江汉平原、湘中地区、中原地区等城镇密集区小城镇和长春——吉林、石家庄——保定、呼和浩特——包头等省域城镇发展核心区小城镇，西部四川盆地、关中地区等城镇密集区的小城镇，这类小城镇处于城镇发展核心区、密集区或连绵区，一般位于城镇发展历史较长、发育程度较高的沿海地区、平原地区，因而能依托区域内重要综合交通走廊和水、电、通信等重要区域基础设施，区位条件优越，本身基础设施也有一定基础，而其小城镇经济、社会发展较快，其主要地带将逐步形成省、市农村区域经济发展中心，其东部地带将成为农村区域城镇化和现代化推进最快的地区。

就紧临大中城市中心城，城市规划区范围内的小城镇而言，由于能依托和共享城市基础设施，以及具备城市发展的其他一些有利条件，小城镇经济、社会发展较快，特别是沿海经济发展地区这类小城镇发展更快，与城市差别较小，较多发展成为大、中城市的卫星镇。其基础设施与城市统筹规划，共享城市基础设施，其基础设施规划是城市基础设施规划的组成部分，基础设施本身是城市基础设施专项系统的组成之一。

就远离城市、城镇密集区域的点状，独立分散分布一类小城镇而言，这类小城镇由于距中心城市较远或偏远，依托大、中城市交通、水、电等基础设施较困难，除可依托部分区域基础设施外，主要依靠县域基础设施和本身基础设施、除其中县城镇、中心镇和经济发达地区小城镇基础设施条件相对较好，经济、社会发展相对较快外，其他小城镇基础设施相对薄弱，小城镇经济社会发展相对较慢；其中位于偏远山区、西部边远地区的小城镇可依托的县域基础设施和其本身基础设施的基础更为薄弱或落后，经济发展缓慢，现代化水平较低。因此，这类小城镇基础设施规划主要以县域基础设施规划为指导，单独编制，基础设施合理水平因区分不同地区，不同发展潜力与趋势分析合理选择。

1.5.2 小城镇基础设施统筹规划的区域范围与适宜共享范围

小城镇发展与其基础设施建设密切相关。小城镇发展及其基础设施优化配置、资源共享都应考虑区域统筹规划。通过区域统筹规划优化基础设施布局与配置，协调和达到基础设施资源共享，更好发挥基础设施对小城镇发展的促进作用。

1.5.2.1 小城镇基础设施的区域共享与统筹规划分析

（1）基础设施优化配置应考虑最佳的区域共享范围

由于小城镇及基础设施都离不开区域的概念，反映在小城镇区域空间结构上的区域交通等基础设施及其相关的区位、地理和历史条件在小城镇经济发展中起重要作用；而每一小城镇都拥有各自的腹地和经济辐射面，小城镇发展的集聚和扩散活动不但与其镇域范围有关，而且也与临近城镇一个更大的区域范围密切相关，县城镇与县市域范围小城镇、中心镇与以其为中心的一定区域范围小城镇均密切相关。这就要求为其服务和促进其发展的基础设施要有最佳的区域共享范围，并结合最佳的区域共享范围考虑优化配置。

（2）城镇区域基础设施网络本身要求区域统筹规划合理布局

交通、通信、供水、供电等区域基础设施的合理布局和建设，形成城镇发展联系的经济与基础设施的轴线、走廊与网络。正是因为世界上城镇间的集聚和扩散活动总是通过其间的交通、通信、供水、供电等联系的基础设施网络进行，依据城市间的交通、通信、供水、供电等联系勾画出城市间的网络线，按其重要程度划分节点和连线，分析城市间通过网络的集聚与扩散作用的网络法是城市地理的经典研究方法之一。而上述城镇间的区域基础设施网络，本身要求在相关城镇的大区域范围统筹规划、合理布局。

（3）统筹规划、优化配置、联合建设、资源共享是小城镇基础设施规划建设的一条重要原则

编者在国家小城镇重点研究课题《小城镇规划标准研究》中提出，小城镇基础设施区域统筹规划及其优化配置与联建共享是小城镇规划建设的重要原则。

大量调查研究和实践证明，这是克服目前小城镇基础设施滞后，不配套，规模小，运行成本高，效益低，资源浪费，重复建设等弊病，有利于经营管理、资源共享、降低运行成本和生态环境保护的一条重要规划原则。

以小城镇给、排水主要工程设施为例，浙江省湖州市 23 个建制镇原来有 20 多个镇级自来水厂，规模都较小，其中最小者仅 0.2 万 m^3/d，运行成本高，效益低，而水源也难以保护。而在市域范围城镇体系基础设施区域统筹规划优化的基础上，只需建 7 个区域水厂，其余水厂均改成配水厂；排水工程规划各小城镇单独考虑污水处理，需建污水处理厂27 个，且每个规模小，最小仅 0.3 万 m^3/d，而统筹规划的区域污水处理厂仅需 7 个。由于小城镇区域基础设施规划科学，布局合理，不但做到优化配置，资源共享，投资和经营效益高，而且便于采用先进技术，提高基础设施水平，有利于经营管理，有利于与城市基础设施并网、接轨，同时避免重复建设，减少资源、资金浪费，有利于生态环境保护和可持续发展。

以电源电厂规划建设为例，改革开放后的 20 世纪 80 年代末、90 年代初，珠江三角洲城镇密集区经济发展很快，乡镇企业蓬勃发展，电力供应紧张，由于缺乏区域统筹规划，不但每个城市都规划建设大电厂，而且每个镇、很多乡镇企业也都自建、自备小型电厂，包括许多柴油发电机自备电源。结果不但资源浪费，成本高，效益、效率低，而且更严重的是带来整个地区大气污染，造成这一地区酸雨现象十分严重。20 世纪 90 年代中期广东加强区域基础设施统筹规划和区域整治、协调，电源建设严格审批、优化布局、合理配置，集中建设、区域共享，开始步入有序规划建设轨道，城镇环境污染得到有效控制，不但经济效益、社会效益、环境效益明显提高，而且确保基础设施和城镇建设的可持续发展。

1.5.2.2 小城镇基础设施统筹规划的相关区域范围

小城镇基础设施统筹规划的区域规划范围与小城镇的空间分布、空间形态密切相关；也和为城市与小城镇，小城镇与小城镇，小城镇与乡、村庄之间经济集聚、扩散、辐射服务的区域基础设施系统与网络密切相关；同时也与基础设施不同专项的特点和要求有关。

（1）"近郊、紧临型"小城镇基础设施统筹规划的区域范围

紧临大中城市中心城，位于大中城市规划区范围内的城市近郊小城镇，其发展依托城市基础设施，依托的城市基础设施条件较好，且小城镇基础设施本身是城市基础设施的组成部分，并在城市总体规划中一并考虑。其统筹规划区域范围即城市规划区范围。但其以下规划区内的工程基础设施应依据相关区域规划和城市总体规划，在相关区域规划和城市规划范围中协调和统筹规划。

1）涉及的城市对外交通，机场、铁路、高速公路与其他过境交通；

2）涉及的大区电力系统的大型电站、500kV 变电站、220kV 变电站；

3）涉及的城市间长途通信干线，包括光缆与微波通信干线；

4）涉及的流域水资源城市规划区外供水水源及输水干管；

5）涉及的西气东输等天然气长输高压管道及门站、高中压调压站、大型储气站；

6）涉及的相关流域防洪设施。

❶图 1.5.2-1 为唐山市市域城镇重要基础设施综合图（2003～2020）。

---

❶　图 1.5.2-1 彩图和后面图 1.5.2-2 彩图均在第 15 章中编排。

唐山市域范围基础设施统筹规划包括中心城区、丰润城区、古冶城区、南堡、海港开发区等5个片区和遵化、迁安两个县级市，迁西、玉田、滦县、滦南、乐亭、唐海6县县城镇及其他建制镇的主要道路、电厂（火电厂、热电厂、水电站）、500kV变电站、220kV变电站、通信骨干传输光缆、天然气分输站、门站、高压输气干线、垃圾填埋场等主要基础设施（图中未含水厂、污水处理厂）的市域范围统筹安排，其中高速公路及出口、省道、区域电厂、500kV变电站、区域通信光缆、天然气高压输气干线依据相关区域的专项统筹规划。

（2）"远郊、密集分布型"小城镇基础设施统筹规划的区域范围

这类小城镇基础设施统筹规划的区域范围讨论，包括以空间分布形态划分的"密集型"和"线轴型"两类小城镇。

这类小城镇多处在距中心城相对较近，沿主要交通干线等较集中分布的城镇密集群之中，区域基础设施现状与规划联建共享条件较好，并在区域城镇群经济社会发展中起着重要作用。因为是较大区域和地区的经济发达、较发达城镇密集区、核心区，其区域基础设施规模较大，技术较先进，发展要求较高，因此，城镇基础设施区域统筹规划更有必要。其统筹规划的区域范围应按以下原则考虑：

1）涉及以下较大规模共享基础设施统筹规划的区域范围为相关城镇群所属大中城市的行政区市域范围，并在市域城镇体系基础设施规划中统筹规划。

① 涉及市域城镇体系规划主要道路交通的小城镇对外交通，包括公路、铁路、水路、机场、港口；

② 涉及市域城镇体系规划基础设施规划的220kV以上变电站、电源电站（水、火电厂等）、220kV以上高压电力线路走廊；

③ 涉及市域城镇体系规划基础设施规划的城镇间长途通信干线，包括光缆与微波通信干线；

④ 涉及市域城镇体系规划基础设施规划的水源保护地、较大规模自来水厂；

⑤ 涉及市域城镇体系基础设施规划较大规模污水处理厂、垃圾卫生填埋场或其他垃圾处理站；

⑥ 涉及西气东输等的区域天然气长输高压管道；

⑦ 涉及市域城镇体系规划的防洪设施。

上述基础设施当涉及跨行政区域的相关城镇群时，其统筹规划范围应为划定跨行政区域的相关城镇群规划区范围。

2）涉及以下较小规模共享基础设施统筹规划的区域范围为相关城镇群所在中小城市行政区域或划定其中的相关区域范围，并在上述的区域城镇体系规划或在区域规划中统筹规划。

① 上一层次相关规划指导下的镇际道路交通；

② 上一层次相关规划指导下的110kV变电站、35kV变电站、35～110kV高压电力线路；

③ 10万 m^3/d 供水规模以下的水厂及输水管道；

④ 10万 m^3/d 处理水量以下规模的污水处理厂；

⑤ 较小规模热电厂；

16

⑥ 相关城镇群防洪设施及其他防灾设施；

⑦ 较小规模垃圾卫生填埋场。

（3）"独立、分散型"小城镇基础设施统筹规划的区域范围

这类小城镇因距大中城市中心城距离较远，又无连片发展可能，一般多为不在密集城镇群中的县（市）域城镇体系的小城镇，部分为偏远、边远小城镇。其基础设施统筹规划的区域范围应按以下原则考虑：

1）涉及以下共享基础设施的统筹规划区域范围为县（市）行政区域规划范围，并在县（市）域城镇体系规划中统筹规划。

① 镇际道路交通，包括公路、水路；

② 涉及电力系统供电的 35～110kV 变电站，经技术经济方案比较和项目可行性论证并审批的电源电站、35～110kV 高压电力线路走廊；

③ 镇际通信线路；

④ 10 万 m^3/d 供水规模以下的水厂及输水管道；

⑤ 10 万 m^3/d 处理水量以下规模的污水处理厂；

⑥ 相关防洪设施、消防设施；

⑦ 较小规模的垃圾卫生填埋场。

2）涉及以下较大区域相关的基础设施统筹规划区域范围，宜为上一级所属行政地区或跨行政地区城镇体系规划划定范围。

① 过境道路交通，包括铁路、高速公路、省道；

② 电力系统 220kV 变电站及其高压电力线路、大中型水电站；

③ 过境城镇长途通信干线，包括光缆与微波干线；

④ 涉及外供水源保护地；

⑤ 涉及西气东输等的天然气长输高压管道；

⑥ 涉及的流域防洪设施。

图 1.5.2-2 为四川省会东县县域主要基础设施综合规划图。

图中二级以上公路在跨县域较大范围统筹规划，其中高等级公路会东段选线结合县域经济发展轴带上点的联系，三级公路主要在县域考虑；水库及其他主要饮用水源保护地、供水分片集中统筹考虑了县域的水资源和镇、乡居民地分布以及分片供水相关的山区地形条件、人口密度、经济状况等因素，1 万 kW 规模以上水电站统筹规划主要基于县域水力资源的综合开发利用，110kV、220kV 变电站和线路及引导路径基于县域地方电网和西昌市域国家电网的统筹规划及县域镇乡、用电分布、地形诸因素的考虑。

1.5.2.3 小城镇基础设施规划的适宜共享范围

小城镇基础设施统筹规划的适宜共享范围有与其统筹规划区域范围相同的范围，而就空间不同分布、形态小城镇基础设施共享而言，主要考虑基础设施的不同专项特点和要求。共享的具体范围，应按规划范围的专项需求，在专项统筹规划设施布局与服务范围优化的基础上，根据项目技术要求，经项目技术经济论证确定。此外，从基础设施的配备经济和经营运作合理的角度分析，小城镇基础设施配备与共享，对小城镇本身也有一个合适规模的要求。

表 1.5.2-1 为小城镇与涉及小城镇的区域基础设施统筹规划资源共享范围。

小城镇与涉及小城镇的区域基础设施统筹规划资源共享范围　　　表 1.5.2-1

基础设施		统筹规划的可共享范围		
分类	专项	近郊、紧临型小城镇	远郊、密集分布型（密集型、线轴型）小城镇	独立、分散型小城镇
道路交通系统工程	区域交通干线、综合交通走廊	以中心城区为核心的城镇核心区域、密集区域	含小城镇的城镇密集区域、核心区域	
	县（市）域镇际交通			县（市）域
电力系统工程	区域电力系统、区域大型电厂、500kV变电站	以中心城区为核心的城镇核心区域、密集区域、大中城市市域	含小城镇的城镇密集区域、核心区域、大中城市市域	区域电力系统供电范围的县（市）域
	25万kW以下中、小型电厂、220kV变电站	城市规划区	城镇群的相邻镇，较大负荷的县城镇、中心镇、大型一般镇及其镇域	县（市）域中的一定区域范围、较大负荷的县城镇、中心镇和大型一般镇及其镇域
	35～110kV变电站、小型水电站			镇域
通信系统工程	城市间骨干传输网（含光缆、微波等骨干传输网）	以中心城区为核心的城镇核心区域、密集区域	含小城镇的城镇密集区域、核心区域、大中城市市域	大、中城市本地网的县（市）域
	本地网	大中城市规划区及其行政区域	大、中城市行政区域	大中城市本地网的县（市）域
给水系统工程	大、中型水厂及其输水工程	城市规划区	城镇密集区域、核心区域中的水厂供水区范围	
	10万m³/d供水规模以下的小型水厂		城镇密集区域中供水规模较小的相邻镇间	独立、分散型小城镇及其镇郊
排水系统工程	大、中型污水处理厂及排水工程	城市规划区	城镇密集区域、核心区域中的污水处理厂集污水范围	
	10万m³/d处理水量以下规模污水处理厂及排水工程		城镇密集区域中污水处理量较小的相邻镇间	独立、分散型小城镇及其镇郊
供热系统工程	大中型热电厂及供热管网	城市规划区	距热电厂10km以内城镇密集区域、核心区域	
	小型热电厂、热源厂及供热管网			独立、分散型小城镇及其镇郊

18

续表

基础设施		统筹规划的可共享范围		
分类	专项	近郊、紧临型小城镇	远郊、密集分布型（密集型、线轴型）小城镇	独立、分散型小城镇
燃气系统工程	西气东输等的天然气长输高压管道、门站、储气站等设施	城市规划区	城镇密集区域、核心区域	天然气长输高压管道沿途县城镇、中心镇
防灾工程	流域防洪设施	流域防洪相关的城市规划区	流域防洪相关城镇密集区域、核心区域	流域防洪相关小城镇
	消防指挥中心	城市规划区	大中城市同一行政区域的城镇密集区域	同一地级行政地区的县（市）域
环境卫生工程	大中型垃圾卫生填埋场	城市规划区	工程项目相关的城镇密集区域、核心区域	

1.5.2.4 基础设施配备经济、经营运作合理的小城镇合适规模

我国小城镇规模普遍过小。小城镇规模过小，集聚能力和辐射功能不强，就基础设施而言，小城镇规模过小，基础设施配备不经济，也难发挥效益。小城镇规模分级宜按有利小城镇健康发展，适当迁并、调整和发展的规模考虑。

国家小城镇重点研究课题《小城镇规划标准研究》与《小城镇规划标准体系》在对我国不同地区、不同类别大量有代表性、典型性小城镇相关调查研究基础上，综合分析国内外相关研究资料，提出基础设施配备经济、经营运作合理的小城镇合适规模宜在2.5～3万以上人口规模。同时，提出小城镇基础设施选择、确定合理水平和定量化规划技术指标的适宜小城镇规模分级（详见1.6.2）。

表1.5.2-2为京郊小城镇基础设施投资调查表。

京郊小城镇基础设施投资调查表　　　　　　表1.5.2-2

项目 人口（人）	供水			供暖			供电			供气		
	规模（万t/年）	投资（万元）	人均投资（元）	规模（t）	设备厂房投资（万元）	设备厂房人均投资（元/人）	规模（kVA）	投资（万元）	人均投资（元/人）	规模（m³）	投资（万元）	人均投资（元/人）
2000	19	130	650	6	170	850	24496	4574	22870	2500	660	3300
5000	47	130	260	12	270	540	34994	5717	11434	2500	800	1600
10000	95	130	130	18	410	410	43743	6352	6352	5000	960	960
20000	190	260	130	30	500	250	48604	7058	3529	5000	1410	705
30000	285	260	86.7	60	735	245	54004	7843	2614	7500	1760	587
40000	380	390	97.5	100	1400	350	60005	8560	2140	10000	2310	577
50000	475	3000	600	130	2010	402	74055	10700	2140	10000	2720	544
60000	5701	3000	500	160	2550	425	88975	12846	2141	10000	2720	453

资料来源：郑一淳等. 城郊小城镇发展研究.《小城镇建设》4/2001

分析上表供水、供暖、供电、供气四项公共设施调查数据，小城镇人口规模2000人时基础设施人均投资最大，为 27670 元/人；4 万人时，人均投资最少，为 3165 元/人，而且其中 3 万人以后就大致在 4000 元左右。可见，较经济合理配备基础设施而言，小城镇一般应在 3 万人以上。总之，小城镇通过适当迁并，形成 3 万人及以上规模，对于小城镇基础设施经济合理配备和运行以及增强小城镇发展活力都十分必要。

1.5.3　小城镇基础设施区域统筹规划与联建共享案例分析

1.5.3.1　例 1　苏州西部次区域（城镇群）市政设施布局的区域协调与资源共享

本例侧重于说明城镇群基础设施的区域协调和资源共享的统筹规划分析。苏州西部次区域含苏州（西部）新区和 16 个小城镇，本例分析结合西部次区域发展战略研究的城镇布局，同时省略了专项规划的许多中间环节，在规划条件尚不充分的情况下，分析说明中涉及的一些设施预测与规模的粗略数据，仅借以对协调共享问题的分析说明，不作为规划建设的依据，同时说明涉及的是规划研究范围的城镇，不涉及乡村。

本分析主要依据：

1）江苏省城镇体系规划；

2）苏州市城镇体系规划；

3）苏州市总体规划；

4）苏州新区总体规划；

5）苏州市生产力布局概念规划；

6）苏州西部次区域发展战略研究；

7）调查收集专业部门资料；

8）相关政策、法规与标准。

（1）规划原则和区域协调、资源共享的必要性

西部次区域市政设施包括给水、排水、电力、供热、信息化、燃气、防洪、环卫等诸多内容，规划应遵循下列原则：

1）区域协调、统筹规划、联合建设、资源共享的原则；

2）因地制宜、合理布局、节约用地、经济适用的原则；

3）经济效益、社会效益、环境效益统一，可持续发展的原则；

4）规划优化原则；

5）设施之间空间布局的整体性、统筹性和综合性考虑原则。

区域协调、资源共享的必要性：

1）有利于本区域和全市基础设施的空间总体优化，同时便于为不同等级的城镇提供不同的基础设施条件；

2）有利于克服目前存在的各自为政，重复建设，资金、资源浪费，以及规模小、运行成本高、效益低等弊病；

3）有利于生态环境保护和可持续发展；

4）有利于引导城镇空间集聚。

（2）布局的区域协调与资源共享

1）给水

在相关规划的预测基础上，结合苏州西部次区域发展战略研究，采用规划延伸和比较

的方法，估测本区域近期用水量为 100～120 万 t/d。

区域供水和水源保护

根据就近区域供水和分质供水，节约用水的原则，对本区域内已有的城镇规划供水规划作合理调整和统筹安排，初步考虑本区域分 3 大片区供水，如表 1.5.3-1。

西部次区域水厂方案　　　　　　　　　　　　表 1.5.3-1

水 厂	供水片区范围	水厂规模（万 t/d）	水源（取水口）
北片区	浒望新城（含通安）	20～50	太湖（白洋湾）
中片区	新区、木渎、太湖组团	65～75	太湖（渔阳山）
南片区	太湖度假区、胥口、西山、东山、越溪	15～20	太湖（寺前港）

表中方案应在相关片区规划和总规中做出论证并优化调整，同时规划中应考虑：

① 各镇区规划一般设配水厂；

② 统筹规划，区域协调，论证片区水厂时宜淡化行政界限；

③ 分质供水，在保证水质前提下，对工业用水、景观用水和灌溉用水，采取水网就近供水；

④ 严格控制地下水开采；

⑤ 水资源供需平衡在全市和市域范围进行并调整；

⑥ 在加强太湖流域污染治理同时，太湖水源地必须设置一级、二级保护区和准保护区。

2）排水

本区域远期污水量估测按用水量乘以标准系数，估为 80～95 万 t/d。

① 排水体制

新区、开发区全部采取分流制；

老镇区近中期可采取截流式合流制，中远期过渡到分流制。

② 污水处理

污水处理率低和污水的直接排放是水环境污染的主要根源。苏州城镇和乡村的工业废水和生活废水未经处理直接排放的现象普遍存在，即使已建污水处理厂的城镇，大多数规模小，处理能力不高，不能满足污水达标排放要求，苏州及其西部次区域都有必要加快速度增建、扩建大型污水处理厂，集中处理城市污水。

初步考虑本区域排水分片和污水处理厂方案见表 1.5.3-2。

排水分片和污水处理厂方案　　　　　　　　　表 1.5.3-2

排水分片	排水片范围	初拟规划建设污水厂（万 t/d）	初选址
北片区	望亭、通安、镇湖、东渚、浒墅关	望亭、浒关、通安 20	近京杭大运河
中片区	新区、木渎、横塘、太湖组团	新区北 15 新区南 15 木渎、胥口（含度假区）12 太湖组团 20	近京杭大运河 近京杭大运河 近光浒运河 近光浒运河

21

续表

排水分片	排水片范围	初拟规划建设污水厂（万 t/d）	初选址
西南片	藏书、光福、太湖度假区、香口、东山、越溪、西山	东山（含度假村、浦庄、横泾等镇）6～8	近东横运河

注：① 表中方案应在相关片区规划和总规中做出论证，并根据地形等条件优化调整。
　　② 西山的处理污水不考虑排入太湖，宜进行较高标准的处理后，排入农田、果园，进行中水回用，防止深层土壤污染，并在规划设计阶段对方案进一步做出论证。

3）电力

苏州南部电网（包括市区、吴江）电源有望亭电厂 1200MW，2005 年装机达 1500MW。

北部电网（常熟、张家港）电源有常熟电厂 1200MW，2005 年、2006 年各投一台 600MW 机组，张家港电厂 250MW。

东部电网（太仓、昆山）华能电厂规划远期 4×300MW。

苏州供电局 2000 年预测 2015 年苏州市区最高负荷 236kW，苏州市域最高负荷 912 万 kW，2010 年 220kV 电网正常缺电 393～423 万 kW，规划新建 500kW 苏州西郊变电厂，2015 年 220kV 电网正常缺电 601～631 万 kW，规划扩建 500kV 西郊、吴江、石牌和东坊变电站。

初步估测苏州西部次区域远期 2025 年用电负荷 180～190 万 kW（其中新区 90～100 万 kW），规划本区 220kV 站有阳山、新区、浒关、狮山、金山、度假区、越溪、特钢（用户变）8 个站。

在本片区规划中尚需重点考虑相关规划的协调问题：

① 太湖畔望亭电厂现分别为 2×300MW 燃煤机组和 2×300MW 燃油机组，环境污染严重，考虑沿太湖区域，尤其太湖畔，需重点保护生态环境，减少电厂粉尘和酸雨污染至关重要，建议结合天然气西气东输工程，望亭电厂尽早改为燃天然气机组，同时电厂规划规模不宜再扩大，苏州市缺电及相关电力平衡宜通过国家 2010 年前三峡电厂往华东送电和其他西电东送，由系统增加供电解决。

② 新区 110kV 线路宜考虑电缆与架空结合。

③ 原则按苏州市总体规划，预留本区域高压线走廊，同时结合本片区的重点开发地域作必要适当调整。

4）信息网

统筹规划区域信息传输有线网络与无线网络以及信息交换网络。

① 网络交换平台统筹规划

a. 规划预测本区远期主线普及率：

开发区、度假区为 75～80 线/每百人；

镇区为 65～70 线/每百人。

b. 规划局所 7 个，新区规划局所 4 个，木渎、浒望新城、太湖组团各 1 个，其中汇接局 2 个（设在新区），远期局所容量每局在 10～20 万门；规划模块局约 10 个。各镇、风景名胜区、旅游度假区近中期设模块局，远期改设 OLT。

c. 通过汇接局开通直达两个 TS 的中继信道。

d. 全市统筹考虑移动通信规划和移动交换局，西部次区域规划若干基站。

e. 全市统筹规划地面卫星站、远期规划收信区与发信区。

f. 中心交换局、长途局和交换中心设在中心城区。

g. 西部与全市应统一数字城市基础平台和数据库标准，建立完备的、面向政府和公众的公益型数据库体系和面向微观经济活动的商用型数据库体系，形成系统完善的信息收集和发布机制，为政府和公众提供高质量的服务，结合网络互通，拓展信息市场。

h. 在全市数字城市规划指导下，协调规划西部数字城市及其与数字城市网络的联结，同时利用现代信息和现代交通技术的引导作用，提升苏州西部城镇空间网络布局的质量。

i. 与全市相关信息系统规划相协调，全面推进苏州西部次区域社会各区域的信息化。

② 信息传输网规划

a. 城域骨干传输网

ⓐ 规划连接新区交换局和本地交换局，组成西部次区域城域骨干传输网。

ⓑ 西部次区域城域骨干传输网与中心城区城域核心传输网相连。

ⓒ 沿西部次区域环城干道及连接其他西部城镇的交通干线，规划2~3个西部次区域城域边缘传输网。

ⓓ 西部次区域城域边缘传输网与其城域骨干传输网相连。

ⓔ 推动三网融合，并通过建设西部次区域和全市数字化、宽带化、智能化高速信息网络和规划苏州信息网络互联中心，提高西部次区域和市区的信息网络交互能力，逐步实现各类应用网络的互联互通，满足西部次区域现代化建设和社会多层次信息需求。

b. 城镇用户接入网

ⓐ 西部次区域城镇按功能小区（各类工业区、工业小区、居住区、居住小区、商业区、办公区、商住混合区等）规划用户接入网。

ⓑ 其网络系统由代理服务器、中心路由、中心交换机、楼宇集线器组成。

ⓒ 用户接入网与城域干网的联系可采用中国电信、中国联通等的DNN专线。

ⓓ 新区、开发区、度假区等用户驻地网原则上采用综合有线系统。

c. 城际干线传输网

城际干线传输网是采用光纤、卫星和微波连接以市或一个长途区号为单位的地域间通信端口构成的高速宽带信息传输链路。

ⓐ 在全省规划的以中心城市为依托沿主要城镇聚合轴建设省内信息化高速公路基础上，规划沿环太湖主要交通干线的苏、锡、常、嘉、湖信息高速公路，西部相关道路应预留城际信息通信管孔，以适应和强化苏州及其西部城市次区域环太湖的核心腹地作用。

ⓑ 通过苏州信息港与上海、南京、杭州等国际性、国家信息港建设的规划协调，完善区域信息基础设施，并规划苏州与上海间直达高速信息路由，提升苏州及其西部在区域中的整体竞争力。

5）供热

新区等热电厂原则上主要考虑工业用汽。根据用汽、用热的规模，以热定电，相关规划宜同时考虑环保等要求，进行优化调整，并建议热电厂采用燃天然气机组。

本地区不属供热区域，生活用热可考虑电和天然气。

6）天然气

西气东输初定主干线苏州段走向方案为沿沪宁高速公路北侧，由常州市龙虎塘经无锡的东北塘至苏州陆慕镇，并沿高速公路北侧经过市区段之后，管道在阳澄湖服务区前穿越京沪铁路和312国道，末站上海白鹤。

苏州市域内设两个分输点，其一在市区长青，另一个在昆山张浦镇。

规划建两个门站：

一个门站选在本片区浒关新区大新村与长亭村间（靠近312国道处），另一门站在昆山张浦镇。

高压管网规划为其中一路沿本片区新区长江路和本市中心城区北环路、东环路、南环路外侧敷设，管径为DN500的高压天然气环网。

7）防洪

① 西部次区域防洪标准应在区域防洪规划的基础上，结合本区域城镇总体规划进行编制，并依据所需流域水系防洪标准和城镇规模、性质、经济发展水平、区位及其重要性，确定城镇防洪标准。

② 西部次区域所需水系主要考虑太湖流域水系和京杭大运河水系统，同时考虑相关长江流域水系。

③ 西部次区域新区（含木渎）、浒关开发区防洪标准为百年一遇，其他城镇防洪标准应不低于太湖流域的防洪标准，近期50年一遇，远期百年一遇。

④ 根据流域统一防洪的原则，规划建设防洪设施，采取防洪措施。

8）环卫

① 从全市规划考虑，在市域内建设一处大型的垃圾综合处理场，采取焚烧与填埋相结合的方式，综合处理城镇生活垃圾。西部次区域城镇应规划垃圾转运站。

② 城镇环卫宜与整治河道、污水处理相结合。

1.5.3.2　例2　湖州城镇群综合交通规划和给排水分散与集中规划建设方案比较

本例选自中国城市规划设计研究院、湖州市城乡建设委员会、湖州市规划设计院编制的湖州市区城镇群总体规划（1996～2020年）。作为小城镇基础设施区域统筹规划与联建共享案例分析，编者对原相关章节内容作了较大删改，突出城镇群规划区小城镇基础设施的综合统筹规划与联建共享的规划理念与规划方法。

表1.5.3-3为湖州市城镇群综合规划中心城和22个建制镇人口与用地规模一览表。

湖州市城镇群综合规划中心城和22个建制镇人口与用地规模一览表　表1.5.3-3

	城镇人口规模（万人）			用地规模（km²）		
	现状（1995年）	原规划（2010年）	本规划期末（2020年）	现状（1995年）	原规划（2010年）	本规划期末（2020年）
中心城	20	43	55	17.4	49.45	63.15
织里	3.3	6	5.1	1.825	4.8	5.09
轧村	0.6	1.5	1.0	0.453	1.55	0.97
漾西	0.2	1.0	0.6	0.2995	1.16	0.598
南浔	4.5	12	10.3	4.167	2.00	10.78

续表

	城镇人口规模（万人）			用地规模（km²）		
	现状 （1995年）	原规划 （2010年）	本规划期末 （2020年）	现状 （1995年）	原规划 （2010年）	本规划期末 （2020年）
东迁	0.37	1.5	0.7	0.634	1.68	1.36
马腰	0.38	1.2	1.0	0.582	1.34	1.03
练市	2	4	4.8	2.122	4.88	4.87
双林	1.9	4	4.2	2.183	4.86	4.63
镇西	0.3	0.95	0.8	0.438	1.26	0.85
旧馆	0.24	1.08	0.8	0.283	1.19	0.8
菱湖	2.6	7.0	5.3	1.55	6.50	5.22
下昂	0.25	1.2	0.8	0.41	1.19	0.79
重兆	0.32	1.5	0.8	0.63	1.68	1.17
东林	0.35	—	0.8	0.67	—	1.50
锦山	0.3	—	0.8	0.36	—	0.71
埭溪	0.6	2.3	2.00	0.63	3.00	1.99
和孚	0.25	0.83	0.8	0.37	0.55	0.78
长超	0.25	1.2	0.8	0.24	0.75	0.75
石淙	0.25	1.28	0.8	0.36	1.46	0.79
千金	0.41	1.04	0.7	0.405	1.38	0.701
含山	0.3	1.0	0.6	0.25	1.0	0.603
善琏	0.63	1.6	1.0	0.52	1.6	1.01

注：湖州镇随中心城的扩大纳入中心城；八里店镇除保留行政职能外，其他纳入湖东新区统一考虑。东林和锦山镇未做规划。

（1）城镇群综合交通规划

1）规划原则

① 与中心城规划及市域城镇体系规划相协调；

② 适应江南水网地区不断增长的综合交通需要，建立公路、水运、铁路并举的综合运网；

③ 规划有弹性，具备应变能力；

④ 协调好市区和整个沪宁杭长江三角洲大区域交通的衔接关系，适应铁路、公路、水路不同运网系统要求，使之协调衔接；

⑤ 从市区长远的观点出发，同时满足近期发展需要；

⑥ 城镇群道路和过境路走向要兼顾各城镇的发展方向，出入口分布要均衡；

⑦ 适应城市市政道路系统和公路系统不同要求，使之协调衔接；

⑧ 保护市区内自然生态，减少对自然环境的干扰和破坏。

2）发展战略

市区城镇群应依托沪宁杭大都市群交通三角走廊，强化区内杭嘉湖干线交通轴，开辟市区内多载体快速集散交通运网，培育区位优越的重点城镇。

市区城镇群综合交通建设重心的发展时序应经历从以高速公路为核心的快速路网建设到以四级骨干航道为轴心的综合航道整治直至大规模的综合运网整治。

① 1996~2000 年，市区城镇群要依托西部的杭宁高速公路，改造现有干线路网，形成初具规模的城镇群主干道系统。

根据干线路网交通量预测分析，市区干线路段的交通量基本上每十年要翻一番。由于市区北临太湖，西靠天目山，开辟新的交通走廊已无自然条件，因而原有交通干线交通压力将会十分巨大。市区历史上是以自然航道来进行交通集散，公路等级低、路网密度明显低于周边县市，特别是过境干线混杂了大量的区内城镇生活交通，运网质量不高。目前市区交通建设的重心是以杭宁高速公路为契机，全面改造 318 国道、104 国道和湖盐公路，建设以主干道为核心的城镇群区内交通，初步形成以机动车为载体、公路运网为主导的交通系统，适度发展航运和铁路。

② 2001~2010 年，市区城镇群交通建设要突出内河航运和港口的集散作用，同时进一步完善和优化主干运网，开辟从市区到乍浦港的铁路。

市区城镇群人口密集，作为沪宁杭长江三角洲重要的组成部分，其城市化进程的建设在这一时段将达到高潮，交通的需求和公路运网的矛盾日趋尖锐。公路建设量过大，会把水乡原已破碎的自然地块分割得更加零乱，造成直接和间接的土地资源浪费，同时桥梁众多使得投资很不经济。面对这种交通压力，城镇群应以大力发展航道运网作为这一期间交通建设的重心。长湖申线和京杭大运河要整治到国家四级和三级航道，作为区内航运轴心，大力拓展浚湖申复线、杭湖锡线等集散航道，形成渠网化的内河航运体系。

③ 2010~2020 年，市区城镇群交通建设应以运网全面充实整治、加强枢纽建设和交通管理为核心，形成公路、水运、铁路并举的多载体综合运网系统。

湖州市区城镇群在交通紧张的条件下，只能大力发展综合交通，加强交通管理，限制私人小汽车的无节制出行，同时公路、航道运网要大力开发集装箱规模运输，提高运网质量，形成以实现人和物的快速安全转移为最终目的的多载体综合交通网络。

④ 交通量预测

根据《湖州市"九五"和 2010 年经济发展纲要》以及《浙江省交通建设"九五"规划及 2020 年设想纲要》的精神，规划期间湖州市的工农业生产发展将持续增长，科技进步因素在经济增长中的比重大幅度提高。其中 2000 年前全市国内生产总值年均增长 15％，2000~2010 年平均增长 11％。产业结构以丝绸、纺织、建材、机械、食品等为主。湖州市区交通运输基本格局应为运入的主货种是以煤为主的能源、原材料；运出的主货种是建材及非金属矿石。随着湖州市市区工农业生产和外向型经济发展，以及长江三角洲区际经济交流的扩大，各种工业原料、成品、半成品及生产生活资料的调运量将进一步上升。铁路运输、集装箱运输将明显增长，水运、公路运输稳步增长。

客运量也随着经济发展和私人小汽车逐步普及而大幅度增长，客运服务水平提高，在空间距离和时间距离上大为缩短。表1.5.3-4~表 1.5.3-6 为市区交通客运量、市区货运量、干道交通量预测。

根据市交通局对近十年国民经济主要指标与运输量相关分析，以及 2020 年内全市经济发展趋势。市规划水平年货运增长率与国民生产总值增长率的弹性系数为 0.5~0.8。

市区交通客运量预测 表 1.5.3-4

	1995 年		2000 年		2010 年		2020 年	
	客运量（万人）	客运周转量（万人/km）	客运量（万人）	客运周转量（万人/km）	客运量（万人）	客运周转量（万人/km）	客运量（万人）	客运周转量（万人/km）
公路	2325	111948	2860	177500	3857	289500	4900	400600
水运	26	463	20	36	20	400	20	400
铁路	12	1200	19	2850	45	8100	70	1400
合计	2363	113611	2899	180386	3922	298000	4990	415000
年均增长率	—	—	4.20%	9.70%	3.10%	5.10%	2.40%	3.40%

市区货运量预测 表 1.5.3-5

	1995 年		2000 年		2010 年		2020 年	
	货运量（万 t）	货运周转量（万 t/km）	货运量（万 t）	货运周转量（万 t/km）	货运量（万 t）	货运周转量（万 t/km）	货运量（万 t）	货运周转量（万 t/km）
公路	1045	59737	1400	86800	1800	129000	2300	170000
水运	769	122783	1000	168500	1400	239000	2000	335000
铁路	26	5200	100	24000	400	108000	600	180000
合计	1840	187720	2500	279300	3600	476000	4900	685000
年均增长率	—	—	6.32%	8.20%	3.71%	5.50%	3.13%	3.70%

干道交通量预测（标准车/d） 表 1.5.3-6

线　路	1995 年	2000 年	2010 年	2020 年
G318 国道	6476	10426	20509	33409
G104 国道	12397	19959	39260	63954
G318，G104 复合段	17812	28677	56408	91889
湖盐省道	4500	7245	14251	23215
鹿唐省道	6524	10504	20661	33656
年增长率	—	10%	7%	5%

3）综合交通空间布局

① 对外交通

a. 布局

市区城镇群综合交通空间结构有 1 条杭宁通过性交通走廊和 2 条集散性交通走廊（湖申走廊和乍湖走廊）。

这 3 条走廊依托杭宁交通走廊以湖州中心城为支撑点，以南浔和练市为门户，向东形成钳形开放布局，北支湖申走廊包括 318 国道一级汽车专用道和长湖申四级航道，南支乍湖走廊包括湖盐一级汽车专用道、乍湖铁路和东部的京杭大运河四级航道。

b. 市区城镇群交通网的 5 个出入口

湖州出入口：西北经长兴通往南京、安徽；

南浔出入口：东北通往嘉兴、苏州、上海；

练市出入口：东南通往桐乡、沪杭高速公路、铁路、320 国道、京杭大运河及乍浦港；

菱湖出入口：西通杭宁高速公路的青山出入口，西南经 104 国道联系埭溪，通往德清、杭州；

新市出入口：新市镇位于德清县境内，紧临湖州市区东南，是湖州市区交通经含山向南的出入口，通往德清、杭州及沪杭 320 国道。

c. 规划交通线路走向

ⓐ 市区杭宁高速公路走向：路线自德清县进入市区境内依次沿山经过赵家桥、南村，在东风桥下游跨埭溪港，与 104 国道平行至解桥山，在青山乡附近与 104 国道互通立交。路线至新桥头后，沿东苕溪至塘西山脚，跨三世河至施家桥，并跨 104 国道、经湖州蚕种场至鹿山。在鹿山与 104 国道设互通式立交。跨大港桥、经杨家庄，再跨龙溪港、庞儿港，至三天门。在三天门与 104 国道和 318 国道互通式立交，至界牌岭进入长兴县境内。

ⓑ 规划 318 国道线段走向：由湖州北环线向东经戴山乡南侧、织里镇北侧、轧村镇北侧，转向东南由东迁镇北部进入南浔镇并交于原 318 国道，自南浔省界进入江苏省。

ⓒ 湖盐公路走向：自北环线向南经八里店东侧跨越长湖申航道，沿长超山北侧向东经重兆、镇西镇北侧，在镇西镇东侧向南跨越湖申复线，转而向东南自双林镇南侧经莫蓉乡跨京杭大运河到练市镇，平行于乍湖铁路进入嘉兴市。

ⓓ 乍湖铁路走向：自宣杭铁路在基山分线向东南经鹿山南侧、云巢南侧、再向东跨越东苕溪；经下昂北侧向东再跨越杭湖锡航道在菱湖镇北侧设一站场。自铁路站场向东由石淙镇北侧经莫蓉乡转而向东南平行于湖盐公路跨京杭大运河进入练市镇，设一铁路站场、再向东进入嘉兴市乌镇镇。

ⓔ 和云公路自云巢沿南郊风景区向东北跨越东苕溪转向东，再跨越杭湖锡航道和湖盐公路交汇于和孚镇北。

ⓕ 104 国道基本在原有线路上改造。

② 城镇群交通源空间体系类型

市区城市化水平到 2020 年将达到 74%，已经成为一个大范围的城市化地区，湖州城镇群各城镇经济结构相近，互补性不强，直接服务于湖州中心城、上海、杭州、南京及各级中心城市。湖州城镇群交通集中在中心城、各重点镇和出入口之间。

国内外有关学者将城市化地区空间形态体系划分为 5 类，即综合交通体系（沟通性构筑空间，含对外的交通走廊和区内交通空间）；城市化片区（高密度建筑空间，含中心城、重点城镇、建制镇等）；开敞空间体系（分散的低密度建筑空间，含农田、村庄、乡集镇等农作社区空间）；环境保护区（非建设开发用地）；基础设施（支撑性构筑空间）。考虑到过境交通因而交通源主要有以下 3 种：交通走廊、城市化片区、农作社区。湖州市区城镇群交通量分布集中在重点城镇和交通走廊、中心城三者之间的交通联系。

③ 城镇群交通网

市区城镇群交通以公路运网为主，内河运网为辅。镇际运网以城镇群主干道为骨架，沟通南北两个交通走廊和 5 个出入口之间的交通联系。城镇群主干道在湖州、织里、南浔、练市、菱湖形成"田"字形城镇群主干道圈网，各个经济区内部的次干道直接与主干道圈网衔接，构成城镇群交通网。航运网由长湖申线、京杭大运河、杭湖锡线和湖申复线四条航道构成骨干。

4）综合道路规划

① 道路交通混合交通量分配

湖州城镇群道路交通混合交通量分配，根据干线交通量预测，主要公路的交通量分配见表1.5.3-7。

干线交通量分配　单位：标准车/d　　　　　　　　　　表1.5.3-7

道路名称	交通量	道路名称	交通量
杭宁高速公路	70000	织里—含山—新市	5000
原318国道	7000	南浔—含山	7000
湖盐公路	18000	规划318国道	20000
青山—菱湖—练市	7000	环太湖路	6500
104国道	25000	鹿唐省道	8000

注：依据市域体系规划，鹿唐省道市区段大部分交通量将分流到安吉—德清—新市公路上。

② 道路规划

规划道路见表1.5.3-8。

规划道路一览表　　　　　　　　　　　　　　表1.5.3-8

道路种类	道路起讫	道路等级	道路长度（km）	道路密度（km/km²）
杭宁高速	黄芝山—鸿仲坞	高速公路	33.30	0.02
318国道	南浔—104国道并线	一级汽车专用道	40.10	
104国道	黄芝山界牌—跃武关	一级汽车专用道	42.90	
湖盐省道	八里店—318国道	一级汽车专用道	41.80	
和云公路	和孚—云巢	一级汽车专用道	9.80	
合 计			134.60	0.09
城镇群主干道	八里店—南浔（原318国道）	二级加宽	23.90	
	南浔—练市—含山	二级加宽	30.30	
	青山—菱湖—练市	二级加宽	32.00	
	环太湖路	二级加宽	29.70	
	和孚—菱湖	二级加宽	9.90	
	织里—含山—市界	二级	33.10	
	鹿山—市界	二级加宽	14.00	
	湖州—小梅口	二级	4.40	
	南浔—市界	二级加宽	3.60	
合 计			180.90	0.12

29

续表

道路种类	道路起讫	道路等级	道路长度（km）	道路密度（km/km²）
	新增县乡道路			
	长超—菱湖—市界	三级	11.16	
	长超—原 318 国道	三级	5.60	
	双林—马腰	三级	4.70	
	市界—千金至新市道路	三级	3.81	
	马腰—南浔至练市主干	三级	2.51	
	埭溪—市界	三级	4.74	
	千金—善琏	三级	6.28	
	马腰—花林	三级	8.65	
	旧馆—马腰	三级	10.00	
	马腰—东迁	三级	4.80	
	下昂—锦山	三级	5.40	
	锦山—市界	三级	2.00	
	漾西—环太湖路	三级	1.60	
	湖盐公路保留老线	三级	23.20	
	和菱公路保留老线	三级	3.80	
	合　计		98.25	0.06
城镇群次干道	保留县乡道路			
	环渚—大钱	三级	12.40	
	晟舍—太湖	三级	10.46	
	三济桥—漾西	三级	10.12	
	菱湖—千金	三级	10.63	
	埭溪—芳山	三级	14.50	
	妙西—新路头	三级	18.45	
	军部—造纸厂	三级	6.00	
	三天门—火车站	三级	2.70	
	城南—油库	三级	1.66	
	青山—竹墩	三级	10.10	
	保国—锦山	三级	7.60	
	仙村—上溪	三级	4.20	
	张村—关上	三级	9.09	
	花城—含山	三级	11.11	
	横街—桃源	三级	5.52	
	九九桥—铁水中	三级	2.80	
	陈家桥—军部	三级	2.82	
	三济桥—双林	三级	12.00	
	城北—小梅口	三级	11.15	
	莫蓉—墙千里	三级	9.30	
	千金—新市	三级	5.40	
	升山—戴山	三级	6.18	
	柳堡—洪塘	三级	2.82	

续表

道路种类	道路起讫	道路等级	道路长度（km）	道路密度（km/km²）
城镇群次干道	地震台—大众山	三级	1.57	
	张村—南边	三级	1.80	
	莫村—大城	三级	7.69	
	水库—南坞电站	三级	1.80	
	上溪—大冲	三级	3.00	
	庄上—大方	三级	2.42	
	庄上—殿坞	三级	1.00	
	轸岭—白鸠坞	三级	1.58	
	崇塘—长兴坂	三级	0.50	
	青山—两平头	三级	10.01	
	章家山—狭港埠	三级	4.50	
	三天门丝厂—弁南	三级	2.53	
	贾家—盛家坞	三级	2.85	
	石淙—凡石	三级	2.35	
	合计		230.61	0.15
合 计			677.66	0.43

a. 高速公路近期按 4 车道，路基宽度为 26.0m，预留 6 车道，路基宽度为 33.5m。控制征地宽度为 55.0m，两侧各留 30m 绿带。分离、互通式立交的主线桥梁按 6 车道设计，与之相交道路一般上跨高速公路。设 3 个出入口，即：三天门市、鹿山、青山。

b. 104 国道、318 国道和湖盐公路及和云公路以湖州中心城为核心形成环放射的布局，组成对外交通骨架。它把过境交通引出到中心城外围的过境一级公路环中，区内与之相交的主干道考虑立交，对外交通和区内交通通过互通立交口衔接起来。四条公路的道路等级均为一级公路，道路控制征地范围两侧各留 20m 绿带。

c. 练市互通口：位于练市镇西北，主要解决城镇群主干道南浔—练市—含山，跨越乍湖铁路并和湖盐省道的互通立交，作为练市镇及附近乡进出湖盐省道的出入口，同时解决好湖盐公路、乍湖铁路跨越京杭大运河的分离式立交。

d. 镇西互通口：位于镇西镇西北，主要解决含山—织里城镇群主干道，以及重兆、镇西、双林镇进出湖盐公路。

e. 织里互通口：位于织里镇规划用地东北角，主要解决含山—织里城镇群主干道，织里镇、太湖乡进出规划 318 国道。

f. 中心城外围一级公路环在和孚、八里店、云巢、北环线、三天门远期应考虑一系列互通立交，较好地解决过境交通和中心城内部交通的衔接关系，及邻近的和孚、长超、八里店以及各乡出入一级公路交通网。

g. 城镇群主干道的交叉口一般采用平面渠化交叉口，包括含山、下昂、石淙、环太湖路交叉口，主次干道相交，是采用平交，间距控制在 1km 以上。

h. 长湖申航道和原 318 国道作为一条旅游景观道路，需控制好一系列跨航道桥和互通立交口：

南浔 5 座跨航道桥，加之东迁、三济桥、旧馆、织里、八里店、长超共 11 座跨长湖申四级航道桥，其中八里店、织里和南浔东桥为互通立交口。应解决好四级航道 8m 净空、用地局限大与互通式立交的建设矛盾。

5）交通用地规模

交通用地规模见表 1.5.3-9。

湖州城镇群综合交通用地总面积为 15.87km²。

交通用地规模　　　　　　　　　　　　　　　　表 1.5.3-9

用地	类别	里程（km）	用地（km²）	用地比例（%）
公路	高速公路	33	1.11	7
	一级公路	135	3.51	22
	二级公路	181	4.34	28
	三级公路	329	3.95	25
	小计		12.91	82
铁路	乍湖铁路	38.6	0.46	3
	宣杭铁路	46	0.55	4
	铁路站场	4	0.50	3
	小计		1.52	10
出入口		3	0.45	3
互通立交		11	0.88	6
渠化口		6	0.12	1
合计			15.87	100

注：未含乡级以下公路。

（2）城镇群独立、分散供水与统筹、集中供水比较

1）供水方案

① 方案 1. 独立、分散供水

沿用现有供水形式、各镇自成独立供水系统、每镇建水厂供水。

② 方案 2. 统筹集中供水

在规划城镇群范围内选择水源等条件较好的厂址，规划建设大、中型水厂分片城镇群统一供水。

2）方案比较

方案 1

优点：

① 可以充分利用现状供水设施；

② 新建、扩建供水设施的时间、规模由各城镇根据本镇情况自行决定，不存在不同行政区之间的协调；

③ 每个水厂的供水范围较小，可避免长距离的净水输送；

④ 近远期之间易于衔接。

缺点：

① 水厂规模普遍偏小，单位水量投资和制水成本较高，现已存在的净水工艺落后、

出水水质无保证的状况难以改变;

② 需设 20 余个生活饮用水水源保护区,保护的点多面广,难度很大。

工程总投资受水源条件的影响,如果各城镇可供水量能满足需求,取水口水质符合常规净化对原水水质的要求,则水厂分散建设较为经济。如果上述条件不具备,则已经建成的水厂将不得不在如下两种措施中择其一:

值得指出:

① 取水口外移,最终结果原输水管的投资将与水厂集中建设方案的净水输水管的投资相近甚至更大,总投资较集中建设方案大;

② 在水厂内增加预处理设施或深度处理设施,根据国内已经建成投运的此类水厂工程投资和运行费资料,工程投资将比常规净化大 40%~60%,运行费是常规净化的 3~5 倍,其工程投资和运行费用在湖州市区比取水口外移更不经济。

方案 2

优点:

① 水厂规模大,单位水量工程投资较小,有条件引进先进技术设备和管理方法,保证出水水质;

② 可根据市区水资源条件,优选水源,未来因水源污染影响正常供水的风险小;

③ 生活饮用水水源保护区数量少,易于保护。

缺点是:

① 几个城镇统一供水,供水设施建设过程中资金的筹措、分摊和建成投运后输配水需多个城镇共同协调,近期实施难度大;

② 一些城镇净水需进行长距离输送,增加输水管道投资。

经方案技术经济比较,远期规划方案 2 为好。并按此考虑相关各项设施的总体布局,以便控制好用地,保护好水源。

3)供水设施布局规划

① 水厂布局

a. 中心城区主要建设城西、城北、西塞 3 座水厂,供中心城区及周围的白雀、塘甸、环渚、八里店、道场、龙溪、杨家埠等乡镇,规划期末供水能力 58 万 t/d。原规划的小梅口水厂因水源条件差,拟由城北水厂供水,其 2020 年的供水能力相应由 20 万 t 提高到 23 万 t,用地按 5 公顷控制。

b. 东部城镇初步确定划分为 4 个供水分区,集中建设 4 座水厂。

第一供水分区:水厂在现状织里水厂的基础上扩建。供织里、旧馆、轧村、漾西 4 镇及太湖、戴山乡,2020 年用水量 7.38 万 t,水厂供水能力按 7.5 万 t 建设,用地 3.5~3.8 公顷,水源继续取自南横塘,若水质有大的变化,还可以从太湖引水。

第二供水分区:水厂新建于南浔西部东迁至马腰公路的西侧(暂称南浔第二水厂)。供南浔、东迁、马腰 3 镇及横街、三长乡,2020 年用水量 10.83 万 t,水厂供水能力按 11 万 t 建设,用地 4.0~4.5 公顷,水源就近取自白米塘。

第三供水分区:水厂新建于莫蓉乡南部(暂称莫蓉水厂)。供石淙、善琏、含山、重兆、镇西、双林、练市 7 镇及莫蓉、洪塘、花林乡,2020 年用水量 12.54 万 t,水厂供水能力按 13 万 t 建设,用地 4.5~5.0 公顷,水源取自附近河道。

第四供水分区：水厂新建于下昂镇西南部（暂称下昂第二水厂）。供埭溪、东林、锦山、菱湖、千金、下昂、和孚、长超 8 个镇及云巢、青山、新溪乡，2020 年用水量 11.45 万 t，水厂供水能力按 11.5 万 t 建设，用地 4.0～4.5 公顷，水源取自东苕溪。

② 输配水工程

a. 中心城区的城西水厂、城北水厂、西塞水厂直接向中心城配水，小梅口旅游度假区现状水厂不再扩大净水能力，配水能力由现状的 1500t 逐步扩大到 3 万 t。

b. 东部平原织里镇和下昂镇分别由织里水厂和下昂第二水厂直接配水，其余各镇现状水厂尽可能作配水厂利用。

c. 相应建设各供水分区的输水管道。为便于施工，输水管道原则上沿公路一侧布置。市区共建设输水管道 114.70km，其中城北水厂至小梅口配水厂 5.94km；东部城镇第一供水分区 16.84km；第二供水分区 9.82km；第三供水分区 33.98km；第四供水分区 48.12km。

（3）城镇群独立、分散污水处理与统筹、集中污水处理比较

1）污水处理两种规划建设方案

① 方案 1　独立分散污水处理

各镇自成独立污水分区，每镇设污水处理厂。

按方案 1，规划区共需建设污水处理厂 27 座，其中城区 5 座，其余 22 个建制镇各 1 座，污水处理厂规模最大为 15 万 t，最小 0.3 万 t。

② 方案 2　统筹集中污水处理

综合考虑规划区城镇布局、水环境条件，以及给水工程水源地选择等因素，统筹规划污水分区与污水处理厂设置。

按方案 2，规划区共需规划建设污水处理厂 7 座，2020 年污水处理能力共 74.3 万 t/d。

中心城区原规划的 5 座污水处理厂合并为 2 座，即小梅口污水处理厂按原规划设计规模为 2 万 t 不变，占地 3 公顷；其余 4 座污水处理厂合并为 1 座，集中在中心城区东北部建设，其设计规模因近期中心区改造拟将原有的合流制排水系统改为分流制系统，由 45.5 万 t 降为 39.5 万 t（即减去初期雨水 6 万 t），占地 20.05 公顷。

其余城镇分为 5 个污水分区，各区集中建污水处理厂 1 座，即：

a. 第一污水分区（织里片），包括织里、旧馆、轧村、漾西 4 镇。2020 年平均日污水量 3.87 万 t，加上附近的戴上、太湖乡共约 4 万 t。污水处理量按 3.8 万 t 考虑，即处理率达到 95％。污水处理厂布置在织里镇东北部，占地 4.5 公顷。

b. 第二污水分区（南浔片），包括南浔、马腰、东迁 3 镇。2020 年平均日污水量 7.55 万 t（含南浔镇初期雨水），加上附近的横街乡共约 7.8 万 t。污水处理量按 7.5 万 t 考虑，即处理率达到 96％。污水处理厂布置在南浔镇东南部，占地 7.5 公顷。

c. 第三污水分区（双林片），包括双林、镇西、重兆 3 镇。2020 年平均日污水量 3.71 万 t。污水处理量按 3.5 万 t 考虑，即处理率为 94％。污水处理厂布置在双林镇东部，占地 4.4 公顷。

d. 第四污水分区（练市片），包括石淙、千金、善琏、含山、练市 5 镇。2020 年平均日污水量 4.14 万 t，加上附近洪塘等乡共约 4.3 万 t。污水处理量按 4.0 万 t 考虑，即处理率达到 93％。污水处理厂布置在练市镇东部，占地 4.6 公顷。

e. 第五污水分区（菱湖片），包括下昂、埭溪、东林、锦山、菱湖、和孚、长超 7 镇。2020 年平均日污水量 8.01 万 t（含菱湖镇初期雨水），加上附近的新溪乡等，共约 8.2 万 t，污水处理量按 8 万 t 考虑，即处理率达到 97％。污水处理厂布置在菱湖镇北部，占地 7.7 公顷。

污水输送有自流管道输送、明渠输送、压力管道输送 3 种形式。由于湖州市区具有地势低平、河湖水面纵横交错、地下水位高、淤泥层厚等不利条件，采用自流管道输送需设数十座中途提升泵站，投资和运行管理困难；明渠输送存在影响周围环境、跨越河流水面困难，汛期高水位时期容易污染其他水体、渠道淤积等问题，建议主要采用压力输送方式。

市区共设污水泵站 25 座，其中织里片 3 座，南浔片 2 座，双林片 2 座，练市片 5 座，菱湖片 9 座，中心城区 4 座。区域性污水管道总长 125.4km。

2）方案比较

① 工程投资和占地

分散布置工程投资为 145900 万元（不包括任何方案都需建设的城镇内部污水收集系统，下同），占地 77.02 公顷。集中布置工程投资为 126500 万元（其中污水处理厂 112600 万元，管道 10330 万元，泵站 3570 万元），占地 53.09 公顷（其中污水处理厂 51.84 公顷，泵站 1.25 公顷，不含管道占地）。集中布置比分散布置可节省工程投资 19400 万元，约节省工程投资 10％；节省用地 23.93 公顷，约节省用地 30％～40％。

② 运行管理

分散布置需建 27 座污水处理厂，其中有 16 座日处理能力在 1 万 t 以下，只有 2 座日处理能力在 10 万 t 以上，规模普遍较小，不利于运行管理。如果管理不严，一些小型污水处理厂污染物去除率很可能达不到设计要求。此外，从目前国内一些城市污水厂运行情况看，许多小型污水处理厂因运行成本高而经常不正常运行，使已经建成的污水处理厂未发挥应有的作用。

集中布置方案在市区只建设 7 座污水处理厂，设计规模最小为 2 万 t，最大为 39.5 万 t，便于集中管理，并有条件引进先进技术设备和管理经验，开展综合利用，降低运行成本。

③ 实施难易

分散布置方案不存在不同行政区之间的协调，在建设时间、资金筹措等方面较为灵活，便于实施。而集中布置在 22 个镇的 5 座污水系统中，每一系统都涉及多个行政区，存在大量的协调工作。

综上分析方案 2 在节约用地、工程投资、运行管理和采用先进技术方面具有明显的综合效益优势，同时有利于实施资源共享和污水处理的综合利用。

1.6 小城镇基础设施规划建设的合理水平及规划的主要技术指标

1.6.1 选择和确定小城镇基础设施合理水平和技术指标的相关因素

小城镇基础设施规划合理水平与定量化指标的相关因素有共同相关因素和非共同相关因素。

对小城镇水、电、通信设施来说，共同相关因素主要是小城镇性质、类型、地理区域位置、经济与社会发展、城镇建设水平、人口规模，还有小城镇居民的经济收入、生活水平。其中水、电设施的共同相关因素还有气候条件。

小城镇基础设施规划合理水平与定量化指标也与各项设施的非共同相关因素相关。对小城镇水、电、通信设施而言，非共同相关因素是指：

给水设施供水规模与水资源状况、居民生活习惯相关；

排水和污水处理系统的合理水平与环境保护要求、当地自然条件和水体条件、污水量和水质情况相关；

电力设施电力负荷水平与能源消费构成、节能措施等相关；

电信设施电话普及率与居民收入增长规律、第三产业和新部门增长发展规律相关；

防洪设施防洪标准除主要与洪灾类型、所处江河流域、邻近防护对象相关外，还与受灾后造成的影响、经济损失、抢险难易，以及投资的可能性相关。

环卫设施生活垃圾量与当地燃料结构、消费习惯、消费结构及其变化、季节和地域情况相关。

综上所述，选择和确定小城镇基础设施规划合理水平和技术指标，应根据不同设施的不同特点，结合小城镇实际情况，分析共同和非共同相关因素。

1.6.2　选择和确定小城镇基础设施合理水平和技术指标的小城镇分级

我国地域辽阔，不同地区小城镇自然条件、历史基础、产业结构不同，经济发展很不平衡，小城镇人口规模、基础设施差别很大。

针对我国小城镇及其基础设施的不同特点，考虑便于小城镇基础设施规划能在一个较合适的幅度范围内结合实际条件分析对比选取定量化指标，小城镇基础设施的合理水平和定量化指标，宜分❶3种经济发展不同地区、3个规模等级层次、两个发展阶段（规划期限）。

3种经济发展不同地区为：

经济发达地区；

经济发展一般地区；

经济欠发达地区。

3个规模等级层次为：

一级镇：县驻地镇，经济发达地区3万人以上镇区人口的中心镇，经济发展一般地区2.5万人以上镇区人口的中心镇；

二级镇：经济发达地区一级镇外的中心镇和2.5万人以上镇区人口的一般镇，经济发展一般地区一级镇外的中心镇，2万人以上镇区人口的一般镇，经济欠发达地区1万以上

---

❶　经济发达地区主要是东部沿海地区，京、津、唐地区，现状农民人均年纯收入一般相当2000年3300元左右，第三产业占总产值比例大于30%。

经济发展介于经济发达地区、欠发达地区之间的经济发展一般地区，主要是中、西部地区，现状农民人均年纯收入一般相当于2004年1800～3300元，第二产业占总产值比例约20%～30%。

经济欠发达地区主要是西部、边远地区，现状农民人均年纯收入一般相当于2000年1800元以下，第三产业占总产值比例小于20%。

镇区人口县城镇外的其他镇；

三级镇：二级镇以外的一般镇和在规划期将发展为建制镇的乡镇。

两个规划发展阶段（规划期限）为：

近期规划发展阶段（规划年限一般为 5 年）；

远期规划发展阶段（规划年限一般为 20 年）。

1.6.3 小城镇基础设施合理水平和主要定量化规划技术指标

小城镇基础设施的合理水平和定量化技术指标，两者是密切相关的。定量化技术指标主要反映和确定基础设施规模的合理水平，同时，基础设施合理水平也反映和确定与小城镇发展相适应的设施技术的先进程度。

小城镇基础设施的合理水平选择和确定主要依据前述相关因素和小城镇分级外，尚应根据基础设施自身特点及其在小城镇经济社会发展中的作用，并考虑规划建设中的适当超前。同时，小城镇基础设施的合理水平还应考虑以下两种情况：

第一，大中城市规划区范围内的郊区建制镇的基础设施合理水平应与一并考虑的城市基础设施水平相适应；

第二，较集中分布或连绵分布，相互间可依托的小城镇基础设施合理水平，应符合城镇区域考虑的规划优化基础上联建共享的设施合理水平。

1.6.3.1 小城镇道路交通工程规划技术指标

（1）县（市）域小城镇公路分类与分级

小城镇区域涉及的公路按使用任务、性质和交通量大小分为两类五个等级。

两类公路为：

汽车专用公路；

一般公路。

5 个等级公路为：

高速公路；

一级公路；

二级公路；

三级公路；

四级公路。

（2）镇区道路分级

小城镇镇区道路分级如表 1.6.3-1。

小城镇镇区道路分级 表 1.6.3-1

镇等级	人口规模	道路分级			
		干路		支（巷）路	
		一	二	三	四
县城镇	大 中 小	● ● ●	● ● ●	● ● ●	● ● ●

续表

镇等级	人口规模	道路分级			
		干路		支（巷）路	
		一	二	三	四
中心镇	大 中 小	● ● —	● ● ●	● ● ●	● ● ●
一般镇	大 中 小	○ — —	● ● ○	● ● ●	● ● ●

注：表中●—应设，○—可设。

（3）小城镇道路规划技术指标如表 1.6.3-2。

小城镇道路规划技术指标　　　　　　　　表 1.6.3-2

规划技术指标	道路级别			
	干路		支（巷）路	
	一级	二级	三级	四级
计算行车速度（km/h）	40	30	20	—
道路红线宽度（m）	24～32（25～35）	16～24	10～14（12～15）	≥4～8
车行道宽度（m）	14～20	10～14	6～7	3.5～4
每侧人行道宽度（m）	4～6	3～5	2～3.5	—
道路间距（m）	500～600	350～500	120～250	60～150

注：① 表中一、二、三级道路用地按红线宽度计算，四级道路按车行道宽度计算。
　　② 一级路、三级路可酌情采用括号值，对于大型县城镇、中心镇道路，交通量大、车速要求较高的情况也可考虑三块板道路横断面，加宽路幅可考虑≥40m，但不宜＞60m。

（4）小城镇道路交叉口形式与规划用地面积如表 1.6.3-3 和表 1.6.3-4。

小城镇道路交叉口形式　　　　　　　　表 1.6.3-3

镇等级	规　模	相交道路	干　路	支　路
县城镇中心镇	大	干路	C、D、B	D
		支路		E
	中、小	干路	C、D、E	E
一般镇	大、中	干路	C、E	E
		支路		E
	小	支路		E

注：表中 B 为展宽式信号灯管理平面交叉口；
　　C 为平面环形交叉口；
　　D 为信号灯管理平面交叉口；
　　E 为不设信号灯的平面交叉口。

38

小城镇道路平面交叉口规划用地面积（万 m²）　　表 1.6.3-4

	T字形交叉口	十字形交叉口	环形交叉口		
			中心岛直径（m）	环道宽度（m）	用地面积（万 m²）
干路与干路	0.25	0.40	30～50	16～20	0.8～1.2
干路与支路	0.22	0.30	30～40	14～18	0.6～0.9
支路与支路	0.12	0.17	25～35	12～15	0.5～0.7

（5）各种车辆宽度和车道宽度如表 1.6.3-5。

各种车辆宽度和车道宽度（m）　　表 1.6.3-5

车辆名称	机动车	自行车	三轮车	大板车	小板车	兽力车
车辆宽度	2.5	0.5	1.1	2.0	0.9	1.6
车道宽度	3.5	1.5	2.0	2.8	1.7	2.6

（6）各种车道的通行能力如表 1.6.3-6。

各种车道的通行能力（辆/h）　　表 1.6.3-6

车辆名称	机动车	自行车	三轮车	大板车	小板车	兽力车
通行能力	300～400	750	300	200	380	150

（7）人行带宽度和最大通行能力如表 1.6.3-7。

人行带宽度和最大通行能力　　表 1.6.3-7

所在地点	人行带宽度（m）	最大通行能力（人/h）
小城镇道路上	0.75	1800
车站、码头、公园等路	0.90	1400

（8）小城镇道路路幅宽度及组成如表 1.6.3-8。

小城镇道路路幅宽度及组成建议　　表 1.6.3-8

人口规模（万人）	道路类别	车道数	单车道宽（m）	非机动车道宽（m）	红线宽（m）
>1.0～2.0	主干道	3～4	3.5	3.0～4.5	25～35
	次干道	2～3	3.5	1.5～2.5	16～20
	支路	2	3.0	1.5	9～12
0.5～1.0	干道	2～3	3.5	2.5～3.0	18～25
	支路	2	3.0	1.5 或不设	9～12
0.3～0.5	干路	2	3.5	2.5～3.0	18～20
	支路	2	3.0	1.5 或不设	9～12

（9）小城镇停车场面积技术指标如表 1.6.3-9。

小城镇停车场面积技术指标 表 1.6.3-9

	平 行	垂 直	与道路成45°~60°角
单行停车道的宽度（m）	2.0~2.5	7.0~9.0	6.0~8.0
双行停车道的宽度（m）	4.0~5.0	14.0~18.0	12.0~16.0
单向行车时两行停车道之间的通行道宽度（m）	3.5~4.0	5~6.5	4.5~6.0
100辆汽车停车场的平均面积（公顷）	0.3~0.4	0.2~0.3	0.3~0.4（小型车） 0.7~1.0（大型车）
100辆自行车停车场的平均面积（公顷）		0.14~0.18	
一辆汽车所需的面积（包括通车道） 小汽车（m²） 载重汽车和公共汽车（m²）	22 40		

（10）小城镇公共加油站用地面积如表 1.6.3-10。

小城镇公共加油站的用地面积 表 1.6.3-10

昼夜加油车次数	300	500
用地面积（万 m²）	0.12	0.18

1.6.3.2 小城镇给水工程规划技术指标

（1）小城镇人均综合生活用水量指标

小城镇人均综合生活用水量指标如表 1.6.3-11。

小城镇人均综合生活用水量指标 [L/(人·d)] 表 1.6.3-11

地区区划	小城镇规模分级					
	一		二		三	
	近期	远期	近期	远期	近期	远期
一区	190~370	220~450	180~340	200~400	150~300	170~350
二区	150~280	170~350	140~250	160~310	120~210	140~260
三区	130~240	150~300	120~210	140~260	100~160	120~200

注：① 一区包括：贵州、四川、湖北、湖南、江西、浙江、福建、广东、广西、海南、上海、云南、江苏、安徽、重庆；

二区包括：黑龙江、吉林、辽宁、北京、天津、河北、山西、河南、山东、宁夏、陕西、内蒙古河套以东和甘肃黄河以东的地区；

三区包括：新疆、青海、西藏、内蒙古河套以西和甘肃黄河以西的地区（下同）。

② 用水人口为小城镇总体规划确定的规划人口数（下同）。

③ 综合生活用水为小城镇居民日常生活用水和公共建筑用水之和，不包括浇洒道路、绿地、市政用水和管网漏失水量。

④ 指标为规划期最高日用水量指标（下同）。

⑤ 特殊情况的小城镇，应根据实际情况和地方相关标准，用水量指标酌情增减（下同）。

人均综合生活用水量指标在目前各地建制镇、村镇给水工程规划中作为主要用水量预测指标普遍采用。但除县级市给水工程规划可采用国标《城市给水工程规划规范》的指标外，其余建制镇规划无适宜标准可依，均由各规划设计单位自定指标；同时也缺乏小城镇这一方面的相关研究成果。

表 1.6.3-11 小城镇人均综合生活用水量指标是在四川、重庆、湖北、福建、浙江、广东、山东、河南、天津的89个小城镇（含调查镇外，补充收集规划资料的部分小城镇）的给水现状、用水标准、用水量变化、规划指标及相关因素的调查资料收集和相关变化规律的研究分析、

推算，以及对照《城市给水工程规划规范》、《室外给水设计规范》成果延伸的基础上，按全国生活用水量定额的地区区划（下称地区区划）、小城镇规模分级和规划分期设定。

表中地区区划采用《室外给水设计规范》城市生活用水量定额的区域划分；人均综合生活用水量系指城市居民生活用水和公共设施用水两部分的总水量，不包括工业用水、消防用水、市政用水、浇洒道路和绿化用水、管网漏失等水量。上述与《城市给水工程规划规范》完全一致，以便小城镇给水工程规划标准制定和给水工程规划使用的衔接。表值相关分析研究主要是：

1）根据按不同地区区划、小城镇不同规模分级，分析整理的若干组有代表性的现状人均综合生活用水量和时间分段的综合生活用水量年均增长率，逐步推算出规划年份的人均综合生活用水量指标，并分析比较相同、相仿小城镇的相关规划指标，选定适宜值。

2）近期年段综合生活用水量年均增长率由调查分析近年年均增长率确定；近5年到2020年的后期年段年均增长率由研究分析经济发展等相关因素相当的有代表性的城镇生活用水量增长规律和类似相关比较分析、分段确定。

3）根据同一区划、同一小城镇规模分级的不同地区生活用水量相关因素差别影响的横向、竖向分析和推算，确定适宜值的幅值范围。

4）县驻地镇人均综合生活用水量指标的远期上限对照与《城市给水工程规划规范》相关县级市时间延伸指标的差距得出。

5）近期指标年限推算到近5年，远期指标年限推算或延伸到2020年。

（2）小城镇单位居住用地用水量指标

小城镇单位居住用地用水量指标如表1.6.3-12。

单位居住用地用水量指标 [万 $m^3/(km^2 \cdot d)$]　　　　表1.6.3-12

地区区划	小城镇规模分级		
	一	二	三
一区	1.00～1.95	0.90～1.74	0.80～1.50
二区	0.85～1.55	0.80～1.38	0.70～1.15
三区	0.70～1.34	0.65～1.16	1.55～0.90

注：表中指标为规划期内最高日用水量指标，使用年限延伸至2020年，即远期规划指标，近期规划使用应酌情减少，指标已含管网漏失水量。

表1.6.3-12是结合小城镇规划标准研究专题之四提出的用地标准，按小城镇的规模分级，在《城市给水工程规划规范》、《室外给水设计规范》相关成果和小城镇居民用水量等资料的调查分析基础上推算得出。宜结合小城镇实际选用和必要适当调整。

居住用地用水量包括居民生活用水量及其公共设施、道路浇洒用水和绿化用水。

小城镇公共设施用地、工业用地及其他用地用水量与城市相应用地用水量共性较大，可结合小城镇实际情况的分析对比，选用《城市给水工程规划规范》的相应指标，并考虑必要的调整。

1.6.3.3　小城镇排水工程设施合理水平与规划技术指标

（1）小城镇排水体制、排水与污水处理规划合理水平

表1.6.3-13是在全国小城镇概况分析的同时，重点对四川、重庆、湖北的中心城市周边小城镇、三峡库区小城镇、丘陵地区和山区小城镇、浙江的工业主导型小城镇、商贸

小城镇排水体制、排水与污水处理规划要求

表 1.6.3-13

分项		经济发达地区 一 近期	经济发达地区 一 远期	经济发达地区 二 近期	经济发达地区 二 远期	经济发达地区 三 近期	经济发达地区 三 远期	经济发展一般地区 一 近期	经济发展一般地区 一 远期	经济发展一般地区 二 近期	经济发展一般地区 二 远期	经济发展一般地区 三 近期	经济发展一般地区 三 远期	经济欠发达地区 一 近期	经济欠发达地区 一 远期	经济欠发达地区 二 近期	经济欠发达地区 二 远期	经济欠发达地区 三 近期	经济欠发达地区 三 远期
排水体制一般原则	1. 分流制 2. 不完全分流制	△	●	△	●	○2	△	○2	●	○2	●	○2	△	○	●	○	△2		△2
	合流制																	○部分	
排水管网面积普及率（%）		95	100	90	100	85	95~100	80	100	80	95~100	75	90~95	75	90~100	50~60	80~85	20~40	70~80
不同程度污水处理率（%）		80	100	75	100	65	90~95	60	100	60	95~100	50	80~85	50	80~90	20	65~75	10	50~60
统建、联建、单建污水处理厂		△	●	○	●	○	●	○	●	○	●	○	●	○	△	○	△		△
简单污水处理																		○低水平	△较高水平

注：①表中○——可设；△——宜设；●——应设。

②不同程度污水处理率指采用不同程度污水处理方法达到的污水处理率。

③统建、联建、单建污水处理厂指郊区小城镇，小城镇群应优先考虑统建、联建污水处理系统。

④单建污水处理厂指经济欠发达，不具备建设较现代化污水处理厂条件的小城镇，选择采用简单、低耗、高效的多种污水处理方式，如氧化塘、多级自然处理系统，管道处理系统，以及环保部门推荐的几种实用污水处理技术。

⑤排水体制的具体选择除按上表要求外，同时应根据总体规划和环境保护要求，综合考虑自然条件、污水量、水质情况、水体条件、原有排水设施情况，经过技术经济比较确定。

流通型小城镇、福建的生态旅游型小城镇、工贸型等小城镇的社会、经济发展状况、建设水平、排水、污水处理状况、生态状况及环境卫生状况的分类综合调查和相关规划分析研究及部分推算的基础上得出来的,因而具有一定的代表性。

对不同地区、不同规模级别的小城镇按不同规划期提出因地因时而异的规划不同合理水平,增加可操作性,同时表中除应设要求外,还分宜设、可设要求,以增加操作的灵活性。

(2) 给水、排水设施用地控制指标

给水、排水设施的水厂用地、泵站用地、污水处理厂用地、排水泵站用地控制指标,一般结合小城镇实际、引用相关标准规范的有关规定。

1.6.3.4 小城镇电力工程设施合理水平与规划技术指标

(1) 小城镇规划用电负荷指标

表 1.6.3-14 为小城镇规划人均市政、生活用电指标。

小城镇规划人均市政、生活用电指标［kWh/（人·a）］ 表 1.6.3-14

	经济发达地区			经济发展一般地区			经济欠发达地区		
	小城镇规模分级								
	一	二	三	一	二	三	一	二	三
近期	560～630	510～580	430～510	440～520	420～480	340～420	360～440	310～360	230～310
远期	1960～2200	1790～2060	1510～1790	1650～1880	1530～1740	1250～1530	1400～1720	1230～1400	910～1230

表 1.6.3-14 主要依据及分析研究:

1) 对四川、重庆、湖北、福建、浙江、广东、山东、河南、天津等省、市不同小城镇的经济社会发展与市政建设水平、居民经济收入、生活水平、家庭拥有主要家用电器状况、能源消费构成、节能措施、用电水平及其变化趋势的调查资料及市政、生活用电变化规律的研究分析。

2) 中国城市规划设计研究院城市二次能源用电水平预测课题调查及其第一、第二次研究的成果。

3)《城市电力规划规范》中的相关调查分析。

4) 根据调查和上述有关的综合研究分析,得出 2000 年不同地区、不同规模等级的小城镇人均市政、生活用电负荷基值及其 2000～2020 年分段预测的年均增长速度见表1.6.3-15。

小城镇人均市政、生活用电负荷基值及其 2000 年～2020 年
各分段年均增长速度预测表 表 1.6.3-15

人均市政生活用电负荷	经济发达地区			经济发展一般地区			经济欠发达地区		
	小城镇规模分级								
	一	二	三	一	二	三	一	二	三
2000 年基值［kWh/（人·a）］	350～400	320～370	270～370	290～340	270～310	220～270	230～280	200～240	150～190

续表

人均市政生活 用电负荷		经济发达地区			经济发展一般地区			经济欠发达地区		
		小城镇规模分级								
		一	二	三	一	二	三	一	二	三
分段 年均 增长 率	2000年~2005年	9.5~10.5			8.5~9.5			9.0~10.0		
	2005年~2010年	8.8~9.4			9.2~9.8			9.5~10.5		
	2010年~2020年	8.2~8.8			8.8~9.2			8.9~10.2		
备　注		人均市政生活用电负荷基值为有代表性的调查值或相关调查值的分析比较确定值								

表1.6.3-16、表1.6.3-17为小城镇规划单位建设用地负荷指标和单位建筑面积用电负荷指标。

小城镇规划单位建设用地负荷指标　　　　　表1.6.3-16

建设用地分类	居住用地	公共设施用地	工业用地
单位建设用地负荷指标（kW/hm²）	80~280	300~550	200~500

注：表外其他类建设用地的规划单位建设用地负荷指标的选取，可根据当地小城镇实际情况，调查分析确定。

小城镇规划单位建筑面积用电负荷指标　　　　　表1.6.3-17

建设用地分类	居住建筑	公共建筑	工业建筑
单位建筑面积负荷指标（W/m²）	15~40W/m² （1~4kW/户）	30~80	20~80

注：表外其他类建筑的规划单位建筑面积用电负荷指标的选取，可根据当地小城镇实际情况，调查分析确定。

（2）供电设施用地控制指标

供电设施的35~110kV变电所用地等控制指标，一般结合小城镇实际、引用相关标准规范的有关规定。

1.6.3.5　小城镇通信工程设施合理水平与规划技术指标

（1）小城镇电话普及率预测水平

小城镇电话普及率预测水平见表1.6.3-18。

小城镇电话普及率预测水平（部/百人）　　　　　表1.6.3-18

	经济发达地区			经济发展一般地区			经济欠发达地区		
	小城镇规模分级								
	一	二	三	一	二	三	一	二	三
近期	38~43	32~38	27~34	30~36	27~32	20~28	23~28	20~25	15~20
远期	70~78	64~75	50~68	60~70	54~64	44~56	50~56	45~55	35~45

表1.6.3-18的主要依据和相关分析研究：

1）四川、重庆、湖北、福建、浙江、广东、山东、河南、天津等省、市不同经济发展地区，不同规模等级小城镇的现状电话普及率和有代表性的历年统计数据，以及相关因素。

2）结合上述调查和主编完成《城市通信动态定量预测与主要设施用地研究》课题的

相关电话普及率增长预测的成果，研究分析有代表性小城镇的电话普及率增长规律，据此比较分析得出不同小城镇各规划期的普及率年均增长速度和增长规律。

3）按不同经济发展地区、不同规模等级，根据上述1）、2）推算有代表性的不同规划期小城镇电话普及率预测指标，并对比分析确定其幅值范围。

4）上述指标与小城镇所在省、市电信部门电信规划相关普及率宏观预测指标分析比较，提出修正值作为标准推荐值。

（2）按单位建筑面积测算小城镇电话需求分类用户指标

小城镇按单位建筑面积测算电话需求分类用户指标见表 1.6.3-19。

小城镇按单位建筑面积测算电话需求分类用户指标（线/m²）　　表 1.6.3-19

	写字楼办公楼	商店	商场	旅馆	宾馆	医院	工业厂房	住宅楼房	高级住宅	中学	小学
经济发达地区	1/25～35	1/25～50	1/70～120	1/30～35	1/20～25	1/100～140	1/100～280	1～1.2/户面积	1.5～2/200～300	4～8线/校	3～4/校
经济一般地区	1/30～40	0.7～0.9/25～50	0.8～0.9/70～120	0.7～0.9/30～35	1/25～35	0.8～0.9/100～140	1/120～200	1/户面积	1.2～1.7/200～280	3～5线/校	2～3/校
经济欠发达地区	1/35～45	0.5～0.7/25～50	0.5～0.7/70～120	0.5～0.7/30～35	1/30～40	0.7～0.8/100～140	1/150～250	0.8～1/户面积	1.2～1.5/200～250	2～3线/校	1～2线/校

表 1.6.3-19 主要依据《城市通信动态定量预测及主要设施用地的研究》课题的研究成果，结合表 1.6.3-18 说明中的一些省市不同小城镇的相关调查研究，比较分析推算得出。

（3）小城镇电信局所、邮电支局预留用地

小城镇电信局所、邮电支局预留用地面积分别见表 1.6.3-20 和表 1.6.3-21。

小城镇电信局所预留用地面积　　表 1.6.3-20

局所规模（门）	≤2000	3000～5000	5000～10000	30000	60000	100000
预留用地面积（m²）	1000～2000		2000～3000	4500～5000	6000～6500	8000～9000

注：① 用地面积同时考虑兼营业点用地。
　　② 当局所为电信枢纽局（长途交换局、市话汇接局）时，2 万～3 万路端用地为 15000～17000m²。
　　③ 表中所列规模之间大小的局所预留用地，可比较、酌情预留。

邮电支局预留用地面积（m²）　　表 1.6.3-21

用地面积＼支局级别 支局名称	一等局业务收入 1000 万元以上	二等局业务收入 500～1000 万元	三等局业务收入 100～500 万元
邮电支局	3700～4500	2800～3300	2170～2500
邮电营业支局	2800～3300	2170～2500	1700～2000

表1.6.3-20和表1.6.3-21主要依据小城镇电信局所的相关调查《城市通信动态定量预测和主要设施用地研究》课题研究成果及原邮电部的相关规范的有关建筑面积规定。

（4）小城镇通信线路敷设方式规划合理水平

不同小城镇不同规划期通信线路敷设方式见表1.6.3-22。

不同小城镇不同规划期通信线路敷设方式　　　　表1.6.3-22

敷设方式	经济发达地区						经济发展一般地区						经济欠发达地区					
	小城镇规模分级																	
	一		二		三		一		二		三		一		二		三	
	近期	远期	近期	远期	近期	远期	近期	远期	近期	远期	近期	远期	近期	远期	近期	远期	近期	远期
架空电缆											○		○		○		○	
埋地管道电缆	△	●	△	●	部分△	●	部分●	●	部分△	●		△	●			△	部分△	

注：表中○—可设；△—宜设；●—应设。

随着小城镇经济发展，通信用户的不断增加，考虑小城镇镇区景观和通信安全的要求，中远期小城镇镇区通信线路原则上都应考虑埋地管道敷设，考虑不同地区小城镇经济和通信发展相差较大，对经济发展一般地区三级镇和经济欠发达地区的二级、三级镇因地制宜选择适宜敷设方式，增加规划的可操作性和灵活性。

表1.6.3-22宜同时考虑小城镇不同类别的要求，如生态旅游主导型小城镇对小城镇景观要求高，通信线路规划宜及早考虑埋地敷设。

1.6.3.6　小城镇供热工程规划技术指标

（1）小城镇采暖热指标推荐值

小城镇采暖热指标推荐值见表1.6.3-23。

小城镇采暖热指标推荐值（W/m²）　　　　表1.6.3-23

建筑物类型	多层住宅	学校办公楼	医院	幼儿园	图书馆	旅馆	商店	单层住宅	食堂餐厅	影剧院	大礼堂体育馆
未节能	58~64	58~80	64~80	58~70	47~76	60~70	65~80	80~105	115~140	95~115	116~163
节能	40~45	50~70	55~70	40~45	40~50	50~60	55~70	60~80	100~130	80~105	100~150

注：① 严寒地区或建筑外形复杂、建筑层数少者取上限，反之取下限。
　　② 适用于我国东北、华北、西北地区不同类型的建筑采暖热指标推荐值。
　　③ 近期规划可按未节能的建筑物选取采暖热指标。
　　④ 远期规划要考虑节能建筑的份额，对于将占一定比例的节能建筑部分，应选用节能建筑采暖热指标。

（2）小城镇居住小区采暖期生活热水日平均热指标推荐值

小城镇居住小区采暖期生活热水日平均热指标推荐值见表1.6.3-24。

小城镇居住区采暖期生活热水日平均热指标推荐值（W/m²）　　　　表1.6.3-24

用水设备情况	热指标
住宅无热水设备，只对公共建筑供热水时	2~3
全部住宅有沐浴设备，并供给生活热水时	5~15

（3）小城镇空调热冷指标推荐值

小城镇空调热指标、冷指标推荐值见表1.6.3-25。

小城镇空调热指标 q_a、冷指标 q_c 推荐值（W/m²）　　　　表1.6.3-25

建筑物类型		办　公	医　院	旅馆、宾馆	商店、展览馆	影剧院	体育馆
热指标	未节能	80～100	90～120	90～120	100～120	115～140	130～190
	节能	64～80	72～100	70～100	80～100	90～120	100～150
冷指标	未节能	80～110	70～100	80～110	125～180	150～200	140～200
	节能	65～90	55～80	65～90	100～150	120～160	110～160

注：① 表中指标适用于我国东北、华北、西北地区；其他地区指标按实地调查和类比分析确定。

② 近期规划可按未节能的建筑物选取空调热、冷指标。

③ 远期规划要考虑节能建筑的份额，对于将占一定比例的节能建筑部分，应选用节能建筑空调热、冷指标。

（4）小城镇供热管道与其他地下管线的最小水平净距和最小垂直净距

小城镇供热管道与其他地下管线的最小水平净距和最小垂直净距见表1.6.3-26。

小城镇供热管道与其他地下管线的最小水平净距和最小垂直净距　　表1.6.3-26

		电力管线		电信管线		给水管线	污、雨水排水管线	燃气管线	
		直埋	管沟	直埋	管沟			低压	中压
与热力管道最小水平净距（m）	直埋	＊≥2.0		1.0		1.5	1.5	1.0	1
	地沟								1.5
与热力管道最小垂直净距（m）		＊≥0.5		0.15		0.15	0.15	0.15	0.15

＊考虑感应电场、杂散电流对热力管道腐蚀，大于值系指有条件可适当加大的值。

（5）小城镇热电厂规划用地面积

小城镇热电厂规划用地面积见表1.6.3-27。

小城镇热电厂规划用地面积　　　　　　　　表1.6.3-27

规模（kW）	2×1500	2×6000	4×6000	2×12000	2×25000
厂区占地面积（hm²）	3～5	3.5～4.5	6～8	6.5～7.5	7.5～8.5

（6）小城镇热水锅炉房规划用地面积

小城镇热水锅炉房规划用地面积见表1.6.3-28。

小城镇热水锅炉房用地面积　　　　　　　表1.6.3-28

锅炉房规模（MW）	5.8～11.6	11.6～35.1	35.1～58.0	58.0～116
预留用地面积（hm²）	0.3～0.5	0.6～1.0	1.1～1.5	1.6～2.5

（7）小城镇蒸汽锅炉房规划用地面积

小城镇蒸汽锅炉房规划用地面积，见表1.6.3-29。

小城镇蒸汽锅炉房用地面积（hm²）   表 1.6.3-29

蒸汽锅炉房出力（t/h）	锅炉房无汽水换热器	锅炉房有汽水换热器
10~20	0.25~0.45	0.3~0.5
20~60	0.5~0.8	0.6~1.0

（8）小城镇热力站建筑面积

小城镇热力站建筑面积见表 1.6.3-30。

小城镇热力站建筑面积   表 1.6.3-30

用户采暖面积（10⁴m²）	2.0~5.0	5.1~10.0	10.1~15.0	15.1~200
热力站建筑面积（m²）	160	200	240	280

（9）小城镇制冷站建筑面积

小城镇制冷站用地面积见表 1.6.3-31。

小城镇制冷站用地面积   表 1.6.3-31

制冷站规模	供冷建筑面积（10⁴m²）	3	5	10	15
	供冷规模（MW）	2.7	4.5	9.0	13.5
制冷站用地面积（m²）		350	500	900	1200

1.6.3.7 小城镇燃气工程规划技术指标

（1）小城镇居民生活和商业用气量指标

小城镇居民生活和商业用气量指标见表 1.6.3-32。

小城镇居民生活和商业用气量指标   表 1.6.3-32

分 项	预测指标
居民生活用气量	2000~2600MJ/（人·a）
商业用气量	按总用气量为居民生活用气量的 1.25~1.70，商业用气量占总用气量的 8%~25%

（2）小城镇液化石油气储配站规划面积

小城镇液化石油气储配站的占地面积见表 1.6.3-33。

小城镇液化石油气储配站的占地面积   表 1.6.3-33

项 目	单 位	供应规模（t/a）	
		1000	5000
供应居民户数	（万户）	0.5	2.5
运输方式		汽槽	铁槽为主，汽槽为辅
储存天数	天	19	17
储存容积	m³	100	480
占地面积	hm²	0.45	1.5
建筑面积	m²	500	2000

（3）小城镇调压站与其他建筑物、构筑物的水平净距

小城镇调压站（含调压柜）与其他建筑物、构筑物的水平净距见表1.6.3-34。

小城镇调压站（含调压柜）与其他建筑物、构筑物的水平净距（m） 表 1.6.3-34

设置形式	调压装置燃气压力级制	建筑物外墙面	距重要公共建筑物	铁路（中心城）	城镇道路	公共电力变配电柜
地上单独建筑	中压（A）	6.0	12.0	10.0	2.0	4.0
	中压（B）	6.0	12.0	10.0	2.0	4.0
调压柜	中压（A）	4.0	8.0	8.0	1.0	4.0
	中压（B）	4.0	8.0	8.0	1.0	4.0
地下单独建筑	中压（A）	3.0	6.0	6.0	—	3.0
	中压（B）	3.0	6.0	6.0	—	3.0
地下调压箱	中压（A）	3.0	6.0	6.0	—	3.0
	中压（B）	3.0	6.0	6.0	—	3.0

注：① 调压装置露天设置时，则指距离装置的边缘。
　　② 当建筑物（含重要公共建筑物）的某外墙为无门、窗洞口的实体墙，且建筑物耐火等级不低于二级时，燃气进口压力级制为中压（A）或中压（B）的调压柜一侧或两侧（非平行）时，可贴靠上述外墙设置。
　　③ 当达不到上表净距要求时，采取有效措施，可适当缩小净距。

（4）小城镇液化石油气瓶装供应站规划用地面积

小城镇液化石油气瓶装供应站规划用地面积见表1.6.3-35。

小城镇液化石油气瓶装供应站规划用地面积 表 1.6.3-35

供应规模（户）	5000～7000
建筑面积（m²）	160～200
其中瓶棚（m²）	60～80
用地面积（m²）	500～600

1.6.3.8　小城镇环境卫生工程合理水平和规划技术指标

（1）小城镇垃圾收集方式选择

小城镇垃圾收集方式选择如表1.6.3-36。

小城镇垃圾收集方式选择 表 1.6.3-36

		经济发达地区						经济发展一般地区						经济欠发达地区					
		小城镇规模分级																	
		一		二		三		一		二		三		一		二		三	
		近期	远期	近期	远期	近期	远期	近期	远期	近期	远期	近期	远期	近期	远期	近期	远期	近期	远期
垃圾收集方式	混合收集					●		●		●		●		●				●	
	分类收集	●	●	●	●	△	●	△	●		●		△		●		△		△

注：△—宜设；●—应设。

（2）小城镇垃圾污染控制和环境卫生评估指标

小城镇垃圾污染控制和环境卫生评估指标见表 1.6.3-37。

小城镇垃圾污染控制和环境卫生评估指标　　　　表 1.6.3-37

	经济发达地区						经济发展一般地区						经济欠发达地区					
	小城镇规模分级																	
	一		二		三		一		二		三		一		二		三	
	近期	远期	近期	远期	近期	远期	近期	远期	近期	远期	近期	远期	近期	远期	近期	远期	近期	远期
固体垃圾有效收集率（%）	65~70	≥98	60~65	≥95	55~60	95	60	95	55~60	90	45~55	85	45~50	90	40~45	85	30~40	80
垃圾无害化处理率（%）	≥40	≥90	35~40	85~90	25~35	75~85	≥35	≥85	30~35	80~85	20~30	70~80	30	≥75	25~30	70~75	15~25	60~70
资源回收利用率（%）	30	50	25~30	45~50	20~25	35~45	25	45~50	20~25	40~45	15~20	30~40	20	40~45	15~20	35~40	10~15	25~85

（3）小城镇公共厕所沿路设置间距

小城镇公共厕所沿路设置间距见表 1.6.3-38。

小城镇公共厕所沿路设置间距（m）　　　　表 1.6.3-38

	镇区干道		支路
	非繁华段	繁华段	
设置间距	600~800	500~600	800~1000

注：① 小区公共厕所宜结合公共设施与商业网点设置。
　　② 县城镇、中心镇、旅游型小城镇、商贸型小城镇宜按上表较高标准设置。
　　③ 结合周边用地公共厕所设置标准和独立式公共厕所用地面积可按《城市环境卫生设施规划规范》的较低标准设置。

（4）小城镇废物箱沿路设置间距

小城镇废物箱沿路设置间距见表 1.6.3-39。

小城镇废物箱沿路设置间距　　　　表 1.6.3-39

道　路	设置间距（m）
镇区中心繁华街道	50~100
其他干道	100~200
支路	200~400

（5）小城镇生活垃圾转运站服务半径

小城镇生活垃圾转运站服务半径见表 1.6.3-40。

小城镇生活垃圾转运站服务半径　　　　表 1.6.3-40

收运方式	服务半径（km）
非机动车收运	0.4~1
小型机动车收运	2~4

（6）小城镇生活垃圾卫生填埋场选址要求

小城镇生活垃圾卫生填埋场选址要求见表 1.6.3-41。

小城镇生活垃圾卫生填埋场选址要求　　　　　　　　　　表 1.6.3-41

分 项	基本要求
距小城镇规划建成区	2km 外
距村庄居民点	0.5km 外
其 他	场地土地利用价值低，地质情况稳定，取土方便，具备运输条件，非水源保护区、地下蕴矿区及地下文物区

（7）小城镇粪便处理厂部分工艺用地指标

小城镇粪便处理厂部分工艺用地指标见表 1.6.3-42。

小城镇粪便处理厂部分工艺用地指标 [m²/(t·d)]　　　　　　表 1.6.3-42

粪便处理方式	厌氧—好氧	厌氧（高温）	稀释—好氧
用地指标	12	20	25

1.6.3.9 小城镇防灾减灾工程合理水平和规划技术指标

（1）小城镇防洪标准

小城镇防洪标准见表 1.6.3-43。

小城镇防洪标准　　　　　　　　　　　　　　　　　　表 1.6.3-43

	河（江）洪、海潮	山洪	泥石流
防洪标准（重现期—年）	50~20	10~5	20

小城镇防洪标准同时对沿江河湖泊和邻近大型工矿企业、交通运输设施、文物古迹和风景区等防护对象情况防洪标准作出规定。

小城镇防洪标准按洪灾类型区分，并依据现行行标《城市防洪工程设计规范》和国标《防洪标准》的相关规定。

从小城镇所处河道水系的流域防洪规划和统筹兼顾流域城镇的防洪要求考虑，小城镇防洪标准应不低于其所处江河流域的防洪标准。

大型工矿企业、交通运输设施、文物古迹和风景区受洪水淹没、损失大、影响严重、防洪标准相对较高。本条款从统筹兼顾上述防洪要求，减少洪水灾害损失考虑，对邻近大型工矿企业、交通运输设施、文物古迹和风景区等防护对象的小城镇防洪规划，当不能分别进行防护时，应按就高不就低的原则，按其中较高的防洪标准执行。

（2）消防工程规划技术指标

1）小城镇消防站建筑面积指标

小城镇消防站建筑面积指标见表 1.6.3-44。

小城镇消防站建筑面积指标　　　　　　　　　　　　　表 1.6.3-44

消防站类型	消防站建筑面积（m²）
标准型普通消防站	1600~2300
小型普通消防站	350~1000

2）小城镇消防站建设用地面积指标

小城镇消防站建设用地面积指标见表1.6.3-45。

小城镇消防站建设用地面积指标　　　　表 1.6.3-45

消防站类型	消防站建设用地面积（m²）
标准型普通消防站	2400～4500
小型普通消防站	400～1400

3）小城镇消防站通信设备配备

小城镇消防站通信设备配备见表1.6.3-46。

小城镇消防站通信设备配备　　　　表 1.6.3-46

设备名称	地区　设备数量	小城镇	工矿区
有线通信设备	火警专用电话	1	1
	普通电话	1～3	1～3
	专线电话	1	1
无线通信设备	基地台	根据需要配备	
	车载台	根据需要配备	
	袖珍式对讲机	每辆消防车1对	

（3）抗震防灾工程规划技术指标

1）小城镇避震疏散场地指标

小城镇避震疏散场地指标见表1.6.3-47。

小城镇避震疏散场地指标　　　　表 1.6.3-47

分　项	规划要求
每一疏散场地面积	$\geqslant 4000\mathrm{m}^2$
人均疏散场地面积	$\geqslant 3\mathrm{m}^2$
住宅至疏散场地距离	$\leqslant 800\mathrm{m}$

2）地震区小城镇住区道路规划设计要求

地震区小城镇住区道路规划设计要求见表1.6.3-48。

地震区小城镇住区道路规划设计要求　　　　表 1.6.3-48

分　项		规划设计要求
居住小区道路红线宽度		$\geqslant 20\mathrm{m}$
小区道路路面宽		5～8m
建筑控制线间距	采暖区	$\geqslant 14\mathrm{m}$
	非采暖区	$\geqslant 10\mathrm{m}$
组团道路路面宽		3～5m
组团建筑控制线间距	采暖区	$\geqslant 10\mathrm{m}$
	非采暖区	$\geqslant 8\mathrm{m}$
宅间小路路面宽		$\geqslant 2.5\mathrm{m}$

第 2 章 小城镇基础设施工程规划导则

规划导则既是规划理论基础研究，又是规划方法研究，更是规划实践指导层面的研究。本章内容基于"十五"国家科技攻关计划小城镇发展重大项目课题七小城镇区域与镇域规划导则研究与课题九小城镇规划及相关技术标准研究。后一课题为上述科技攻关计划的重点课题，课题主管部门六部委项目联合办再三强调和要求，本课题成果的试点应用和以一定形式的推广应用。鉴于成果为相关标准的建议稿，为便于应用，特在编者作为课题项目负责人和专题负责人负责完成相关成果的基础上，编写成本章应用导则，同时，以此更突出应用的重点，为便于应用中的理解和把握，导则分为条文和条文说明两大部分。

2.1 小城镇区域基础设施配置导则

2.1.1 总则

53

2.1.1.1 为科学编制小城镇区域基础设施规划，合理布局与配置区域性基础设施，实现小城镇区域性基础设施联建共享，避免重复建设，节省投资，提高效益，促进城乡一体化发展编制本导则。

2.1.1.2 本导则包括以下小城镇区域性基础设施配置导则：

1) 小城镇区域性公路系统设施配置导则；

2) 小城镇区域性给水系统设施配置导则；

3) 小城镇区域性排水系统设施配置导则；

4) 小城镇区域性供热系统设施配置导则；

5) 小城镇区域性燃气系统设施配置导则；

6) 小城镇区域性电力系统设施配置导则；

7) 小城镇区域性通信系统设施配置导则。

2.1.1.3 本导则称小城镇指县城镇、中心镇和一般镇为主要载体的建制镇。

2.1.1.4 本导则适用于小城镇区域性基础设施，包括区域性公路、给水、排水、供热、燃气、电力、通信设施统筹规划与共享配置。

2.1.1.5 本导则涉及的小城镇区域主要是指小城镇所在县（市）域，也指跨县（市）行政范围的小城镇密集分布的城镇区域范围，同时也包括小城镇所在城市区域范围。

2.1.1.6 本导则涉及基础设施共建共享的小城镇应主要为城镇密集分布型和紧临中心城区的近郊型小城镇。

2.1.1.7 小城镇区域基础设施应以区域城镇体系规划为依据，结合所涉及区域规划、流域规划统筹规划，综合安排。

2.1.1.8　小城镇区域基础设施应依据和按照统筹规划，在相应的一级城镇规划行政主管部门组织协调下实行政府投资及集体、个人股份也包括外资股份在内多元组合的多种投资融资渠道的共建共享开发模式。

总　则
（条文说明）

2.1.1.1　提出小城镇区域基础设施配置导则编制的宗旨。

小城镇区域基础设施配置应首先考虑在统筹规划基础上的联建共享，这是避免重复建设，减少投资，提高效益，有利资源保护和合理开发利用以及维护运行管理，促进城乡一体化发展，并为实践证明行之有效的区域和小城镇基础设施建设重要原则。

2.1.1.2　提出本导则的分导则组成。

2.1.1.3　提出本导则小城镇的界定。

2.1.1.4　提出本导则的适用范围。

2.1.1.5　根据我国小城镇的特点和实际情况，提出小城镇区域的界定和基本内涵。

2.1.1.6　提出涉及基础设施共建共享的小城镇内涵。

2.1.1.7　提出小城镇区域基础设施配置的依据。

小城镇区域基础设施主要在区域城镇体系规划中统筹规划，同时上述统筹规划也往往涉及区域规划和流域规划。

2.1.1.8　提出小城镇区域基础设施多元投资共建共享开发模式。

强调统筹规划前提和政府协调的重要性和必要性。

2.1.2　小城镇区域性公路设施配置导则

2.1.2.1　小城镇区域性客、货运公路与过境公路

2.1.2.1-1　小城镇区域性公路是以小城镇为主的区域范围内涉及的公路。应包括县（市）域范围小城镇与城市之间、小城镇与小城镇之间、小城镇与乡之间客运、货运公路；也包括跨县（市）行政范围的城镇区域范围小城镇与城市之间的客运、货运公路；以及上述区域范围的小城镇过境公路。

2.1.2.1-2　小城镇区域涉及的公路按其在公路网中地位分干线公路和支线公路。其中干线公路分国道、省道、县道和乡道；按技术等级划分可分为高速公路、一级公路、二级公路、三级公路和四级公路。

2.1.2.1-3　小城镇区域性客运、货运道路应能满足小城镇区域性客运、货运交通的要求，以及救灾和环境保护的要求，并与小城镇区域性客运、货运流向相结合。

2.1.2.1-4　小城镇过境公路应遵循下列原则：

1）小城镇过境公路应与镇区道路分开，过境道路不得穿越镇区。

2）小城镇过境道路路由选择应结合小城镇远期规划，在小城镇镇区之外，规划区边缘布置。

3）对原穿越镇区的过境道路段应采取合理手段改变穿越段道路的性质与功能，在改

变之前应按镇区道路的要求控制两侧用地布局。

2.1.2.2　小城镇对外区域交通量预测及对外交通方式

2.1.2.2-1　小城镇对外区域交通量预测应以小城镇经济社会发展和小城镇总体规划以及县（市）域城镇体系规划为依据。

2.1.2.2-2　小城镇对外交通包括小城镇对外客运交通和对外货运交通。

2.1.2.2-3　公路应是绝大多数小城镇的主要对外交通运输方式，小城镇对外交通运输方式还包括铁路、水路方式，并应结合自然地理和环境特征等因素合理选择。

2.1.2.3　小城镇对外区域交通组织

2.1.2.3-1　小城镇道路应尽量减少与公路的交叉，以保证公路交通的畅通、安全和有序。

2.1.2.3-2　小城镇过境交通应尽可能与城镇内交通分离，互不干扰又有机联系。

2.1.2.4　小城镇区域性共享公共运输站场

2.1.2.4-1　小城镇应设置专用的公路汽车客运站，县城镇和中心镇应设长途客运站1～2个，其中1个为中心站。镇区人口5万以上至少应有1个4级或4级以上长途客运站；一般镇宜设1个长途客运站，并宜结合公交站设置。

2.1.2.4-2　小城镇应按不同类型、不同性质规模的货运要求，设置综合性汽车货运站场或物流中心，以及其他经过车辆的集中经营场所。

2.1.2.4-3　小城镇公路汽车客运站、汽车货运站场等公共运输站场预留用地面积，按相关规范规定。

2.1.2.4-4　小城镇过境、外来机动车公共停车场，应设置在过境道路和镇区出入口道路附近，主要停放货运车辆，同时配套相应的服务设施。

小城镇区域性公路设置配置导则
（条文说明）

2.1.2.1　小城镇区域性客、货运公路与过境公路

2.1.2.1-1　提出小城镇区域性公路的内涵和组成。

2.1.2.1-1～2.1.2.1-3　结合小城镇实际，提出县城镇、中心镇、大型一般镇中心区和非中心区线路网规划密度的不同要求；提出平均换乘系数和公交线路非直线系数基本要求。考虑小城镇的客流情况差异很大，对发车频率等运营指标不作规定。

2.1.2.1-4　提出小城镇过境交通应遵循的主要原则。

我国许多小城镇一开始往往依靠公路，并沿着公路两边逐渐发展的。常常是公路和城镇道路不分设，它既是城镇的对外公路，又是城镇的主要道路，两侧布置有大量的商业服务设施，行人密集，车辆来往频繁，相互干扰很大。由于过境交通穿越，分隔城镇生活居住区，不利于交通安全，也影响居民生活安宁。因此，在处理小城镇过境道路时，最基本的原则就是要使过境道路与城镇道路分开，过境道路不得穿越镇区；如已穿越，则应对穿越镇区段过境道路进行合理改造，并从新规划建设过境道路。

2.1.2.2　小城镇对外区域交通量预测及对外交通方式

2.1.2.2-1　阐明小城镇对外交通量预测依据。

2.1.2.2-2、2.1.2.2-3　阐明小城镇对外交通组成、运输方式及其合理选择。

2.1.2.3　小城镇对外区域交通组织

2.1.2.3-1、2.1.2.3-2　提出小城镇对外交通组织的主要规定。

小城镇规划和建设中对城镇内外交通应进行恰当的组织，使各类交通系统分明，功能作用分清，形成合理的交通运输网络。基本的思路是尽量减少小城镇道路与公路交叉、过境交通与镇内交通分离。

2.1.2.4　小城镇区域性共享公共运输站场

2.1.2.4-1～2.1.2.4-3　在各类有代表性的小城镇调查分析基础上，参照交通部的相关规定，提出小城镇公路汽车客运站、汽车货运站站场设置及其用地一般规定。

2.1.2.4-4　根据小城镇的特点及其调查分析，提出小城镇过境与外来机动车公交停车场的设置相关要求，以及镇内机动车停车位分布要求。镇中心区的停车需求高于镇的其他地区，且以客车为主，有 $50\%\sim60\%$ 的机动车停车位，应基本满足镇中心区的停车需要。

2.1.3　小城镇区域性给水设施配置导则

2.1.3.1　区域给水系统、水源保护地与水资源供需平衡

2.1.3.1-1　小城镇区域给水系统统筹规划应依据区域城镇体系规划或区域规划以及河流流域规划，并与小城镇区域排水系统统筹规划等相关专业规划相协调。

2.1.3.1-2　小城镇区域给水系统供水范围的水资源和用水量之间应保持平衡，当区域城镇用同一水源时或水源在规划区域以外，应进行区域或流域范围的水资源供需平衡分析。

2.1.3.1-3　选择小城镇区域性给水水源，应以小城镇区域水资源勘察或分析研究报告和小城镇区域供水水源开发利用规划及区域、流域水资源规划为依据，同时应满足小城镇区域用水量和水质等方面的要求。

2.1.3.1-4　涉及流域的水资源和近郊紧临城市型小城镇区域供水水源地应依据相关区域规划和城市总体规划在相关区域规划范围中和统筹规划和协调共享配置。

2.1.3.1-5　涉及城市远郊、密集分布型小城镇区域供水水源地应在市域城镇体系给水系统规划中统筹规划和协调共享配置，当城镇群区域涉及跨行政区域时，其共享水源地应在跨行政区域的相关城镇区域规划中确定。

2.1.3.1-6　小城镇区域水源选择的其他要求同城镇水源选择有关标准要求。

2.1.3.1-7　小城镇区域水源保护应符合有关标准规定。

2.1.3.2　区域性水厂设置

2.1.3.2-1　小城镇区域性的水厂设置应以区域城镇体系规划或区域规划为依据，统筹规划、优化配置、联建共享。

2.1.3.2-2　涉及城市规划区近郊紧临型小城镇区域性水厂应依据城市总体规划，在相关城市区域规划范围中统筹规划和协调共享配置。

2.1.3.2-3　涉及城市远郊、城镇密集分布型小城镇区域性水厂设置应在市域城镇体系规划中或城镇密集区域、核心区域的区域规划中统筹规划，协调共享配置。

2.1.3.2-4　10 万 m^3/d 左右供水规模小城镇区域性水厂，一般宜在县（市）域或市

域城镇体系规划中统筹规划确定。

2.1.3.3 输水管渠

2.1.3.3-1 小城镇区域性共享输水管渠布置应以区域城镇体系规划或区域规划的给水系统规划为依据。

2.1.3.3-2 小城镇区域性共享输水管渠应结合相关区域性共享水厂配置和共享输水管的下一级给水工程，统筹规划与协调优化配置。

小城镇区域性给水设施配置导则
（条文说明）

2.1.3.1 区域给水系统、水源保护地与水资源供需平衡

2.1.3.1-1 提出小城镇区域给水系统统筹规划依据和基本要求。

城镇密集地区小城镇跨镇给水系统工程规划的水资源、水源地保护与区域规划以及河流流域规划相关。

小城镇区域给水系统规划与小城镇区域排水系统工程规划之间联系紧密。用水量与排水量、水源地与排水受纳体、水厂和污水处理厂厂址选择、给水管道与排水管道管位之间协调均衡很重要。

2.1.3.1-2 提出小城镇区域给水系统供水范围的水资源和用水量之间平衡及对策。

城镇密集地区或同一流域的城镇往往同一水源共享同一水资源，在相关区域或流域规划中水资源和用水量应在相关区域或流域范围进行水资源和用水量供需平衡分析。

水资源是城镇发展的主要制约因素。对于水资源匮乏地区小城镇，强调限制其发展规模和限制其耗水量大的乡镇企业及农业发展，发展节水农业是很有必要的。

2.1.3.1-3 提出小城镇区域性给水水源选择依据和要求。

小城镇区域性给水系统应进行区域或流域水资源综合规划和专项规划，并与国土规划相协调以满足整个区域或流域的城镇用水供需平衡，同时满足生态环境和人文环境的相关要求。

2.1.3.1-4、2.1.3.1-5 提出涉及流域的水资源和不同分布形态小城镇区域供水水源地的统筹规划、协调共享配置的基本要求。

2.1.3.1-6 提出小城镇区域水源选择的其他要求。

2.1.3.1-7 提出镇域水源保护应符合有关标准规定的要求。

2.1.3.2 区域性水厂

2.1.3.2-1 提出小城镇区域性水厂设置基本要求。

城镇密集地区小城镇应以其区域城镇体系规划或区域规划为依据，统筹规划共建共享区域水厂。

2.1.3.2-2、2.1.3.2-3 提出涉及城市规划区近郊紧临型小城镇和涉及城市远郊、城镇密集分布型小城镇的区域性水厂的规划依据和基本要求。

2.1.3.2-4 根据小城镇相关调查分析，一般小城镇区域性水厂规模，较多在 10 万 m^3/d 及以下，其共享配置宜在县（市）域或市域城镇体系规划中统筹规划确定。

2.1.3.3 输水管渠

2.1.3.3-1～2.1.3.3-2 小城镇区域性共享输水管渠布置与城镇密集区域共享水厂厂址及共享输水管的下一级给水工程、相关小城镇分布有关，其布置应以区域城镇体系规划或区域规划的给水系统规划为依据。

2.1.4 小城镇区域性排水系统设施配置导则

2.1.4.1 区域排水系统、区域排水设施

2.1.4.1-1 小城镇区域排水系统工程规划应依据区域城镇体系规划或小城镇区域规划和河流流域规划，并应与小城镇区域给水、环境保护、道路交通、水系、防洪、规划及其他相关专业规划相协调。

2.1.4.1-2 小城镇区域排水系统主要是区域污水排除系统，区域排水设施主要为共享污水处理厂，污水排出口有其共享的排水管渠。

2.1.4.1-3 小城镇区域污水排除系统应根据小城镇区域城镇群布局，结合竖向规划和道路布局、坡向以及污水受纳体和污水处理厂位置进行流域划分和系统布局。

2.1.4.2 区域性污水处理厂

2.1.4.2-1 城镇密集分布的小城镇区域污水处理厂应统筹规划，联建共享。

2.1.4.2-2 涉及城市规划区近郊紧临型小城镇区域污水处理厂应依据城市总体规划，在相关城市区域规划范围中统筹规划和协调共享配置。

2.1.4.2-3 涉及城市远郊、城镇密集分布型小城镇区域性污水处理厂设置应在市域城镇体系规划中或城镇密集区域、核心区域的区域规划中统筹规划，协调共享配置。

2.1.4.2-4 10万 m^3/d 处理水量以下规模相邻小城镇共享区域性污水处理厂，一般宜在县（市）域或市域城镇体系规划中统筹规划，协调共享配置。

2.1.4.3 区域性污水排出口排水管渠

2.1.4.3-1 小城镇区域性污水排出口选择和排水管渠布置应以小城镇区域城镇体系规划或区域规划的排水系统规划为依据。

2.1.4.3-2 小城镇区域性共享污水排出口和排水管渠布置应结合相关区域性污水处理厂配置和污水排除设施共享相关的城镇布局，统筹规划与协调优化配置。

<h2 style="text-align:center">小城镇区域性排水系统设施配置导则
（条文说明）</h2>

2.1.4.1 区域排水系统、区域排水设施

2.1.4.1-1 提出小城镇区域排水系统工程规划依据和基本要求。

城镇密集地区小城镇跨镇排水系统工程规划的排水受纳体、污水处理厂与河流流域规划、区域规划相关；排水工程与给水工程规划之间联系紧密：排水工程规划的污水量、污水处理程度、受纳水体及污水出口应与给水工程规划的用水量、回用再生水的水质、水量和水源地及其卫生防护区相协调。小城镇区域排水工程规划的受纳水体与小城镇区域水系规划、区域防洪规划相关，应与区域规划水系的功能和防洪设计水位相协调。

2.1.4.1-2 提出小城镇区域排水系统和区域排水设施的内涵。

2.1.4.1-3　提出小城镇区域污水排除系统布局的依据和基本要求。

2.1.4.2　区域性污水处理厂

2.1.4.2-1~2.1.4.2-3　提出不同城镇密集分布小城镇区域性污水处理厂的统筹规划与协调共享配置的不同基本要求。

2.1.4.2-4　根据小城镇相关调查分析，县（市）域或市域一般相邻小城镇共享区域性污水处理厂规模在 10 万 m^3/d 处理水量以下，其共享配置宜在县（市）域或市域城镇体系规划中统筹规划与协调。

2.1.4.3　区域性污水排出口排水管渠

2.1.4.3-1~2.1.4.3-2　提出小城镇区域性污水排出口选择和排水管渠布置的规划依据和基本要求。

2.1.5　小城镇区域性供热系统设施配置导则

2.1.5.1　区域供热系统、区域供热设施

2.1.5.1-1　城镇密集区供热系统应按其区域统筹规划，并应依据国家能源政策与区域电力规划、环境保护规划相结合。

2.1.5.1-2　小城镇区域供热系统规划供热区划定，应符合以下原则：

1）按距离热源的远近划分供热区域，减少管材的投资；

2）按城镇热负荷的分布、热用户的种类、热媒的参数划分；

3）考虑城镇空间发展划分；

4）考虑城镇地形、地貌和布局形态划分；

5）考虑旅游、环境保护、能源综合利用等其他相关因素划分。

2.1.5.1-3　小城镇区域性供热设施应主要包括共享的热电厂与热力管网。

2.1.5.2　热电厂

2.1.5.2-1　小城镇区域性热电厂应遵循"经济合理"和"以热定电"的原则，合理选取热化系数，热化系数应小于1。以工业热负荷为主的供热系统，热化系数宜取0.8~0.85；以采暖热负荷为主的供热系统，热化系数宜取0.52~0.63；工业和采暖热负荷兼有的供热系统，热化系数宜取0.65~0.75。同时应发展多种供热负荷，提高热源厂年利用小时数。

2.1.5.2-2　工业热负荷和民用热负荷常年稳定的城镇密集分布区域应积极建设区域性热电厂。

2.1.5.2-3　长江流域与黄河流域之间采暖期短和有条件的县城镇、中心镇等小城镇区域供热规划可采取三联供模式。

2.1.5.2-4　涉及城市规划区近郊紧临型小城镇区域热电厂应依据城市总体规划，在相关城市区域规划范围中，统筹规划和协调共享配置。

2.1.5.2-5　涉及城市远郊、密集分布型小城镇区域性热电厂设置应在城镇密集区域、核心区域统筹规划和协调共享配置。

2.1.5.3　共享区域供热管网

小城镇共享区域性热力管网布置应结合相关区域性热电厂规划选址及共享相关的城镇布局，统筹规划，协调配置。

<h1 style="text-align:center">小城镇区域性供热系统设施配置导则</h1>
（条文说明）

2.1.5.1 区域供热系统、区域供热设施

2.1.5.1-1 提出城镇密集地区供热系统工程规划的相关依据及与相关规划的协调要求。

热力属于能源，城镇密集地区供热系统工程规划依据国家能源政策。

同时，供热系统工程规划涉及电力、燃气等能源规划及环境保护规划的合理布局要求，供热系统规划与电力工程规划、环境保护规划、燃气供应规划、排水规划之间协调同样是完全必要的。

2.1.5.1-2 提出城镇密集区小城镇跨镇区域供热系统规划供热区划定的原则要求。

2.1.5.1-3 提出小城镇区域性供热设施的基本组成。

2.1.5.2 热电厂

2.1.5.2-1～2.1.5.2-3 提出城镇密集区小城镇跨镇区域性热电厂规划和热化系统选择等的基本要求。

2.1.5.2-4～2.1.5.2-5 提出不同分布形态城镇密集区区域性热电厂统筹规划和协调共享配置的基本要求。

2.1.5.3 共享区域供热管网

提出城镇密集区小城镇共享区域性热力管网布置统筹规划，协调配置的依据和基本要求。

2.1.6 小城镇区域性燃气系统设施配置导则

2.1.6.1 区域性燃气系统、区域性燃气设施

2.1.6.1-1 小城镇区域燃气系统规划应依据区域城镇体系规划或区域规划及国家能源政策，并与区域能源规划、环境保护规划等专项规划相协调。

2.1.6.1-2 小城镇区域性燃气设施应主要为天然气长输高压管道、门站、储气站等。

2.1.6.2 天然气长输管道

2.1.6.2-1 小城镇区域天然气长输管道布置应依据国家西气东输等天然气输送规划、小城镇区域燃气系统规划布局确定。

2.1.6.2-2 小城镇天然气长输管道布置应结合受气端的城镇布局以及门站、储气站的选址要求。

2.1.6.3 门站储气站

2.1.6.3-1 涉及城市规划区近郊紧临型小城镇区域共享天然气系统门站和储气站应依据城市总体规划，在相关城市规划范围中统筹规划和协调共享配置。

2.1.6.3-2 涉及城市远郊、密集分布型小城镇区域性天然气系统门站、储气站设置应在市域城镇体系燃气系统规划中统筹规划，协调共享配置。

2.1.6.3-3 小城镇区域燃气系统规划天然气门站和储配站站址选择要求同小城镇燃气系统规划优化导则的相关规定。

小城镇区域性燃气系统设施配置导则
（条文说明）

2.1.6.1 区域性燃气系统、区域性燃气设施

2.1.6.1-1 提出小城镇区域燃气系统工程规划的相关依据和与相关规划的协调依据。燃气属于能源，燃气规划应依据国家能源政策。同时，燃气工程涉及能源、环境保护、消防等的全面布局，上述规划之间协调同样是完全必要的。

2.1.6.1-2 提出小城镇区域性燃气设施的基本组成。

2.1.6.2 天然气长输管道

2.1.6.2-1～2.1.6.2-2 提出小城镇区域天然气长输管道布置的规划依据和基本要求。

2.1.6.3 门站储气站

2.1.6.3-1～2.1.6.3-2 提出不同城镇密集区小城镇区域性天然气系统门站和储气站的统筹规划和协调共享配置的依据和基本要求。

2.1.6.3-3 提出小城镇区域燃气系统规划天然气门站和储配站站址选择的基本要求。

2.1.7 小城镇区域性电力系统设施配置导则

2.1.7.1 区域电力系统与区域电力设施

2.1.7.1-1 小城镇接受区域电力系统电能的区域电力系统一般应是地区行政范围（也含部分跨地区供电范围）的区域电力系统，同时也包括个别偏僻地区尚未能联网的县行政范围区域电力系统。

2.1.7.1-2 小城镇电力系统规划应依据区域城镇体系规划或区域规划及国家能源政策、环保政策，并结合和本区域能源资源、能源条件和区域环境保护规划。

2.1.7.1-3 小城镇相关的区域电力系统规划应根据其区域电力负荷预测和现有电源变电所、发电厂的供电能力及供电方案，进行电力电量平衡，测算规划期内电力、电量的余缺，提出规划年限内需增加的区域电源变电所和发电厂的装机容量。

2.1.7.1-4 小城镇区域共享电力设施主要是指小城镇接受区域电能的上一级电力系统设施，包括共享的发电厂、220kV 以上（含部分 110kV）变电站及其高压输送电力线路。

2.1.7.2 共享区域发电厂与区域变电站

2.1.7.2-1 涉及大中城市规划区近郊紧临型选址在小城镇区域的发电厂，500kV、220kV 变电站应依据区域电力规划和城市总体规划，在城市规划区域范围统筹规划和协调共享配置；小城镇区域共享的 25 万 kW 以下中、小型电厂、220kV 变电站应在县（市）域范围内统筹规划和协调共享配置。

2.1.7.2-2 涉及城市远郊、密集分布型选址在小城镇区域的发电厂、500kV、220kV 变电站应在市域城镇体系电力规划中和在含小城镇的城镇密集区域、核心区域电力系统规划中统筹规划和协调共享配置；小城镇区域共享 25 万 kW 以下中、小型电厂、220kV 变电站应在县（市）域或市域城镇体系规划中统筹规划与协调共享配置。

2.1.7.3 高压输送电力线路

小城镇区域共享的高压输送电力线路应结合小城镇区域共享相关的发电厂、变电站规划，在相关区域范围内统筹规划与协调共享配置。

小城镇区域性电力系统设施配置导则
（条文说明）

2.1.7.1　区域电力系统与区域电力设施

2.1.7.1-1　提出不同地区小城镇接受区域电力系统电能的区域电力系统划分。

2.1.7.1-2　提出小城镇电力系统规划的依据和基本要求。

2.1.7.1-3　提出小城镇相关区域电力系统规划的电力电量平衡原则要求。

需要指出本条是根据电力电量平衡测算规划期内电力电量余缺，提出规划年内需增加电源变电所和发电厂的装机总容量。

2.1.7.1-4　提出小城镇区域共享电力设施的基本组成。

2.1.7.2　共享区域发电厂与区域变电站

2.1.7.2-1～2.1.7.2-2　提出不同分布形态小城镇区域发电厂和区域变电站的统筹规划和协调共享配置的依据及基本要求。

2.1.7.3　高压输送电力线路

提出小城镇区域共享高压输送电力线路统筹规划与协调共享配置的依据和基本要求。

2.1.8　小城镇区域性通信系统设施配置导则

2.1.8.1　区域通信系统、区域通信设施

2.1.8.1-1　小城镇相关区域通信系统应主要以地级市行政范围为主（含直辖市范围）的本地网通信系统。

2.1.8.1-2　小城镇相关区域通信系统规划应依据相关区域城镇体系规划或区域规划。

2.1.8.1-3　小城镇相关区域通信系统设施主要应是共享的本地网长话局、汇接局、骨干传输网线路、中继网线路。

2.1.8.2　共享本地网长话局、汇接局

小城镇相关区域的本地网长话局、汇接局应在城市规划区及其市域范围内统筹规划与协调共享配置。

2.1.8.3　共享骨干传输网、中继网

2.1.8.3-1　涉及大中城市规划区近郊紧临型小城镇相关区域的骨干传输网线路和局间中继网线路应在以中心城区为核心的城镇核心区域、密集区域及相关本地网范围统筹规划与协调共享配置。

2.1.8.3-2　涉及城市远郊、密集分布型小城镇相关区域骨干传输网线路和局间中继网线路应在大中城市市域城镇体系规划和城镇密集区区域规划中统筹规划与协调共享配置。

小城镇区域性通信系统设施配置导则
（条文说明）

2.1.8.1　区域通信系统、区域通信设施

2.1.8.1-1　提出小城镇相关区域通信系统主要组成。

2.1.8.1-2　提出小城镇相关区域通信系统规划依据。

2.1.8.1-3　提出小城镇相关区域通信系统设施基本组成。

2.1.8.2　共享本地网长话局、汇接局

提出小城镇相关区域的本地网长话局、汇接局统筹规划与协调共享配置的基本要求。

2.1.8.3　共享骨干传输网、中继网

2.1.8.3-1～2.1.8.3-2　提出不同分布形态城镇密集区小城镇相关区域的骨干传输网线路和局间中继网线路统筹规划与协调共享配置的基本要求。

2.2　小城镇基础设施综合布局与统筹规划导则

2.2.1　总则

2.2.1.1　为科学合理编制小城镇基础设施规划，加强统筹规划，优化综合布局，实行小城镇基础设施的共建共享，减少投资，提高效益，进一步促进小城镇健康可持续发展编制本导则。

2.2.1.2　本导则包括以下小城镇规划导则：

1）小城镇道路交通系统规划优化导则；

2）小城镇给水管网系统规划优化导则；

3）小城镇排水管网系统规划优化导则；

4）小城镇供热管网系统规划优化导则；

5）小城镇燃气管网系统规划优化导则；

6）小城镇电力网、电力线路规划优化导则；

7）小城镇电信网、电信线路规划优化导则；

8）小城镇综合工程管线系统规划优化导则。

2.2.1.3　本导则适用于以❶县城镇、中心镇和一般镇为主要载体的小城镇。规划中的道路交通、给水系统、排水系统、供热管网系统、燃气管网系统、电力网及电力线路、电信网及电信线路规划及工程管线综合规划，也适用于小城镇上述系统工程及其管网建设与管理。

2.2.1.4　本导则涉及的小城镇区域主要是指小城镇所在县（市）域，也指跨县（市）行政范围的小城镇密集分布的城镇区域范围，同时包括小城镇所在城市区域范围。

2.2.1.5　小城镇镇域主要是指建制镇行政管辖的镇区及其农村范围。

2.2.1.6　小城镇镇域应反映镇与村之间关系，小城镇区域应更多反映镇与镇、镇与城之间关系；小城镇镇域是小城镇区域的组成部分，小城镇区域包括镇域。

2.2.1.7　本导则小城镇基础设施一般指镇区基础设施，"镇区"系指行政建制"镇"的政府机关和公共服务机构及其相应配套设施的所在地。

2.2.1.8　小城镇基础设施道路交通、给水、排水、供热、燃气、电力、通信各专项规划及综合工程管线规划应共同遵循以下原则：

63

---

❶　县城镇：县驻地建制镇。

中心镇：指在县（市）域内的一定区域范围与周边村镇有密切联系，有较大经济辐射和带动作用，作为该区域范围农村经济文化中心的小城镇。

一般镇：县城镇、中心镇外的一般建制镇。

1）统筹规划、合理布局、联合建设、资源共享原则；

2）因地制宜、节约用地、经济适用、分期实施原则；

3）分类分级规划指导原则；

4）管线综合协调、可持续发展原则。

2.2.1.9　大中城市规划区范围内的郊区建制镇的给水、排水、（供热）、燃气、电力、通信管网规划应在其城市总体规划中一并考虑、管线综合规划也应与城市管线综合规划相协调与衔接。

2.2.1.10　较集中分布或连绵分布小城镇的给水、排水、（供热）、燃气、电力、通信管网规划应在相关城镇区域统筹规划优化的基础上，联建共享，其管线综合规划也应与相关城镇区域内管线综合相协调与衔接。

2.2.1.11　分散、单独分布的小城镇的道路交通、给水、排水、（供热）、燃气、电力、通信管网规划应在县（市）域城镇体系相关规划指导下，优化设施布局，衔接区域相关设施与资源共享。

2.2.1.12　小城镇工程管线综合规划应在道路交通规划和给水、排水、（供热）、燃气、电力、通信管网、管线规划优化的基础上进行。给水、排水、（供热）、燃气、电力、通信管线敷设应依据工程管线综合规划要求对专项管网规划作必要调整协调。

2.2.1.13　本导则研究涉及小城镇基础设施规划设计的合理水平和定量化指标，宜按 3 种经济发展不同地区、小城镇规模的 3 个等级层次、两个发展阶段（规划期限）设定。

3 种经济发展不同地区为：

经济发达地区；

经济发展一般地区；

经济欠发达地区。

3 个规模等级层次为：

一级镇：县驻地镇、经济发达地区 3 万人以上镇区人口的中心镇，经济发展一般地区 2.5 万以上镇区人口的中心镇；

二级镇：经济发达地区一级镇外的中心镇和 2.5 万人以上镇区人口的一般镇、经济发展一般地区一级镇外的中心镇和 2 万人以上镇区人口的一般镇、经济欠发达地区 1 万人以上镇区人口县城镇外的其他镇；

三级镇：二级镇以外的一般镇和在规划期将发展为一般建制镇的集镇。

两个规划发展阶段（规划期限）为：

近期规划发展阶段；

远期规划发展阶段。

总　则
（条文说明）

2.2.1.1　提出小城镇基础设施综合布局与统筹规划导则研究的宗旨。

2.2.1.2　提出小城镇基础设施综合布局与统筹规划导则研究的组成内容。

2.2.1.3　提出小城镇基础设施综合布局与统筹规划导则研究的适用范围。

2.2.1.4～2.2.1.5　提出本导则的小城镇区域、镇域内涵。

2.2.1.6～2.2.1.7　研究提出小城镇镇域、区域之间内在关系及其区别，以及小城镇镇区和小城镇基础设施的内涵。

2.2.1.8　提出本导则小城镇各项基础设施规划和工程管线综合规划应共同遵循的原则。

针对我国小城镇特点和不同地区、不同性质类别、不同规模小城镇经济发展和基础设施存在的很大差异性，强调统筹规划、联合建设、因地制宜、经济适用和分类分级指导原则十分必要。

2.2.1.9～2.2.1.11　提出不同分布形态小城镇基础设施规划与工程管线综合规划的基本要求。

其中2.2.1.9条提出大中城市规划区范围内的郊区建制镇的给水、排水、（供热）、燃气、电力、通信管网规划基本原则。

大中城市规划区范围内的郊区建制镇是城市组成部分，其基础设施也是城市基础设施的组成部分。

其中2.2.1.10条提出较集中分布或连绵分布小城镇的给水、排水、（供热）、燃气、电力、通信管网规划的基本原则。

上述小城镇基础设施管网规划统筹规划、联合建设是克服目前小城镇基础设施滞后、不配套、规模小、运行成本高、效益低、资源浪费、重复建设等弊病，有利于经营管理、资源共享、降低运行成本的一条重要规划原则。

2.2.1.12　提出小城镇工程管线综合规划与相关各专项规划之间的依据协调关系。

2.2.1.13　根据科技部《小城镇规划标准研究》课题研究成果，提出本导则研究涉及的小城镇基础设施规划设计合理水平和定量化指标的小城镇不同经济发展地区、不同规模、不同发展阶段的划分原则。

本导则所指的经济发达地区主要是东部沿海地区，京、津、唐地区，现状农民人均年纯收入一般大于3300元，第三产业占总产值比例大于30%。

经济欠发达地区主要是西部、边远地区，现状农民人均年纯收入一般在1800元以下，第三产业占总产值比例小于20%。

经济发展介于经济发达地区、欠发达地区之间的经济发展一般地区，主要是中、西部地区，现状农民人均年纯收入在1800～3300元左右，第二产业占总产值比例约20%～30%。

2.2.2　小城镇道路交通系统规划优化导则

2.2.2.1　规划原则与基本要求

2.2.2.1-1　小城镇道路交通规划应以镇区内的交通规划为主，处理好小城镇对外交通与镇内交通的衔接，以及县（市）域范围内的小城镇与县（市）驻地城镇的交通联系。

2.2.2.1-2　小城镇道路交通规划必须以小城镇总体规划为依据，满足城镇建设发展和土地使用对交通运输的需求，发挥道路交通对本地经济社会发展和土地开发强度的促进和制约作用。

2.2.2.1-3　不同类别小城镇道路交通规划内容和深度在满足基本要求的前提下，应有不同要求。

2.2.2.2　交通组织

2.2.2.2-1　小城镇交通组织应满足系统分明、功能清晰、网络合理的基本要求。

2.2.2.2-2　小城镇道路与公路的交通组织宜设置平行道路，减少城镇道路与公路的交叉口，以保证公路交通的畅通、安全和有序。

2.2.2.2-3　小城镇过境交通应与镇区道路分开布置，过境公路不得穿越镇区；过境公路选线应结合小城镇远期规划，在小城镇镇区之外，规划区边缘布置；对原穿越镇区的过境公路段应采取合理手段改变穿越道路的性质和功能，在改变之前，应按镇区道路的要求控制两侧用地布局。

2.2.2.2-4　小城镇内的主要客运交通和货运交通应各成系统，货运交通不应穿越城镇中心区和住宅区，应与对外交通系统有方便的、直接的联系。

2.2.2.2-5　县城镇、中心镇、❶ 大型一般镇中心区应适当考虑人车分流。

2.2.2.3　道路系统及道路网布局优化

2.2.2.3-1　小城镇道路系统规划，应满足下列基本要求：

（1）交通运输的要求

1）客、货车流和人流的安全与畅通；

2）小城镇各主要用地和功能区之间应有短捷的交通路线，以最小运输工作量，最省交通运输费用为目的；

3）小城镇各分片用地之间的联系道路应有足够而又恰当的数量，道路系统尽可能简单、整齐、醒目，以便行人和行车辨别方向和组织交叉口的交通；

4）为交通组织管理创造良好条件。

（2）结合地形、地质和水文条件的道路网走向要求。

（3）小城镇人居环境要求。

（4）反映小城镇风貌、历史和文化传统的小城镇道路景观要求。

（5）地面排水要求。

（6）为地上、地下工程管线及其他市政公用设施提供空间的各种工程管线布置要求。

（7）小城镇救灾避难和日照通风的要求。

（8）处理铁路和其他各种人工构筑物关系等方面的要求。

2.2.2.3-2　小城镇道路系统采用的基本形式和几何形状应根据当地的具体条件，本着"有利于生产、方便生活"的原则，因地制宜，合理、灵活地选择。

2.2.2.3-3　小城镇道路分级应符合表 2.2.2-1 规定。

小城镇道路分级　　　　　　　　　　　　　　表 2.2.2-1

镇等级	人口规模	道路分级			
		干路		支（巷）路	
		一级	二级	三级	四级
县城镇、中心镇	大型 中型 小型	● ● ○	● ● ●	● ● ●	● ● ●

---

❶　大型一般镇：镇区人口规模大于 3 万的非县城镇、中心镇的一般建制镇。

镇等级	人口规模	道路分级			
		干路		支（巷）路	
		一级	二级	三级	四级
一般镇	大型 中型 小型	○ — —	● ● ○	● ● ●	● ● ●

注：① 其中●—应设；○—可设。
② 表中人口规模指镇区人口规模，大型、中型、小型等级人口分别指大于 5 万人、1 万～5 万人和小于 1 万人。

2.2.2.3-4　小城镇道路规划技术指标应符合表 2.2.2-2 规定。

小城镇道路规划技术指标　　　　　　　　表 2.2.2-2

规划技术指标	道路级别			
	干路		支（巷）路	
	一级	二级	三级	四级
计算行车速度（km/h）	40	30	20	—
道路红线宽度（m）	24～32（25～35）	16～24	10～14（12～15）	≥4～8
车行道宽度（m）	14～20	10～14	6～7	3.5～4
每侧人行道宽度（m）	4～6	3～5	2～3.5	—
道路间距（m）	500～600	350～500	120～250	60～150

注：① 表中一、二、三级道路用地按红线宽度计算，四级道路按车行道宽度计算。
② 一级路、三级路可酌情采用括号值，对于❶大型县城镇、大型中心镇道路，交通量大、车速要求较高的情况也可考虑三块板道路横断面，增加红线宽度，但不宜大于 40m。

2.2.2.3-5　小城镇道路网规划应适应小城镇用地扩展，并向机动化方向发展；道路网的形式和布局，应根据用地规划，客货交通源和集散点的分布，交通流量流向，并结合地形、地物、河流走向、沿线铁路位置和原有道路系统因地制宜地确定。

2.2.2.3-6　小城镇道路网的平均密度应符合表 1.6.2-2 规定的指标要求，土地开发的强度应与交通网的运输能力和道路网的通行能力相协调。

2.2.2.3-7　县城镇、中心镇、大型一般镇主要出入口每个方向应有两条对外放射的道路。其他一般镇主要出入口每个方向宜有两条对外放射的道路。

2.2.2.3-8　河网地区小城镇道路网应符合下列规定：

1）道路宜平行或垂直于河道布置；

2）对跨越通航河道的桥梁，应满足桥下通航净空要求，并应与滨河路的交叉口相协调；

3）桥梁的车行道和人行道宽度应与道路的车行道和人行道等宽，桥梁建设应满足市政管线敷设的要求。

4）客货流集散码头和渡口应与小城镇道路统一规划。码头附近的民船停泊和岸上农贸市场的人流集散和公共停车场车辆出入，均不得干扰小城镇干路的交通。

2.2.2.3-9　山区小城镇道路网规划应符合下列规定：

❶　大型县城镇、大型中心镇：这里指人口一般 10 万人以上的县城镇、大型中心镇。

1）道路网应基本与等高线平行设置，并应考虑防洪要求。干道宜设在谷地或坡面上。双向交通的道路宜分别设置在不同的标高上；

2）地形高差特别大的地区，宜设置人、车分开的两套道路系统。

2.2.2.3-10 当旧镇道路网改造时，在满足道路交通的情况下，应兼顾旧镇的历史、文化、地方特色和原有道路网形成的历史；对有历史文化价值的街道应适当加以保护。

2.2.2.3-11 小城镇道路应避免设置错位的 T 字形路口。已有的错位 T 字形路口，在规划时应予改造。

2.2.2.3-12 小城镇应根据相交道路的等级，分向流量、公共交通站点设置、交叉口周围用地性质，确定交叉口的形式及其用地范围。

2.2.2.3-13 小城镇相关道路交叉口形式应符合表 2.2.2-3 规定。

小城镇道路交叉口形式 表 2.2.2-3

镇等级	规模	相交道路	干路	支路
县城镇中心镇	大	干路	C、D、B	D、E
		支路		E
	中、小	支路	C、D、E	E
一般镇	大、中	干路	D、E	E
		支路		E
	小	支路		E

注：B 为展宽式信号灯管理平面交叉口；

C 为平面环形交叉口；

D 为信号灯管理平面交叉口；

E 为不设信号灯但有明显标志标识的平面交叉口。

2.2.2.3-14 小城镇干路规划，干路上机动车与非机动车宜分道行驶，交叉口之间分隔机动车与非机动车的分隔带宜连续；干路两侧可设置公共建筑，并可设置机动车和非机动车的停车场、公共交通站点和出租汽车服务站。

2.2.2.4 公共交通线路网

2.2.2.4-1 小城镇公共交通方式主要为公共汽车。县城镇、中心镇公共交通方式也包括出租汽车。

2.2.2.4-2 小城镇公共交通规划应主要考虑镇际公共交通，同时也考虑镇到中心村的公共交通。县城镇、中心镇和大型一般镇公共交通规划应同时考虑镇区公共交通。

2.2.2.4-3 小城镇公共交通线路网应综合考虑，并应设置公交客运枢纽，以便镇区线、镇际线的衔接。各线的客运能力应与客流量相协调。线路的走向应考虑均衡服务性和客流的主流向，满足客流量的要求。

2.2.2.4-4 镇中心区的公共交通线路网规划密度应达到 2～3km/km²，在非中心区应达到 1.5～2.5km/km²。镇与镇之间应有适当密度的公共交通线路，镇域内中心村与镇区之间、中心村之间应有公共交通线路。镇与镇之间应有适当密度的公共交通线路，镇域内中心村与镇区之间、中心村与中心村之间应有公共交通线路。

2.2.2.5 自行车交通道路

2.2.2.5-1 小城镇自行车交通应为居民个体出行的主要交通方式，自行车出行量与公共交通出行量比值不作控制。

2.2.2.5-2 小城镇自行车道路网应由镇区道路两侧的自行车道、镇区支路和住区道路组成，在必要地段，可设置自行车专用路。

2.2.2.5-3 小城镇自行车专用路应按设计速度20km/h的要求进行线型设计。

2.2.2.5-4 小城镇自行车道路的交通环境设计中，应考虑安全、照明、标识、遮阴等设施的设置。

2.2.2.5-5 小城镇自行车道路面宽度应取自行车带的倍数，自行车车带数应按自行车高峰小时交通量确定。每条自行车车带宽度宜为1m，靠路边的和靠分隔带的一条车带侧向净空宽度应加0.25m。自行车道双向行驶的最小宽度宜为3.5m，混有其他非机动车的单向行驶的最小宽度设置为4.5m。小城镇自行车道路的通行能力计算比照《城市道路交通规划设计规范》确定。

2.2.2.6 步行交通与商业步行区

2.2.2.6-1 小城镇步行交通系统规划应以步行人流的流量和流向为基本依据。并应根据小城镇集市贸易等特点，因地制宜地采取各种有效措施，满足行人活动的要求，保障行人的交通安全和交通连续性，避免无故中断和任意缩减人行道。

2.2.2.6-2 小城镇人行道、商业步行街、滨河步道或林荫道的规划，应与居住区的步行系统，与镇区车站、广场等的步行系统紧密构成一个完整的步行系统。

2.2.2.6-3 小城镇步行交通设施应符合无障碍交通的要求。

2.2.2.6-4 小城镇人行道宽度应结合人行流量按人行带的倍数计算，并应满足工程管线敷设要求。最小宽度不得小于1.5m。人行带宽度和最大通行能力应符合表2.2.2-4的规定。

人行带宽度和最大通行能力 表2.2.2-4

所在地点	人行带宽度（m）	最大通行能力（人/h）
小城镇道路上	0.75	1800
车站、码头、公园等路	0.90	1400

2.2.2.6-5 县城镇、中心镇商业步行区道路应满足送货车、清扫车和消防车通行的要求并设有紧急疏散口和紧急疏散系统。道路宽度可采用7.5～10m，不宜过宽。

2.2.2.6-6 小城镇商业步行区距小城镇二级干路的距离不宜大于200m，步行区进出口距公共交通停靠站的距离不宜大于100m。

2.2.2.6-7 小城镇商业步行区内出入口附近应布置小型休闲广场和人流集散广场，出入口附近应布置相应规模的机动车和非机动车停车场或多层停车库，其距步行区进出口的距离不宜大于100m，并不得大于200m。

2.2.2.7 交通管理设施

2.2.2.7-1 县城镇、中心镇、大型一般镇中心区设置行人过街设施时应遵循如下原则：

1）县城镇、中心镇中心区行人过街设施主要为人行横道，一般设置在干路或连接干路的交叉口上；

2）在小城镇的一级和二级干路的路段上，人行横道或过街通道的间距宜为250～

300m。

2.2.2.7-2 小城镇道路交通标志标线的设置应符合国家标准《道路交通标志标线》（GB 5769—1999），设置时应全盘考虑，整体布局，重点设置在小城镇干路、连接干路的交叉口和连接对外交通的道路上。

2.2.2.7-3 小城镇道路信号控制设施应遵循如下原则：

1）设置道路信号控制设施前，宜先采用停车标志（或让路标志）来管理交叉口的车辆运行，当次要道路交通量接近停车（让路）标志管制下的通行能力，次要道路车辆拥挤严重时，方考虑设置道路信号控制设施；

2）道路信号控制设施的设置应综合考虑车流量、人流量、学童过街、交通事故记录等因素，设置在合理位置；

3）小城镇道路信号控制设施宜设置在干路或连接干路的交叉口上；

4）当机动车与非机动车、行人混行较为严重时，应配备交通疏导指挥人员，配合道路信号控制设施进行管理。

2.2.2.7-4 县城镇、中心镇、大型一般镇的渠化交通在处理时应遵循如下原则：

1）应对交叉口的通行能力和道路安全性进行全面分析，然后再确认是否应进行渠化；

2）渠化交通应使交叉口的点面积适当缩小，应通过渠化岛和渠化带明确车辆的行驶位置，渠化后交通流应不再有锐角冲突，渠化后分流或合流的角度应尽可能小且避免分流、合流点集中；

3）渠化交通后的车道宽度设计要合理，不应过宽，渠化交通所设置的交通岛、安全岛的面积要合适且数量不宜过多。

小城镇道路交通系统规划优化导则
（条文说明）

2.2.2.1 规划原则与基本要求

2.2.2.1-1 根据小城镇道路交通的作用和特点，提出小城镇道路交通规划的侧重点以及内外交通的衔接关系。

2.2.2.1-2～2.2.2.1-3 提出小城镇道路交通规划依据和不同类别小城镇道路交通规划的不同要求。

一般情况中、小型一般镇与县城镇、中心镇、大型一般镇的道路交通及规划要求有较大差别，其未强调的规划要求可酌情比较县城镇、中心镇、大型一般镇的相关条款。

2.2.2.2 交通组织

2.2.2.2-1 提出小城镇交通组织的基本要求。

2.2.2.2-2～2.2.2.2-4 提出小城镇对外交通组织的主要规定。

小城镇规划和建设中对城镇内外交通应进行恰当的组织，使各类交通系统分明，功能作用分清，形成合理的交通运输网络。基本的思路是进行交通分流，实行交通分流，可以避免交通混杂、冲突和拥塞；也使交通各从其类，各行其道，互不干扰，同时交通安全也有保障。

2.2.2.2-5 根据县城镇、中心镇、大型一般镇中心区的人流、车流交通特点和实际情况，应适当考虑人车分流。

2.2.2.3 道路系统及道路网布局优化

2.2.2.3-1 根据小城镇特点，提出小城镇道路系统规划的基本要求。

2.2.2.3-2 提出小城镇道路系统采用的基本形式和几何形状选择的原则及基本要求。

2.2.2.3-3 提出小城镇道路分级。

不同等级的小城镇应该有其相应的道路等级结构以适应小城镇发展，既不能等级过高导致浪费，也不能等级过低影响交通畅通。小城镇的道路主要分为干路和支（巷）路两种，每种道路又各分两个等级。

2.2.2.3-4 提出小城镇道路规划技术指标。

小城镇道路规划技术指标，应注意与城市道路规划技术指标的衔接：一、机动车设计速度对道路线形和交通组织的要求起决定性作用。道路网骨架和线形一旦定局，将长期延续下去。另外，如果小城镇的行驶车速规定与大城市不符，则城市车辆一进小城镇就很难适应，影响小城镇交通效率的发挥。因此，条文中干路和支路的计算行车速度，小城镇与城市应保持一致；二、小城镇的干路和支路因为承担了相当多的农村乡镇企业货运和农民进城工作与生活活动的交通，所以小城镇的道路网密度取值要稍高于城市内的干路和支路的取值；三、道路宽度上括号值提供不同小城镇不同要求的适宜选择，同时提出一些县城镇、中心镇交通量大、车速要求高的情况，宜加宽路幅的指标值。

2.2.2.3-5～2.2.2.3-7 结合小城镇特点，参照《城市道路交通规划设计规范》提出小城镇道路网规划布局基本要求。

同时考虑防灾等要求，县城镇、中心镇、大型一般镇主要出入口每个方向道路按城市要求，其他一般镇宜根据小城镇实际情况比较执行。

2.2.2.3-8～2.2.2.3-9 结合河网地区小城镇和山区小城镇特点，分别提出河网地区小城镇和山区小城镇道路网规划的基本规定。

2.2.2.3-10 结合小城镇旧镇改造和历史文化名镇、历史文化街区保护，提出小城镇旧镇道路网改造要求。

2.2.2.3-11 针对小城镇道路现状存在问题，提出避免和改造错位 T 字形路口的要求。

2.2.2.3-12～2.2.2.3-13 根据小城镇及其道路的特点，考虑县城镇、中心镇道路与城市道路的衔接，提出确定小城镇道路交叉口形式、用地范围的依据，以及交叉口形式选择和用地面积要求。

2.2.2.3-14 根据小城镇特点，提出小城镇干路机动车与非机动车分道行驶，交叉口分隔带连续规划要求。

2.2.2.4 公共交通线路网

2.2.2.4-1 提出小城镇公共交通主要方式。

根据我国小城镇的特点和实际情况，小城镇中主要的公共交通方式应为公共汽车，一些县城镇、中心镇出租汽车作为公共交通方式补充。

2.2.2.4-2 提出小城镇公共交通规划应包括镇际公共交通与镇到中心村的公共交通，县城镇、中心镇和大型一般镇应同时考虑镇区公共交通。

2.2.2.4-3 结合小城镇实际，提出小城镇公共交通线路网规划的基本要求。

2.2.2.4-4　提出县城镇、中心镇、大型一般镇中心区和非中心区线路网规划密度的不同要求。

2.2.2.5　自行车交通道路

2.2.2.5-1　根据小城镇及其交通特点，提出自行车交通应为小城镇居民个体出行的主要交通方式之一。

2.2.2.5-2　提出小城镇自行车道路网规划要求。

2.2.2.5-3～2.2.2.5-5　提出小城镇自行车道路规划的基本规定与要求。

根据小城镇自行车行驶和自行车道路的特点，参照《城市道路交通规划设计规范》确定。

2.2.2.6　步行交通与商业步行区

2.2.2.6-1　提出小城镇步行交通系统规划基本依据。

小城镇集市贸易对步行交通系统影响较大，提出因地制宜采取有效措施，对保障行人的交通安全和交通连续性是很有必要的。

2.2.2.6-2　提出小城镇完整的步行系统规划构成。

2.2.2.6-3　提出小城镇步行交通设施的要求。

2.2.2.6-4　人行道是城镇道路的基本组成部分。它的主要功能是满足步行交通的需要，同时也应满足绿化布置、地上杆柱、地下管线、护栏、交通标志和信号，以及消防栓、清洁箱、邮筒等公用附属设施布置安排的需要。人行道宽度取决于道路类别、沿街建筑物性质、人流密度和构成（空手、提包、携物等）、步行速度，以及在人行道上设置灯杆和绿化种植带，还应考虑在人行道下埋设地下管线及备用地等方面的要求。一条步行带的宽度一般为 0.75m；在火车站、汽车站、客运码头以及大型商场（商业中心）附近，则采用 0.90m 为宜。人行带的条数取决于人行道的设计通行能力和高峰小时的人流量。一般干道、商业街的通行能力采用 800～1000 人/h；支路采用 1000～1200 人/h，这是因为干道、商业街行人拥挤，通行能力降低。由于影响行人交通流向、流量变化的因素错综复杂，远期高峰小时的行人流量难以准确估计，通常多根据城镇规模、道路性质和特点来确定步行带的宽度。在调查综合分析基础上，提出小城镇人行带的宽度要求。

2.2.2.6-5　提出县城镇、中心镇、大型一般镇商业步行区道路基本要求。

小城镇的商业步行区，通常以一条商业街为主体，从集中人气带旺商铺的角度考虑，道路宽度不宜过宽；同时，由于小城镇商业步行区的规模有限，故未对小城镇商业步行区的道路网密度提出标准，但要求设有紧急疏散口和紧急疏散系统。

2.2.2.6-6～2.2.2.6-7　从小城镇商业步行区经商和购物活动特点和方便考虑，提出小城镇商业步行区与二级干路、公交站的距离及停车场库、步行区进出口等要求。

2.2.2.7　交通管理设施

2.2.2.7-1　根据小城镇特点和相关调查分析，提出县城镇、中心镇、大型一般镇行人过街设施要求。其他镇可酌情比较执行。

一般来说，小城镇没有必要设置人行天桥或地道，行人过街设施主要为人行横道，而且主要设置在小城镇的干路或连接干路的交叉口上，人行横道的间距可比城市标准稍高。个别经济发达的小城镇，达到设置人行天桥或地道的标准要求时，可按国家相应标准设置。

2.2.2.7-2 提出小城镇道路交通标志标线的设置要求。

小城镇道路交通标志标线的设置应符合国家标准《道路交通标志标线》的要求，以形成全国统一的道路交通标志标线系统，有利于交通统一管理，保障交通安全，具体设置时，应重点设置在干路或连接干路的交叉口，以及连接对外交通的道路上。设置的标志标线的种类和设置方法，均按国家标志《道路交通标志标线》执行。

2.2.2.7-3 提出小城镇道路信号控制的基本原则。

小城镇道路的信号控制设施不能盲目设置，因为信号控制设施对交通的作用有两面性：正确的设置可以提高交通效率和安全；错误的设置可以增加交通延误引发交通事故。所以，在进行信号控制设施设置时，一定要综合考虑各种因素，并在停车（让路）标志管制能力接近饱和的情况下，才能进行信号控制设施的设置。在小城镇中，机动车与非机动车混行相互干扰的情况特别严重，此类情况仅仅依靠信号控制设施往往控制不了，需配备相应的交通疏导指挥人员在适当的地点配合信号控制设施的使用。

2.2.2.7-4 提出县城镇、中心镇和大型一般镇的渠化交通原则。

小城镇渠化交通通过渠化分流、合流处理，确保交叉口通行能力和通行安全。从道路交通的运行原理上来说，小城镇渠化交通与城市的渠化交通并无不同，并应遵循共同原则。因为小城镇交叉口形式多样，对应的交通情况又各不相同，所以标准中给出的只是定性的原则。在渠化交通规划设计和实施时，应根据原则要求做出合理的方案。

2.2.3 小城镇给水系统规划设计优化导则

2.2.3.1 规划内容、范围、期限

2.2.3.1-1 小城镇给水系统工程规划的主要内容应包括：预测小城镇用水量；进行水资源与用水量供需平衡分析；选择水源，提出水资源保护的要求和措施；确定水厂位置、用地，提出给水系统布局框架；布置输水管道和给水管网。

2.2.3.1-2 小城镇给水系统工程规划范围与小城镇总体规划范围一致。当水源地在小城镇规划区以外时，水源地和输水管线应纳入小城镇给水系统工程规划范围。

2.2.3.1-3 小城镇给水系统工程规划期限应与小城镇总体规划期限一致。

2.2.3.2 水资源、用水量及供需平衡

2.2.3.2-1 小城镇水资源应包括符合各种用水的水源水质标准的淡水（地表水和地下水）、海水，及经过处理后符合各种用水水质要求的淡水（地表水和地下水、海水、再生水等）。

2.2.3.2-2 小城镇用水量应分两部分：

第一部分应为小城镇给水系统工程统一供给的居民生活用水、工业用水、公共设施用水及其他用水量的总和；

第二部分应为上述统一供给以外的所有用水水量的总和，包括取自井水等非统一供给的居民生活用水，工业和公共设施自备水源供给的用水，河湖环境和航道用水，农业灌溉及畜牧业用水。

2.2.3.2-3 小城镇给水系统工程统一供给的综合生活用水量宜采用表2.2.3-1指标预测，并应结合小城镇的地理位置、水资源状况、气候条件，小城镇经济、社会发展与公共设施水平，居民经济收入，居住与生活水平以及生活习惯，综合分析比较来选定指标。

小城镇人均综合生活用水量指标〔L/（人·d）〕　　　表 2.2.3-1

地区区划	小城镇规模分级					
	一		二		三	
	近期	远期	近期	远期	近期	远期
一区	190～370	220～450	180～340	200～400	150～300	170～350
二区	150～280	170～350	140～250	160～310	120～210	140～260
三区	130～240	150～300	120～210	140～260	100～160	120～200

注：① 一区包括：贵州、四川、湖北、湖南、江西、浙江、福建、广东、广西、海南、上海、云南、江苏、安徽、重庆。

二区包括：黑龙江、吉林、辽宁、北京、天津、河北、山西、河南、山东、宁夏、陕西、内蒙古河套以东和甘肃黄河以东的地区。

三区包括：新疆、青海、西藏、内蒙古河套以西和甘肃黄河以西的地区（下同）。

② 小城镇规模分级和近期、远期 1.6.2.1 总则 1.0.13。（下同）。

③ 用水人口为小城镇总体规划确定的规划人口数（下同）。

④ 综合生活用水为小城镇居民日常生活用水和公共建筑用水之和，不包括浇洒道路、绿地、市政用水和管网漏失水量。

⑤ 指标为规划期最高日用水量指标（下同）。

⑥ 特殊情况的小城镇，应根据实际情况，用水量指标酌情增减（下同）。

2.2.3.2-4　小城镇用水量预测可在综合生活用水量预测的基础上，按小城镇相关因素分析或类似比较确定的综合生活用水量与总用水量比例或其与工业用水量、其他用水量之比例，测算总用水量，其中工业用水量也可单独采用其他方法预测。

2.2.3.2-5　小城镇用水量预测宜采用两种以上方法预测比较，不同性质用地的用水量，可按不同性质用地用水量指标确定。

1）小城镇单位居住用地用水量应根据小城镇特点、居民生活水平等因素确定，并根据小城镇实际情况，选用表 2.2.3-2 中指标。

单位居住用地用水量指标〔10⁴m³/（km²·d）〕　　　表 2.2.3-2

地区区划	小城镇规模分级		
	一	二	三
一　区	1.00～1.95	0.90～1.74	0.80～1.50
二　区	0.85～1.55	0.80～1.38	0.70～1.15
三　区	0.70～1.34	0.65～1.16	0.55～0.90

注：表中指标为规划期内最高日用水量指标，使用年限延伸至 2020 年，即远期规划指标。近期规划使用应酌情减少，指标已含管网漏失水量。

2）小城镇单位公共设施用地、工业用地及其他用地用水量指标，应根据现行国标《城市给水工程规划规范》，结合小城镇实际情况选用。

2.2.3.2-6　进行小城镇水资源供需平衡分析时，小城镇给水系统工程统一供水部分所要求的水资源供水量为小城镇最高日用水量除以日变化系数，再乘供水天数。小城镇的日变化系数可取 1.6～2.0。

2.2.3.2-7　小城镇自备水源供水的工业企业和公共设施的用水量应纳入小城镇用水量中，并由小城镇给水系统工程统一规划。

2.2.3.2-8　小城镇河湖环境用水和航道用水、农业灌溉和养殖及畜牧业用水、村镇居民和乡镇企业用水等的水量应根据有关部门的相应规划纳入小城镇用水量中。

2.2.3.2-9 小城镇给水规模应根据小城镇给水工程统一供给的小城镇最高日用水量确定。

2.2.3.2-10 小城镇水资源和用水量之间应保持平衡。当小城镇之间用同一水源或水源在规划区以外，应进行区域或流域范围的水资源供需平衡分析。

2.2.3.2-11 小城镇给水系统工程规划应根据水资源供需平衡分析，提出保持平衡对策和措施。水资源匮乏地区小城镇应限制其发展规模，限制其耗水量大的乡镇企业及农业发展，缺水地区小城镇应发展节水农业。

2.2.3.2-12 小城镇给水系统工程规划应贯彻节约用水和开源节流的原则，水源合理配置、高效利用，并提倡多渠道开发水资源；宜将雨、污水处理后用作工业用水、生活杂用水及河湖环境用水、农业灌溉用水等，其水质应符合相应标准的规定，逐步实施污水资源化；同时实行计划用水，厉行节约用水。

2.2.3.3 给水系统

2.2.3.3-1 小城镇区域或小城镇给水系统工程应包括取水工程、净水工程和输配水工程。

2.2.3.3-2 城市规划区范围小城镇和城镇密集分布小城镇给水系统一般应为城市、城镇群统筹规划、联建共享给水系统的组成部分，而不是单独组成的一个系统。

2.2.3.3-3 分散、独立分布小城镇的给水系统规划设计优化应在县（市）域城镇体系给水系统规划指导下，结合小城镇实际，由多方案技术经济比较确定。

2.2.3.3-4 小城镇给水系统应满足小城镇水量、水质、水压及消防、安全给水的要求，并应按小城镇空间分布形态、规划布局、地形、技术经济等因素综合评价后确定。

2.2.3.3-5 小城镇给水系统工程规划应结合河流流域规划、区域规划、小城镇总体规划；并应与小城镇排水系统工程、道路交通工程、竖向工程等相关专业规划相协调；给水系统工程设施规划建设应节约用地，保护耕地。

2.2.3.3-6 小城镇给水工程规划，应符合小城镇所在区域及小城镇的可持续发展要求，应体现资源的可持续利用与生态环境的良性循环。

2.2.3.3-7 小城镇给水系统工程规划，应积极采用被科学试验和生产实践证明的先进而经济的新技术、新工艺、新材料和新设备，提高供水水质和供水安全性、可靠性，降低能耗、药耗，减少水量损失。

2.2.3.4 取水工程的水源选择与水源保护

2.2.3.4-1 选择小城镇给水水源，应以水资源勘察或分析研究报告和小城镇供水水源开发利用规划，有关区域、流域水资源规划为依据，并满足小城镇用水量和水质等方面的要求。

2.2.3.4-2 小城镇选择地下水作为给水源时，应慎重估算可供开采的地下水储量，不得超量开采，防止造成地面沉降引起次生灾害，并应设在不易受污染的富水地段。

2.2.3.4-3 小城镇选择地表水作为给水水源时，其枯水流量的保证率不得低于90%，受降水影响较大的季节性河流，可取用水量应不大于枯水流量的25%；饮用水水源地应位于小城镇和工业区的上游；饮用水水源地一级保护区应符合现行国家标准《地面水环境质量标准》GB 3838中规定的Ⅱ类标准。

2.2.3.4-4　小城镇水源为远距离引水时，应进行充分的技术经济比较，并对由此可能引起的引入地、引出地生态环境及人文环境的影响进行充分的论证和评价。

2.2.3.4-5　小城镇水源为高浊度江河、感潮江河及湖泊或水库时，应按《城市给水工程规划规范》的有关规定选择。

2.2.3.4-6　小城镇在合理开发利用水资源的同时，应提出水源卫生防护要求和措施，保护水资源，包括保护植被，防止水土流失，控制污染，改善生态环境。

2.2.3.4-7　小城镇水源地应设在水量、水质有保证和易于实施水源环境保护的地段。

2.2.3.4-8　小城镇给水系统工程规划宜结合水环境污染治理规划统筹考虑。

2.2.3.5　净水水厂设置优化

2.2.3.5-1　小城镇的水厂设置应以小城镇总体规划和县（市）城镇体系规划为依据，较集中分布的小城镇应统筹规划区域水厂，不单独设水厂的小城镇可酌情设配水厂。

2.2.3.5-2　小城镇给水水厂厂址应选择在不受洪水威胁、工程地质条件较好、地下水位低、地基承载能力较大，湿陷性等级不高的地方。

2.2.3.5-3　小城镇地表水水厂的位置应根据小城镇给水系统的布局确定，并宜选择在交通方便、供电安全可靠、生产及废水处理方便的地方。

2.2.3.5-4　小城镇地下水水厂的位置应根据水源地的地点和不同的取水方式确定，宜选择在取水构筑物附近。

2.2.3.6　输配水工程管网布置优化

2.2.3.6-1　小城镇给水系统工程输配水系统规划内容应包括：输水管渠、配水管网布置与路径选择以及管网水力计算。

2.2.3.6-2　小城镇输水管线规划优化应基于以下基本要求：

1）符合区域统筹规划和小城镇总体规划要求；

2）尽量缩短管线长度，减少穿越障碍物和地质不稳定的地段；

3）在可能的情况下，尽量采用重力输水或分段重力输水；

4）输水干管一般应设两条，中间设连通管；采用一条时，必须采取保证用水安全的措施；

5）输水干管设计流量应根据小城镇实际情况，无调节构筑物时，应按最高日最高时用水量计算；有调节构筑物，应按最高日平均时用水量计算，并考虑自用水量和漏失量。

6）当采用明渠时，应采取保护水质和防止水量流失的措施。

2.2.3.6-3　小城镇配水管线布置规划优化应基于以下基本要求：

1）符合小城镇总体规划要求，并为供水的分期发展留有充分余地；

2）干管的方向与给水主要流向一致；

3）管网布置形式应按不同小城镇、不同发展时期的实际情况分析比较确定，根据条件逐步形成环状管网；

4）管网布置在整个给水区域，要保证用户有足够水量与水压；

5）生活饮用水的管网严禁与非生活饮用水管网连接；

6）有消防给水要求的县城镇、中心镇和较大规模小城镇管道最小管径宜采用100mm，其他小城镇管道最小管径可采用 75mm。

小城镇给水系统规划设计优化导则
（条文说明）

2.2.3.1 规划内容、范围、期限

2.2.3.1-1 规定小城镇给水系统工程规划的主要内容。

小城镇给水系统工程规划内容既应考虑与城市给水工程规划及村镇给水工程规划的共同部分内容的一致性和协调性，同时又要突出小城镇给水系统工程规划的不同特点和要求。从小城镇实际出发，考虑区别于城市的一些内容。

这些不同内容着重反映在以下方面：

1）城镇密集地区小城镇跨镇给水设施给水厂、输水管网的联建共享，以及供水模式。

2）不同地区、不同类别、分散、独立分布小城镇给水系统工程规划技术方案的因地制宜选择。

2.2.3.1-2～2.2.3.1-3 提出小城镇给水系统工程规划范围和期限的要求

当水源地和输水管线在小城镇规划区外时，应把水源地及输水管纳入小城镇给水工程规划范围，以便小城镇给水系统工程规划与相关规划衔接与协调；当超出小城镇辖区范围时，应和有关部门协调。

2.2.3.2 水资源、用水量及供需平衡

2.2.3.2-1 阐明小城镇水资源的内涵。

2.2.3.2-2 规定小城镇用水量的组成。

一般情况下小城镇第二部分用水量即统一供给以外的所有用水水量的总和占小城镇用水量的比例要比城市相对应的比例大。主要是小城镇有相当一部分分散式供水；同时小城镇农业灌溉及畜牧业用水较多；工业用水主要是乡镇工业用水，而有相当一部分乡镇工业用水采用自备水源。

上述差别应在给水工程的给水设施和管网规划中，结合小城镇实际状况，适当考虑。

2.2.3.2-3 规定小城镇人均综合生活用水量定量化指标，提出其幅值范围适宜值选择的考虑因素。

人均综合生活用水量指标在目前建制镇、村镇给水工程规划中作为主要用水量预测指标普遍被采用。但小城镇规划因不同于城市规划，不能采用《城市给水工程规划规范》的相关技术指标，而其本身又无标准可依，目前均由各规划设计单位自选规划技术指标，因为没有统一的标准，规划编制、审批缺乏规范依据。

表2.2.3-1小城镇人均综合生活用水量指标是在四川、重庆、湖北、福建、浙江、广东、山东、河南、天津89个小城镇（含调查镇外补充收集规划资料的部分镇）的给水现状、用水标准，用水量变化、规划指标及相关因素的调查资料收集和相关变化规律的研究分析、推算，以及对照《城市给水工程规划规范》、《室外给水设计规范》成果延伸的基础上，按全国生活用水量定额的地区区划（下称地区区划）、小城镇规模分级和规划分期编制，并征询了22个省、直辖市100多个规划编制、管理方面的标准使用单位意见和专家论证意见。

表中地区区划采用《室外给水设计规范》城市生活用水量定额的区域划分；人均综合生活用水量系指城市居民生活用水和公共设施用水两部分的总水量，不包括工业用水、消

防用水、市政用水、浇洒道路和绿化用水、管网漏失等水量。上述与《城市给水工程规划规范》完全一致，以便小城镇给水工程规划应用本标准与相关规范的衔接与协调。表值相关分析研究主要是：

1) 根据按不同地区区划、小城镇不同规模分级，分析整理的若干组有代表性的现状人均综合生活用水量和时间分段的综合生活用水量年均增长率、逐步推算出规划年份的人均综合生活用水量指标，并分析比较相同、相仿小城镇的相关规划指标、选定适宜值。

2) 近期年段综合生活用水量年均增长率由调查分析近年年均增长率确定；远期规划年段年均增长率由经济发展等相关因素相当的、有代表性的城镇生活用水量增长规律和类似相关研究比较分析、分段确定。

3) 根据同一区划、同一小城镇规模分级的不同小城镇生活用水量相关因素差别影响的横向、竖向分析和推算，确定不同小城镇指标适宜值的幅值范围。

4) 县驻地镇人均综合生活用水量指标的远期上限对照与《城市给水工程规划规范》相关县级市时间延伸指标的差距得出。

2.2.3.2-4　提出小城镇总用水量和工业用水量的预测方法。

小城镇用水量预测中，工业用水所占比重较大。而工业用水因工业的产业结构、规模、工艺的先进程度等因素不同而各不相同。在统一供给的用水量中工业用水所占比重又因乡镇工业自备水源的多少，存在较大差别，但同一小城镇的小城镇用水量与综合生活用水量之间往往有相对稳定的比例，因此，可采用其间比例预测总用水量，也可以采用综合生活用水与工业用水，其他用水之比例（比值可结合小城镇实际，比较类似小城镇比例确定）测算总用水量。

值得指出的是，上述小城镇用水量，在小城镇水资源平衡时，应包括自备水源的水量，而在给水工程统一给水的用水量中应不包括自备水源的水量。

2.2.3.2-5　提出按不同性质用地用水量指标，预测小城镇不同性质用地用水量。

表 2.2.3-2 是结合小城镇规划标准研究专题之四提出的用地标准，按小城镇的规模分级，在《城市给水工程规划规范》、《室外给水设计规范》相关成果和小城镇居民用水量等资料的调查分析基础上推算得出。宜结合小城镇实际选用并在选用中适当调整。

居住用地用水量包括居民生活用水量及其公共设施，道路浇洒用水和绿化用水。

小城镇公共设施用地、工业用地及其他用地用水量与城市相应用地用水量共性较大，可结合小城镇实际情况的分析对比，选用《城市给水工程规划规范》的相应指标，并考虑必要的调整。

2.2.3.2-6　小城镇水资源供需平衡系指所能提供的符合水质要求的水量和小城镇年用水量之间的平衡。

日变化系数是最高日用水量和平均日用水量的比值，随城镇规模的扩大而递减。小城镇日变化系数根据《室外给水设计规范》、《城市给水工程规划规范》资料相关分析推算得出。选用时，应结合小城镇性质、类型、规模、工业水平、居民生活水平及气候等因素进行确定。

2.2.3.2-7　规定小城镇给水工程规划水源规划内容应包括对自备水源的取水源、取水量等统一规划，以确保小城镇水资源供需平衡。

2.2.3.2-8　提出小城镇河湖环境、航道用水、农牧用水、村镇居民和乡镇企业用水应纳入小城镇用水。

小城镇用水可分为生活用水量、产业用水量、生态用水量三大部分。

2.2.3.2-9　提出小城镇给水规模确定的依据。

2.2.3.2-10～2.2.3.2-11　提出小城镇水资源和用水量之间的平衡及对策。

城镇密集地区或同一流域的城镇往往同一水源共享同一水资源，在相关区域或流域规划中水资源和用水量应在相关区域或流域范围进行水资源和用水量供需平衡分析。

水资源是城镇发展的主要制约因素。对于水资源匮乏地区的小城镇，强调限制其发展规模和限制其耗水量大的乡镇企业及农业发展、发展节水农业是很有必要的。

2.2.3.2-12　我国水资源匮乏，水资源不足限制城镇发展。本条提出规划的"开源"、"节流"对策。

针对小城镇水资源不足应采取"开源"和"节流"。一方面通过水源合理配置，实行多渠道开发水资源；另一方面通过将符合相应标准要求的处理后雨污水用作工业用水、生活杂用水及河湖环境用水、农业灌溉用水等，逐步实施污水资源化，同时实行计划用水，厉行节约用水。

2.2.3.3　给水系统

2.2.3.3-1～2.2.3.3-2　提出小城镇给水系统工程应满足的有关要求，及其给水系统内涵。

城镇密集地区的小城镇和城市规划区范围的小城镇应按城镇群或城市给水工程规划统筹规划跨镇水厂、输水管等联建共享给水工程设施。这种情况下小城镇镇区给水系统不是单独的一个系统，镇区给水工程侧重于镇配水厂后的给水工程设施。

2.2.3.3-3　提出分散、独立分布小城镇的给水系统规划优化方法。强调城镇体系给水系统规划指导和多方案技术经济比较。

2.2.3.3-4　提出小城镇给水系统供水要求及其给水系统确定的基本要求。

2.2.3.3-5　城镇密集地区小城镇跨镇给水系统工程规划的水资源、水源地保护与河流流域、区域规划相关。

小城镇给水系统工程规划与排水系统工程规划之间联系紧密：用水量与排水量、水源地与排水受纳体、水厂和污水处理厂厂址选择、给水管道与排水管道管位之间协调均很重要；

同时给水系统工程管网又必须与道路交通规划、竖向规划协调。

节约用地是我国的基本国策，通过规划节约用地是节约用地的重要途径。给水设施用地从选址到用地预留都应贯彻"节约用地、保护耕地"的原则。

2.2.3.3-6　小城镇给水系统其水资源与水资源保护与小城镇资源的可持续利用与生态环境循环密切相关，本条强调规划应体现资源的可持续利用与生态环境的良性循环。

2.2.3.3-7　我国"八五"、"九五"规划期间研制出一些适合小城镇的简易给水处理设备，"十五"国家小城镇科技专项攻关研究，其中包括给水系统优化与建设技术，这些都为采用已被科学试验和生产实践证明先进而经济的新技术、新工艺、新材料和新设备，提高供水水质和供水安全性、可靠性，降低能耗、药耗，减少水量损失提供了保证。

2.2.3.4　取水工程的水源选择与水源保护

2.2.3.4-1～2.2.3.4-5　提出小城镇给水系统工程规划水源选择依据和要求。

根据《水法》第21条"兴建跨流域引水工程，必须进行全面规划和科学论证，统筹兼顾引出和引入流域的用水需求，防止对生态环境的不利影响"。因此，当小城镇采用外域水源或几个城镇共用一个水源时，应进行区域或流域水资源综合规划和专项规划，并与国土规划相协调以满足整个区域或流域的城镇用水供需平衡，同时满足生态环境和人文环境的相关要求。

2.2.3.4-6～2.2.3.4-8　提出小城镇水源保护相关要求。

水是城镇发展和人类生存的生命线，必须采取确保水资源不受破坏和污染的措施。其中包括保护植被、防止水土流失、控制污染，改善生态环境，强调小城镇给水系统工程规划建设应结合环境保护规划中的水环境污染治理规划统筹考虑。

2.2.3.5　净水水厂设置优化

2.2.3.5-1　提出小城镇水厂设置的依据和原则。

城镇密集地区小城镇统筹规划联建共享区域水厂，有利于克服小城镇水厂规模小、运行成本高、效益低、资源浪费、重复建设等弊病，有利于经营管理、资源共享、降低运行成本和生态环境保护。这是小城镇给水工程规划一条重要原则。

以给水主要设施的区域水厂为例，浙江省湖州市23个建制镇原来有20多个镇级自来水厂，规模都较小，其中最小仅 0.2 万 m^3/d，运行成本高，效益低，而水源也难以保护。而在市域范围城镇体系规划优化的基础上，统筹规划只需建 7 个区域水厂，其余水厂均改成配水厂。

2.2.3.5-2～2.2.3.5-4　提出小城镇给水水厂厂址选择的原则要求。

2.2.3.6　输配水工程管网布置优化

2.2.3.6-1　规定小城镇输配水系统规划的主要内容。

2.2.3.6-2～2.2.3.6-3　提出小城镇输水管线规划及配水管线布置优化的基本要求。

小城镇给水系统在有地形可供利用时，采用重力输配水系统，可充分利用水源势能（如利用山区、丘陵地区地形特点的小城镇重力输配水系统，若建有山地水厂更好）达到节能、节省投资、降低水厂运行成本的目的。

2.2.4　小城镇排水系统规划设计优化导则

2.2.4.1　规划内容、范围、期限与排水体制

2.2.4.1-1　小城镇排水系统工程规划的主要内容应包括划定小城镇排水范围，预测小城镇排水量；确定排水体制、排放标准、排水系统布置、污水处理方式和综合利用途径。

2.2.4.1-2　小城镇排水系统工程规划范围与小城镇总体规划范围一致，当小城镇污水处理厂或污水排出口设在小城镇规划区范围以外时，应将污水处理厂或污水排出口及其连接的排水管渠纳入小城镇排水系统工程规划范围。

2.2.4.1-3　小城镇排水系统工程规划期限应与小城镇总体规划期限一致。

2.2.4.1-4　小城镇排水体制应根据小城镇总体规划、环境保护要求、当地自然条件和废水受纳体条件、污水量和其水质及原有排水设施情况选择，经技术经济比较确定。

2.2.4.1-5　小城镇排水体制原则上一般宜选分流制，经济发展一般地区和欠发达地区小城镇近期或远期可采用不完全分流制，有条件时宜过渡到完全分流制，某些条件适宜

或特殊地区小城镇宜采用截流式合流制。并在污水排入系统前应采用化粪池、生活污水净化沼气池等方法进行预处理。

2.2.4.2 排水系统与废水受纳体规划原则

2.2.4.2-1 小城镇排水系统可由污水排除系统、工业废水排除系统、雨水排除系统组成，也可为合流制雨污水排除系统。

2.2.4.2-2 小城镇排水系统工程规划应贯彻"全面规划、合理布局、综合利用、保护环境、造福人民"的方针，既应避免积水为患，又应符合环境保护要求，处理好排放污水与保护水体、环境卫生的关系，建立与完善小城镇排水系统。

2.2.4.2-3 小城镇排水工程规划应依据河流流域规划、区域规划、小城镇总体规划，并应与小城镇给水系统工程、环境保护工程、道路交通工程、竖向工程、水系工程、防洪工程规划及其他相关专业规划相协调，排水系统工程设施规划建设应节约用地，保护耕地。

2.2.4.2-4 城市规划区内小城镇排水系统工程设施应按其区域统筹规划，资源共享。

2.2.4.2-5 位于城镇密集区的小城镇排水系统工程设施应按其区域统筹规划，联建共享。

2.2.4.2-6 小城镇排水系统工程规划应结合当地实际情况和生态保护，考虑雨水资源和污水处理的综合利用途径。

2.2.4.2-7 水资源不足地区小城镇宜合理利用经处理后符合标准的污水作为乡镇工业用水、生活杂用水和河湖环境景观用水，以及农业灌溉用水等。

2.2.4.2-8 小城镇污水排放应符合国家标准《污水综合排放标准》的有关规定；污水用于农田灌溉，应符合现行的国家标准《农田灌溉水质标准》的有关规定。

2.2.4.2-9 小城镇废水受纳体应包括江、河、湖、海和水库、运河等受纳水体和荒废地、劣质地、山地以及受纳农业灌溉用水的农田等受纳土地。

2.2.4.2-10 污水受纳水体应满足其水域功能的环境保护要求，有足够的环境容量，雨水受纳水体应有足够的排泄能力或容量；受纳土地应具有足够的环境容量，符合环境保护和农业生产的要求。

2.2.4.2-11 小城镇废水受纳体一般宜在小城镇规划区范围内选择，并应根据小城镇性质、规模、地理、位置、自然条件，结合小城镇实际，综合分析比较确定。

2.2.4.3 污水排除系统优化

2.2.4.3-1 小城镇污水量应由小城镇给水系统工程统一供水的用户和自备水源供水的用户排出的小城镇综合生活污水量和工业废水量组成。

2.2.4.3-2 小城镇综合生活污水量宜根据小城镇综合生活用水（平均日）乘以小城镇综合生活污水排放系数确定。小城镇综合生活污水排放系数应根据小城镇规划的居住水平，给排水设施完善程度与小城镇排水设施规划的普及率，结合第三产业产值在国内生产总值中的比重确定，一般可在 0.75～0.9 范围比较选择确定。

2.2.4.3-3 小城镇总体规划阶段其不同性质用地污水量可按照其给水系统工程规划建设标准中不同性质用地用水量乘以相应的分类污水排放系数确定。

2.2.4.3-4 计算地下水位较高地区小城镇污水量应适当考虑 10% 左右地下水渗入量。

2.2.4.3-5 小城镇污水量计算应考虑污水量总变化系数，并按下列原则确定：

1）小城镇综合生活污水量总变化系数，应按《室外排水设计规范》有关规定确定。

2）工业废水量总变化系数，应根据小城镇的具体情况按行业工业废水排放规律分析确定，或比较相似小城镇分析确定。

2.2.4.3-6　小城镇污水排除系统应根据小城镇及相关城镇群规划布局，结合竖向规划和道路布局、坡向以及污水受纳体和污水处理厂位置进行流域划分和系统布局。

2.2.4.3-7　较密集分布的小城镇污水处理厂应统筹规划、联建共享；分散独立分布小城镇污水处理厂的规划布局，应根据小城镇规模、布局及其污水系统分布，结合污水受纳体位置、环境容量和处理后污水污泥出路经综合评价后确定。

2.2.4.3-8　小城镇污水处理应因地制宜选择不同的经济、合理的处理方法；远期（2020年）70%～80%的小城镇污水应得到不同程度的处理，其中较大部分宜为二级生物处理。

2.2.4.3-9　不同地区、不同等级层次和规模、不同发展阶段小城镇排水和污水处理系统相关的合理水平，应根据小城镇经济社会发展规划、环境保护要求、当地自然条件和水体条件，污水量和水质情况等综合分析和经济比较，按表2.2.4-1要求选定。

小城镇排水体制、排水与污水处理规划要求　　　　　　　　表2.2.4-1

分项	经济发达地区 一 近期	一 远期	二 近期	二 远期	三 近期	三 远期	经济发展一般地区 一 近期	一 远期	二 近期	二 远期	三 近期	三 远期	经济欠发达地区 一 近期	一 远期	二 近期	二 远期	三 近期	三 远期
排水一般体制原则 1.分流制或2.不完全分流制	△	●	△	●		●	△2	●	○2	●	○2	△	○2	●		△2		△2
合流制															○			○部分
排水管网面积普及率（%）	95	100	90	100	85	95～100	85	100	80	95～100	75	90～95	75	90～100	50～60	80～85	20～40	70～80
不同程度污水处理率（%）	80	100	75	100	65	90～95	65	100	60	95～100	50	80～85	50	80～90	20	65～75	10	50～60
统建、联建、单建污水处理厂	△	●	△	●		●		●		●		●		△		△		
简单污水处理						○		○		○		○	○	○		○低水平		△较高水平

注：① 表中○—可设；△—宜设；●—应设。

② 不同程度污水处理率指采用不同程度污水处理方法达到的污水处理率。

③ 统建、联建、单建污水处理厂指郊区小城镇、小城镇群应优先考虑统建、联建污水处理厂。

④ 简单污水处理指经济欠发达、不具备建设较现代化污水处理厂条件的小城镇，选择采用简单、低耗、高效的多种污水处理方式，如氧化塘、多级自然处理系统，管道处理系统，以及环保部门推荐的几种实用污水处理技术。

⑤ 排水体制的具体选择按上表要求外，同时应根据总体规划和环境保护要求，综合考虑自然条件、水体条件、污水量、水质情况、原有排水设施情况，技术经济比较确定。

2.2.4.3-10　小城镇综合生活污水与工业废水排入其污水系统的水质应符合《污水排入城市下水道水质标准》（CJ3082）的要求。

2.2.4.3-11 小城镇污水处理程度应根据进厂污水的水质、水量和处理后污水的出路（利用或排放）确定。

污水利用应按用户用水的水质标准确定处理程度。

污水排入水体应视受纳水体水域使用功能的环境保护要求结合受纳水体的环境容量，按污染物总量控制与浓度控制相结合的原则确定处理程度。

2.2.4.4 工业废水排除系统优化

2.2.4.4-1 小城镇工业废水量宜根据小城镇工业用水量（平均日）乘以小城镇工业废水排放系数确定，也可由小城镇污水量减去小城镇综合生活污水量确定。

2.2.4.4-2 小城镇工业废水排放系数应根据小城镇工业结构、生产设备与工艺先进程度及排水设施普及率，按表 2.2.4-2 比较分析确定。

小城镇工业废水排放系数 表 2.2.4-2

工业分类	排放系数
Ⅰ	0.8～0.9
Ⅱ	0.8～0.9
Ⅲ	0.7～0.95

注：① 表中排放系数排水系统完善的小城镇取大值，一般取小值。
② 工业分类系指小城镇规划工业分类。

2.2.4.4-3 小城镇工业废水可以分别排入小城镇污水管道或雨水管道，形成工业废水排除系统；也可由乡镇企业单独形成工业废水排除系统。

2.2.4.5 雨水排除系统优化

2.2.4.5-1 小城镇雨水量计算应与小城镇防洪、排涝工程规划相协调。

2.2.4.5-2 小城镇雨水量应按下式计算确定：

$$Q = q \cdot \Psi \cdot F$$

式中　Q——雨水量（L/s）；

q——暴雨强度 $[L/(s \cdot hm^2)]$；

Ψ——径流系数；

F——汇水面积（hm^2）。

2.2.4.5-3 小城镇暴雨强度计算应按本地城镇暴雨强度公式，当小城镇无上述资料时，可按地理环境、气候相似的所属城市或邻近城市的暴雨强度公式。

2.2.4.5-4 小城镇径流系数可比较《城市排水工程规划规范》相关规定分析确定，一般镇区可取 0.4～0.8，镇郊可取 0.3～0.6。

2.2.4.5-5 小城镇雨水规划重现期应根据小城镇性质、规模以及汇水地区类型（广场、干道、住区）、地形特点和气候条件等因素确定，并应和道路设计相协调，在同一排水系统中可采用同一重现期或不同重现期。

重要干道、重要地区或短期积水可能引起严重后果的地区，宜采用较高的设计重现期，一般选用 2～5 年，其他地区重现期可选 0.5～3 年。

2.2.4.5-6 当乡镇企业生产废水排入雨水系统时，应将其水量计入雨水量。

2.2.4.5-7 小城镇雨水排除系统应为排除降雨径流和雪融水的管渠系统。

2.2.4.5-8 小城镇雨水排除系统应根据小城镇规划布局、地形，结合竖向规划、道路布局、坡向及废水受纳体位置，按照就近分散、直接、自流排放的原则进行流域划分、系统布局和管网布置。

2.2.4.5-9 小城镇雨水排除系统应充分利用镇区池塘、湖泊和洼地调节雨水径流。雨水自流排放困难地区，可采用雨水泵站方式或与小城镇排涝系统相结合的方式排除雨水。

2.2.4.6 合流制雨污水排除系统优化

2.2.4.6-1 小城镇合流管渠的设计流量应包括生活污水量、工业废水量和雨水量 3 部分。其中生活污水量应按平均流量计算，工业废水量应按最大班平均流量计算，雨水量按分流制雨水计算。

2.2.4.6-2 其他合流水量和排水规模规定同《城市排水工程规划规范》相关规定。

2.2.4.6-3 小城镇合流制雨污水排除系统为仅有 1 套管渠的系统，应具有雨水口、溢流口和截流干管，以及雨污水处理系统。

2.2.4.7 雨污水综合利用

2.2.4.7-1 小城镇排水系统工程规划应结合当地实际情况和生态环境保护，考虑雨水资源和污水处理的综合利用途径。

2.2.4.7-2 水资源不足地区小城镇宜合理利用经处理后符合标准的污水作为乡镇工业用水、生活杂用水和河湖环境景观用水，以及农业灌溉用水等。

小城镇排水系统规划设计优化导则
（条文说明）

2.2.4.1 规划内容、范围、期限与排水体制

2.2.4.1-1 提出小城镇排水系统工程规划应包括的主要内容。

小城镇排水系统工程规划内容既应考虑与城市、村镇排水工程规划内容共同部分的一致性，同时又要突出小城镇排水系统工程规划的不同特点和要求。从小城镇实际出发，考虑区别于城市的一些内容，这些不同内容着重反映在以下方面：

1）城镇密集地区小城镇污水处理厂等跨镇排水设施的联建共享。

2）不同小城镇排水体制、排水方案的因地制宜选择和确定。

3）分散独立分布的不同地区、不同类别小城镇污水处理规划技术方案选择。

2.2.4.1-2～2.2.4.1-3 提出小城镇排水系统工程规划范围和期限的要求。

当水源地和输水管线在小城镇规划区外时，应把水源地及输水管纳入小城镇排水工程规划范围，以便小城镇排水系统工程规划与相关规划衔接；当超出小城镇辖区范围时，应和有关部门协调。

2.2.4.1-4～2.2.4.1-5 提出小城镇排水体制选择的依据和原则。

小城镇排水体制选择应考虑小城镇的特点和不同小城镇的实际情况，因地制宜选择并经技术经济方案比较确定。

根据对四川、重庆、湖北等 9 省市小城镇的有关调查，小城镇现状排水管网面积普及率约 40%～60%，排水体制合流制较多，分流制较少，且有许多小城镇尚只有明渠或简单排水渠道。由于合流制特别是直排式合流制，污水不经处理，直接就近排入水体，对水体污染严重，一般不宜采用；选择截流式合流制，雨天仍有部分混合污水，经溢流井溢出，

直接排入水体，对水体污染仍较严重；而分流制适应小城镇的建设发展和环境保护，卫生条件好，是小城镇排水体制的发展方向。

从小城镇远期经济社会发展和发展方向考虑，本条提出小城镇排水体制原则上一般宜选分流制，但对于经济发展一般地区和欠发达地区小城镇近期或远期可因地制宜选择不完全分流制，有条件时，过渡到完全分流制。既考虑这些小城镇一定发展时期经济发展水平和基础设施水平可能达到的实际情况，又为这些小城镇远期、远期后社会经济发展，实施从不完全分流过渡到完全分流创造一个较便利条件。同时考虑我国小城镇的差异性，对于某些条件适宜或雨水稀少的特殊地区的小城镇，提出采用截流式合流制并辅以相关技术处理要求的合理性。

2.2.4.2　排水系统与废水受纳体规划原则

2.2.4.2-1　提出小城镇排水系统组成及其污水排除系统、工业废水排除系统、雨水排除系统、合流制雨污水排除系统的基本组成。

2.2.4.2-2　提出小城镇排水系统规划指导的方针政策。

本条规定小城镇排水系统工程规划应贯彻环境保护方面的有关方针，并执行"预防为主，综合治理"以及环境保护方面的有关法规、标准和技术政策，体现资源的可持续利用和生态环境的良性循环。

小城镇排水系统工程规划应对排水系统全面规划，对排水设施合理布局，对污水、污泥的处理处置应执行"综合利用，化害为利，保护环境，造福人民"的原则。

2.2.4.2-3　城镇密集地区小城镇跨镇排水系统工程规划的排水受纳体、污水处理厂与河流流域、区域规划相关；排水工程与给水工程规划之间联系紧密：排水工程规划的污水量、污水处理程度、受纳水体及污水出口应与给水工程规划的用水量、回用再生水的水质、水量和水源地及其卫生防护区相协调。小城镇排水工程规划的受纳水体与小城镇水系规划、防洪规划相关，应与规划水系的功能和防洪设计水位相协调。

小城镇排水工程规划管渠多沿镇区道路敷设，应与小城镇规划的道路布局和宽度相协调。

小城镇排水工程规划中排水管渠的布置和泵站、污水处理厂位置的确定应与镇区竖向规划相协调。

节约用地是我国基本国策，通过规划节约用地是节约用地的重要途径。排水设施用地从选址到用地预留都应贯彻"节约用地、保护耕地"的原则。

2.2.4.2-4～2.2.4.2-5　分别提出不同区位、不同分布形态小城镇排水系统工程规划的原则要求。

2.2.4.2-6　提出考虑小城镇雨污水综合利用途径的基本要求，强调小城镇的因地制宜和生态环境保护。

2.2.4.2-7　强调水资源不足地区小城镇的雨污水综合利用。

2.2.4.2-8　提出小城镇污水排放应符合的相关标准要求。

2.2.4.2-9～2.2.4.2-10　提出小城镇雨水和达标污水的可选择排放受纳体及其应符合的条件。其中，2.2.4.2-10规定小城镇污水排放污水受纳体的环境保护要求，小城镇污水排放应充分利用受纳体的环境容量，使污水排放污染物与受纳体的环境容量相平衡，保护资源改善环境。

2.2.4.2-11　提出小城镇废水受纳体选择范围及选择依据。

小城镇废水受纳体原则上应在小城镇规划区范围内选择，跨区选择应与当地有关部门协商解决。方案选择应充分考虑有利条件和不利条件，如受纳水体能满足污水排放环境保护要求，应尽量不采用受纳土地。

达标排放的小城镇污水，在符合环境保护的条件下可考虑排入水量不足的季节性河流以补充河流景观水体。

2.2.4.3　污水排除系统优化

2.2.4.3-1　提出小城镇污水量的基本组成。

2.2.4.3-2　提出小城镇综合生活污水量的确定方法；规定小城镇污水排放系数的取值范围及取值相关依据。

《城市排水工程规划规范》编制分析研究中指出"影响城市分类污水排放系数大小的主要因素应是建筑室内排水设施的完善程度和各工业行业生产工艺、设备及技术、管理水平以及城市排水设施普及率"。

我国小城镇建筑室内排水设施的完善程度及镇区排水设施普及率与城市尚有较大差距，经济欠发达地区一些小城镇规划期末排水设施普及率达不到100%，不能按规划期末能达到100%的城镇标准考虑，而应按规划普及率考虑。

小城镇综合生活污水排放系数可根据小城镇总体规划对居住、公共设施等建筑物室内给、排水设施水平的要求，结合小城镇镇区改造保留现状，对比《城市排水工程规划规范》中城市建筑室内排水设施的完善程度三种类型划分，在确定小城镇规划建筑室内排水设施完善程度后，按 0.75～0.9 范围比较选择确定。

2.2.4.3-3　提出小城镇不同性质用地污水量确定方法。

2.2.4.3-4　对地下水较高地区小城镇污水量适当考虑地下水渗入量作出规定，应用中应同时根据当地的水文地质情况，结合管道和接口采用的材料以及施工质量选择确定。

2.2.4.3-5　提出小城镇污水量计算中考虑总变化系数的选值原则。

小城镇综合生活污水量总变化系数主要依据《室外排水设计规范》（GB 50014—2006），可参照表 2.2.4-3。

小城镇综合生活污水量总变化系数　　　　　　　　　　表 2.2.4-3

污水平均流量（c/s）	5	15	40	70	100	200	500	≥1000
总变化系数	2.3	2.0	1.8	1.7	1.6	1.5	1.4	1.3

工业废水总变化系数应根据小城镇具体情况按行业工业废水排放规律分析，按相关标准提出的下列数值范围选择。

冶金工业：1.0～1.1　　　纺织工业：1.5～2.0

制革工业：1.5～2.0　　　化学工业：1.3～1.5

食品工业：1.5～2.0　　　造纸工业：1.3～1.8

上述当有两个及两个以上工厂的生产污水排入同一干管时，参考《城市排水工程规划规范》，应在各工厂的污水量相加后再乘同时系数 C，C 值可按相关标准提出的下列数值范围选取：

工厂数　　　　　　折减同时系数 C

2~3	0.95~1.00
3~4	0.85~0.95
4~5	0.80~0.85
5 以上	0.70~0.8

2.2.4.3-6　提出小城镇雨水排除系统流域划分、系统布局和管网布置的原则及相关要求。

2.2.4.3-7　提出小城镇污水处理厂的规划布局方法。

城镇密集区小城镇污水排除系统应考虑统筹规划联建共享的污水排除系统，并结合城镇群规划布局、相关竖向规划、道路布局、坡向以及污水受纳体和污水处理厂位置进行流域划分和系统布局。

分散独立分布小城镇污水排除系统应在相关因素分析的基础上，经方案经济技术比较综合评价后确定。

2.2.4.3-8　提出小城镇污水处理方式选择和污水处理厂规划的主要原则要求。

2.2.4.3-9　提出不同地区，不同发展阶段小城镇排水和污水处理系统相关的合理水平及其适宜选择分析比较的相关因素。

表 2.2.4-1 是在全国小城镇概况分析的同时，重点对四川、重庆、湖北的中心城市周边小城镇、三峡库区小城镇、丘陵地区和山区小城镇，浙江的工业主导型小城镇、商贸流通型小城镇，福建的生态旅游型小城镇、工贸型等小城镇的社会、经济发展状况、建设水平、排水、污水处理状况、生态状况及环境卫生状况的分类综合调查和相关规划分析研究及部分推算的基础上得出来的，因而具有一定的代表性。

对不同地区、不同规模级别的小城镇，按不同规划期提出因地因时而异的规划水平，增加可操作性，同时表中除应设要求外，还分宜设、可设要求，以增加操作的灵活性。

2.2.4.3-10~2.2.4.3-11　提出小城镇综合生活污水与工业废水排入污水系统的基本要求及污水处理程度的依据和要求。

上述参照《城市排水工程规划规范》和《城市污水处理厂污水污泥排放标准》CJ 3025—1993。

2.2.4.4　工业废水排除系统优化

2.2.4.4-1　提出小城镇工业废水量的估算方法。

小城镇工业废水量的估算方法基本同《城市排水工程规划规范》相关内容。

2.2.4.4-2　提出小城镇工业废水排放系数的取值原则和确定依据。

小城镇工业废水排放系数应根据其工业结构、工业分类、生产设备和工艺水平，小城镇排水设施普及率等分析比较按表 2.2.4.4-2 选择确定。

各工业行业生产工艺、设备和技术、管理水平可根据小城镇总体规划的有关要求，对新、老工业情况进行综合评价，按先进的不同等级确定相应的工业废水排放系数。

工业废水排放系数不含石油、天然气开采业和其他矿与煤炭采选业以及电力蒸汽水产工业的工业废水排放系数，因以上 3 个行业生产条件特殊，其工业废水排放系数与其他工业行业出入较大，应根据当地厂、矿区的气候、水文地质条件和废水利用、排放合理确定，单独进行以上 3 个行业的工业废水量估算。

2.2.4.4-3　提出小城镇工业废水排除系统的基本组成。

2.2.4.5　雨水排除系统优化

2.2.4.5-1　小城镇防洪、排涝与雨水量直接相关，防洪、排涝系统是防止雨水径流危害小城镇安全的主要工程设施，也是其废水排放的受纳水体。如果小城镇防洪排涝系统不完善，只靠小城镇排水工程解决不了小城镇遭受雨洪威胁的可能，相互间应互相协调，按各自功能充分发挥作用。

本条规定小城镇排水系统工程规划中雨水量计算应与防洪、排涝规划相协调的要求，以确保小城镇排水与防洪、排涝的一致性和互补性。

2.2.4.5-2～2.2.4.5-4　提出小城镇雨水量计算方法。

雨水量的计算与《城市排水工程规划规范》的相关内容相同，主要采用现行的常规计算办法，也称极限强度法。

小城镇暴雨强度计算考虑到小城镇收集本地暴雨强度公式较困难，一般可按地理环境、气候相似的所属城市或邻近城市的暴雨强度公式。

小城镇径流系数主要比较《城市排水工程规划规范》的相关规定分析确定。

2.2.4.5-5　规定小城镇雨水管渠规划重现期的选定原则和依据。

其相关分析主要参照《城市排水工程规划规范》中城市雨水管渠规划重现期的选定原则和依据。

2.2.4.5-6　提出乡镇企业生产废水排入雨水系统时，其水量计入雨水量的规定。

2.2.4.5-7　提出小城镇雨水排除系统组成。

2.2.4.5-8～2.2.4.5-9　提出小城镇雨水排除系统流域划分，系统布局和管网布置及雨水径流调节的相关要求。

2.2.4.6　合流制雨污水排除系统优化

2.2.4.6-1　提出小城镇排水合流管渠的设计流量组成及计算。

2.2.4.6-2　提出小城镇其他合流水量和排水规模规定。

小城镇其他合流水量和排水规模规定同《城市排水工程规划规范》。

2.2.4.6-3　提出小城镇合流制雨污水排除系统的组成。

2.2.4.7　雨污水综合利用

2.2.4.7-1　提出小城镇排水规划雨水资源和污水处理综合利用的原则要求。

我国水资源缺乏，许多地方缺水逐年加剧，而污水排放量逐年增加，大量污水未经处理或未经有效处理排放，一方面污染环境，特别是水环境，另一方面加剧水资源的短缺。

我国却又是雨水资源丰富的国家，年降水量达 $61900 \times 108 m^3$，然而由于没有很好利用，资源浪费，许多缺水城镇一是暴雨洪涝，二是旱季严重缺水。

当今，许多国家把雨水资源化作为城镇生态系统的一部分，在德国的一些地区利用雨水可节约饮用水达 50%，在公共场所用水和工业用水中则节约更多。并且雨水利用还有更多的经济、生态意义。

我国雨水资源和污水处理的综合利用较多用于农业，小城镇排水规划结合当地实际情况和生态保护，考虑雨水资源和污水处理的综合利用的规划原则更为重要。以干旱的新疆为例，充分利用光热资源丰富的有利条件，1994 年除城市外，全区 69 个县城已有 40 个县城立项因地制宜建设稳定塘污水处理工程，初步形成污水处理稳定塘体系，经过稳定塘处理的污水，夏季多用于农田灌溉，非灌溉期的污水利用，采取秋天整地，冬天稳定塘出水取代清水压盐碱地，取得了很好效益。

2.2.4.7-2 强调水资源不足地区小城镇的雨污水综合利用。

2.2.5 小城镇供热管网系统规划优化导则

2.2.5.1 规划内容、范围与期限

2.2.5.1-1 小城镇供热系统工程规划内容应包括：根据当地气候、生活与生产供热需求，制定供热目标、确定供热对象、供热标准与供热方式。预测小城镇热负荷，进行热源与热负荷供需平衡分析，选择集中供热热源，集中供热规模和热网参数；确定热源位置和用地，提出供热系统布局框架，布置供热管网。

2.2.5.1-2 小城镇供热工程规划范围应与小城镇总体规划范围一致，当热源地在小城镇规划区以外时，热源地到小城镇的供热管网应纳入小城镇供热系统工程规划范围。

2.2.5.1-3 小城镇供热系统工程规划期限应与小城镇总体规划期限一致。

2.2.5.2 热负荷预测

2.2.5.2-1 小城镇集中供热的热负荷，应分为民用热负荷和工业热负荷两大类。民用热负荷应包括居民住宅和公共建筑采暖、通风、空调和生活热水负荷，工业热负荷应包括生产工艺热负荷、厂房采暖、通风热负荷和厂区的生活热水负荷。

2.2.5.2-2 小城镇供热系统工程规划可采用面积热指标法预测规划采暖热负荷，面积热指标应按表2.2.5-1规定，结合小城镇实际情况选定。

采暖热指标推荐值（W/m²）　　　　　　　表2.2.5-1

建筑物类型	多层住宅	学校办公楼	医院	幼儿园	图书馆	旅馆	商店	单层住宅	食堂餐厅	影剧院	大礼堂体育馆
未节能	58～64	58～80	64～80	58～70	47～76	60～70	65～80	80～105	115～140	95～115	116～163
节能	40～45	50～70	55～70	40～45	40～50	50～60	55～70	60～80	100～130	80～105	100～150

注：① 严寒地区或建筑外形复杂、建筑层数少者取上限，反之取下限。
　　② 适用于我国东北、华北、西北地区不同类型的建筑采暖热指标推荐值。
　　③ 对于近期规划可按未节能的建筑物选取采暖热指标。
　　④ 远期规划要考虑节能建筑的份额，按比例按节能建筑将占的一定比例，适当调整采暖热指标。

2.2.5.2-3 小城镇供热系统工程规划可采用建筑物通风热负荷系数法，预测公共建筑和厂房等上述通风热负荷 $Q_v = K_v Q_h$

式中　Q_v——通风计算热负荷（kW）；

　　　Q_h——采暖计算热负荷（kW）；

　　　K_v——建筑物通风热负荷，一般可取0.3～0.5。

2.2.5.2-4 小城镇供热系统工程规划可采用生活热水热指标法预测生活热水热负荷，并应符合下列要求：

1）生活热水平均热负荷

$$Q_{w \cdot a} = q_w A \cdot 10^{-3}$$

式中　$Q_{w \cdot a}$——生活热水平均热负荷（kW）；

　　　q_w——生活热水热指标（W/m²）；

　　　A——总建筑面积（m²）。

89

2) 小城镇住区生活热水热指标应根据建筑物类型，采用实际统计资料确定或按表 2.2.5-2 结合小城镇实际情况，分别比较选取。

居住区采暖期生活热水日平均热指标推荐值（W/m²）　　表 2.2.5-2

用水设备情况	热指标
住宅无热水设备，只对公共建筑供热水时	2～3
全部住宅有沐浴设备，并供给生活热水时	5～15

2.2.5.2-5　小城镇供热工程规划预测夏季、冬季空调热、冷负荷时，空调热、冷指标应按表 2.2.5-3 规定，结合小城镇实际情况，分析比较选取。

空调热指标 q_a、冷指标 q_c 推荐值（W/m²）　　表 2.2.5-3

建筑物类型		办公	医院	旅馆、宾馆	商店、展览馆	影剧院	体育馆
热指标	未节能	80～100	90～120	90～120	100～120	115～140	130～190
	节能	64～80	72～100	70～100	80～100	90～120	100～150
冷指标	未节能	80～110	70～100	80～110	125～180	150～200	140～200
	节能	65～90	55～80	65～90	100～150	120～160	110～160

注：① 表中指标适用于我国东北、华北、西北地区；其他地区指标按实地调查和类比分析确定。
　　② 近期规划可按未节能的建筑物选取采暖热指标。
　　③ 远期远划中节能建筑将占一定的份额，按比例适当调整采取热指标。

2.2.5.2-6　小城镇工业生产工艺热负荷可采用小城镇规划工业企业热负荷资料，同类企业热负荷比较法以及相关调查预测。生产工艺预测热负荷应为各工业企业最大生产工艺热负荷之和乘以同时使用系数。

2.2.5.2-7　小城镇供热工程规划预测总热荷应为采暖热负荷、通风热负荷或空调冷负荷的较大值、生活热水热负荷及生产工艺热负荷的总和。

2.2.5.3　热源及其选择

2.2.5.3-1　小城镇供热热源选择应充分考虑当地现有资源、能源交通、工业发展、住宅建设、环境保护、气象水文等方面的实际情况，经过技术经济比较选择确定。

2.2.5.3-2　小城镇供热可选择热源应包括热电厂，供热锅炉房，工业余热，地热，太阳能，风能，电力，垃圾焚化厂余热。

2.2.5.3-3　小城镇供热方式可分集中供热和分散供热，有条件采用集中供热的范围，应选择集中供热的方式，镇区边缘分散住宅可采用分散供热方式。

2.2.5.3-4　大中城市规划区范围的小城镇热源应按城市总体规划统一考虑，城镇密集区的小城镇供热热源宜相关区域统筹规划，联建共享。

2.2.5.3-5　有一定常年工业热负荷的城镇密集区小城镇和较大规模小城镇，宜选择热电厂集中供热。长江流域与黄河流域之间地区的县城镇、中心镇供热规划可采取三联供模式。

2.2.5.3-6　附近无热电厂、以采暖热负荷为主的小城镇宜选择区域热水锅炉房供热。

2.2.5.3-7　只有较小工业蒸汽热负荷的小城镇工业园区宜建蒸汽锅炉房供汽、供热。

2.2.5.3-8　有条件的小城镇应尽可能采用工业余热和地热、太阳能、垃圾焚化厂热源。

2.2.5.4 供热管网及其布置

2.2.5.4-1 小城镇不同输送介质供热管网应包括蒸汽管网和热水管网。

2.2.5.4-2 小城镇供热管网布置方式应依据总体规划和热负荷分布、热源位置、地上及地下管线、水文、地质。

2.2.5.4-3 地形条件、园林绿地等因素，经技术经济比较后确定。

小城镇热力网应沿热负荷中心敷设，并靠近热负荷大的用户。对于较大热负荷城镇群热力网同时尚应考虑多热源联网的可能性。

2.2.5.4-4 小城镇供热管道布置应满足下列要求：

1) 主干道应先经过热负荷集中区，线路力求短直。

2) 避开土质松软地区、地震断裂带、滑坡、地下水位高等地质不良地段。

3) 避开主要交通干道，同一管道应沿街道一侧敷设。

4) 地上敷设管道不影响镇容，不妨碍交道。

2.2.5.4-5 小城镇供热管道与其他地下管线和地上物的最小水平净距应符合表2.2.5-4规定。

热力管道与其他地下管线的最小水平净距和最小垂直净距　表2.2.5-4

		电力管线		电信管线		给水管线	污、雨水排水管线	燃气管线	
		直埋	管沟	直埋	管沟			低压	中压
与热力管道最小水平净距（m）	直埋	❶≥2.0		1.0		1.5	1.5	1.0	1
	地沟								1.5
与热力管道最小垂直净距（m）		❶≥0.5		0.15		0.15	0.15	0.15	0.15

❶ 考虑感应电场、杂散电流对热力管道的腐化，大于值系指有条件可适当加大值。

2.2.5.4-6 小城镇供热管道敷设方式应包括地上敷设和地下敷设两类，并宜主要采用地下敷设方式，工厂厂区可采用地上敷设。

小城镇供热管网系统规划优化导则
(条文说明)

2.2.5.1 规划内容、范围与期限

2.2.5.1-1 提出小城镇燃气系统工程规划应包括的主要内容。

本条规定主要是针对小城镇总体规划的供热系统工程规划的，编制内容侧重于宏观规划的考虑。小城镇供热系统工程规划内容既应考虑与城市、村镇供热工程规划内容共同部分的一致性，同时又要突出小城镇供热系统工程规划的不同特点和要求。从小城镇实际出发，考虑区别于城市的一些内容，这些不同内容着重反映在以下方面：

1) 城镇密集地区供热源与输热干管等跨镇供热设施的联建共享。

2) 不同地区、不同类别、不同条件小城镇的热力资源利用、热源选择、供热方式。

2.2.5.1-2 提出小城镇供热系统工程规划范围的要求。

当供热热源地在小城镇规划区外时，规划范围内进镇输热管道应纳入小城镇供热系统

工程规划范围，以便小城镇供热系统工程规划与相关规划衔接；当超出小城镇辖区范围时，应和有关部门协调。

2.2.5.1-3 规定小城镇供热系统工程规划的期限。

参照和依据城市规划编制办法及相关规定，小城镇供热系统工程规划的规划期限与小城镇总体规划的期限相同。

2.2.5.2 热负荷预测

2.2.5.2-1 提出小城镇供热系统工程规划集中供热热负荷的分类及其基本组成。

2.2.5.2-2 提出小城镇供热系统工程规划供热面积热指标预测规划采暖热负荷的方法，及其预测指标选定的基本要求。

没有建筑物设计热负荷资料时，各种热负荷可采用概略计算方法。对于热负荷的估算，采用单位建筑面积热指标法，这种方法计算简便，是国内经常采用的方法。本节提供的主要指标参考《城市热力网设计规范》（CJJ 34—2002），依据为我国"三北"地区的实测资料，南方地区应根据当地的气象条件及相同类型建筑物的热（冷）指标资料确定。

采暖热负荷主要包括围护结构的耗热量和门窗缝隙渗透冷空气耗热量。设计选用热指标时，总建筑面积大，围护结构热工性能好，窗户面积小，层数较多时采用较小值；反之采用较大值。

表2.2.5-1所列热指标中包括了大约5％的管网损失在内。因热损失的补偿为流量补偿，热指标中包括热损失，计算出的热网总流量即包括热损失补偿流量，对设计计算工作是十分简便的。

近年来，国家制定了一批技术法规和标准规范，通过在建筑设计和采暖供热系统设计中采取有效的技术措施，降低采暖能耗。本条采暖热指标的推荐值提供两组数值，按表中给出的热指标计算热负荷时，应根据建筑物及其采暖系统是否采取节能措施分别来计算。

2.2.5.2-3 提出小城镇供热系统工程规划公共建筑和厂房等的通风热负荷预测方法及其要求。通风热负荷为加热从机械通风系统进入建筑物的室外空气的耗热量。

2.2.5.2-4 提出小城镇供热系统工程规划生活热水热负荷预测方法及其要求。

生活热水热负荷可按两种方法进行计算。一种是按用水单位数计算，适用于已知规模的建筑区域或建筑物，具体方法见《建筑给水排水设计规范》。另一种计算生活热水热负荷的方法是热指标法，可用于居住区生活热水热负荷的估算。表2.2.5-2给出了居住区生活热水日平均热指标。住宅无生活热水设备，只对居住区公共建筑供热水时，按居住区公共建筑千人指标，参考《建筑给水排水设计规范》热水用水定额估算耗水量，并按居住区人均建筑面积折算为面积热指标，取 $2\sim3W/m^2$；有生活热水供应的住宅建筑标准较高，故按人均建筑面积 $30m^2$、$60℃$热水用水定额为每人每日 $85\sim130L$ 计算并考虑居住区公共建筑耗热水量。因住宅生活热水热指标取 $5\sim15W/m^2$，以上计算中冷水温度取 $5\sim15℃$。

2.2.5.2-5 提出小城镇供热系统工程规划空调热、冷负荷预测指标（推荐值）及其选用要求。

空调冬季热负荷主要包括围护结构的耗热量和加热新风耗热量。因北方地区冬季室内外温差较大，加热新风耗热量也较大，设计选用时，严寒地区空调热指标应取较高值。

空调夏季冷负荷主要包括：围护结构传热，太阳辐射，人体及照明散热等形式的冷负荷和新风冷负荷。设计时需根据空调建筑物的不同用途，人员的群集情况，照明等设备的使用情况确定空调冷指标。表 2.2.5-3 所列面积冷指标应按总建筑面积估算，表中数值参考了建筑设计单位常用的空调房间冷负荷指标，考虑空调面积占总建筑面积的百分比为 70%～90% 及室内空调设备的同时使用系数 0.8～0.9，当空调面积占总面积的比例过低时，应适当折算。

2.2.5.2-6　提出小城镇工业生产工艺热负荷的 3 种基本预测方法。

2.2.5.2-7　提出小城镇供热系统工程规划预测总热负荷的组成及其相关要求。

2.2.5.3　热源及其选择

2.2.5.3-1　提出小城镇供热热源选择的依据和方法。

2.2.5.3-2　提出小城镇供热热源的组成。

2.2.5.3-3　根据我国小城镇特点，提出小城镇供热方式及其选择考虑的相关因素。

集中供热系指由分散锅炉房、小区锅炉房和城市热网等热源，通过管道向建筑物供热的采暖方式。我国能源政策实行开发与节约并重的方针，近期将节能放在首要地位，不论是近期还是中期，节能降耗的一个重要方面是集中供热。目前，北方地区有的小城镇规划的集中供热率已高达 70%～80%。

2.2.5.3-4　紧临大城市中心城市、城市规划区范围的郊区小城镇的供热热源，应依托城市，在城市整体规划中一并考虑。距中心城相对较近，沿主要交通干线等较集中分布的小城镇、城镇密集区的小城镇，应在城镇群区域范围，供热热源设施统筹优化规划的基础上，联建共享。这是克服目前小城镇基础设施滞后，不配套、规模小，运行成本高，效益低，资源浪费，重复建设等弊病，有利于经营管理，资源共享，降低运行成本和生态环境保护的一条重要规划原则。

2.2.5.3-5～2.2.5.3-8　提出小城镇供热热源以及三联供模式的原则要求。

大力发展集中供热是我国城市供热的基本方针。本标准明确规定，小城镇的集中供热应以热电厂和区域锅炉房为主要热源，这是符合国家政策的。

目前我国热电厂的建设已从城市延伸到了乡镇工业区，如苏州地区的一些村镇办热电厂正在发挥着重要作用。热电厂的经济效益受到全年热负荷变化的影响，目前有些热电厂建设时对热负荷落实得不够，热负荷不足，热化系数大于或等于1，热价较高，热电厂的经济效益未充分发挥。因此在热电厂规划建设时，要发展多种供热负荷，提高热电厂年利用小时数。在有一定的常年工业热负荷而电力供应又紧张的地区，应建设热电厂。在主要供热对象是民用建筑采暖和生活用热水时，地区的气象条件，即采暖期的长短对热电厂的经济效益有很大影响。

在气候冷、采暖期长的地区，热电联产运行时间长，节能效果明显。相反，在采暖期短的地区，热电厂的节能效果就不明显。"热、电、冷"三联供技术在夏季对一些用户供冷，能延长热电联产时间，提高热电厂的效率。

工业余热、废热和可再生能源，都有可能转化为采暖热源，从而节约一次能源。

2.2.5.4　供热管网及其布置

2.2.5.4-1　提出小城镇不同输送介质热管网的组成。

小城镇供热介质主要为热水和蒸汽，因此供热管网包括蒸汽管网和热水管网。供热介质的选择，主要取决于热用户的使用特征和要求，同时也与选择的热源形式有关。

2.2.5.4-2　提出小城镇供热管网布置方式的基本依据及确定要求。

影响小城镇供热管网布置的因素是多种多样的。本条未给出具体规定，只给出需考虑的多种因素、通过技术经济比较确定管网合理布置方案的原则性规定。有条件时应对管网布置进行优化。

2.2.5.4-3 提出小城镇供热网沿热负荷中心敷设，对于属城镇密集分布的城镇群热力网，热负荷较大，同时可能多热源，此时城镇群热力网与小城镇热力网应考虑多热源联网的可能性。

2.2.5.4-4 提出小城镇供热管道布置、敷设的基本要求。

本条提出小城镇供热管网布置、敷设的基本原则要求的出发点是：节约用地，降低造价，运行安全可靠，便于维修。

2.2.5.4-5 规定小城镇供热管道与其他地下管线和地上物的最小水平净距要求。

本条与相关规范基本相同。

2.2.5.4-6 提出小城镇供热管道敷设方式及其基本要求。

从小城镇镇容和其他供热管道地下敷设的优点考虑，住区和街道上供热管道应采用地下敷设。工厂厂区一些地下敷设条件十分恶劣等不宜地下敷设的地段，供热管道可以采用地上敷设，但应在设计时采取措施，尽量使管道敷设与环境比较协调。

2.2.6 小城镇燃气管网系统规划优化导则

2.2.6.1 规划内容、范围、期限

2.2.6.1-1 小城镇燃气系统工程规划的主要内容包括：预测小城镇燃气用气量，进行小城镇燃气供用平衡分析，选择确定燃气气源，确定主要建、构筑物（气源厂［站］、调压站等）的位置、用地，提出小城镇燃气供应系统布局框架，布置输气和供气管网。

2.2.6.1-2 小城镇燃气系统工程规划的范围与小城镇总体规划范围一致，当燃气气源在规划区以外时，进镇输气管线应纳入小城镇燃气工程范围。

2.2.6.1-3 小城镇燃气系统工程规划期限应与小城镇总体规划期限一致。

2.2.6.2 用气量预测及供用气平衡

2.2.6.2-1 小城镇用气量应根据用气需求预测，并结合当地的具体条件、供气原则和供气对象确定。

2.2.6.2-2 小城镇燃气用气量应包括以下方面：

1）居民生活用气量；

2）商业、公建用户用气量；

3）工业企业生产用气量；

4）采暖通风和空调用气量；

5）燃气汽车用气量；

6）其他用气量。

2.2.6.2-3 小城镇各种用户的燃气用气量，应根据燃气发展规划和用气量预测指标确定。

2.2.6.2-4 小城镇居民生活和商业的用气量指标，应根据当地的居民生活和商业已有燃料消耗量的统计数据分析确定；当缺乏用气量的实际统计资料时，小城镇居民生活的用气量指标可根据小城镇的具体情况，按 2000～2600MJ/（人·年）来比较分析确定；商

业的用气主要包括宾馆、餐饮、学校、医院、职工食堂用气等，小城镇商业的用气量可根据当地旅游业、餐饮服务业的发展具体情况，按总用气量为居民生活用气量的 1.25～1.67，商业的用气量占总用气量的 10%～30%，进行比较分析预测。

2.2.6.2-5 小城镇工业企业生产的用气量，可根据实际燃料消耗量折算，或按同行业的用气量指标分析确定；当缺乏用气量的实际统计资料时，小城镇的乡镇企业生产的用气量可根据小城镇具体情况，一般按工业企业生产的用气量占总用气量的 0%～10%，比较分析预测。工业主导型小城镇应在实际调查及同类对比分析基础上预测，确定其工业企业生产用气量占总用气量的合适比例。

2.2.6.2-6 小城镇其他燃气用气量可按占总用气量的 5%～8% 来比较分析确定。

2.2.6.2-7 确定小城镇燃气管网、设备通过能力和储存设施容积时，应根据小城镇燃气的需用情况确定计算用量。

2.2.6.2-8 当采用不均匀数法，确定小城镇燃气小时计算流量时，居民生活和商业用户用气的高峰系数，应根据小城镇各类用户燃气用量（或燃料用量）的变化情况，分析比较确定；当缺乏用气量的实际统计资料时，小城镇的居民生活和商业用户用气的高峰系数，可根据小城镇的具体情况，按以下指标范围，分析比较确定：

1）镇区人口 1 万～5 万小城镇

K_m——月高峰系数，1.20～1.40；

K_d——日高峰系数，1.0～1.20；

K_h——小时高峰系数，2.50～4.0。

2）镇区人口 5 万～10 万小城镇

K_m——月高峰系数，1.25～1.35；

K_d——日高峰系数，1.10～1.20；

K_h——小时高峰系数，2.0～3.0。

2.2.6.2-9 小城镇燃气资源和用气量之间应保持平衡，当小城镇应用外部气源时，应进行外部气源相关供需平衡分析，根据供需平衡分配的供气量，提出小城镇供用气平衡对策。

2.2.6.3 燃气系统及燃气资源和气源选择

2.2.6.3-1 小城镇的燃气系统工程规划应符合安全生产、保证供应、经济合理和保护环境的总体要求。

2.2.6.3-2 小城镇燃气系统工程规划应依据国家能源政策，同时应依据小城镇总体规划和详细规划，并与小城镇的能源规划、环境保护规划、消防规划相协调。

2.2.6.3-3 小城镇燃气资源应包括符合国家城镇燃气质量要求的可供给居民生活、商业、工业生产等各种不同用途的天然气、液化石油气、煤制气、油制气、矿井气、沼气、秸秆制气、垃圾气化气，也包括有条件利用的化工厂的驰放气。

2.2.6.3-4 小城镇燃气系统工程规划应根据国家有关政策，结合小城镇的现状和气源特点，以及本地区燃料资源的情况，在合理开发利用本地燃气资源的同时，充分利用外部气源，通过远近期结合，多方案技术经济比较，选择确定气源。可选择的气源应主要包括：

1）天然气长输管道供气（NG）；

2）压缩天然气供气（CNG）；

3）液化天然气供气（LNG）；

4）液化石油气供气（LPG）；

5）液化石油气混空气供气（LPG&Air）。

2.2.6.3-5 当小城镇采用液化石油气作为主要气源时，小城镇用气集中中心区和居住小区宜采用集中的液化石油气混空气等供气。镇区人口低密度的边缘分散住宅可采用分散的液化石油气站（自然气化/强制气化，瓶组储气/地下罐储气）、沼气等供气。

2.2.6.3-6 当近期或远期小城镇有天然气供应计划时，应根据小城镇的年用气量，天然气长输管道的距离，调峰量的需求及调峰方式，对以下供气方案作经济技术比较选择：

1）天然气长输管道供气；

2）压缩天然气供气；

3）液化天然气供气。

2.2.6.4 输配系统及其主要设施

2.2.6.4-1 小城镇燃气输配系统一般应由（门站）、燃气管网、储气设施、调压设施、管理设施、监控系统等组成。

按城镇燃气系统规划布局，城镇天然气门站也有可能设在供气城镇区域范围的某一小城镇镇郊。

2.2.6.4-2 门站和储配站站址选择应符合以下要求：

1）符合城市规划、城市安全的要求；

2）站址应具有适宜的地形、工程地质、供电、给排水和通信等条件；

3）门站和储配站应少占农田、节约用地并应注意与城市景观等协调；

4）门站站址应结合长输管线位置确定；

5）根据输配系统具体情况，储配站与门站可合建；

6）储配站内的储气罐与站外的建、构筑物的防火间距应符合现行国家标准《建筑设计防火规范》（GB 50016—2006）的有关规定。

2.2.6.4-3 小城镇调压站的布置应符合以下规定：

1）尽可能布置在负荷中心。

2）避开镇区繁华地段。

3）宜设在居住小区街坊、广场、公园、绿地的边缘地段。

4）调压站为二级防火建筑，调压站与其他建筑物的水平净距应符合表2.2.6规定。

小城镇调压站（含调压柜）与其他建筑物、构筑物的水平净距（m）　　表 2.2.6

设置形式	调压装置燃气压力级制	建筑物外墙面	距重要公共建筑物	铁路（中心城）	城镇道路	公共电力变配电柜
地上单独建筑	中压（A）	6.0	12.0	10.0	2.0	4.0
	中压（B）	6.0	12.0	10.0	2.0	4.0
调压柜	中压（A）	4.0	8.0	8.0	1.0	4.0
	中压（B）	4.0	8.0	8.0	1.0	4.0
地下单独建筑	中压（A）	3.0	6.0	6.0	—	3.0
	中压（B）	3.0	6.0	6.0	—	3.0

续表

设置形式	调压装置燃气压力级制	建筑物外墙面	距重要公共建筑物	铁路（中心城）	城镇道路	公共电力变配电柜
地下调压箱	中压（A）	3.0	6.0	6.0	—	3.0
	中压（B）	3.0	6.0	6.0	—	3.0

注： ① 调压装置露天设置时，则指距离装置的边缘。

② 当建筑物（含重要公共建筑物）的某外墙为无门、窗洞口的实体墙，且建筑物耐火等级不低于二级时，燃气进口压力级制为中压（A）或中压（B）的调压柜一侧或两侧（非平行），可贴靠上述外墙设置。

③ 当达不到上表净距要求时，采取有效措施，可适当缩小净距。

2.2.6.4-4 小城镇的燃气输配管网压力级制可以采用一级系统或两级系统。

1）相应的一级系统应包括：

中压 A 一级系统；

中压 B 一级系统；

低压一级系统。

2）相应的两级系统应包括：

中压 A——低压两级系统；

中压 B——低压两级系统。

2.2.6.4-5 小城镇燃气管网布置应遵循以下原则：

1）全面规划，分期建设，近期为主，远近期结合。

2）管网布置应在管网系统的压力级制原则确定后进行，并按压力高低，先布置中压管网，后布置低压管网。

3）镇区燃气管道宜采用直埋敷设，并应尽量避开交通干道和繁华街道。

4）低压燃气干管宜在小区内部道路敷设。

5）燃气管道禁止在以下场所敷设：

① 各种机械设备和成品、半成品堆放场地；

② 高压线走廊；

③ 动力和照明电缆通道；

④ 易燃易爆材料和具有腐蚀性液体的堆放场所。

6）当燃气管线可在建筑物两侧任一侧引入均满足要求时，燃气管线应布置在管线较少的一侧。

小城镇燃气管网系统规划优化导则
（条文说明）

2.2.6.1 规划内容、范围、期限

2.2.6.1-1 提出小城镇燃气系统工程规划应包括的主要内容。

小城镇燃气系统工程规划内容既应考虑与城市、村镇燃气工程规划内容共同部分的一致性，同时又要突出小城镇燃气系统工程规划的不同特点和要求。从小城镇实际出发，考虑区别于城市的一些内容，这些不同内容着重反映在以下方面：

1）城镇密集地区燃气气源与高压输气管道等跨镇燃气设施的联建共享。

2）不同地区、不同类别、不同条件小城镇的燃气气源资源利用、气源选择、供气方式。

2.2.6.1-2 提出小城镇燃气系统工程规划范围的要求。

当燃气气源在小城镇规划区外时，规划范围内进镇输气管线应纳入小城镇燃气系统工程规划范围，以便小城镇燃气系统工程规划与相关规划衔接；当超出小城镇辖区范围时，应和有关部门协调。

2.2.6.1-3 规定小城镇燃气系统工程规划的期限。

参照和依据城市规划编制办法及相关规定，小城镇燃气系统工程规划的规划期限与小城镇总体规划的期限相同。

2.2.6.2 用气量预测及供用气平衡

2.2.6.2-1 提出小城镇用气量确定的主要依据。

用气量需求预测是确定小城镇燃气的总需要量，但小城镇用气量确定还必须考虑供气的可能性，在当地条件不可能完全满足供气要求的情况下应依据供气原则，考虑供气对象。一般应优先满足居民生活用气、商业用气，同时兼顾工业用气。上述工业和民用用气比例应考虑燃料资源分配、环境保护和市场经济等多因素影响，不能简单做出统一规定。

2.2.6.2-2 提出小城镇用气量基本组成。

小城镇用气量除居民生活用气、商业公建用户用气、工业企业生产用气外，在气源充足下尚可考虑采暖通风和空调用气、燃气汽车用气量，其他用气量还包括管网漏损量和不可见情况用气量。

2.2.6.2-3 提出小城镇各种用户燃气用气量确定的基本依据。

小城镇各种用户用气量按预测指标预测，用气量确定尚应考虑燃气发展规划，考虑供气的可能。

2.2.6.2-4 提出小城镇居民生活和商业用气量预测指标的基本要求。

小城镇居民生活和商业用气量应根据当地居民生活和商业用气量的统计数据分析确定，以更切合当地实际情况。

按本条总用气量为居民生活用气量的 $1.25\sim1.75$，换算成居民生活量占总用气量为 $55.5\%\sim63.6\%$，商业用气量（主要包括宾馆、餐饮、学校、医院、职工食堂用气等）一般占总用气量的 $8\%\sim25\%$，再加上小城镇工业用气量（一般占总用气量 $0\%\sim10\%$）和空调、采暖用气量（比例较小）及未可见用气量（占总用气量 $5\%\sim8\%$），上述用气量相互间预测比例总体上是合适的。具体来说，由于不同类型小城镇的差别，如工业型小城镇工业用气量和旅游商贸型小城镇商业用气量较一般比例都会大一些。本条提出第三产业较发达的旅游商贸型小城镇应在实际调查及同类对比分析基础上来预测用气量是必要的。

2.2.6.2-5 提出小城镇工业用气量预测方法和规划预留必要工业发展需要用气量的相关要求。

小城镇工业企业用气量指标可按产品的耗气定额或其他燃料的实际消耗量进行折算，也可按同行业的用气量指标分析确定。

不同类别小城镇工业用气量差别很大，根据相关调查和比较分析，本标准提出一般情况工业企业生产的用气量占总用气量的 $0\%\sim10\%$，工业主导型小城镇应在工业用气项目等实际调查及同类对比分析的基础上确定上述比例，并按相关工业发展规划确定必要的预留气量。

2.2.6.2-6　提出小城镇其他燃气用气量预测要求。

小城镇其他燃气用气量主要指管网的燃气漏损量和发展过程中未预见到的供气量，一般可按 5% 计算。本条提出 5%～8% 主要考虑规划阶段为发展过程中未预见用气量多留一部分余地。

2.2.6.2-7　提出确定小城镇燃气管网、设备通过能力和储存设施容积的燃气计算用量依据。

2.2.6.2-8　为了满足小城镇燃气用户小时最大用气量的需要，燃气管道的计算流量，应按计算月的小时最大用气量计算。

本条参考城市用气高峰系数结合小城镇实际，提出小城镇用气高峰系数。

2.2.6.2-9　提出小城镇气源资源和用气量之间的平衡要求和对策。

2.2.6.3　燃气系统及燃气资源和气源选择

2.2.6.3-1　基于小城镇燃气特点提出小城镇燃气系统工程应符合安全生产、保证供应、经济合理和保护环境的总体要求。

燃气有易燃、易爆等特性，一些燃气还有毒，强调安全生产十分必要，同时燃气安全生产又与保护环境密切相关。

2.2.6.3-2　提出小城镇燃气系统工程规划的相关依据和与相关规划的协调依据。

小城镇燃气工程规划是小城镇总体规划和详细规划的组成部分，燃气属于能源，燃气规划依据国家能源政策和小城镇总体规划及详细规划是完全必要的。

同时，燃气工程涉及能源、环境保护、消防等的全面布局，上述规划之间相协调同样是完全必要的。

2.2.6.3-3～2.2.6.3-4　提出小城镇燃气气源资源的组成和气源选择要求。

燃气按其来源和生产方式可分为天然气、人工燃气、液化石油气和生物气（人工沼气）四大类。

除天然气、人工燃气、液化石油气等已开发和利用的燃气外，还有一些待开发和利用的燃气如煤层气、矿井气、天然气水合物和生物气。小城镇生物资源比较丰富，合理利用这些资源有利于环境保护和生态平衡。生物能包括薪柴、秸秆及野生植物、水生植物等，将生物能气化或液化，可以提高生物能的能源品位和利用效率。小城镇将垃圾、工业有机废液、人畜粪便及污水，通过厌氧发酵，产生沼气，是对城镇垃圾进行无害化处理、保护环境、提高经济效益的有效手段。工业化生产的人工沼气可在小范围内供一般小城镇居民及工业用户使用。

小城镇燃气气源选择主要考虑气源资源和小城镇条件。气源选择应遵循国家能源政策，结合当地资源情况，一般应尽量选取高热值、低污染、洁净、卫生的燃料气作为气源。

同时，在合理开发利用本地燃气资源的同时，充分利用外部气源，并经多方案技术经济比较来确定选择气源是必要的。

2.2.6.3-5　提出小城镇采用液化石油气作为主要气源时，小城镇中心区和边缘区的不同供气方式的基本要求。

2.2.6.3-6　提出当近期或远期小城镇有天然气供气计划时，气源选择应根据小城镇的年用气量、长输管道距离、调峰量的需求及调峰方式对天然气长输管道供气、压缩供气和液化供应作相关经济技术方案比较而确定。

2.2.6.4　输配系统及其主要设施

2.2.6.4-1　提出小城镇燃气输配系统的组成。

小城镇燃气输配系统一般应由（门站）、燃气管网、储气设施、调压设施、管理设施、监控系统等组成。

根据城镇燃气系统规划布局，城镇天然气门站也有可以设在供气城镇区域范围的某一小城镇镇郊。

2.2.6.4-2　提出小城镇燃气输配系统门站和储配站站址选择的基本要求。

根据《城市规划法》，门站和储配站站址首先要符合小城镇总体规划和城镇安全的要求，并应符合地形、地质、建站条件、节地、节资等要求，符合与景观协调的要求，以及符合国家相关防火间距的要求。

2.2.6.4-3　提出小城镇调压站布置的基本要求。

小城镇调压站布置的基本要求侧重于满足便于燃气系统调压、安全、防火间距以及景观协调的要求。

2.2.6.4-4　提出小城镇燃气输配管网的压力级制。

我国城镇燃气输配系统所采用的压力级制可分为：

1）单级管网系统：仅有低压或中压一种压力级别的管网系统；

2）二级管网系统：有两种压力等级组成的管网系统；

3）三级管网系统：由低压、中压和次高压三种压力级别组成的管网系统；

4）多组管网系统：由低压、中压、次高压和高压多种压力级别组成的管网系统。

根据小城镇的用户规模和特点、小城镇燃气输配管网压力级制一般为上述 1）、2）两种。其中：

低压供气和低压一级制管网系统由于单一低压管网系统简单而维护方便、省压缩费用。但对于供气量多的城镇，需敷较大管径的管道而不经济，一般只适用于供应区域小、供气范围在 $2 \sim 3 km^2$ 的小城镇。

中压供气方式和中低压两级制管网系统：

中压供气和中——低两级主要因输气压力高于低压供气，输气能力较大，可用较小的管径输送较多数量燃气，但维护运行要求较高，适用于采用低压供气方式不经济的较大规模县城镇、中心镇和大型一般镇供气。

其他还有中压单级管网系统中压 A——低压二级管网系统、中压 B——低压二级管网系统。

2.2.6.4-5　提出小城镇燃气管网布置的原则要求。

小城镇燃气管网布置，应考虑输配系统各级管网的输气压力不同，其设施和防火安全的要求也不同，而且各自的功能也有区别，因此应按各种特点考虑管道布置。

2.2.7　小城镇电力网电力线路规划优化导则

2.2.7.1　电力网

2.2.7.1-1　小城镇电力网可包括 220kV、110（66）kV 高压输电网、110（66）kV、

35kV 高压配电网、10（6）kV 中压配电网及 380/220V 低压配电网。

2.2.7.1-2　小城镇供电设施综合布局与统筹规划应结合相关区域规划、县（市）域城镇体系规划、小城镇总体规划用地布局和道路交通网络规划，以及景观风貌规划，在区域和小城镇电力网规划优化的基础上，提出小城镇变电设施综合布局、电力线路敷设方式，规划的高压线走廊、地下电缆路由及敷设要求。

2.2.7.1-3　小城镇电力网规划优化应在电源选择、用电负荷预测、电力平衡、电压等级选定的基础上，以远期规划为主，近期规划与远期规划相结合，进行多方案经济技术比较。

2.2.7.1-4　小城镇电力网中的最高一级电压，应根据其电网远期规划的负荷量和其电网与地区电力系统的连接方式确定。

2.2.7.1-5　小城镇电力网规划优化应同时遵循以下原则：

1）电网设施合理水平与小城镇经济社会发展水平相适应的原则；

2）"N－1"电力可靠性原则；

3）分层分区供电、避免重叠、交错供电的原则；

4）因地制宜经济、合理的原则；

5）网络建设可持续发展的原则。

2.2.7.2　电力线路

2.2.7.2-1　小城镇电力线路包括 220kV、110（66）kV、35kV 高压输电线路和 10（6）kV、380/220V 中、低压配电线路。

2.2.7.2-2　小城镇电力线路按敷设方法分类，应包括架空电力线路和地下电缆电力线路。

2.2.7.2-3　小城镇规划区架空电力线路应根据小城镇地形、地貌特点和道路网规划，沿道路、河渠、绿化带架设。

2.2.7.2-4　小城镇 35kV 及以上高压架空线路应规划专用通道走廊，并加以保护。

2.2.7.2-5　不同地区、不同类型、不同规模小城镇电力线路敷设方式应根据小城镇的性质、规模、作用地位、经济社会发展水平，结合小城镇实际情况，按表 2.2.7-1 要求选择。

小城镇电力线路敷设方式　　　　　　　　　　　表 2.2.7-1

电力线路分项	小城镇分级								
	发达地区			经济一般地区			欠发达地区		
	一	二	三	一	二	三	一	二	三
10kV、（6kV）、380/220v 中、低压电力线路	中心区、新建居住小区								
	近期电缆或架空绝缘线；远期电缆	近期架空绝缘线；远期电缆或架空绝缘线	近期架空绝缘线；远期电缆	远期电缆或架空绝缘线	远期电缆或架空绝缘线	远期架空绝缘线
35kV 以上高压电力线路	①架空、杆塔敷设、预留高压线走廊。②规划新建 35～110kV 高压架空电力线路不应穿越小越镇中心区和重要风景旅游区，上述地区和对架空裸导线有严重腐蚀性地区应采用地下电缆。③220kV 架空高压电力线路及过境 220kV 以上高压架空线路应在镇区外预留通道								

注：镇区非中心区、新建居住小区的 10kV 以下电力线路敷设方式宜根据小城镇实际情况，比较中心区、新建居住小区的要求选择。

2.2.7.2-6 小城镇 35kV 以上高压架空电力线路走廊的宽度的确定，应综合考虑小城镇所在地的气象条件、导线最大风偏、边导线与建筑物之间的安全距离、导线最大弧垂、导线排列方式以及杆塔形式、杆塔挡距等因素，通过技术经济比较后确定，镇区内单杆单回水平排列或单杆多回垂直排列的 35kV 以上高压架空电力线路的规划走廊宽度应结合所在地的地理位置、地形、地貌、水文、地质、气象等条件及当地用地条件，按表 2.2.7-2 要求选定。

小城镇 35kV 以上高压架空电力线路规划走廊宽度 表 2.2.7-2

线路电压等级（kV）	高压架空电力线路走廊宽度（m）
35	12～20
66、110	15～25
220	30～40

2.2.7.2-7 小城镇区 35kV 以上高压电力架空线路宜采用占地较少的窄基杆塔和多回路同杆架设的紧凑型线路结构。为满足线路导线对地面和树木间的垂直距离要求，杆塔应适当增加高度，缩小挡距，在计算导线最大弧垂的情况下，架空电力线路导线与地面、街道行道树之间的最小垂直距离，应符合本导则表 1.6.2-19 和表 1.6.2-20 的规定。

2.2.7.2-8 110kV 以上变电站与高压架空电力线路应注意对邻近通信交换局所产生的干扰和影响，应满足其间安全距离的相关标准要求，并应同时满足与电台、领（导）航台之间的安全距离要求。

2.2.7.2-9 高压电力架空线路宜避开空气严重污秽区或有爆炸危险品的建筑物堆场、仓库；在不能避开时，必须采取防护措施。

2.2.7.2-10 小城镇区内的中、低压电力架空线路应同杆架设，做到一杆多用。

2.2.7.2-11 小城镇架空电力杆线与架空电信杆线宜分别架设在道路两侧，在同一路由同时有电力架空杆线和地下电力电缆时，两者应位于道路同侧。

2.2.7.2-12 小城镇电力架空杆线宜设置在人行道上距路缘石不大于 1m 的位置；有分车带的道路，电力架空杆线宜布置在分车带内。

2.2.7.2-13 小城镇架空电力杆线与建筑物等的最小水平净距应符合表 2.2.7-3 的规定。

电力架空杆线与建（构）筑物及热力管线之间的最小水平净距（m） 表 2.2.7-3

名 称		建筑物（凸出部分）	道 路（路缘石）	铁 路（轨道中心）	热力管线
电力	10kV 边导线	2.0	0.5	杆高加 3.0	2.0
	35kV 边导线	3.0	0.5	杆高加 3.0	4.0
	110kV 边导线	4.0	0.5	4/3 杆高	4.0

2.2.7.2-14 小城镇架空电力杆线与建（构）筑物及电信、热力管线交叉最小垂直净距应符合表 2.2.7-4 的规定。

架空杆线与建（构）筑物及电信、热力管线交叉时的最小垂直净距（m） 表 2.2.7-4

名 称		建筑物（顶端）	道路	铁路（轨顶）	电信线		热力杆线
					电力线有防雷装置	电力线无防雷装置	
电力杆线	10kV 及以下	3.0	7.0	7.5	2.0	4.0	2.0
	35～110kV	4.0	7.0	7.5	3.0	5.0	3.0

2.2.7.2-15　小城镇地下电力电缆线路主要采用直埋、线槽和电缆沟方法敷设。

2.2.7.2-16　当同一路径不同电压等级电力电缆根数不变（不超过6根），在人行道和公园绿地以及小区道路一侧等不易经常开挖的地段，宜采用直埋敷设方式。直埋电力电缆之间及直埋电力电缆与控制电缆、通信电缆、地下管沟、道路、建筑物、构筑物、树木等之间的安全距离，不应小于表1.6.2-21的规定。

2.2.7.2-17　在地下水位较高的地方和不宜直埋且无机动荷载的人行道等处，当同路径敷设电缆根数不多时，可采用线槽敷设的方式；当电缆根数较多或需要分期敷设而开挖不便时，宜采用电缆沟敷设方式。

2.2.7.2-18　小城镇地下电力电缆线路的路径选择，应符合《电力工程电缆设计规范》的有关规定，同时应结合镇区路网规划的道路走向，并保证地下电力电缆线路与镇区其他市政公用工程管线间的安全距离。

2.2.7.2-19　小城镇地下电力电缆线路原则上宜在道路人行道一侧，与电信电缆线路分侧布置。

2.2.7.2-20　采用电缆沟敷设的同一路段上的不同电压等级电力电缆线路，宜同沟敷设。

2.2.7.2-21　通过桥梁的小城镇电力电缆线路敷设应同时满足《电力工程电缆设计规范》技术要求和桥梁设计安全消防的技术标准规定。

2.2.7.2-22　地下电力电缆与公路、铁路、镇区道路交叉处，或需通过小型建筑物及广场区段的，当电缆根数较多时，宜采用排管敷设方式。

表2.2.7-5、表2.2.7-6为小城镇架空电力线与地面道路行道树之间的最小垂直距离。

103

架空电力线与地面间最小垂直距离（m）（在最大计算导线弧垂情况下）　表 2.2.7-5

线路经过地区	线路电压（kV）			
	<1	1～10	35～110	220
镇区人口密集区	6.0	6.5	7.5	8.5
镇郊人口低密度区	5.0	5.0	6.0	6.5
车辆、农业机械不到达地区	4.0	4.5	5.0	5.5

架空电力线与道路行道树之间最小垂直距离（考虑树木自然生长高度）　表 2.2.7-6

线路电压（kV）	<1	1～10	35～110	220
最小垂直距离（m）	1.0	1.5	3.0	3.5

表2.2.7-7为小城镇直埋电力电缆之间及其与控制电缆、通信电缆、地下管沟、道路、建筑物、构筑物、树木之间的安全距离。

直埋电力电缆及其与控制电缆、通信电缆、地下管沟、道路、
建筑物、构筑物、树木之间安全距离　　　　　　　　　表 2.2.7-7

安全距离分项	安全距离（m）	
	平行	交叉
建筑物、构筑物基础	0.50	—
电杆基础	0.60	—

续表

安全距离分项	安全距离（m）	
	平行	交叉
乔木树主干	1.50	—
灌木丛	0.50	—
10kV 以上电力电缆之间，以及 10kV 及以下电力电缆与控制电缆之间	0.25（1.10）	0.50（0.25）
通信电缆	0.50（0.10）	0.50（0.25）
热力管沟	2.00	0.50
水管、压缩空气管	1.00（0.25）	0.50（0.25）
可燃气体及易燃液体管道	1.00	0.50（0.25）
铁路（平行时与轨道、交叉时与轨底，电气化铁路除外）	3.00	1.00
道路（平行时与侧面，交叉时与路面）	1.50	1.00
排水明沟（平行时与沟边、交叉时与沟底）	1.00	0.50

注：① 表中所列安全距离，应自各种设施（包括防护外层）的外缘算起；
　　② 路灯电缆与道路灌木丛平行距离不限；
　　③ 表中括号内数字，是指局部地段电缆穿管，加隔板保护或隔热层保护后允许的最小安全距离；
　　④ 电缆与水管、压缩空气管平行，电缆与管道标高差不大于 0.5m 时，平行安全距离可减少至 0.5m。

小城镇电力网电力线路规划优化导则
（条文说明）

2.2.7.1　电力网

2.2.7.1-1　提出我国小城镇电力网的组成。

2.2.7.1-2　提出小城镇供电设施规划综合布局与统筹规划的基本要求。

2.2.7.1-3　提出小城镇电力网规划优化的基础和基本原则要求。

小城镇电力网规划优化的基本原则和城市电网规划优化的基本原则是一致的。

2.2.7.1-4　提出小城镇电力网中的最高一级电压确定的基本要求。

不同小城镇电网最高一级电压等级不尽相同，但其选择原则要求相同。

2.2.7.1-5　提出小城镇电力网规划优化应遵循的主要原则。

小城镇电力网一般情况是地区电力网的组成部分。规划优化应遵循地区电力网的共同原则，同时根据小城镇特点和实际情况，应提出并强调"因地制宜、经济、合理原则"和"电网设施合理水平与小城镇经济社会发展水平相适应的原则"以及"网络建设可持续发展的原则"等要求。

2.2.7.2　电力线路

2.2.7.2-1　提出我国小城镇不同电力线路的电压等级。

电压等级 110kV 以下也称电网配电电压等级（其中，66kV、6kV 主要用于东北地区）。选用电压等级应符合国家标准，避免重复降压。现有的非标准电压应限制发展，合理利用，分期改造。

2.2.7.2-2　提出小城镇电力线路敷设的分类。

2.2.7.2-3　结合小城镇特点，提出小城镇规划区架空电力线路敷设路由选择的要求。

2.2.7.2-4　结合小城镇特点，提出小城镇规划应预留和保护的高压电力线路走廊的要求。

2.2.7.2-5　根据我国小城镇的不同性质、规模、作用、地位和经济社会发展水平，结合小城镇实际情况，在调查研究分析的基础上，按小城镇的不同分级分类，提出小城镇电力线路的不同敷设要求。

对于 35kV 以上高压电力线路，在提出共同基本要求的同时，提出一些具体的特殊要求；对于 10kV 以下电力线路，强调不同小城镇对中心区、新建居住小区的不同敷设要求；非中心区和新建居住小区可比较中心区、新建居住小区的要求选择。

2.2.7.2-6　根据小城镇的特点和实际情况，提出小城镇 35kV 以上高压架空电力线路走廊宽度确定的依据、方法和要求。

2.2.7.2-7　根据小城镇的特点和实际情况，提出小城镇 35kV 以上高压电力架空线路宜采用杆塔及相关要求，同时根据相关标准提出小城镇架空电力线路导线与地面、街道行道树的最小垂直距离的要求。

2.2.7.2-8　提出 110kV 以上变电站与高压架空线路对通信交换局所，电台、领（导）航台的安全距离要求。

2.2.7.2-9　提出高压电力架空线路敷设的防污、防爆要求。

2.2.7.2-10～2.2.7.2-13　根据小城镇特点和实际情况，参照相关标准，提出小城镇电力架空杆线架设的基本要求，架空杆线与建筑物的最小水平净距，与建（构）筑物及电信、热力管线交叉的最小垂直净距规定。

2.2.7.2-14　根据小城镇的特点和实际情况，提出小城镇地下电力电缆线路敷设的主要方法。

2.2.7.2-15　根据小城镇特点，参照相关标准，提出小城镇地下直埋电缆适用场合，直埋电力电缆之间及其与控制电缆、通信电缆、地下管沟、道路、建筑物、构筑物、树木等之间的安全距离要求。

2.2.7.2-16　根据小城镇的特点和实际情况，提出小城镇电力电缆线槽敷设和电缆沟敷设的适用场合与条件。

2.2.7.2-17　提出小城镇地下电力电缆线路路径选择除应符合《电力工程电缆设计规范》的有关规定外，尚应满足小城镇规划及其管线综合规范的相关要求。

2.2.7.2-18～2.2.7.2-19　根据小城镇电力线路特点和相关要求，提出小城镇地下电力电缆线路与电信电缆线路宜在道路分侧人行道上布置要求，同时提出小城镇不同电压及电力电缆线路应同沟敷设的要求。

2.2.7.2-20　提出通过桥梁的小城镇电力电缆线路的相关要求。

小城镇的新建桥梁工程规划设计应同时考虑电力电缆及市政管线过桥的技术和安全要求。

2.2.7.2-21　根据小城镇特点和实际情况，在相关调查分析的基础上，提出小城镇地下电力电缆敷设的适宜场合和要求。

2.2.8　小城镇通信网通信线路规划优化导则

2.2.8.1　通信网

2.2.8.1-1　小城镇通信工程规划包括电信工程规划、邮政规划、广播电视规划的主要相关内容。

2.2.8.1-2　小城镇通信传输网应包括中继线路网（本地通话中继线网和长途通话中继线网）和用户线路网。

2.2.8.1-3　小城镇通信工程规划应依据小城镇性质、规模、经济社会发展水平，结合小城镇用地布局和道路交通网络规划，以及相关景观风貌规划，在用户线路网和中继线路网优化的基础上，选择通信线路路由，并因地制宜地提出不同的经济、合理、安全的通信线路敷设方式。

2.2.8.1-4　小城镇用户线路网优化应考虑以下原则：

1）通融性大、使用率高、稳定性好、整体性强、地下化和隐蔽原则；

2）采用以固定交接配线、馈线与配线隔开原则；

3）采用张口型便于统一安排使用的馈线系统模式原则；

4）因地制宜，可持续发展原则；

5）局间中继线路网的安全可靠、灵活方便、技术经济合理的原则。

2.2.8.1-5　小城镇应因地制宜地发展接入网，小城镇通信网络规划优化包括接入网络优化。

2.2.8.1-6　小城镇接入网的模式宜结合小城镇实际，按表 2.2.8-1 分析比较选取。

小城镇接入网发展模式　　　　　　　　　　　表 2.2.8-1

局　　所		接入网网络拓扑结构	
		中心区	居住小区
经济发达地区县城镇	大型县城镇 2~3 个电话局交换区服务半径 5~15km，中、小型县城镇 1~2 个电话局交换区服务半径（含县郊乡镇）光纤接入设备入局，交换区服务半径可扩到 5~15km	星形，环形主干光缆芯数应大于 24 芯	星形，可用单模光缆，其中一定芯数留作保护
经济发展一般地区县城镇、经济发达地区和经济发展一般地区中心镇	1~2 个电话局，县（镇）周边乡镇光纤接入设备入局，交换区服务半径可以扩大到 5~15km	星形，环形主干光缆芯数应大于 24 芯，可考虑采用单模光缆，并留一定芯数作保护	若与广电部门联建 CATV 网络，可采用同缆分纤兼顾电话与视频业务通信质量，合理选择光节点 OLT 和 ONU
经济发达地区一般镇	1~2 个电话局，光纤接入模式引入光纤接入设备，扩大交换局服务半径，优化网络	星级，主干光缆芯数大于 24 芯，可考虑采用单模光缆，并留一定芯数作保护	联建 CATV 网络，通过 CATV 发展、带动、促进普通电话和其他电信业务发展
经济发展一般地区和欠发达地区一般镇	通过远端模块应用模式将光缆靠近用户，经济发展一般地区中远期酌情向光纤接入的应用模式过渡		

2.2.8.2　通信线路

2.2.8.2-1　小城镇通信线路应以本地网（Local Net）通信传输线路为主，同时也包括其他各种信息网线路和广播有线电视线路。小城镇通信管道也应包括上述几种线路网管道。

2.2.8.2-2　小城镇通信线路按敷设方式分类，应包括通信架空电缆线路和通信地下电缆线路。

2.2.8.2-3　不同地区、不同类型、不同规模小城镇的通信线路敷设方式应根据小城镇的性质、规模和作用、地位、经济社会发展水平、用户密度，结合小城镇实际情况，按表2.2.8-2要求选择。

小城镇通信线路敷设方式　　　　　　　　　　　表 2.2.8-2

敷设方式	经济发达地区						经济发展一般地区						经济欠发达地区					
	小城镇规模分级																	
	一		二		三		一		二		三		一		二		三	
	近期	远期	近期	远期	近期	远期	近期	远期	近期	远期	近期	远期	近期	远期	近期	远期	近期	远期
架空电缆											○		○		○		○	
埋地管道电缆	△	●	△	●	部分 ●	●	部分 ●	●	部分 △	●		△		●		△		部分 △

注：① 表中○—可设；△—宜设；●—应设。
　　② 表中宜设、应设埋地管道电缆，主要指县城镇、中心镇、大型一般镇中心区和新建居住小区及旅游型小城镇而言。对县城镇、中心镇、大型一般镇非中心区和新建居住小区及非旅游型小城镇，可根据小城镇实际情况比较表中要求选择。
　　③ 小城镇分级见1.6.2.1总则。

2.2.8.2-4　小城镇通信电缆路由选择应遵循以下原则：

1）电缆路由应从小城镇远期发展规划考虑，近期规划与远期规划一致；

2）电缆路由尽量短捷、平直；

3）主干电缆路由走向尽量和配线电缆的走向一致，互相衔接，选择用户密度大的地区通过。多局制的用户主干电缆应与局间中继电缆的路由一并考虑；

4）重要主干电缆和中继电缆，宜采用迂回路由，构成环形网络；

5）电缆路由应符合和其他地上或地下管线以及建筑物间最小间隔距离的要求；

6）除因地形或敷设条件限制，必须合沟或合杆外，通信电缆应与电力线路分开敷设，各走一侧。

2.2.8.2-5　小城镇通信电缆容量的选用应符合表2.2.8-3电缆容量的有关界限的规定。

电缆容量的有关界限的规定　　　　　　　　　　表 2.2.8-3

电缆的名称和敷设的地段	交换设备容量	电缆容量的界限	备　注
地下主干电缆或中继电缆	1000 门及以上	最小容量应大于 200 对	包括管道电缆和直埋电缆
地下主干电缆或中继电缆	交换机械设备容量较小	最小容量应大于 100 对	特殊情况允许小于 100 对，但应大于 50 对
架空主干电缆	不论交换机械设备容量多少	最大容量不应大于 200 对	
地下管道配线电缆	不论交换机械设备容量多少	最大容量不应大于 200 对	

续表

电缆的名称和敷设的地段	交换设备容量	电缆容量的界限	备 注
架空配线电缆（包括墙壁电缆）	不论交换机械设备容量多少	最大容量不应大于100对	
交换箱联络电缆	不论交换机械设备容量多少	最大容量不应大于100对	

注：① 交接箱间联络电缆的容量如小于50对时，可与同一路由配线电缆合敷；如容量小于100对时可与同一路由主干电缆合敷，合并后界限参照上表；
② 如交换箱间联络电缆为保证通信安全或在技术上有利时，也可单独敷设，不与其他电缆合并。

2.2.8.2-6 小城镇通信电缆敷设方式的选择可依据使用场合的实际不同情况和架空电缆、管道电缆、直埋电缆、桥上电缆、水底电缆的敷设特点和使用场合，比较分析而确定。

2.2.8.2-7 小城镇配线电缆近期规划以架空为主，中远期应在馈线电缆（馈线主干电缆和馈线分支电缆）地下化（馈线电缆容量不少于300对）的基础上，逐步实行配线电缆隐蔽化。

2.2.8.2-8 小城镇通信电缆架空杆线宜与电力架空杆线分别架设在道路两侧人行道上。

2.2.8.2-9 小城镇通信电缆架空杆线宜设置在人行道上距路缘石不大于1m的位置。

2.2.8.2-10 小城镇广播电视架空线路可与通信架空电缆同杆架设。

2.2.8.2-11 小城镇通信电缆与10kV以下电力线路必要时允许合杆架设，但其间应用一定距离，与1kV及以上供电线路合杆，其净距不得小于2.5m，与1kV以下供电线路合杆，其净距不得小于1.5m，合杆线路上的市话架空电缆及电缆吊线每隔200m左右应做一次接地，要求接地电阻很小，每隔1000m左右做一次绝缘接头。

2.2.8.2-12 小城镇通信架空杆线与建筑物等的最小水平净距应符合表2.2.8-4的规定。

小城镇通信架空线路与建（构）筑物及热力管线间的最小水平净距（m）　　表2.2.8-4

名 称	建筑物（凸出部分）	道路（路缘石）	铁路（轨道中心）	热力管线
通信电缆杆线	2.0	0.5	4/3杆高	1.5

2.2.8.2-13 小城镇通信架空杆线之间及其与建（构）筑物、热力管线之间交叉时的最小垂直净距（m）应符合表2.2.8-5的规定。

小城镇通信线路之间及其与建（构）筑物、热力管线之间
交叉时的最小垂直净距（m）　　表2.2.8-5

名 称	建筑物（顶端）	道路（地面）	铁路（轨顶）	通信线	热力管线
通信线	1.5	4.5	7.0	0.6	1.0

2.2.8.2-14 小城镇架空通信电缆杆路路由选择应遵循以下原则：

1）与小城镇道路规划相一致；

2）路由尽量采用最短直线路径，减少角杆；

3）杆路路由和走向应尽量与地下电缆管道或直埋电缆的路由相配合，以便电缆引上、

分支和向用户引入线路；

    4）路由尽量少穿铁路、公路、河流等障碍物；

    5）架空杆路应尽量减少与高压输电线的穿越、平行和接近，以避免危险和干扰影响；

    6）跨越河流应尽量选择河道狭窄、河床稳定、土质较硬、两岸地势高、地形较开阔的地方；

    7）避开有严重腐蚀气体的地区，必要时采用其他线路建筑方式；

    8）架空杆路与其他管线及建筑物应保持规定的间隔距离。

2.2.8.2-15 小城镇地下通信电缆主要采用直埋和管道方法敷设。

2.2.8.2-16 小城镇通信管道网规划应以用户馈线电缆系统为主的用户线路网结构为主要依据，同时也包括局间中继电缆对管道路由和管孔容量提出的要求。

2.2.8.2-17 小城镇通信管道容量应包括用户馈线、局间中继线和各种其他线路对管孔需要量的总和。

2.2.8.2-18 小城镇本地线路网管道规划管孔需要量宜按表 2.2.8-6，结合小城镇实际来选定。

与 20 年规划期平均增长率相对应的电缆平均

对数和管孔数　　　　　　　　　　表 2.2.8-6

A 终局用户数	B 平均增长率 A/20	C 平均对数建议值	D 用户线对数＝1.6A	E 计算管孔数 D/C	F 取定管孔数＝1.5E
500	25	300	800	3	5
1000	50	400	1600	4	6
2000	100	600	3200	6	9
3000	150	700	4800	7	11
4000	200	800	6400	8	12
6000	300	1000	9600	10	15
8000	400	1100	12800	12	18
10000	500	1200	16000	14	21

注：① 表中终局用户数为 20 年规划期末管道路由分段累计用户数；
　　② 平均对数是现阶段设计建议值；
　　③ 用户线对数按用户数的 1.6 倍计算；
　　④ 管道建设一般应满足 30～50 年需要，表中取定管孔数是按 1.5 系数计算得出。

2.2.8.2-19 小城镇本地线路网管道规划与中继路由对数相对应的平均对数和管孔数应符合表 2.2.8-7 要求。

与中继路由对数相对应平均对数和管孔数　　　　　　　表 2.2.8-7

路由对数	平均对数	取定管孔数
2000	300	7
4000	350	12
6000	400	15
10000	500	20

2.2.8.2-20　小城镇通信管道管孔数应在考虑本地线路网的同时，充分考虑宽带网、互联网、数据网、广播有线电视网及其他非话业务和备用需要，应考虑各规划期的光缆比例要求。

2.2.8.2-21　小城镇通信管道管孔数计算应按照以下原则：

1）按一条电缆占用一个管孔考虑；

2）管孔数应按管道段落分别计算其终期需要的数量。

2.2.8.2-22　小城镇同一路由上的通信管道管群组合可采用多孔径单管群或多孔径管块，管孔孔径一般为 80、62、50 三种，各种管孔孔径分配除考虑敷设不同电缆外，尚应考虑光缆发展。

2.2.8.2-23　小城镇通信管道规划管道路由的选择应考虑以下原则：

1）选择用户集中和有重要电缆（如中继电缆）、路径短捷的路由；

2）通信灵活、安全，有利于适应用户发展，减少架空杆路；

3）依据和符合用地规划及道路网规划、工程管线综合规划的要求；

4）有利于利用和结合原有管道设备；

5）尽量不沿交换区界限、铁路和河流等铺设管道；

6）管道路由应尽量避开：

① 规划未定道路；

② 有严重土壤腐蚀的地段；

③ 有滑坡、地下水位甚高等地质条件不利的地段；

④ 重型车辆通行和交通频繁的地段；

⑤ 须穿越河流、桥梁、主要铁路和公路以及重要设施的地段。

2.2.8.2-24　小城镇通过桥梁通信管道应与桥梁规划建设同步，其管道建筑方式有管道、槽道、箱体、附架等多种方式。在桥上建筑管道时不应过多占用桥下净空，同时应符合桥梁建设的有关规范要求和管道建设的其他技术要求。

2.2.8.2-25　小城镇的信息网络、广播有线电视线路路由宜与通信线路路由统筹规划，联合建设，资源共享，同管道敷设。但广播有线电视电缆，不宜与通信电缆共管孔敷设。

2.2.8.2-26　小城镇通信管道与其他市政管线及建筑物的最小净距应符合城市工程管线综合规划规范的相关要求。

2.2.8.2-27　小城镇通信直埋电缆最小允许埋深应符合表 2.2.8-8 的规定。

小城镇通信直埋电缆的最小允许埋深（m）　　　表 2.2.8-8

直埋电缆敷设地段	最小允许埋深	备　注
镇区	0.7	一般土壤情况
镇郊	0.7	
有岩石时 有冰冻层时	0.5 应在冰冻层下敷设	

2.2.8.2-28　小城镇通信管道的最小允许埋深应符合表 2.2.8-9 的要求。

小城镇通信管道的最小允许埋深（m）　　　表 2.2.8-9

管道类型	管顶至路面的最小间距		
	人行道和绿化地带	车行道	铁　路
混凝土管	0.5	0.7	1.5
塑料管	0.5	0.7	1.5
钢　管	0.2	0.4	1.2

2.2.8.2-29　小城镇通信管道的人孔型号应根据远期管群容量大小确定，一般选用中、小型。人孔型式应根据其在管道上所处的位置按表 2.2.8-10 规定选用。

小城镇通信管道人孔型式　　　表 2.2.8-10

型　式		管道中心线交角	备　注
直通型		<22.5°	
扇型	30°	22.5°～37.5°	
	45°	37.5°～52.5°	
	60°	52.5°～67.5°	
拐弯型		>67.5°	
分支型			用于管道分支处

2.2.8.2-30　小城镇通信管道的人孔位置宜在通信电缆分支点与引上点处、管道拐弯点上、道路交叉口人行道上、地下引入线路的大建筑物旁，应与相邻市政管线的检查井错开。

2.2.8.2-31　小城镇通信管道段长应按人孔位置而定。在直线路由上，水泥管道的段长宜为 120～130m，最长不超过 150m，塑料管道可适当增长。

2.2.8.2-32　小城镇通信管道敷设应有一定的倾斜度，以利于渗入管内的地下水流向人孔，管道坡度可为 3%～4%，不得小于 2.5%。

小城镇通信网通信线路规划设计优化导则
（条文说明）

2.2.8.1　通信网

2.2.8.1-1　提出小城镇通信规划的组成与规划的主次要求。

2.2.8.1-2　提出小城镇通信传输网的组成。

2.2.8.1-3　根据小城镇特点和实际情况，在相关调查分析的基础上，提出小城镇通信线路路由选择的基础与方法。

根据小城镇不同经济和社会发展状况与条件，满足经济、合理、安全的基本要求，应因地制宜地提出不同小城镇的不同通信线路敷设方式。

2.2.8.1-4　根据小城镇特点和实际情况，提出小城镇用户线路网优化的基本原则。

2.2.8.1-5　在大量有代表性的小城镇相关调查研究分析的基础上，提出区别不同地区、不同类型、不同规模小城镇通信线路敷设方式的原则要求。

同时，强调对县城镇、中心镇、大型一般镇中心区和新建居住小区，以及旅游型小城镇管道敷设的更高要求。

2.2.8.1-6　根据小城镇特点和相关调查研究分析，参考原邮电部规划研究院的"我国接入网规划建设若干问题的研究"，提出小城镇接入网规划模式与优化。

OLT（Optical line terminal）：光线路终端；

ONU（Optical network unit）：光网络终端。

2.2.8.2　通信线路

2.2.8.2-1～2.2.8.2-2　提出小城镇通信线路和管道的构成以及通信线路敷设方式的分类。

2.2.8.2-3～2.2.8.2-4　根据小城镇特点和实际情况，提出小城镇通信线路敷设方式的基本要求和通信电缆路由选择的基本原则。

2.2.8.2-5　提出小城镇通信电缆容量选用的有关界限的规定。

2.2.8.2-6　提出小城镇不同场合通信电缆敷设方式选择的依据。

2.2.8.2-7　根据小城镇特点和实际情况，提出小城镇配线电缆逐步实行隐蔽化、地下化的原则要求。

2.2.8.2-8～2.2.8.2-9　提出小城镇通信电缆架空杆线在人行道上敷设的要求。

2.2.8.2-10～2.2.8.2-11　提出小城镇通信电缆与广播电视电缆以及 10kV 以下电力线路同杆架设的基本要求。

2.2.8.2-12～2.2.8.2-13　参照相关标准，提出小城镇通信架空线路与建（构）筑物及热力管线间的最小水平净距和交叉时的最小垂直净距。

2.2.8.2-14　根据小城镇特点和实际情况，提出小城镇架空通信电缆杆路路由选择的基本原则要求。

2.2.8.2-15　提出小城镇地下通信电缆的主要敷设方式。

2.2.8.2-16～2.2.8.2-17　提出小城镇通信管道网规划的主要依据，以及管道容量的组成结构。

2.2.8.2-18～2.2.8.2-19　根据小城镇特点和实际情况，提出与 20 年规划期平均增长率相对应的电缆平均对数和管孔数，以及与中继路由对数相对应的平均对数和管孔数的基本要求。

2.2.8.2-20～2.2.8.2-21　提出小城镇通信工程规划设计计算通信管道管孔数的方法与原则。

我国小城镇通信较城市通信有较大差距，其固定电话业务需求尚处在较快的增长阶段。但由于通信技术发展很快，小城镇其他信息网络规划期也将会有较大发展，根据通信发展规律和在大量有代表性的小城镇相关调查研究分析的基础上，提出以小城镇本地线路网规划管孔计算为基础，充分考虑宽带网、互联网、数据网、广播电视网及其他非话业务和备用管孔的需要，按不同小城镇的不同规划期、光缆与电缆的比例计算小城镇通信管道管孔数是合理和适宜的。

2.2.8.2-22　提出小城镇同一路由上通信管道管孔组合和管孔孔径的分配原则。

2.2.8.2-23　根据小城镇的特点和实际情况，提出小城镇通信管道规划管道路由选择的基本原则。

2.2.8.2-24　提出通过桥梁的小城镇通信管道规划建设的基本要求。

2.2.8.2-25　提出小城镇通信网信息网、广播电视网管道统筹规划，联合建设、资源共享的规划建设原则要求。

2.2.8.2-26～2.2.8.2-28　提出小城镇通信管道与其他市政管线及建筑物的最小净距、直埋电缆和通信管道的最小允许埋深要求。

2.2.8.2-29～2.2.8.2-30　根据小城镇特点和相关通信工程标准，提出小城镇通信管道人孔型号、型式确定的相关规定，以及人孔位置布置的原则要求。

2.2.8.2-31～2.2.8.2-32　提出小城镇通信管道段长和管道敷设倾斜度的基本要求。

2.2.9　小城镇环境卫生工程规划优化导则

2.2.9.1　规划内容与规划原则

2.2.9.1-1　小城镇环境卫生工程规划的主要内容应包括固体废弃物分析，污染控制目标，生活垃圾量、工业固体废物量和粪便清运量预测，垃圾收运，垃圾、粪便处理处置与综合利用，以及环境卫生公共设施规划和环境卫生工程设施规划。

2.2.9.1-2　小城镇环境卫生工程规划应依据小城镇总体规划、县（市）域城镇体系规划和小城镇环境保护工程规划。

2.2.9.1-3　小城镇环境卫生工程规划应按照以下原则：

1）"全面规划、统筹兼顾、合理布局、美化环境、方便使用、整洁卫生、有利排运"的原则；

2）固体废物处理处置逐步实施"减量化、资源化、无害化"的原则；

3）"规划先行、建管并重"的原则；

4）"环卫设施建设与小城镇建设同步发展"的原则；

5）与小城镇发展、生态平衡及人民生活水平改善相适应的原则。

2.2.9.2　生活垃圾量、工业固体废物量预测及粪便清运量预测

2.2.9.2-1　小城镇固体废物应区分生活垃圾、建筑垃圾、工业固体废物、危险固体废物。

2.2.9.2-2　小城镇生活垃圾量、粪便清运量预测主要采用人均指标法和增长率法，工业固体废物预测主要采用增长率法和工业万元产值法。

2.2.9.2-3　当采用人均指标法预测小城镇生活垃圾量时，生活垃圾预测人均指标可按 0.9～1.4kg/（人·d）计算，并结合当地经济发展水平、燃料结构、居民生活习惯、消费结构及其季节和地域情况，分析比较确定。

2.2.9.2-4　当采用增长率法预测小城镇生活垃圾量时，应根据垃圾量增长的规律和相关调查，按不同时间段确定不同的增长率预测。

2.2.9.3　垃圾与粪便收运、处理及综合利用

2.2.9.3-1　小城镇垃圾收运、处理处置与综合利用规划应包括垃圾污染控制目标，废物箱、垃圾箱的布局要求，垃圾转运站、公厕、环卫管理机构的选择、选址及服务半径、用地要求；垃圾处理与综合利用方案选择及相关设施选址与用地要求。

2.2.9.3-2　小城镇固体废物应逐步实现处理处置"减量化、资源化、无害化"，清运容器化、密闭化、机械化的环境卫生目标。

2.2.9.3-3　小城镇垃圾收集应符合日产日清要求，生活垃圾应按表 2.2.9-1 要求，结合小城镇相关条件和实际情况分析比较选择收集方式；经济发达地区小城镇原则上应尽早

实现分类收集，经济一般地区和经济欠发达地区小城镇远期规划应逐步实现分类收集。

小城镇垃圾收集方式选择　　　　　　　　　　　　　　　表 2.2.9-1

		经济发达地区						经济发展一般地区						经济欠发达地区					
		小城镇规模分级																	
		一		二		三		一		二		三		一		二		三	
		近期	远期	近期	远期	近期	远期	近期	远期	近期	远期	近期	远期	近期	远期	近期	远期	近期	远期
垃圾收集方式	混合收集									●		●		●		●		●	
	分类收集	●	●	●	●	△	●	△	●		●		△		●		△		△

注：△—宜设；●—应设。

2.2.9.3-4　小城镇生活垃圾分类收集应与分类处理方式相适应，与垃圾的整个运输、处理处置和回收利用系统相统一。

2.2.9.3-5　小城镇生活垃圾处理应禁止采用自然堆存的方法，而应采用以卫生土地填埋为主处理的方法。有条件的小城镇经可行性论证也可因地制宜采用堆肥方法和焚烧方法处理；乡镇工业固体废物（固体危险废弃物外）应根据不同特点考虑处理方法，尽可能地综合利用。

2.2.9.3-6　小城镇医疗垃圾等固体危险废弃物必须单独收集、单独运输、单独处理。

固体危险废弃物不得与生活垃圾混合处理，必须在远离镇区和城镇水源保护区的地点按国家有关标准和规定分类单独安全处理和处置。其中医院、卫生院的有毒有害医疗垃圾应集中焚烧或作其他无害化处理，同时在环境影响评价中重点预测分析对小城镇的影响，保证小城镇安全。

2.2.9.3-7　小城镇固体废物处理处置方法选择除依据方案经济技术比较外，尚应依据固体废物处理处置的有关法规与技术政策评价；生活垃圾处理技术方案比较可参照表 2.2.9-5 小城镇垃圾处理方法综合比较进行；固体废物处理处置法规与技术政策评价应依据《固体废物污染环境法》、《城市生活垃圾处理及污染防治技术政策》等相关政策法规。

2.2.9.3-8　小城镇环境卫生工程规划的垃圾污染控制目标可按表 2.2.9-2 的控制与评估指标，结合小城镇实际情况适宜制定。

小城镇垃圾污染控制和环境卫生评估指标　　　　　　　表 2.2.9-2

	经济发达地区						经济发展一般地区						经济欠发达地区					
	小城镇规模分级																	
	一		二		三		一		二		三		一		二		三	
	近期	远期	近期	远期	近期	远期	近期	远期	近期	远期	近期	远期	近期	远期	近期	远期	近期	远期
固体垃圾有效收集率（%）	65~70	≥98	60~65	≥95	55~60	95	60	95	55~60	90	45~55	85	45~50	90	40~45	85	30~40	80
垃圾无害化处理率（%）	≥40	≥90	35~40	85~90	25~35	75~85	≥35	≥85	30~35	80~85	20~30	70~80	30	≥75	25~30	70~75	15~25	60~70
资源回收利用率（%）	30	50	25~30	45~50	20~25	35~45	25	45~50	20~25	40~45	15~20	30~40	20	40~45	15~20	35~40	10~15	25~35

114

2.2.9.3-9 有污水管网、污水处理设施的小城镇，粪便可直接或间接（经过化粪池）排入污水管道，进入污水处理厂处理；污水管网与处理系统不完善的小城镇，可由人工或机械清淘粪井或化粪池的粪便，再由粪车汇集到粪便收集站或储粪池，最后运至粪便处理站处理。

2.2.9.4 环境卫生公共设施和工程设施

2.2.9.4-1 小城镇环境卫生公共设施和工程设施规划应包括确定不同设施的布局、选址服务范围、设置规模、设备标准、用地指标等内容。同时，应对公共厕所、粪便蓄运站、废物箱、垃圾容器（垃圾压缩站）、垃圾转运站、（垃圾码头）、卫生填埋场、（堆肥厂）、环境卫生专用车辆配置及其车辆通道和环境卫生基地建设的布局、建设和管理提出要求。

2.2.9.4-2 小城镇环境卫生公共设施和工程设施，应满足小城镇卫生环境和景观环境及生态环境保护的要求；环境卫生公共设施应方便社会公众使用。

2.2.9.4-3 小城镇公共厕所应结合旧镇改造将旱厕逐步改造为水厕，小城镇公共厕所沿路设置可按表2.2.9-3要求，结合实际情况选择。

小城镇公共厕所沿路设置间距（m） 表2.2.9-3

	镇区干道		支 路
	非繁华段	繁华段	
设置间距	600～800	500～600	800～1000

注：① 公共厕所宜结合公共设施与商业网点设置。
② 县城镇、中心镇、旅游型小城镇、商贸型小城镇宜按上表较高标准设置。
③ 结合周边用地，公共厕所设置标准和独立式公共厕所所用地面积可按《城市环境卫生设施规划规范》的较低标准设置。

2.2.9.4-4 小城镇生活垃圾应定点收集，方便使用；定点收集的垃圾容器、垃圾容器间应不影响镇区卫生和景观环境；生活垃圾收集点服务半径不宜超过70m，住区多层住宅每4幢设一处垃圾收集点，市场、交通客运枢纽站应单独设置生活垃圾收集点。

2.2.9.4-5 小城镇废物箱应根据人流密度，沿路合理设置，其间距宜符合下列要求：
镇区中心繁华街道：50～100m；
其他干道：100～200m；
支路：200～400m。

2.2.9.4-6 小城镇宜设置小型垃圾转运站，选址应在靠近服务区域中心、交通便利、不影响镇容的地方，并设置绿化隔离带。

2.2.9.4-7 小城镇采用非机动车收运生活垃圾方式时，生活垃圾转运站服务半径宜为0.4～1km；采用小型机动车收运方式时，其服务半径宜为2～4km。

2.2.9.4-8 小城镇生活垃圾转运站规划用地面积宜按每站200～1000m²，结合小城镇生活垃圾转运站个数和转运量等具体情况，分析比较确定；生活垃圾转运站与相邻建筑间距应不小于8m，绿化隔离带宽度应不小于3m。

2.2.9.4-9 小城镇生活垃圾卫生填埋场选址，应最大限度地减少对生态环境和小城镇布局等的影响，减少投资，并应同时符合下列要求：
1）距小城镇规划建成区2km外；

2）距村庄居民点 0.5km 外；

3）土地利用价值低，地质情况较稳定，取土方便；

4）具备运输条件；

5）非水源保护区、地下蕴矿区和地下文物区。

2.2.9.4-10　城镇密集地区小城镇生活垃圾卫生填埋场应统筹规划联建共享。

2.2.9.4-11　没有污水管道的小城镇必须建化粪池。化粪池应设在建筑物背向大街一侧，靠近卫生间的地方，并应尽量隐蔽，不宜设在人们经常活动之处。化粪池距建筑物的净距应不小于 5m，距地下取水构筑物距离应不小于 30m。

2.2.9.4-12　小城镇贮粪池应设在镇郊，其周围应按有关规定设绿化隔离带。

2.2.9.4-13　小城镇粪便处理厂选址应进行综合技术经济比较与优化分析论证后确定，并应满足以下要求：

1）少占、不占农田，同时留有适当扩建余地；

2）在小城镇水体下游，主导风向下侧的镇郊；

3）远离小城镇居住小区、工业区，并有一定卫生防护距离；

4）不宜设在雨季受水淹的低洼处。靠近水体的处理厂，应选择在不受洪水威胁的地方，应有防洪措施。

5）位于地下水位较低、地基承载力较大、湿陷性等级不高、岩石较少的工程地质条件较好的地方；

6）有良好的排水条件，便于粪便、污水、污泥排放和利用。

2.2.9.4-14　小城镇粪便处理厂预留用地可按表 2.2.9-4，根据小城镇粪便处理量和处理工艺确定。

小城镇粪便处理厂采用部分工艺的用地指标 $[m^2/(t \cdot d)]$　　表 2.2.9-4

粪便处理方式	厌氧—好氧	厌氧（高温）	稀释—好氧
用地指标	12	20	25

附录 A：小城镇垃圾处理方法综合比较

小城镇垃圾处理方法综合比较如表 2.2.9-5。

小城镇垃圾处理方法综合比较　　表 2.2.9-5

	卫生填埋	焚烧	高温堆肥
技术可靠性	可靠	可靠	可靠、国内有一定经验
操作安全性	较大，注意防火	好	好
选址	要考虑地理条件，防止水体污染，一般应远离小城镇，运输距离大于 20km	可靠近城镇，运输距离小于 10km	避开住宅密集区，气味影响半径小于 200m，运输距离 2～10km
占地	大	小	中等
适用条件	适用范围广，对垃圾成分无严格要求，但无机含量大于 60%；征地容易，地区水位条件好，气候干旱、少雨的条件更为适用	要求垃圾热值大于 4000kt/kg；土地资源紧张，经济条件好	垃圾中可降解有机物含量大于 40%；堆肥产品有较大市场

续表

	卫生填埋	焚烧	高温堆肥
最终处置	无	残渣需作处置的占初始量的10%～20%	非堆肥物需处置的占初始量的25%～35%
能源化意义	部分有	部分有	有
资源利用	恢复土地利用或再生土地资源	垃圾分选可回收部分物质	作农肥和回收部分物质
地面水污染	有可能，但可采取措施防止污染		无
地下水污染	有可能需采取防渗保护，但仍有可能渗漏	无	可能性较小
大气污染	可用导气、覆盖等措施控制	烟气处理不当时有一定污染	有轻微气味
土壤污染	限于填埋区域	无	需控制堆肥有害物含量
管理水平	一般	较高	较高
投入运行费用	最低	最高	较高

附录 B：卫生填埋场用地面积计算参考

卫生填埋场用地面积可参考下式计算：

$$S=365y\left(\frac{Q_1}{D_1}+\frac{Q_2}{D_2}\right)\frac{1}{Lck_1k_2}$$

式中　S——填埋场用地面积（m^2）；

$\quad$ 365——一年的天数（d）；

$\quad y$——填埋场使用年限（a）；

$\quad Q_1$——日处理垃圾重量（t/d）；

$\quad D_1$——垃圾平均密度（t/m^3）；

$\quad Q_2$——日覆土重量（t/d）；

$\quad D_2$——覆盖土的平均密度（t/m^3）；

$\quad L$——填埋场允许堆积（填埋）高度（m）；

$\quad c$——垃圾压实（自缩）系数，$c=1.25\sim1.8$；

$\quad k_1$——堆积（填埋）系数，与作业方式有关，$k_1=0.35\sim0.7$；

$\quad k_2$——填埋场的利用系数 $k_2=0.75\sim0.9$。

填埋场的面积布置除了主要生产区外，还应有辅助生产区：仓库、机修车间、调度室等；管理区：包括生产生活用房。填埋场的辅助建筑在满足使用功能与安全条件下，宜集中布置。填埋场的辅助建筑面积指标不宜超过表 2.2.9-6 所列指标。

垃圾填埋场附属建筑面积指标（m^2）　　　　表 2.2.9-6

日处理规模	生产管理用房	生活服务设施用房	日处理规模	生产管理用房	生活服务设施用房
Ⅰ类	1200～2500	200～600	Ⅲ类	300～1000	100～200
Ⅱ类	400～1800	100～500	Ⅳ类	300～700	100～200

注：① 生产管理用房包括：行政办公、仓库、机修车间、调度室、化验室、变配电房、车库、门房等；
　　② 生活服务设施用房：食堂、浴室和值班宿舍等。

小城镇环境卫生工程规划优化导则
（条文说明）

2.2.9.1 规划内容和原则

2.2.9.1-1 规定小城镇环境卫生工程规划的主要内容。

小城镇环境卫生工程规划内容针对小城镇环境卫生实际，主要侧重于生活垃圾等固体废物和粪便的处理处置与综合利用、污染控制及相关小城镇环境卫生公共设施和环境卫生工程设施规划。其中主要内容中固体废弃物分析应包括分析其组成和发展趋势，并提出污染控制目标；各类环境卫生设施规划应确定服务范围、设置规模、设置标准、运作方式和预留用地等。

本条主要依据城市规划编制办法实施细则和相关规范规定，以及小城镇环境卫生工程及其相关规划的调查分析。

2.2.9.1-2 提出小城镇环境卫生工程规划与小城镇总体规划、县（市）域城镇体系规划及小城镇环境保护规划的关系。

小城镇环境卫生工程规划是小城镇总体规划的组成部分。小城镇环境卫生与小城镇镇容镇貌、社会经济发展、投资环境和人居环境的相关要求关系密切。

小城镇环境卫生系统工程规划建设应与小城镇总体规划确定的小城镇城镇性质、人口、用地规模、用地布局、社会经济发展相一致和相协调，也要与小城镇环境保护目标、规划建设相协调，垃圾填埋场等较大、重要的环境卫生设施应区域共享。要求环境卫生设施工程要与县（市）域城镇体系规划或更大城镇密集地区区域规划相协调。

2.2.9.1-3 提出小城镇环境卫生系统工程规划应遵循并体现"以人为本"的5条原则要求。

2.2.9.2 生活垃圾量、工业固体废物量预测

2.2.9.2-1 提出小城镇固体废物的组成。

2.2.9.2-2 提出小城镇生活垃圾量和工业固体废物量预测主要采用的方法。

2.2.9.2-3 提出小城镇生活垃圾的预测人均指标，及其选择适宜值的相关考虑因素。

据有关统计，我国城市目前人均日生活垃圾产量为0.6~1.2kg/(人·d)，由于小城镇的燃料结构、居民生活水平、消费习惯和消费结构、经济发展水平与城市差异较大，小城镇的人均生活垃圾量比城市要高；同时综合分析四川、重庆、云南、福建、浙江、广东等省市的小城镇实际和规划人均生活垃圾量及其增长的调查结果，分析比较发达国家生活垃圾的产生量情况和增长规律，提出小城镇生活垃圾量的规划预测人均指标为0.9~1.4kg/(人·d)。

2.2.9.2-4 提出采用增长率法预测小城镇生活垃圾量时，应采用按不同时间段选用不同增长率预测的原则和近期小城镇生活垃圾平均年增长率指标。

采用增长率法，可用下式预测：

$$W_t = W_0(1+i)^t$$

式中 W_t——预测段末年份小城镇生活垃圾产量；

W_0——现状基年小城镇生活垃圾产量；

i——预测段小城镇生活垃圾年均增长率；

t——预测段预测年限。

规划年份小城镇生活垃圾产量可视需要逐段重复预测求得。

生活垃圾年均增长率随小城镇人口增长、规模扩大、经济社会发展、生活水平提高、燃料结构、消费水平与消费结构的变化而变化。分析国外发达国家城镇生活垃圾变化规律，其增长规律类似一般消费品近似 S 曲线的增长规律，增长到一定阶段增长减慢直至饱和，1980～1990 年欧美国家城市生活垃圾产量增长率已基本在 3% 以下。我国城市垃圾还处在直线增长阶段，自 1979 年以来平均增幅为 9%。

根据小城镇的相关调查分析和推算，小城镇近期生活垃圾产量的年均增长一般可按 8%～10.5%，应用中应结合小城镇实际情况分析，比较选取和适当调整。

2.2.9.3　垃圾与粪便收运、处理及综合利用

2.2.9.3-1　规定小城镇垃圾收运、处理处置与综合利用规划的基本内容要求。

垃圾处理处置与综合利用直接关系到小城镇的镇容镇貌和环境卫生水平，以及人居环境质量。垃圾处理是小城镇环境卫生存在的严重问题之一，许多小城镇垃圾污染严重。本条款强调小城镇垃圾收运处理处置与综合利用规划从垃圾污染控制目标到垃圾处理与综合利用的相关内容。

2.2.9.3-2～2.2.9.3-3　提出小城镇环境卫生规划目标和垃圾收集方式的要求。

小城镇生活垃圾应设置标准垃圾收集设施，逐步实现收集、清运的容器化、密闭化、机械化和处理无害化，减少暴露垃圾，提高环境卫生质量。垃圾分类袋装收集，有利于工矿业固体废物等物资回收利用和可利用垃圾的综合利用。表9.3.3对不同地区不同类型小城镇不同规划期垃圾收集方式提出相关的不同要求。

2.2.9.3-4　提出小城镇生活垃圾分类收集与分类处理方式应相适应、与垃圾的运输处理处置和回收利用系统相统一的要求，以利于生活垃圾的分类处理处置和工矿业固体废物等物资回收利用以及可利用垃圾的综合利用。

2.2.9.3-5　固体废物处理应先考虑减量化、资源化（从固体废物中回收有用物质和能源），减少资源消耗和加速资源循环；后考虑加速物质循环，对最后残留物质最终无害化处理。

小城镇生活垃圾的处理是固体废物处理的重点。我国目前的生活垃圾处理方法填埋占 70%，堆肥 20%，焚烧及其他处理方法 10%。表 2.2.9-7 为填埋、焚烧和堆肥三种处理方法的主要对比。

三种主要垃圾处理方法比较　　　　　　　　　　　　　表 2.2.9-7

	填　埋	焚　烧	堆　肥
技术可靠性	技术可靠	可靠	可靠，国内有一定经验
选址要求	要考虑地理条件，防止水体污染，一般远离城镇，运输距离大于 20km	可靠近城镇建设，运输距离可小于 10km	需避开住宅密集区，气味影响半径小于 200m，运输距离 2～10km
占地	大	小	中等
适用条件	适用范围广，对垃圾成分无严格要求；但无机物含量大于 60%；征地容易；地区水文条件好，气候干旱、少雨的条件更为适用	要求垃圾热值大于 4000kJ/kg；土地资源紧张，经济条件好	垃圾中生物可降解有机物含量大于 40%；堆肥产品有较大市场
投资运行费用	最低	最高	较高

根据上述主要比较，考虑小城镇特点和实际情况，小城镇生活垃圾处理，应主要采用卫生填埋方法处理，有条件的小城镇经技术方案比较和可行性论证，也可采用堆肥方法处理。

本条款同时对乡镇工业固体废物（除固体危险废弃物外）提出按不同种类特点处理和综合利用的基本原则要求。

2.2.9.3-6　小城镇环境卫生管理监督比较薄弱，医疗垃圾处理和处置不严加管理容易混杂于生活垃圾，而极可能引起有害、有毒物质及病菌的污染和传播，危害人的健康，造成环境污染并由此对公共安全造成威胁。同《城市环境卫生设施规划规范》相关规定，小城镇也必须强调此条规定，对医疗垃圾等固体危险废弃物的收集、运输、处理环节进行封闭隔离式单独作业，这对避免交叉污染是必要的。

从小城镇安全和保护生态环境考虑，提出有毒、有害垃圾和固体废弃物处理处置的原则要求。小城镇有毒有害的工业垃圾除医院、卫生院医疗卫生垃圾外，也包括可能有的有毒有害的工业垃圾、含放射性物质或其他危险性较大的垃圾以及病死畜等，固体危险废弃物对小城镇环境危害大，强调对其安全处理处置十分必要。

2.2.9.3-7　规定小城镇固体废物处理处置的法规和政策评价依据及生活垃圾处理技术方案的比较依据。

2.2.9.3-8　根据四川、重庆、湖北、福建、浙江、广东、山东、河南、天津等省市小城镇的环境卫生有关调查，镇容镇貌脏、乱、差现象突出是小城镇基础设施存在的主要问题之一。特别是经济发展一般地区和欠发达地区许多小城镇以路为市，以街为市，污水未经有效处理排放甚至随意排放，垃圾露天堆放不能得到有效收集与处理，造成环境质量低下，河道水系污染严重。随着小城镇经济发展，各种固体垃圾将会大幅度增长，如继续得不到有效收集与处理，对小城镇的环境影响将更为严重并更难治理。

提出小城镇环境卫生污染控制目标宜主要通过小城镇环境卫生污染源头固体垃圾的有效收集和无害化处理来实现，并可采用其有效收集率和无害化处理率作为评估指标。

表 2.2.9-2 系根据上述省、市不同小城镇的大量相关调研与规划目标分析比较得出。

2.2.9.3-9　提出根据小城镇的不同条件对小城镇粪便处理的基本要求。

2.2.9.4　环境卫生公共设施和工程设施

2.2.9.4-1～2.2.9.4-2　提出小城镇环境卫生公共设施和工程设施规划的基本内容要求。

环境卫生设施是指具有从整体上改善环境卫生，限制或消除生活垃圾、粪便及其他固体废物危害功能的设备、容器、构筑物、建筑物及场地等的统称。

环境卫生公共设施是指设置在公共场所等处，为社会公众提供直接服务的环境卫生设施。

环境卫生工程设施是指具有生活固体废弃物转运、处理及处置功能的较大规模的环境卫生设施。

环境卫生公共设施和工程设施是小城镇基础设施的主要组成部分之一，也是小城镇环境卫生系统规划的主要内容。

小城镇环境卫生公共设施在社会公众生活中不可缺少，应体现"以人为本"，方便社会公众使用。同时小城镇环境卫生公共设施和工程设施与小城镇卫生环境、景观环境及生活环境保护直接相关，规划应满足上述的相关要求。

2.2.9.4-3　提出小城镇公共厕所规划设置合理水平的一般要求。

公共厕所直接反映小城镇的环境卫生面貌。根据调查多数小城镇公共厕所数量少，且多数为旱厕。水厕少，卫生条件差，建设缺乏规划。

本条款对小城镇公共厕所的规划设置的基本要求是在基于上述现状分析，并充分考虑小城镇发展、人口密度增加、居民生活水平提高，对改善小城镇环境卫生条件的迫切要求，同时考虑小城镇与城市的差别，在分析比较城市有关标准的基础上提出的。

2.2.9.4-4　提出小城镇生活垃圾定点收集及其相关原则要求，同时参考相关标准和考虑小城镇特点，提出小城镇废物箱、生活垃圾收集点规划设置的一般要求。

2.2.9.4-5　根据小城镇人流的特点和实际情况，结合小城镇实际提出沿路设置废物箱的技术指标要求。

2.2.9.4-6～2.2.9.4-8　提出小城镇设置小型垃圾转运站选址、布局、规划用地面积及其他相关要求；提出小城镇不同收运生活垃圾方式，生活垃圾转运站服务半径的基本要求。

2.2.9.4-9～2.2.9.4-10　提出小城镇生活垃圾卫生填埋场选址和城镇密集区生活垃圾卫生填埋场统筹规划、联建共享的基本原则要求。

生活垃圾卫生填埋场在运行过程中产生的次生污染危害较大，对小城镇生态环境、景观和布局影响很大，且选址困难。因此除应符合相关环境要求外，还提出城镇密集区生活垃圾卫生填埋场建设共享的重要性。一般来说，生活垃圾填埋场要求距大城市建成区10km以上，距中小城市5km以上，距小城镇2km以上，距村庄居民点0.5km以上是合适的。

2.2.9.4-11～2.2.9.4-12　根据小城镇实际，参考相关标准与规定提出小城镇化粪池、贮粪池的基本要求。

2.2.9.4-13～2.2.9.4-14　根据小城镇特点和实际情况，参考相关标准和规定，提出小城镇粪便处理厂选址及用地的基本要求。

2.2.10　小城镇综合防灾工程规划优化导则

2.2.10.1　规划编制内容与基本要求

2.2.10.1-1　小城镇综合防灾工程规划应包括地质灾害、洪灾、震灾、风灾和火灾等灾害防御的规划，并应根据当地易遭受灾害及可能发生灾害的影响情况，确定规划的上述若干防灾规划专项。

2.2.10.1-2　小城镇综合防灾工程规划应包括以下内容：

1）防灾减灾现状分析和灾害影响环境综合评价及防灾能力评价；

2）各项防灾规划目标、防灾标准；

3）防灾减灾设施规划，应包括防洪设施、消防设施布局、选址、规模及用地，以及综合避灾通道、避灾疏散场地和避难中心设置；

4）防止水灾、火灾、爆炸、放射性辐射、有毒物质扩散或者蔓延等次生灾害，以及灾害应急、灾后自救互救与重建的对策与措施；

5）防灾减灾指挥系统。

2.2.10.1-3　编制小城镇综合防灾工程规划应对与防灾有关的小城镇建设、地震地质、工程地质、水文地质、地形地貌、土层分布及地震活动性等情况进行深入调查研究，取得准确的基础资料，必要时应补充进行现场测试、调查、观测，进行专题研究。

2.2.10.1-4　小城镇综合防灾工程规划的成果应包括：规划文本、说明书和综合防灾规划图纸，综合防灾规划图的比例按小城镇总体规划的要求。

2.2.10.2　灾害综合防御

2.2.10.2-1　小城镇详细规划阶段，应根据地质灾害、地震场地破坏效应等，对建设场地进行进一步的综合评价和预测；存在场地稳定性问题时，应进行测绘与调查、勘探及测试工作，查明建筑地段的稳定性。

2.2.10.2-2　小城镇综合防灾工程规划应在对各灾种的灾害影响综合评价的基础上，进行建设用地的土地利用适宜性综合评价，提出用地适宜性与建设强度，进行避灾疏散规划安排及疏散要求和对策的制定，提出灾害综合防御要求和措施。

2.2.10.2-3　小城镇综合防灾工程规划应作综合避灾疏散场所和避灾疏散主通道地质环境、人工环境、次生灾害防御等防灾安全评估，避灾疏散主通道的有效宽度不宜小于4m。

2.2.10.2-4　综合避灾疏散场地应考虑火灾、水灾、海啸、滑坡、山崩、场地液化、矿山采空区塌陷等其他防灾要求，根据人口疏散规划与广场、绿地等综合考虑，同时应符合下列规定：

1）应避开次生灾害严重的地段，并应具备明显的标志和良好的交通条件；

2）镇区每一处疏散场地不宜小于 $4000m^2$；

3）人均疏散场地不宜小于 $2m^2$；

4）疏散人群至疏散场地的距离不宜大于 500m；

5）主要疏散场地应具备临时供电、供水和卫生条件。

2.2.10.2-5　综合避灾疏散场所四周有次生火灾或爆炸危险源时，应设防火隔离带或防火树林带。

综合避灾疏散场所与周围易燃建筑或其他可能发生的火源之间应设置 30～130m 的防火安全带。综合避灾疏散场所内的避难区域应划分区块，区块之间应设防火安全带。综合避灾疏散场所内部应设防火设施、防火器材、消防通道和安全撤退道路。

2.2.10.3　地质灾害防御

2.2.10.3-1　地质灾害防治规划，应对包括自然因素或者人为活动引发的山体崩塌、滑坡、泥石流、地面塌陷、地裂缝、地面沉降等与地质作用有关的灾害以及环境地质灾害进行调查评价，进行地质灾害危险性评估，并应对工程建设遭受地质灾害危害的可能性和引发地质灾害的可能性做出评价，划定地质灾害的易发区段，提出预防治理对策。

2.2.10.3-2　地质灾害防治规划应将县城镇、中心镇、人口集中居住区、风景名胜区、较大工矿企业所在地和交通干线、重点水利电力工程等基础设施作为地质灾害重点防治区中的防护重点。

2.2.10.3-3　地质灾害治理工程的规模应与地质灾害形成的原因、严重程度以及对人民生命和财产安全的危害程度相适应。

2.2.10.3-4　地质灾害防治规划应提出地质灾害危险区及时采取工程治理或者搬迁避

让的措施，保证地质灾害危险区内居民的生命和财产安全；在地质灾害危险区内，禁止爆破、消坡与进行工程建设以及从事其他可能引发地质灾害的活动。

2.2.10.4 防洪规划

2.2.10.4-1 小城镇防洪工程规划应以小城镇总体规划及所在江河流域防洪规划为依据，全面规划，综合治理，统筹兼顾，讲求效益。

2.2.10.4-2 编制小城镇防洪工程规划除向水利等有关部门调查分析相关基础资料外，还应结合小城镇现状与规划，了解分析设计洪水、潮位的计算和历史洪水和暴雨的调查考证。

2.2.10.4-3 小城镇防洪工程规划应遵循统筹兼顾、全面规划、综合治理、因地制宜、因害设防、防治结合、以防为主的原则。

2.2.10.4-4 小城镇防洪工程规划应结合其处于不同水体位置的防洪特点，制定防洪工程规划方案和防洪措施。

2.2.10.4-5 小城镇防洪规划应根据洪灾类型（河（江）洪、海潮、山洪和泥石流）选用相应的防洪标准及防洪措施，实行工程防洪措施与非工程防洪措施相结合，组成完整的防洪体系。

2.2.10.4-6 沿江河湖泊小城镇防洪标准应不低于其所处江河流域的防洪标准，并应与当地江河流域、农田水利、水土保持、绿化造林等的规划相结合，统一整治河道，确定修建堤坝、圩垸和蓄、滞洪区等工程防洪措施。

2.2.10.4-7 邻近大型或重要工矿企业、交通运输设施、动力设施、通信设施、文物古迹和旅游设施等防护对象的镇区和村庄，当不能分别进行防护时，应按就高不就低的原则确定设防标准及设置防洪设施。

2.2.10.4-8 小城镇防洪、防涝设施应主要由蓄洪滞洪水库、堤防、排洪沟渠、防洪闸和排涝设施组成。

2.2.10.4-9 小城镇防洪规划应注意避免或减少对水流流态、泥沙运动、河岸、海岸产生不利影响，防洪设施选线应适应防洪现状和天然岸线走向，与小城镇总体规划的岸线规划相协调，合理利用岸线。

2.2.10.5 抗震防灾规划

2.2.10.5-1 位于地震基本烈度为6度及以上（地震动峰值加速度值≥0.05g）地区的小城镇防灾减灾工程规划应包括抗震防灾规划的编制。

2.2.10.5-2 抗震防灾规划中的抗震设防标准、建设用地评价与要求、抗震防灾措施，应根据小城镇的防御目标、抗震设防烈度和国家现行标准确定，并作为强制性要求。

2.2.10.5-3 小城镇抗震防灾应达到以下基本防御目标：

1）当遭受多遇地震（"小震"，即50年超越概率为63.5%）影响时，城镇功能正常，建设工程一般不发生破坏；

2）当遭受相当于本地区地震基本烈度的地震（"中震"，即50年超越概率为10%）影响时，生命线系统和重要设施基本正常，一般建设工程可能发生破坏但基本不影响小城镇整体功能，重要工矿企业能很快恢复生产或经营；

3）当遭受罕遇地震（"大震"，即50年超越概率为2%～3%）影响时，小城镇功能基本不瘫痪，要害系统、生命线系统和重要工程设施不遭受严重破坏，无重大人员伤亡，不发生严重的次生灾害。

2.2.10.5-4　处于抗震设防区的小城镇规划建设，应符合现行国家标准《中国地震动参数区划图》（GB 18306）和《建筑抗震设计规范》（GB 50011）等的有关规定，选择对抗震有利的地段，避开不利地段，严禁在危险地段搞住宅建设和安排其他人员密集的建设项目。

2.2.10.5-5　小城镇土地利用抗震适宜性规划应满足下列要求：

1）应根据场地类别分区和场地破坏影响分区，采用现行的《建筑抗震设计规范》（GB 50011）（表 2.2.10-1）将场地地段划分为对建筑抗震有利地段、不利地段和危险地段；

2）综合考虑城镇功能分区、土地利用性质、社会经济等因素，进行土地利用抗震适宜性分区，提出抗震适宜性建设要求和措施。

抗震有利、不利和危险的地段划分　　　　　　表 2.2.10-1

地段类别	地质、地形、地貌
有利地段	稳定基岩、坚硬土，开阔、平坦、密实、均匀的中硬土等
不利地段	软弱土，液化土，条状突出的山嘴，高耸孤立的山丘，非岩质的陡坡，河岸和边坡的边缘，平面分布上成因、岩性、状态明显不均匀的土层（如故河道、疏松的断层破碎带、暗埋的塘滨沟谷和半填半挖地基）等
危险地段	地震时可能发生滑坡、崩塌、地陷、地裂、泥石流等及发震断裂带上可能发生地表错位的部位

2.2.10.5-6　小城镇抗震防灾规划编制，应确定次生灾害危险源的种类和分布，并进行危害影响估计。

1）对次生火灾可采用定性方法划定高危险区。应进行危害影响估计，给出火灾发生的可能区域；

2）对小城镇周围重要水利设施或海岸设施的次生水灾应进行地震作用下的破坏影响估计；

3）对于爆炸、毒气扩散、放射性污染、海啸等次生灾害可根据实际情况选择评价对象进行定性评价。

2.2.10.5-7　小城镇抗震防灾规划应根据次生灾害特点，结合小城镇发展提出控制和减少致灾因素的总体对策和各类次生灾害的规划要求，提出危重次生灾害源的防治、搬迁改造等要求。

2.2.10.6　防风减灾规划

2.2.10.6-1　小城镇防风减灾规划应根据风灾危害影响评价，提出防御风灾的规划要求和工程防风措施，制定小城镇防风减灾对策。

2.2.10.6-2　小城镇防风标准应依据城镇防灾要求、历史风灾资料、风速观测数据资料，根据现行国家标准《建筑结构荷载规范》（GB 50009）的有关规定确定。

2.2.10.6-3　易形成风灾地区的镇区选址应避开与风向一致的谷口、山口等易形成风灾的地段。

2.2.10.6-4　易形成台风灾害地区的镇区规划应符合下列规定：

1）滨海地区、岛屿应修建抵御风暴潮冲击的堤坝；

2）确保风后暴雨及时排除，应按国家和省、自治区、直辖市气象部门提供的年登陆台风最大降水量和日最大降水量，统一规划建设排水体系；

3）应建立台风预报信息网，配备医疗和救援设施。

2.2.10.6-5　对于易受台风灾害影响的地区，应对台风造成的大风、风浪、风暴潮、暴雨洪灾等灾害影响进行综合评价。

2.2.10.6-6　风灾危害性评价可在总结历史风灾资料的基础上，分区估计风灾对建设用地、建筑工程、基础设施、非结构构件的灾害影响。

2.2.10.6-7　易形成风灾地区的镇区应在其迎风方向的边缘选种密集型的防护林带。

2.2.10.6-8　对直接受台风严重威胁的危险房屋制定改造规划，并对居民避险安置进行规划安排。

2.2.10.6-9　易形成风灾地区的小城镇建筑设计除应符合现行国家标准《建筑结构荷载规范》（GB 50009）的有关规定外，尚应符合下列规定：

1）建筑物宜成组成片布置；

2）迎风地段宜布置刚度大的建筑物，体型力求简洁规整，建筑物的长边应同风向平行布置；

3）不宜孤立布置高耸建筑物。

2.2.10.7　消防规划

2.2.10.7-1　小城镇消防规划应包括消防站布局选址、用地规模、消防给水、消防通信、消防车通道、消防组织、消防装备等内容。

2.2.10.7-2　结合消防，小城镇居住区用地宜选择在生产区常年主导风向的上风或侧风向；生产区用地宜选择在镇区的一侧或边缘。

2.2.10.7-3　小城镇消防安全布局应符合下列规定：

1）现状中影响消防安全的工厂、仓库、堆场和储罐等必须迁移或改造，耐火等级低的建筑密集区应开辟防火隔离带和消防车通道，增设消防水源；

2）生产和储存易燃、易爆物品的工厂、仓库、堆场和储罐等应设置在镇区边缘或相对独立的安全地带；与居住、医疗、教育、集会、娱乐、市场等之间的防火间距不得小于50m；

3）小城镇各类用地中建筑的防火分区、防火间距和消防车通道的设置，均应符合现行国家标准《村镇建筑设计防火规范》（GBJ 39）的有关规定。

2.2.10.7-4　小城镇消防给水应符合下列规定：

1）具备给水管网条件时，其管网及消火栓的布置、水量、水压应符合现行国家标准《村镇建筑设计防火规范》（GBJ 39）的有关规定；

2）不具备给水管网条件时，应利用河湖、池塘、水渠等水源规划建设消防给水设施；

3）给水管网或天然水源不能满足消防用水时，宜设置消防水池。寒冷地区的消防水池应采取防冻措施。

2.2.10.7-5　消防站的设置应根据小城镇的性质、类型、规模、区域位置和发展状况等因素确定，并应符合下列规定：

1）大型镇区消防站的布局应按接到报警5min内消防人员到达责任区边缘要求布局，并应设在责任区内的适中位置和便于消防车辆迅速出动的地段。

2）消防站的主体建筑距离学校、幼儿园、医院、影剧院、集贸市场等公共设施的主要疏散口的距离不得小于 50m；

镇区规模小尚不具备建设消防站的条件时，可设置消防值班室，配备消防通信设备和灭火设施。

3）消防站的建设用地面积宜符合表 2.2.10-2 的规定。

消防站规模分级　　　　　　　　　　　　　　　　　表 2.2.10-2

消防站类型	责任区面积（km²）	建设用地面积（m²）
标准型普通消防站	≤7.0	2400～4500
小型普通消防站	≤40	400～1400

2.2.10.7-6　消防车通道之间的距离不宜超过 160m，通道路面宽度不应小于 4m，当消防车通道上空有障碍物跨越道路时，路面与障碍物之间的净高不应小于 4m。消防车通道可利用交通道路，并应与其他公路相连通。

2.2.10.7-7　小城镇消防通信系统应设置由电话交换站或电话分局至消防站接警室的火警专线。大型镇区火警专线不得少于 2 对，中、小型镇区不得少于 1 对。

镇区消防站应与县级消防站、邻近地区消防站，以及镇区供水、供电、供气等部门建立消防通信联网。

2.2.10.8　小城镇建设用地防灾适宜性评价

小城镇建设用地适宜性评价应符合表 2.2.10-3 规定。

建设用地防灾适宜性评价　　　　　　　　　　　　　表 2.2.10-3

地段类别	地质、地形、地貌
适宜	满足下列条件的场地可划分为适宜建设场地： （1）属稳定基岩或坚硬土或开阔、平坦、密实、均匀的中硬土等场地稳定、土质均匀、地基稳定的场地； （2）地质环境条件简单，无地质灾害破坏作用的影响； （3）无明显地震破坏效应； （4）地下水对工程建设无影响； （5）地形起伏虽较大但排水条件尚可
较适宜	满足下列条件的场地可划分为较适宜建设场地： （1）属中硬土或中软土场地，场地稳定性尚可，土质较均匀、密实，地基较稳定； （2）地质环境条件简单或中等，无地质灾害破坏作用影响或影响轻微易于整治； （3）虽存在一定的软弱土、液化土，但无液化发生或仅有轻微液化的可能，软土一般不发生震陷或震陷很轻，无明显的其他地震破坏效应； （4）地下水对工程建设影响较小； （5）地形起伏虽较大但排水条件尚可
适宜性差	下列为防灾适宜性差场地： （1）中软或软弱场地，土质软弱或不均匀，地基不稳定； （2）场地稳定性差：地质环境条件复杂，地质灾害破坏作用影响大，较难整治； （3）软弱土或液化土较发育，可能发生中等程度及以上液化或软土可能震陷且震陷较重，其他地震破坏效应影响较小； （4）地下水对工程建设有较小的影响； （5）地形起伏大，易形成内涝

续表

地段类别	地质、地形、地貌
不适宜	下列为防灾不适宜建设场地： (1) 场地不稳定：动力地质作用强烈，环境工程地质条件严重恶化，不易整治； (2) 土质极差，地基存在严重失稳的可能性； (3) 软弱土或液化土发育，可能发生严重液化或软土可能震陷且震陷严重； (4) 条状突出的山嘴，高耸孤立的山丘，非岩质的陡坡，河岸和边坡的边缘，平面分布上成因、岩性、状态明显不均匀的土层（如故河道、疏松的断层破碎带、暗埋的塘滨沟谷和半填半挖地基）等地质环境条件复杂，地质灾害危险性大的地段； (5) 洪水或地下水对工程建设有严重威胁； (6) 地下埋藏有待开采的矿藏资源
危险地段	下列为灾害危险不可建设地段： (1) 可能发生滑坡、崩塌、地陷、地裂、泥石流等的场地； (2) 发震断裂带上可能发生地表位错的部位； (3) 不稳定的地下采空区； (4) 地质灾害破坏作用影响严重，环境工程地质条件严重恶化，难以整治

注：① 表未列条件，可按其对场地工程建设的影响程度比照推定。
② 划分每一类场地工程建设适宜性类别，从适宜性最差开始向适宜性好推定，其中一项属于该类即划为该类场地，依次类推。

2.2.10.9 地质环境条件复杂程度分类

小城镇地质环境条件复杂程度分类应符合 2.2.10-4 规定。

地质环境条件复杂程度分类表　　　　　　　　　　　　表 2.2.10-4

复　杂	中　等	简　单
地质灾害发育强烈	地质灾害发育中等	地质灾害一般不发育
地形与地貌类型复杂	地形较简单，地貌类型单一	地形简单，地貌类型单一
地质构造复杂，岩性岩相变化大，岩土体工程地质性质不良	地质构造较复杂，岩性岩相不稳定，岩土体工程地质性质较差	地质构造简单，岩性单一，岩土体工程地质性质良好
工程水文地质条件不良	工程水文地质条件较差	工程水文地质条件良好
破坏地质环境的人类工程活动强烈	破坏地质环境的人类工程活动较强烈	破坏地质环境的人类工程活动一般

注：每类 5 项条件中，有一条符合较复杂条件者即划为较复杂类型。

2.2.10.10 地质灾害危险性评估

2.2.10.10-1 小城镇地质灾害危险性评估包括现状评估、预测评估和综合评估。对于受自然因素影响的地质灾害，评估时应考虑自然因素周期性的影响。

2.2.10.10-2 小城镇地质灾害危险性分级表应按表 2.2.10-5 规定。

小城镇地质灾害危险性分级表　　　　　　　　　　　　表 2.2.10-5

危险性分级 ＼ 确定要素	稳定状态	危害对象	损失
危险性大	差	城镇及主体建筑物	大
危险性中等	中等	有居民及主体建筑物	中
危险性小	好	无居民及主体建筑物	小

127

　　2.2.10.10-3　现状评估应是指对已有地质灾害的危险性评估。根据评估区地质灾害类型、规模、分布、稳定状态、危害对象进行危险性评价；对稳定性或危险性起决定性作用的因素作较深入的分析，判定其性质、变化、危害对象和损失情况。

　　2.2.10.10-4　预测评估应是指对工程建设可能诱发的地质灾害的危险性评估。依据工程项目类型、规模，预测工程项目在建设过程中和建成后，对地质环境的改变及影响，评价是否会诱发滑坡、泥石流、崩塌、地面塌陷、地裂缝、地面沉降等地质灾害以及灾害的范围、危害。

　　2.2.10.10-5　综合评估应是根据现状评估和预测评估的情况，采取定性或半定量的方法综合评估地质灾害危险性程度，对土地的适宜性做出评估，并提出防治诱发地质灾害的对策。

小城镇防灾减灾规划优化导则
（条文说明）

2.2.10.1　规划编制内容与基本要求

　　2.2.10.1-1　阐明小城镇防灾减灾工程规划编制时所应包括的相应灾害种类的防灾规划专项。

　　2.2.10.1-2　阐明小城镇防灾减灾工程规划编制时所应包括的内容。

　　2.2.10.1-3　提出小城镇防灾减灾工程规划及其专项规划编制的基础要求。

　　2.2.10.1-4　提出小城镇防灾减灾工程规划及其专项规划编制的成果要求。

2.2.10.2　灾害综合防御

　　2.2.10.2-1　提出小城镇详细规划阶段对建设场地进行进一步综合评价和预测、查明建筑地段稳定性的要求。

　　小城镇用地评价是保障用地安全和工程防灾可靠性的重要技术对策，因此除总体规划阶段整体评价外，在详细规划阶段要进行总体规划阶段未及的局部的、特别是重要地段的详细评价。

　　2.2.10.2-2　提出小城镇防灾减灾工程专项规划内容的原则要求。

　　2.2.10.2-3　提出小城镇防灾减灾工程规划避灾疏散场所和避灾疏散主通道的防灾安全评估要求。

　　本条所规定的疏散主通道有效宽度是指扣除灾后堆积物的道路实际宽度。建筑倒塌后废墟的高度可按建筑高度的 1/2 计算。疏散道路两侧的建筑倒塌后其废墟不应覆盖疏散通道。疏散通道应当避开易燃建筑和可能发生的火源。对重要的疏散通道要考虑防火措施。

　　2.2.10.2-4　提出避灾疏散场地原则要求和相关规定。

　　避灾疏散场所需综合考虑防止火灾、水灾、海啸、滑坡、山崩、场地液化、矿山采空区塌陷等各类灾害和次生灾害，保证防灾安全。其用地可以是各自连成一片的，也可以由比邻的多片用地构成，从防止次生火灾的角度考虑，疏散场地不宜太小。避灾疏散场所服务范围的确定可以周围的或邻近的居民委员会和单位划界，并考虑河流、铁路等的分割以及避灾通道的安全状况等。

　　2.2.10.2-5　防火安全带是隔离避灾疏散场所与火源的中间地带，其可以是空地、河流、耐火建筑以及防火树林带、其他绿化带等。若避灾疏散场所周围有木制建筑群、发生火灾危险性比较大的建筑或风速较大的地域，防火安全带的宽度应适当增加。

防火树林带的主要功能是防止火灾热辐射对避灾疏散人员的伤害。选择对火焰遮蔽率高、抗热辐射能力强的树种，且设喷洒水的装置。依据日本的调研成果，当避灾疏散场所的四周都发生火灾时，50 公顷以上基本安全，两边发生火灾 25 公顷以上基本安全，一边发生火灾 10 公顷以上基本安全。发生火灾后避灾疏散人员可以在避灾疏散场所内向远离火源的方向移动，当火灾威胁到避灾避难人员的安全时，应从安全撤退路线撤离到邻近的或仍有收容能力的避灾疏散场所或实施远程疏散。临时建筑和帐篷之间留有防火和消防通道。严格控制避灾疏散场所内的火源。

2.2.10.3 地质灾害防御

2.2.10.3-1 提出小城镇地质灾害防御规划内容的基本要求。

地质灾害是指在特殊的地质环境条件（地质构造、地形地貌、岩土特征和地表地下水等）下，由内动力或外动力的作用，或两者共同作用或人为因素而引起的灾害。在工程地质和岩土工程领域中，地质灾害属不良地质现象范畴。地质灾害的发生、特点、规模和危害性不仅直接和间接地受到地质环境条件的控制，其防御和治理，也要考虑地质环境条件。地质灾害的发生既有天然的因素，更有人为因素。危害较大、比较常见的地质灾害类型有：引起边坡失稳的崩塌、滑坡、塌方和泥石流等，此类地质灾害主要发育在山区、陡峭的边坡；引起地面下沉的塌陷和沉降，在矿区和岩溶发育地区常见；引起地面开裂的断错和地裂缝等，主要发育于断裂带附近。其中，发育在山区的滑坡、塌方和泥石流等危害最突出，也是山区小城镇规划防灾的重点。地质灾害防御以避开为主，改造为辅，改造要尽量保持或少改变天然环境。要防止人为破坏和改变天然稳定的环境。

2.2.10.3-2～2.2.10.3-4 提出进行地质灾害防御的主要规划对策和要求。

对常见的地质灾害防御通常可包括：

1）崩塌和滑坡灾害的防御

① 在有崩塌和滑坡灾害潜在危险和危害的地区，应停止人为不合理的工程和开发活动，应当防止不适当地开挖坡脚，不适当地在坡体上方堆载，不合理的矿山开采、大型爆破和灌渠漏水等行为。

② 针对引起崩塌和滑坡灾害的主导因素，可分别采用清除崩滑体、治理地表水和地下水、减重和反压、抗滑工程等方法因地制宜地进行根治。

2）泥石流的防御

① 大型泥石流沟谷不应作为小城镇的规划场地。中型泥石流沟谷不宜作为小城镇的规划场地，必要时，应采取治理措施，工程设施、居住场所和活动场所应避开河床或大跨度跨越。在确定安全有保证的前提下，小型泥石流沟谷可利用其堆积区作为非重要建筑的规划场地，但不宜改变沟谷的状态。

② 易产生泥石流的沟谷，不宜大量弃渣或改变沟口原有供排平衡条件，防止新泥石流产生。

③ 对泥石流治理宜采用综合治理，应上、中、下游全面规划，生物措施（植树造林、种植草被等）与工程措施（蓄水、引水工程、排导工程、停淤工程、改土工程等）相结合。对于稀性泥石流适宜采用治水为主的方案，对于黏性泥石流适宜采用治土为主的方案。

129

3）采空区灾害的防御

采空区新建或规划建筑时，应充分掌握地表位移和变形的规律，分析地表移动和变形对建筑物的影响，选择有利的建筑场地，采取有效的建筑措施和结构措施，减小地表变形对建筑物的影响，提高建筑物抵抗地表变形引起的附加作用力的能力，保证建筑物的正常使用。

4）土洞灾害的防御

① 规划场地应避开土洞潜在危险场地，避开岩溶水位高又是集中流动的地带，宜选择稳定场地，对非稳定场地不宜规划重要建筑。

② 对不利于建筑的地段规划时，应提出结构措施、地基基础措施和土洞处理等基本要求。

5）小城镇选址和规划宜选择对防治地质灾害有利的地段，避开地质灾害危险地段，对防治地质灾害不利的地段，应通过评估和采取相应防御灾害的措施。

6）根据小城镇所处地质环境特点和地质灾害历史、类型、分布和危害等，综合考虑用地规划，提出小城镇区域服务功能区（商业区、生活区、工业区、旅游区等）综合防灾规划的合理布局、规划要求和工程技术规划措施。

7）对不同场地地质灾害防治地段提出适用条件、指导原则和具体配套措施。制定小城镇发展用地选择原则、指导意见和具体要求。

8）针对潜在地质灾害类型，根据适宜性评价结果，指出今后建设用地适宜的建筑类型和体系以及相应具体要求。

9）根据使用效益和风险评估，提出小城镇发展用地优先考虑序列和相应减灾对策。根据小城镇总体规划的发展要素，提出中、长期土地合理使用的减灾策略和可能发生的场地灾害的控制策略。

2.2.10.4　防洪规划

2.2.10.4-1　提出小城镇防洪工程规划依据。

小城镇防洪工程规划是小城镇重要基础设施规划，是小城镇总体规划的组成部分；同时小城镇防洪工程又是所在河道水系流域防洪规划的一部分，小城镇防洪标准与防洪方案的选定，以及防洪设施与防洪措施都要依据小城镇总体规划和河道水系的江河流域总体规划、防洪规划。

2.2.10.4-2　我国大多数河流的洪水由暴雨形成，可以利用暴雨径流关系，推求出所需要的设计洪水。

条款规定编制小城镇防洪工程规划方案除调查相关基础资料外，应同时了解分析设计洪水、设计潮位的计算和历史洪水暴雨的调查考证。并重点调查考证历史洪水发生时间的洪水位、洪水过程、河道糙率及断面的冲淤变化，同时了解雨情、灾情、洪水来源，洪水的主流方向、有无漫流、分流、死水以及流域自然条件有无变化等。

2.2.10.4-3～2.2.10.4-4　阐明小城镇防洪工程规划的基本原则和要求。

小城镇河道水系的流域总体防洪规划是流域整体的防洪规划，兼顾了流域城镇的整个防洪要求；小城镇防洪规划不仅要与流域防洪规划相配合，同时还要与小城镇总体规划相协调，要统筹兼顾小城镇建设各有关部门的要求和所在河道水系流域防洪的相关要求，作出全面规划。

处于不同水体位置的小城镇有不同的防洪特点和防洪要求，小城镇防洪工程规划和防洪措施必须考虑其处于不同水体位置的防洪特点，因地制宜、因害设防并应以防为主、防治结合。

2.2.10.4-5　提出小城镇防洪规划按不同洪灾类型选用相应防洪标准，制定相应防洪措施的基本要求。

2.2.10.4-6　提出沿江河湖小城镇确定防洪标准和防洪工程措施的依据和基本要求。

从小城镇所处河道水系的流域防洪规划和统筹兼顾流域城镇的防洪要求考虑，小城镇防洪标准应不低于其所处江河流域的防洪标准。

2.2.10.4-7　大型工矿企业、交通运输设施、文物古迹和风景区受洪水淹没损失大，影响严重，防洪标准相对较高。本条款从统筹兼顾上述防洪要求，减少洪水灾害损失考虑，对邻近大型工矿企业、交通运输设施、文物古迹和风景区等防护对象的小城镇防洪规划，当不能分别进行防护时，应按就高不就低的原则，按其中较高的防洪标准执行。

2.2.10.4-8　阐明小城镇防洪规划中防洪、防涝设施的主要组成。

2.2.10.4-9　对水流流态、泥沙运动、河岸、海岸的不利影响，将直接影响城镇防洪，本条款规定小城镇防洪设施选线应适应防洪现状和天然岸线走向，并与小城镇总体规划的岸线规划相协调，合理利用岸线。

对于生态旅游主导型的小城镇，还应强调沿岸防洪堤规划与岸线景观规划、绿化规划的结合与协调。

2.2.10.5　抗震防灾规划

2.2.10.5-1　提出小城镇抗震防灾规划编制依据。

小城镇的地震基本烈度应按国家规定权限审批颁发的文件或图件采用；地震动峰值加速度的取值根据现行《中国地震动参数区划图》确定；地震基本烈度按照《中国地震动参数区划图使用说明》中地震动峰值加速度与地震基本烈度的对应关系确定。

2.2.10.5-2　小城镇抗震防灾规划，对小城镇总体规划确定用地性质和规划布局具有指导作用，其中的抗震设防标准和抗震防灾措施对小城镇工程建设具有强制性。

2.2.10.5-3　提出小城镇抗震防灾应达到的基本防御目标。

地震是一种具有很大不确定性的突发灾害。因此规划编制时，对可能遭遇的不同概率水准的地震灾害提出不同的防御目标。这些目标是在总结以往抗震经验的基础上提出的，各地可根据实际情况，对整个小城镇或其局部地区、行业、系统提出不低于本标准的防御目标，必要时还可区分近期与远期目标。

2.2.10.5-4　提出处于抗震设防区的小城镇规划建设选址的基本要求与规定。

2.2.10.5-5　提出土地利用抗震适宜性规划的基本要求。

场地适宜性评价目的是指出今后建设用地适宜建设的要求以及相应建议。

2.2.10.5-6　提出抗震防灾规划研究次生灾害源种类分布危害估计的要求。

地震次生灾害是指由于地震造成的地面破坏、建筑和生命线系统等破坏而导致的其他连锁性灾害。发生于城镇附近的强烈地震表明，次生灾害可能会造成灾难性后果，因此地震次生灾害的分析是非常重要的。一般包括次生灾害源的地震破坏评价和造成的后果影响估计。抗震防灾规划的编制中主要针对布局要求、重点抗震措施等总体抗震防灾要求进行。

次生火灾的评估是地震次生灾害评估的重点。主要是确定高危险区和危害影响估计。高危险区的划定一般与结构物的破坏、易燃物的存在与可燃性、人口与建筑密度、引发火灾的偶然性因素等直接相关，因此应在调查资料和历史震害资料相结合的基础上，进行火灾危险性评估。

次生水灾的发生与水利设施的容量等密切相关，重点是水灾影响范围的估计。专项研究时，可与相关的水库大坝、江河堤防的地震破坏危险性，发生次生水灾的可能性等评价相结合进行。

2.2.10.5-7　提出地震次生灾害防御的相关要求。

考虑到地震诱发的次生灾害与平时发生的相关灾害有较大区别，地震次生灾害规划的编制可考虑以下编制原则：

1）地震次生灾害具有多样性、多发性、同时性和诱发性等特点。制定次生灾害对策，可考虑采取多种措施，争取多方配合、协同工作。

2）应坚持预防为主的方针，统筹安排资源。

3）因地制宜，根据各区域自身特点采取有针对性的对策。

4）防御和处置次生灾害可从规划管理和工程技术两方面综合考虑。

2.2.10.6　防风减灾规划

2.2.10.6-1～2.2.10.6-4　提出小城镇防风减灾规划相关的一般规定。

风力是最具破坏性的自然力之一。由于它的难以预测和不可避免性，对人民的财产构成威胁。小城镇建筑需采取相应的对策和措施，从建房的选址，房屋结构的形式，房屋构件之间的连接等制定技术措施，从而保障人民生命和财产的安全，减少经济损失。

2.2.10.6-5～2.2.10.6-6　提出小城镇风灾危害性评价的相关要求。

小城镇建筑的风灾易损性是反映基于灾前的建筑结构对于一旦发生风灾害的敏感状况，与建筑结构本身和风灾可能造成的后果有关。

风灾易损性指标通过以下 3 种方法综合而得：

——根据灾后损失评价体系反推确定；

——由风灾实例采用信息量法确定；

——对建筑物进行实体或模拟实验确定。

其中主要包括：区域风灾频数、风灾等级、破坏等级、可修复程度。前两项侧重于风灾发生频率和各等级次数的评价，反映建筑的易损程度，后两项侧重于风灾损失的评估，反映结构的受损强度。

2.2.10.6-7～2.2.10.6-9　提出小城镇风灾防御规划的防御相关基本要求和措施。

2.2.10.7　消防规划

2.2.10.7-1　规定小城镇消防规划的主要内容。

2.2.10.7-2～2.2.10.7-3　提出结合消防，小城镇相关用地选择的要求和消防安全布局的规定。

2.2.10.7-4　提出小城镇消防给水的相关规定。

2.2.10.7-5　提出小城镇消防站设置的依据和相关规定。

2.2.10.7-6　提出小城镇消防车通道的基本要求。

2.2.10.7-7　提出小城镇消防通信系统的相关要求。

2.2.10.8 小城镇建设用地防灾适宜性评价

提出小城镇建设用地防灾适宜性评价的相关规定。从防灾角度评价建设场地分适宜、较适宜、适宜性差（较不适宜）、不适宜、危险地段 5 个等级。规划相关评价可简化为适宜、较适宜、不适宜 3 个等级或适宜、较适宜、较不适宜、不适宜 4 个等级。

2.2.10.9 地质环境条件复杂程度分类

提出小城镇地质环境条件复杂程度分类规定。

2.2.10.10 地质灾害危险性评估

2.2.10.10-1 提出小城镇地质灾害危险性评估的组成及评估有关规定。

2.2.10.10-2 提出小城镇地质灾害危险性分级。

2.2.10.10-3～2.2.10.10-5 提出小城镇地质灾害危险性现状评估、预测评估和综合评估的内涵和相关要求。

2.2.11 小城镇工程管线综合规划优化导则

2.2.11.1 规划内容与基本要求

2.2.11.1-1 小城镇工程管线综合规划应以统筹安排工程管线的地上和地下空间位置、协调小城镇工程管线之间及其与其他各项工程之间的关系为目的。

2.2.11.1-2 小城镇工程管线综合规划应包括给水、排水、电力、通信、燃气管线规划的综合（含供热工程规划的小城镇尚应包括热力管线）。

2.2.11.1-3 小城镇工程管线综合规划确定综合工程管线在地下敷设时的排列顺序和工程管线间的最小水平净距、最小垂直净距，在地下敷设时的最小覆土深度；架空线路与管道的平面位置及与周围建（构）筑物、道路、相邻工程管线间的最小水平净距和最小垂直净距。

2.2.11.1-4 小城镇工程管线综合规划应在满足各相关专业管网规划优化的基础上综合协调规划。

2.2.11.1-5 小城镇工程管线综合规划应结合小城镇用地布局和道路交通网络规划，以及景观风貌规划，在综合管网规划优化的基础上，提出小城镇地下工程管线综合的敷设方式、路由和规划的高压线走廊及其他架空工程管线的敷设要求。

2.2.11.1-6 小城镇工程管线综合规划优化应以远期规划为主，近期规划与远期规划相结合，进行多方案经济技术比较后确定。

2.2.11.1-7 小城镇工程管线综合规划应同时遵循以下原则：

1）工程管线敷设方式与小城镇社会经济发展水平相适应；

2）工程管线综合布置应与总平面布置、竖向设计和绿化布置统一进行；

3）工程管线综合规划与敷设应符合各类管线专业特点及其协调要求；

4）工程管线综合敷设应符合地下空间合理开发利用和占用空间（地上、地下）最小的基本要求，并应与周围环境相协调；

5）工程管线综合敷设应符合节省投资、便于运行管理和维修的基本要求。

2.2.11.2 地下敷设综合

2.2.11.2-1 小城镇工程管线的平面位置和竖向位置应采用城镇统一的坐标系统和高程系统。

2.2.11.2-2　小城镇工程管线综合规划要符合下列规定：

1) 结合镇区道路网规划，路由选择应考虑线路短捷；

2) 管线路由应避开工程不良地段，并应结合镇区地形特点合理布置工程管线。

2.2.11.2-3　小城镇工程管线综合规划应减少管线在道路交叉口处的交叉，在工程管线竖向位置发生矛盾时应按以下原则处理：

1) 压力管线让重力自流管线；

2) 可弯曲管线让不易弯曲管线；

3) 分支管线让主干管线；

4) 小管径管线让大管径管线。

2.2.11.2-4　小城镇工程管线最小覆土深度及覆土深度的其他相关要求应符合《城市工程管线综合规划规范》（GB 50289—98）的相关规定和要求。

2.2.11.2-5　小城镇工程管线应布置在人行道或非机动车道下面，给水输水、燃气输气、污雨水排水等工程管线可布置在非机动车道或机动车道下面。

2.2.11.2-6　工程管线从道路红线向道路中心方向平行布置的次序，应根据工程管线的性质、埋设深度确定。小城镇地下敷设工程管线综合布置次序宜为：电力电缆、电信电缆、燃气配气、给水配水、（热力干线）、燃气输气、给水输水、雨水排水、污水排水。

2.2.11.2-7　各种工程管线不应在垂直方向重叠直埋敷设。

2.2.11.2-8　当工程管线交叉敷设时自地表面向下的排列顺序宜为电力管线、（热力管线）、燃气管线、给水管线、雨污水排水管线。

2.2.11.2-9　工程管线之间及其与建（构）筑物之间的最小水平净距以及工程管线交叉时的最小垂直净距应按《城市工程管线综合规划规范》（GB 50289—98）的要求。

2.2.11.3　架空敷设

2.2.11.3-1　小城镇镇区架空敷设管线主要为电力架空线路与通信架空线路。

2.2.11.3-2　电力架空线路与通信架空线路宜分别架设在道路两侧，并且与同类地下电缆位于同侧。

2.2.11.3-3　小城镇电力架空线路与通信架空线路敷设的其他相关要求按本规划导则2.2.7、2.2.8 的相关要求。

小城镇工程管线综合规划优化导则
（条文说明）

2.2.11.1　规划内容与基本要求

2.2.11.1-1　提出小城镇工程管线综合规划的宗旨和指导思想。

2.2.11.1-2～2.2.11.1-3　针对小城镇实际，提出小城镇工程管线综合规划应包括的各专业管线规划及综合规划的主要内容要求。

目前有燃气管网的小城镇比例较少，但从远期发展考虑，一般小城镇燃气管网都会有规划考虑；而供热工程规划则侧重于属国家规定供热地区的小城镇和对供热有较大需求的小城镇。

2.2.11.1-4　各相关专业管网规划的优化不仅对其工程布局、效益起重要作用，而且对搞好工程管线综合规划来说也十分重要。工程管线的综合协调应在相关专业管网规划优化的基础上进行。小城镇各相关专业管网规划优化是其工程管线综合规划与协调的必要基础。

2.2.11.1-5　小城镇工程管线敷设与其用地、道路、景观风貌关系密切，对其影响较大。以与镇区道路规划结合来说，不仅有利于满足道路排水、照明等道路功能本身的要求和便于管线施工、维修，而且也有利于工程管线与主干系统的连接，合理利用镇区用地和地下空间。

本条提出小城镇管线综合规划应结合小城镇的用地布局、道路交通网规划及景观风貌规划，在规划优化的基础上确定地上、地下管线的综合要求。

2.2.11.1-6　提出小城镇工程管线综合规划优化以远期规划为主，近远期结合，多方案比较的基本要求。

我国小城镇建设基础比较薄弱，但发展较快，许多小城镇近期工程管线比较小，但远期涉及的工程管线会比较多。因此，工程管线综合规划优化以远期规划为主则显得尤为必要。

2.2.11.1-7　提出小城镇工程管线综合规划应同时遵循的若干原则要求。

值得指出的是，我国小城镇量大面广，不同地区、不同性质、类别，不同规模小城镇的社会经济发展和相关的基础设施建设差别甚大，强调小城镇工程管线规划优化和敷设方式的要求与小城镇社会经济发展水平相适应十分重要。

2.2.11.2　地下敷设综合

2.2.11.2-1　为确保工程管线在平面位置和竖向高程上系统之间综合的相互一致和协调衔接，各相关专业管网规划及其管线综合规划必须采用统一的坐标系统和高程系统。

2.2.11.2-2　提出小城镇工程管线综合规划路由选择和合理布置的相关规定，原则同城市工程管线综合。

2.2.11.2-3～2.2.11.2-4　工程管线竖向位置发生矛盾的处理原则和覆土要求同城市工程管线综合规划。

2.2.11.2-5　提出小城镇工程管线布置在相关道路下面的要求。原则同城市工程管线综合。

2.2.11.2-6　提出小城镇地下敷设工程管线综合布置次序要求，原则同城市工程管线综合。

2.2.11.2-7～2.2.11.2-8　工程管线垂直方向重叠直埋敷设不利于工程管线维修。

2.2.11.3　架空敷设综合

2.2.11.3-1　针对小城镇特点和实际情况提出小城镇镇区架空敷设管线主要是电力架空线路和通信架空电缆。

2.2.11.3-2～2.2.11.3-3　提出小城镇电力架空线路与通信架空电缆敷设的基本要求。相关要求在小城镇基础设施综合布局与统筹规划导则2.2.7、2.2.8中详细说明。

1、2 章主要参考文献

1　费孝通. 小城镇区域分析. 北京：中国统计出版社，1987

2　费孝通、罗涵先. 乡镇经济比较模式. 重庆：重庆出版社，1988

3　郑弘毅. 农村城市化研究. 南京：南京大学出版社，1998

4　中国城市规划设计研究院、中国建筑设计研究院、沈阳建筑工程学院编著. 刘仁根、汤铭潭主编. 小城镇规划标准研究. 北京：中国建筑工业出版社，2003（电子版）

5　汤铭潭等主编. 小城镇发展与规划概论. 北京：中国建筑工业出版社，2004

6　汤铭潭主编. 小城镇规划技术指标体系与建设方略. 北京：中国建筑工业出版社，2006

7　汤铭潭. 城市次区域小城镇的规划模式与理念探析——以苏州西部次区域小城镇为例.《小城镇规划新视角》. 北京：中国建筑工业出版社，2004

8　汤铭潭. 小城镇规划及标准研究的分类分级指导探析. 全国小城镇规划学术年会论文集，2005

9　汤铭潭. 我国小城镇基础设施的优化配置与资源共享. 中外小城镇建设高层论坛. 北京：《城乡建设》2005.1

10　汤铭潭. 基础设施在小城镇经济社会发展中的作用调查与研究. 中国经济技术发展文库. 北京：中国文史出版社，2003

11　汤铭潭. 我国小城镇基础设施的现状调查与研究.《21 世纪中国社会发展战略研究文集》. 北京：长征出版社，2001

12　李光素. 我国县镇供水发展概况. 北京：《小城镇建设》，2007.7

13　汤铭潭. 论城市规划的多方法多方案预测.《中国现代化建设研究文库》. 北京：中央文献出版社，2001

14　郑一淳等. 城郊小城镇发展研究. 北京：《小城镇建设》，2001.4

15　苏州西部次区域发展战略研究. 中国城市规划设计研究院. 2003

16　湖州市区城镇群总体规划. 中国规市规划设计研究院. 1996

17　唐山市城市总体规划. 中国城市规划设计研究院. 2006

18　徐州市城市总体规划. 中国城市规划设计研究院. 2005

第3章 小城镇道路交通工程规划

3.1 小城镇道路交通的作用特点和道路分类分级

3.1.1 道路交通的作用与特点

（1）道路交通的作用

小城镇道路交通包括对外道路交通和镇区道路交通。

小城镇对外道路交通是城乡联系的桥梁，在小城镇经济和社会发展以及人们生活中起着十分重要的作用。

小城镇镇区道路既是小城镇中行人和车辆交通来往的通道，也是布置小城镇公用管线、街道绿化，安排沿街建筑、消防、卫生设施和划分街坊的基础，并在一定程度上关系到临街建筑的日照、通风和建筑艺术造型的处理；同时，对小城镇的布局、发展方向及小城镇的集聚和辐射作用均起着重要作用。小城镇镇区道路是小城镇各用地地块的联系网络，是整个小城镇的骨架和"动脉"。小城镇道路交通规划是小城镇规划和建设的重要组成部分。

（2）道路交通的特点

了解掌握小城镇道路交通的特点和规律是搞好小城镇道路规划的前提。

小城镇道路交通的主要特点有下列4个方面。

1）交通运输工具类型多，机动车中慢速农用车占有较大比例

一般小城镇道路上的交通工具主要有卡车、拖挂车、拖拉机、客车、小汽车、吉普车、摩托车等机动车，还有自行车、三轮车、平板车和一定数量的兽力车等非机动车。这些车辆的大小、长度、宽度差别大，特别是车速差别很大，在道路上混杂行驶，相互干扰大，对行车和安全均不利。据部分富裕地区调查，一些小城镇农用车占机动车比例50%左右，小汽车（含摩托车）的比例仅为16%～18%，县城镇农用车比例一般在20%左右，少数达到30%。

2）人流、车流的流量和流向变化大

随着市场经济的深入，乡镇企业发展迅速，小城镇居民以及迅速增多的"离土不离乡"的亦工亦农流动人口和暂住人口，使得小城镇中行人和车辆的流量大小在各个季节、一周和一天中均变化很大。各类车辆流向均不固定，在早、中、晚上下班时造成人流、车流集中，形成流量高峰时段。

3）一般小城镇镇区交通以非机动车与步行方式为主

一般小城镇的交通结构组成中，非机动车与步行的出行占90%以上。小城镇的人口和用地规模差别大，但一般规模较小，居民出行距离一般在自行车合理骑行范围（6～8km）

之内，除县城镇、中心镇和大型一般镇外，其他一般小城镇只需考虑镇际公共交通，一般不需考虑镇区公共交通。

4）过境交通和入镇交通流量增长快，占小城镇交通比例高

我国许多小城镇沿公路干线和江河发展，交通条件便利，随着经济发展和城乡繁荣，小城镇在县（市）域综合交通网络中承担着的城乡物资商品交流与过境中转交通的双重任务也越来越重，加上近些年来我国不断加大投入交通基础设施建设力度，城乡交通网络不断改善，小城镇过境交通与入镇交通流量增长很快，占小城镇交通比例高。

20 世纪 90 年代，随着我国小城镇的快速发展和小城镇人口增长以及范围扩大，随着人们生活水平的提高，小城镇交通需求增长很快，加上小城镇布局、道路网络结构固有的问题，使得我国小城镇道路交通问题十分突出：诸如许多小城镇的道路交通设施基础十分落后，规划缺少标准和技术指标，建设水平低，道路及其功能混杂等问题，特别是在小城镇过境交通、渠化交通、交通管理等方面。

当前小城镇道路交通存在的主要问题是：

1）道路基础设施差

许多小城镇由于长期缺乏规划，其道路性质不明确，道路断面功能不分，技术标准低，往往是人行道狭窄，或人行道挪作他用，甚至根本不分车行道和人行道，致使人车混行。由于小城镇的建设资金有限，在道路建设中过分迁就现状，尤其是在地段复杂的小城镇中，道路平曲线、纵坡、行车视距和路面质量等，很多不符合规定的标准。有些小城镇还有过境公路穿越中心区，这样不但使过境车辆通行困难，而且加剧了小城镇中心的交通混乱。

2）城镇镇区交通与对外交通不协调

一些小城镇规划建设各自为政，缺乏区域统一规划与协调，小城镇镇区道路交通与对外道路交通之间很不协调。对小城镇的车流和人流缺乏动态分析，交通道路规划不能满足小城镇经济社会发展的需要。

3）缺少停车场，道路两侧违章建筑多

小城镇中缺少专用停车场，加之管理不够，各种车辆任意停靠，占用了车行道与人行道，造成道路交通不畅。道路两侧违章搭建房屋多，以及违章摆摊设点、占道经营多，造成交通不畅。

4）交通管理落后、设施缺乏、体制不健全

小城镇中交通管理人员少，体制不健全，交通标志、交通指挥信号等设施缺乏，致使交通混乱，一些交通繁忙道路常常受阻。

3.1.2　小城镇镇域、镇区涉及的道路分类与分级

县（市）域小城镇涉及的道路按主要功能和使用特点，主要应划分为公路和城镇道路两类。

（1）公路分类分级

公路是联系城镇乡村的主要道路。小城镇所辖地域范围内可涉及的公路按其在公路网中的地位分干线公路和支线公路；并可分国道、省道、县道和乡道；按现行的交通部《公路工程技术标准》JTGB 01—2003，公路按使用任务、性质和交通量大小分为两类 5 个等级：

1）汽车专用公路

高速公路。具有特别重要的政治、经济意义，专供汽车分道高速行驶并控制全部出入的公路。一般能适应按各种汽车折合成小客车的年平均昼夜交通量为 25000 辆以上，计算行车速度为 60～120km/h。

一级公路。联系重要政治、经济中心，通往重点工矿区、港口、机场，专供汽车分道快速行驶并部分控制出入的公路。一般能适应按各种汽车（包括摩托车）折合成小客车的年平均昼夜交通量为 10000～25000 辆，计算行车速度为 40～100km/h。

二级公路。联系政治、经济中心或大工矿区、港口、机场等地的汽车专用公路。一般能适应按各种汽车（包括摩托车）折合成中型载重汽车的年平均昼夜交通量为 4500～7000 辆，计算行车速度为 40～80km/h。

2）一般公路

二级公路。联系政治、经济中心或大工矿区、港口、机场等地的高运输量繁忙的城郊公路。一般能适应按各种车辆折合成中型载重汽车的年平均昼夜交通量为 2000～5000 辆，计算行车速度为 40～80km/h。

三级公路。沟通县以上城市，运输任务较大的一般公路。一般能适应按各种车辆折合成中型载重汽车的年平均昼夜交通量为 2000 辆以下，计算行车速度为 30～60km/h。

四级公路。沟通县、乡（镇）、村，直接为农业运输服务的公路。一般能适应按各种车辆折合成中型载重汽车的年平均昼夜交通量为 200 辆以下，计算行车速度为 20～40km/h。

以上 5 个等级的公路构成全国公路网，其中二级公路相互交叉，既有汽车专用公路，又有一般公路。

（2）镇区道路分类分级

小城镇道路是小城镇中各用地功能地块之间的联系网络，是小城镇的骨架与"动脉"。

中国城市规划设计研究院完成国家"小城镇规划标准体系研究"课题，根据不同性质、类别、不同规模、不同地区、不同经济发展水平小城镇对道路交通的不同需求和小城镇道路交通的特点与内在规律，提出小城镇镇区道路 4 个等级，并区别不同小城镇提出不同分级，见表 3.1.2。

139

小城镇道路分级　　　　　　　　　　　　表 3.1.2

镇等级	人口规模	道路分级			
		干　路		支（巷）路	
		一级	二级	三级	四级
县城镇、中心镇	大型 中型 小型	● ● ○	● ● ●	● ● ●	● ● ●
一般镇	大型 中型 小型	○ — —	● ● ○	● ● ●	● ● ●

注：① 其中●—应设，○—可设。
　　② 表中人口规模指镇区人口规模，大型、中型、小型等级人口分别指大于 3 万人，1 万～3 万人和小于 1 万人。

小城镇及相关区域规划中的道路交通规划包括下列规划的道路交通规划：

1）县（市）域城镇体系规划；

2）镇域规划；

3）镇区总体规划；

4）控制性详细规划；

5）修建性详细规划。

上述规划中的道路交通规划，按不同规划阶段、不同规划层面的要求，规划编制内容和基本要求各有不同。

3.2　小城镇及相关区域的不同道路交通工程规划编制要求

3.2.1　县（市）域城镇体系规划中的道路交通工程规划

县（市）域城镇体系规划中的道路交通工程规划编制内容和基本要求，主要包括：

（1）提出县（市）域交通发展策略；

（2）确定县（市）域公路、铁路、水路系统网络布局及运输站场、码头等其他重要交通设施的布局。

重点提出县（市）驻地城镇与县（市）际相邻城镇、县（市）域其他小城镇之间以及县（市）域其他小城镇与小城镇之间道路网的布局骨架。

3.2.2　镇域规划中道路交通工程规划

镇域规划中道路交通规划编制内容和基本要求，主要包括：

（1）提出镇域交通发展策略；

（2）确定镇域公路、铁路、水路走向和运输站场、码头等其他主要交通设施布局。

重点提出镇区与邻近城镇、镇区与镇域中心村、镇域中心村与中心村之间的道路网布局。

3.2.3　镇区总体规划道路交通工程规划

镇区总体规划纲要应提出交通发展战略及主要对外交通设施布局的原则。

镇区总体规划道路交通工程规划编制内容和基本要求，应包括：

（1）道路交通现状分析；

（2）交通量需求预测；

（3）对外交通组织和主要对外交通设施（包括公路、铁路、水路交通设施）布局；

（4）镇区道路网规划，包括道路横断面（断面形式与路宽）、交叉口规划、出入口道路规划等；

（5）公共交通、自行车交通、步行交通规划，提出综合交通规划原则；

（6）道路交通设施规划，包括公共运输站场、公共停车场、公共加油站的布局，以及广场的分布。

上述规划内容中的干道系统网络、交通枢纽布局为总体规划强制性内容。

其近期建设规划中道路交通规划的内容应包括：

(1) 提出近期交通发展策略；

(2) 确定主要对外交通设施布局；

(3) 确定主要道路交通设施布局。

3.2.4　控制性详细规划道路交通工程规划

控制性详细规划道路交通工程规划应以上一阶段总体规划为指导，在总体规划的基础上深入编制，编制内容和基本要求应包括：

(1) 根据交通需求分析确定地块出入口位置、停车泊位、公共交通场站用地范围和站点位置、步行交通以及其他交通设施。

(2) 规定各级道路的红线、断面、交叉口形式及渠化措施、控制点坐标和标高。

3.2.5　修建性详细规划道路交通工程规划

修建性详细规划道路交通工程规划编制内容和基本要求除 3.2.4 一般要求外，尚应包括：

(1) 道路空间布局和道路景观规划设计（与相关建筑、绿地综合规划设计）；

(2) 根据交通影响分析，提出交通组织方案和设计。

3.3　小城镇交通需求分析与需求预测

3.3.1　交通需求分析

3.3.1.1　交通需求相关因素

小城镇交通需求与小城镇性质、地位、类别、规划、小城镇的区位条件、经济、社会发展水平、主导产业、居民生活水平以及交通方式密切相关。

上述相关因素直接影响到小城镇的对外交通和镇区交通需求，也影响到小城镇居民交通方式和交通工具的选择。

3.3.1.2　对外交通需求分析

在 1.4.1 中对不同空间分布形态的小城镇发展依托基础设施条件相关分析中已提出我国小城镇按不同空间分布和不同空间形态划分的三种小城镇类型。

此外，小城镇按功能分类一般可分为：

(1) 综合型小城镇：一般为政治、经济、文化中心的小城镇。

(2) 特色产业型小城镇：利用当地特色资源，形成主导产业的小城镇。

1) 工业主导型小城镇：工业主导地位的小城镇。

2) 商贸流通型小城镇：包括以工贸为主的工贸型、以边贸为主的边贸型等类型小城镇。

(3) 其他类型小城镇，如历史文化名镇等。

小城镇按功能的分类见表 3.3.1。

小城镇按功能的分类

表 3.3.1

大　类	小　类	特　征
作为社会实体的小城镇	行政中心小城镇	一定区域内的政治、经济、文化中心。县政府所在地的县城镇，镇政府所在地的建制镇，乡政府所在地的集镇。城镇内的行政机构和文化设施较齐全
作为经济实体的小城镇	工业型小城镇	产业结构以工业为主，在农村社会总产值中，工业产值占的比重大，从事工业生产的劳动力占劳动力总数的比重大。工农关系密切，镇乡关系密切。乡镇工业有一定规模，生产设备和生产技术有一定水平，产品质量、品种能够占领市场。工厂设备、仓储库房、交通设施比较完善
	农业型小城镇	产业结构以第一产业为基础，多数是我国商品粮、经济作物、禽畜等生产基地，并有为其服务的产前、产中、产后的社会服务体系
	渔业型小城镇	沿江河、湖海的小城镇，以捕捞、养殖、水产品加工、储藏等为主导产业
	牧业型小城镇	以保护野生动物、饲养、放牧、畜产品加工为主导产业，主要分布在我国的草原地带和部分山区，同时又是牧区的生产生活、交通服务中心
	林业型小城镇	分布在江河中上游的山区林带，由森林开发、木材加工基地转化为育林和生态保护区，以森林保护、培育、木材综合利用为主导产业，同时也是林区生产生活、流通服务中心
	工矿型小城镇	随着矿产资源的开采与加工逐渐形成，基础设施建设比较完善，商业、运输业、建筑业、服务业等也随之发展
	旅游观光型小城镇	具有名胜古迹或自然风景及人文资源，以发展旅游业及为其服务的第三产业或无污染的第二产业为主。交通方便，游乐服务、饮食业等都比较发达
	交通型小城镇	具有位置优势，多位于公路、铁路、水运、海运的交通中心，能形成一定区域内的客流、物流中心
	流通型小城镇	以商品流通为主，运输业和服务业比较发达，多由传统的农副产品集散地发展而来，服务半径一般在 15～20km，设有贸易市场或专业市场、转运站、客栈、仓库等
	口岸型小城镇	位于沿海、沿江河的港口口岸，以发展对外商品流通为主，也包括那些与邻国有互贸资源和互贸条件的边境口岸的小城镇，这些小城镇多以陆路或界河的水上交通为主
其他类型小城镇	历史古镇、文化名镇	历史悠久，有些从 12 世纪的宋朝或 14 世纪的明朝开始就已经聚居了上千人口。具有一些代表性的、典型民族风格的或鲜明地域特点的建筑群，有历史价值、艺术价值和科学价值的文物，"文、古"特色显著

　　小城镇的对外交通需求与小城镇的性质、地位、类别以及规模、区位条件有密切关系。不同类别、不同区位条件和不同经济、社会发展的小城镇对外交通需求各不相同。

　　对于县（市）域政治、经济、文化中心的县城镇和县（市）域中一定农村区域经济、文化中心的中心镇来说，由于其中心集聚、辐射作用和城镇间政治、经济、文化往来的需要，无论对外客运和货运交通都有较大需求。

　　对于交通型、流通型和口岸型小城镇，由于其交通区位优势往往是一定城镇、农村区域内的客流、物流中心，其对外交通需求显然也比较大。

对于商贸流通型小城镇，其对外交通需求与其商贸活动的物流、人流密切相关。

对于工业型、特色产业型小城镇和工矿型小城镇，其对外交通需求与生产、销售等的物流、人流密切相关。

对于旅游观光型小城镇和历史文化名镇，观光人流是其对外、对内交通需求的一大特点。

对于交通区位条件较好的"密集型"、"线轴型"小城镇，由于多在主要交通干线等交通便利地方集中分布，城镇之间联系紧密、便捷，同时多处在经济发达、较发达地区，小城镇对外交通需求较大，其交通需求分析应结合较大区域相关因素分析。

对于点状（分散型）小城镇，则一般在县（市）域范围，结合县（市）域城镇体系规划和小城镇的实际具体分析。其中经济欠发达地区、偏远地区和山区小城镇，受其相关交通基础和经济发展基础薄弱的影响，对外交通需求相对较小。

3.3.1.3 镇区交通需求分析

小城镇的镇区交通需求与小城镇的性质、地位、规模及居民交通方式选择直接相关。

小城镇居民的交通方式按所采用的交通工具可分为机动车交通、非机动车交通和步行交通三种。

小城镇居民在考虑交通方式时的基本要素是交通距离。影响交通距离与交通方式的相关关系的因素有体能、交通时间和交通费用三项。不同的人在其选择时对三类因素考虑的侧重点是不同的。对老年人、儿童和青少年来说，选择交通方式时体能是最主要的考虑因素；对低收入者来说，费用是其选择交通方式的主要方面；对高收入者来说，可能时间对他来说价值最高。但是，在绝大部分情况下，在比较短的距离内（一般为 $500\sim1000m$），步行是大部分小城镇居民首选的交通方式，因为其方便，体力能够承受，而且不发生任何费用。对距离较长的出行（一般在 $7km$ 以上），应采取机动车作为交通工具。在 $1\sim7km$ 的范围内，自行车交通将会是大部分拥有自行车的小城镇居民的主要交通方式。

我国中小型小城镇面积的规模一般在 $1.5\sim4km^2$，县城镇、中心镇、大型镇面积规模一般也在 $15km^2$ 以内。小城镇居民出行交通方式还是以自行车和步行为主。小城镇镇区道路交通规划，应特别重视步行交通系统和自行车交通系统的规划；对于大型的县城镇、中心镇和一般镇应考虑镇区公共交通需求，县城镇、中心镇应根据小城镇经济社会发展和居民生活水平的提高，同时考虑出租车的公共交通需求。

小城镇机动车交通需求，应注意摩托车的迅速发展。因为摩托车价格便宜，其行驶速度、出行距离范围都较为适合小城镇。随着我国经济的发展，小城镇内摩托车的数量必然会有较快速度的增长。由于摩托车有极强的机动性，在安全性上比小汽车等其他机动车差，在进行小城镇道路规划时，需要对摩托车交通进行特别考虑，否则容易引起交通混乱和交通事故上升。

小城镇的私人小汽车发展速度相对摩托车来说比较缓慢。镇区交通中汽车的增长量主要受小城镇工业发展的刺激，属于生产性需要，除与镇区交通相关外，与对外交通关系更大。在道路规划时，应考虑小城镇的经济发展速度、工业类别等因素，重点规划好对外的货运交通系统。

随着小城镇经济和乡镇企业的发展，小城镇居民和迅速增多的"离土不离乡"、亦工亦农的暂住人口和流动人口对交通的需求，使得小城镇中行人和车辆的流量大小在各个季节、一周和一天中均变化很大。各类车辆流向均不固定，在早、中、晚上下班时造成人流、车流集中，形成流量高峰时段。小城镇经济的不断繁荣，车流、人流、物流增长很快，各类生产性交通流量、旅游出行人流和各类物资集散的物流交通在小城镇交通需求和预测中都是必须考虑的因素。

3.3.2　交通量预测方法

在原有小城镇道路的规划改造设计中，道路的远期交通量一般可按现有道路的交通量进行预测；对新建的小城镇，道路的远期交通量可参考比较规模相当的同级同类小城镇进行预测。对小城镇道路的交通量，目前一般还没有条件进行复杂的理论推算，通常可采用以下预测方法。

3.3.2.1　按年平均增长量估算

按小城镇道路上机动车历年高峰小时（或平均日）交通量，来预测若干年后高峰小时（或平均日）交通量。该方法考虑了不同交通区的不同交通发生量的增长情况，并假定各区之间远景的出行分布模式与现在是一样的。该方法适用于用地性质等因素变化不大的小城镇。即 $N_{远} = N_0 + n \times \Delta N$

式中　$N_{远}$——远期 n 年高峰小时（平均日）交通量；

　　　N_0——最后统计年度的高峰小时（平均日）交通量；

　　　ΔN——年平均增长量；

　　　n——预测年数（年）。

3.3.2.2　按年平均增长率估算

在缺少历年高峰小时（或平均日）交通量的观测资料的情况下，可以采用按年平均增长率来估算远期交通量。年平均增长率可以参照规模相当的同级同类小城镇的观测资料，并分析考虑随着经济发展及小城镇道路网变化可能引起该道路上交通量的变化，来选择确定一个合适的年平均增长率，也可以参照工农业生产值的年平均增长率（一般来说，交通量的年平均增长率与工农业生产值的年平均增长率是相一致的）来确定。

$$N_{远} = N_0(1 + nK)$$

式中　$N_{远}$——远期 n 年高峰小时（平均日）交通量；

　　　N_0——最后统计年度的高峰小时（平均日）交通量；

　　　K——年平均增长率（％）；

　　　n——预测年数（年）。

应该指出，上述两种方法算出的远期高峰小时交通量，不能直接用于道路的横断面设计。因为按高峰小时交通量设计的路面宽度，对其他时间的交通量来说，路面就显得过宽，尤其当有些道路的高峰小时交通量与其他小时交通量相差悬殊的情况下更要注意，否则将使路面设计过宽，造成浪费。一般做法是将此数据乘上一个折减系数作为设计高峰小时交通量。系数的大小，视高峰小时交通量与其他时间交通量的相差幅度而定，相差大的取小值，相差小的取大值，一般为 0.8～0.93。

3.3.2.3　按车辆的年平均增长数估算

小城镇一般都有机动车辆增长的历史资料，可以用来估算道路交通量的增长。但车辆增长与交通量增长不成正比，因为车辆多了，车辆的利用率就低，因此，估算时可将车辆增长率打折扣，作为交通增长率。

以上介绍的 3 种方法，只是把交通量的增长看成单纯的数字比率，而均未很好分析小城镇的性质、类型、经济发展速度等对道路规划设计所起的影响，因而并不全面。不过，在没有详细的小城镇各用地相关的出行和交通运输资料的情况下，这种根据现况观测资料，考虑可能的发展趋势来确定一定的增长率，可应用于小城镇道路交通工程规划的宏观交通需求预测，在预测中应强调同时作相关因素调查分析比较修正和其他预测方法比较修正。

3.3.2.4 按生成率估算

根据出行生成率估算新增交通量。

对非机动车的交通量也可以参照机动车的方法来估算。但对自行车的利用率，却不会随自行车的增长而降低，这同它的使用特点有关。自行车的增长量同交通增长量是一致的，在小城镇道路规划中，应特别注意自行车的增长趋势，因为这是小城镇镇区的主要交通工具。

三轮车、板车、兽力车目前还是小城镇重要的运输工具，它们在小城镇交通运输中所占比例与小城镇的性质、地理位置、自然条件、经济发展程度等有关。目前我国有些小城镇的某些路段上这些车辆所占比重还很大，在一定时期内仍有增长的趋势，在进行远期交通量预测时，应根据实际情况正确估算，考虑对小城镇道路交通规划的影响。

在商业街、居住小区道路等生活性道路上，行人是主要的交通量，因此在其远期交通量预测时应充分注意到小城镇的特点和实际情况。一是随着小城镇居民物质文化水平的提高，出行次数将会增加；二是农民进入小城镇，增加了行人数量。行人交通量的估算，应结合调查观测资料及人口增长数来计算。

3.4 小城镇内外道路交通规划及优化

3.4.1 交通组织及优化

小城镇交通在地域上可分为小城镇对外交通和小城镇内部交通两个系统。内外交通通过交通换乘、转运相互衔接，以实现乘客出行和货物运输的全过程。通过交通运输的合理组织，使小城镇的内外交通便捷，客货运交通在小城镇中均匀分布，流动有序。

3.4.1.1 对外交通及其组织优化

小城镇对外交通包括小城镇对外客运交通和对外货运交通。

小城镇对外交通运输是指以小城镇为基点，与小城镇外部进行联系的各类交通运输的总称。它是小城镇存在与发展的重要条件，也是构成小城镇不可缺少的物质要素，它把小城镇与其他地区城镇联系起来，促进了它们之间的政治、经济、科技、文化交流，为发展工农业生产、提高人民生活质量服务。

小城镇的对外交通运输方式主要为公路、铁路、水路交通 3 项，其中公路交通与小城镇的关系最为密切。

(1) 对外交通组织对小城镇发展与规划布局的影响

1) 对外交通对小城镇的形成和发展影响

① 小城镇对外交通对小城镇的形成和发展影响很大。改革开放后首先发展起来的是

沿陆路交通线（包括公路、铁路）、沿水上交通线（包括江、海）的城镇，形成城镇发展轴。历史上形成的城镇也大多位于水陆交通的枢纽。

② 对外交通运输设施的布置、线路走向，很大程度上影响到小城镇的工业仓储、居住用地的位置，影响到小城镇的发展方向和建设用地的选择。

③ 对外交通还影响到小城镇的道路系统和交通组织。小城镇对外交通的车站、码头是小城镇内部交通的衔接点，它必须通过小城镇道路与小城镇的各用地功能组成部分取得方便的联系。所以，对外交通的变化也必将带来小城镇道路系统的调整。

2）公路对小城镇布局的影响

公路运输几乎在所有的小城镇都存在，它对小城镇的总体布局，尤其是道路系统的布局影响甚大。在小城镇范围内的公路，有的是小城镇道路的组成部分，有的是小城镇道路的延续。在进行小城镇规划时，应结合小城镇的总体布局合理地选定或调整公路的走向及其站场的位置。

我国许多小城镇一开始往往是依靠公路、沿着公路两边逐渐发展形成的，常常是公路和小城镇道路不分设，它既是小城镇的对外公路，又是小城镇的主要道路，两侧布置有大量的商业服务设施，行人密集，车辆来往频繁，相互干扰很大。由于过境交通穿越，分割小城镇建设用地，既不利于交通安全，又影响小城镇人居环境和风貌，给小城镇人们工作和生活带来很大干扰，对小城镇发展也带来很大影响。

（2）对外交通组织及优化

1）客运、货运交通组织

① 小城镇对外交通量预测应以小城镇经济社会发展和小城镇总体规划及县（市）域城镇体系规划为依据。

② 小城镇应结合自然地理和环境特征等因素合理选择对外交通运输方式。

③ 小城镇客运、货运道路应能满足小城镇客运、货运交通的要求，以及救灾和环境保护的要求，并与客运、货运流向相一致。

④ 小城镇内的主要客运交通和货运交通应各成系统，货运交通不应穿越城镇中心区和住宅区，并应与对外交通系统有方便的、直接的联系。

⑤ 小城镇道路应尽量减少与公路的交叉，以保证公路交通的畅通、安全和有序。

2）过境交通组织

① 小城镇过境交通应尽可能与小城镇内交通分离，互不干扰又有机联系。

② 小城镇公共交通规划应主要考虑镇际公共交通，同时也考虑镇到中心村的公共交通。

③ 小城镇过境公路应遵循下列原则：

小城镇过境公路应与镇区道路分开布置，过境公路不得穿越镇区；

小城镇过境公路选线应结合小城镇远期规划，在小城镇镇区之外，规划区边缘设置；

对原穿越镇区的过境公路段应采取合理手段改变穿越段道路的性质与功能。在改变之前应按镇区道路的要求控制两侧用地布局。

3）对外场站交通组织

① 小城镇的铁路场站、水运码头和公路场站等客货集散点应与城镇对外路网和镇区路网、交通组织有机结合。

② 县城镇、中心镇和大型一般镇应设置公交客运枢纽，以便镇区线与镇际线的衔接，各线的客运能力应与客流量相协调，线路的走向应考虑均衡服务性和客流的主流向，满足客流量的要求。

3.4.1.2 镇区交通及其组织优化

小城镇镇区交通包括镇区客运交通和镇区货运交通。

根据小城镇特点，小城镇镇区客运交通方式主要包括步行交通、自行车交通、公共交通三种方式；镇区货运交通主要为干道交通。

1）人车分流

县城镇、中心镇、大型一般镇中心区等人流较多地区，应组织人车分流，以使交通各从其类、各行其道、互不干扰，避免交通混杂、冲突及拥塞，确保交通安全。

2）客运货运分流

镇区内主要的客运交通和货运交通流应各成系统。货运交通不应穿越小城镇中心区和住宅区，同时应与对外交通系统有方便的、直接的联系。

3）镇区内部交通与外部交通分流

小城镇内部交通与外部交通应通过交通分流，形成内部交通和外部过境交通互不干扰、又有机联系的两大系统。

4）客货流码头和渡口的交通集散应与小城镇道路统一规划。码头附近的民船停泊和岸上农贸市场的人流集散和公共停车场的车辆出入，均不得干扰小城镇干路的交通。

5）县城镇、中心镇和大型一般镇公共交通规划应在考虑镇际公共交通的同时考虑镇区公共交通。

6）小城镇镇区客运交通应综合、协调考虑步行交通、自行车交通和公共交通。

小城镇自行车道路网规划应保证自行车交通的安全性和连续性。

小城镇步行交通系统规划应遵循以人为本的原则，以步行人流的流量和流向为基本依据。并应根据小城镇集市贸易等特点，因地制宜地采取各种有效措施，满足行人活动的要求，保障行人的交通安全和交通连续性，避免无故中断和任意缩减人行道。

3.4.2 道路系统规划及优化

3.4.2.1 道路系统规划的基本要求

小城镇道路系统规划除以小城镇现状、发展规模、用地规划及交通运输为基础外，还要很好地结合自然地理条件、环境保护、景观布局、地面水的排除、各种工程管线布置以及处理铁路和其他各种人工构筑物等的关系，在道路系统规划中，应满足下列基本要求：

（1）交通运输的要求

规划道路系统时，应使所有道路主次分明、分工明确，并有一定的机动性，以组成一个高效、合理的道路交通系统，从而使小城镇各功能区之间有安全、方便、迅速、经济的交通联系，具体要求是：

1）小城镇各主要用地和功能区之间应有短捷的交通路线，使全年最大的平均人流、货流能沿最短的路线通行，以使运输工作量最小，交通运输费用最省。例如，小城镇中的工业区、居民区、公共中心以及对外交通的车站、码头等都是大量吸引人流、车流的地点，规划道路时应注意使这些地点的交通畅通，以便能及时地集散人流和车流。这些交通量大的用地之间的主要连接道路，就成为小城镇的一级干路和二级干路，并构成小城镇规划的平面骨架。

路线短捷的程度，可用曲度系数来衡量。曲度系数亦称非直线系数，是指道路始、终点间的实际交通距离与其空间直线距离之比。

在小城镇中交通运输费用大致与行程远近成比例，因而这个系数也可作为衡量行车费用的经济指标之一。不同形式的干道网，有不同的曲度系数。对于一条干道，衡量其路线是否合理，一般要求其曲度系数在 1.1～1.2，最大不能超过 1.4；对次干道的曲度系数也不能超过 1.4，即不出现反向迂回的路线。对山区、丘陵地区的干道，因地形复杂，展线需克服地形高差，曲度系数可适当放宽。

2) 小城镇各分区用地之间的联系道路应有足够而又恰当的数量，同时要求道路系统尽可能简单、整齐、醒目，以便行人和行车辨别方向和组织交叉口的交通。

通常以道路网密度作为衡量道路系统的技术经济指标。所谓道路网密度是指道路总长（不含居住小区、街坊内通向建筑物组群用地内的通道）与小城镇用地面积的比值。

确定小城镇道路网密度一般应考虑下列因素：

道路网的布置应便利交通，居民步行距离不宜太远。

交叉口间距不宜太短，以避免交叉口过密，降低道路的通行能力和降低车速。

适当划分小城镇各区及街坊的面积。

道路网密度越大，交通联系也越方便；但密度过大，势必交叉口增多，影响行车速度和通行能力，同时也会造成小城镇用地不经济，增加道路建设投资和旧村（镇）改造拆迁工作量。特别是干道的间距过小，会给街坊、居住小区临街住宅带来噪声干扰和废气污染。

现在在相关规划技术指标中更多应用道路间距代替道路网密度指标。

小城镇干道上机动车流量不大，车速较低，且居民出行主要依靠自行车和步行。因此，其干道网与道路网（含支路，连通路）的密度可较小城市高，道路网密度可达 8～13km/km²，道路间距可为 150～250m；其干道密度可为 5～6.7km/km²，干道间距可为 300～400m。实际规划中应结合现状、地形环境来布置，不宜机械规定，但是道路与支路（连通路）间距至少也应大于 100m，干道间距有时也达 400m 以上。对山区道路网密度更应因地制定，其间距可考虑 150～400m。

干道网密度一般从小城镇中心地区向近郊，从建成区到新区逐渐递减，建成区高一些，近郊及新区低一些，以适应居民出行流量分布变化的规律。我国小城镇建成区道路网既密而路幅又窄，因此，在旧小城镇扩建、改建过程中应注意适当放宽路幅，打通必要卡口、蜂腰，并将某些过密、过窄的街道改为禁止机动车通行的内部道路，以及从机动车行驶考虑，封闭某些与干道垂直相交的胡同、街坊路，来控制道路网密度与道路间距，提高道路网通行能力显然是有益的。

3) 为交通组织管理创造良好条件。

道路系统应尽可能简单、整齐、醒目，以便行人和行驶的车辆辨别方向，易于组织和管理道路交叉口的交通。一个交叉口上交汇的街道不宜超过 4～5 条，交叉角不宜小于 60°或不宜大于 120°。一般情况下，不要规划星形交叉口，不可避免时，宜分解成几个简单的十字形交叉。同时，应避免将吸引大量人流的公共建筑布置在路口，增加交通负担。

（2）道路网选线布置与走向要求

小城镇道路网规划的选线布置，既要满足道路行车技术的要求，又要结合地形、地质水文条件，并考虑到与临街建筑、街坊、已有大型公共建筑的出入联系的要求。道路网尽可能平而直，尽可能减少土石方工程，并为行车、建筑群布置、排水、路基稳定创造良好条件。

在地形起伏较大的小城镇，主干道走向宜与等高线接近于平行布置，避开接近垂直切割的等高线，并视地面自然坡度大小对道路横断面组合做出经济合理安排。当主、次干道布置与地形有矛盾时，次干道及其他街道都应服从主干道线形平顺的需要。一般当地面自然坡度达 6%～10% 时，可使主干道与地形等高线交成一个不大的角度，以使与主干道交叉的其他道路不致有过大的纵坡；当地面自然坡度达 12% 以上时，采用之字形的道路线形布置，其曲线半径不宜小于 13～20m，且曲线两端不应为小于 20～25m 长的缓和曲线。为避免行人在之字形支路上盘旋行走，常在垂直等高线上修建人行梯道。

在道路网规划布置时，应尽可能绕过不良工程地质和不良水文工程地质，并避免穿过地形破碎地段。这样虽然增加了弯路和长度，但可以节省大量土石方和大量建设资金，缩短建设周期，同时也使道路纵坡平缓，有利于交通运输。

确定道路标高时，应考虑水文地质对道路的影响，特别是地下水对路基路面的破坏作用。

小城镇道路网走向应有利于小城镇的通风。我国北方小城镇冬季寒流主要受来自于西伯利亚冷空气的影响，所以冬期寒流风向主要是西北风，寒冷往往伴随风沙、大雪，因此主干道布置应与西北向成垂直或成一定的偏斜角度，以避免大风雪和风沙直接侵袭小城镇；对南方小城镇道路的走向应平行于夏季主导风向，以创造良好的通风条件；对海滨、江边、河边的道路应临水避开，并布置一些垂直于岸线的街道。

道路走向还应为两侧建筑布置创造良好的日照条件，一般南北向道路较东西向好，最好由东向北偏转一定角度。从交通安全来看，街道最好能避免正东西方向，因为日光耀眼会导致交通事故。事实上，小城镇干道有南北方向，也必须有与其相交的东西方向干道，以共同组成小城镇干道系统，不可能所有干道都符合通风和日照的要求。为此，干道的走向最好取南北和东西方向的中间方位，一般取南北子午线成 30°～60° 的夹角为宜，以兼顾日照、通风和临街建筑的布置。

（3）保护环境，突出景观要求

随着小城镇经济的不断发展，交通运输也日益增长，机动车噪声和尾气污染也日趋严重，必须引起足够的重视。一般采取的措施有：合理地确定小城镇道路网密度，以保持居住建筑与交通干道间有足够的消声距离；过境车辆一律不得从小城镇内部穿过；控制货车进入居住区；控制拖拉机进入小城镇；在街道宽度上考虑必要的防护绿地来吸收部分噪声、二氧化碳和放出新鲜空气；沿街建筑布置方式及建筑设计作特殊处理，如宜使建筑物后退红线、建筑物沿街面作封闭处理或建筑物山墙面对街道等。

小城镇道路不仅用作交通运输，而且对小城镇景观的形成有着很大的影响。所谓街道的造型即通过线形的柔顺、曲折起伏、两侧建筑物的进退、高低错落、丰富的造型与色彩、多样的绿化，以及沿街公用设施与照明的配置等等，来协调街道平面和空间的组合，同时还把自然景色（山峰、水面、绿地）、历史古迹（塔、亭、台、楼、阁）、现代建筑

（纪念碑、雕塑、建筑小品、电视塔等）贯通起来，形成统一的街景，对体现整洁、舒适、美观、大方、丰富多彩的现代化小城镇面貌起着重要的作用。

干道的走向应对向制高点、风景点（如：高峰、水景、塔、纪念碑、纪念性建筑物等），使路上行人和车上乘客能眺望如画的景色。对临水的道路应结合岸线精心布置，使其既是街道，又是人们游览休息的地方。当道路的直线路段过长，使人感到单调和枯燥时可在适当地点布置广场和绿地，配置建筑小品（雕塑、凉亭、画廊、花坛、喷水池、民族风格的售货亭等），或作大半径的弯道，在曲线上布置丰富多彩的建筑。

对山区小城镇，道路竖曲线以凹形曲线为赏心悦目，而凸形曲线会给人以街景凌空中断的感觉。这样的情况，一般可在凸形顶点开辟广场、布置建筑物或树木，使人远眺前方景色，有新鲜不断、层出不穷之感。

但必须指出，不可为了片面的追求街景，把主干道规划成错位交叉、迂回曲折，致使交通不畅。

（4）满足地面排水要求

小城镇街道中心线的纵坡应尽量与两侧建筑线的纵坡方向取得一致，街道的标高应稍低于两侧街坊地面的标高，以汇集地面水，便于地面水的排除。主干道如沿汇水沟纵坡，对于小城镇的排水和埋设排水管是非常有益的。

在作干道系统竖向规划设计时，干道的纵断面设计要配合排水系统的走向，使之通畅地排向江、海、河流。由于排水管是重力流管，管道要具有排水纵坡，所以街道纵坡设计要与排水设计密切配合。因为街道纵坡过大，排水管道就需要增加跌水井；而纵坡过小，则排水管道在一定路段上又需设置泵站，显然，这些都将增加工程投资。

（5）满足各种工程管线布置的要求

随着小城镇的不断发展，各类公用事业和市政工程管线将越来越多，一般都埋在地下，沿街道敷设。但各类管线的用途不同，其技术要求也不同。如电信管道，要靠近建筑物布置，且本身占地不宽，但它要求设较大的检修人孔；排水管为重力流管，埋设较深，其开挖沟槽的用地较宽；煤气管道要防爆，须远离建筑物。当几种管线平行敷设时，它们相互之间要求有一定的水平间距，以便在施工时不致影响相邻管线的安全。因此，在小城镇道路规划设计时，必须摸清道路上要埋设哪些管线，考虑给予足够的用地，且给予合理安排。

（6）满足其他有关要求

小城镇道路系统规划除应满足上述基本要求外，还应满足：

1）小城镇道路应与公路、铁路、水路等对外交通系统密切配合，同时要避免公路、铁路穿过小城镇内部。对已在公路两侧形成的小城镇，宜尽早将公路移出或沿小城镇边缘绕行。

对外交通以水运为主的小城镇，码头、渡口、桥梁的布置要与道路系统互相配合。码头、桥梁的位置还应注意避开不良地质。

2）小城镇道路要方便居民与农机通往田间，要统一考虑与田间道路的相互衔接。

3）道路系统规划设计，应少占田地，少拆房屋，不损坏重要历史文物。应本着从实际出发，贯彻以近期为主，远、近期相结合的方针，有计划、有步骤地分期发展、组合实施。

3.4.2.2 镇区道路网规划类型的优化比较

小城镇道路系统规划是小城镇总体平面规划的基础，它不仅要满足上述基本要求，而且在几何形状上也要满足合理要求。小城镇道路系统规划直接影响整个小城镇的布局和小城镇建设发展以及小城镇人居环境的好坏。一般来说，小城镇道路系统的形式，都是在一定历史条件和自然条件下，根据当地政治、经济和文化发展的需要，逐渐演变而形成的。因此，规划或调整道路系统时，采用的基本图形也应根据当地的具体条件，本着"有利于生产，方便生活"的原则，因地制宜，合理地、灵活地选择，决不能单纯为了追求整齐平直和对称的几何图形等来生搬硬套某种形式。一般街道密度应根据街坊布置综合考虑，以每隔 100～200m 设置一个交叉口为宜，不要太稀，也不宜太密。

目前常用的道路系统可归纳成 4 种类型：方格网式（也称棋盘式）、放射环式、自由式、混合式。前 3 种是基本类型，混合式道路系统是由几种基本类型组合而成。

（1）方格网式（棋盘式）

方格网式道路系统最大特点是街道排列比较整齐，基本呈直线，街坊用地多为长方形，用地经济、紧凑，有利于建筑物布置和识别方向；从交通方面看，交通组织简单便利，道路定线比较方便，不会形成复杂的交叉口，车流可以较均匀地分布于所有街道上；交通机动性好，当某条街道受阻车辆绕道行驶时其路线不会增加，行程时间不会增加。为适应汽车交通的不断增加，交通干道的间距宜为 400～500m，划分的小城镇用地就形成功能小区，分区内再布置生活性的街道。

这种道路系统也有明显的缺点，它的交通分散，道路主次功能不明确，交叉口数量多，影响行车畅通。同时，由于是长方形的网格道路系统，因此，使对角线方向交通不便，行驶距离长，曲度系数大，一般为 1.27～1.41。

方格网式道路系统一般适用于地形平坦的小城镇，规划中应结合地形、现状与分区布局来进行，不宜机械地划分方格。为改善对角线方向上的交通不便，在方格网中常加入对角线方向的道路，这样就形成了方格对角线形式的道路系统，与方格网式道路系统相比，对角线方向的道路能缩短 27%～41%的路程，但这种形式易产生三角形街坊，而且增加了许多复杂的交叉口，给建筑布置和交通组织上带来不利，故一般较少采用。

（2）放射环式

放射环式道路系统就是由放射道路和环形道路组成。放射道路担负着对外交通联系，环形道路担负着各区域间的运输任务，并连接放射道路以分散部分过境交通。这种道路系统以公共中心为中心，由中心引出放射道路，并在其外围地区敷设一条或几条环形道路，像蜘蛛网一样，构成整个小城镇的道路系统。环形道路有周环，也可以是半环或多边折线式；放射道路有的从中心内环放射，有的可以从二环或三环放射，也可以与环形道路切向放射。道路系统布置要顺从自然地形和小城镇现状，不要机械地强求几何图形。

这种形式的道路系统优点是使公共中心区和各功能区有直接通畅的交通联系，同时环形道路可将交通均匀地分散到各区。路线有曲有直，较易于结合自然地形和现状。曲度系数平均值最小，一般在 1.10 左右。

其明显的缺点是容易造成中心交通拥挤、行人以及车辆的集中，有些地区的交通联系要绕行，其交通灵活性不如方格网式好。如在小范围内采用此种形式，道路交叉会形成很多锐角，出现很多不规则的小区和街坊，不利于建筑物的布置，另外道路曲折不利于辨别

151

方向，交通不便。

　　放射环式道路系统适用于大型县城镇、中心镇。对一般的小城镇而言，从中心到各区的距离不大，因而没有必要采取纯粹的放射环式。为克服中心拥挤的问题，对放射性道路的布置应采取终止于中心区的内环路或二环路上，严禁过境车辆进入中心区。也可利用旧小城镇中心和新发展区，布置2个甚至2个以上中心，以改善中心交通拥挤的状况。

　　（3）自由式

　　自由式道路系统是以结合地形起伏、道路迁就地形而形成，道路弯曲自然，无一定的几何图形。

　　这种形式道路系统优点是充分结合自然地形，道路自然顺适，生动活泼，可以减少道路工程土石方量，节省工程费用。其缺点是道路弯曲、方向多变，比较紊乱，曲度系数较大。由于道路曲折，形成许多不规则的街坊，影响建筑物的布置，影响管线工程的布置。同时，由于建筑分散，居民出入不便。

　　自由式道路系统适用于山区和丘陵地区的小城镇。由于地形坡差大，干道路幅宜窄，因此多采用复线分流的方式，借平行较窄干道来联系沿坡高差错落布置的居民建筑群。在这样的情况下，宜在坡差较大的上下两平行道路之间，顺坡面垂直等高线方向，适当规划布置步行梯道或梯级步行商业街，以方便居民交通和生活。

　　（4）混合式

　　混合式道路系统是结合小城镇的自然条件和现状，小城镇道路系统吸收前3种基本形式的优点，克服其缺点，采取因地制宜混合布置的一种形式。

　　事实上在道路规划设计中，不能机械地单纯采用某一种形式，应本着实事求是的原则，立足地方的自然和现状特点，采用综合方格网式、放射环式、自由式道路系统的特点，扬长避短，科学、合理地进行小城镇道路系统规划布置。如小城镇能在原方格网的基础上，根据新区及对外公路过境交通的疏导，加设切向外环或半环，则改善了方格网式的布置。

　　以上4种形式的道路系统，各有其优缺点，在实际规划中，应根据小城镇自然地理条件、现状特点、经济状况、未来发展的趋势和民族传统习俗等综合考虑，进行合理的选择和运用，绝对不能生搬硬套某种形式。

　　3.4.2.3　镇区道路网布局要求及规划技术指标

　　（1）小城镇道路网规划应适应小城镇用地扩展，并考虑机动化的发展；道路网的形式和布局，应根据用地规划，客货交通源和集散点的分布，交通流量流向，并结合地形、地物、河流走向、沿线铁路位置和原有道路系统因地制宜地确定。

　　（2）小城镇道路网的道路间距应符合表3.4.2-1规定的指标要求，土地开发的强度应与交通网的运输能力和道路网的通行能力相协调。

小城镇道路规划技术指标　　　　　　　　　　　表3.4.2-1

规划技术指标	道路级别			
	干　路		支（巷）路	
	一级	二级	三级	四级
计算行车速度（km/h）	40	30	20	—
道路红线宽度（m）	24～32（25～35）	16～24	10～14（12～15）	≥4～8

规划技术指标	道路级别			
	干 路		支（巷）路	
	一级	二级	三级	四级
车行道宽度（m）	14～20	10～14	6～7	3.5～4
每侧人行道宽度（m）	4～6	3～5	2～3.5	—
道路间距（m）	500～600	350～500	120～250	60～150

注：① 表中一、二、三级道路用地按红线宽度计算，四级道路按车行道宽度计算；
② 一级路、三级路可酌情采用括号值，对于大型县城镇、中心镇道路，交通量大、车速要求较高的情况也可考虑三块板道路横断面，增加红线宽度，但不宜大于40m。

（3）县城镇、中心镇和大型一般镇主要出入口每个方向应有两条以上对外联系的道路。其他一般镇主要出入口每个方向宜有两条对外联系的道路。

（4）河网地区小城镇道路网应符合下列规定：

1）道路宜平行或垂直于河道布置；

2）对跨越通航河道的桥梁，应满足桥下通航净空要求，并应与滨河路的交叉口统筹考虑；

3）桥梁的车行道和人行道宽度应与两端相连道路的车行道和人行道等宽，桥梁建设应满足市政管线敷设的要求。

4）客货流码头和渡口的交通集散应与小城镇道路统一规划。码头附近的民船停泊和岸上农贸市场的人流集散及公共停车场的车辆出入，均不得干扰小城镇干路的交通。

（5）山区小城镇道路网规划应符合下列规定：

1）道路网应基本与等高线平行设置，并应考虑防洪要求。干道宜设在谷地或坡面上。双向通行的道路宜分别设置在不同的标高上。

2）地形高差特别大的地区，宜设置人、车分离的两套系统。

3）山区城镇道路网的道路间距宜大于平原城镇，并应采用表 3.4.2-1 中的上限值。

（6）当旧镇道路网改造时，在满足道路交通的情况下，应兼顾旧镇的历史、文化、地方特色和原有道路网形成的历史；对有历史文化价值的街道应适当加以保护。

（7）小城镇道路应避免设置错位 T 形交叉路口。已有的错位交叉路口，在规划时应加以改造。

（8）小城镇应根据相交道路的等级，分向流量、公共交通站点设置、交叉口周围用地性质，确定交叉口的形式及其用地范围。

1）小城镇相关道路交叉口形式应符合表 3.4.2-2 的规定。

小城镇道路交叉口形式　　　　　　　　　　　　　　表 3.4.2-2

镇等级	规 模	相交道路	干 路	支 路
县城镇中心镇	大	干 路	C、D、B	D
		支 路		E
	中、小	干 路	C、D、E	E
一般镇	大、中	干 路	D、E	E
		支 路		E
	小	支 路		E

注：B 为展宽式信号灯管理平面交叉口；
C 为平面环形交叉口；
D 为信号灯管理平面交叉口；
E 为不设信号灯的平面交叉口。

2）小城镇道路平面交叉口用地面积宜符合表 3.4.2-3 的规定。

小城镇道路平面交叉口规划用地面积（万 m²）　　　表 3.4.2-3

	T 字形 交叉口	十字形 交叉口	环形交叉口		
			中心岛直径（m）	环道宽度（m）	用地面积（万 m²）
干路与干路	0.25	0.40	30～50	16～20	0.8～1.2
干路与支路	0.22	0.30	30～40	14～18	0.6～0.9
支路与支路	0.12	0.17	25～35	12～15	0.5～0.7

（9）小城镇干路上机动车与非机动车宜分道行驶，交叉口之间分隔机动车与非机动车的分隔带宜连续。

（10）小城镇支路规划应符合下列要求：

1）支路应与二级干路和居住小区、镇中心区、市政公用设施用地、交通设施用地等内部道路相连接。

2）三级支路应满足公共交通线路行驶的要求。

（11）小城镇道路规划，应与小城镇防灾规划相结合，并应符合下列规定：

1）抗震设防小城镇，应保证震后镇区道路和对外公路的畅通，并应符合下列要求：

① 干路两侧的高层建筑应由道路红线后退 10～15m；

② 路面宜采用柔性路面；

③ 道路网中宜设置小广场和空地，并应结合道路两侧的绿地，划定疏散避难用地。

2）山区或河网地带易受洪水侵害的小城镇，应设置通向高地的防灾疏散道路，并适当增加疏散方向的道路网密度。

3.4.2.4　道路横断面规划设计

道路横断面是指沿着道路宽度、垂直于道路中心线方向的剖面。小城镇道路横断面规划设计的主要任务是根据道路功能和建筑红线宽度，合理地确定道路各组成部分的宽度及不同形式的组合、相互之间的位置与高差。对横断面规划设计的基本要求为：

保证车辆和行人交通的畅通和安全，对于交通繁重地段应尽量做到机动车辆与非机动车辆分流、人车分流、各行其道；

满足路面排水及绿化、地面杆线、地下管线等公用设备布置的工程技术要求；路幅综合布置应与街道功能、沿街建筑物性质、沿线地形相协调；

节约小城镇用地，节省工程费用；减少由于交通运输所产生的噪声、扬尘和废气对环境的污染；

必须远、近期相结合，以近期为主，同时为小城镇交通发展留有必要的余地。做到一次性规划设计，如需分期实施，应尽可能使近期工程为远期所利用。

（1）道路横断面规划宽度与横坡度的确定

道路横断面的规划宽度，称为路幅宽度。它通常指小城镇总体规划中确定的建筑红线之间的道路用地总宽度，包括车行道、人行道、绿化带以及安排各种管（沟）线所需宽度的总和。

1）车行道的宽度

车行道是道路上提供每一纵列车辆连续安全按规定计算行车速度行驶的地带。车行道宽度的大小以"车道"或"行车带"为单位。所谓车道，是指车辆单向行驶时所需的宽度，其数值取决于通行车辆的车身宽度和车辆行驶中在横向的必要安全距离。车身宽度一般应采用路上经常通行的车辆中宽度较大者为依据，对个别偶尔通过的大型车辆可不作为计算标准。各种车辆宽度和车道宽度，见表 3.4.2-4。

各种车辆宽度和车道宽度（m）　　　　　　　　　　　表 3.4.2-4

车辆名称	机动车	自行车	三轮车	大板车	小板车	兽力车
车辆宽度	2.5	0.5	1.1	2.0	0.9	1.6
车道宽度	3.5	1.5	2.0	2.8	1.7	2.6

车辆之间的安全距离取决于车辆在行驶时横向摆动与偏移的宽度，以及与相邻车道或人行道侧石边缘之间的必要安全间隙，其值与车速、路面类型和质量、驾驶技术、交通规划等有关。在小城镇道路上行驶车辆的最小安全距离可为 1.0～1.5m，行驶中车辆与边沟（侧石）的距离为 0.5m。

车行道宽度计算公式为 $N=(A+B)M+C$

式中　A——车辆距边沟（侧石）的最小安全距离（m）；

　　　B——车辆宽度（m）；

　　　C——两车错车时的最小安全距离（m）；

　　　M——车道数。

车行道的宽度是几条车道宽度的总和。以设计小时交通量与一条车道的设计通行能力相比较，确定所需的车道个数，从而确定车行道总宽度。对我国小城镇，一条车道的平均通行能力可参考表 3.4.2-5 的数值论证分析确定。

各种车道的通行能力（辆/h）　　　　　　　　　　　表 3.4.2-5

车辆名称	机动车	自行车	三轮车	大板车	小板车	兽力车
通行能力	300～400	750	300	200	380	150

应当注意，车道总宽度不能单纯按公式计算确定。因为这样既难以切合实际，又往往不经济。实际工作中应根据交通资料，如车速、交通量、车辆组成、比例、类型等，以及规划拟定的道路等级、红线宽度、服务水平，并考虑合理的交通组织方案，加以综合分析确定。如小城镇道路上的机动车高峰量较小，一般单向 1 个车道即可。在客运高峰小时期间，虽然机动车较少，为了交通安全也得占用一个机动车道，而此时自行车交通量增大，可能要占用 2～3 个机动车道。这样货运高峰小时所要求的车道宽度往往不能满足客运高峰小时的交通要求，所以常常以客运高峰小时的交通量进行校核。

小城镇的客运高峰期一般有 3 个：第一个是早上 8 点前的上班高峰；第二个是中午的上下班高峰；第 3 个是下午 5 点至 6 点的下班高峰。这 3 个高峰以中午的高峰最为拥挤。因在此高峰期间不但有集中的自行车流，还有一定数量的其他车流和人流。因此，以中午客运高峰小时的交通量进行校核较为恰当。

2）人行道的宽度

人行道是小城镇道路的基本组成部分。它的主要功能是满足步行交通的需要，同时也应满足绿化布置、地上杆柱、地下管线、护栏、交通标志和信号，以及消火栓、清洁箱、邮筒等公用附属设施布置安排的需要。

人行道宽度取决于道路类别、沿街建筑物性质、人流密度和构成（空手、提包、携物等）、步行速度，以及在人行道上设置灯杆和绿化种植带，还应考虑在人行道下埋设地下管线及备用地等方面的要求。

一条步行带的宽度一般为 0.75m；在火车站、汽车站、客运码头以及大型商场（商业中心）附近，则采用 0.85～1.0m 为宜。步行带的条数取决于人行道的设计通行能力和高峰小时的人流量。一般干道、商业街的通行能力采用 800～1000 人/h；支路采用 1000～1200 人/h，这是因为干道、商业街行人拥挤，通行能力降低。

由于影响行人交通流向、流量变化的因素错综复杂，远期高峰小时的行人流量难以准确估计，因此，通常多根据小城镇规模、道路性质和特点来确定步行带的宽度，表 3.4.2-6 为小城镇道路人行道宽度建议值。

小城镇道路人行道宽度建议值（m）　　　　　　　表 3.4.2-6

道路类别	最小宽度	步行带最小宽度
主干道	4.0～4.5	3.0
次干道	3.5～4.0	2.25
车站、码头、公园等路	4.5～5.0	3.0
支路、街坊路	1.5～2.5	1.5

3）道路绿化与分隔带的宽度

道路绿化是整个小城镇绿化的重要组成部分，它将小城镇分散的小园地、风景区联系在一起，即所谓绿化的点、线、面相结合，以形成小城镇的绿化系统。

在街道上种植乔木、绿篱、花丛和草皮形成的绿化带，可以遮阳，为行人御晒，也延长黑色路面的使用期限，同时对车辆驶过所引起的灰尘、噪声和振动等能起到降低作用，从而改善道路卫生条件，提高小城镇交通与生活居住环境质量。绿化带分隔街道各组成部分可限制横向交通，能保证行车安全和畅通，体现"人车分隔、快慢车分流"的现代化交通组织原则。在绿地下敷设地下管线，进行管线维修时，可避免开挖路面和不影响车辆通行。如果为街道远期拓宽而预留的备用地可在近期加以绿化。若街道能布置林荫道和滨河园林，可使街道上空气新鲜、湿润和凉爽，给居民创造一个良好的休息环境。

我国大多数小城镇的街道绿化占街道总宽度的比例还比较低，在某些小城镇中，由于旧街过窄，人行道宽度还成问题，因而道路绿化比重更小，行道树生长也不良，更需亟待改善。结合我国小城镇用地实际及加强绿化的可能性，一般近期对新建、改建道路的绿化所占比例宜为 15%～25%，远期至少应在 20%～30% 内考虑。

人行道绿化布置。人行道绿化根据规划横断面的用地宽度可布置单行或双行行道树。行道树布置在人行道外侧的圆形或方形（也有用长方形）的穴内，方形坑的尺寸不小于1.5m×1.5m，圆形直径不小于 1.5m，以满足树木生长的需要。街内植树分隔带兼作公共车辆停靠站台或供行人过街停留之用，宜有 2m 的宽度。

种植行道树所需的宽度：单行乔木为 1.25～2.0m；两行乔木并列时为 2.5～5.0m；在错列时为 2.0～4.0m。对建筑物前的绿地所需最小宽度：高灌木丛为 1.2m；中灌木丛为 1.0m；低灌木丛为 0.8m；草皮与花丛为 1.0～1.5m。若在较宽的灌木丛中种植乔木，能使人行道得到良好的绿盖。

布置行道树时还应注意下列问题：

行道树应不妨碍街侧建筑物的日照通风，一般乔木要距房屋 5m 为宜。

在弯道上或交叉口处不能布置高度大于 0.7m 的绿丛，必须使树木在视距三角形范围之外中断，以不影响行车安全。

行道树距侧石线的距离应不小于 0.75m，便于公共汽车停靠。并需及时修剪，使其分枝高度大于 4m。

注意行道树与架空杆线之间的干扰，常采用将电线合杆架设，以减少杆线数量和增加线高度。一般要求电话电缆高度不小于 6m；路灯低压线高度不小于 7m；馈线及供电高压线高度不小于 9m；南方地区架线高度宜较北方地区提高 0.5～1.0m，以利于行道树的生长。

树木与各项公用设施要保证必要的安全间距，宜统一考虑，避免相互干扰。行道树、地下管线、地上杆线最小安全距离见表 3.4.2-7。

行道树、地下管线、地上杆线最小安全距离（m）　　　表 3.4.2-7

管线名称 树木 杆线名称	建筑线	电力管道沟边	电信管道沟边	煤气管道	上水管道	雨水管道	电力杆	电信杆	污水管道	侧石边缘	挡土墙陡坡	围墙（2m以上）
乔木（中心）	3.0	1.5	1.5	1.5～2.0	1.5	1.0～1.5	2.0	2.0	1.0～1.5	1.0	1.0	2.0
灌　木	1.5	1.5	1.5	1.5～2.0	1.0	—	>1.0	1.5	—	1.0～2.5	0.3	1.0
电力杆	3.0	1.0	1.0	1.0～1.5	1.0	1.0	—	>4.0	1.0	0.6～1.0	>1.0	—
电信杆	3.0	1.0	1.0	1.0～1.5	1.0	1.0	>4.0	—	1.0	2.0～4.0	>1.0	—
无轨电车杆	4.0	1.5	1.5	1.5	1.5	1.5	—	—	1.5	2.0～4.0	—	—
侧石边缘	—	1.0	1.0	1.0～2.5	1.5	1.0	—	—	1.0	—	—	—

分隔带又称分布带，它是组织车辆分向、分流的重要交通设施。但它与路面划线标志不同，在横断面中占有一定宽度，是多功能的交通设施，为绿化植树、行人过街停歇、照明杆柱、公共车辆停靠、自行车停放等提供了用地。

分隔带分为活动式和固定式两种。活动式是用混凝土墩、石墩或铁墩做成，墩与墩之间缀以铁链或钢管相连。一般活动式分隔墩高度为 0.7m 左右，宽度为 0.3～0.5m，其优点是可以根据交通组织变动灵活调整。国内小城镇的一块板式干道和繁忙的商业大街，限于路幅宽度不足，则随着交通量剧增，为了保证交通安全和解决机动车、非机动车和行人混行而发生阻滞，大多采用活动式分隔带，借此来分隔机动车道和非机动车道以及人行道。固定式一般是用侧石围护成连续性的绿化带。

分隔带的宽度宜与街道各组成部分的宽度比例相协调，最窄为 1.2～1.5m。若兼作公共交通车辆停靠站或停放自行车用的分流分隔带，不宜小于 2m。除了为远期拓宽预留用地的分隔带外，一般其宽度不宜大于 4.5～6.0m。

作为分向用的分隔带，除过长路段而在增设人行横道线处中断外，应连绵不断直到交叉口前。分流分隔带仅宜在重要的公共建筑、支路和街坊路出入口，以及人行横道处中断，通常以 80～150m 为宜，其最短长度不少于 1 个停车视距。采用较长的分隔带可避免自行车任意穿越进入机动车道，以保证分流行车的安全。

分隔带足够宽时，其绿化配置宜采用高大直立乔木为主；若分隔带窄时，限用小树冠的常青树，间以低矮黄杨树；地面栽铺草皮，逢节日以盆花点缀，或高灌木配以花卉、草皮并围以绿篱，切忌种植高度大于 0.7m 的灌木丛，以免妨碍行车视线。

4）路边沟宽度

为了保证车辆和行人的正常交通，改善小城镇卫生条件，以及避免路面的过早破坏，要求迅速将地面雨雪水排除。根据设施构造的特点，道路的雨雪水排除方式有明式、暗式和混合式 3 种。

明式是采用明沟排水，仅在街坊出入口、人行横道处增设某些必要的带漏孔的盖板明沟或涵管，这种方式多用于一些村庄的道路和乡镇或临街建筑物稀少的道路，明沟断面尺寸原则上应经水力计算确定，常采用梯形或矩形断面，底宽不小于 0.3m，深度不宜小于 0.5m。暗式是用埋设于道路下的雨水沟管系统排水，而不设边沟。混合式是明沟和暗管相结合的排水方式，在小城镇规划中，宜从环境、卫生、经济和方便居民交通等方面综合考虑，因路因段采取适宜的排水方式。

5）道路的横坡度

为了使道路上的地面雨、雪水，街道两侧建筑物出入口以及毗邻街坊道路出入口的地面雨、雪水能迅速排入道路两侧（或一侧）的边沟或排水暗管，在道路横向必须设置横坡度。

道路横坡度的大小，主要根据路面结构层的种类、表面平整度、粗糙度和吸湿性、当地降雨强度、道路纵坡大小等确定。一般地，路面愈光滑、不透水、平整度与行车车速要求高，横坡就宜偏小，以防车辆横向滑移，导致交通事故；反之，路面愈粗糙、透水且平整度差，车速要求低，横坡就可偏大。结合交通部《公路工程技术标准》，我国小城镇道路横坡度的数值可参考表 3.4.2-8 取用。

小城镇道路横坡度参考值　　　　　　　　　　表 3.4.2-8

车道种类	路面结构	横坡度（%）
车行道	沥青混凝土、水泥混凝土	1.0～2.0
	其他黑色路面、整齐石块	1.5～2.5
	半整齐石块、不整齐石块	2.0～3.5
	粒料加固土、其他当地材料加固土或改善土	3.0～4.0
人行道	砖石铺砌	1.5～2.5
	砾石、碎石	2.0～3.0
	砂石	3.0
	沥青面层	1.5～2.0
自行车道		1.5～2.0
汽车停车场		0.5～1.5
广场行车路面		0.5～1.5

（2）道路横断面的综合布置

1）道路横断面的基本形式

根据小城镇道路交通组织特点不同，道路横断面可分为一、二、三块板等不同形式。一块板（又称单幅路）就是在路中完全不设车行道分隔带的道路断面形式；二块板（又称双幅路）就是在路中心设置分隔带将车行道一分为二，使对向行驶车流分开的道路断面形式；三块板（又称三幅路）就是设置两道分隔带，将车行道一分为三，中央为机动车道，两侧为非机动车道的道路断面形式。

三种形式的断面，各有其优缺点。从交通安全上来看：三块板比一、二块板都好，这是由于三块板解决了经常产生交通事故的非机动车和机动车相互干扰的矛盾，同时分隔带还起到了行人过街的安全岛作用，但三块板分隔带上所设的公共车辆停靠站，对乘客上下车穿越非机动车道较为不便。从行车速度上来看：一、二块板由于机动车和非机动车混合行驶，车速较低，三块板由于机动车和非机动车分流，互不干扰，车速较高。从道路照明上来看：板块划分越多，照明越易解决，二、三块板均能较好地处理照明杆线与绿化种植之间的矛盾，因而照度易于达到均匀，有利于夜间行车。从绿化遮阳上来看：三块板可布置多条绿化带，遮阳面大，因而非机动车在盛夏行车比较舒适，同时也利于防止黑色路面发生泛油等现象。从环境质量上来看：三块板由于机动车道在中央，距离两侧建筑物较远，并有分隔带和人行道上的绿化带隔离，可吸尘和消声，因而有利于沿街居民保持较为宁静、良好的生活环境。从小城镇用地和建设投资上来看：在相同的通行能力下，以一块板占用土地量最少，建设投资也省；三块板由于机动车和非机动车分流后，非机动车道路面质量要求可降低些，这方面能做到一定的经济合理，但总造价仍要大一些；二块板大体介于一、三块板之间。

2）道路横断面的选择

道路横断面的选择必须根据具体情况，如小城镇规模、地区特点、道路类型、地形特征、交通性质、占地、拆迁和投资等因素，经过综合考虑、反复研究及技术经济比较后才能确定，不能机械地规定。

一块板形式，这是目前普遍采用的一种形式。它适用于路幅宽度较窄（一般在40m以下），交通量不大，混合行驶四车道已能满足，及非机动车不多等情况。在占地困难和大量拆迁地段以及出入口较多的繁华道路等可优先考虑，还有如规定节日有游行队伍通过或备战等特殊功能要求时，即使路幅宽度较大，也可考虑采用一块板形式。三块板形式适用于路幅较宽（一般在40m以上，特殊情况至少36m），非机动车多，交通量大，混合行驶四车道已不能满足交通要求，车辆速度要求高及考虑分期修建等情况。但一般不适用于两个方向交通量过分悬殊，或机动车和非机动车高峰小时不在同一时间的道路；也不宜用于用地紧张、非机动车较少的山村道路。二块板形式适用于快速干道，如机动车辆多、非机动车辆很少及车速要求高的道路，可以减少对向行驶的机动车之间互相干扰，特别是经常有夜间行车的道路。另外在线形上有可能导致车辆相撞的路段以及道路横向高差较大或为了照顾现状、埋设高压线等，有时也可适当地考虑采用。经各地多年的实践证明，二块板形式可保障交通安全，同时车辆行驶时灵活性差，转向需要绕道，以致车道利用率降低，而且多占用地，因此此种形式近年来很少采用，对于已建的二块板道路有的也在改建。

道路横断面设计除考虑交通外，还要综合考虑环境、沿街建筑使用、小城镇景观以及路上、路下各种管线、杆柱设施的协调、合理安排。

路幅与沿街建筑物高度的协调。道路路幅宽度应使道路两侧的建筑物有足够的日照和良好的通风；在特殊情况（对应防空、防火、防震要求）下，还应考虑街道一侧的建筑物一旦发生倒塌后，仍需保证街道另一侧车道宽度能继续维持交通和进行救灾工作。

此外，路幅宽度还应使行人、车辆穿越时能有较好视野，看到沿街建筑物的立面造型，感受良好的街景。一般认为 $H:B=1:2$ 左右为宜，具体实施时，东西向道路稍宽，南北向道路可稍窄。

当个别建筑物高度超出街道上多数建筑物的平均高度过多时，则应后退红线布置以形成高低错落、平面进退的有机灵活线形，既不增大整个路幅的宽度，又能丰富街景。

横断面布置与工程管线布置的协调。小城镇中的各种工程管线，由于其性能、用途各不相同，相互之间在平面、立面位置上的安排与净距要求常发生冲突和矛盾，加上现状管线和规划设计管线之间的矛盾错综复杂，如不加以综合协调，往往会出现道路横断面难以安排，甚至影响道路工程建筑和交通。因此，道路横断面各组成部分的宽度及其组合形式的确定，必须与管线综合规划相协调；个别情况下，路幅宽度甚至取决于管线敷设所需用地的宽度要求。

横断面总宽度的确定与远近结合。道路横断面总宽度的确定，除上述各组成部分的计算、分析与汇总结果得出所需用地的宽度之外，还应根据小城镇规模及总体规划中对各类干道、支路提出的红线间路幅控制宽度的可调宽度加以组合，并尽可能做到协调一致，注意留有余地。这是因为控制红线范围是横断面总宽度设计的依据；另一方面，在进行道路间规划与红线设计时，也必须考虑横断面选型及各组成部分的必要宽度，从而使总体规划确定的各类干道红线宽度经济、合理。

有关小城镇道路的路幅宽度值，目前尚无统一规定，表 3.4.2-9 的数值可供参考。

小城镇道路路幅宽度及组成建议　　　　　　　　　　表 3.4.2-9

人口规模（万人）	道路类别	车道数	单车道宽（m）	非机动车道宽（m）	红线宽（m）
>1.0~2.0	主干道	3~4	3.5	3.0~4.5	25~35
	次干道	2~3	3.5	1.5~2.5	16~20
	支路	2	3.0	1.5	9~12
0.5~1.0	干道	2~3	3.5	2.5~3.0	18~25
	支路	2	3.0	1.5 或不设	9~12
0.3~0.5	干路	2	3.5	2.5~3.0	18~20
	支路	2	3.0	1.5 或不设	9~12

道路工程建设应贯彻"充分利用，逐步改造"与"分期修建，逐步提高"的原则。因此，道路断面上各组成部分的位置，不仅要注意适应近、远期交通量组成和发展的差别，而且也要为今后路网规划布局的调整变动留有余地。对于近、远期宽度的相差部分，可用绿化带、分隔带或备用地加以处理。有些街道根据拆迁条件，也可采取先修建半个路幅的做法。

3.4.2.5　道路交叉口规划设计

道路与道路相交的部位称为道路交叉口，各向道路在交叉口相互联结而构成道路网。道路上各种车辆和行人在交叉口汇集、转向和穿行，互相干扰或发生冲突，不但造成车速减慢、交通拥挤阻塞，而且容易发生事故，可以说交叉口是道路交通的咽喉。因此，道路的运输效益、行车安全、车速、运营费用和通过能力等在很大程度上取决于交叉口的正确规划和良好设计。

根据交叉口交通运行的特点，为使交叉口获得安全畅通的效果，必须对交叉口的交通流进行科学的组织和控制。其基本原则是：限制、减少或消除冲突点，引导车辆安全顺畅地行驶，一般可分为平面交叉和立体交叉两大基本类型。小城镇道路上一般车速低、流量少，因此多采用平面交叉的措施，下面主要介绍道路平面交叉口的类型及其设计。

（1）平面交叉口的类型

道路平面交叉口的类型，主要取决于相交道路的性质和交通要求（交通量及组成和车速等），还和交叉口的用地、周围的建筑物性质和交通组织方式等有关。常见的有十字形交叉、T形交叉、X形交叉、Y形交叉、错位交叉和环形交叉等形式。

十字形交叉是常见的交叉口形式，适用于相同或不同等级道路的交叉，构型简单，交通组织方便，街角建筑容易处理。

T形交叉，包括倒T形交叉，适用于次干道连接主干道或尽端式干道连接滨河干道的交叉口，这也是常见的一种形式。

X形交叉为两条道路斜交，一对角为锐角（<75°），另一对角为钝角（>105°）。这种交叉口，转弯交通不便，街角建筑难处理，锐角太小时此种形式不宜采用。

Y形交叉是道路分叉的结果，一条尽端式道路与另两条道路以锐角（<75°）或钝角（>105°）相交，要求主要道路方向车辆畅通。

错位交叉是两个相距不太远的T形交叉相对拼接，或由斜交改造而成。多用于主要道路与次要道路的交叉，主要道路应该在交叉口的顺直方向，以保证主干道上交通通畅。

环形交叉是用中心岛组织车辆按逆时针方向绕中心岛单向行驶的一种形式，多用于两条主干道的交叉。

平面交叉口类型的选择，应根据主要道路与相交道路的交通功能、设计交通量、计算行车速度、交通组成和交通控制方法，结合当地地形、用地和投资等因素综合分析进行。改善现有平面交叉口时，还应调查现有平面交叉口的状况，收集交通事故和相交道路、路网的交通量增长资料进行分析研究，做出合理的设计。

小城镇道路交叉形式如表3.4.2-10所示。

小城镇道路交叉口形式　　　　　　　　　　表 3.4.2-10

镇等级	规 模	相交道路	干 路	支 路
县城镇 中心镇	大	干路	C、D、B	D、E
		支路		E
	中、小	干路	C、D、E	E
一般镇	大、中	干路	D、E	E
		支路		E
	小	支路		E

注：B为展宽式信号灯管理平面交叉口；
　　C为平面环形交叉口；
　　D为信号灯管理平面交叉口；
　　E为不设信号灯的平面交叉口。

161

（2）平面交叉口规划设计

平面交叉口设计的主要任务是合理解决各向交通流的相互干扰和冲突，以保证交通安全和顺畅，提高交叉口以至整个路网的通行能力。对小城镇简单平面交叉口的设计，主要解决的问题是：交叉口上行驶的车辆有足够的安全行车视距；交叉口转角缘石有适宜的半径。此外，还应合理布置相关的交通岛、绿化带、交通信号、标志标线、行人横道线、安全护栏、公交停靠站、照明设施以及雨水口排水设施等。

1）交叉口视距

平面交叉口必须有足够的安全行车视距，以便车辆在进入交叉口前一段距离内，驾驶员能够识别交叉口的存在，看清相交道路上的车辆运行情况以及交叉口附近的信号、标志等，以便控制车辆避免碰撞。这一段距离必须大于或等于停车视距。

对于无信号控制和停车标志控制的交叉口，交叉视距可采用各相交道路的停车视距。用两条相交道路的停车视距作为直角边长，在交叉口所组成的三角形，称为视距三角形。在此三角形范围内，应保证通视，并不得有阻碍驾驶员视线的障碍物存在。

对于信号交叉口，驾驶员从认准信号到制动停车所行驶的距离与驾驶员的反应、判断时间，以及制动前的行车速度、路面粗糙度等有关。

视距三角形应依据最不利的情况来确定。对十字形交叉口，最危险的冲突点应为靠中线的那条直行车道与最靠右的那条另一方向直行车道的轴线的交点。

2）交叉口转角的缘石半径

为使各种右转弯车辆能以一定的速度顺利地转弯行驶，交叉口转弯处车行道边缘应做成圆曲线或多圆心曲线，以适应车轮运行轨迹。这种车行道边缘通常称为路缘石或缘石，其曲线半径称为路缘石（或缘石）半径。

缘石半径过小，会引起右转弯车辆降速过多，或导致右转弯车辆向外侵占直行车道，从而引起交通事故。据统计，街道交叉口车速为路段车速的50％左右，因此对小城镇道路交叉口的车速主干道用20～25km/h；一般道路用15～20km/h。

此外，缘石半径还应满足小城镇道路上一般车辆的最小转弯半径要求。国产主要载重汽车的最小转弯半径为8.0～11.0m；公共汽车为9.5～12.0m；小汽车为5.6～7.5m。

综上所述，小城镇道路平面交叉口缘石半径的取值对主干道可为20～25m；对一般道路可为10～15m；居住小区及街坊道路可为6～9m。另外，对非机动车可为5m，不宜小于3m。

小城镇道路平面交叉口规划用地面积如表3.4.2-11所示。

小城镇道路平面交叉口规划用地面积（万 m²）　　　　表 3.4.2-11

	T字形交叉口	十字形交叉口	环形交叉口		
			中心岛直径（m）	环道宽度（m）	用地面积（万 m²）
干路与干路	0.25	0.40	30～50	16～20	0.8～1.2
干路与支路	0.22	0.30	30～40	14～10	0.6～0.9
支路与支路	0.12	0.17	25～35	12～15	0.5～0.7

3.4.2.6　出入口道路规划

小城镇出入口道路是小城镇道路系统的有机组成部分，也是小城镇对外交通的重要组成部分。出入口道路介于城镇道路与公路之间，而城镇道路与公路又是两种性质、功能、任务、特点和环境不同的系统；同时，随着小城镇用地的向外扩展，出入口道路临近地区的部分也就变成了小城镇道路，因此，小城镇出入口道路具有城镇道路和城镇对外交通的双重功能。它必须满足城镇与对外交通发展的需要，适应城镇的发展，保证城镇与其周围地区的交通联系，并在城镇道路和公路之间起协调作用，使进出城镇的汽车安全、方便、迅速，过境车流能以较高车速顺畅通过，并对城镇无干扰影响。同时，出入口道路规划也应和城镇道路规划一样留有适当的余地。

小城镇出入口道路规划首先应考虑城镇的客货运交通源的分布、客货运集散点的分布、交通的流量流向，出入口道路应能将小城镇镇区周围主要的交通源、集散点和镇区联系起来，出入口道路的布局、走向、级别应尽量和预测的汽车交通的流量流向相一致；同时，小城镇出入口道路规划还应综合考虑小城镇的性质（农业性、工业性、风景游览性、山区和矿区等）、城镇的发展和总体布局、其他运输方式情况、自然环境条件（包括地理位置、地形、地质、地貌、水系等）、城镇道路网、区域公路网、城镇规模等诸因素的影响而进行。

出入口道路是小城镇道路的延伸发展，因此，出入口道路两侧的永久性建筑应退后道路红线一定距离，留有发展余地。同时，小城镇道路网对出入口道路规划布局影响很大。

对于棋盘式道路网，出入口道路一般是小城镇道路网中纵横向道路的延伸和发展；对于放射环式城镇道路网，出入口道路多为放射道路的延伸和发展；对于自由式城镇道路网，由于城镇道路网及城镇总体布局主要受地形、地质、水系等的限制，出入口道路规划布局多采用结合地形、地质、水系和城镇道路网，呈自由状态；对于混合式城镇道路网，出入口道路多为纵、横向道路和放射道路的延伸和发展。

出入口道路规划布局还应与区域公路网的布局相协调，使之能顺直地将城镇道路网和区域公路网连接起来。

3.5 小城镇公共交通规划

3.5.1 公共交通系统

小城镇规模与范围小，点多而面广，同一县（市）域或跨县（市）域行政区的相邻区域相邻小城镇间的联系比较密切。由此，小城镇公共交通系统不同于城市公共交通系统。前者主要考虑与县（市）域内客流较多的临近镇之间的镇际公共交通，县城镇、中心镇和大型一般镇公共交通系统应同时包括镇区公共交通；后者就城市而言，公共交通系统主要是市区公共交通，而通往郊区公共交通则相对为次要公共交通。

小城镇公共交通系统规划应依据小城镇的发展规模、用地布局、所属县（市）城镇体系布局和道路网规划，并在客流预测的基础上，确定公交车辆数、线路网、换乘枢纽和场站设施用地等，并应使公共交通的客运能力满足镇区、镇际高峰客流的需要。

根据我国小城镇特点和实际调查，提出小城镇镇际公共交通系统，一般来说在客运高峰时，单程最大出行时耗小于80min，镇域内单程最大出行时耗小于25min是适宜的。

163

3.5.2 公共交通线路网规划要求

（1）小城镇公共交通系统应由镇区线、枢纽、镇际线、车场四部分组成。

（2）小城镇公共交通线路网应综合考虑，并应设置公交客运枢纽，以便镇区线、镇际线的衔接。各线的客运能力应与客流量相协调。线路的走向应考虑均衡服务性和客流的主流向，满足客流量的要求。

（3）镇中心区的公共交通线路网规划密度应达到 $2\sim3km/km^2$，在非中心区应达到 $1.5\sim2.5km/km^2$。镇与镇之间应有适当密度的公共交通线路，镇域内中心村与镇区之间、中心村之间应有公共交通线路。

（4）小城镇公共交通平均换乘系数不应大于 1.3。

（5）小城镇镇域内公共交通线路非直线系数不应大于 1.4。

3.5.3 公共交通站场规划要求

（1）县城镇、中心镇、大型一般镇镇区公共交通站距宜按 $400\sim800m$ 设置，镇际线按相邻镇公交站设置。

（2）县城镇、中心镇、大型一般镇镇区公共交通站的设置应符合下列规定：

1）在小城镇路段上，同向换乘距离不应大于 50m，异向换乘距离不应大于 100m；对置设站，应在车辆前进方向迎面错开 30m。

2）在小城镇道路平面交叉口上设置的车站应设在交叉口出口道外 50m 外，换乘距离不宜大于 150m，不得大于 200m，不得影响交叉口交通组织。

3）小城镇长途客运汽车站、火车站、客运码头主要出入口 50m 范围内应设公共交通车站。

（3）小城镇公共汽车首末站规划应设置在镇区道路以外的用地上，单独设置公共汽车首末站每处用地面积可按 $1000\sim1400m^2$ 预留。

（4）小城镇公共交通停车场、车辆保养场、公共交通调度中心等场站设施应综合布置，并与公共交通发展规模相匹配，可与邻近城镇统筹安排。

3.6 小城镇道路交通设施规划

小城镇道路交通设施包括公共运输站场、公共停车场和公共加油站。

小城镇道路交通设施规划是小城镇道路交通规划的重要组成部分之一。

3.6.1 公共停车场规划

一般而言，停车需求分为两大类，一类称之为车辆拥有之停车需求，另一类是，车辆使用过程之停车需求。前者所谓夜间停车需求，主要是为居民或单位车辆夜间停放服务，较易从各区域车辆注册数的多少估计出来；后者所谓日间停车需求，主要是由于社会、经济活动所产生的各种出行所形成的。

3.6.1.1 停车需求预测方法

（1）产生率模型

本方法的基本原理是建立土地使用性质与停车产生率的关系模式。表 3.6.1-1 为我国停车需求产生率规划指标。

我国停车需求产生率规划指标　　　　　　　　　　表 3.6.1-1

建筑类型	停车需求车位指标（标准小汽车）	
	机动车	自行车
（1）商业、办公（每 100m² 建筑面积泊位数）		
大城市	0.08～0.20	—
旅馆　　　中等城市	0.06～0.18	—
商业场所	0.30	7.5
一类（中央、涉外）	0.40	0.4
办公楼　　二类（一般）	0.25	2.0
（2）饮食业（每 100m² 营业面积泊位数）	1.7	3.6
（3）展览馆、医院（每 100m² 建筑面积泊位数）		
展览馆	0.20	1.5
医院	0.20	1.5
（4）游览场所（每 100m² 游览面积泊位数）		
古典园林、风景名胜	0.08（市区）	0.5（市区）
	0.12（郊区）	0.20（郊区）
一般性城镇公园	0.05	0.20
（5）文体场所（每 100 座位泊位数）		
大型体育馆（大于 4000 座位）	2.5	20.0
体育场（大于 1.5 万座位）		
一般体育场（小于 4000 座位）	1.0	20.0
体育场（小于 1.5 万座位）		
省市级影剧院	3.0	15.0
一般影剧院	0.8	15.0
（6）大车站	（机动车）	（自行车）
泊位/高峰日每千旅客	2.0	4.0
（7）码头		
泊位/高峰日每百旅客	2.0	2.0
（8）住宅（每户泊位数）		
涉外与高级	0.50	—
普通住宅	—	1.0

165

另外，还可根据各类土地的职工岗位数或居民数作为产生各类停车需求的相关基本指标，比一般的建筑面积作相关基本指标更贴近实际。

（2）多元回归分析模型

停车需求与经济活动、土地使用等多因素相关，可根据小城镇实际情况分析归纳相关因素进行多元回归分析，此类模型应用时所需要资料的精度比产生率模型低，因此收集资料较为容易，是一种简单易行的方法。

（3）出行吸引模型

停车需求产生与地区的经济活动强度有关，而经济社会活动强度又与该地区吸引的出行车次多少有密切关系。此模型建立的基础条件是开展城镇综合交通规划调查。根据交通小区的车辆出行分布模型和各小区的停放吸引量建立数学模型，由此推算获得停车车次的预测资料。在此基础上，根据城镇人口规模和每一停车车次所需高峰时刻停车泊位数之间的关系来计算各交通分区高峰时间的停车泊位需求量。

3.6.1.2　路边停车规划设置

（1）路边停车的特性

路边停车是将车辆就近停放于路边可供车辆行驶的道路面积内，通常占用一部分慢车道（或巷道）或人行道。路边停车的利弊特征有：

1）方便；

2）周转快；

3）减少道路容量，导致交通拥挤；

4）干扰车流、降低车速易发生交通事故。

（2）路边停车场设置

根据路边停车利弊特点，原则上在小城镇里应逐步禁止路边停车。但目前在许多小城镇路外停车设施严重短缺的情况下，路边停车又给人最短步行距离、方便，故在不严重影响交通的情况下，允许开发路边停车，而对路边停车场位设置，给予详细的规划与管制。规划时应考虑交通流量、路口特性、车道数、道路宽度、单双向交通、公共设施及两侧土地使用状况等因素。

1）容许路边停车的最小道路宽度

若道路车行道宽度小于表 3.6.1-2 禁止停放的最小宽度时，不得在路边设置停车位。

允许路边停车的道路宽度　　　　　　　　　　　　表 3.6.1-2

道路类别		道路宽度	停车状况
道路	双向道路	12m 以上	容许双侧停车
		8～12m	容许单侧停车
		不足 8m	禁止停车
	单行道路	9m 以上	容许双侧停车
		6～9m	容许单侧停车
		不足 6m	禁止停车
	巷　弄	9m 以上	容许双侧停车
		6～9m	容许单侧停车
		不足 6m	禁止停车

2）容许路边停车的道路服务水平

路边停车的设置应将原道路交通量换算成标准小汽车（pcu）单位，以 V 表示，然后按车道布置，计算每条车道的基本容量以及不同条件下路边障碍物对车道容量的修正系数（如 3.5m 宽车道由于路边障碍物距离为 1.8m、1.2m、0.6m、0m，其车道容量修正系数分别为 1.0、0.99、0.97、0.90），获得路段的交通容量 C，最好根据 V/C 比，当其≤0.8 时容许设置路边停车场。

表 3.6.1-3 为设置路边停车场与道路服务水平关系表。

设置路边停车场与道路服务水平关系表　　　　表 3.6.1-3

服务水平	交通流动情形			交通流量/容量 (V/C)	说　明
	交通状况	平均行驶速率（km/h）	高峰小时系数		
A	自由流动	≥50	pHF≤0.7	V/C≤0.6	容许路边停车
B	稳定流动（轻度耽延）	≥40	0.7<pHF≤0.8	0.6<V/C≤0.7	容许路边停车
C	稳定流动（可接受的耽延）	≥30	0.8<pHF≤0.85	0.8<V/C≤0.8	容许路边停车
D	接近不稳定流动（可接受的耽延）	≥25	0.85<pHF≤0.9	0.8<V/C≤0.9	视情况考虑是否设置路边停车场
E	不稳定流动（拥挤、不可接受的耽延）	约为25	0.9<pHF≤0.95	0.9<V/C≤1.0	禁止路边停车
F	强迫流动（堵塞）	<25	无意义	无意义	禁止路边临时停车

以上两条符合路边停车场的设置条件时，方可设置路边停车。禁停、允许停和限时停均应经详细计算然后以标志标线指示和禁令。

3.6.1.3　路外停车场规划

路外停车场主要包括社会停车场建筑与住宅附属（配建）停车场和各类专业停车场，其设置原则主要为：

（1）停车特性与需求：停车特性足以反映停车者的行为意愿。在规划前应有停车延时与停车目的、停车吸引量等基本调查。以此作为停车场车位与型式选择、容量设计的依据。一般拟定设计容量时，建议将高峰时间总停车需求的 85% 作为规划的标准。

（2）进出方便性：停车者对停车场选择往往将进出方便以及至目的地步行距离长短作为主要考虑因素。进出方便性除了出入口布置，还与邻近道路交通系统的交通负荷有关。

（3）建筑基地面积：是决定路外停车场容量与型式选择的主要因素之一。按标准车辆停车空间面积（如小汽车取宽 2.5m，长 6.0m）再加上进出通道和回车道等。一般认为基地面积大于 4000m² 的以建通道式停车场较好，其面积在 1500～4000m² 可视情况建通道式停车场。

（4）地价：由于小城镇中心地价比郊区地价贵，通常郊区停车场采用平面式，中心区停车场与其他公用设施（广场、绿地、学校、车站等）共用地权也是取得土地的有效途径。

（5）应在小城镇出入口或外围结合公路和对外交通枢纽设置恰当规模的停车场。

（6）应对停车场设置后附近的交通影响做评估，使建设后的邻近道路服务水平维持在 D 级以上。

3.6.1.4　静态交通技术指标

（1）机动车停车场主要指标

1）标准车型外形尺寸

标准车型外形尺寸见表 3.6.1-4。

表 3.6.1-4

标准车型外形尺寸

车辆类型	总长（m）	总宽（m）	总高（m）
微型汽车①	3.2	1.0	1.8
小型汽车	5.0	1.8	1.6
中型汽车（含拖拉机）②	8.7	2.5	4.0
普通汽车（含带挂拖拉机）	12.0	2.5	4.0
铰接汽车	18.0	2.5	4.0

① 微型车含微型客车、货车和机动三轮车；
② 中型客车含客车、旅游车以及 4t 以内的货车。

标准车型的选取应根据各个地区的机动化水平和停车场的实际用途来决定。如大型公共活动场所和学校、医院等，可以选小型车辆为标准车型。为大型集贸市场配备的停车场则应以中型车辆和货车作为标准车型。

2）安全间距

停放车辆安全间距如表 3.6.1-5。

表 3.6.1-5

停放车辆安全间距表

净　距	小型车辆	大型或铰接车辆
车间纵向净距（m）	2.0	4.0
车辆背对背尾距（m）	1.0	1.5
车间横向净距（m）	1.0	1.0
车辆距围墙、护栏等的净距（m）	0.5	0.5

3）机动车最小转弯半径

部分机动车辆最小转弯半径见表 3.6.1-6。

表 3.6.1-6

部分机动车辆最小转弯半径

国　别	型　号	最小转弯半径	国　别	型　号	最小转弯半径
国产载重汽车和小汽车	解放 CA10B	9.2	国产自卸汽车、牵引汽车以及平拖拉机	黄河 QD351	6.7
	东风 EQ140	8.0		上海 SH380	9.1
	解放 CA140	8.0		交通 SH361	9.5
	解放 CA150	11.0		汉阳 HY930	8.58
	交通 SH141	7.15		汉阳 HY940A	8.4
	北京 BJ130	5.7		汉阳 HY870	12.0
	上海 JH130	6.0		汉阳 HY881	11.7
	跃进 NJ130	7.6	日本	日野 KM420/440	6.5/5.2
	黄河 JN150	8.25	日本	依士兹 TD50A-D	8.0
	黄河 JN151	8.25	意大利	菲亚特 628N3	7.25
	红旗 CA773	7.2	前苏联	格斯 51	7.6
	上海 SH760	5.6	前苏联	吉斯 51	11.2

续表

国　别	型　号	最小转弯半径	国　别	型　号	最小转弯半径
国产农业机械	东方红 28 型拖拉机	3.0	捷克	太脱拉 138	10.0
	丰收 27 型拖拉机	2.6	捷克	斯格达 708R	9.0
	CT4-9A 型联合收割机	10.0	前苏联	马斯 205	8.5
			捷克	太脱拉 111	10.0

4）机动车辆停放方式

以下图示为车辆的停放方式。按其与通行道的关系可分为平行式、垂直式和斜列式。

（a）平行停放　　　　　　　　　　（b）垂直停放

（c）成一定角度停放

以下图示为停车发车方式。

（a）前进停车，倒车发车　　　　　（b）倒车停车，前进发车

（c）前进停车，前进发车

（2）非机动车停车场主要指标

目前在小城镇中使用的非机动车辆有：自行车、三轮车、大板车、小板车和兽力车

169

等，其中是使用最多的是自行车。非机动车停车场的标准车定为自行车。

小城镇中自行车大量集中的地方都应该设置自行车停车场，如商业大街、影剧院、公园、大型体育设施以及车站码头等地。

建议按照城镇自行车保有量的 20%～40% 来规划自行车停车场面积。

自行车尺寸见表 3.6.1-7。

自行车尺寸   表 3.6.1-7

车　型	车长（mm）	车高（mm）	车宽（mm）
28	1940	1150	
26	1820	1000	520～600
20	1470	1000	

自行车停车位参数见表 3.6.1-8。

自行车停车位参数   表 3.6.1-8

停靠方式		停车宽度（m）		车辆间距（m）C	通道宽度（m）		单位停车面积（m²/辆）	
		单排 A	双排 B		单侧 D	双侧 E	单排停 (A+D)×C	双排停 (B+E)×C/2
垂直式		2.0	3.2	0.6	1.5	2.5	2.10	1.71
角停式	30	1.7	2.9	0.5	1.5	2.5	1.60	1.35
	45	1.4	2.4	0.5	1.2	2.0	1.30	1.10
	60	1.0	1.8	0.5	1.2	2.0	1.10	0.95

（3）停车场综合面积指标

停车场综合面积指标见表 3.6.1-9。

停车场综合面积指标   表 3.6.1-9

	平　行	垂　直	与道路成 45°～60°角
单行停车道的宽度（m）	2.0～2.5	7.0～9.0	6.0～8.0
双行停车道的宽度（m）	4.0～5.0	14.0～18.0	12.0～16.0
单向行车时两行停车道之间的通行道宽度（m）	3.5～4.0	5～6.5	4.5～6.0
100 辆汽车停车场的平均面积（公顷）	0.3～0.4	0.2～0.3	0.3～0.4（小型车）0.7～1.0（大型车）
100 辆自行车停车场的平均面积（公顷）		0.14～0.18	
一辆汽车所需的面积（包括通车道）			
小汽车（m²）	22		
载重汽车和公共汽车（m²）	40		

3.6.1.5 停车场的选址与设计原则

停车场的位置应尽可能在使用场所的一侧,以便人流、货流集散时不穿越道路。

停车场的出入口原则上要分开设置。

停车区和其服务的设施距离以 50～150m 为宜;对于风景名胜、历史文化保护区以及用地受限制的情况下,也可以为 150～250m,但最大不宜超过 300m。对于学校和医院等对空气和噪声有特殊要求的场所,停车场应保持足够的距离。

停车场的平面布置应结合用地规模、停车方式,合理协调安排好停车区、通道、出入口、绿化和管理等组成部分。停车位的布置以停放方便、节约用地和尽可能缩短通道长度为原则,并采取纵向或横向布置,每组停车量不超过 50 辆,组与组之间若没有足够的通道,应留出不少于 6m 的防火间距。

停车场内交通线必须明确,除注意单向行驶,进出停车场尽可能做到右进右出。利用画线、箭头和文字来指示车位和通道,减少停车场内的冲突。

停车场地纵坡不宜大于 2.0%;山区、丘陵地形不宜大于 3.0%,但为了满足排水要求,均不得小于 0.3%。进出停车场的通道纵坡在地形困难时,也不宜大于 5.0%。

停车场应注意适当考虑绿化来改善停车环境。在南方炎热地区尤其要注意利用绿化来保护车辆防晒。

3.6.1.6 公共停车场规划要求

1) 县城镇、中心镇公共停车场应分为过境机动车停车场、镇内机动车停车场和镇内非机动车停车场 3 类,其用地面积可按规划镇区人口每人 0.5～0.9m² 计算,其中县城镇、中心镇可按规划的镇区人口每人 0.8～0.9m² 计算。三类停车场中机动车停车场的用地比例宜为 70%～85%,非机动车停车场用地比例宜为 15%～30%。

2) 小城镇过境、外来机动车公共停车场,应设置在过境道路和镇区出入口道路附近,主要停放货运车辆,同时配套相应的服务设施。

3) 小城镇镇内机动车停车场停车位数的分布:在镇中心区应为全部停车位数的 50%～60%;在小城镇对外道路的出入口地区应为全部停车位数的 5%～10%,在小城镇内其他地区应为全部停车位的 30%～40%。

4) 小城镇镇内公共机动车停车场和非机动车停车场宜结合镇区中心及公共设施设置,居住小区内的停车设施宜结合实际需要设置,不计入停车用地。

县城镇、中心镇和大型一般镇公共停车场的服务半径,在镇中心区不应大于 250m,一般地区不应大于 400m;非机动车停车场的服务半径宜为 100～200m,并不得大于 300m。

5) 小城镇机动车公共停车场的设置应符合下列规定:

① 出入口应符合行车视距的要求,并应右转出入车道;

② 出入口应距离交叉口、桥隧坡道起止线 50m 以远,距离干路交叉口 80m 以远,距离支路交叉口 50m 以远;

③ 少于 50 个停车位的停车场可设一个出入口,其宽度宜采用双车道;多于 50 个停车位(50～300 个停车位)的停车场,应设 2 个出入口。

6) 小城镇非机动车公共停车场应符合下列规定:

① 长条形停车场宜分成 15～20m 长的段,每段应设一个出入口,其宽度不得小于

3m；

② 500 个车位以上的停车场，出入口数不得少于 2 个。

3.6.2 公共运输站场规划要求

（1）小城镇应设置公路长途汽车客运站。县城镇和中心镇应设长途客运站 1～2 个，人口 5 万以上的镇区至少应有 1 个 4 级或 4 级以上长途客运站；一般镇宜设 1 个长途客运站，并综合考虑公路客运站和公交站场合理布局。

（2）小城镇应按不同类型、不同性质规模的货运要求，设置综合性汽车货运站场或物流中心，以及其他经过车辆的集中经营场所。

（3）小城镇公路汽车客运站、汽车货运站场等公共运输站场预留的用地面积、停车场的规模应按照服务对象的要求、车辆到达与离去的交通特征、高峰日平均吸引车次的总量、停车场地日有效周转次数，以及平均停放时间和车位停放不均匀性等因素，结合小城镇交通发展规划确定。

3.6.3 公共加油站规划要求

（1）小城镇公共加油站宜结合镇区对外出入口道路和镇区内主要交通干路进行设置。加油站的选址应符合现行国家标准《小型石油库及汽车加油站设计规划》的有关规定。

（2）小城镇公共加油站用地面积应符合表 3.6.3 规定。

小城镇公共加油站用地面积（万 m²）　　　　　　　　表 3.6.3

昼夜加油车次数	300	500
用地面积（万 m²）	0.12	0.18

3.7 交通管理设施规划

交通管理对于简化交通设施，确保小城镇道路畅通与安全十分重要。

3.7.1 主要交通管理设施

当前我国小城镇的道路交通管理员少，体制不健全，交通标志、交通指挥信号等设施缺乏，致使交通混乱，一些交通繁忙道路常常受阻。因此，小城镇的道路交通管理，主要从交通标志标线、行人过街设施、交叉口渠化、交通指挥信号设置等方面着手，同时明确管理主体，健全管理体制。

对于行人过街设施的设置，主要采用人行横道的形式。大多数小城镇没有必要设置人行天桥或地道，小城镇中心区的行人过街设施主要应为人行横道，而且主要设置在小城镇中心区的干路或连接干路的交叉口上，人行横道的间距可比城市标准稍高。个别经济发达的小城镇，达到设置人行天桥或地道的标准要求时，可按国家相应标准设置。

对于交通标志标线，小城镇道路交通标志标线的设置应符合国家标准《道路交通标志标线》，从而形成全国统一的道路交通标志标线系统，有利于提高交通效率，保障交通安全，具体设置时，应重点设置在干路或连接干路的交叉口以及连接对外交通的道路上。设置的标志标线的种类和设置方法，都按国家标准《道路交通标志标线》执行。

对于交通指挥信号设施，小城镇道路的信号控制设施不能盲目设置，因为信号控制设施对交通的作用有两面性：正确的设置可以提高交通效率和安全；错误的设置可以增加交通延误、引发交通事故。所以，在进行信号控制设施设置时，一定要综合考虑各种因素，并在停车（让路）标志管制能力接近饱和的情况下才能进行信号控制设施的设置。在小城镇中，机动车与非机动车混行相互干扰的情况特别严重，此类情况仅仅依靠信号控制设施往往控制不了，需配备相应的交通疏导指挥人员在适当的地点配合信号控制设施的使用。

对于交叉口的渠化问题，小城镇渠化交通的处理思路，从道路交通的运行原理上来说，与大城市的渠化交通并无不同，都要遵循相同的原则，即：

（1）应对交叉口的通行能力和道路安全性进行全面分析，然后再确认是否应进行渠化；

（2）渠化交通应使交叉口的点面积适当缩小，应通过渠化岛和渠化带明确车辆的行驶位置，渠化后交通流应不再有锐角冲突，渠化后分流或合流的角度应尽可能小且避免分流、合流点集中；

（3）渠化交通后的车道宽度设计要合理，不应过宽，渠化交通所设置的交通岛、安全岛的面积要合适且数量不宜过多。

因为交叉口形式多样，对应的交通情况又各不相同，所以标准中给出的只是定性的原则。在实施具体的渠化交通方案时，还应根据原则做出合理的设计。

3.7.2 交通管理设施规划要求

（1）县城镇、中心镇、大型一般镇中心区设置行人过街设施时应遵循如下原则：

1）县城镇、中心镇、大型一般镇中心区行人过街设施主要为人行横道，一般设置在干路或连接干路的交叉口处；

2）在小城镇的一级和二级干路的路段上，人行横道或过街通道的间距不宜大于300m。

（2）小城镇道路交通标志标线的设置应符合国家标准《道路交通标志标线》（GB 5769—1999），设置时应全盘考虑，整体布局，重点设置在小城镇干路、连接干路的交叉口和连接对外交通的道路上。

（3）小城镇道路信号控制设施应遵循如下原则：

1）设置道路信号控制设施前，宜先采用停车标志（或让路标志）来管理交叉口的车辆运行，当次要道路交通量接近停车（让路）标志管制下的通行能力，次要道路车辆拥挤严重时，方考虑设置道路信号控制设施；

2）道路信号控制设施的设置应综合考虑车流量、人流量、学童过街、交通事故记录等因素，设置在合理位置；

3）小城镇道路信号控制设施宜设置在干路或连接干路的交叉口上；

4）当机动车与非机动车、行人混行较为严重时，应配备交通疏导指挥人员，配合道路信号控制设施进行管理。

（4）县城镇、中心镇、大型一般镇的渠化交通规划设计应遵循如下原则：

1）应对交叉口的通行能力和道路安全性进行全面分析，然后再确认是否应进行渠化；

2）渠化交通应使交叉口的点面积适当缩小，应通过渠化岛和渠化带明确车辆的行驶位置，渠化后交通流应不再有锐角冲突，渠化后分流或合流的角度应尽可能小，并应避免分流、合流点集中；

3）渠化交通后的车道宽度设计要合理，不应过宽，渠化交通所设置的交通岛、安全岛的面积要合适且数量不宜过多。

因为交叉口形式多样，对应的交通情况又各不相同，相关规划标准中给出的只是定性的原则。在实施具体的渠化交通方案时，还应根据原则做出合理的设计。

主要参考文献

1　费孝通. 小城镇区域分析　北京：中国统计出版社，1898

2　杨剑波. 多目标决策方法与应用. 湖南出版社，1996

3　魏世孝. 多属性决策理论方法及其在 C^3I 系统中的应用. 国防工业出版社，1998

4　J. P. 依格尼西奥. 目标规划及其应用. 哈尔滨：哈尔滨工业大学出版社，1988

5　管楚度. 交通区位论及其应用. 北京：人民交通出版社，2000

6　陈航. 中国交通地理. 北京：科学出版社，2000

7　张立. 运输布局学. 北京：中国经济出版社，1988

8　高荣进. 跨世纪公路交通发展战略. 北京：人民交通出版社，1998

9　丁一中. 交通运输网络规划. 大连：大连海事大学出版社，2000

10　陆化普. 交通规划理论与方法. 北京：清华大学出版社，1998

11　杨兆升. 交通运输系统规划. 北京：人民交通出版社，1998

12　杨涛. 公路网规划［M］. 北京：人民交通出版社，1998

13　赵家麟. 交通规划设计. 北京：人民交通出版社，1998

14　中国城市规划设计研究院、中国建筑设计研究院、沈阳建筑工程学院编著，刘仁根、汤铭潭主编. 小城镇规划标准研究. 北京：中国建筑工业出版社，2003（电子版）

15　李勇涛. 小城镇交通系统布局优化理论和方法. 万方学位数据库

16　才永莲. 小城镇交通特征探析. 武汉船舶职业技术学院学报，2005.6

17　汤铭潭，张全. 我国小城镇道路交通规划的优化基础. 北京：《城市交通》，2005.3

18　颜仁. 小城镇道路交通规划的探讨. 《科技与产业》，2005.4

19　李琳，肖贵平. 浅析我国小城镇交通安全现状及对策. 《山西科技》，2006.1

20　王元庆，周伟. 停车设施规划. 北京：人民交通出版社，2003

21　张全，汤铭潭. 小城镇道路交通组织与系统优化比较. 北京：《工程建设与设计》，2006

22　汤铭潭，张全. 小城镇道路交通规划技术指标体系研究. 北京：《工程建设与设计》，2006

第4章　小城镇用地竖向规划

4.1　概　述

小城镇建设用地不可能都是地势平坦的，特别是我国小城镇许多分布在山区和丘陵地带。由于地貌的变化，这些小城镇在发展中除了遵循与平原地区一般城镇建设的共同规律外，还有由于地貌高低的变化引起的许多不同之处，因地貌的高低变化在小城镇规划中必须考虑竖向问题。用地竖向规划不仅是小城镇规划的一个重要组成部分，也是小城镇建设重要的技术设计方法。

小城镇各种用地的竖向规划，主要任务是利用和改造建设用地的自然地形，选择合理的设计标高，使之满足小城镇生产和生活的使用功能要求，同时达到土方工程量少、投资省、建设速度快、综合效益佳的效果；尽可能减少对原来自然环境的损坏，建造出适合人群居住和生产的优美环境。

4.1.1　小城镇用地竖向规划的概念

各类小城镇用地的竖向规划是各种总平面规划与设计的组成部分。任何一处总平面设计除了对各种建筑物、构筑物和道路交通等进行平面布置外，对于用地的地面高度也要进行合理考虑，使改造的地形能适于布置和修建各类建筑物；同时，它有利于排除地面水，满足城镇居民正常的生活、生产、交通运输以及敷设地下管线的要求。

一般来说，根据建设项目的使用功能要求，结合用地的自然地形特点、平面功能布局与施工技术条件，在研究建、构筑物及其他设施之间高程关系的基础上，充分利用地形、减少土方量，因地制宜地确定建筑、道路的竖向标高，合理地组织地面排水，有利于地下管线的敷设，并解决好用地及周边的高程衔接。这种对用地地面及管线等的高程（标高）做出的设计与安排，通称为竖向规划。

4.1.2　小城镇用地竖向规划的目的和意义

如何在小城镇规划工作中利用地形，是达到工程合理、造价经济、景观美好的重要途径。

常常有这样的情况，在纸面上制定规划方案时，完全没有考虑实际地形的起伏变化，为了追求某种形式的构图，任意开山填沟，既破坏自然地形的景观，又浪费大量的土石方工程费用。有时各单项工程的规划设计各自进行，互不配合，结果造成桥梁的净空不够，或一些地面水无出路等等。因此需要在总体规划及详细规划阶段，按照当时的工作深度，将小城镇用地的一些主要的控制标高综合考虑，使建筑、道路、排水的标高相互协调。配合小城镇用地的选择，对一些不利于建设的自然地形给予适当的改造，或提出一些工程措施，使土石方工程量尽量减少。还要根据环境规划的观点，注意在小城镇地形地貌、建筑物高度和形成城镇大空间的美观要求方面加以研究。

4.1.3　小城镇用地竖向规划的基本原则

小城镇规划总是在某一特定的地域范围内进行，而各个城镇所在地域的地形都是各不相同的，因此，为了使小城镇规划方案经济合理，在进行整体布局的同时，必须注意结合城镇所在地域的地形条件，进行小城镇用地的总体竖向规划。

充分利用山区丘陵用地，使之在建设中完善地符合生产和生活的使用要求，同时满足土石方工程量少、投资省、建设快、环境好的综合效益，这是竖向规划应当遵循的基本原则。具体应考虑以下几点：

（1）道路走向要合理，并根据技术要求确定各类道路坡度、合适的竖曲线和平曲线以及路口的最小行车转弯半径。

（2）由各类道路划分出来的各种功能的小城镇建设用地，要求对自然地貌的坡向、坡度作适当的整平，为规划及修建提供条件。

（3）地表变化将产生不同坡面的地面径流，要把地面径流引向道路和排水渠。小城镇中大面积用地的上坡面应设置截流沟，引导大量地面径流，以免对城镇或城镇中大面积建设用地的冲刷。

（4）小城镇中各类建筑群体的组合，要充分结合地貌变化，选择合理的标高进行布置。要少动土石方，要尽量维持原来最佳的地貌，使人工建设和自然生态环境紧密地结合。

4.2　小城镇用地竖向规划的任务、步骤与方法

4.2.1　小城镇用地竖向规划的任务

小城镇用地竖向规划工作的基本任务应包括下列几方面：

（1）结合小城镇用地选择，分析研究自然地形，充分利用地形，尽量少占或不占良田。对一些需要经过工程措施后才能用于建设的地段提出工程措施方案。

（2）综合解决小城镇规划用地的各项控制标高问题，如防护堤、排水干管出口、桥梁和道路交叉口等。

（3）使小城镇道路的纵坡度既能配合地形又能满足交通上的要求。

（4）合理地组织小城镇用地的地面排水。

（5）合理地、经济地组织好小城镇用地的土方工程，考虑到填方、挖方平衡。避免填方土无土源，挖方土无出路，或填方土运距过大等现象出现。

（6）适当地考虑配合地形，注意小城镇环境的立体空间美观要求。

4.2.2　小城镇用地竖向规划的现状资料

小城镇用地竖向规划需取得必要的基础资料和设计依据，通过现场踏勘等工作深入了解用地及其周围地段的地形和地貌；并应与当地有关部门近年确定的数据相对照，根据规划阶段的内容、深度要求及建设项目的复杂程度，取舍各项资料。基础资料主要有：

（1）地形图

详细规划阶段比例为 1：500 或 1：1000 的地形测绘图，并标有等高距为 0.50～1.00m 的等高线，以及 50～100m 间距的纵横坐标网和地貌情况等；在山区考虑用地外排洪问题时，为统计径流面积还要求提供 1：2000～1：10000 的地形图。总体规划阶段则应与小城镇总体规划所确定的图纸比例取得一致。

（2）建设用地的地质条件资料

小城镇建设用地内的工程地质、水文地质资料，如：土壤与岩层、不良地质现象（如冲沟、沼泽、高丘、滑坡、断层、岩溶、峭壁等）及其他地形特征、地下水位等情况。

（3）建设用地平面布局

小城镇规划中的道路系统规划图（标明道路横断面图及平曲线、超高等设计参数，道路中心点标高、道路纵坡度、路段长度、纵断面图），建设用地外部的道路定线图、纵横断面图和道路竖向规划图（标明控制点标高、纵坡度、坡长等参数），用地内建、构筑物的总平面布置图。

（4）用地排水与防洪方案

小城镇建设用地所在地区的降雨强度。建设用地地表雨水排除的流向及出口（如流向沟渠河道、城市雨水管网的接入点位置）、容量（如沟渠河道的排水量及水位变化规律，城市雨水管线的管径等）；确定雨水流向用地的径流面积；了解排水与附近农田灌溉的关系。

在有洪水威胁的地区，要根据当地水文站或有关部门提供的水文资料，了解相应洪水频率的洪水水位、淹没范围等资料，历史不同周期最大洪水位，历年逐月最大、最小、平均水位等资料，以及当地洪痕和洪水发生时间；调查所在地区的防洪标准和原有的防洪设施等；了解流向用地的径流面积和流域内的土壤性质、地貌和植被情况等。

（5）地下管线的情况

建设用地内各种地下工程管线的平面布置图及其埋置深度现状及其要求，重力管线的坡度限制与坡向等。

（6）填土土源与弃土地点

不在内部进行挖、填土方量平衡的建设用地，填土量大的要确定取土土源，挖土量大的应寻找余土的弃土地点。

以上各项资料应尽可能与有关单位取得协议文件，且可根据设计阶段的内容陆续取得。

4.2.3　小城镇用地竖向规划的方法与步骤

小城镇用地竖向规划常采用的基本表达方法有三种：高程箭头法、纵横断面法、设计等高线法。这三种方法各有特点，适用于不同的情况，分别介绍如下。

（1）高程箭头法（或称设计标高法）

这是一种简便易行的方法，即用设计标高点和箭头来表示地面控制点的标高、坡向及雨水流向；表示出建筑物、构筑物的室内外地坪标高，以及道路中心线、明沟的控制点和坡向并标明变坡点之间的距离；必要时可绘制示意断面图。

用这种方法表示竖向布置比较简单，并能快速地判断所设计的地段总平面与自然地形的关系；其制图工作量较小，图纸制作快，而且易于修改和变动，基本上可满足设计和施工要求，是一种普遍采用的表达方法。其缺点是比较粗略，需要有综合处理竖向标高的经验；如果设计标高点标注较少，则容易造成有些部位的高程不明确，降低了准确性。

其表示的内容如下（图 4.2.3-1）：

图 4.2.3-1 用高程箭头法绘制的竖向规划图

1）根据竖向规划的原则及有关规定，在总平面图上确定规划区域内的自然地形；

2）注明建、构筑物的坐标与四角标高、室内地坪标高和室外设计标高；

3）注明道路及铁路的控制点（交叉点、变坡点……）处的坐标及标高；

4）注明明沟底面起坡点和转折处的标高、坡度、明沟的高宽比；

5）用箭头表明地面的排水方向；

6）较复杂地段，可直接给出设计剖面，以阐明标高变化和设计意图。

该图一般可结合在总平面图中表示。若有些地形复杂或在总平面图上不能同时清楚表示竖向规划时，可单独绘制竖向规划图。

（2）纵横断面法

此法多用于地形复杂地区或需要作较精确的竖向规划时采用。

一般先在场地总平面图上根据竖向规划要求的精度，绘制出方格网（精度越高则方格网越小），并在方格网的每一交点上注明原地面标高和设计地面标高，即：

$$\frac{原地面标高}{设计地面标高}$$

然后沿方格网长轴方向绘制出纵断面，用统一比例标注各点的设计标高和自然标高，并连线形成设计地形和自然地形断面；同样方法沿横轴方向绘出场地竖向规划的横断面。纵、横断面的交织分布，综合表达了场地的竖向规划成果。

此法的优点是对场地的自然地形和设计地形容易形成立体的形象概念，易于考虑地形改造，并可根据需要调整方格网密度，进而决定整个竖向设计工作的精度。其缺点是工作量往往较大，耗时较多。

用纵横断面法绘制的竖向规划图工作主要包括如下内容（图 4.2.3-2）：

图 4.2.3-2　用纵横断面法绘制的竖向规划图

1）绘制方格网

根据所规划地形的复杂程度、工程要求精度，以适当间距绘制方格网。方格网尺寸的大小因图纸比例和所需精度而定；图纸比例大（如 1∶500～1∶1000），方格网尺寸小；图纸比例小（如 1∶1000～1∶2000），方格网尺寸大。

2）确定方格网交点的自然标高

根据地形图中的自然等高线，用内插法，求出方格网点的自然标高。

3）选定标高起点

选定一标高点作为绘制纵横断面的起点，此标高点应低于图中所有自然标高值。

4）绘制方格网的自然地面立体图

放大绘制方格网，并以所选标高起点为基线标高，采用适宜比例绘出场地自然地形的方格网立体图。

5）确定方格网交点的设计标高

根据立体图所示自然地形起伏的情况，考虑地面排水、设计中建筑物的组合排列及土方平衡等因素，综合确定场地地面的设计坡度和方格交点的设计标高。

6）设计场地的土方量

根据纵横断面所示设计地形与自然地形的高差，计算场地填、挖方工程量，进行平衡、调整，并相应修改场地方格网立体图，使之满足工程要求、减少填挖方总量，以确认设计标高和设计坡度的合理性。

7）场地设计地面的表达

根据最后确定的设计标高，在竖向规划成果图上抄注各方格网交点的设计标高，并按比例相应绘出竖向规划的地面线。

（3）设计等高线法

设计等高线法，多用于地形变化不太复杂的丘陵地区的场地竖向规划。其优点是能较完整地将任何一块用地或一条道路的设计地形与原来的自然地貌作比较，随时可以看出设计地面挖填方情况（设计等高线低于自然等高线为挖方，高于自然等高线为填方，所填挖的范围也清楚地显示出来），以便于调整。

这种方法，在判断设计地段四周路网的路口标高，道路的坡向、坡度，以及道路与两旁用地高差关系时，更为有用。由于路口标高调整将影响到道路的坡度、两旁建筑用地的高程与建筑室内地坪标高等，采用设计等高线法进行竖向规划调整，可以一目了然地发现相关问题，有效地保证竖向规划工作的整体性、统一性。

这种设计方法整体性很强，还表现在可与场地总体布局同步进行，而不是先完成平面规划、再做竖向规划。也就是，在使用场地平面图进行平面使用功能布置的同时，设计者不只考虑纵、横轴的平面关系，也要考虑垂直地面轴（Z）的竖向功能关系。它成为设计者在图纸中进行三度空间的思维和设计时的一种有效手段，是一种较科学的设计方法。

设计等高线法，大量地应用于小城镇建设用地的竖向规划工作中，如居住小区、广场、公园、学校……及其路网的设计（见图 4.2.3-3）。

用设计等高线法进行竖向规划的步骤如下：

① 根据建设用地总体布局，在已确定的道路网中绘出道路红线内各组成部分（轴线、控制线等）的平面图。对场地区域内各条道路作纵断面设计，确定道路轴线交叉点、变坡点等控制点的标高。根据道路横断面可求出道路红线的标高。

② 当所设计的地段地形坡度较大时，可根据需要布置出护坡、挡土墙等，形成台地，并注明标高。

③ 用插入法求出街道各转折点及建筑物四角的设计标高。

④ 建设用地人行道的坡度及线型应结合自然地形、地貌灵活布置，当坡道的纵坡大于 10% 时，可设置为不连续的坡面，或设置一部分台阶，台阶旁可辅以一定宽度的坡道，以便于自行车的上下推行。

⑤ 根据基地地形、地貌的变化，通过地形分析划分出若干排水区域、分别排向临近道路。基地排水系统可采用不同的方式，如设置自然排水、管道系统排水或明沟排水等。地面坡度大时，应以石砌以免冲刷，有的也可设置沟管，并在低处设进水口。

图 4.2.3-3　用设计等高线法绘制的竖向规划图

以上步骤，可以初步确定场地的四周边线标高及内部道路、房屋四角的设计标高，再联成大片地形的设计等高线。

4.3　等高线与自然地形

4.3.1　等高线的概念与特征

对于竖向规划而言，清楚地理解等高线的含义是非常重要的。从专业上定义，等高线是一条假想的线，它连接一个固定参考面或基准面的上下所有高度相同的点。这个参考面可以取海平面，也可以是局部确定的一个基准面。在一个平面图或地图中，等高线是所有高度相同点的图形表示。自然等高线都是用虚线表示；在地形图内的每第五条线就描得深一些。设计等高线用实线表示。

理解等高线的困难在于它是一条假想的线，因此在实际景观中不易直观看见。一个池塘的边线或湖的岸线是形成天然等高线的最佳例子，也说明了闭合等高线的概念。闭合等高线是一条首尾相连的线。所有的等高线都是闭合曲线，尽管在特定的地图和平面图的边界范围内会有自由曲线段的等高线，但在更大的范围它终究是闭合的。

一条单一的、闭合的等高线可以描绘水平面或水平的表面，可以再一次通过池塘或湖来说明这一点。然而，为描绘一个三维的表面就需要多条等高线了。从一座体育场或露天竞技场中成排的座位，可以非常容易地想象出一系列定义成碗形的等高线。这里有一点需强调的是，等高线图是用二维来表示三维的形状。城市规划师和景观设计人员必须培养的一个基本能力是通过等高线图形或平面图，去分析、理解、想象地貌特征，一般来讲要参考地形图。规划设计者不但要理解现有的等高线和地形，还要从美学和生态学上理解等高线的变化所产生的内涵。图 4.3.1-1 和图 4.3.1-2 中一系列图例表明等高线如何定义地形以及地形如何根据等高线变化而变化。金字塔形等高线由一系列同心正方形构成，通过把正方形变成圆形，等高线构成的形状就从一个金字塔形变成一个圆锥体。图 4.3.1-2 说明了这种始于等高线平面图上的变化。自然景观是由大量的复杂地形组合在一起的几何形状构成的。

  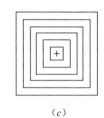

(a) $\qquad\qquad\qquad\qquad$ (b) $\qquad\qquad\qquad\qquad$ (c)

图 4.3.1-1　等高线与三维地形的关系

(a) 各边长度相等的金字塔；(b) 等高线的轴侧图；(c) 金字塔形等高线平面图（同心的正方形）

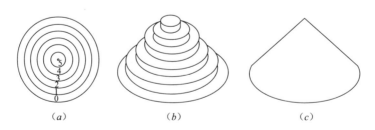

(a) $\qquad\qquad\qquad\qquad$ (b) $\qquad\qquad\qquad\qquad$ (c)

图 4.3.1-2　通过改变等高线来改变地形

(a) 金字塔形正方形等高线变成同心的圆形等高线；(b) 圆形的等高线按照蛋糕的形状堆放成层状；(c) 等边的锥形轴侧图

相邻等高线的高度之差被定义为等高距。为正确理解一张地形图，包括比例、斜坡方向等，等高距在地图上通常是一个固定的常数。常用的等高距是 0.20m、0.50m 和 1.00m。等高距的选择根据地形的不平整性、地形平面图应用的目的来确定（参考表 4.3.1-1）。很显然，当地图的整体比例减小（例如从 1∶250 到 1∶1000），或等高距增加时，大量的细部构造被掩盖，准确率也随之下降（图 4.3.1-3）。

不同比例尺的地形图等高距（m）

表 4.3.1-1

比例尺	不同地貌		
	平地	丘陵地	山地
1∶5000	1.0	2	5
1∶2000	0.5	1	2
1∶1000	0.5	0.5	1
1∶500	0.25	0.5	—

以下所列各点总结了有关等高线的基本特性。

（1）根据定义，位于同一条等高线上的点高度相同。

（2）任意一条等高线都是连续曲线，它们在地形图内或超出这个范围构成闭合的曲线。

（3）为表示三维地形和斜坡方向，需使用两条或更多的等高线。

（4）最陡的斜坡是和等高线垂直的。这是在最短的水平间距上有最大的竖向变化的结果。

（5）同前一点一致的是，水沿着垂直于等高线的方向流动。

（6）对于相同比例和等高距，当地图上等高线间的距离减小时，斜坡的坡度加大。

（7）间隔均匀的等高线表明坡的坡度一致。

（8）除了有突出的悬崖、天然的桥梁或别的类似现象之外，等高线不会相交。

（9）在天然景观中，等高线不会分开或断开。

图 4.3.1-3 等高线间距与地形的精确性

4.3.2 自然地形的等高线表示法

在分析地貌特征时，用清楚的等高线图形表示地貌特征会使问题变得很容易。这些图形称为等高线特征图。在图 4.3.2-1 的等高线地图中（美国国家地质测量机构颁布的标准地形图上的一方格的一部分），可以找出典型的等高线特征图。

（1）山脊和山谷
山脊就是一种凸起的细长形地貌。在地形狭窄处，等高线指向山下方向。典型地，沿着山脊侧边的等高线将相对平行。而且，沿着山脊会有一个或几个最高点。

183

图 4.3.2-1　等高线特征图

(a) 山脊；(b) 山谷；(c) 峰顶；(d) 谷底

山谷是长形的凹地，并在两个山脊之间形成空间，等高线沿溪谷向上形成尖。山脊和山谷必须相连，因为山脊的边坡形成山谷壁。山谷由指向山顶的等高线表示。

图 4.3.2-2　等高线表示小溪

对于山脊和山谷，其等高线形状是相似的，因此，标出坡度方向是非常重要的。在某种情况下，等高线会改变方向形成 U 形或 V 形形状。因为等高线改变方向的是较低点，所以 V 形经常和山谷联系起来。水沿着两个斜坡的交汇处汇集起来向山下流动，在底部形成天然排水沟（见图 4.3.2-2）。

（2）峰顶和谷底

峰顶是这样一种地貌，例如一座小丘、小山或大山，相对于周围地面而言有一个最高点。等高线构成同心的、闭合的图形，在中心区是最高的等高线。因为地形在各个方向都向下倾斜，因此峰顶排水最好。

相对周围地面而言存在一个最低点，这种地貌称为谷底。在谷底，等高线再次形成同心的、闭合的图形，但中心区是最低的等高线。为避免把峰顶和谷底混淆，知道高度变化方向是很重要的。在图形上，通常用影线来区别最低等高线。因为谷底积水，所以形成了一些典型的湖泊、池塘和沼泽地。山顶的最高点或谷地的最低点都用点高度来表示。

（3）凹面和凸面斜坡

凹面斜坡的一个明显特点是沿着山脚方向等高线间距越来越大，这说明在高度较高处斜坡陡，而在低处斜坡逐渐变得平缓（见图 4.3.2-3）。

凸面斜坡和凹面斜坡正好相反，换句话说，沿着山脚方向的等高线间距越来越小；斜坡在高处平缓而在低处逐渐变陡。

剖面图

平面图

图 4.3.2-3 等高线表示凹面坡

185

4.3.3 小城镇的不同地形用地

小城镇用地被路和自然条件分割成块，其大小不同的用地，一般出现以下形式，它们将影响建筑布置和地面排水。

（1）斜坡面用地

这类用地最为普遍。用地与道路之间出现高于道路的正坡面和低于道路的负坡面，两者皆有不同的坡度。从图 4.3.3-1（a）中可见，斜坡用地将使道路出现不同纵坡向和坡度，正坡面的地表水将排至路上。这类用地与道路之间出现一个夹角。

图 4.3.3-1 小城镇道路与用地关系

（a）斜坡面用地；（b）分水面用地；（c）汇水面用地；（d）山丘形用地；（e）盆地形用地

1—等高线；2—道路；3—坡向；4—道路坡向；5—脊线、谷线；6—分水线

（2）分水面用地

水线把用地分割成两个大小不同、坡向各异的用地，四周道路中的两条出现纵坡的转折点，两个斜坡面的地表水排泄各成体系，各排至分水线两侧的道路上（图 4.3.3-1（b））。在详细规划中往往可以利用分水线设计成步行道。

（3）汇水面用地

汇水面用地与道路的关系同分水面用地有共同处，即将用地分成两块坡向不同的斜坡面；所不同的是其中两条道路的纵坡转折点在低处［图 4.3.3-1（c）］。此种用地有时须设置涵洞或桥，以便四周道路所围成的用地上地表水的排泄。详细规划设计中利用汇水线作步行道时，其两旁须设置排水沟。

（4）山丘形用地

这种类型用地常见于道路环绕山丘。山丘四周道路将出现多处纵坡转折点，山丘形用地的地表水将排泄至四周的环山道路上［图 4.3.3-1（d）］。

（5）盆地形用地

被四周道路所围的低洼盆地［图 4.3.3-1（e）］，除非有较大的汇水面形成自然水塘，增添生活环境美，否则，低洼处的积水对环境不利，只得采用回填的竖向规划措施提高用地标高或疏导地表水的排泄。

4.4　小城镇总体规划阶段的竖向规划

小城镇用地竖向规划的工作，要与小城镇规划阶段配合进行。小城镇规划一般分为总体规划与详细规划两个阶段。各阶段的工作内容与具体做法要与该阶段的规划深度、所能提供的资料以及要求综合解决的问题相适应。在总体规划阶段确定的一些控制标高应该是用以确定详细规划阶段标高的依据。

4.4.1　小城镇总体规划阶段竖向规划的内容

需要对小城镇的全部用地进行竖向规划，可以编制小城镇用地竖向规划示意图。图纸的比例尺与总体规划相同，一般为 1∶10000～1∶5000，图中应标明下列内容：

（1）小城镇各个基本组成部分用地布局及干道网；

（2）干道交叉点的控制标高，干道的控制纵坡度；

（3）其他一些主要控制点的位置和控制标高，如桥梁、铁路与干道的交叉口、防护堤、桥梁、隧道等；

（4）分析地面坡向、分水岭、汇水沟、地面排水走向。

此外，在编制竖向规划示意图的同时，编写说明书，以说明分析小城镇用地的自然地形情况和竖向规划的示意图，以及竖向示意图中未能充分表明、必须用文字说明的内容。

4.4.2　小城镇总体规划阶段竖向规划应注意的几个问题

在小城镇用地评定分析时，就应同时注意竖向规划的要求，要尽量做到利用配合地形，地尽其用。要研究工程地质及水文地质情况，如地下水位的高低，河湖水位和洪水水位及受淹地区。对那些防洪要求高的用地和建筑物不应选低地，以免提高设计标高，而使填方过多，工程费用过大。

竖向规划首先要配合利用地形，而不要把改造地形、土地平整看作是主要目的。

在小城镇干道选线时，要尽量配合自然地形，不要追求道路网的形式而不顾起伏变化的地形。要对自然坡度及地形进行分析，使干道的坡度既符合道路交通的要求又不致填挖土方太多，不要追求道路的过分平直，而不顾地形条件。地形坡度大时，道路一般可与等高线斜交，避免与等高线垂直，亦要注意干道不能没有坡度或坡度太小，以免路面排水困难，或对埋设自流管线不利。干道的标高宜低于附近居住区用地的标高，干道如沿汇水沟选线，对排除地面水和埋设排水管均有利。

对一些影响小城镇总体规划方案关系较大的控制点的标高，要全面综合地研究，必要时放大比例尺，作一些规划方案的草图进行比较。如确定通航河道上的桥梁控制标高时，首先对于通航河道的洪水位要定得恰当，然后根据航道等级确定其净空限制，定出桥底标高，然后加上桥梁的结构厚度，确定桥面标高（图4.4.2-1）。

图 4.4.2-1 通航河道上的桥梁控制标高

铁路与干道的立交控制标高也要在总体规划阶段确定。铁路坡度及标高一般不易改变。城市干道能否在保证净空限制高度的情况下通过，必要时亦要放大比例尺研究确定。在地形条件限制很严的情况下，有时为了解决合理的标高甚至需要局部调整干道系统（图4.4.2-2）。

图 4.4.2-2 铁路与干道立交控制标高

4.5 小城镇详细规划阶段的竖向规划

4.5.1 小城镇详细规划阶段竖向规划的内容

（1）确定各项建设用地的平整标高；

（2）确定建筑物、构筑物、室外场地、道路、排水沟等的设计标高，并使相互间协调；

（3）确定地面排水的方式和相应的排水构筑物；

（4）确定土（石）方平衡方案。

4.5.2 竖向规划与地面排水

（1）地面排水方式

建设用地排除雨水的方式，主要有以下4种。排水方式的选择应通过对建设用地条件的深入分析，并经过技术经济论证后方能确定。

1）自然排水

即：不使用管沟汇集雨水，而通过设计地形的坡向使雨水在地表流出场地。一般较少采用，仅适用于下列情况：

① 降雨量较小的气候条件；

② 渗水性强的土壤地区；

③ 雨水难以排入管沟的局部小面积地段。

2）明沟排水

主要适宜于下列情形：

① 规划整平后有适于明沟排水的地面坡度；

② 建设用地边缘地段，或多尘易堵、雨水夹带大量泥沙和石子的场地；

③ 采用重点平土方式的用地或地段（只是重点地在建筑物附近进行整平，其他部分都保留自然地形不变）；

④ 埋设下水管道不经济的岩石地段；

⑤ 没有设置雨污水管道系统的郊区或待开发区域。

3）暗管排水

这是城区内一般建设用地最常见的一种排水方式，通常适用于下述几种情况：

① 用地面积较大、地形平坦，不适于采用明沟排水者；

② 采用雨水管道系统与城市管道系统相适应者；

③ 建筑物和构筑物比较集中、交通线路复杂或地下工程管线密集的用地；

④ 大部分建筑屋面采用内排水的；

⑤ 建设用地地下水位较高的；

⑥ 建设用地环境美化或建设项目对环境洁净要求较高的。

4）混合排水

即：暗管与明沟相结合的排水方式。可根据建设用地的具体情况，分别不同区域灵活采用不同的排水方式，并使两者有机结合起来，迅速排除地面雨水。

（2）用地整平坡度的要求

为使建、构筑物周围的雨水能顺利排除，又不至于冲刷地面，建筑物周围的用地应具有合适的整平坡度，一般情况下应大于 0.5%；困难情况下也应大于 0.3%；最大整平坡度可按场地的土质和其他条件决定，但不宜超过 6% 的坡度。

（3）雨水口的布置

当采用暗管排水方式时，雨水管道排水系统中雨水口的位置，应考虑集水方便，使用地雨水顺畅地排出，并与雨水管道系统有良好的连接。应尽量使空旷场地上的雨水排入道路边沟或明沟中，以缩短雨水管道长度。雨水口布置在道路最低点收集雨水效果最佳，并应设在雨水检查井附近 25m 以内，尽可能接近干管，以缩减部分雨水管的直径并减少检查井的数目。在任何情况下，雨水口布置，都应避免设在建筑物门口、分水点及其他地下管道上。

一个雨水口可负担的汇水面积，应根据重现期、降雨强度、土壤性质、铺砌情况和采用雨水口形式等因素决定，一般采用 3000~5000m²，但多雨地区可少些，干旱的西北地区可大些，有时可达 10000m² 以下。

建设用地内雨水口的间距一般按其能负担汇水面积的大小，并结合用地整平排水设计要求确定，见表 4.5.2-1。

建设用地内雨水口的间距　　　　　　　　　　　　　表 4.5.2-1

道路纵坡（%）	雨水口间距（m）	备　　注
<0.3	30～40	当道路纵坡大于 0.3% 或汇水面积大于 30000m² 时，雨水口宜加密设置
0.3～0.4	40～50	
0.4～0.6	50～60	
0.6～0.7	60～70	
0.7～3.0	80	

在道路交叉处，雨水口的布置应根据道路坡度情况确定，一般布置在街道转角处，如图 4.5.2-1。

图 4.5.2-1　道路交叉口处雨水口的布置

4.6　建设用地的竖向规划

4.6.1　自然地面坡度的划分

自然地形的坡度可分为平坡、缓坡、中坡、陡坡、急坡等 5 种类型：

（1）平坡、缓坡

平原地区，地面坡度小于 3% 的为平坡坡地，3%～10% 的为缓坡坡地。

平坡地段建筑、道路布置不受地形坡度限制，可随意安排。坡度小于 0.3% 时，应注意排水组织。

小于 5% 的缓坡地段，建筑宜平行等高线或与之斜交布置，若垂直等高线，其长度不宜超过 30～50m，否则需结合地形做错层等处理；非机动车道尽可能不垂直等高线布置，机动车道则可随意选线。地形起伏可使建筑及环境绿地景观丰富多彩。

5%～10% 的缓坡，建筑道路最好平行等高线布置或与之斜交。若遇与等高线垂直或大角度斜交，建筑需结合地形设计，作跌落、错层处理。垂直等高线的机动车道需限制其坡长。

（2）中坡

丘陵地区，地面坡度为 10%～25% 的为中坡坡地。中坡地段，建筑应结合地形设计，道路要平行或与等高线斜交迂回上坡。布置较大面积的平坦用地，填、挖土方量甚大。人行道若与等高线作较大角度斜交布置，也需做台阶。

（3）陡坡、急坡

山地地区，地面坡度 25%～50% 为陡坡坡地；50% 以上为急坡坡地。

陡坡坡地用作建设项目用地，施工不便，费用大。建筑必须结合地形个别设计，不宜大规模开发，在山地建设用地紧张时仍可使用。

急坡地通常不宜用于建设用地。

4.6.2　建设用地的竖向布置形式

设计地面是将自然地形加以适当改造，使其满足设计项目对用地平整程度和高差变化的使用功能要求。根据设计地面整平面之间的连接方法不同，用地地面的竖向布置形式可分为如下 3 种：

（1）平坡式

平坡式竖向布置（图 4.6.2-1），是把用地处理成接近于自然地形的一个或几个坡向的整平面，整平面之间连接平缓，无显著的坡度、高差变化。

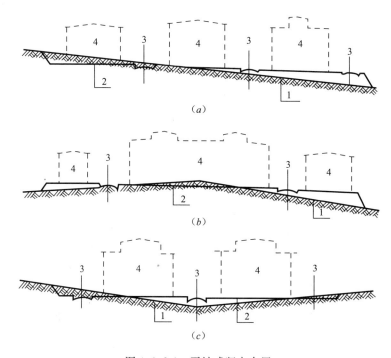

图 4.6.2-1　平坡式竖向布置

（a）单向斜面平坡；（b）由场地中间向边缘倾斜的双向斜面平坡；（c）由场地边缘向中间倾斜的双向斜面平坡

1—设计地面；2—原有地面；3—道路；4—建筑

平坡式布置十分有利于建筑布置、道路交通和管线敷设等，但排水条件不利、适应性差。当自然地形复杂、起伏较大时，往往出现大填大挖，形成较大的土方工程量，并造成填土较多处的大量深基础情况。

一般适用于自然地形较为平缓（坡度在 3%～4%）的建设用地；以及建筑密度大且铁路、道路、管线较密集，单个建筑占地较大、建筑布置集中，对地面坡度要求较严格（坡度小于 2%）的建设项目。

（2）台阶式

台阶式（又称阶梯式）竖向布置（图 4.6.2-2），是由几个高差较大的不同整平面相连

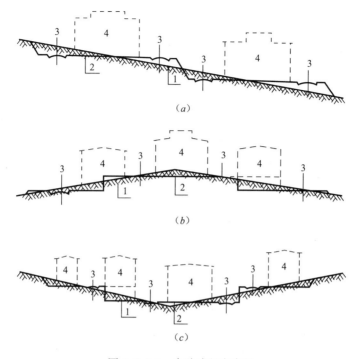

图 4.6.2-2　台阶式竖向布置

（a）单向降低的台阶；（b）由场地中间向边缘降低的台阶；（c）由场地边缘向中间降低的台阶

1—原有地面；2—设计地面；3—道路；4—建筑

接而成的，在其连接处一般设置挡土墙或护坡等构筑物。

台阶式布置能够较好地适应自然地形的复杂变化，土方工程量小，排水条件较好，但不同整平面之间的道路连接、管网敷设相对困难。

适用于场地自然坡度较大（大于 4%）、面积较大的建设用地；或单体建筑占地较小、建筑布置分散，道路交通联系简单、管线不多，以及有大量单向重力运输要求（建筑物之间高差在 1.5m 以上）的建设项目。

（3）混合式

混合式（又称重点式）竖向布置，是混合运用上述两种形式进行的竖向布置，即根据使用要求和地形特点，把建设用地分为几个区域，有的区域采用平坡式以利于建筑的布置，而有的区域则采取台阶式以适应自然地形的复杂变化。如丘陵地区，为保证主体建筑的建设及交通等要求，可采用平坡式；而辅助部分则可按阶梯式布置。

对于一个较大的用地来说，自然地形往往变化复杂，坡度也不完全一样，可能存在平坦、缓坡、陡坡之分；在这种情况下采用混合式布置，更能充分发挥平坡式和台阶式竖向布置的各自优点、因地制宜地解决用地的竖向问题。

4.6.3　建设用地竖向形式的选择

（1）影响地面竖向布置形式的因素

竖向规划地面布置形式的选择，主要取决于以下因素：

1）用地的自然地理特征。如：用地的大小、自然地形坡度、工程地质和水文地质条件等。

2）建、构筑物的布局与基础埋深。即建、构筑物的平面布置形式（集中式或分散式）及建筑密度分布，单体建、构筑物（包括不可分割的建筑群体）占地面积及其基础埋置深度。

3）室外用地的使用要求。即建设项目室外用地的使用对用地平整的坡度要求、交通运输方式的要求等。

4）工程技术方面的要求。如：地上地下管网的分布及密度、用地土方工程量的要求等等。

5）其他因素。竖向规划地面布置形式的选择，还要考虑到用地地质条件（如为黏土类或岩石）、施工方法（人工填挖或机械施工）、室外工程投资额和建设速度的要求等。在某些情况下，这些其他因素对规划地面竖向布置形式的选择往往有很大影响，有时甚至是决定性的。如：某自然地形坡度为2%、宽度不大的用地，应采用平坡式竖向布置，但为减少人工平整场地的土方工程量，而选择了台阶式。

（2）竖向布置形式的选择

1）竖向布置横断面的几何要素

竖向布置横断面的几何要素主要有用地坡度，宽度及挖、填方高度等。

在地形为单一倾斜面的情况下，自然地形坡度、用地整平坡度、用地宽度和挖方、填方高度之间的关系，可用以下公式描述（见图4.6.3-1）：

$$\Sigma H = H_{挖} + H_{填} = B(i_{地} - i_{整})/100 \tag{4-1}$$

式中　ΣH——挖填方总高；

　　　$H_{挖}$——挖方高度；

　　　$H_{填}$——填方高度；

　　　B——用地宽度；

　　　$i_{地}$——自然地形坡度；

　　　$i_{整}$——用地设计整平坡度。

图 4.6.3-1　单一倾斜面中各要素的几何关系示例

考虑土壤疏松系数的影响和基槽等开挖余土，为达到挖填方的平衡，用地土方填方量，一般采用下列比例：

$$H_{挖} = (0.75 \sim 0.8)H_{填} \tag{4-2}$$

将此公式代入式（4-1），则：

$$H_{填} = B(i_{地} - i_{整})/(175 \sim 180) \tag{4-3}$$

2）典型条件下竖向布置形式的选择

在影响地面竖向布置形式的各因素中，建、构筑物的基础埋设深度对用地填方高度有着最直接的制约。从图4.6.3-1所示几何关系中可以看出，当单一倾斜面的最大填方高度

（$H_填$）小于基础构造埋设深度时，用地的竖向布置可采用形式简洁的平坡式；当单一倾斜面的最大填方高度（$H_挖$）大于基础构造埋设深度时，则宜采取台阶式，以降低填方高度，使其满足基础埋深的要求。当采用单台阶式布置后，填方高度（$H_填$）仍然大于基础合理的埋设深度时，可以多台阶布置方式降低填方高度。

为了在选择中便于比较，可按公式（4-3）所示的关系，设用地整平坡度为 0.5%、$H_挖 = 0.8H_填$，则：

$$H_填 = B(i_地 - 0.5\%)/180 \tag{4-4}$$

即：在一定的自然地形坡度（$i_地$）下，用地宽度（B）与填方高度（$H_填$）呈线性正相关（图 4.6.3-2）。根据基础埋设深度的限制，可从图 4.6.3-2 中直观地得到每一具体情况下平坡式与台阶式竖向布置的界限值；即：由基础埋设深度（以 3m 为例）可得到用地竖向的最大填方高度（$H_填$＝基础埋深＝3m），在相应自然地形坡度（设 $i_地 = 4\%$）的函数直线中可查得最大用地宽度（$B = 155m$）；若实际用地宽度小于该最大值（155m），则竖向布置形式可采用平坡式，否则须采用台阶式分段布置。

图 4.6.3-2 $H_填$、B 和 $I_地$ 关系图

由于所涉及因素的复杂性，这一方法显然存在某些局限性；但它毕竟具有一定的典型性和实际意义，当用地地形起伏的规律性比较强，能够将整个用地划分为若干单项坡面时，它可以帮助我们确定用地的竖向布置形式。在台阶式竖向布置中，还能借鉴它初步确定各台阶的高宽尺寸。

3）因地制宜、综合选择建设用地的竖向布置形式

应当指出，上图仅是根据典型横断面计算出的临界值，它不可能包括所有用地竖向布置中遇到的各种实际情况，公式 4-1 和图 4.6.3-2 中所涉及的各个参数均有不同的复杂性或不确定性：

① 自然地形的复杂性。如：位于起伏较大的丘陵地段或分水岭、凹地地形的用地，其自然地形坡度（$i_地$）变化复杂，工作中应选择典型位置的竖向断面进行具体分析。

② 用地竖向设计要求的多样性。不同建设项目对用地设计整平坡度（$i_整$）的要求各不相同。如虽为单向倾斜地形，但主要整平面的坡度允许较大，则对平坡式的选用限制大为降低，设计工作更为灵活。

③ 基础埋深限制的各种具体情况。上述方法的基本理论依据是建、构筑物的基础埋

193

置深度不小于用地的最大填方高度；但在具体的工程实践中，建、构筑物的基础埋置深度及其与用地的最大填方高度的关系往往千差万别。当基础的构造深度较小或较大时，其对用地的最大填方高度难以形成具体的限制；再如，在靠近填方坡顶布置铁路、道路、堆场等，避开用地最大填方处布置有基础的建、构筑物……设计时应根据实际情况加以具体分析、灵活运用。

因而，建设用地竖向布置形式多种多样（图 4.6.3-3），不能只根据上述公式计算的结果进行选择，还必须与整个总平面设计和运输设计统一考虑其可能性和合理性。在各种具体情况下，采用何种竖向布置形式为宜，需要结合当地的有关条件进行综合技术经济比较而定。在分析比较中，应抓住起主导作用的关键因素，做出经济、合理的决策。

图 4.6.3-3　同一用地的不同竖向规划处理
（a）自然坡；（b）单匀坡；（c）凸坡；（d）凹变坡；（e）筑平；（f）台地

4.6.4　台阶式竖向规划

在台阶式竖向布置中，整个建设用地可由分别处于不同高程上的若干台阶组成。它的布置应根据用地的自然地理特征、功能分区、内外交通组织、建筑密度和建、构筑物的占地尺寸等因素合理确定。

（1）台阶划分的原则

台阶的划分与用地的功能分区、交通运输组织、管线布置等有着紧密的联系。在满足使用功能的前提条件下，把用地的"平面"和"竖向"布置要求统一考虑，结合用地条件合理进行台阶划分，才能保证用地规划的完整性和经济合理性。在台阶划分时应考虑的主要原则是：

1）结合用地的功能分区，便于交通组织

一般按功能分区划分台阶，以便于使用功能、交通流线的组织和管网的敷设。有时数个功能区可以放在同一台阶上，有时一个功能区也可以布置在几个台阶上。特别是彼此之间交通联系频繁或使用性质相似的建、构筑物等应布置在同一台阶上，以避免因相互间高差过大而造成道路布置困难或线路过长、占地过多。

2）充分适应自然地形条件

为有效利用地形，狭长台阶宜与等高线平行布置，并与建设项目的交通流线组织相协调，形成一个顺序的阶梯系统。工厂总平面的竖向台阶宜按其生产的主要流程划分，最好形成由高而低的生产过程。

3）台阶的划分宜主、次分明

在某些情况下，台阶可分成主（要）台阶和辅（助）台阶。在主台阶上可布置对整个项目有重大影响的主要功能区和主体建筑或设施，并优先满足其在生产运输、地形地质和台阶宽度等方面的要求。辅台阶则可布置辅助性建、构筑物，并配合主台阶的设置而因地制宜布置。

4）台阶的数量要适当

在不过多增加工程量和投资的条件下，台阶数量不宜过多，以利于纵横向的交通运输联系和管线的敷设。

5）有利于减少土方量和基础工程量

在分台处理时，不宜采用全挖方或全填方的台阶，因为这会造成土方量较大、弃土或填土过多；一般都采用半填半挖的台阶，并把建、构筑物尽量布置在挖方的地段。

6）与建设施工方式相配合

台阶的划分要考虑当地的施工条件，人工施工的场地宜尽量减小对自然地形的改变，以减小土方工程量。当采用重型土方机械进行用地平整施工时，台阶划分不宜过于分散，数量不宜过多、面积不宜过小、宽度不宜过窄、标高变化不易过大，以避免使土方施工复杂化。

（2）台阶的尺寸

1）台阶的宽度

台阶的宽度，主要取决于台阶的需要宽度（$B_{需}$）和台阶的容许宽度（$B_{容}$）。前者是建设项目总平面布置需要的台阶宽度，即根据建设项目使用功能、交通流线组织、台阶上建筑物与构筑物的尺度及布置方式、通道宽度、管线敷设要求、建设施工条件以及总平面布局等所需要的台阶宽度；后者是场地自然条件容许的台阶宽度，即在经济合理的条件下，每一自然地形坡度实际允许的台阶宽度。这是一个问题的两个方面，若二者吻合，问题便可顺利解决；否则必须采取有效措施，使二者能够协调。

由公式（4-4）可以得出台阶的容许宽度为：

$$B_{容} = (175 \sim 180) \times H_{填} / (i_{地} - i_{整}) \tag{4-5}$$

在用地整平坡度（$i_{整}$）中，最小整平坡度须满足地面排水及施工误差要求。一般整平坡度应在 $0.5\% \sim 2\%$ 范围内。

合理的填方高度（$H_{填}$），主要视基础的构造埋深而定。一般民用建筑的基础埋深取决于冻土层厚度、地下水位、持力层位置及与基础有关的构造要求等因素。为保证工程建设的经济性，一般填方高度不超过基础埋深。

若设定用地整平坡度和合理的填方高度为某一确定值，即可由公式 4-5 得到台阶的容许宽度。若台阶需要的宽度小于或等于容许宽度，那么台阶的宽度就可以确定。否则就需要在可能条件下相应调整公式中有关参数，或采取必要的措施（如压缩通道宽度、将用地

195

整平面设计成较大的坡度、将交通联系较少的建筑物与构筑物布置在其他或新设置的台阶上、在足够的技术经济依据下增加基础埋设深度等），使所确定的台阶宽度满足功能、技术、经济等方面的要求。

除此之外，在采用机械化施工时，台阶的最小宽度，还受到施工机械最小操作宽度的限制，应为方便施工创造条件。

2）台阶的高度

相邻台阶之间的高差称为台阶高度。台阶高度主要取决于用地自然地形横向坡度和相邻台阶之间的功能关系、交通组织及其技术要求。此外，建筑物与构筑物基础埋深、台阶宽度、地质条件、台阶坡顶布置（是否有建筑物与构筑物）、土方工程量和挡土墙等支挡工程等，也影响台阶高度的确定。

台阶的高差一般以 3.0～4.0m 为宜（最高 4.0～6.0m），以避免道路坡道过长、交通组织困难并增加挡土墙等支挡结构工程量。当台阶高差处理为斜坡时，随高度增加还会引起斜坡占地过大，从而影响整个总平面布局。一般台阶高度在 3m 左右、自然地面坡度在 2%～3%，采用半填半挖设计时，台阶的宽度在 20～30m，基本上可以满足一般中小型建筑用地的布置要求。

但台阶高度也不宜过低，一般不小于 1.0m。过低的台阶虽能减少一些土方量，但总的意义不大，反而会带来其他一些不利影响。若总平面布局和使用功能要求允许，一般不应设置台阶，可采取提高地面坡度的办法予以处理。

在地面坡度较大的地段，如果总平面及运输设计允许，当基础构造埋深时，或在技术、经济允许额外增加局部的基础埋深时；或者当台阶坡顶附近布置小型建筑物、铁路、道路、空地、堆场时，台阶的高度可以稍大些。

建筑物垂直于自然等高线时，可采用建筑物室内地坪标高逐级跌落的处理方式，以降低挡土墙的高度。利用挡土墙作建筑物的基础，可缩小两个台阶之间的间距，节约用地、减小土方和支挡工程的工程量。

4.7 道路和广场竖向规划

根据详细规划设计中总平面图，进行道路和广场的竖向规划，所应用的图纸比例，依据所提供条件而定，如一般小城镇建设地段总平面图用 1：1000 或 1：500。

4.7.1 小城镇道路竖向规划的步骤与方法

（1）必须根据规划地段中的总平面图进行分析，以判断各条道路的功能、允许的纵坡度和限制坡长，初步确定各个交叉口和纵坡转折点的标高。标高值要使用地形平面图上原地貌等高距 H 值，如 $H=1.0$（m），标高值宜用 1，2，3，4，…；或 $H=0.5$（m），则标高值宜用 1.0，1.5，2.0，2.5，…，依此类推。

（2）根据交叉口至纵坡转折点的标高的高程差，除以该地形图的等高距，（如 1：1000 用 $H=1.0m$，1：500 用 $H=0.5m$，1：200 用 $H=0.1m$），即得所需平距的长度（为了快速作图，可用分规在路的中心线上进行分段），沿路中心线上标出各平距长度的点。

（3）应用平距比例尺（1：500，1：1000，…），即可判断交叉口至纵坡转折点或交叉口至交叉口之间的纵坡度 $i_纵$（%）。

（4）可在路中心线已标出的各平距长度的点上注明高程，且用红色数字和点指出它是设计等高线的位置和标高。

（5）判断所设计道路的纵坡度和纵坡长是否符合设计要求。如不符合设计要求则只能重新确定平面图上的交叉口标高和另选纵坡转折点并定出标高，以提高或降低纵坡度和增大或缩小纵坡长度。

（6）分析道路的设计纵坡与原来地貌的挖填状况和设计的道路对两旁用地的影响情况，是否影响两旁用地的发展和次要道路的进入。

4.7.2 小城镇道路纵坡转折点及交叉口标高的确定

小城镇道路有不同的使用功能。山区、丘陵地的小城镇道路的功能对道路提出了最大的纵坡要求，见表 4.7.2-1。

山区、丘陵地区道路的最大纵坡（%）　　　　　　　　　表 4.7.2-1

序号	道路种类	最大纵坡值
1	小城镇主干道	≯8（一般为 6）
2	小城镇次干道	≯8
3	建设用地通路	≯8
4	辅助道路	≯8
5	电瓶车道	≯4
6	自行车道	≯4
7	排除雨水的最小纵坡	≮0.2～0.4（一般为 0.3）

同时，山区丘陵地对道路的纵坡坡长有一定的限制，见表 4.7.2-2。

道路纵坡长度极限值（m）　　　　　　　　　表 4.7.2-2

纵坡（%）	坡长限制
>5～6	800
>6～7	400
>7～8	300
>8～9	100

因此，小城镇道路的路口标高和纵坡转折点标高的确定，必须根据道路功能，允许最大纵坡值和坡长极限值三方面因素来考虑。此外，还必须遵循以下几点。

（1）当道路路段连续纵坡大于 5% 时，应设置缓和地段。缓和地段的坡度不宜大于 3%，长度不宜小于 300m。当地形受到限制时，缓和地段长度可减为 80m。

（2）道路的定线设计必须充分结合自然地貌，只有在不得已时才动土方，从根本上改变原来的地貌；

（3）在竖向规划时，道路经过之处应尽可能不损坏表土层，使植物的栽培能正常成长；

197

（4）小城镇中的特殊用地，如工业、铁路专用线，水运码头设施等用地，在不影响它们的生产工艺流程及运输条件下，也应当充分注意完善道路与运输线路的竖向规划。

4.7.3　小城镇道路横断面竖向规划

小城镇规划中建设用地内的道路系统，除选择交叉口、纵坡转折点和确定标高外，尚需分析、确定和绘制道路的横断面竖向设计图。

各种小城镇不同形式的横断面由详细规划要求所决定，道路横断面坡度取决于不同路面的做法，见表 4.7.3-1。

道路的横向坡度（%）　　　　　　　　　　　　　　表 4.7.3-1

序　号	路面面层类型	横　坡
1	水泥混凝土路面	1.0～2.0
2	沥青混凝土路面	1.0～2.0
3	其他黑色路面	1.5～2.5
4	整齐石块路面	1.5～2.5
5	半整齐和不整齐石块路面	2.0～3.0
6	碎石和碎石材料路面	2.5～3.5
7	加固和改善土路面	3.0～4.0

（1）道路横断面的做法

1）抛物线型横断面的设计等高线　这类道路横断面属于低级路面，横坡大。

2）双斜面型横断面的设计等高线　此法多用于高级路面的横断面，横坡小。一般水泥混凝土路面、沥青混凝土路面，其他黑色路面都采用此法。

这类道路横断面的等高线设计可以应用设计等高线法。双斜面型道路横断面等高线设计的图形见图 4.7.3-1 所示。

图 4.7.3-1　双斜面型道路横断面的设计等高线

（2）路边有挡土墙和台地的设计等高线

路边为垂直的挡土墙，在平面图上以两条平行线表示，两线之间距离为按比例绘出的挡土墙的宽度。挡土墙上首和下脚的两条设计等高线的高程差，即为挡土墙的高度。图 4.7.3-2 中两条平行线宽度为 0.8m 表述了挡土墙的平面投影，图中所示等高线 5.80、5.90、6.00、6.10，表示挡土墙下部台地的设计高程，有从东往西向挡土墙内侧倾斜的坡面，墙脚有等高线所示的排水沟。等高线 7.10、7.20、7.30、7.40、7.50、7.60 表示挡土墙上部台地的高程，其排水由东往西向里倾斜，坡度大于挡土墙的下部台地。图中的分式，分子表明挡土墙顶部投影的标高，分母则说明了挡土墙底部的标高。分子与分母所指出的标高差值，即为挡土墙的高度（见图 4.7.3-2）。

图 4.7.3-2 挡土墙和台地设计等高线

（3）自然斜坡连接台地并设有石级的设计等高线

小城镇道路两侧有正、负坡面，它们相应高于路面或低于路面，除采取挡土墙分开路与台地、台地与台地的竖向设计做法外，一般为保持自然地貌不至破坏太多，常采用自然斜坡的竖向做法。在城镇中图 4.7.3-3 的设计能获得较好的景观效果。

图 4.7.3-3 台地之间自然斜坡（有石阶）的竖向规划

它的设计等高线如图所示，斜坡分隔了上部和下部两个台地，其高度可以从上下两台地对应的等高线数值之差中读出。石级是按高差实际情况，根据石级的形状按比例用平面投影绘制。

（4）小城镇道路等高线设计

道路竖向规划依据交叉口的标高、纵坡转折点标高，并联系次要路口中心点的标高，采用等高线设计法进行绘制。当然还包括红线上的挡土墙及自然斜坡。这在小城镇道路中是最常见的。

遇有道路与水路交叉（有桥梁跨越），或铁路与道路交叉时，均应在竖向规划中标明控制点标高（如前图 4.4.2-1 及图 4.4.2-2 所示）。

4.7.4 小城镇道路交叉口竖向规划设计

小城镇道路一般为十字相交或丁字相交，也有多条路相交的路口，其设计等高线的绘制方法大同小异，这里仅以最典型的十字交叉口为例加以说明。

道路交叉口由于道路纵向坡度的大小、坡向和自然地形等情况的不同，所绘制的设计等高线一般有下列 4 种形式。

（1）凸、凹形地形交叉口

道路交叉口坐落于地貌的最高处（中间凸起的地形），四条道路的纵坡坡向均由交叉口中心向外倾斜，称作凸形交叉口；反之，四条道路的纵坡坡向均向交叉口中心倾斜，则称凹形路口，这个交叉口处在地貌的最低处（中间凹下的盆地）。

凸形地形交叉口，设计等高线自交叉口中心点向四周道路圈层状放射出去(图 4.7.4-1)，相交道路纵坡保持不变，使雨水流向四周道路的边沟，交叉口转角处不设置雨水口。

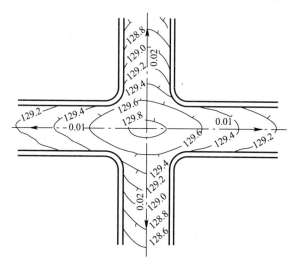

图 4.7.4-1　凸形地形交叉口设计等高线

凹形地形交叉口的情况正好相反，交叉口中心最易聚积地面水，因此只好在交叉口中心附近增设标高略高的设计等高线（图 4.7.4-2），形成中心点略高、转角附近一圈较低、四周外围道路逐渐升高的地形，使凹形交叉口中心处的雨水流向四个转角的雨水口，避免交叉口积水。

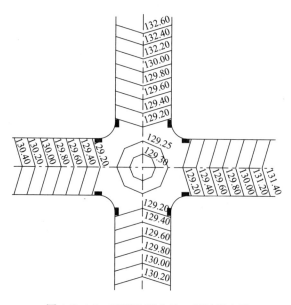

图 4.7.4-2　凹形地形交叉口设计等高线

（2）单坡地形交叉口

这类交叉口位于斜坡地形上，相邻两条道路的纵坡向交叉口中心倾斜，另两条道路则由交叉口中心外向倾斜。

在这种交叉口处，向交叉口中心倾斜的两条道路的纵坡轴，共同往其所夹的一侧街沟靠拢，转角处设置集水口。另两条道路的纵坡由交叉口向外倾斜时，它们的纵坡分水线，则应从其与坡向交叉口道路所夹街角街沟处，逐步引向道路的中心轴线。交叉口的设计竖向高程呈现单向的倾斜面（图 4.7.4-3）。

图 4.7.4-3 单坡倾斜面交叉口设计等高线

（3）分水线与汇水线地形交叉口

位于分水线地貌上的交叉口，3 条道路的纵坡坡向由交叉口中心向外倾斜，而另一条道路的纵坡坡向则向交叉口中心倾斜。这种情况下的等高线竖向设计，可不改变横断面形状，倾向交叉口的道路在进入交叉口范围后，将原来的路拱顶线分为 3 个方向，逐步离开交叉口的中心，在倾向交叉口道路转角处设置雨水口（图 4.7.4-4）。

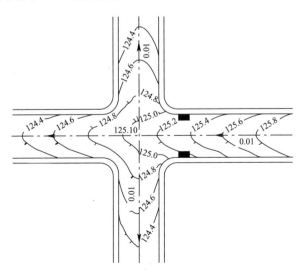

图 4.7.4-4 分水线双斜坡面交叉口设计等高线

位于汇水线地貌上的交叉口，与上述情况相反，3 条道路的纵坡坡向是向交叉口中心倾斜，另一条道路的纵坡坡向则由交叉口中心向外倾斜。这种情况下，两条相对倾向交叉口中心的道路，将其路拱纵坡的相交转折点外移；在 3 条倾向交叉口中心道路的街角处形成坡度稍缓的半环形地带，并设置雨水口截留雨水。

（4）马鞍形地形交叉口

道路交叉口位于马鞍形地形处时，相对两条道路的纵坡向交叉口中心倾斜，另相对两条道路的纵坡由交叉口中心背向向外倾斜。处于这种地形的交叉口，其中心坡向的设置宜与主要道路相一致，并在纵坡向中心点倾斜的道路进入交叉口的街角处，设置雨水口，以减少雨水排向另外两条道路（图 4.7.4-5）。

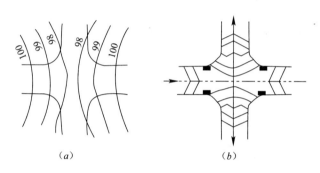

（a）　　　　　　　　　　　　（b）

图 4.7.4-5　马鞍形地形交叉口的设计等高线

4.7.5　各种场地的适宜坡度

建设用地平整标准见表 4.7.5-1。

建设用地平整标准（％）　　　　　　　　　表 4.7.5-1

应用类型	极限范围	理想范围
主要街道	0.5～10	1～8
支路	0.5～20	1～12
辅助车道	0.5～15[①]	1～10[①]
停车场	0.5～8	1.5～5
人行道汇集处	0.5～12	1～8
人行道入口	0.5～8	1～4
行人坡道	≤12	≤8
楼梯	25～50	33～50
建筑物的主要通道	1～4	2～3
无障碍斜坡	1～8	2～4
服务区（混凝土）	0.5～5	1～4
球场	0.5～2	0.5～1.5
运动场	1～5[②]	2～3[②]
阶地和休息区	0.5～3	1～2

续表

应用类型	极限范围	理想范围
娱乐草坪区	2~5	2~4
底部植草的水渠	0.5~15	2~10
草皮堤岸	≤50③	≤33④
植被堤岸	≤100③	≤50③

① 在负荷或非负荷区域，最佳坡度是 1.5%~3%。
② 运动场，如足球场地，如果在横向上有 2%~3% 的坡度，那么在纵向上可以是水平的。
③ 取决于土的类型。
④ 对于电动割草机建议的最大坡度。最佳坡度是 25%。
总的建议：
(1) 根据表面材料的排水能力，应适当增加最小坡度。
(2) 根据当地气候条件，如冰和雪，以及维护设备的限制，应适当减小最大坡度。
(3) 所有的标准应对照当地的建筑规范，经管理部门审核。

4.8 土方工程

竖向布置对整平场地的土方工程有三个要求：(1) 计算填土和挖土的工程量；(2) 使土方工程经济合理；(3) 使填方与挖方接近平衡。

4.8.1 计算土方的方格网法

土方量计算，采用方格网法的较多，其步骤如下。

（1）划分方格，并绘制土方量计算方格网

根据地形复杂情况和规划阶段的不同要求，将用地划分为若干个边长为 10m、20m、40m 或边长大于 40m 的正方形，并用适当比例绘制土方量计算方格网，如图 4.8.1-1 所示。

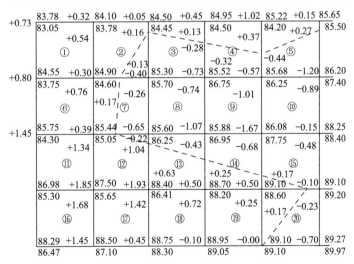

图 4.8.1-1　土方量计算方格图

（2）标注地形图和竖向规划图

用插入法计算各方格角点的自然标高和设计标高，并标注在土方量计算方格图上：

设计标高

自然标高

（3）设计施工高度

计算各方格角点的施工高度，并标注在土方量计算方格图上。

$$施工高度 = 设计标高 - 自然标高$$

上式"＋"表示填方，"—"表示挖方。

（4）找出"零"点，确定填挖分界线

在计算方格网中，某一方格内相邻两角，一为填方一为挖方时，其间必有一"零"点存在。将方格中各零点连接起来，即可得出填挖分界线。

"零"点的求法，有数解法和图解法两种。无论采用何种方法求"零"点时，均假定原地面线是直线变化的。

1）数解法：从图 4.8.1-2 （a）所示两相似三角形得

$$\frac{x}{h_1} = \frac{a-x}{h_2}$$

经整理后得
$$x = a \times h_1 / (h_1 + h_2) \qquad (4\text{-}6)$$

图 4.8.1-2　求土方量"零"点线图

将图中各值代入式（4-6），

则得　$x = 8m$

2）图解法：在图 4.8.1-2 （b）上，根据相邻两角点的填挖数值，在不同方向量取相应的单位数，以直线相连，则该直线与方格的交点即为"零"点。

（5）土方量计算

根据每个方格的填挖情况分别计算土方量，然后，将各方格的填方和挖方量汇总，即得整个建设用地的填方量和挖方量。计算时最好采用列表计算，以便于检查、校对，表 4.8.1-1 为计算表格的一种形式。根据计算方法不同，还可以制成其他的表格形式。

方格网土方量计算表　　　　　　　　表 4.8.1-1

方格编号	平均填挖高度（m）		填挖面积（m²）		土方量（m³）		备注
	填（＋）	挖（—）	填（＋）	挖（—）	填（＋）	挖（—）	

各方格的填挖方量计算采用平均高度法。即：

$$V_{f(c)} = F_{f(c)} \cdot h_{f(c)} \tag{4-7}$$

式中　$V_{f(c)}$——为方格中填方体积（V_f）或挖方体积（V_c）（m^3）；

　　　$F_{f(c)}$——为方格中填方面积（F_f）或挖方面积（F_c）（m^2）；

　　　$h_{f(c)}$——为方格中填方（或挖方）部分的平均填方（或挖方）高度（m）。

4.8.2　计算土方的断面法

　　断面法是一种常用的土方计算方法，它常用于线路工程的土方计算。当采用高程箭头法进行用地的竖向规划时，用断面法计算土方量比较方便。如果采用纵横断面法进行用地的竖向规划时，也可采用此法计算土方量。为使计算的土方量更接近实际情况，此时，以纵断面和横断面分别计算所得的土方量的平均值，作为用地的土方量。

　　计算步骤如下：

　　（1）布置断面

　　根据地形变化和竖向规划的情况，在用地竖向规划图上画出断面的位置。断面的走向，一般以垂直于地形等高线为宜。断面位置，应设在地形（原自然地形）变化较大的部位。断面数量、地形变化情况对计算结果的准确程度有影响。地形变化复杂时，应多设断面；地形变化较均匀时，可减少断面。要求计算的土方量较准确时，断面应增多；作初步估算时，断面可少一些。

　　（2）作断面图

　　根据各断面的自然标高和设计标高，在坐标纸上按一定比例分别绘制各断面图。绘图时垂直方向和水平方向的比例可以不相同，一般垂直方向放大 10 倍。

　　（3）计算各断面的填挖面积

　　断面的填挖面积，可由坐标纸上直接求得；或划分为规则的几何图形进行计算，也可用求积仪计算。

　　计算填挖方量（土方量）

　　相邻两断面间的填方或挖方量，等于两断面的填方面积或挖方面积的平均值，乘以其间的距离。计算公式为

$$V = 1/2 \cdot (F_1 + F_2) L \tag{4-8}$$

式中　V——相邻两断面间的填（挖）方量（m^3）；

　　　F_1——为"1"断面的填（挖）方面积（m^2）；

　　　F_2——为"2"断面的填（挖）方面积（m^2）；

　　　L——相邻两断面间的距离（m）。

　　为避免计算中发生遗漏和重复，同时也便于检查、校核和汇总，最好采用列表（表 4.8.2-1）计算。

断面法填挖土方计算表　　　　　　　　　　　　　　　　　　表 4.8.2-1

断面编号	填方面积（m^2）	挖方面积（m^2）	间距（m）	平均填方面积（m^2）	平均挖方面积（m^2）	填方体积（m^3）	挖方体积（m^3）
1～1	+42	−20	20	+28	−16	+560	−320
2～2	+14	−12	40	+58.55	−6	+2342	−240

205

续表

断面编号	填方面积（m²）	挖方面积（m²）	间距（m）	平均填方面积（m²）	平均挖方面积（m²）	填方体积（m³）	挖方体积（m³）
3～3	+103.1	0	40	+64.55	−19	+2582	−760
4～4	+26	−38	40	+56.50	−27	+2260	−1080
5～5	+87	−16	40	+43.50	−22	+1740	−880
6～6	0	−28				+9484	−3280

4.8.3　用地整平土石方量估算

进行用地竖向规划的标高确定过程中，用地的挖填最好平衡，也可参照表 4.8.3-1 中所列的平衡相差幅度值。若超过表 4.8.3-1 的值时，如果没有充分理由和根据，应调整用地竖向规划的标高。

各种地形条件的正常土方工程数量

表 4.8.3-1

地形条件 项目名称	平地	$i_自$（%）		
		5～10	10～15	15～20
每公顷土方工程量（m³）	2000～4000	4000～6000	6000～8000	8000～10000
建筑物占地面积上土方工程量（m³/m²）	2～4	3～4	4～8	8～1

（1）土方工程设计的原则与方法

为使土方工程设计经济、合理，有必要参照一些行之有效的原则和方法。在符合地面排水、防洪、地下水位要求的前提下，建筑物场地采取"多挖少填"，能减少建筑物基础工程量，使基础处理简易，对建筑物结构有利，"重挖轻填"，即在重型建筑物地段上采取挖方，轻型建筑物、道路、场地及绿化地段上采取填方，也对建筑物结构有利；"上挖下填"、"就近挖填"，能减少土方运输距离，尽量使土方量就地平衡；在土方可用于就地烧砖、石方直接作为建筑材料，或土石方可用于造田、增加耕地面积、改良土壤、支援农田基本建设的情况下，土（石）方应是宁多勿缺。一般建设用地在土方初平后，似乎已达挖填平衡，实际上在建筑物竣工后，当清理场地时，往往出现不少余方，因此，应留一定的空地消方。换言之，在计算用地整平土方初平时应以缺方为好。在进行土方平衡时，应考虑土壤的可松性的建（构）筑物、设备基础、道路、管沟等的余土来与初平计算的挖填数量进行总的平衡。

（2）土壤的松散系数

当土壤经过挖掘后，土体组织破坏，体积增加。在原土壤密实的情况下，如将挖方再作填料时，其体积比原土体积大。只有经过相当长时间后，由于土重力作用、雨水湿润，或经过夯实后，土壤颗粒再度结合，方可密实，但仍不能夯实到原土体积。各类土壤的松散系数如表 4.8.3-2 所示。若原土孔隙大（如大孔土等）采用机械压实后，有时也会出现 1m³ 原土土料，回填不满 1m³ 的情况。因此，松散系数应根据土质和压实要求的具体情况确定。

土壤松散系数　　　　　　　　　　表 4.8.3-2

土的分类	土的级别	土壤的名称	最初松散系数	最终松散系数
一类土（松软土）	I	略有黏性的砂土、粉土腐殖土及疏松的种植土；泥炭（淤泥）	1.08～1.17	1.01～1.03
		植物性土、泥炭	1.20～1.30	1.03～1.04
二类土（普通土）	II	潮湿的黏性土和黄土；软的盐土和碱土；含有建筑材料碎屑、碎石、卵石的堆积土和种植土	1.14～1.28	1.02～1.05
三类土（坚土）	III	中等密实的黏性土或黄土；含有碎石、卵石或建筑材料碎屑的潮湿的黏性土或黄土	1.24～1.30	1.04～1.07
四类土（砂砾坚土）	IV	坚硬密实的黏性土或黄土；含有碎石、砾石（体积在 10%～30%、重量在 25kg 以下的石块）的中等密实黏性土或黄土；硬化的重盐土；软泥灰岩	1.26～1.32	1.06～1.09
		泥灰岩、蛋白石	1.33～1.37	1.11～1.15
五类土（软岩）	V～VI	硬的石灰纪黏土；胶结不紧的砾岩；软的、节理多的石灰岩及贝壳石灰岩；坚实的白垩；中等坚实的页岩、泥灰岩		
六类土（次坚岩）	VII～IX	坚硬的泥质页岩；坚实的泥灰岩；角砾状花岗岩；泥灰质石灰岩；黏土质砂岩；云母页岩及砂质页岩；风化的花岗岩、片麻岩及正常岩；滑石质的蛇纹岩；密实的石灰岩；硅质胶结的砾岩；砂岩；砂质石灰质页岩	1.30～1.45	1.10～1.20
七类土（坚岩）	X～XII	白云岩；大理石；坚实的石灰岩、石灰质及石英质的砂岩；坚硬的砂质页岩；蛇纹岩；粗粒正长岩；有风化痕迹的安山岩及玄武岩；片麻岩；粗面岩；中粗花岗岩；坚实的片麻岩，粗面岩；辉绿岩；玢岩；中粗正长岩		
八类土（特坚岩）	XIV～XVI	坚实的细粒花岗岩；花岗片麻岩；闪长岩；坚实的玢岩、角闪岩、辉长岩、石英岩；安山岩；玄武岩；最坚实的辉绿岩、石灰岩及闪长岩；橄榄石质玄武岩；特别坚实的辉长岩；石英岩及玢岩	1.45～1.50	1.20～1.30

注：① 土的级别为相当于一般 16 级土石分类级别；
　　② 一至八类土壤，挖方转化为虚方时，乘以最初松散系数；挖方转化为填方时，乘以最终松散系数。

（3）建筑物、构筑物、设备基础、道路及管沟的余土估计

建设用地的整平土方工程一般在初步设计阶段进行，以便于施工时的"三通一平"，此称为第一次土方工程量或初平土方。施工过程中还有建筑物、构筑物、机械设备等基础的基槽余方和地下工程、管线地沟、道路挖槽等余方。这些余方数量不可能在用地整平时就提供具体的数量，因而只能另行计算。在用地初平选择设计标高时，应考虑用地土方工程总的平衡因素，这是很重要的。因此，这部分余方工程量可参照一些参数进行估算。

207

1）建筑物、设备基础的余方量估算公式：

$$V_1 = K_1 \cdot A_1 \tag{4-9}$$

式中　V_1——基槽余方数量（m^3）；

A_1——建筑占地面积（m^2）；

K_1——基础余方量参数（见表 4.8.3-3）。

基础余方量参数（m^3/m^2）　　　　　　　　　表 4.8.3-3

名称		基础余方量参数 K_1	备注
车间	重型	0.3～0.5	有大型机床设备
	轻型	0.2～0.3	
居住建筑			
公共建筑		0.2～0.3	
仓库			

注：① 基础余方量参数 K_1，指每平方米的建筑占地面积的指标。
　　② 建设用地为软弱地基时，K_1 应乘以 1.1～1.2。

2）地下室的余方量估算公式：

$$V_2 = K_2 \cdot n_1 \cdot V_1 \tag{4-10}$$

式中　V_2——地下室挖方工程量（m^3）；

K_2——地下室挖方时的参数（包括垫层、放坡、室外标高差），一般取 1.5～2.5，地下室位于填方量多的地段取下限值，填方量少或挖方地段取上限值；

n_1——地下室面积与建筑物占地面积之比。

3）道路路槽余方量估算（指平整用地后再做路槽）公式：

$$V_3 = K_3 \cdot F \cdot h \tag{4-11}$$

式中　V_3——道路路槽挖方量（m^3）；

K_3——道路系数（详见表 4.8.3-4）；

F——建筑场地范围总面积（m^2）；

h——拟设计路面结构层厚度（m）。

4）管线地沟的余方量估算公式：

$$V_4 = K_4 \cdot V_3 \tag{4-12}$$

式中　V_4——管线地沟的余方量（m^3）；

K_4——管线系数（与地形坡度有关），详见表 4.8.3-4。

道路和管线系数　　　　　　　　　表 4.8.3-4

地形　项目		平坡地	$i_{自}$（%）		
			5～10	10～15	15～20
道路系数（K_3）		0.08～0.12	0.15～0.20	0.20～0.25	>0.25
管线地沟系数（K_4）	无地沟	0.15～0.12	0.12～0.10	0.10～0.05	≤0.05
	有地沟	0.40～0.30	0.30～0.20	0.20～0.08	≤0.08

4.9 小城镇道路中线坐标点的计算

为准确按规划进行小城镇建设，便于分期发展，配合各项建设项目逐步实现，小城镇道路中线的主要控制点需要以地形图测量所定大地经纬度的坐标作为控制依据。本节所列为根据规划道路中线控制点坐标，计算设计道路中线控制点的坐标及点线关系，在设计中常应用的几种情况。至于需要由测量确认坐标值的方法，则不在此列。下述各项中横坐标（东、西向）为 y，纵坐标（南、北向）为 x。

4.9.1 方位角与方向角的关系

见图 4.9.1-1 及表 4.9.1-1 所示。

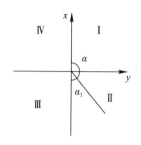

图 4.9.1-1 方位角与方向角关系

方位角与方向角的关系　　　　　　　　表 4.9.1-1

象限	方位角(α)	方向角(α_1)方向	公　式	Δx	Δy
I	$0°\sim90°$	北　东	$\alpha=\alpha_1$	＋·	＋
II	$90°\sim180°$	南　东	$\alpha_1=180°-\alpha$	－	＋
III	$180°\sim270°$	南　西	$\alpha_1=\alpha-180°$	－	－
IV	$270°\sim360°$	北　西	$\alpha_1=360°-\alpha$	＋	－

注：方位角自北按顺时针方向旋转，方向角自南或北向东或西方向旋转，计算角度。

4.9.2 两点间方位角及距离计算

已知：点 A (x_a, y_a)，点 B (x_b, y_b) 及其坐标，

求：$\overline{AB}$ 线的方向角 α_1

由
$$\text{tg}\alpha_1=\frac{y_b-y_a}{x_b-x_a} \quad 可得 \alpha_1$$

两点间之距离为

$$AB=\frac{y_b-y_a}{\sin\alpha_1} \tag{4-13}$$

或
$$AB=\frac{y_b-y_a}{\cos\alpha_1}$$

$$AB=\sqrt{\Delta x^2+\Delta y^2}=\sqrt{(x_b-x_a)^2\sin\alpha-(y_b-y_a)^2} \tag{4-14}$$

参见图 4.9.2-1 所示。

图 4.9.2-1 两点间方位角及距离

4.9.3 已知点至已知线的垂距计算

已知：AC 线方位角 α、A 点坐标 (x_a, y_a) 及线外一点 B 的坐标 (x_b, y_b)，则 B 点至 AC 线的垂距

209

$$d = (x_b - x_a)\sin\alpha - (y_b - y_a)\cos\alpha \qquad (4-15)$$

见图 4.9.3-1 所示。

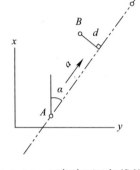

4.9.4　两直线相交点的坐标计算

已知：二直线 AC、BC 相交于 C，A、B 两点的坐标，AC 方位角 α，BC 方位角 β，可按下式计算：

（1）C 点坐标

$$x_c = \frac{x_a \operatorname{tg}\alpha - x_b \operatorname{tg}\beta - y_a + y_b}{\operatorname{tg}\alpha - \operatorname{tg}\beta}$$

或

图 4.9.3-1　已知点至已知线的垂距

$$x_c = \frac{(x_a - x_b)\operatorname{tg}\alpha - (y_a - y_b)}{\operatorname{tg}\alpha - \operatorname{tg}\beta} + x_b \qquad (4-16)$$

$$y_c = (x_c - x_a)\operatorname{tg}\alpha + y_a$$

或
$$y_c = (x_c - x_b)\operatorname{tg}\beta + y_b \qquad (4-17)$$

可按二式计算校核。见图 4.9.4-1 所示。

（2）AC 及 BC 长度可按式（4-16）、式（4-17）求出。

应注意，计算出 $\operatorname{tg}\alpha$ 及 $\operatorname{tg}\beta$ 值代入公式时，在第一、三象限为正值，第二、四象限为负值。当方位角 α 或 β 角度甚小时，为使 y_c 值精度达到 0.0001m 即保证闭合计算 x_c 值的有效数应达到 0.0000001。

图 4.9.4-1　两直线交点的坐标

4.9.5　直线与圆曲线交点坐标计算

已知：直线 AC、方位角 α、A 点坐标（x_a，y_a），圆半径 R，圆心 O 点坐标（x_a，y_a），直线与圆曲线交于 C 点。则 C 点坐标可按下述计算。

（1）OA 连线，长度为

$$OA = \sqrt{(x_a - x_o)^2 + (y_a - y_o)^2}$$

OA 方位角 $\gamma = \operatorname{arctg} \dfrac{y_a - y_o}{x_a - x_o}$

$\angle a =$ 方位解 $\gamma -$ 方位解 α

$$\angle c = \arcsin \frac{\overline{OA} \cdot \sin a}{R}$$

$$\angle b = 180° - \angle a - \angle c$$

OC 方位解 $\varepsilon = \gamma + 180° + \angle b$

$$\overline{AC} = \frac{R \cdot \sin b}{\sin a}$$

则 C 点坐标为

$$\begin{cases} x_c = x_a + AC \cdot \cos a \\ y_c = y_a + AC \cdot \sin a \end{cases}$$

或

$$\begin{cases} x_c = x_a + R \cdot \cos\varepsilon \\ y_c = y_a + R \cdot \sin\varepsilon \end{cases} \qquad (4-18)$$

可按二组公式计算、校核。

如需计算 C 点至曲线切点 D 的弧长时，若切线的方位角为 β，则

$$\widehat{DC} = R \cdot \varphi \frac{\pi}{180°},$$

其中

$$\varphi = \varepsilon - (\beta \pm 90°) \tag{4-19}$$

计算方向角时应注意方向及正负号。见图 4.9.5-1 所示。

直线为正东西方向时：

$$\begin{cases} (x_c - x_o)^2 + (y_o - y_o)^2 = R^2 \\ x_c = c \end{cases} \tag{4-20}$$

c 为常数，即由定线要件或计算所得 x 坐标值。

（2）直线为正南北方向时。

$$\begin{cases} (x_c - x_o)^2 + (y_c - y_o)^2 = R^2 \\ y_c = c \end{cases} \tag{4-21}$$

c 为常数，即由定线条件或计算所得 y 坐标值。

（3）直线为任意方向时

$$\begin{cases} (x_c - x_o)^2 + (y_c - y_o)^2 = R^2 \\ y_c - y_a = \text{tg}a(x_c - x_a) \end{cases} \tag{4-22}$$

图 4.9.5-1　直线与圆曲线交点坐标

4.9.6　两圆曲线交点坐标计算

已知：两圆曲线半径 R_A、R_B 及其圆心坐标，由曲线交点 C 之坐标计算如下：

$$AB = \sqrt{(x_a - x_b)^2 + (y_a - y_b)^2}$$

方向角 $\gamma = \text{arctg} \dfrac{y_b - y_a}{x_b - x_a}$

$$\angle a = \arccos \frac{R_A^2 + \overline{AB^2} - R_B^2}{2R_A \cdot \overline{AB}}$$

AC 方位角 $\alpha = \gamma - \angle a$

$$\angle b = \arccos \frac{R_B^2 + \overline{AB^2} - R_A^2}{2R_B \cdot \overline{AB}}$$

BC 方位角 $\beta = \gamma \pm 180° + \angle b$

C 点坐标为

$$\begin{cases} x_c = x_a + R_A \cdot \cos a \\ y_c = y_a + R_A \cdot \sin a \end{cases}$$

或

$$\begin{cases} x_c = x_b + R_B \cdot \cos \beta \\ y_c = y_b + R_B \cdot \sin \beta \end{cases} \tag{4-23}$$

如需要计算交点至任一曲线切点的曲线长度时，计算方法同前。如图 4.9.6-1 所示。

图 4.9.6-1　两圆曲线交点坐标

4.9.7　直线与缓和曲线交点坐标计算

已知直线上 A 点坐标及直线方位角 a，缓和曲线起点 T 的坐标及缓和曲线切线方位角

β。直线与缓和曲线交于 B 点，则 B 点坐标计算如下：

图 4.9.7-1　直线与缓和
曲线交点坐标（一）

以 T 点为原点，切线为 x 轴，垂线为 y 轴作计算坐标，见图 4.9.7-1。

$\varphi = a - \beta$，计算 a、b 值：

AT 方位角 $\gamma = \operatorname{arctg} \dfrac{y_A - y_T}{x_A - x_T}$

$$AT = \frac{x_A - x_T}{\cos\gamma} \quad 或 \quad \frac{y_A - y_T}{\sin\gamma}$$

计算出 θ 值，则

$$a = \overline{AT} \cdot \sin\theta$$
$$b = \overline{AT} \cdot \cos\theta$$

因为 φ 角很小，则 $S \approx x$（S——为起点至任一点的缓和曲线长度）
由缓和曲线方程得知

$$y = \frac{x^3}{6c} + \frac{x^7}{336c^3}, \quad （c = Rl）$$

由直线方程得知 $y = b - (x + a)\operatorname{tg}\varphi$，$\dfrac{x^7}{336c^3}$ 很小，可略去不计。

则

$$\frac{x^3}{6c} + x\operatorname{tg}\varphi + a\operatorname{tg}\varphi - b = 0$$

解上式可得 x 及 y 值，则缓和曲线支距坐标：

$$\overline{AB} = (a + x)\frac{1}{\cos\varphi}$$

B 点坐标为

$$\begin{cases} x_B = x_A + \overline{AB}\cos\alpha \\ y_B = y_A + \overline{AB}\sin\alpha \end{cases} \tag{4-24}$$

$$TB = x + \frac{t^5}{40c^2}$$

α 值的符号和直线方程的变化如图 4.9.7-2 所示。

$$y = (a - x)\operatorname{tg}\varphi - b \qquad y = (x - a)\operatorname{tg}\varphi - b \qquad y = b - (a - x)\operatorname{tg}\varphi$$

图 4.9.7-2　直线与缓和曲线交点坐标（二）

4.9.8　两条平行于规划中线的施工中线交点坐标计算

（1）平行距离相等时，已知规划中线二直线的方位角 α、β，交点 A 的坐标。施工中线与规划中线平行，距离均为 d，则施工中线交点 B 的坐标计算如下：（如图 4.9.8-1）

$$\angle\theta = \frac{\alpha - \beta}{2}$$

$$\overline{AB}=\frac{d}{\cos\theta}$$

$\overline{AB}$ 的方位角

$$\gamma=\alpha+90°\pm\theta$$

增量 $\Delta y=\overline{AB}\sin\gamma$，$\Delta x=\overline{AB}\cos\gamma$

图 4.9.8-1　平行线交点坐标

则 B 点坐标为 $\begin{cases}x_b=x_a\pm\Delta x\\y_b=y_a\pm\Delta y\end{cases}$ （4-25）

正、负号应视 A、B 两点相对位置决定。

（2）平行距离不相等时

已知规划中线二直线的方位角 α、β，交点 A 的坐标。施工中线与规划中线平行距离分别为 d_1、d_2，则施工中线交点 B 的坐标可计算如下：（见图 4.9.8-2）

延长一条施工中线与规划中线交于 C 点，

则

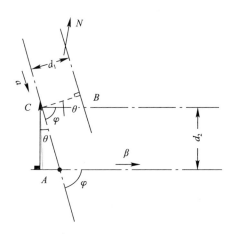

$$\angle\varphi=\alpha-\beta\pm180°$$

$$\angle\theta=90°-\varphi$$

$$\overline{AC}=\frac{d_2}{\cos\theta}\quad\left(或\overline{AC}=\frac{d_2}{\sin\varphi}\right)$$

AC 的方位角为 α，则上述可求得 C 点对于 A 点的坐标增量 Δx、Δy。

$$\Delta x=\overline{AC}\cdot\cos\alpha$$

$$\Delta y=\overline{AC}\cdot\sin\alpha$$

由此可求得 C 点的坐标 $\begin{cases}x_c=x_a\pm\Delta x\\y_c=y_a\pm\Delta y\end{cases}$ （4-26）

图 4.9.8-2　平行距离不相等时

$$\overline{BC}=\frac{d_1}{\cos\theta}$$

BC 的方位角为 β，则用同法可计算 B 点对于 C 点的坐标增量，据以求得施工中线交点 B 的坐标。

当施工中线与一条规划中线平行，与另一规划中线相交，求计算交点坐标时，可按上述求 C 点坐标步骤计算。求 BC 长度时可直接用 φ 角以简化。

主要参考文献

1　王炳坤编. 城市规划中的工程规划. 天津：天津大学出版社，1994

2　李德华主编. 城市规划原理（第三版）. 北京：中国建筑工业出版社，2000

3　史蒂文·斯特罗姆，库尔特·内森著，任慧韬等译. 风景建筑学场地工程. 大连：大连理工大学出版社，2002

4　（美）哈维·M·鲁本斯坦著，李家坤译. 建筑场地规划与景观建设指南. 大连：大连理工大学出版社，2001

5　金兆森编著. 村镇规划. 南京：东南大学出版社，1999

6　姚宏韬主编. 场地设计. 沈阳：辽宁科技出版社，2000

213

下 篇

小城镇市政专项规划

第 5 章　小城镇给水工程规划

　　水是人类在生活、生产和社会活动过程中十分重要的、不可替代的自然资源，是小城镇可持续发展的制约因素。地球上的水域面积约占全球面积的 1/6，但其中开发条件较好、逐年更新的淡水资源仅约占全球总水量的 0.03‰，而在一定技术经济条件下能为人们利用的水量又极为有限。我国是世界上水资源短缺的国家之一，人均水资源占有量不到世界平均水平的 1/4。并且，如此有限而珍贵的水资源，正在受到不同程度的污染。

　　为了提高人民的生活水平，促进我国小城镇健康、有序、可持续发展，如何在满足用户对水质、水量和水压要求的前提下，合理开发、利用和保护水资源，节约用水，优化小城镇给水设施配置和建设，降低小城镇给水工程建设费用和经营管理费用，避免重复建设，是小城镇给水工程规划的主要任务。小城镇给水工程规划的目的是要保证所规划的小城镇及其相关区域有良好的供水保障条件。

5.1　规 划 原 则

　　小城镇给水工程规划应遵循以下原则：

　　（1）符合国家及地方有关法规标准要求的原则；

　　（2）实行社会、经济、环境效益的统一和可持续发展的原则；

　　（3）整体规划、合理布局、因地制宜、节约用地的原则；

　　（4）近远期结合、分期实施、经济实用的原则；

　　（5）依据小城镇总体规划及相关区域和城镇体系规划的原则。

　　同时，规划中应考虑下列要求：

　　（1）小城镇用水量预测，应充分考虑小城镇的性质、用地布局，人口规模、工业和商业服务业等经济发展，水资源量的变化趋势，工业生产技术进步以及生活水平的提高等因素，采用多种方法预测。

　　（2）编制小城镇及其相关区域供水水源开发利用规划，必须正确处理小城镇用水、工业用水、农业用水的关系，统筹兼顾，综合合理开发利用水资源，实现水资源的合理配置，高效利用，保证小城镇的可持续发展。开发水资源必须进行综合科学考察和充分的调查研究。

　　（3）小城镇生活水源的选择应在保证水量的前提下，采用优质水源以确保居民身体健康不受影响。采用地下水源时，应慎重估计可供开采的地下水储量，防止地下水过量开采，造成地面沉降引起次生灾害或地下水质污染。

　　（4）在合理开发利用水资源的同时，必须采取有效措施，保护水资源。包括保护植被、防止水土流失、控制污染、改善生态环境。在规划水资源开发利用的同时，要进行水资源保护规划。

（5）根据小城镇功能分区、地形条件、用户对水量水质和水压的要求，通过充分的技术经济比较，确定水厂的数量和位置，确定供水方式（集中或统一供水方式），确定水压保障方式（一次加压或中途加压），确定水量调节方式。

（6）在制定小城镇给水工程规划的同时，必须制定小城镇节约用水发展规划。提倡多渠道开发水资源，逐步实施污水资源化，实行计划用水，厉行节约用水。有条件的地区，给水工程规划与水环境污染治理规划要统筹考虑。

（7）小城镇给水工程规划，应积极采用被科学试验和生产实践证明的先进而经济的新技术、新工艺、新材料和新设备。以提高供水水质和供水的安全可靠性，降低能耗、药耗，减少无谓的水量损失。

（8）与排水工程规划等相协调。

（9）对于原有给水工程的扩建和改建，应在充分的技术经济分析论证的基础上，发挥原有设施的功能。

5.2　规划内容与步骤

小城镇给水工程规划分总体规划和详细规划两个阶段，其中小城镇给水工程详细规划分控制性详细规划和修建性详细规划。前者针对用地地块及其相关指标控制的给水工程详细规划，后者针对地块在建筑平面布置及其相关指标控制的给水工程详细规划。

小城镇及相关区域给水系统工程规划的主要内容应包括：相关区域给水系统统筹规划；相关区域小城镇用水量预测，小城镇相关区域需水量与水资源之间的供需平衡分析；小城镇相关区域给水水源选择并提出相应的给水系统布局框架；给水枢纽工程的位置和用地确定；提出水资源保护以及开源节流的要求和措施；确定水质净化方法；给水管网布置与水力计算；给水系统方案的技术经济比较与优化。

5.2.1　小城镇给水工程总体规划的内容与步骤

（1）确定用水量标准，估算小城镇用水总量；

（2）根据水源水质、水量情况，选择水源，确定取水位置和取水方式；

（3）提出水源卫生防护措施要求，确定水源保护带范围；

（4）根据小城镇及其区域小城镇群发展布局及用地规划、小城镇地形，选择给水处理厂或配水厂、泵站、调节构筑物的位置和用地，输配水干管布置方向，估算干管管径；

（5）确定小城镇节约用水目标和计划用水措施。

5.2.2　小城镇给水工程详细规划的内容与步骤

小城镇给水工程详细规划是在总体规划的基础上进行的详细规划范围内的进一步规划，它是小城镇详细规划范围内给水工程设计的基础和主要依据。

（1）预测用水总量，确定规划区供水规模；

（2）根据用户对水质的要求，确定水质目标，选定给水处理厂位置；

（3）根据小城镇及其所在区域用户所要求的水质、用户分布情况，确定小城镇供水方式（统一或分区供水，或分质供水），确定泵站、调节构筑物位置、标高；

（4）确定输配水管走向、管径，进行必要的水力计算；

（5）对详细规划进行工程投资估算；

（6）对近期规划部分进行规划设计、工程估算和效益分析。

5.3　用水量预测与给水工程规模确定

在小城镇给水工程规划中，规划期内需水量的预测直接关系到小城镇水源的选择、供水系统规模和市政用地规模的确定。小城镇用水量预测，既要与小城镇的性质、类型、地理区域位置、经济、社会发展与城镇建设水平、人口规模、小城镇用水现状水平等实际情况相结合，又要为以后的发展充分留有余地；既要考虑近期投资的见效率，又要考虑远期的发展。因此，合理预测需水量，是保证小城镇给水工程规划合理的前提。

5.3.1　小城镇用水分类

小城镇用水量应由两部分组成：第一部分为规划期内由小城镇给水工程系统统一供给的居民生活用水、工业用水、公共设施用水及其他用水量的总和。第二部分应为规划期内小城镇给水工程系统统一供给以外的所有用水水量总和。其中包括：工业和公共设施自备水源供给的用水、河湖环境用水和航道用水、农业灌溉和养殖及畜牧业用水、农村居民和乡镇企业用水等。

按用水功能，小城镇用水可分为：住区生活用水、公共设施用水、工业用水、交通运输用水、市政用水、消防用水、农业用水和畜牧业用水等。其中，住区生活用水与公共设施用水可统称为综合生活用水。

5.3.2　水质标准

水的用途不同，水质标准也就不同。小城镇给水工程规划所涉及的标准主要有：

（1）《地表水环境质量标准》GB 3838—2002；

（2）《生活饮用水卫生标准》GB 5749—2006；

（3）《生活饮用水水源水质标准》CJ 3020—1993；

（4）《城市污水再生利用城市杂用水水质》GB/T 18920—2002；

（5）《工业企业设计卫生标准》GBZ 1—2010；

（6）《游泳池水质标准》CJ 244—2007；

（7）《农田灌溉水质标准》GB 5084—2005；

（8）《渔业水质标准》GB 11607—1989；

（9）《放射防护规定》GBJ 8—1974。

5.3.3　用水量计算

预测小城镇用水量是给水系统规划的基础，也是选择小城镇给水水源和确定给水系统各部分规模的基础。

（1）小城镇综合生活用水量

小城镇人均综合生活用水量指标宜按表 5.3.3-1 中规定预测，并应结合小城镇地理位置、水资源状况、气候条件、小城镇经济、社会发展与小城镇公共设施水平、居民经济收入、居住、生活水平、生活习惯等，综合分析比较，确定用水指标。

小城镇人均综合生活用水量指标[1] ［L/（人·d）］　　　表 5.3.3-1

地区区划	小城镇规模分级					
	一		二		三	
	近期	远期	近期	远期	近期	远期
一区	190～370	220～450	180～340	200～400	150～300	170～350
二区	150～280	170～350	140～250	160～310	120～210	140～260
三区	130～240	150～300	120～210	140～260	100～160	120～200

注：① 一区包括：贵州、四川、湖北、湖南、江西、浙江、福建、广东、广西、海南、上海、云南、江苏、安徽、重庆；

二区包括：黑龙江、吉林、辽宁、北京、天津、河北、山西、河南、山东、宁夏、陕西、内蒙古河套以东和甘肃黄河以东的地区；

三区包括：新疆、青海、西藏、内蒙古河套以西和甘肃黄河以西的地区（下同）。

② 用水人口为小城镇总体规划确定的规划人口数（下同）。

③ 综合生活用水为小城镇居民日常生活用水和公共建筑用水之和，不包括浇洒道路、绿地、市政用水和管网漏失量。

④ 指标为规划期最高日用水量指标（下同）。

⑤ 特殊情况用水量指标酌情增减（下同）。

在选定了综合生活用水量标准后，可按下式计算小城镇综合生活用水量：

$$Q_1 = \frac{qN}{1000} \tag{5-1}$$

式中　Q_1——小城镇综合生活用水量（万 m³/d）；

q——小城镇综合生活用水量标准 ［L/（人·d）］；

N——小城镇规划人口数（万人）。

（2）小城镇工业用水量

工业用水量预测方法，有万元产值用水量法、单位用地用水量指标法、单位产品耗水量法等。对小城镇规划而言，往往很难预测远期的工业产值，对于每一块规划工业用地也很难明确今后的项目内容，也就更难确定其产品及数量。所以，万元产值用水量法、单位产品耗水量法在小城镇规划的工业用水量预测中，是很难操作的，一般而言宜采用单位工业用地用水量指标法来预测工业用水量。单位工业用地指标的大小主要取决于规划区内主体工业的性质、生产规模、技术先进程度等。其中起决定性作用的是主体工业的性质。小城镇企业多以加工型的轻工业为主，所以，单位工业用地用水量指标可参照取 0.8～1.5 万 m³/（km²·d）[2]。

小城镇工业用水量，可参考下式计算：

$$Q_2 = q_2 M_{gy} \tag{5-2}$$

式中　Q_2——小城镇工业用水量（万 m³/d）；

q_2——小城镇单位工业用地用水量标准 ［万 m³/（km²·d）］；

M_{gy}——小城镇规划工业用地（km²）。

（3）市政及绿化用水量 Q_3

市政浇洒道路和绿化用水，应根据路面种类、绿化面积、气候和土壤等条件确定。浇洒道路用水量一般为每次每平方米路面 1～1.5L。大面积绿化用水量可采用 1.5～2.0L/(m^2・d)。

（4）未预见用水量及管道漏失水量 Q_4

在用水量计算中，未可预见用水量和管道漏损水量通常合并计算，可按前3项用水量之和的 15%～25% 计算。

（5）消防用水量 Q_5

小城镇室外消防用水量，可参考表 5.3.3-2 采用。

小城镇室外消防用水量[4]　　　　　表 5.3.3-2

人数（万人）	同一时间内火灾次数	一次灭火用水量（L/s）
≤1.0	1	10
≤2.5	1	15
≤5.0	2	25
≤10.0	2	35

小城镇消防用水量，可不计入小城镇总用水量中。

（6）小城镇总用水量

根据小城镇的具体情况，小城镇总用水量预测，可采用以下几种方法进行计算。

1）各项用水量总和法

如果小城镇的各分项用水量可以直接预测，则小城镇总用水量可按下式进行计算。

$$Q_d = Q_1 + Q_2 + Q_3 + Q_4 \tag{5-3}$$

2）综合生活用水量比例法

若小城镇工业用水量等不具备直接预测的条件，则小城镇总用水量预测，可在综合生活用水量预测的基础上，按小城镇相关因素分析或类似比较确定的综合生活用水量与总用水量比例或综合生活用水量与工业用水量、其他用水量之比例，测算总用水量。

3）单位用地用水量法

单位居住用地用水量法　采用小城镇单位居住用地用水量方法，应根据小城镇特点、居民生活水平等因素确定，并根据小城镇实际情况，按表 5.3.3-3 中的指标选用。

单位居住用地用水量指标[1]［万 m^3/(km^2・d)］　　　　表 5.3.3-3

地区区划	小城镇规模		
	一	二	三
一区	1.00～1.95	0.90～1.74	0.80～1.50
二区	0.85～1.55	0.80～1.38	0.70～1.15
三区	0.70～1.34	0.65～1.16	0.55～0.90

注：表中指标为规划期内最高日用水量指标，使用年限延伸至2020年，即远期规划指标，近期规划使用应酌情减少，指标已含管网漏失水量。

$$Q_d = q_{jz} M_{jz} \tag{5-4}$$

式中　Q_d——小城镇最高日用水量（万 m^3/d）；

　　　q_{jz}——小城镇单位居住用地用水量指标［万 m^3/(km^2・d)］；

M_{jz}——小城镇规划居住用地（km²）。

单位其他用地用水量法　小城镇单位公共设施用地、工业用地及其他用地用水量指标，应根据现行国标《城市给水工程规划规范》，结合小城镇具体情况选用。

进行小城镇水资源供需平衡分析时，小城镇给水工程统一供水部分所要求的水资源供水量为小城镇最高日用水量除以日变化系数，再乘以供水天数。小城镇的日变化系数可取 1.6～2.0。

小城镇自备水源供水的工业企业和公共设施的用水量应纳入小城镇用水量中，并由小城镇给水工程统一规划。

5.3.4　给水工程规划规模确定

小城镇给水工程规划规模，即小城镇最高日供水量 Q_d，应根据小城镇总体规划所确定的小城镇性质、人口规模、居民生活水平、经济发展目标，预测的小城镇规划期用水量，同时考虑镇区自备水源现状及发展规划情况，进行确定。

5.4　小城镇给水系统各部分设计流量

小城镇给水系统中各部分的设计流量均以最高日用水量 Q_d 为基础进行设计。

5.4.1　取水构筑物、一级泵站、原水输水管、处理构筑物

取水构筑物至水厂处理构筑物（含处理构筑物）的设计流量均按最高日平均时流量计算：

$$Q = \frac{\alpha Q_d}{T} \tag{5-5}$$

式中　Q——取水构筑物至水厂处理构筑物（含处理构筑物）的设计流量（m³/h）；

　　　Q_d——最高日设计用水量（m³/h）；

　　　α——水厂自用水系数，取决于水处理工艺、构筑物类型及原水水质等因素，一般在 1.05～1.10。若采用水质良好，除消毒外，无需其他处理的地下水时，自用水系数可取 1.0；

　　　T——一级泵站每天工作小时数。

如果是远距离输水，还应考虑输水漏失量。

5.4.2　二级泵站、水塔（高地水池）和配水管网

二级泵站、从泵站到管网的输水管、配水管网和调节构筑物等的设计流量，应按照用水量变化和二级泵站工作情况确定。

（1）二级泵站和输水管

二级泵站和输水管的设计流量与管网中是否设置调节构筑物有关。

1）管网中不设调节构筑物时，二级泵站任一时刻的供水量应等于总用水量，因此，二级泵站和输水管设计流量为最高日最高时用水量 Q_h；

2）当管网中设有调节构筑物时，二级泵站可以采用分级供水。当二级泵站供水量大

于管网用水量时，调节构筑物向管网供水，即管网用水量由二级泵站和管网中调节构筑物共同供给。此时，二级泵站和输水管的设计流量应为最高日最高时用水量与调节构筑物供水量之差。而当二级泵站供水量低于管网用水量时，则管网中多余水量进入调节构筑物储存。有条件时，该流量可根据小城镇的用水资料绘制成图 5.4.2-1 所示的小城镇用水量变化曲线确定。图中阴影部分是用水量 24 小时变化情况，虚线是一级泵站供水曲线。

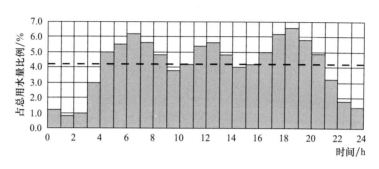

图 5.4.2-1　小城镇用水量变化曲线

进行小城镇给水系统二级泵站、水厂至管网的输水管、配水管网规划设计时，应考虑小城镇实际情况，适当降低其规模，即减小二级泵站、水厂至管网的输水管、配水管网的时变化系数，而通过各用水点（小区）的蓄水能力调节用水的变化。

（2）清水池和水塔（高地水池）

水厂清水池的主要作用是调节一级泵站和二级泵站供水量的差额，其容积由 4 部分组成：

$$W = W_1 + W_2 + W_3 + W_4 \qquad (5\text{-}6)$$

式中　W——清水池总容积（m³）；

W_1——清水池调节容积（m³）。其值为二级泵站供水量与一级泵站供水量时累积值。如图 5.4.2-2 中一级泵站和二级泵站供水曲线所形成、位于虚线上方的面积 A 或下方的面积 B，图中假设二级泵站一日内分二级供水，粗实线是二级泵站供水曲线，虚线为一级泵站供水曲线；

W_2——清水池消防贮水量（m³）；

W_3——水厂自用水量，一般为（5%～10%）Q_d（m³）；

W_4——安全贮量（m³）。

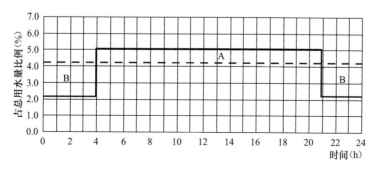

图 5.4.2-2　清水池调节容积计算

223

（3）配水管网

配水管网设计流量，视有无水塔或高地水池及其在管网中的位置而定。对于无水塔（高地水池）或设有网前水塔的管网，设计流量按最高日最高时用水量计算。当设有对置水塔或网后水塔（高地水池）时，管网设计流量按最高时从泵站和水塔流入管网的流量计算。

5.5　小城镇给水系统规划

给水系统的组成通常分为四个部分：取水工程、输水工程、净水工程和输配工程。

5.5.1　小城镇给水系统区域统筹规划

作为区域小城镇群，或城镇群中的小城镇，应首先在区域范围、县（市）域范围内进行给水系统统筹规划。处在城市规划区范围内的小城镇，则按城市规划统一考虑。

小城镇区域给水系统统筹规划首先应依据小城镇相关区域规划或相关城镇体系规划，按照区域水资源开发利用、区域供水、区域节水最优化原则，运用系统工程的方法，对区域给水工程进行统筹规划。

5.5.1.1　小城镇相关区域用水量估算

根据区域经济发展规划和人口规划，充分考虑居民生活水平的不断提高，工业生产的发展和工业生产技术的不断进步，节约用水设备与设施的不断进步与完善，以及水资源量对用水需求的限制等因素，确定用水量标准，估算区域近远期用水量，避免以往需水量预测总是持续快速增长、造成预测偏差较大的作法。

根据区域经济发展规划和人口规划，充分考虑居民生活水平和节水素养的不断提高，工业生产的发展和工业生产技术的不断进步，节约用水设备与设施的不断进步与完善，水的资源性管理理念与制度的不断强化，尤其是当地或相关区域水资源量对用水需求的限制等因素，分别确定区域内不同性质、不同对象的用水量标准，估算区域近、中、远期用水量，避免以往需水量预测总是持续快速增长、造成预测偏差较大的作法。

在水资源非常短缺、生态环境十分脆弱的地区，可考虑实施虚拟水战略。所谓虚拟水战略是指在整个地区的经济发展战略上实施以生产节水型产品、引进耗水型产品为主的发展战略，从而间接利用丰水地区或国家的水资源。但虚拟水战略的实施，涉及区域性或城镇的经济发展战略和经济发展规划的制定问题，需要政府相关部门和有关专家予以论证。

区域用水量标准，可参考 5.3.3 节中小城镇用水量标准。

5.5.1.2　小城镇相关区域给水系统方式规划

根据区域内各小城镇功能定位，区域内产业结构发展布局，及其对水量、水质、水压的要求，以及水资源情况，经过充分的技术经济比较，确定区域给水系统方式。根据具体情况，供水模式有两类：区域性供水和分散供水。具体供水方式见图 5.5.1。

对于小城镇群或城镇群较集中、供水水压差别不大、用户对水质的要求相近的区域，应实施区域统一供水；

对于小城镇群或城镇群较集中，供水水压差别较大，经充分论证，确认分区供水可节约大量能源的区域，应实施区域统一分区供水；

图 5.5.1 供水模式分类

对于小城镇群或城镇群较集中，用户对水质的要求差别较大的区域，应逐步实施区域统一分质供水；

对于较为分散的小城镇，可实施各小城镇统一供水；

对于较为分散的小城镇，用户对水质的要求差别较大，应逐步实施小城镇分质供水；

对于较为分散的小城镇，且小城镇内各功能区供水水压差别较大，经技术经济比较，分区供水可节约大量能源的，应实施小城镇分区供水；

对于远距离输水的小城镇，应根据具体情况，进行区域或流域水资源合理配置与可持续开发利用的系统分析与预测，并进行供水模式的优化选择论证；

根据区域小城镇和城镇群的具体情况，也可实施各种方式相结合的联合供水方式。

区域性供水，一般按照水源水系、地理环境特征与地理位置，或一定的行政区划，确定供水区域，其服务面积小至数十 km^2，大至数千 km^2。区域性供水模式，是把供水区域内若干个净水厂的取、输、配水系统及其配套企业联合为一体，实施水资源的统一开发与合理配置，水处理、输配系统的统一运行与管理的新型网络供水系统模式。

目前，根据我国城镇供水现状，实施区域性供水模式，应包括两种，即区域性供水集中管理模式和区域性集中供水模式。后者是在具有区域性集中供水优势的地区实施区域性供水的最终模式；前者是根据我国目前基本处于分散状态、各自为政的城镇供水模式向区域性供水集中模式转变的过渡模式，或无区域性供水优势的地区实施分散供水、统一管理的供水模式，其统一的实质在于区域内分散供水系统的统一管理。

区域性集中供水是具有多水源、多水厂并网的区域集中供水系统，与独立分散、小规模的供水系统比较，极大地提高了供水的安全可靠性，并通过强化调度功能，协调供需关系，使系统处于合理、经济的运行状态。这种供水系统在发达国家比较多见，比如英国、美国、法国、日本等。华盛顿北方水厂的供水范围达 2849km^2，供水区域内地面高差达 274m，由分别取湖水和取河水的两个水厂统一并网供水。

区域性供水集中管理系统是一个跨行政管理辖区的企业管理系统，这种跨地区的供水企业可浓缩一定数量的技术人才、管理人才，为整个供水区域服务，从而有利于人才素质的提高与效能的发挥。可以不受一城一镇的限制，在区域范围内合理配置水资源，达到水资源的有效利用和可持续利用，为在流域范围内甚至全国范围内实现水资源的可持续开发利用理顺关系。并可借助集团化的优势，开拓相关的诸多工业项目，特别是水工业项目，组织社会化生产，确保原材料、消耗材料的合理调配，减少流动资金的占用。整个企业的运转可以更为有效，以求得较好的经济效益与社会效益。针对我国目前的分散供水、低效率管理的实际状态，在可能实行区域性集中供水的区域，首先实行区域性供水集中管理是

225

必要的，可避免分散管理、各自为政的局面和各种短期行为，避免长期分散重复的小规模建设投资，从而对一定区域统一分配水资源、提高供水基础设施服务能力、发挥区域性供水企业的规模效益起到促进作用。

在我国，区域性供水模式已经在实施。许多地区成立了以中心城市为依托的区域性供水集团或水务集团，开始实施区域性供水，或区域性供排水和污水处理的集中管理供水模式。比如山东济宁市已将该市下属各县镇自来水公司统一联合，成立了济宁市供水集团总公司。一些地区根据具体情况，逐步实施区域性集中供水模式。比如成都市自 1990 年便开始论证并实施集中供水模式。浙江省针对省内小城镇发展呈现多核分散而又密集分布的空间特征（即在经济发达地区，小城镇密集分布，但又各自为政、独立发展），在 1999 年前后，所作的浙江省城镇群体系规划中，进行了统一的全局性规划。

5.5.1.3 小城镇相关区域水源保护规划

由于人类生产活动及各种自然因素的影响，常使水源出现水量降低和水质恶化的现象。而水源一旦出现这种情况，很难在短时期内恢复。因此，为了保证小城镇及其区域内水资源的可持续开发利用，必须对小城镇及其区域水源制定保护规划，以防止水源枯竭和污染。

（1）保护给水水源的一般要求

1）配合经济计划部门制定水资源开发利用规划，要全面考虑、统筹安排，正确处理与其他涉水部门的关系，以求合理地综合利用和开发水资源。特别是水资源比较贫乏的地区，综合开发利用水资源，对于所在地区的可持续发展具有决定性的意义。

2）加强水源管理

对于地表水源要进行水文观测和预报。对于地下水源要进行区域地下水动态观测，尤应注意开采漏斗区的观测，以便对超量开采及时采取有效措施，如开展人工补给地下水、限量开采等。

3）加强流域范围内的水土保持工作

水土流失不仅使农业遭受直接损失，而且还加速河流淤积，减少地下径流，导致洪水流量增加和常水流量降低。不利于水量的常年利用。为此，要加强流域范围内的植树造林、退耕还林还草和科学依法管理，在河流上游和河源区要防止滥伐森林。

4）合理规划小城镇住区和工业区，减轻对水源的污染。

5）加强水源水质监督管理，制定科学合理的污水排放标准，并切实保证贯彻实施。

6）勘察水源时，应从防止污染角度，提出水源合理规划布局的意见，提出卫生防护条件与防护措施。

7）对于海滨及其他水质较差的地区，要注意由于开采地下水引起的水质恶化问题，如海水入侵，与水质不良含水层发生水力联系等问题。

8）进行水体污染调查研究，建立水体污染检测网。

（2）水源卫生防护规划要求

小城镇及其区域水源必须设置卫生防护地带。卫生防护地带的范围和防护措施，按《生活饮用水卫生标准》GB 5749—2006 的规定，应符合下列要求：

1）地表水源卫生防护

取水点周围半径 100m 的水域内严禁捕鱼、停靠船只、游泳和从事可能污染水源的任何活动，并应设有明显的范围标志和严禁事项的告示牌。

河流取水点上游 1000m 至下游 100m 的水域内，不得排入工业废水和生活污水；其沿岸防护范围内不得堆放废渣，不得设立有害化学物品的仓库，堆栈或装卸垃圾、粪便和有毒物品的码头；不得使用工业废水和生活污水灌溉及施用有持久性毒性或剧毒的农药，并不得从事放牧等有可能污染该段水域水质的活动。

供饮用水水源的水库和湖泊，应根据不同情况将取水点周围部分水域或整个水域及其沿岸防护范围列入此范围，并按上述要求执行。

受潮汐影响河流的取水点上下游防护范围，由自来水公司与当地卫生防疫站、环境卫生检测站根据具体情况研究确定。

水处理厂生产区范围应明确划定并设立明显标志，在生产区外围不小于 10m 的范围内，不得设置生活住区和修建禽畜饲养场、渗水厕所、渗水坑；不得堆放垃圾、粪便、废渣或铺设污水渠道；应保持良好的卫生状况和绿化。单独设立的泵站、沉淀池和清水池的外围不小于 10m 的区域内，其卫生要求与水厂生产区相同。

2）地下水源卫生防护

取水构筑物的防护范围应根据水文地质条件、取水构筑物形式和附近地区的卫生状况进行确定，其防护措施应按地表水水厂生产区要求执行。

在单井或井群影响半径范围内，不得使用工业废水或生活污水灌溉和施用有持久性毒性或剧毒的农药，不得修建渗水厕所、渗水坑、堆放垃圾、粪便、废渣或铺设污水渠道，并不得从事破坏深层土层的活动。如取水层在水井影响半径内不露出地面或取水层与地面水没有互相补充的关系时，可根据具体情况设置较小的防护范围。

在地下水水厂生产区范围内，应按地表水生产区要求执行。

5.5.1.4 小城镇相关区域取水工程规划

在小城镇相关区域给水系统方式规划的基础上，根据区域经济发展和环境保护规划，估计近远期用水量，按照水资源最优分配原则，制定区域内水资源开发利用规划，对区域各类统一供水方案，选择水源、取水位置和取水方式。对于分质供水的区域，应根据用户对水质的要求，选择不同的水源，避免造成优质水资源的浪费。

5.5.1.5 小城镇相关区域输水工程规划

对于小城镇相关区域各类统一供水方案，根据区域内用水量、用水点分布情况和水质要求，选择水处理厂分布与位置，确定输水干管布置方向，估算干管管径。

5.5.1.6 小城镇相关区域水处理工艺选择

对于小城镇相关区域各类统一供水方案，根据原水水质和用水水质要求选择水处理工艺。对于分质供水的区域，应根据用户对水质的要求，确定处理工艺，避免造成浪费。

5.5.1.7 小城镇相关区域供水工程规划

对于小城镇相关区域各类统一供水方案，根据区域总体规划和区域道路网规划，以及各小城镇功能分区情况，布置区域供水管网，估算干管管径，且应与区域其他各类管线相协调。

5.5.1.8 小城镇相关区域节约用水规划

实行计划用水和节约用水，是我国政府提出的建设方针。建设节水型小城镇和节水型社会，对于解决我国水资源短缺与可持续发展之间的矛盾具有积极的现实意义。

节约用水不仅依赖于节水技术，同时涉及整个小城镇区域的工业布局，产业结构，生产工艺及生活方式的变化和人们资源观念和节水意识的增强。并且，节约用水也受水资源量的制约和水价经济杠杆的调节。

在进行区域给水工程规划的同时，应根据本区域的特点，进行区域节约用水规划，包括工业、小城镇生活、农业，以及其他行业的节水规划，以推动区域内的节水事业，使区域走上可持续发展的良性发展轨道。

（1）小城镇节水对策与措施

1）加强节水宣传，增强人们的资源意识和节水意识，促进人们自觉节水。

2）制定完善的节约用水和保护水资源的法律法规。

3）制定节水政策，鼓励节约用水。

4）建立合理的水价形成机制。确定合理的各类水价，充分体现水的资源性、不可替代性和商品性，以经济杠杆作用促进节水。保证涉水企业的自我生存和发展，以便为小城镇提供更优良的水务服务。同时，要避免行业垄断，促使水务部门和企业管理效率的提高，保障公众的利益。

5）推广节水型器具和设备，提倡一水多用，鼓励多渠道开发水资源。

6）加强用水规划和管理，提倡有条件的地区实行区域性供水。

（2）工业节水途径

1）工艺节水。采用先进的节水型生产工艺或无水生产工艺。

2）技术节水。实施闭路生产工艺或"闭合生产工艺圈"，以减少污（废）水排放或达到零排放。

3）污水回用。

4）海水利用。

5）雨水利用。

6）完善计量，加强管理，减少漏失和浪费。

（3）农业节水途径

1）合理拟定农业种植结构。

2）实施经济灌溉定额。

3）提高灌区水的利用效率。包括降低水渠的漏失率，采用先进的喷灌、滴灌和渗灌等节水灌溉技术。

5.5.2 小城镇给水系统规划

（1）给水系统方式确定

小城镇给水系统方式有统一供水、分区供水和分质供水。小城镇给水系统方式应根据小城镇的具体情况，经技术经济比较确定。

对于水压差别不大、用水点不太分散的小城镇，应采用统一供水方式；对于水压差别较大或用户分散的小城镇，经技术经济比较，确有分区供水的必要，可采用分区供水方式；对于用户水质要求差别较大的小城镇，经技术经济比较，采用分质供水较统一供水能节约优质水资源，并有较大效益的，应采用分质供水方式。

（2）给水系统规划

确定了小城镇给水系统的供水方式后，给水系统规划的具体内容包括：水源选择及保护规划、水厂选址与处理工艺确定、输水管布置及管径确定和配水管网规划。各项规划内容的要求与原则，详见本章后面的相关内容。

5.6 水源选择、配置与保护

5.6.1 水源分类与特点

小城镇给水水源一般分为两类：地表水源和地下水源。

地表水源主要有江河水、湖泊水和水库水，海水也可作为水源。

地表水源水浑浊度较高，水温受气候影响较大，四季变化较大。水质易于受环境污染，例如，有机物、重金属、病原菌和病毒等，易于滋生藻类。水量充沛，且受季节降水影响。

江河水水质直接受上游排水影响，水源卫生防护管理较难。近沿海河流受潮汐影响常出现氯化物偏高现象，应考虑避咸措施。湖泊水源水流缓慢，通过自然净化，常表现为浊度低、碱度低、色度高、滋生藻类等特点。水库水源水质较好，除具有一般地表水源特点外，有时水中矿化度较低，缺乏 Ca^{2+}、Mg^{2+}、Fe^{2+} 等离子。

海水水源多用于设备冷却，主要考虑设备的防腐。海水淡化用于饮用水或其他用途，由于制水成本高，目前尚未大量采用。

5.6.2 水源选择

小城镇统一或自备水源供给生活饮用的水源水质应符合现行标准《生活饮用水水源水质标准》CJ 3020—1993（Water Quality Standard for Drinking Water Sources）的规定。

选择小城镇给水水源，应以水资源勘察或分析研究报告和小城镇供水水源开发利用规划、有关区域、流域水资源规划为依据，并满足小城镇用水量和水质等方面的要求。应根据小城镇国土规划、江河流域规划、土地利用总体规划及小城镇用水要求、功能分区，确定水源数目及取水规模。根据小城镇有关水利、航运、防洪、污水排放等规划，以及河流河床变迁情况或地下水源水文地质情况，确定取水位置和取水构筑物的型式。

小城镇选择地下水为水源时，不得过量开采，同时考虑地面沉降的可能性。选择地表水作为供水水源时，其枯水流量的保证率不得低于90%。受降水影响较大的季节性河流，可取用水量不大于枯水流量的25%。受潮汐影响的河流，应考虑合理避咸措施。远距离引水时，应进行充分的技术经济比较，并对因此可能引起的对引入地、引出地生态环境以及人文环境的影响进行充分的论证和评价。

水资源不足的小城镇，宜将雨水、污水处理后用做工业用水、生活杂用水及河湖环境用水、农业灌溉用水等，其水质应符合相应标准的规定。

小城镇给水系统应满足小城镇的水量、水质、水压及消防安全给水的要求，有地形可供利用时，宜采用重力输配水系统。

小城镇水源地应设在水量、水质有保证和易于实施水源环境保护的地段。

（1）地表水水源

小城镇地表水取水构筑物位置的选择是否恰当，直接影响到取水的水质和水量、取水的安全可靠性、工程投资、施工、运行管理。因此，正确选择取水构筑物位置是规划设计中一个十分重要的问题，应深入现场，做好调查研究，全面掌握河流、库湖的特性，根据取水地段的水文、地形、地质、卫生等条件，全面分析，综合考虑，提出几个可能的取水位置方案，进行技术经济比较。在条件复杂时，尚需进行水工模型试验，从中选择最优的方案。

选择地表取水构筑物位置时，应注意以下基本要求：

1）选择水质较好的地点

小城镇地表水源应位于水量充沛、水质较好的地段。供应生活饮用水时，水源应位于小城镇和工业区的上游、水质清洁的地段。在污水排放口的上游约 $100\sim150\mathrm{m}$ 以上。

应避开河流中的回流区和死水区，以减少进水中的泥沙和漂浮物。如图 5.6.2-1 所示。

在沿海地区受潮汐影响的河流上设置取水构筑物时，应考虑到咸潮的影响，尽量避免吸入咸水。河流入海处，

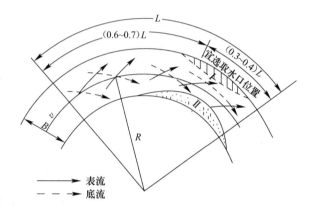

图 5.6.2-1　凹岸河段取水构筑物位置
Ⅰ—泥沙最小区；Ⅱ—泥沙淤积区

由于海水涨潮等原因，导致海水倒灌，影响水质。设置取水构筑物时，应注意这一现象，以免日后对工业和生活用水造成危害。

在湖泊、水库取水时，不要选择湖岸芦苇丛生处及附近。以免堵塞取水设施。不要选择在夏季主导风向的向风面的凹岸处。以免影响水质和处理构筑物的正常运行。为防止泥沙淤积取水头部，取水构筑物应选择在靠近大坝附近，或远离支流的汇入口，如图 5.6.2-2 所示。

图 5.6.2-2　湖泊、水库支流入口处取水口位置
1—取水口；2—支流入口区；3—支流

取水口应位于含藻量较低、水深较大和水域开阔的位置。取水口不得设在"水华"频发区，一般不适宜设在高藻季节主导风向的下侧凹弯区。

2）取水构筑物应建造在稳定的河床、湖岸或库岸处。具有稳定的河床或岸边，靠近主流，有足够的水深。

在弯曲河段上，宜设在河流的凹岸。

在河岸凸岸，一般不宜设置取水构筑物。但是如果在凸岸的起点，主流尚未偏离时，

或在凸岸的起点或终点，主流虽已偏离，但离岸不远有不淤积的深槽时，仍可设置取水构筑物。

在顺直河段上，宜设在河床稳定、深槽主流近岸处，通常是河流较窄、流速较大、水较深的地方。在取水构筑物处的水深一般要求不小于 2.5～3.0m。

在有边滩、沙洲的河段上取水时，取水构筑物不宜设在可移动的边滩、沙洲的下游附近，以免日后被泥沙堵塞。

在有支流入口的河段上，取水构筑物应离开支流出口处上下游有足够的距离。如图 5.6.2-3 所示。

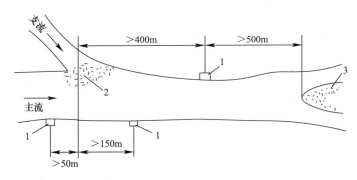

图 5.6.2-3 两江（河）汇合处取水口位置
1—取水口；2—支流入口区；3—淤积区

在风浪的冲击和水流的冲刷下，湖岸和库岸常常遭到破坏，甚至发生坍塌和滑坡。一般在岸坡坡度较小、岸高不大的基岩或植被完整的湖岸和库岸是比较稳定的地方。

3）具有良好的地质地形及施工条件

取水构筑物应设在地质构造稳定、承载力高的地基上，不宜设在淤泥、流沙、滑坡、风化严重和岩熔发育地段。在地震地区不宜将取水构筑物设在不稳定的陡坡或山脚下。取水构筑物也不宜设在有宽广河漫滩的地方，以免进水管过长。

选择取水构筑物位置时，要尽量考虑到施工条件，要求交通运输方便，有足够的施工场地。尽量减少土石方量和水下工程量，以节省投资，缩短工期。

4）应注意人工构筑物或天然障碍物

河流上常见的人工构筑物，如桥梁、码头、丁坝、拦河坝等与天然构筑物，往往造成河流水流条件的改变，从而使河床产生冲刷或淤积。桥梁通常设于河流最窄处和比较稳定的河段上。在桥梁上游河段，由于桥墩处缩小了水流归水断面使水位壅高，流速减慢，泥沙易于淤积。在桥梁下游河段，由于水流流过桥孔时流速增大，致使下游近桥段成为冲刷区。再往下，水流又恢复原来流速，冲积物在此淤积。因此，取水构筑物应避开桥前水流滞缓段和桥后冲刷淤积段。取水构筑物一般设在桥前 0.5～1.0km 以外的地方。

丁坝是常见的河道整治构筑物。由于丁坝将主流挑离本岸，逼向对岸，在丁坝附近形成淤积区。因此，取水构筑物如与丁坝同岸时，应设在丁坝上游，与坝前浅滩起点相距一定距离（岸边式取水构筑物不小于 150～200m，河床式取水构筑物可以小些）。取水构筑物也可设在丁坝的对岸（须有护岸设施），但不宜设在丁坝同一岸侧的下游，因主流已经偏离，易产生淤积。如图 5.6.2-4 所示。

图 5.6.2-4 取水构筑物与丁坝布置
1—取水构筑物；2—丁坝系统；
3—淤积区；4—主流线

5) 避免冰凌的影响

在北方地区的河流、湖库上设置取水构筑物时，应避免冰凌的影响。取水构筑物应设在水内冰较少和不受流冰冲击的地点，不宜设在易于产生水内冰的急流、冰穴、冰洞及支流出口的下游，尽量避免将取水构筑物设在流冰易于堆积的浅滩、沙洲、回流区和桥孔的上游附近。在水内冰较多的河段，取水构筑物不宜设在冰水混杂地段，而宜设在冰水分层地段，以便从冰层下取水。

（2）地下水源

地下水取水构筑物的位置，应根据水文地质条件选择，并应符合下列要求。

1) 位于水质良好、不易受污染的富水地段；

2) 在保证水质水量前提下，取水构筑物位置应尽量靠近集中用水区，减少输水投资；

3) 取水构筑物应建设在交通方便、靠近电源的地方，以利于施工、运行管理维护和降低输电线路造价；

4) 取水构筑物应建在不受洪水威胁的地方，否则，应考虑防洪措施；

5) 当地下水铁、锰含量较高，需要建造除铁除锰构筑物时，可以在每个取水构筑物旁安装小型除铁除锰设备，也可集中设置除铁除锰设施。一般情况下，集中建造除铁除锰构筑物便于管理，但需建造清水池、送水泵房，造价相对较高。

5.6.3 水源配置

在小城镇所在的流域或区域内，应对水资源进行优化配置，以期使有限而宝贵的水资源得到高效利用，保证流域或区域的可持续发展。

5.6.4 水源保护

小城镇水源保护的要求，与小城镇相关区域水源保护要求相同，详见 5.5.1 节。

5.7 净水工程规划

净水工程规划包括，根据水源水质变化情况，国家生活饮用水标准，以及其他用户对水质的要求，确定净水厂工艺流程，预测净水工程规划用地。

5.7.1 水厂厂址选择

小城镇的水厂设置应以小城镇总体规划和县（市）小城镇体系规划为依据，较集中分布的小城镇应统筹规划区域水厂，不单独设水厂的小城镇可酌情设配水厂。

厂址应选择在不受洪水威胁，工程地质条件较好，地下水位低，地基承载能力较大，湿陷性等级不高的地方。

地表水水厂的位置应根据给水系统的布局确定。宜选择在交通方便以及供电安全可靠和水厂生产废水处置方便的地方。

地下水水厂位置应根据水源地的地点和不同的取水方式确定，宜选择在取水构筑物附近。

5.7.2 水厂处理工艺选择

给水处理厂处理工艺流程的确定，应根据用户类型、水源水质和《生活饮用水卫生标准》GB 5749—2006 及《生活饮用水卫生规范》、水厂所在地区的气候情况、设计水量规模等因素，通过调查研究，参考相似水厂的设计运行经验，经技术经济比较确定。

以下介绍几种较典型的给水处理工艺流程以做参考。

（1）地表水净化工艺一

原水→混合→絮凝沉淀或澄清→过滤→消毒→用户

以地表水作为水源时，通常包括混合、絮凝、沉淀、过滤及消毒。

（2）地表水净化工艺二

原水→混合→过滤→消毒→用户

当原水浊度较低（一般在 50NTU 以下，短时间内最高不超过 100NTU）且水源未受污染时，可采用直接过滤法。滤池应采用双层或多层滤料，为提高净化效果，可考虑采用高分子助凝剂。

（3）地表水净化工艺三

原水→预沉池或沉沙池→混合→絮凝沉淀或澄清→过滤→消毒→用户

当原水浊度高，含沙量大时，为了达到预期混凝效果，减少混凝剂用量，应增设预沉池或沉沙池。

（4）地表水净化工艺四

原水→生物氧化→混合→絮凝沉淀或澄清→过滤→消毒→用户

当水源属于微污染水源时，可采用生物氧化预处理工艺，以去除水中有机物及氨氮。

（5）地表水净化工艺五

原水→混合→气浮→沉淀或澄清→过滤→消毒→用户

当水源为湖泊水库，水中藻类较多时，可采用气浮法去除水中藻类。若原水浊度也较低（小于 100NTU），可省去沉淀或澄清单元。

（6）地表水净化工艺六

原水→O_3 预氧化→混合→絮凝沉淀或澄清→过滤→O_3 接触氧化→活性炭吸附→消毒→用户

当原水受到严重污染，水中含有有机物、重金属离子时，可在砂滤池后加设臭氧—活性炭处理。

（7）地下水净化工艺一

原水→消毒→用户

对于除卫生学指标外，其他指标均符合饮用水卫生标准的地下水，可采用简单的消毒工艺。

（8）地下水净化工艺二

原水→曝气→接触氧化过滤→消毒→用户

当地下水中含有铁锰时，应进行除铁除锰处理。

5.7.3　水厂用地规划

小城镇水厂用地应按规划期给水规模确定，用地控制指标应按表 5.7.3，结合小城镇实际情况选定。

小城镇水厂用地控制指标[1]　单位：$[m^2 \cdot d/m^3]$　表 5.7.3

建设规模（万 m^3/d）	地表水水厂		地下水水厂
	沉淀净化	过滤净化	除铁净化
0.50～1			0.40～0.70
1～2	0.50～1.0	0.80～1.4	0.30～0.40
2～5	0.40～0.80	0.60～1.1	
2～6			0.30～0.40
5～10	0.35～0.60	0.50～0.80	

注：指标未包括厂区周围绿化地带用地。

水厂厂区周围应设置宽度不小于 10m 的绿化带[3]。

5.7.4　水厂总体设计

规划阶段的水厂总体设计，一般应考虑以下一些要求：

1）水厂生产构筑物间距宜紧凑，但应满足各构筑物货物管线的施工要求；生产构筑物与水厂生产附属建筑物（修理间、车库、仓库等）宜分别集中布置；

2）加药间、沉淀池和滤池相互间的布置，宜通行方便；

3）水厂内应根据需要，设置滤料、管配件等露天堆放场地；

4）水厂内应采用水洗厕所，厕所和化粪池的位置应与净水构筑物保持大于 10m 的距离；

5）水厂内应设置通向各构筑物和附属建筑物的道路。一般可按下列要求设计：

主要车行道的宽度：单车道为 3.5m，双车道为 6m，并应有回车道。人行道的宽度为 1.5～2.0m。大型水厂一般可设双车道，中、小型水厂一般可设单车道。

车行道转弯半径不宜小于 6m。

6）水厂应考虑绿化，新建水厂绿化占地面积不宜少于水厂总面积的 20%。

5.7.5　水厂附属建筑物

水厂的附属建筑物一般包括：办公用房、化验室、机修车间（机修、电修、仪表修理、泥木工场）、车库、仓库、食堂、浴室及锅炉房、托儿所、传达室、宿舍（值班、单身、家属）以及露天堆场等。

5.8　给水管网布置与水力计算

输水系统和配水系统是保证输水到给水区内，并配水到所有用户的全部设施。对输水系统和配水系统的总要求是，供给用户所需要的水量，保证配水管网足够的水压，保证不间断供水，并且保证水在输配过程中不受污染。

小城镇输水系统和配水系统应与小城镇供电、通信、供燃气、排水等管线和防洪、人防工程相协调。

5.8.1　输配水系统规划的内容与步骤

在给水工程总投资中，输水管渠和管网所占费用很大，一般约占 70%～80%，因此，小城镇输水管渠和管网规划方案，必须进行多方案技术经济比较，以获得最佳输配水方案。

小城镇输配水系统规划的内容与步骤包括：

1）输水管渠、配水管网定线；

2）计算沿线流量、节点流量和管段流量；

3）初步确定管径；

4）管网水力计算；

5）确定水泵扬程和水塔高度；

6）对于扩建的小城镇输配水系统，除上述步骤外，还应对原有管网现状进行详细的调查分析，确定现有管网管段的实际管径、管道阻力系数和管网各点实际水压情况，以便经济合理地确定扩建方案、进行水力计算。

5.8.2　输水干管布置

1）输水管定线时，必须与小城镇建设规划相结合，尽量缩短管线长度。少穿越障碍物和地质不稳定的地段。

2）在可能的情况下，尽量采用重力输水，或分段重力输水。

3）输水干管一般应设两条，中间要设连通管；若采用一条，必须采取措施保证满足小城镇用水安全的要求。

4）输水干管的设计流量，应根据小城镇的实际情况考虑。若无调节构筑物，应按小城镇最高日最高时用水量设计，并适当考虑自用水量和漏失量；若有调节构筑物，应按最高日平均时用水量设计，并考虑自用水量和漏失量。

5.8.3　配水管网布置

1）小城镇给水管网布置应符合小城镇用地建设规划发展和供水设施分期发展的要求，给供水的分期发展留有充分的余地。

2）干管的方向应与给水主要流向一致；管网布置形式应按不同小城镇、不同发展时期的相关分析比较确定，并宜根据条件，逐步布置成环状管网。干管的间距，可根据街区情况，采用 500～800m，连接管间距可采用 800～1000m。

3）干管一般按小城镇规划道路定线，但尽量避免在高级路面或重要道路下通过。管线在道路下的平面位置和标高，应符合小城镇地下管线综合设计的要求，给水管线和建筑物、铁路以及其他管道的水平净距，应参照《城市工程管线综合规划规范》GB 50289—98。当工程管线交叉敷设时，自地表向下的排列顺序宜为：电力管线、热力管线、给水管线、雨水排水管线、污水排水管线。

给水管线与其他管线及其他建筑物之间最小水平净距见表 5.8.3。

给水管线与其他管线及其他建筑物之间最小水平净距[3]　（m）　　　　表 5.8.3

名称	建筑物	污水雨水排水管	燃气管					热力管		电力电缆		电缆电信	
			低压	中压		高压		直埋	地沟	直埋	缆沟	直埋	管道
				B	A	B	A						
$D \leqslant 200$	1.0	1.0	0.5			1.0	1.5	1.5		0.5		1.0	
$D > 200$	1.0	1.5											

乔木	灌木	地上杆柱			道路侧石边缘	铁路钢轨（或坡脚）
		通信、照明 <10kV	高压铁塔基础边			
			≤35kV	>35kV		
1.5	0.5	3.0			1.5	5.0

4）生活饮用水的管网严禁与非生活饮用水管网连接。

5）负有消防给水任务的管道最小管径不应小于 100mm，室外消火栓的间距不应大于 120m。

5.8.4　管段流量、管径和水头损失

新建和扩建的小城镇管网，首先按最高时用水量计算，据此求出管段的管径、水头损失、水泵扬程和水塔高度或高地水池的标高。并在最高时确定的管径及其他设施的基础上，按消防时、事故时、对置水塔（高地水池）系统最大转输时所需流量，核算管网水压，从而确定满足各种工况的给水系统的管径、水泵扬程和水塔高度（高地水池标高）。

（1）管网图形简化

一般情况下，小城镇管网的规划与设计多为在已有管网的基础上进行，而现状管网往往错综复杂，因此，应在保证计算结果基本反映实际用水状况的前提下，对其进行简化，以减少工作量。此外，对于一些管径相对较小的管线，也无必要全部纳入管网进行计算。

（2）沿线流量

管段沿线流量是该管段沿线配出的总流量。如图 5.8.4-1 所示，管网干管上接有很多分配管和用户，用水并不均匀，且经常变化。为了简化计算，通常假设沿干管长度的用水量是均匀分布的，即沿途均匀泄流，则可确定单位长度管线的用水量，称为比流量：

图 5.8.4-1　干管沿线配水情况

$$q_{ls} = \frac{Q - \sum q}{\sum l} \tag{5-7}$$

式中　q_{ls}——单位管线长度比流量〔L/(s・m)〕；

　　　Q——管网总用水量（L/s）；

　　　$\sum q$——大用户集中用水量总和（L/s）；

　　　$\sum l$——配水干管总长度（m）；只计实际配水管线的长度。只有一侧配水的管线，长度按一半计算。

管段沿线流量为：

$$q_l = q_{ls}l \tag{5-8}$$

式中　q_l——管段沿线流量（L/s）；

　　　l——对应管段配水长度（m）。

管网所有管段沿线流量总和等于该管网总用水量与集中用水量总和的差值。

单位管线长度比流量是假定在整个管网系统中，沿干管长度用水量均匀分布，忽略了沿管线长度用水人口和其他小规模用户分布不均匀的情况，即用水量沿线不均匀的实际情况。同时也忽略了干管沿街区分布不均匀的情况。由此计算的管网节点流量与实际节点流量不一致。根据小城镇的具体情况，当沿干管长度用户用水均匀性较差、干管沿街区分布不均匀，可能造成按管段长度比流量计算的沿线流量（节点流量）与实际情况差别较大时，可考虑采用服务面积比流量法计算沿线流量和节点流量。

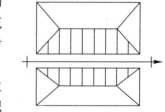

图 5.8.4-2　干管服务面积分配

如图 5.8.4-2 所示，将干管两侧的街区供水区域，按长边梯形、短边三角形的原则，分配给配水干管，以供水区总面积 $\sum A$ 代替配水干管总长度 $\sum l$，由此计算面积比流量 q_A，再以配水管段服务面积 A 代替管段长度 l，计算管段沿线流量。

$$q_{As} = \frac{Q - \sum q}{\sum A} \tag{5-9}$$

式中　q_{As}——单位服务面积比流量〔L/(s・m²)〕；

　　　$\sum A$——供水区域总面积（m²），不包括供水区域范围内非供水面积。

管段沿线流量为：

$$q_l = q_{As}A \tag{5-10}$$

式中　A——管段服务面积（m²）。

（3）节点流量

管网节点流量即管网中管段连接点配出的流量。在管网计算过程中，管网节点是指简化后的管网节点。

在实际城镇的配水管网中，管网节点特别多，而且极为复杂。整个镇区用户也不均匀。管网计算，不可能调查每一管段服务面积的用户情况，而对于沿线供水变化的管段，则无法确定其管径，因此，必须进行简化。即将管段沿线流量简化为管段两端的节点流量。

管网中任一节点的节点流量为：

$$q_i = 0.5 \sum_j q_{lij} \tag{5-11}$$

式中　q_{lij}——与 i 节点连接的 ij 管段的沿线流量。

（4）管段计算流量

管网中任一管段的计算流量，包括该管段的沿线流量和通过该管段输送给下游管段的转输流量。

确定管段的转输流量，首先需对管网供水量进行分配。

对于树状供水管网，任一管段的计算流量是惟一的，只要从管网末端开始，沿管网供水反方向进行节点流量的累加，直至该管段上游节点即可。

树状管网管段计算流量的确定，如图 5.8.4-3 所示。管段 1−2 的计算流量为除节点 1 外的各节点流量之和：

$$q_{1-2} = \sum_{i=2}^{9} q_i \tag{5-12}$$

同样，管段 4−5 的计算流量为：

$$q_{4-5} = \sum_{i=5}^{8} q_i \tag{5-13}$$

环状管网的管段流量是随时间和供用水状况变化的，并且，同样的管网和用户，不同人员初次分配的管段流量也不惟一的。因此，进行环状管网管段流量的计算，需首先将供水量沿供水方向进行分配，或沿供水反方向进行节点流量累加，直至末端用户或供水水源。

环状管网中管段计算流量的确定，如图 5.8.4-4 所示。已知某时刻管网总供水量和管网节点流量，首先对总供水量 Q 沿管段进行分配，并确定管段流量方向，从而得到所有管段的计算流量 q_{ij}。假设流入节点的管段流量为负，流离节点的管段流量为正。在流量分配过程中，须遵循节点水流连续原则：

$$q_i + \sum_j q_{ij} = 0 \tag{5-14}$$

式中　q_{ij}——管段 ij 的计算流量（L/s）。

图 5.8.4-3　树状管网流量分配

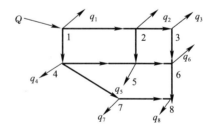

图 5.8.4-4　环状管网流量分配

（5）管径计算

管段直径应按分配的流量，即管段计算流量确定：

$$D = \sqrt{\frac{4q}{\pi v}} \tag{5-15}$$

式中　D——管段管径（m）；

　　　q——管段计算流量（m^3/s）；

　　　v——流速（m/s）。

在管段流量确定的条件下，管段流速的大小决定着管径的大小。若流速大些，管径就会小些，可降低管网投资，但将提高供水水泵的扬程，从而提高了电耗；若流速小些，管径就会大些，则会提高管网投资，但将降低水泵扬程，减少电耗。各小城镇应根据具体情况，确定当地管网造价和运行管理费用之和最低的经济流速。

为了防止管网因水锤现象而出现事故，管段最大设计流速不应超过 $2.5 \sim 3.0 \mathrm{m/s}$；在输送浑浊的原水时，为防止水中杂质在管内沉积，最低流速通常不得小于 $0.6 \mathrm{m/s}$。

（6）水头损失计算

管网管段计算流量和管径确定之后，便可计算各管段的水头损失了。管段的水头损失，包括沿程损失和局部损失。对于供水管网来说，主要考虑沿程水头损失，局部水头损失，如阀门、三通、四通、弯管、渐缩、渐扩管等，相对管线沿程损失，数值较小，可忽略不计。

管网中任一管段的水头损失，与该管段两端节点水压之间有如下关系：

$$H_i - H_j = h_{ij} \tag{5-16}$$

$$h_{ij} = i l_{ij} \tag{5-17}$$

式中　H_i、H_j——以某一基准面为标高零点的 ij 管段两端节点的水压标高（m）；

　　　　h_{ij}——管段 ij 的水头损失（m）；

　　　　　i——管段水力坡度，即单位管段长度的水头损失；

　　　　l_{ij}——管段 ij 的长度（m）。

根据均匀流流速公式，

$$i = a q_{ij}^2 \tag{5-18}$$

$$a = \frac{64}{\pi^2 C^2 D^5} \tag{5-19}$$

式中　q_{ij}——ij 管段计算流量（$\mathrm{m^3/s}$）；

　　　　a——管段比阻；

　　　　C——谢才系数；

　　　　D——水管内径（m）。

管段水头损失的通用公式为：

$$h_{ij} = k l_{ij} \frac{q_{ij}^n}{D_{ij}^m} = a l_{ij} q_{ij}^n = s_{ij} q_{ij}^n \tag{5-20}$$

式中　k，m，n——常数；

　　　　　l_{ij}——ij 管段长度（m）；

　　　　$s_{ij} = a l_{ij}$——管段摩阻。

给水管中水流流态有 3 种情况：

1）阻力平方区，比阻 a 仅与管径及管内壁粗糙度有关，与雷诺数 Re 无关。例如旧钢管和旧铸铁管在 $v < 1.2 \mathrm{m/s}$ 时，或金属管内壁无特殊防腐措施时；

2）过渡区，比阻 a 与管径、管内壁粗糙度及 Re 有关。例如任何流速下的石棉水泥管，流速 $v < 1.2 \mathrm{m/s}$ 时的旧钢管和旧铸铁管；

3）水力光滑区，比阻 a 仅与管径、雷诺数 Re 有关，与管内壁粗糙度无关。例如塑料管和玻璃管。

239

进行管网水力计算时，可根据管段流量、管材（钢管、铸铁管、钢筋混凝土管、石棉水泥管）、当地经济流速情况，直接查《给水排水设计手册》第一册中的水力计算表，得到千米水头损失 1000i，按式（3-17）计算管段的水头损失。

对于塑料、镀锌钢管管材的水力计算，可按 A. Hazen, G. S. Williams 公式和 C. F. Colebrook 公式计算。

A. Hazen, G. S. Williams 公式[5]：

$$h_{ij} = \frac{10.67 q_{ij}^{1.852} l_{ij}}{C^{1.852} D_{ij}^{4.87}}$$ （5-21）

式中　q_{ij}——ij 管段计算流量（m^3/s）；

l_{ij}——ij 管段长度（m）；

C——系数，见表 5.8.4-1；

D_{ij}——ij 管段管径（m）。

A. Hazen, G. S. Williams 式系数 C 值　　　　表 5.8.4-1

管　材	C 值
塑料管	150
新铸铁管，涂沥青或水泥的铸铁管	130
混凝土管，焊接钢管	120
旧铸铁管和旧钢管	100

C. F. Colebrook 公式[5]：

$$\frac{1}{\sqrt{\lambda}} = -2\lg\left(\frac{k}{3.71D} + \frac{2.51}{\mathrm{Re}\sqrt{\lambda}}\right)$$ （5-22）

$$i = \frac{\lambda v^2}{2gD}$$ （5-23）

式中　λ——阻系数；

k——绝对粗糙度（mm）。见表 5.8.4-2；

其他同上。

绝对粗糙度 k 值　　　　表 5.8.4-2

管　材	k 值（mm）
涂沥青铸铁管	0.05～0.125
涂水泥铸铁管	0.50
涂沥青钢管	0.05
镀锌钢管	0.125
石棉水泥管	0.03～0.04
离心法钢筋混凝土管	0.04～0.25
塑料管	0.01～0.03

5.8.5　管网水力计算基础方程

管网水力计算的目的是各水源节点（如多水源供水的水源、水塔或高地水池等）的供水量、管段计算流量、管径、各节点的供水压力和水泵扬程。

任一环状管网的管段数 P、节点数 J（包括水源节点）和环数 L 之间满足以下关系：

$$P = J + L - 1 \qquad (5\text{-}24)$$

对于树状管网，式（4-24）仍然适用，此时，$L = 0$，则

$$P = J - 1 \qquad (5\text{-}25)$$

管网的节点流量、管段流量、管段水头损失之间，遵循质量守恒和能量守恒原理，即连续性方程和能量方程。

连续性方程，即任一节点流进与流出流量的代数和等于零（流入节点的流量为负，流离节点的流量为正）：

$$q_i + \sum_j q_{ij} = 0 \qquad (5\text{-}26)$$

式中 i——编号为 i 的节点，$i = 1$，2，…，$J-1$。

能量方程，即管网中任一环所有管段的水头损失代数和等于零（在该环中，顺时针方向流动的管段流量，水头损失为正；逆时针方向流动的管段流量，水头损失为负）：

$$\left(\sum_{i,j} h_{ij} \right)_k = 0 \qquad (5\text{-}27)$$

式中 k——编号为 k 的环，$k = 1$，2，…，L。

在环状管网中，有 P 个管段，即有 P 个管段流量未知，因此，需要有 P 个（$J+L-1$ 个）独立方程组成的方程组。式（5-26）、式（5-27）即所需的方程组。

将式（5-16）、式（5-20）代入式（5-26），可得管段压降方程：

$$q_i = \sum_{m=1}^{N} \left[\pm \left(\frac{H_i - H_j}{S_{ij}} \right)_m^{1/n} \right] \qquad (5\text{-}28)$$

式中 N——连接 I 节点的管段数；

其他同上。

式中正负号视各管段流量的方向而定，这里假定管段流量流入节点时为负，流离节点时为正。

由于树状管网中管段流量惟一，所以只需进行流量分配，即可计算管段水头损失。

5.8.6 管网水力计算

根据小城镇现状，小城镇管网规划建设课题，可分为新建、改建和扩建三种。据调查，目前我国小城镇给水工程发展现状极不平衡，东南沿海等发达地区小城镇的给水工程相对比较完善，用水水平也较高；而北方及西南地区小城镇的给水工程则相对落后，有些小城镇甚至没有集中供水设施，居民生活用水靠手压井、提水井或直接取用河水，工业用水靠自备机井。而西北地区有些小城镇无地下水可取，完全靠收集雨水。一般来说，已经建有给水设施的小城镇，给水管网多为树状网，这类小城镇给水管网的规划建设，基本是将树状网改扩建成环状。

对于改建、扩建的管网，必须详细调查小城镇给水工程现状，调查居民、工业等用户现状用水量，并对现状给水管网进行适当简化，在此基础上进行给水工程规划。

（1）管网计算方法

小城镇给水管网水力计算，就是求解管网连续性方程、能量方程和管段压降方程。根据所求未知数是管段流量或节点水压，管网水力计算类型可分为解环方程、解节点方程和解管段方程三种。

1）解环方程

解环方程就是在各管段流量初步确定后，求解在管网某种状态下，满足各环能量方程的各管段流量的过程。如前所述，进行管网流量分配后，管网中各管段已经有了初分流量，即各节点已经满足连续性方程，但初分的流量通常不满足各环的能量方程，必须反复进行调整，直至管段流量所产生的水头损失满足各环的能量方程。

Hardy Cross 法是最常用的解环方程的方法。由于环方程组方程数最少，所以是手工计算常用的方法。

2）解节点方程

解节点方程是在假定各节点水压的条件下，应用连续性方程和管段压降方程，通过反复计算调整，求得管网中各节点水压的过程。即在满足能量方程式（5-27）的条件下，求解连续性方程式（5-28）。

Hardy Cross 法也是最常用的解节点方程的方法。虽然节点方程组方程数较多，但应用计算机求解时，其计算过程较快，所以该法是应用计算机求解管网问题最常用的方法。

3）解管段方程

解管网管段方程，是应用连续性方程和能量方程，求得各管段流量和水头损失，再根据已知节点水压，求出其余节点水压。

（2）树状网水力计算

我国小城镇经济发展水平差距较大，很多小城镇没有集中给水设施或者设施很简陋。因而，小城镇给水工程规划中的给水管网往往是树状，或者近期规划为树状。所以，树状管网的水力计算在小城镇的给水工程规划中占有重要地位。

由于树状网中管段水流流向惟一，因而管段流量也惟一，故其水力计算简单。

树状网水力计算步骤：

1）计算比流量；

2）计算管段沿线流量；

3）计算管网节点流量；

4）按连续性方程确定管段流量；

5）选择经济流速，确定管径；

6）计算管段水头损失；

7）选定最不利点，确定最不利点服务水头，并由该点推求管网各节点水压；

8）计算泵站扬程和水塔高度或高地水池位置。

【例题】某小城镇近期规划最高日供水量 $10000 \mathrm{m^3/d}$，时变化系数 1.6。最高日供水量中，工业集中用水量 $1000 \mathrm{m^3/d}$，其中，工厂甲用水量 $500 \mathrm{m^3/d}$，工厂乙用水量 $300 \mathrm{m^3/d}$，工厂丙用水量 $200 \mathrm{m^3/d}$。3 个工厂均为两班制工作，均匀用水。最高用水时发生在工厂用水期间。供水管网布置见图 5.8.6，水厂至节点 1 不配水。各节点地面标高、各管段长度见表 5.8.6-1。最高时水塔供水量 28.5L/s。假设供水区域最小自由水压为 16m，管材采用铸铁管。试进行最高用水时管网水力计算。

图 5.8.6　供水管网布置图

某小城镇管网节点标高、管段长度（m）　　　　表 5.8.6-1

节点号	1	2	3	4	5	6	7	8
地面标高	121.50	120.20	119.80	118.90	118.60	121.60	120.00	119.60
管段号	1~2	2~3	3~4	4~5	1~6	2~7	7~8	3~9
管长/m	260	300	340	350	360	420	600	360
节点号	9	10	11	12	13	14	15	16
地面标高	119.50	118.70	118.60	119.00	118.00	119.70	118.20	118.40
管段号	9~10	10~11	4~12	12~13	13~14	13~15	12~16	0~1
管长/m	370	366	360	580	340	330	336	800

【解】

1）最高时供水量 Q_h

$$Q_h = k_h \frac{Q_d}{24} = \frac{10000}{24} \times 1.6 = 667 \mathrm{m^3/h} = 185 \mathrm{L/s}$$

最高时工业用水量（集中用水量）：

$$\sum q = \frac{1000}{16} = 62.5 \mathrm{m^3/h} = 17.36 \mathrm{L/s}$$

2）比流量

按照单位管线长度计算比流量。

$$q_s = \frac{185 - 17.36}{5672} = 0.0296 \mathrm{L/(m \cdot s)}$$

3）管段沿线流量

$$q_l = q_s l$$

其中管段 0—1 不配水，各管段沿线流量见表 5.8.6-2。

沿线流量、节点流量、管段流量、管径、水头损失 表 5.8.6-2

管段号	1～2	2～3	3～4	4～5	1～6	2～7	7～8	3～9
管长（m）	260	300	340	350	360	420	600	360
沿线流量	7.6929	8.876	10.06	10.356	10.652	12.43	17.75	10.65
管段流量	138.73	100.26	53.14	5.18	5.33	23.97	8.88	32.33
管段流速	1.11	0.8	0.75	0.3	0.3	0.49	0.51	0.67
管径/mm	400	400	300	150	150	250	150	250
水头损失/m	1.15	0.71	1.05	0.51	0.54	0.77	2.28	1.13
节点号	1	2	3	4	5	6	7	8
节点流量	12.64	14.5	14.79	15.53	5.18	5.33	15.09	8.88
地面标高	121.50	120.20	119.80	118.90	118.60	121.60	120.00	119.60
节点水压标高	140.32	139.17	138.46	137.32	136.81	139.78	138.40	136.12
管段号	9～10	10～11	4～12	12～13	13～14	13～15	12～16	0～1
管长（m）	370	366	360	580	340	330	336	800
沿线流量	10.948	10.829	10.652	17.161	10.06	9.764	9.942	0.000
管段流量	21.53	10.64	32.43	8.58	23.47	4.88	4.97	156.7
管段流速	0.69	0.61	0.67	0.27	0.76	0.28	0.29	1.25
管径/mm	200	150	250	200	200	150	150	400
水头损失/m	1.68	1.90	1.14	0.50	1.82	0.43	0.45	4.40
节点号	9	10	11	12	13	14	15	16
节点流量	10.8	10.89	10.64	18.88	27.17	5.03	4.88	4.97
地面标高	119.50	118.70	118.60	119.00	118.00	119.70	118.20	118.40
节点水压标高	137.41	136.28	134.60	136.81	136.38	138.20	135.95	136.36

4）管网节点流量

$$q_i = 0.5 \sum_j q_{lij}, i = 1, 2, \cdots, 16。$$

管网各节点流量见表 5.8.6-2。

5）管段计算流量

由管网各支线末端开始，利用节点流量及管段连接关系，推求管段计算流量，例如，管段 4-12 的计算流量为：

$$q_{4-12} = q_{12-16} + q_{12-13} + q_{12} = 4.97 + 8.58 + 18.88 = 32.43 \text{L/s}$$

其他管段计算流量见表 5.8.6-2。

6）管径确定及水头损失

根据各管段计算流量，适当考虑不同大小管径的流速，管段管径、千米水头损失可查水力计算表确定。

7）节点水压

根据水力计算及节点地面标高。

（3）环状网水力计算

尽管我国小城镇经济发展水平差距较大，多数具有供水设施的小城镇现状给水工程或规划的给水工程的给水管网是树状，但随着我国小城镇经济实力的增强，将有许多小城镇会建成完善的环状供水管网设施。

由于环状网中管段水流流向不惟一，因而不同时刻的管段流量也会发生变化。

环状网水力计算步骤：

1) 计算比流量；

2) 计算管段沿线流量；

3) 计算管网节点流量；

4) 按连续性方程初步确定各管段流量；

5) 选择经济流速，初步确定各管段的管径；

6) 根据初步确定的各管段流量和管径，依据能量方程进行管网平差计算，从而确定各管段的管径和水头损失；

7) 选定最不利供水点，确定最不利点服务水头，并由该点推求管网各节点水压；

8) 计算泵站扬程和水塔高度或高地水池位置。由于管网平差计算误差的存在，根据管网中不同水量路径计算的泵站扬程和水塔高度或高地水池的高度会有差别，一般可根据2个以上路径的计算结果，求平均值。在利用计算机进行平差计算时，可设定比较小的误差。

除第4)、5)、6)步以外，环状管网的计算过程基本与树状管网相同。

5.9 规划案例例解

某镇给水工程总体规划案例例解

(1) 相关资料收集

1) 自然概况

某镇位于辽宁省中部。地势由东北向西南倾斜。东部多丘陵，西部为平原，境内平均海拔高度 38m，最高 50m，最低 31m。年平均降雨量 711mm，年平均气温 8.4℃，月平均最高气温（7 月）34.7℃，月平均最低气温（1 月）−11.3℃。平均无霜期 160 天，最大冻土深度 1.2m。地震烈度 7 度。

城镇常年夏季主导风向为南风，冬季主导风向为北风。

城镇区内地质状况良好，地基承载力均在 1kg/m² 以上。

2) 现状与存在问题

① 镇域概况

某镇辖区总面积 94km²，其中耕地面积 63km²。镇区面积 301.2hm²。下辖 26 个行政村，全镇总人口 5 万，其中非农业人口 1 万人，暂住人口 1 万人，是重要的产粮基地。其中二、三产业主要集中在镇区。

现状社会总产值 26.1 亿元，工农业总产值 23.8 亿元，人均纯收入 2329 元。

② 镇区现状

现状建成区总人口 2 万人，占地 301.2hm²。

居住用地 214.2hm²，占城建总用地的 71%，新区主要是 5～6 层住宅楼，老区主要是 1～2 层庭院式住宅。

公共设施总面积 34.4hm²，占总用地的 12.6%。商业服务业主要集中在新昌大街、广场路两侧。现有小学 2 所，初中 2 所，占地 13.4hm²。镇中心有中心医院 1 座，占地

$1hm^2$。有箱包、鸡蛋、农贸、水果和牲畜市场各 1 座，占地 $5.8hm^2$，年成交额 12 亿元，日上市人数达 1 万人。

生产建筑用地 $18.4hm^2$，占城建用地的 6.1%。主要工业有建筑机械、PVC 建材、陶瓷、纺织、饲料加工等，工业总产值 21.4 亿元。

镇内有国家二级储备粮库 1 座，占地 $9.4hm^2$，占城建总用地的 3.1%。

建成区道路总长 8000m，面积 14.3 万 m^2，占城建总用地的 4.8%。主要道路宽 6m。市政设施用地 $3.1hm^2$。

镇内有三级火车站 1 座，占地 $8.4hm^2$，占城建总用地的 3%。

③ 存在问题

Ⓐ 工业布局分散，与居住用地交错建设，不便管理，而且对居民健康形成直接威胁。

Ⓑ 公共设施很不完善，缺少文化活动和休闲娱乐场所。

Ⓒ 基础设施建设水平低，排水设施严重不足，供热方式落后。

Ⓓ 无公共停车场，无公共绿地。

Ⓔ 道路建设不完善。旧城区道路狭窄，且很多道路不连续。

（2）总体规划依据

1）发展总目标

根据城镇发展建设规划，到 2010 年将形成完善的社会主义市场经济体系，农业生产实现产业化、机械化；工业生产实现集团化、规模化。建成辽中经济圈独具特色的城镇，经济实力达到东南沿海地区先进城镇的现有水平。

2000 年城镇化水平达 55%；2010 年城镇化水平达 70%。

2）人口规划

现状全镇总人口 5 万人，建成区总人口 2 万人。近期全镇规划总人口 5.5 万人，其中镇区人口 3 万人；远期全镇规划总人口 7 万人，镇区人口 5 万人。远景规划人口控制在 8 万人。

3）经济发展规划

近期全镇国民生产总值 20 亿元，年递增 20%；远期 100 亿元，年递增 17%。

4）村镇体系规划

将现状镇区和 26 个行政村合并为 1 个镇区和 9 个中心村，其中位于镇区两侧的两个中心村划为镇区的两个街道办事处。镇区是全镇的政治、经济和文化中心，工业以箱包业为主。9 个中心村以种植业为基础，兼有箱包加工、养殖业等，是为中心镇箱包市场、鸡蛋市场服务的贸、工、农相结合的村庄。

（3）给水工程规划

1）现状分析

某镇现有 26 个村中，只有 A（烟台）、B（前五道河）、C（土河铺）、D（福来屯）村，4 个自然村各由自备水源统一供水，其他村庄采用分散的农家井。镇域供水普及率 30%。镇区由 5 眼水井统一供水，属于浅层承压水，水质良好。镇区供水普及率 100%。

2）镇域给水工程规划

镇域内，22 个村庄没有统一的供水设施。4 个设有自备井统一供水的村庄，水源容量小，供水管径小、水压不足，供水可靠性差。不能满足规划建设发展的要求。

现有水源容量小且分散布置，供水效益低下。不能满足镇域发展规划的要求。

① 水量估算

近期镇域生活用水量标准定为 100L/（人·d），远期 150L/（人·d）。供水普及率100%。

镇域近期用水量 11860m³/d，远期 24530m³/d。其中镇区近期用水量 9360m³/d，远期用水量 21528m³/d。镇区用水量估算见后续镇区给水工程规划。

② 水源规划

某镇东西长约 16km，南北长约 13km，镇区基本位于镇域中心。由于镇域不大，各村之间的距离较小，本着水源统筹规划、合理利用原则，根据水文地质资料和镇域布局，确定镇域采用统一供水方案，并分近、远期分别进行建设。

根据镇域总体规划与村镇体系规划，由于镇区原水源容量不能满足近远期镇区用水量要求，所以，需要增加水源取水量。规划水源为两处：一处为原镇区水源的五眼井，另一处选择距离镇区较近的张胡台村为镇域新增水源，取 42m 以下承压裂隙岩含水层水，水质符合生活饮用水卫生标准。近期打井 3 眼，井径 300mm，并就近设贮水池 1 座。远期增打 7 眼井。

③ 供水管网布置

根据全镇的居住区和工业发展规划，除镇区外，镇域其他部分对供水可靠性的要求相对较低，确定全镇采用以树状管网供水为主的供水系统，镇区采用环状管网供水系统的供水方案。由张胡台村铺设 1 条输水管至镇区。近期，距张胡台较近的前驼龙、崔庄两个中心村，由张胡台铺设单管供水，其他村庄仍采用原有水源供水。远期，9 个中心村由张胡台水源供水。并在前驼龙、前五道、二道河子、老爷庙分别建设加压站供水。远期镇域供水普及率达到 100%。除镇区外，其余中心村均采用单管供水，满足用户对供水的要求。

3）镇区给水工程规划

镇区现状给水工程，水源容量不能满足近期发展要求，管网采用树状网供水，且管径偏小，供水压力不足，可靠性差。

① 水量估算

根据某镇的具体情况，确定采用居民生活用水量比例法预测镇区近远期规划用水量。

根据某镇地理位置、自然气候情况，以及镇区人口和经济发展规划，确定近期镇区生活用水量标准为 120 L/（人·d），远期 180L/（人·d）。公共建筑用水按生活用水量的 30% 计。工业用水量按生活用水量的 40% 计。未预见水量按除消防用水量以外的总用水量的 20% 计。近期镇区总用水量 9360m³/d，远期 21530m³/d。

② 水源规划

保留镇区现有水源，近远期规划所缺水量，由规划的张胡台水源供给。

③ 供水管网布置

镇区现状供水为树状管网系统，供水管线管径较小，并且在主干道上铺有两条平行的供水管线。

近期由张胡台新建水源铺设一条专线至镇区。根据规划道路及用地布局，采用原有管线与新管线结合的环状供水系统，将原同一条街道双线布置的主干管改为单线布置。供水普及率 100%。

④ 消防供水规划

消防采用低压消防供水系统，与生活及生产采用同一套管道系统。根据规划人口，用水量按同一时间火灾次数为 2 次，延续时间为 2 小时，一次灭火用水量标准近远期均采用 25L/s。由于给水系统规模小，消防用水量相对较大，为了满足镇区消防要求，将消防用水量计入给水系统总用水量。

镇区内近期建设 1 座消防站，镇区供水管线按不大于 150m 的距离设置室外消火栓。

4）规划成果分析

某镇给水工程规划基本合理，尤其在镇域水源统一规划方面体现了水资源统筹规划、合理利用原则。镇域供水分期建设规划，充分考虑了当地的实际需求情况和经济发展水平。镇区管网规划采用新旧管网结合、并对现有管线进行改造，形成环状供水，既提高了供水可靠性，又兼顾了实施的可行性。

但在以下几方面应予改进或补充：

① 镇区水源和规划的张胡台水源，尽管远离工业区，而处在住区和种植区域内，但必须作水源保护规划。应要求在取水井群周围，不得排放各种污水，不得修建渗水厕所、渗水坑，不得堆放垃圾、粪便、废渣，不得修建污水渠道，不得施用有持久毒性农药、剧毒农药。并应明确划定具体的保护范围。

② 现状地下水源水质符合生活饮用水卫生标准，即水质无须处理，但不能排除远期水源受污染的可能性，规划中应予以考虑。

③ 根据给水工程规划，张胡台水源最远供水距离在 10km 左右，采用统一供水是否合理，应作经济比较确定。

④ 镇区工业用水量估算，近远期均按生活用水量的 40% 计，似有不妥。应根据人口及工业发展规划，选择合适的比例进行估算，或按万元工业产值用水量法估算。

⑤ 镇区管网建设也应分近远期分期建设。

主要参考文献

1　中国城市规划设计研究院，中国建筑设计研究院，沈阳建筑工程学院. 小城镇规划标准研究 [M]. 北京：中国建筑工业出版社，2002

2　陈礼洪. 小城镇给水工程规划中需水量的预测及水源选择 [J]. 福建建筑高等专科学校学报，2002，4（1）：33～35

3　中华人民共和国国家标准 GB 50282—98 城市给水工程规划规范 [M]. 北京：中国建筑工业出版社，1999

4　郑毅. 城市规划设计手册 [M]. 北京：中国建筑工业出版社，2000

5　严煦世，范瑾初. 给水工程 [M]. 中国建筑工业出版社，1999

6　黄富国. 小城镇与大中城市乡村的规划比较及认识 [J]. 城市规划，23（2），1999

第6章 小城镇排水工程规划

　　水在人类的生活和生产的使用过程中受到不同程度的污染，改变了原有的化学成分和物理性质，成为污水或废水。

　　污水按照不同的来源，可分为生活污水、工业废水和降水3类。

　　生活污水是指人们日常生活中使用过的水，含有大量的有机物、病原微生物及肥皂和合成洗涤剂，也含有植物生长所需要的氮、磷、钾等肥分，应当予以适当处理和利用。

　　工业废水是指生产过程中排出的水，它包括生产废水和生产污水。生产污水是指被污染的工业废水，包括水温过高，排放后造成热污染的工业废水。生产废水是指未受污染或受轻微污染以及水温稍有升高的工业废水。工业废水含有大量的污染物质，这些物质多数既是有害和有毒的，同时也是有用的，必须处理或回收利用。

　　小城镇雨水和冰雪融化水也需要及时排除，否则将积水为害，妨碍交通，甚至危及人们的生产和日常生活。

　　小城镇污水是排入城镇污水系统的污水的统称。为了保护小城镇环境免受污染，以促进工农业生产的发展和保障人民的健康与正常生活。小城镇建立收集、输送、处理和利用污水的一整套工程设施，即称为排水工程。

　　排水工程系统通常由排水管道系统（排水管网）、污水处理系统（污水处理厂）及出水口组成。排水管道系统是收集和输送废水的设施，它包括排水设备、检查井、管渠、污水泵站等工程设施。污水处理系统是处理和利用污水的工程设施，它包括小城镇及工业企业污水厂（站）中的各种处理构筑物及除害设施。出水口是使废水排入水体并与水体很好混合的工程设施。

6.1 小城镇排水工程规划的基本原则

　　小城镇排水工程规划的主要任务是划定小城镇排水范围；根据小城镇自然环境和用水状况，预测小城镇排水量；合理确定小城镇排水体制与污水排放标准；科学布局污水处理厂等各种污水处理与收集设施、排涝泵站等雨水排放设施以及各级污水管网；制定水环境保护、污（雨）水处理方式和综合利用等对策与措施。

　　小城镇排水工程规划应遵循下列原则：

　　（1）遵循小城镇整体规划和可持续发展的原则。

　　（2）贯彻"全面规划、合理布局、综合利用、化害为利、依靠群众、大家动手、保护环境、造福人民"的环境保护方针。符合环境保护的要求，有利于水环境水质的改善的原则。

（3）应与给水工程、环境保护、道路交通、竖向、水系、防洪以及其他相关专业规划相协调的原则。

6.2　小城镇排水工程规划内容、步骤与方法

6.2.1　小城镇排水工程规划的内容

小城镇排水工程规划是根据小城镇总体规划要求制定的总排水方案，使小城镇有合理的排水条件。

6.2.1.1　小城镇排水工程总体规划的内容

（1）小城镇排水工程总体规划的主要内容

1）划定小城镇排水范围。小城镇排水工程规划范围应与小城镇总体规划范围一致；当小城镇污水处理厂或污水排出口设在小城镇规划区范围以外时，应将污水处理厂或污水排出口及其连接的排水管渠纳入小城镇排水工程规划范围。

2）预测小城镇排水量。要求分别估算预测小城镇生活污水量、工业废水量和雨水径流量。一般将生活污水量和工业废水量之和称为城镇总污水量，而雨水径流量单独估算。

3）拟定小城镇污水、雨水的排除方案。要求确定排水区界和排水方向；研究生活污水量、工业废水量和雨水的排除方式，确定排水体制；研究原有排水设施的利用和改造方案，确定小城镇在规划期限内排水系统的建设要求，近远期结合、分期建设等问题。

4）确定不同地区的污水的排放标准。从污水受纳水体的全局着眼，既符合近期的可能，又要不影响远期的发展。采取有效的措施，如加大处理力度、控制或减少污染物数量、充分利用受纳水体的环境容量，使污水排放污染物与受纳水体的环境容量相平衡，以达到保护自然资源，改善水体环境的目的。

5）进行排水管、渠系统的平面布置。确定排水区界，划分排水流域，进行污水管网、雨水管网、防洪沟的布置。在管网布置中要确定干管、渠的走向和出口位置，确定雨污水主要泵站数量、位置以及水闸位置。

6）确定污水处理厂位置、规模、处理等级以及用地范围。

7）根据国家环境保护规定与城镇的具体条件，提出污水、污泥综合利用的措施。

（2）小城镇排水工程总体规划图纸

1）小城镇排水工程现状图：图中表示现状小城镇排水系统的布置与主要设施情况。

2）小城镇排水工程规划图：图中表示规划末期小城镇排水设施的位置、用地，排水干管、渠的布置、走向，出水口的位置等。

6.2.1.2　小城镇排水工程详细规划的内容

小城镇排水工程详细规划，主要是在总体规划的指导下，对涉及规划地块的有关规划内容，进行详细的计算与具体的落实安排。

（1）小城镇排水工程详细规划的主要内容

1）对污水排放量和雨水量进行具体的统计与计算；

2）对排水系统的布局、管线走向、管径进行计算复核，确定管线平面位置、主要控制点标高；

3）对污水处理工艺提出初步方案；

4）尽量在可能的条件下，提出基建投资估算。

（2）小城镇排水工程详细规划图纸

小城镇排水系统详细规划图中应表示规划范围内各类排水设施的位置、设计规模、用地范围；排水管（渠）的走向、位置、管径、长度和主要控制点的标高，出水口的位置等。

小城镇排水工程详细规划分控制性详细规划与修建性详细规划。

6.2.2 小城镇排水工程规划的步骤与方法

（1）明确规划任务

进行排水工程规划，首先要明确规划的目的与任务。其中包括：规划项目的性质；规划任务的内容与范围；有关部门对排水工程规划的指示与文件等。

（2）收集必要的基础资料和现场踏勘

小城镇排水工程系统规划需要有自然环境、小城镇基本状况、小城镇规划、各专业工程等方面的资料。

自然环境资料

1）水文气象资料：历年最高洪水位、洪峰流量及持续时间，历史洪水调查资料；历年暴雨资料（至少10年至20年以上）；河道含砂量及变迁情况；地区水位图集及水文计算手册；小城镇区域的分水岭线、受纳水体的服务范围。

2）地质资料：地质构造及地貌条件；地震设防资料，包括地震断裂带、滑坡、陷落段资料；地基岩石和土壤物理性质。

3）其他资料：汇水流域内的地貌和植被情况；洪水汇水区域图，比例1：2000～1：5000；小城镇总体规划、河湖及小城镇市区、工业区、郊区布局规划图，比例1：2000～1：5000；当地建材及其价格、运输等与规划有关的资料；现有防洪、排水、人防工程的设施及使用情况；有关河道湖泊管理的文件规定等；小城镇排水现状图，比例1：1000～1：2000；生活、生产污水的水质、水量、环境污染状况以及造成的危害情况资料；环保、卫生、农业、水利部门对水体保护的要求；工业发展预测资料；规划地区地形图，1：500～1：2000；市区道路规划图，1：500～1：2000。

（3）进行小城镇排水工程规划

在掌握基本资料的基础上，着手考虑排水工程规划方案，分析方案的优缺点，进行技术经济比较，选择最佳方案。其规划程序分前后两部分。前部分为小城镇污水量预测——确定小城镇排水系统规划目标。后部分有污水处理与雨水排放两个主体程序。

1）污水处理的主体程序为：小城镇污水处理设施规划——小城镇污水管网系统规划——详细规划范围内污水管网规划。

2）雨水排放的主体程序为：小城镇雨水排放设施规划——小城镇雨污水管网系统规划——详细规划范围内雨水管网规划。

小城镇排水工程规划工作程序

1）小城镇污水预测

在研究小城镇自然环境的基础上，根据小城镇发展总目标、小城镇规划用水量及重复利用状况，进行小城镇污水预测。

2）确定小城镇排水系统规划目标

通过小城镇气象、水文等自然环境，小城镇现状雨水、污水排放与处理状况研究，根据区域水利以及污水处理规划，小城镇污水量预测，确定排水系统规划目标，选择排水体制。

3）小城镇污水处理设施规划

通过对小城镇现状污水处理设施与水环境的分析，根据小城镇规划总体布局、排水系统规划目标、区域水利以及污水处理规划，进行小城镇污水处理设施规划。

4）小城镇污水管网规划

根据小城镇污水处理设施规划、小城镇规划总体布局、结合小城镇现状污水管网布局，进行小城镇污水管网规划，并且反馈到有关方面，综合协调，落实污水输送设施的用地布局。

5）详细规划范围内的小城镇污水管网规划

在此项工作之前，先根据详细规划布局，估算该范围内的污水量。然后根据该范围内的污水量分布、污水管网总体规划、结合小城镇详细规划布局，布置污水管网。初步确定污水管网布置后，反馈至有关方面，综合协调，具体落实污水管网与设施的位置。

6）小城镇雨水排放设施系统规划

首先进行小城镇降水等自然环境及现状雨水排放系统研究，依据小城镇排水系统规划目标，结合小城镇规划总体布局，进行雨水排放口、水闸、排涝站等雨水排放设施管网规划。

小城镇雨水排放设施涉及流域规划，应及时反馈至相关流域水利、防洪主管部门，调整与完善流域水利规划。同时反馈至小城镇规划有关方面，综合协调，具体落实雨水排放设施的用地布局。

7）小城镇雨水管网规划

根据降水等自然环境和现状雨水排放设施研究，结合小城镇规划总体布局，进行雨水管网规划。反馈至小城镇规划有关方面，具体落实雨水管网与设施的用地布局，适当调整小城镇规划总体布局。

8）详细规划范围内的小城镇雨水管网规划

在此项工作之前，先根据小城镇暴雨强度公式计算该范围内的降雨量。然后根据该范围内的雨水量分布、雨水管网总体规划、结合小城镇详细规划布局，布置雨水管网。同时，反馈至小城镇规划有关方面，具体落实雨水管网与设施的位置。

具体程序见图 6.2.2。

图 6.2.2　小城镇排水工程规划工作程序

6.3　小城镇排水体制及选择

对生活污水、工业废水和雨水采用不同的排除方式所形成的排水系统，称为排水体制。小城镇排水体制一般可分为分流制和合流制两种基本类型。

6.3.1　合流制排水系统

合流制排水系统是将生活污水、工业废水和雨水用同一套管渠排除的系统。可分为直排式合流制与截流式合流制。

排水管渠系统的布置就近坡向水体，分若干个排出口，混合的污水未经处理直接排入水体，称为直排式合流制（图 6.3.1-1）。污水未经处理就排入水体，使受纳水体遭受严重污染。但管渠造价低，不需建污水处理厂，投资省。目前，我国大多数小城镇的排水方式是这种系统。随着现代小城镇与工业的发展，污水量不断增加，水质日趋复杂，造成的污染危害很大，因此，这种直排式合流制排水系统目前一般不宜采用。

截流式合流制是在早期的直排式合流制排水系

图 6.3.1-1　直泄式合流制排水系统图
1—合流支管；2— 合流干管；3—河流

的基础上，临河岸边建造一条截流干管，同时在合流干管与截流干管相交前或相交处设置溢流井，并在截流干管下游设置污水处理厂（图 6.3.1-2）。晴天和初雨时，混合污水全部输送至污水处理厂；雨天时当雨水、生活污水和工业废水的混合水量超过截流干管的输水能力时，其超出部分通过溢流井直接排入水体。截流式排水系统较直排式排水系统有了较大改进，但由于在雨天有一部分混合污水直接泄入水体，对水体仍会造成一定程度的污染，因此不建议推广使用该排水体制。近年来，世界各国都在致力于探求有效的控制合流制溢流污水污染的途径与方法。截流式合流制一般常用于老城区的排水系统改造。

图 6.3.1-2　截流式合流制排水系统图

1—合流干管；2—截流主干管；3—溢流井；4—污水厂；5—出水口；6—溢流出水口

6.3.2　分流制排水系统

将生活污水、工业废水、雨水采用两套或两套以上的管渠系统内排放的排水系统，称为分流制排水系统。其中汇集输送生活污水和工业废水的排水系统称为污水排水系统；排除雨水的排水系统称为雨水排水系统；只排除工业废水的排水系统称为工业废水排水系统。

按雨水不同的排除方式，分流制排水系统又分为完全分流制（图 6.3.2-1）和不完全分流制（图 6.3.2-2）两种排水系统。完全分流制排水系统具有污水排水系统和完善的雨

图 6.3.2-1　完全分流制排水系统图

1—污水干管；2—污水主干管；3—污水厂；
4—出水口；5—雨水干管

图 6.3.2-2　不完全分流制排水系统图

1—污水管道；2—雨水管渠；3—原有渠道；
4—出水口；5—雨水干管

水排除系统。不完全分流制排水系统是指暂时不设置雨水管渠系统，雨水沿着地面、道路边沟和明渠等方式泄入天然水体，因而投资比较省，该排水体制适用于有合适的地形条件，雨水能顺利排放的地区。对于新建的城镇或地区，在建设初期，往往也采用这种雨水排除方式，待今后配合道路工程的不断完善，再增设雨水管渠系统。

6.3.3 排水体制的选择

合理选择排水体制，是小城镇排水系统规划中一个十分重要的问题。它关系到排水系统是否经济实用，能否满足环境保护要求，同时也影响排水工程总投资、初期投资和经营费用。

小城镇排水体制的选择，应根据小城镇总体规划、环境保护要求、当地自然条件和废水受纳体条件、污水量及其水质及原有排水设施情况，经技术经济比较确定。环境保护和保证小城镇可持续发展是选择排水体制时所需要考虑的主要问题。

从环境保护方面看，如果将小城镇生活污水、工业废水全部截流送往污水厂进行全部处理，然后再排放，可以较好地控制和防止水体的污染，但截流主干管尺寸较大，容量增加很多，建设费用也相应地增高。采取截流式合流制时，雨天有部分混合污水通过溢流井直接排入水体。实践证明，采用截流式合流制的小城镇，随着建设的发展，河流的污染日益严重，甚至达到不能容忍的程度。分流制排水系统是将小城镇污水全部送往污水厂进行处理，所以在雨天不会把污水排放到水域中去，对防止水质污染是有利的。但初降雨水径流未加处理直接排入水体，造成初降雨水径流对水体的污染。但由于分流制排水系统比较灵活，比较适应社会发展的需要，一般又能符合小城镇卫生的要求，所以在国内外获得广泛的应用，也是小城镇排水系统的发展方向。

从造价方面看，合流制排水管道的造价比完全分流制一般要低 20%~40%。可是合流制的污水厂却比分流制的造价高。从总造价来看完全分流制排水系统比合流制排水系统高。但不完全分流制因初期只建污水排水系统，因而节省初期投资费用，此外，又可缩短施工期，较快地发挥工程效益。而完全分流制和截流式合流制的初期投资均比不完全分流制要大。

从维护管理方面来看，晴天和雨天时流入污水厂的水量变化较大，增加了合流制排水系统污水厂运行管理中的复杂性。而分流制排水系统可以保持管内的流速，不致发生沉淀，同时流入污水厂的水量和水质比合流制变化小得多，污水厂的运行易于控制。合流制管渠不存在管道误接情况，而分流制管渠容易出现管道误接。合流管道的维护费用可以降低。

总之，小城镇排水体制的选择应因时因地而宜，结合小城镇实际，分析比较选定不同的排水体制。小城镇排水体制原则上一般宜选分流制，经济发展一般地区和欠发达地区小城镇近前可采用不完全分流制，有条件时宜过渡到完全分流制，某些条件适宜或特殊地区小城镇宜采用截流式合流制。并在污水排入系统前应采用化粪池、生活污水沼气池等方法进行预处理。

6.4 小城镇排水系统的组成与布置

6.4.1 小城镇排水系统的组成

（1）小城镇污水排水系统

小城镇污水排水系统由污水管网和污水处理系统组成。污水管网包括收集和输送小城镇

255

生活污水和工业废水的管道系统。它包括室内污水管道系统及卫生设备，室外污水管道系统及附属构筑物，污水提升泵站及压力管道，污水处理厂，排入水体的出水口及事故排放口。

（2）工业废水排水系统

有些工业废水排入小城镇污水管道或雨水管道，形成排水系统，而有些工厂单独形成工业废水排除系统。工业废水排水系统由车间内部管道系统及设备，厂区管道系统及附属构筑物，必要的污水处理系统，污水泵站及压力管道，出水口（渠）或接入小城镇排水系统的管网组成。

（3）雨水排水系统

排除降雨径流和雪融水的管渠系统称为雨水排水系统。它的组成为房屋雨水系统，包括天沟、竖管及房屋周围的雨水管沟；街坊或厂区及道雨水管渠系统，包括雨水口、庭院雨水沟、支管、干管等；雨水泵站；排入水体的出水口及排洪沟。

（4）合流制排水系统

只有一套管渠系统，具有雨水口、溢流井、溢流口和截流干管，其他组成部分同污水排水系统。

6.4.2　小城镇排水系统布置

（1）影响因素

1）小城镇规划

一般小城镇规划范围就是排水系统的服务范围，规划设计人口影响污水管网系统的设计标准，小城镇的铺砌程度影响雨水径流量的大小，排水管网沿规划道路定线。所以小城镇是小城镇排水系统平面布置最重要的依据，排水规划必须与小城镇总体规划一致。并作为小城镇总体规划的一个重要组成部分。

2）地形和用地布局

在一定条件下，地形是影响管道定线的主要原因。定线时应充分利用地形，使管道的走向符合地形趋势，一般应顺坡排水。排水主干管一般布置在排水区域内地势较低的地带，沿集水线或沿河岸等敷设，以便支管、干管的污水能自流接入。

3）排水体制和线路数目

采用分流制系统，布置管道必须注意不同管道系统在平面和高程上的相互配合。采用合流制系统时要确定截流干管及溢流井的正确位置。采用混合体制，要考虑两种体制管道连接的方式。

4）污水厂和出水口位置

污水厂和出水口的位置决定了排水管网总的走向，所有管线都应朝出水口方向铺设并组成支状管网。

5）水文地质条件

排水管网应尽量敷设在水文地质条件好的街道下面，最好埋设在地下水位上。如果不能保证在地下水位以上铺管时，在施工时必须考虑地下水的影响和向管内渗水的问题。

6）道路宽度

管道定线时还需要考虑街道宽度和交通问题。排水干管一般不宜设在交通繁忙而狭窄的街道下。若街道宽度超过 40m 时，为了减少连接支管的数目和减少地下管线的交叉，可考虑设置两条平行的排水管道。

7）地下管线和构筑物的位置

在现代化小城镇和工厂的街道下，有各种地下设施：各种管道——给水管、排水管、雨水管、煤气管、供热管等；各种电缆线；各种隧道等。设计排水管道在街道横断面上的位置时，应与各种地下设施的位置联系起来综合考虑，并应符合排水设计规范的有关规定要求。

8）工业企业和产生大量污水的构筑物的分布情况。

9）排水方式的选择

传统的排水系统采用重力流排水方式，需要较大的管径和一定的坡度，通常埋设较深，工程费用较高，对地域较广、人口密度较低、地形受限制的地区很不适用。近年来，一些小城镇开始采用压力式或真空式排水方式，得到较好的应用，尤其适用于地形地质变化较大的地区，管网密集，施工困难的地区，居民分散、人口密度较低的别墅、观光区。

（2）布置原则

规划小城镇排水管道系统，首先要进行排水管道的平面布置，也称为排水管道系统定线。即确定排水管道的平面位置和水流方向。正确合理的排水管道平面布置能使排水管道系统规划经济合理。管网定线一般按主干管、干管、支管顺序依次进行。在城镇排水总体规划中，一般只决定排水主干管和干管的走向与平面布置。在详细规划中，还要进行排水支管的走向与平面布置。

污水管道定线应遵循的主要原则是：在城镇排水管道系统的布置中，要尽量用最短的管线，在较小的埋深下，把最大面积的污废水、雨水能自流送往污水处理厂和水体。为实现这一原则，在定线时应尽可能地考虑到各种影响因素，因地制宜地利用其有利的因素而避免不利因素。根据城镇地形特点和污水处理厂、出水口的位置，充分利用有利的地形，合理布置城镇排水管道。

（3）排水工程系统的布置形式

1）正交式（图6.4.2-1）：地势向水体有适当倾斜的地区，干管以最短距离沿与水体垂直相交的方向布置，这种布置也称正交布置。正交布置的干管长度短、管径小，因而经济，污水排放迅速。由于污水未经处理就直接排放，使水体污染，因此这种布置形式仅适用于雨水的排除。

2）截流式（图6.4.2-2）：正交布置的发展，沿河岸敷设主干管，并将各干管的污水截流到污水厂，这种布置也称截流布置。截流布置减轻了水体的污染，改善和保护了环境。适用于分流制的污水系统、区域排水系统和截流式合流制排水系统。

图6.4.2-1 正交式排水系统

1—城镇边界；2—排水流域分界线；3—干管

图6.4.2-2 截流式排水系统

1—城镇边界；2—排水流域分界线；3—干管；
4—主干管；5—污水处理厂；6—出水口

257

3）平行式（图 6.4.2-3）：地势向水体有较大倾斜的地区，避免因干管坡度较大，管内流速过大，使管内受到严重冲刷，可使干管基本与等高线及河道基本平行、主干管与等高线及河道成一定斜角敷设，这种布置也称平行布置。平行布置可减少跌水井数量，降低工程总造价。

4）分区式（图 6.4.2-4）：地势相差较大地区。高区污水靠重力流入污水厂，低区的污水用水泵送入污水厂，这种布置也称分区布置。分区布置充分利用地形排水，节省能源。

图 6.4.2-3　平行式排水系统

1—城镇边界；2、3—干管；4—主干管；

5—污水处理厂；6—出水口

图 6.4.2-4　分区式排水系统

1—城镇边界；2—排水流域分界线；3—干管；

4—污水处理厂；5—污水泵站

5）分散式（图 6.4.2-5）：小城镇周围有流域或小城镇中央部分地势高、地势向倾斜的地区，各排水流域的干管常采用辐射状分散布置，各排水流域具有独立的排水系统。这种布置也称分散式布置。分散式布置具有干管长度短、管径小、管道埋深浅、便于雨水排放等优点。

图 6.4.2-5　分散式排水系统

1—城镇边界；2—排水流域分界线；3—干管；4—污水处理厂

6）环绕式（图 6.4.2-6）：分散式的发展，即在四周布置污水总干管，将干管的污水截流送往污水厂。这种布置水厂占地小，污水处理厂经营和基建费用较低。

7）区域式（图6.4.2-7）：把两个以上城镇地区的污水统一排除和处理的系统，称为区域布置形式。区域布置污水处理设施集中化，有利于水资源的统一规划管理，节省投资，污水处理厂经营和基建费用较低，更有效地防止地面水污染，保护水环境。比较适用于小城镇密集区及区域水污染控制的地区，并应与区域规划相协调。

小城镇地形非常复杂，加之城市竖向规划的限制，排水管网的平面布置很难只用上述某一种形式进行布置，而必须根据实际条件灵活掌握。

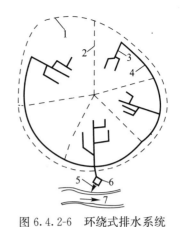

图 6.4.2-6　环绕式排水系统

1—城镇边界；2—排水流域分界线；3—干管；
4—环绕干管；5—出水口；6—污水处理厂；7—河流

图 6.4.2-7　区域式排水系统

1—污水主干管；2—压力管道；3—排放管；4—泵站；5—废除的小城镇的污水处理厂；6—区域污水处理厂

6.5　小城镇排水量的预测与计算

小城镇排水量应包括污水量和雨水量，其中污水量包括由小城镇给水工程统一供水的用户和自备水源供水的用户排出的小城镇综合生活污水量和工业废水量；生活污水包括小城镇居住区生活污水和工业企业内的生活污水；工业废水量包括部分生产废水和生产污水。污水量的预测就是对这些排水进行水量计算，以利于及时排除和处理。

6.5.1　污水量的预测与计算

正确确定小城镇污水量是合理进行小城镇排水系统规划的前提，也是进行小城镇排水系统设计的关键。不同的规划阶段对污水量的计算要求不同。总体规划阶段，估算排水区域内主干管和干管的污水流量；详细规划阶段，要求精确计算污水设计流量。

（1）总体规划阶段的污水量估算

污水量与用水量密切相关，通常根据用水量乘以污水排放系数即可得污水量。小城镇污水量宜根据小城镇综合用水量（平均日）乘以小城镇污水排放系数确定。小城镇总体规划综合生活污水量宜根据小城镇综合生活用水量乘以小城镇综合污水排放系数确定。城镇污水排放系数应根据小城镇综合生活用水量和工业用水量之和和小城镇供水总量的比例确定。小城镇综合生活污水排放系数应根据其居住水平，给排水设施完善程度，第三产业比重等分析比较确定。工业废水排放系数应根据其工业结构、工业分类、生产设备和工艺水平、小城镇排水设施普及率等分析比较。其中小城镇污水排除率、生活污水排除率和工业废水排除率见表6.5.1-1。

城镇污水排除率 表 6.5.1-1

污水性质		排除率
小城镇污水		0.70～0.80
小城镇综合生活污水		0.75～0.90
工业废水	一类工业	0.80～0.90
	二类工业	0.80～0.90
	三类工业	0.70～0.95

注：① 排水系统完善的地区取大值，一般地区取小值。
② 工业分类按《城市用地分类与规划建设用地标准》GB 50137—2011 中对工业用地的分类。

另外，还可根据人口数和人均用地面积指标或容积率与人均建筑面积指标，推算单位面积上的污水量，用汇水面积或总建筑面积推算污水量。

（2）详细规划阶段的污水量计算

详细规划阶段应尽量计算出污水的设计流量。污水管道的设计流量是污水管道及其附属构筑物能保证通过的污水最大流量，通常采用规划末期的最大日最大时的污水量。污水量可以用水量的计算结果为依据，也可利用有关污水指标计算污水量。

（3）污水设计总流量计算

1）住区生活污水设计流量

住区平均生活污水设计流量按下式计算：

$$Q_1 = \frac{n \cdot N \cdot K_z}{24 \times 3600} \qquad (6-1)$$

式中　Q_1——住区生活污水设计流量（L/s）；

　　　n——住区生活污水量标准［L/(cap·d)］；

　　　N——住区规划设计人口数；

　　　K_z——生活污水量总变化系数；

　　　cap——"人"的计量单位。

① 住区生活污水量标准：城镇居民每人每日的平均污水量，称为住区生活污水量标准。它取决于用水量标准，并与城镇所在地区的气候、建筑设备及人们的生活习惯、生活水平有关。住区生活污水量标准应根据城镇排水现状资料，按城镇的近、远期规划年限并综合考虑各影响因素确定，可按当地用水定额的80%～90%采用。

② 设计人口数：设计人口数是指污水排水系统设计期限终期的人口数，规划中应按小城镇近期和远期的发展规模，分别估算其设计人口数。在我国一般按规划部门根据统计资料提供的参数选用。

住区的设计人口数可用人口密度与排水面积的乘积表示。人口密度是指单位面积上的居民人数，单位以 cap/ha 表示。

③ 变化系数：城镇生活污水量逐年、逐月、逐日都在变化，是不均匀的。污水量的变化情况常用变化系数表示。变化系数有日变化系数（K_d）、时变化系数（K_h）和总变化系数（K_z）：

日变化系数 K_d＝最高日污水量/平均日污水量

时变化系数 K_h＝最高日最高时污水量/平均日平均时污水量

总变化系数 $K_z＝K_d×K_h$

污水量变化系数随污水量的大小而不同。污水量越大，其变化幅度越小，其变化系数较小；反之则变化系数较大。表 6.5.1-2 是我国《室外排水设计规范》GB 50014—2006 采用居住区生活污水量总变化系数值。

生活污水量总变化系数

表 6.5.1-2

污水平均日流量（L/s）	5	15	40	70	100	200	500	≥1000
总变化系数	2.3	2.0	1.8	1.7	1.6	1.5	1.4	1.3

注：当污水平均日流量为中间数值时，总变化系数用内插法求得。

工业废水的变化系数应根据生产工艺过程以及生产性质确定。

2) 公共建筑生活污水设计流量

公共建筑生活污水的计算公式如下：

$$Q_2 = \frac{s \cdot N \cdot K_h}{24 \times 3600} \tag{6-2}$$

式中 Q_2——公共建筑生活污水设计流量（L/s）；

　　s——公共建筑生活污水量标准 [L/(cap·d)]，一般按《室内给水排水和热水供应设计规范》推荐的参数选用。排水量大的建筑也可以通过调查或参考相似建筑选用；

　　K_h——时变化系数。

3) 工业企业生活污水及淋浴污水设计流量

工业企业的生活污水主要来自于生产区的食堂、浴室、厕所等。其污水量与工业企业的性质、污染程度、卫生要求等因素有关。工业企业职工的生活污水量标准应根据车间性质确定，一般采用 25～35L/(cap·班)，时变化系数为 2.5～3.0。淋浴污水在每班下班后 1 小时均匀排出。

工业企业生活污水及淋浴污水的设计流量按下式计算：

$$Q_3 = \frac{A_1 \cdot B_1 \cdot K_1 + A_2 \cdot B_2 \cdot K_2}{3600T} + \frac{C_1 D_1 + C_2 D_2}{3600} \tag{6-3}$$

式中 Q_3——工业企业的生活污水及淋浴污水设计流量（L/s）；

　　A_1——一般车间最大班职工人数（cap）；

　　A_2——热车间最大班职工人数（cap）；

261

B_1——一般车间职工生活污水量标准，以 25 $[L/(cap \cdot 班)]$ 计；

B_2——热车间职工生活污水量标准，以 35 $[L/(cap \cdot 班)]$ 计；

K_1——一般车间污水量时变化系数，以 3.0 计；

K_2——热车间污水量时变化系数，以 2.5 计；

C_1——一般车间最大班使用淋浴的职工人数（cap）；

C_2——热车间最大班使用淋浴的职工人数（cap）；

D_1——一般车间淋浴污水量标准，以 40 $[L/(cap \cdot 班)]$ 计；

D_2——热车间淋浴污水量标准，以 60 $[L/(cap \cdot 班)]$ 计；

T——每班工作时间（h）。

淋浴时间以 60min 计。

4）工业废水设计流量

工业废水设计流量按下式计算：

$$Q_4 = \frac{m \cdot M \cdot K_z}{3600T} \tag{6-4}$$

式中　Q_4——工业废水设计流量（L/s）；

　　　m——生产过程中每单位产品的废水量（L/单位产品）；

　　　M——产品的平均日；

　　　T——每日生产时数（h）；

　　　K_z——总变化系数。

工业废水量计算所需资料通常由工业企业提供，规划设计人员应调查核实。若无工业企业提供的资料，可参照条件相似的工业废水量确定。必要时可参照工业废水量参考指标中的数值估算（见表 6.5.1-3）。

部分工业废水量参考指标　　　　　　　　表 6.5.1-3

工业分类	废水来源	单位产品废水量（m³/t）
钢铁	冷却、锅炉、工艺、冲洗	10～347
石油化工	冷却、锅炉、工艺、冲洗	1.2～71
印染	空调、冷却、锅炉、工艺、冲洗	13～36m³/千米布
棉纺厂	空调、冷却、锅炉、工艺	6.3～40m³/千米布
造纸	水力、冷却、锅炉、工艺、冲洗	910～1610
皮革	冷却、锅炉、工艺、冲洗	95～190
罐头	原料、冷却、锅炉、工艺、冲洗	5.8～42
饮料	原料、冷却、锅炉、工艺、冲洗	2.1～96
制药	空调、冷却、锅炉、工艺、冲洗	133～38000
机械	冷却、锅炉、工艺、冲洗	1.3～96

5）小城镇污水设计总流量

小城镇污水量是居住区生活污水、公共建筑生活污水、工业企业生活污水和工业废水设计流量四部分之和。其中不排入小城镇污水管道的工业废水不予计算。在地下水位较高的地区，还应加上 10% 左右的地下水渗入量（Q_5），即：

$$Q = Q_1 + Q_2 + Q_3 + Q_4 + Q_5 \tag{6-5}$$

式中　Q——小城镇污水设计总流量（L/s）。

6.5.2　雨水量计算

小城镇雨水量计算应与小城镇防洪、排涝系统规划相协调，宜按当地或地理环境、气候相似的所属城市或邻近城市的标准，按降雨强度公式计算确定。

（1）雨水流量公式

雨水设计流量按下式计算：

$$Q = \psi qF = 167i\psi F \tag{6-6}$$

式中　Q——雨水量（L/s）；

　　　q——暴雨强度［L/(s·hm²)］；

　　　ψ——径流系数，其数值小于 1；

　　　F——汇水面积（hm²）；

　　　i——降雨量（mm/min）。

雨水设计流量公式是根据一定假设条件，由雨水径流成因加以推导而得出的，是半经验半理论的公式，通常称为推理公式。当有生产废水排入雨水管道时，应将其水量计算在内。

（2）雨量设计参数

1）降雨量

降雨量是指降雨的绝对深度。用 H 表示，单位以 mm 计。也可用单位面积上降雨体积（L/ha）表示某场雨的降雨量是指这场雨降落在不透水平面上的深度，可以用雨量计测定。

2）降雨历时

降雨历时是指连续降雨的时段，可以指一场雨全部降雨的时间，也可以指其中个别的连续时段。用 t 表示，单位以 min 或 h 计，从自计雨量记录纸上读得。

3）暴雨强度

暴雨强度是指某一连续降雨时段内的平均降雨量，即：

$$i = \frac{H}{t} (\text{mm/min}) \tag{6-7}$$

暴雨强度是描述暴雨特征的重要指标，也是决定雨水设计流量的主要因素。

4）降雨面积和汇水面积

降雨面积是指降雨所笼罩的面积，汇水面积是指雨水管渠汇集雨水的面积。用 F 表示，单位以公顷 ha 或 km² 计。

5）暴雨强度的频率和重现期

暴雨强度的频率是指等于或超过某指定暴雨强度值出现的次数与观测资料总项之比。其中有经验频率和理论频率之分，在水文统计中，常采用以下公式计算经验频率。

$$P_n = \frac{m}{n+1} 100\% \tag{6-8}$$

式中　m——出现的次数（序号）；

　　　n——资料的总项数。

暴雨强度重现期是指等于或超过它的暴雨强度值出现一次的平均间隔时间，单位以年 a 表示。在水文统计中，常采用以下公式计算重现期。

$$T = \frac{N+1}{m} \tag{6-9}$$

式中　N——统计资料的年数。

（3）暴雨强度公式

暴雨强度公式是在各地的自计雨量记录分析整理的基础上，按一定的方法推求出来的。暴雨强度公式是暴雨强度—降雨历时—重现期 P 三者间关系的数学表达式，是设计雨水管渠的依据。我国常用的暴雨强度公式形式为：

$$q = \frac{167A_1(1+c\lg P)}{(t+b)^n} \tag{6-10}$$

式中　　q——设计暴雨强度 $[L/(s \cdot ha)]$；

P——设计重现期（a）；

t——降雨历时（min）；

A_1，c，b，n——地方参数，根据统计方法进行确定。

目前，我国小城镇尚无暴雨强度公式，规划中选用附近地区的暴雨强度公式。或在当地气象部门收集自计雨量记录（一般不少于 10 年），确定计算地方参数及当地的暴雨强度公式。

（4）径流系数 ψ

径流量与降雨量的比值称为径流系数 ψ，其值常小于 1。径流系数的值因汇水面积的覆盖情况、地面坡度、地貌、建筑密度的分布、路面铺砌等情况的不同而异。由于影响因素很多，要精确地求出其值很困难，目前在雨水管渠设计中，径流系数提出采用按地面覆盖种类确定的经验值（见表 6.5.2-1）。

径流系数 ψ 值　　　　　　　　　　　　　　　　　　　表 6.5.2-1

地面种类	ψ 值
各种屋面、混凝土和沥青路面	0.85～0.95
大块石铺砌路面和沥青表面处理的碎石路面	0.55～0.65
级配碎石路面	0.40～0.50
干砌砖石和碎石路面	0.35～0.40
非铺砌土路面	0.25～0.35
公园和绿地	0.10～0.20

注：引自《室外排水设计规范》GB 50014—2006（2011 版）

通常汇水面积是由各种性质的地面覆盖组成，随着它们占有的面积比例变化，径流系数 ψ 值也各异，所以，整个汇水面积上的平均径流系数 ψ 值是按各类地面面积用加权平均法计算而得到的。

在设计中也可以采用区域综合径流系数，综合径流系数按表 6.5.2-2 规定取值。

综合径流系数　　　　　　　　　　　　　　　　　　　表 6.5.2-2

区域情况	4
城镇建筑密集区	0.60～0.70
城镇建筑较密集区	0.45～0.60
城镇建筑稀疏区	0.20～0.45

（5）设计重现期 P

降雨重现期是指等于或大于该值的暴雨强度可能出现一次的平均间隔时间，一般以年为单位。设计重现期如表 6.5.2-3。

雨水管渠的设计重现期的选用，应根据汇水地区建设性质（广场、干道、厂区、居住区）、地形特点、汇水面积和气象特点等因素确定。一般选用 0.5～3a。对于重要的干道、重要地区或短期积水即能引起较严重损失的地区，宜采用较高的设计重现期，一般选用 2～5a，并应和道路设计相协调，表列有降雨重现期的取值要求，可供规划时参考。对于特别重要的地区可酌情增加，而且在同一雨水排水系统中也可采用同一设计重现期或不同的设计重现期。

设计重现期（年） 表 6.5.2-3

地　形		地区使用重要性		
地形分级	地面坡度	一般居住区 一般道路	中心区、使馆区、工厂区、 仓库区、干道、广场	特殊重 要地区
有两向地面排水出路 的平缓地形	<0.002	0.333～0.5	0.5～1	1～2
有一向地面排水出路 的谷线	0.002～0.01	0.5～1	1～2	2～3
无地面排水出路的封 闭洼地	>0.01	1～2	2～3	3～5

注："地形分级"与"地面坡度"是地形条件的两种分类标准，符合其中的一种情况，即可按表选用。两种不同情况同时占有，则宜选表内数据的高值。

（6）集水时间 t

$$t = t_1 + mt_2 \tag{6-11}$$

$$t_2 = \frac{L}{60v}(\text{min}) \tag{6-12}$$

式中　m——折减系数，我国《室外排水设计规范》建议折减系数的采用为：暗管 $m=2$，明渠 $m=1.2$，陡坡地区暗管 $m=1.2～2$；

　　　t_1——地面集水时间（min）；

　　　t_2——雨水在管渠内的流行时间（min）；

　　　L——各管段的长度（m）；

　　　v——各管段满流时的水流速度（m/s）；

　　　60——单位换算系数，1min=60s。

《室外排水设计规范》规定：地面集水时间 t_1 视距离长短和地形坡度及地面覆盖情况而定，一般采用 $t_1=5～15$min。按照经验，一般在建筑密度较大、地形较陡、雨水口分布较密的地区和街区内设置的雨水暗管，宜采用较小的地面集水时间，$t_1=5～8$min 左右。一般在建筑密度较平坦、雨水口分布较稀疏的地区和街区内设置的雨水暗管，宜采用较大值，一般可取 $t_1=10～15$min 左右。

6.5.3　合流水量计算

合流管渠的设计流量包括生活污水量、工业废水量和雨水量三部分。其中生活污水量

265

与工业废水量之和称为旱流量 Q_f。

（1）第一个溢流井上游管渠的设计流量

$$Q_1 = Q_s + Q_g + Q_y = Q_f + Q_y \tag{6-13}$$

式中　Q_1——第一个溢流井上游管渠的设计流量（L/s）；

Q_s——设计生活污水设计流量（L/s）；

Q_g——设计工业废水设计流量（L/s）；

Q_y——溢流井上游排水面积上的雨水设计流量（L/s）；

Q_f——溢流井上游转输的旱流量（L/s）。

（2）溢流井下游管渠的设计流量

$$Q_2 = (n_0 + 1)(Q_s + Q_g) + Q'_s + Q'_g + Q'_y = (n_0 + 1)Q_f + Q'_f + Q'_y \tag{6-14}$$

式中　Q_2——溢流井下游管渠的设计流量（L/s）；

Q'_s——设计管段汇水面积内的生活污水设计流量（L/s）；

Q'_g——设计管段汇水面积内的工业废水设计流量（L/s）；

Q'_f——设计管段汇水面积内的旱流量（L/s）；

Q'_y——设计管段汇水面积内的雨水设计流量（L/s）；

n_0——截流倍数，即溢流时所截流的雨水量与其旱流污水量之比。

（3）设计重现期 P

合流制排水管渠的雨水设计重现期一般比同一情况下雨水管渠的设计重现期适当提高，一般提高 $25\% \sim 30\%$ 左右，防止混合废水从检查井溢出街道。

（4）截流倍数 n_0

根据旱流量污水性质与水量、水体卫生环境、水位和气象条件等因素确定截流倍数 n_0。我国《室外排水设计规范》GB 50014—2006（2011 版）规定采用 $1 \sim 5$。实践中多用 3（具体见表 6.5.3）。随着水环境保护要求的提高，采用的 n_0 值有逐渐增大的趋势。

不同排放条件下的截流倍数值 n_0　　　　　　　　　　　　　　表 6.5.3

排放条件	n_0
在居住区排入大河流	$1 \sim 2$
在居住区排入小河流	$3 \sim 5$
在区域泵站和总泵站前及排水总管的端部，根据居住区内水体不同性质	$0.5 \sim 2$
在处理构筑物前根据不同的处理方法与不同构筑物的组成	$0.5 \sim 1$
工厂区	$1 \sim 3$

6.6　小城镇污水管网系统规划与水力计算

6.6.1　污水管网系统的规划内容

小城镇污水管网系统是由收集和输送小城镇或工业企业生产污水的管道及其附属的构筑物组成的。依据批准的当地小城镇和工业企业总体规划及排水工程总体规划进行小城镇污水管网系统规划。污水管网系统规划设计的主要内容有：确定排水区界，划分排水流域；选择污水厂和出水口的位置，进行污水管道的定线和平面布置；污水和工业废水量及污水管道的水力计算，确定污水管道断面尺寸、设计坡度、埋设深度等；确定需要抽升的排水区域和设置泵站的位置，进行污水管道系统上某些附属构筑物的设计计算；确定污水管道在街道横断面上的位置等。

6.6.2 确定排水区界并划分排水流域

排水区界是污水排水系统设置的界限，它根据小城镇总体规划的设计规模决定，一般具有完善卫生设备的建筑区都应设置污水管道。

在排水区界内，根据地形及小城镇的竖向规划，划分排水流域。一般在丘陵地带及地形起伏的地区，可按等高线划出分水线，通常分水线与流域分界线基本一致。在地形平坦无明显分水线的地区，可依据面积大小划分，使各流域的管道系统能合理分担排水面积。每一个排水流域有一个或一个以上的干管，根据流域地势可标明水流方向和污水需要抽升的地区。

6.6.3 污水管网平面布置

（1）污水管网的平面布置形式

正确合理的污水管道平面布置能使污水管道系统规划设计经济合理。污水管道平面布置一般按主干管、干管、支管顺序依次进行。在总体规划中，只决定污水主干管、干管的走向与平面位置。在详细规划中，还要决定污水支管的走向与平面位置。

1）污水干管的布置形式

污水干管管道的布置形式按干管与地形等高线的关系主要有截流式与平行式（具体详见 6.4 有关内容）。

2）街坊内污水管网的布置形式

居住区内街坊污水管道的布置形式主要取决于小城镇地形、建筑规划和用户接管方便，一般有三种布置形式。

① 低边式：污水管道布置在街坊地形较低的一边，承接街坊内的污水，这种布置形式管线较短，适用于街坊狭窄或地形倾斜，在小城镇排水系统规划中采用较多，如图 6.6.3-1 所示。

图 6.6.3-1 低边式排水系统

② 围坊式：沿街坊四周布置污水管，街坊内污水由四周流入污水管道。这种布置形

多用于地势平坦的大街坊，如图 6.6.3-2 所示。

　　③ 穿坊式：街坊的四周不设污水管道，其管道穿坊而过，这种布置形式管线较短，工程造价低，适用于街坊内部建筑规划已确定或街坊内部管线自成体系。但由于管道维护管理不便，故一般较少采用，如图 6.6.3-3 所示。

图 6.6.3-2　围坊式排水系统

图 6.6.3-3　穿坊式排水系统

　　（2）污水管网的平面布置原则

　　污水管道定线时，应尽可能地考虑到各种影响因素，因地制宜地利用其有利的因素而避免不利因素。通常影响污水管道平面布置的主要因素有：小城镇总体规划、竖向规划和分期建设情况；小城镇地形、用地布局和水文地质条件；排水体制和线路数目；污水厂和出水口位置；道路和交通情况；地下管线和构筑物的分布情况；排水量大的工业企业和公共建筑物的分布情况等。

　　在小城镇排水管道系统的布置中，要考虑以下的一些原则：

　　1）尽量用最短的管线，在较小的埋深下，把最大面积的污、废水能自流送往污水处理厂。为实现这一原则，在定线时根据城镇地形特点和污水处理厂、出水口的位置，充分利用有利的地形，合理布置城镇排水管道。

　　2）在一定条件下，地形是影响管道定线的主要原因。定线时应充分利用地形，使管道的走向符合地形趋势，一般应顺坡排水。排水主干管一般布置在排水区域内地势较低的地带，沿集水线或沿河岸等敷设，以便支管、干管的污水能自流接入。

　　3）污水厂和出水口的位置决定了排水管网总的走向，所有管线都应朝出水口方向铺设并组成支状管网。

　　4）排水干管一般沿小城镇道路布置。通常设置在污水量大或地下管线较少一侧的人形道、绿化带或慢车道下，而不宜设在交通繁忙而狭窄的街道下。若街道宽度超过40m，为了减少连接支管的数目和减少底下管线的交叉，可考虑设置两条平行的排水管道。

　　5）污水管道尽可能避免穿越河道、铁路、地下建筑或其他障碍物，也要减少与其他地下管线和构筑物交叉。

　　6）管线布置应简捷，要特别注意节约管道的长度，以减少管道的埋深。为节省工程造价及经营管理费，要尽可能不设或少设中途泵站。

6.6.4 污水管道在街道上的位置

污水管道一般沿道路敷设并与道路中心线平行。在交通繁忙的道路上应尽量避免污水管道横穿道路以利维护。

城市街道下常有多种管道和地下设施。这些管道和地下设施相互之间，以及与地面建筑之间，应当很好地配合。

污水管道与其他地下管线或建筑设施之间的互相位置，应满足下列要求：（1）保证在敷设和检修管道时互不影响；（2）污水管道损坏时，不致影响附近建筑及基础，不致污染生活用水。

污水管道与其他地下管线或建筑设施的水平和垂直最小净距，应根据两者的类型、标高、施工顺序和管道损坏的后果等因素，按管道综合设计确定。

6.6.5 污水管网的水力计算

污水在管道内的流动是重力流。污水中含有一定数量的悬浮物，但含水率一般在99%以上。可以假定污水的流动按照一般液体流动规律，并假定管道内的水流是均匀的。在设计中可采用水力学公式计算。

由于管道中水流流经转变、交叉、变径、跌水等地点时水流状态发生改变，流速也就发生变化，实际管道内污水的流动属于非均匀流。但在一段直线管段上，当流量变化不大，管内的水流可视为均匀流，在设计计算中每一计算管段按均匀流公式计算。

（1）水力计算的基本公式

根据以上所述，如果在设计与施工中注意改善管道的水力条件，可使管内的流速接近均匀流。为了简化计算工作，目前在排水管道的计算中仍采用均匀流公式，即：

流量公式 $$Q=\omega v \tag{6-15}$$

流速公式 $$v=\frac{1}{n}R^{\frac{2}{3}}I^{\frac{1}{2}} \tag{6-16}$$

$$Q=\frac{1}{n}\omega R^{\frac{2}{3}}I^{\frac{1}{2}} \tag{6-17}$$

式中　Q——设计流量（L/s）；

ω——过水断面面积（m^2）；

v——流速（m/s）；

R——水力半径（m）；

I——水力坡度（渠底坡降）；

n——管壁粗糙系数。该值根据管渠材料而定，混凝土和钢筋混凝土污水管道的管壁粗糙系数一般采用0.014。

（2）污水管渠的断面与衔接

污水管渠的断面形式必须满足静力学、水力学、经济及养护管理上的要求。即要求管道有足够的稳定性、良好的输水性、管材造价低且便于清通养护等。常用的断面形式有圆形、半椭圆形、马蹄形、矩形、梯形及蛋形等。其中圆形管道具有水力条件好，能适应流量变化，并且便于预制和运输，造价低等优点而应用较广。对于大型管渠，常采用砖石砌筑、预制组装及现场浇筑的方法施工，管渠断面多为较宽浅的形式。

269

　　污水管道在管径、坡度、高程、方向发生变化及支管接入的地方都需设置检查井，满足污水管渠中的衔接与维护的要求。在设计时，检查井中上下游管渠的衔接时尽可能提高下游管段的高程，以减少管道埋深，减低造价；避免上游管段中形成回水而产生淤积。

　　管道的衔接方法，通常采用水面平接和管顶平接两种。

　　水面平接（图 6.6.5-1）指污水管道水力计算中，使上下游管段在设计充满度的情况下，其水面具有相同的高程。同径管段往往是下游管段的充满度大于上游管段的充满度，为避免上游管段回水而采用水面平接。在平坦地区，为减少管道埋深，异管径的管段有时也采用水面平接。

　　管顶平接（图 6.6.5-2）是指污水管道水力计算中，使上游管段终端与下游管段起端的管顶标高相同。采用管顶平接时，可以避免上游管段产生回水，但增加了下游管段的埋深，管顶平接一般用于不同口径管道的衔接。

　　特殊情况下，下游管段的管径小于上游管段的管径（坡度突然变陡时）而不能采用管顶平接或水面平接时，应采用管底平接，以防下游管段的管底高于上游管段的管底。有时为了减少管道系统的埋深，虽然下游管道管径大于上游，也可采用管底平接。

　　污水管道一般都采用管顶平接法。在坡度较大的地段，污水管道可采用阶梯连接或跌水井连接（图 6.6.5-3）。无论采用哪种衔接方法，下游管段的水面和管底部都不应高于上游管段的水面和管底。污水支管与干管交汇处，若支管管底高程与干管管底高程的相差较大时，需在支管上设置跌水井，经跌落后再接入干管，以保证干管的水力条件。

图 6.6.5-1　水面平接

图 6.6.5-2　管顶平接

图 6.6.5-3　跌水连接

（3）水力计算规定

1）设计充满度

　　在设计流量下，污水在管道中的水深 h 和管道直径 D 的比值称为设计充满度（或水深比），如图 6.6.5-4 所示。当 $h/D=1$ 时称为满流；当 $h/D<1$ 时称为非满流。

图 6.6.5-4　充满度示意图

　　我国《室外排水设计规范》规定，污水管道的设计充满度应小于或等于最大设计充满度，其最大设充满度如表 6.6.5-1 所示。在计算污水管道的充满度时，污水设计流量不包括淋浴或短时间突然增加的污水量，但当管径小于或等于 300mm 时，应按满流复核。

最大设计充满度的有关规定　　　　　　　　　　　　表 6.6.5-1

管径（D）或暗渠高（H）（mm）	最大设计充满度（h/D 或 h/H）
200～300	0.55
350～450	0.65

管径（D）或暗渠高（H）（mm）	最大设计充满度（h/D 或 h/H）
500～900	0.70
≥1000	0.75

对于明渠，其超高（渠中最高设计水面至渠顶的高度）应不小于 0.2m。

这样规定的原因是：

① 污水量时刻在变化，很难精确计算，而且雨水或地下水可能通过检查井盖或管渠接口渗入污水管道。因此有必要保留一部分管道断面，为未预见水量的增长留有余地，避免污水溢出妨碍环境卫生。

② 污水管道内沉积的污泥可能会分解析出一些有害的气体。此外，污水中如含有汽油、苯、石油等易燃液体时，可能形成爆炸气体。故需留出适当的空间，以利管道的通风，排除有害气体，对防止管道爆炸有良好效果。

③ 便于管道的疏通与管理。

2）设计流速

设计流速是和设计流量、设计充满度相对应的水流平均速度。污水在管内流动缓慢时，污水中所含杂质可能下沉，产生淤积；当污水流速增大时，可能产生冲刷现象，甚至损坏管道。为了防止管道中产生淤积或冲刷，设计流速不宜过小或过大，应在最大和最小设计流速范围之内。就整个污水管道系统而言，各设计管段的设计流速从上游到下游最好是逐渐增加的。

最小设计流速是保证管道内不产生淤积的流速。这一最低限值与污水中所含悬浮物的成分与粒度有关；与水力半径，管壁粗糙系数有关。根据国内污水管道实际运行情况的观测数据并参考国外经验，污水管道的最小流速定为 0.60m/s。含金属、矿物质或重油杂质的生产污水管道，其最小设计流速宜适当加大，其值要根据试验或运行经验确定。

最大设计流速是保证管道不被冲刷损坏的流速。该值与管道材料有关。我国《室外排水设计规范》规定，金属管道的最大设计流速为 10m/s，非金属管道的最大设计流速为 5m/s。

3）最小设计管径

一般污水管道系统的上游部分设计污水流量很小，若根据流量计算，则管径会很小。根据养护经验证明，过小的管道极易堵塞，清通频繁且不方便，增加污水管道的维护工作量和管理费用。为此，为了养护工作的方便，常规定一个允许的最小管径。在街区和厂区内最小管径为 200mm，在街道下为 300mm。

在进行管道水力计算时管段由于服务的排水面积小，因设计流量小，按此流量计算得出的管径小，此时就采用最小管径值。

4）最小设计坡度

在均匀流情况下，水力坡度降等于水面坡度，即管底坡度。由均匀流流速公式看出，管渠坡度和流速之间存在一定关系。相应于管内流速为最小设计流速时的管道坡度叫最小设计坡度。

从水力计算公式看出，水力设计坡度也与水力半径有关，而水力半径是过水断面积与湿周的比值，因此，不同管径的污水管道应有不同的最小坡度。管径相同的管道，因充满

271

度不同，其最小坡度也不同。当在给定设计充满度的条件下，管径越大，相应的最小设计坡度值也就越小。但是，通常对同一直径的管道只规定一个最小坡度，所以设计充满度为1或0.5时的最小坡度作为最小设计坡度。目前我国采用的街坊内污水管道的最小管径为200mm，相应的最小坡度为0.004。街道下污水管道的最小管径为300mm，相应的最小坡度为0.002，规范规定为0.003。若管径增大，相应于该管径的最小设计坡度小于0.003，如管径400mm的最小设计坡度0.0015。

当设计流量很小而采用最小管径的设计管段称为不计算管段。由于这种管段不进行水力计算，因此直接规定管段的最小设计坡度。

5）污水管道的埋设深度

管道的埋设深度是指从地面到管道内底的距离。管道的覆土厚度则指从地面到管道外

图6.6.5-5　管道埋深与覆土厚度

顶的距离。如图6.6.5-5所示。污水管道的埋深对于工程造价和施工影响很大。污水管道的埋设深度越大，施工越困难，工程越高。显然，在满足技术要求的条件下，污水管道的埋设深度愈小愈好。但是，管道的覆土厚度有一个最小限值，称为最小覆土厚度，其值取决于下列3个因素：

① 在寒冷地区，必须防止管内污水冰冻和因土壤冰冻膨胀而损坏管道。生活污水的水温一般较高，即使在冬季污水的温度也不会低于4℃，此外污水管道按一定的坡度敷设，管内污水具有一定的流速，经常保持一定的流量不断地流动。因此污水在管道内是不会冰冻的，管道周围的泥土也不会冰冻。因此没有必要把整个污水管道都埋在土壤冰冻线以下。但如果将管道全部埋在冰冻线以上，则会因土壤冰冻膨胀可能损坏管道基础，从而损坏管道。

我国《室外排水设计规范》规定：无保温措施的生活污水管道或水温与生活污水接近的工业废水管道，管底可埋设在冰冻线以上0.15m。有保温措施或水温较高的管道，管底在冰冻线以上的距离可以加大，其数值应根据该地区或条件相似地区的经验确定。

② 必须防止管壁因地面荷载而受到破坏。埋设在地下的污水管道承受着覆盖在其上的土壤荷载和地面上交通车辆运行产生的荷载。为了防止管道因外部荷载影响而受到破坏，首先要注意管材质量，另外必须保证管道有一定的覆土厚度。因为车辆运行对管道产生的荷载，其垂直压力随深度增加而向管道两侧传递，最后只有一部分集中的轮压传递到地下管道上。从这一因素考虑并结合各地埋管经验，我国《室外排水设计规范》规定：污水管道在车行道下的最小覆土厚度不小于0.7m；在非车行道下的最小覆土厚度可以适当减小。

③ 必须满足管道与管道之间的衔接要求。街道污水管起点埋深，可根据污水出户管埋深，按式（6-18）计算决定（见图6.6.5-6）：

$$H = h + I \cdot L + Z_1 - Z_2 + \Delta h \tag{6-18}$$

式中　H——街道污水管最小埋深（m）；

　　　h——街坊内最远处污水管起点的最小埋深（m）；

　　　I——街坊内污水管和连接支管坡度；

　　　L——街坊内污水管和连接支管坡度总长度（m）；

图 6.6.5-6 污水管道起端埋深
1—住宅排除管；2—街坊污水支管；3—连接管；4—街道污水管

Z_1——街道污水管检查井处地面标高（m）；

Z_2——街坊内污水管起点检查井处地面标高（m）；

Δh——连接支管与街道污水管的管内底高差（m）。

对于每一个具体管段，按上述决定最小埋深的 3 个条件，可以得到 3 个不同的管底埋深或管顶覆土厚度值，其中最大值即是该管段的允许最小埋深或最小覆土厚度。

在污水排水区域内，对排水管渠的埋深起控制作用的地点称为控制点。各条管渠的起点大都是这些管渠的控制点。离最后出水口最远的起点，一般情况是整个管渠系统的控制点。个别低洼地区管道或大工厂较深的排除口，也可能成为整个管渠系统的控制点。这些个别控制点，通常可采用一些特别措施解决，例如，管渠加固；地面填土以保证最小覆土厚度；设置泵站提高管位，减小控制点管渠埋深，从而减小整个管渠系统的埋深，降低工程造价。

污水管渠埋深越大，工程造价越高，当地下水位高时更是如此，并且给管渠施工带来困难。因此必须根据经济指标及施工方法定出管渠埋深允许的最大值，该值称为最大允许埋深。在一般比较干燥的土壤中，最大允许埋深不超过 7~8m；在地下水位高、流沙、石灰岩地层中不超过 5m。当超过最大允许埋深时，应设置泵站以提高管渠的位置。

6) 水力计算方法

在设计管段具体计算中，已知设计流量 Q 和粗糙系数 n，求管径 D、水力坡度和流速 v。由于计算中未知数较多，使用水力计算公式计算比较复杂。为了简化管渠水力计算，常采用水力计算图表进行计算。

非满流圆形管道的水力计算可以用水力计算图进行。水力计算图的粗糙系数 $n=0.014$，每一张图适用于一种管径，管径从 200mm 到 1000mm。附图中包括流量 Q、充满度 h/D，管径 D、粗糙系数 n、水力坡度 i 和流速 v 6 个水力因素。图中管径 D 和粗糙系数 n 是已知的，图上曲线表示流量 Q、充满度 h/D、水力坡度 i 和流速 v 四者之间的关系。只要知道 2 个因素，就可查出另外 2 个。

【例 6.6-1】 已知 $n=0.014$、$D=300$mm、$Q=30$L/s、$i=0.004$，求 v 及 h/D。

【解】 采用 $D=30$mm 的水力计算图，如图 6.6.5-7 所示。

在横坐标轴上找到 $Q=30$L/s 值，作竖线，在纵坐标轴上找到 $i=0.004$ 值，作横线。两线交于一点，从这一点的位置可估算出：

273

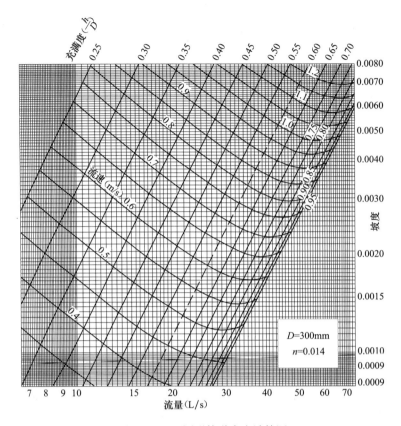

图 6.6.5-7 圆形管道水力计算图

$$v = 0.82\text{m/s};$$
$$h/D = 0.52。$$

也可采用水力计算表进行计算，表 6.6.5-2 为摘录的圆形管（$n=0.014$），$D=300\text{mm}$ 水力计算表的部分数据。

圆形断面 $D=300\text{mm}$ 水力计算   表 6.6.5-2

h/D	1‰									
	2.5		3.0		4.0		5.0		6.0	
	Q	v	Q	v	Q	v	Q	v	Q	v
0.10	0.94	0.25	1.03	0.28	1.19	0.32	1.33	0.36	1.45	0.39
0.15	2.18	0.33	2.39	0.36	2.76	0.42	3.09	0.46	3.38	0.51
0.20	3.93	0.39	4.31	0.43	4.97	0.49	5.56	0.55	6.09	0.61
0.25	6.15	0.45	6.74	0.49	7.78	0.56	8.70	0.63	9.53	0.69
0.30	8.79	0.49	9.63	0.54	11.12	0.62	12.43	0.70	13.62	0.76
0.35	11.81	0.54	12.93	0.59	14.93	0.68	16.69	0.75	18.29	0.83
0.40	15.13	0.57	16.57	0.63	19.14	0.72	21.40	0.81	23.44	0.89
0.50	22.45	0.64	24.59	0.70	28.39	0.80	31.75	0.90	34.78	0.98
0.55	26.30	0.66	28.81	0.72	33.26	0.84	37.19	0.93	40.74	1.02

h/D	1‰									
	2.5		3.0		4.0		5.0		6.0	
	Q	v	Q	v	Q	v	Q	v	Q	v
0.60	30.16	0.68	33.04	0.75	38.15	0.86	42.66	0.96	46.73	1.06
0.65	33.96	0.70	37.20	0.76	42.96	0.88	48.03	0.99	52.61	1.08
0.70	37.59	0.71	41.18	0.78	47.55	0.90	53.16	1.01	58.23	1.10
0.75	40.94	0.72	44.85	0.79	51.79	0.91	57.90	1.02	63.42	1.12
0.80	43.89	0.72	48.07	0.79	55.51	0.92	62.06	1.02	67.99	1.12
0.85	46.26	0.72	50.68	0.79	58.52	0.91	65.43	1.01	71.67	1.12
0.90	47.85	0.71	52.42	0.78	60.53	0.90	67.67	0.98	74.13	1.11
0.95	48.24	0.70	52.85	0.76	61.02	0.88	68.22	0.90	74.74	1.08
1.00	44.90	0.64	49.18	0.70	56.79	0.80	63.49	0.91	69.55	0.98

每一张表的管径 D 和粗糙系数 n 是已知的，表中流量 Q、充满度 h/D、水力坡度 i 和流速 v 4 个因素，知道其中任意 2 个便可求出另外 2 个。

7）设计管段的划分及其流量的确定

两个检查井之间的管段采用的设计流量不变，且采用同样的管径和坡度，称它为设计管段。通常以街坊污水支管及工厂污水出水管等接入干管的位置作为起讫点划分设计管段。设计管段的起讫点应编上号码。

每一管段的污水设计流量包括：从街坊流入设计管段的本段流量 q_1；从上游管段和旁侧管段流入设计管段的转输流量 q_2 及从工业企业或其他生产大量污水的建筑流来的集中污水量 q_3，见图 6.6.5-8。

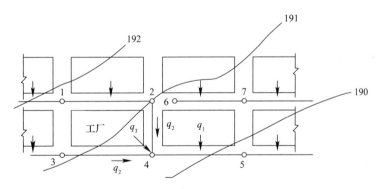

图 6.6.5-8 设计管段设计流量

本段流量可用下式计算：
$$q_1 = F \cdot q_0 \cdot K_z \tag{6-19}$$

式中 q_1——设计管段的本段流量（L/s）；

F——设计管段服务的街坊面积（$10^4 \mathrm{m}^2$）；

K_z——生活污水量总变化系数；

q_0——单位面积的本段平均流量，即比流量 [L/(s·$10^4 \mathrm{m}^2$)]。即：
$$q_0 = n \cdot N / 86400 \tag{6-20}$$

式中　n——污水量标准 $[\mathrm{L/(cap \cdot d)}]$；

　　　N——人口密度 $[\mathrm{cap/(10^4 m^2)}]$。

从上游管段和旁侧管段流入设计管段的平均流量以及集中流量对这一管段是不变的。

6.6.6　污水管道设计计算举例

【例 6.6-2】 某小城镇居住区街坊人口密度为 400 人/$10^4 \mathrm{m}^2$，居住区生活污水量标准为 100L/（人·d）。街坊Ⅱ中有一工厂，其污水流量为 15L/s，街坊Ⅴ中有一公共浴池，每天容纳 600 人洗浴，浴室开放 12h，其污水流量为 150L/（cap·次），变化系数为 1.0。

【解】 污水管设计计算方法与步骤如下：

1）在街坊平面图上布置污水管道

从街坊平面图可知该区地势自西北向东南倾斜，坡度不大，无明显分水线，可划分一个排水流域。整个管道系统呈低边式布置。如图 6.6.6-1 所示。

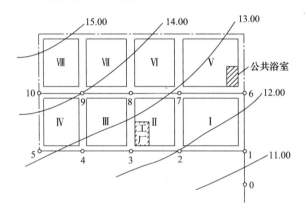

图 6.6.6-1　污水管道平面布置图

2）街坊编号并计算其面积，见表 6.6.6-1。

街坊面积 　　　　　　　　　　　　表 6.6.6-1

街坊编号	Ⅰ	Ⅱ	Ⅲ	Ⅳ	Ⅴ	Ⅵ	Ⅶ	Ⅷ
街坊面积（$10^4 \mathrm{m}^2$）	20	11.25	11.25	15	20	12.5	11.25	15

3）划分设计管段，计算设计流量

将各管道中有本段流量进入的点（一般为街坊两端）、集中流量及旁侧支管接入的点作为设计管段的起讫点的检查井，并标上号码。

根据居住区人口密度与污水量标准 100L/（cap·d）计算面积比流量。即：

$$q_0 = 400 \times 100/86400 = 0.463 [\mathrm{L/(s \cdot 10^4\ m^2)}]$$

公共浴池最高时污水量计算

$$q_y = 150 \times 600 \times 1.0/(3600 \times 12) = 2.1\ (\mathrm{L/s})$$

本例中有两个集中流量，在检查井 3、6 分别进入管道，相应设计流量为 15L/s、2.1L/s。

某镇区污水管段设计流量计算见表 6.6.6-2。

某镇区污水管段设计流量计算 表 6.6.6-2

| 管段编号 | 居住区生活污水设计流量 Q_1 | | | | | | | | 集中流量 | | 设计流量 (L/s) |
| | 沿线流量 | | | | 转输流量 (L/s) | 平均流量 (L/s) | 总变化系数 K_z | 生活污水设计流量 (L/s) | 本段 (L/s) | 转输 (L/s) | |
	街坊编号	街坊面积 (10^4 m²)	比流量 q_0 [L/(s·10^4 m²)]	流量 (L/s)							
10～9	Ⅷ	15	0.463	7.0	—	7.0	2.24	15.7	—	—	15.6
9～8	Ⅶ	11.25	0.463	5.2	7.0	12.2	2.08	25.4	—	—	25.4
8～7	Ⅵ	12.5	0.463	5.8	12.2	18.0	1.98	35.6	—	—	35.7
7～6	Ⅴ	20	0.463	9.3	18.0	27.3	1.90	51.9	—	—	51.8
6～5	—	—		—	18.0	27.3	1.90	51.9	2.1	2.1	53.9
5～4	Ⅳ	15	0.463	7.0	—	7.0	2.24	15.6	—	—	15.6
4～3	Ⅲ	11.25	0.463	5.2	7.0	12.2	2.08	25.4	—	—	25.4
3～2	Ⅱ	11.25	0.463	5.2	12.2	17.4	1.98	34.5	15	—	49.5
2～1	Ⅰ	20	0.463	9.3	17.4	26.7	1.90	50.7	—	15	65.7
1～0	—	—		—	54.0	54.0	1.75	94.5	—	17.1	111.6

4）水力计算

确定各管段设计流量后，就可以从上游管段开始进行水力计算，某镇区污水管段水力计算见表 6.6.6-3。

某镇区污水管段水力计算 表 6.6.6-3

| 管段编号 | 管段长度 L (m) | 设计流量 Q (L/s) | 管径 D (mm) | 坡度 I | 流速 v (m/s) | 充满度 | | 降落量 IL (m) |
						h/D	水深 h (mm)	
1	2	3	4	5	6	7	8	9
10～9	180	15.6	250	0.0041	0.70	0.47	0.117	0.74
9～8	200	25.4	300	0.0035	0.75	0.49	0.153	0.70
8～7	200	35.7	350	0.0035	0.80	0.47	0.164	0.70
7～6	250	51.8	400	0.0030	0.84	0.49	0.196	0.75
6～5	300	53.9	400	0.0030	0.85	0.51	0.204	0.90
5～4	180	15.6	250	0.0041	0.70	0.47	0.117	0.74
4～3	200	25.4	300	0.0035	0.75	0.49	0.153	0.70
3～2	200	49.5	400	0.0025	0.78	0.51	0.204	0.50
2～1	250	65.7	450	0.0023	0.79	0.52	0.230	0.58
1～0	150	111.6	500	0.0026	0.97	0.57	0.285	0.39

污水管道水力计算按下列步骤进行：

① 从管道平面布置图上量出每一设计管段的长度，列入表中第 2 项。

② 将计算管段的设计流量列入表中第 3 项，设计管段起讫点检查井处的地面标高列入表中第 10、11 项。

③ 计算每一设计管段的地面坡度（地面坡度＝地面高程差/距离），作为确定管道坡度的参考。例如管段 10—9 的地面坡度＝0.0033。

④ 确定起始管段的管径 D 以及设计流速 v、设计坡度 I、设计充满度 h/D。根据管段

设计流量，参照地面坡度，试定管径。例如管段 10－9 的设计流量 15.6L/s，如采用 200mm 的管径，并使得设计充满度 h/D 不超过规范规定的 0.60，则管道坡度必须采用 0.0061，大于本管段的地面坡度 0.0033。为使管道埋深减小，易采用较小坡度，加大管径，故选用 250mm 的管道，查水力计算图，当 $Q=15.6$L/s 时，$v=0.7$m/s、$I=0.0041$、设计充满度 $h/D=0.47$，结果符合设计规定。设计数据列入表中 4、5、6、7 项。

⑤ 确定其他管段的管径 D 以及设计流速 v、设计坡度 I、设计充满度 h/D。通常随着设计流量的增加，下一段管段的管径一般会增大一级或两级（50mm 为一级），或保持不变，这样便可根据流量的变化确定管径。然后根据设计流速随设计流量的增大或不变的规律确定设计流速。查选定管径的水力计算图，查出相应 I 和 h/D 值，如 I 和 h/D 值符合设计规范要求，说明水力计算合理，将计算结果填入表 6.6.6-4 中相应的项。

计算结果　　　　　　　　　　　　　　　　　　　　　　表 6.6.6-4

标高（m）						埋深（m）	
地面		水面		管内底		起点	终点
起点	终点	起点	终点	起点	终点		
10	11	12	13	14	15	16	17
14.600	14.000	13.717	12.977	13.600	12.860	1.00	1.14
14.000	13.400	12.963	12.263	12.810	12.110	1.19	1.29
13.400	12.800	12.224	11.524	12.060	11.360	1.34	1.44
12.800	12.100	11.506	10.756	11.310	10.560	1.49	1.54
12.100	11.300	10.754	9.854	10.550	9.650	1.55	1.65
13.500	12.750	12.617	11.877	12.500	11.760	1.00	0.99
12.750	12.500	11.863	11.163	11.710	11.010	1.04	1.49
12.500	12.000	11.114	10.605	10.910	10.410	1.59	1.59
12.000	11.300	10.590	10.010	10.360	9.780	1.64	1.52
11.300	10.900	9.835	9.465	9.550	9.160	1.75	1.74

⑥ 根据设计管段的设计长度和管道坡度求降落量。例如管段 9－10 的降落量为 $I \cdot L=180 \times 0.0041=0.74$m，列入表中第 9 项。

⑦ 根据管径和充满度求管段的水深。例如管段 9－10 的水深为 $h=D \cdot h/DL=0.250 \times 0.047=0.117$m，列入表中第 8 项。

⑧ 确定管网系统的控制点的埋深，应满足最小埋深的要求，并计算管段起端管底标高。

10 点离污水厂最远，可视为控制点，其埋深定为 1m。列入表中第 12 项。

⑨ 计算管段起端、终端的管底标高、水面标高及埋深。

10 点的管内底标高等于 10 点的地面标高减 10 点的埋深，为 $14.600-1.000=13.600$m，列入表中第 14 项。

9 点管内底标高等于 10 点管内底标高减降落量，为 $13.600-0.740=12.860$m，列入表中 15 项。

9 点埋深等于 10 点的地面标高减去 10 点的管内底标高，为 $14.000-120.860=1.07$m，列入表中 17 项。

管段起端、终端的水面标高等于相应点的管内底标高加水深。如管段 10－9 中 10 的

水面标高为 $13.600+0.117=13.717m$，列入表中 12 项。9 点的水面标高为 $12.860+0.117=12.977m$，列入表中 13 项。

根据管段在检查井处采用的衔接方式，可确定下游管段的管内底标高。如管段 7－6 与 6－1 管径相同，采用水面平接，即管段 7－6 与 6－1 中的 6 点的水面标高相同，然后用 6 点的水面标高减去降落量，求得 1 点的水面标高，将 6、1 点的水面标高减去水深求出相应点的管内底标高，按上述求埋深的方法求出 6、1 点的埋深。管段 10－9 与 9－8 管径不同，采用管顶平接，即管段 10－9 与 9－8 中的 9 点的管顶标高相同，所以管段 9－8 中的 9 点的管内底标高为 $12.860+0.300-0.250=12.810m$，然后按前述方法求出 8 点的管内底标高，9、8 点的管水面标高及埋深。

5）污水管道水力计算应注意的问题

① 必须仔细研究管网系统的控制点。各条管道的起端、低洼地区的个别街坊和污水出口较深的工业企业或公共建筑都是控制点的研究对象。

② 必须仔细研究管道敷设坡度与地面坡度之间的关系。使确定的管道坡度，在保证最小流速的前提下，尽量减小管道埋深，同时便于支管的接入。

③ 水力计算自上游依次向下游管段进行，管径一般应沿程增大。当管道穿过陡坡地段时，管径可以由大变小，但减小范围不得超过 50～100mm。

④ 当地面高程有剧烈变化或地面坡度太大时，可采用跌水井，防止管内流速过大而冲刷损坏管壁。通常污水管道的跌落差大于 1m 时，设置跌水井；跌落差小于 1m 时，只把检查井中的流槽做成斜坡即可。

⑤ 在旁侧管与干管的连接点上，要考虑干管已定埋深是否可以允许旁侧管接入。同时避免旁侧管和干管产生回水，旁侧管中的设计流速不应大于干管中的设计流速。

6）绘制管道平面图与纵剖面图

在水力计算结束后，将计算结果标注在图 6.6.6-2 上，该图即为本例题污水管道平面图。污水管道纵剖面图，反映管道沿线高程位置，它和管道平面布置图对应。如图 6.6.6-3 所示。图中画出地面高程线、管道高程线（常用双线表示管顶与管底）并注明检查井号、地面高程及管底高程、管径、长度、管道坡度、基础、管材等。常用比例尺为：横向 1：500～1：1000，纵向 1：50～1：100。

图 6.6.6-2　污水管道平面图

279

图 6.6.6-3　污水管道纵剖面图

6.7　小城镇雨水管网系统规划与水力计算

6.7.1　雨水管网系统规划内容

　　小城镇雨水管网系统是由收集、排放城镇雨水的雨水口、雨水管渠、检查井、出水口等构筑物所组成的一整套工程设施。雨水管网系统的任务是及时收集并排除暴雨形成的地面径流，保障城镇人民生命安全和工农业生产的正常进行。由于雨水短时的径流量大，所需的雨水管渠较大，造价较高。因此，在进行小城镇排水规划时，除建立完善的雨水管网系统外，还应对整个小城镇水系进行统筹规划，保留一定的水塘、洼地、截洪沟，考虑防洪的"拦、蓄、分、泄"功能，通过建立雨水蓄留系统，对小城镇雨水加以充分利用。

　　通常，小城镇雨水管网系统规划的主要内容包括：

　　(1) 确定排水流域与排水方式，进行雨水管渠的平面布置，确定雨水调节池、雨水泵站及雨水排放口的位置。

　　(2) 根据小城镇雨量统计资料及气候条件，确定或选定当地暴雨强度公式。

　　(3) 确定计算参数，计算雨水流量并进行水力计算，确定雨水管渠断面尺寸、设计坡度、埋设深度等。

6.7.2　雨水管渠布置

　　(1) 充分利用地形，就近排入水体

　　规划雨水管线时，首先按地形划分排水流域，然后进行管线布置。雨水管渠布置应尽量利用地形的自然坡度以最短的距离依靠重力排入附近的池塘、河流、湖泊等水体中（见图 6.7.2-1）。

　　一般情况下，当地形坡度变化大时，雨水干管宜布置在地形较低处或溪谷线上；当地形平坦时，雨水干管宜布置在排水流域中间，以便于支管的接入，尽可能扩大重力流排除雨水的范围。在地势较高的地方，雨水尽量就近自流排入河流。在地势较低的地方，尽量利用原有排水干渠、农灌渠和自然水沟把雨水相对集中到其出口处，并设置雨水排涝泵站。

（2）尽量避免设置雨水泵站

由于暴雨形成径流量大，雨水泵站的投资相对较大，而且雨水泵站一年中工作时间较短，利用率低。因此应尽量利用地形，使雨水靠重力排入水体，避免设置雨水泵站。如需设置，应把经过泵站排泄的雨水径流量减小到最小。

应根据建筑物的分布，道路布置及街区内部的地形等布置雨水管道，使街区内绝大部分雨水以最短的距离排入街道低侧雨水管道。

图 6.7.2-1 某地区雨水管渠平面布置示意图

雨水管渠应平行于道路敷设，且宜布置在人行道或绿化带下，以便检修。而不宜布置在交通量大的干道下，以免积水时影响交通。若道路宽度大于 40m 时可考虑道路两侧分别设置雨水管道。

雨水干管的平面和竖向布置应考虑与其他地下构筑物在相交处相互协调，雨水管道与其他各种管线或构筑物在竖向布置上要满足最小净距要求。

（3）合理布置雨水口，以保证路面雨水排除通畅

一般在街道交叉路口的汇水点、低洼处应设置雨水口。此外，在道路两侧一定距离处也应设置雨水口，间距一般为 25～50m（视汇水面积大小而定），容易产生积水的区域适当加密或增加雨水口。雨水口布置如图 6.7.2-2。

图 6.7.2-2 雨水口布置
1—路边石；2—雨水口；3—道路路面

（4）合理开辟水体

规划中尽量利用洼地与池塘，或有计划地修建雨水调节池以便储存一部分雨水径流

281

量，以便减小雨水管渠断面尺寸，节省投资。同时所开辟的水体可供景观娱乐，在缺水地区还可回用于农业灌溉。

（5）雨水管道采用明渠或暗管应结合具体条件确定

在郊区、建筑密度较低或交通量较小的地区，可考虑采用明渠，以节省工程费用。在城区或工厂区内，建筑密度较大或交通量较大的地区，一般采用暗管。在受到埋深和出口深度限制的地区，可采用盖板明渠排除雨水。

此外，在每条雨水干管的起端，应尽可能采用道路边沟排除路面雨水，通常可减少暗管长度 $100\sim150m$。

（6）合理布置雨水出口

雨水出口有集中与分散两种布置形式。当管道排入池塘或小河沟时，由于雨水出口构造比较简单，一般造价不高，因此宜采用分散出口，有利于雨水就近排放。但当河流的水位变化很大时，管道出口离河道很远时，出水口的建筑费用很大，在这种情况下，不宜采用过多的出水口，宜采用集中出口。

（7）设置排洪沟排除设计地区以外的雨水径流

雨水排除应与防洪结合起来，位于山坡上或山脚下的小城镇，应在城郊设置排洪沟，以拦截从分水岭以内排泄下来的洪水，使之排入水体，保护镇区避免洪水危害。

6.7.3　雨水管渠水力计算

（1）水力计算规定

1）设计充满度

我国《室外排水设计规范》规定，雨水管道的设计充满度按满流考虑，即 $\frac{h}{D}=1$。明渠应有大于或等于 0.20m 的超高，街道边沟应有大于或等于 0.03m 的超高。

2）设计流速

为避免雨水所挟带的泥沙等无机物在管渠内沉淀下来而堵塞管道，雨水管道在满流时最小设计流速为 0.75m/s，明渠最小设计流速为 0.40m/s。

为避免管道因冲刷而损坏，影响及时排水，对雨水管渠的最大设计流速规定为：金属管道的最大设计流速为 10m/s，非金属管道的最大设计流速为 5m/s。明渠设计流速的最大值决定于渠道的铺砌材料及水深。当明渠水深为 0.4～1.0m 时，最大设计流速宜按表 6.7.3-1 确定。当水深小于 0.4m 时，表中数值乘以系数 0.85；当水深大于 1m 时，表中数值乘以系数 1.25；当水深大于或等于 2.0m 时，表中数值乘以系数 1.40。

明渠最大设计流速　　　　　　　　　　　表 6.7.3-1

明渠类别	最大设计流速（m/s）	明渠类别	最大设计流速（m/s）
粗砂或低塑粉质黏土	0.08	草皮护面	1.6
粉质黏土	1.0	干砌块石	2.0
黏土	1.2	浆砌块石或浆砌砖	3.0
石灰岩或中砂岩	4.0	混凝土	4.0

管渠设计流速应在最小设计流速与最大设计流速范围内。

3）最小设计坡度与最小管径

雨水管道的最小设计管径为300mm，相应的最小设计坡度为0.003，雨水口连接管道的最小设计管径为200mm，相应的最小设计坡度为0.01。梯形明渠底宽最小为0.3m。

4）最小埋深与覆土厚度

具体规定同污水管道。在冰冻深度小于0.6m的地区，可采用无覆土的地面式暗沟。

5）雨水管道在检查井内连接

一般采用管顶平接。不同断面管道必要时也可采用局部管段管底平接。

（2）水力计算的方法

雨水管渠水力计算仍按均匀流考虑，其水力计算公式与污水管道相同，但按满流（即$h/D=1$）计算。在实际计算中，通常采用根据公式计算制成的水力计算图或水力计算表，供设计时使用。

对每一计算管段而言，通过水力计算主要确定5个水力因素：管径D、粗糙系数n、水力坡度I、流量Q、流速v。在工程设计中，通常选定管材之后，n即为已知数值，而设计流量Q也是经过计算后求得的已知数，在实际中，可以参考地面坡度，假定管底坡度，从水力计算图（图6.7.3-1）或水力计算表求得D及v值，并使所求得的D、v、I各值符合水力计算基本数据的技术规定。

【例6.7-1】 已知：$n=0.013$，$Q=200L/s$，该管段地面坡度为$i=0.004$，试计算该管段的管径D、流速v及管底坡度I。

【解】 设计采用$n=0.013$的水力计算图，如图6.7.3-1所示。

283

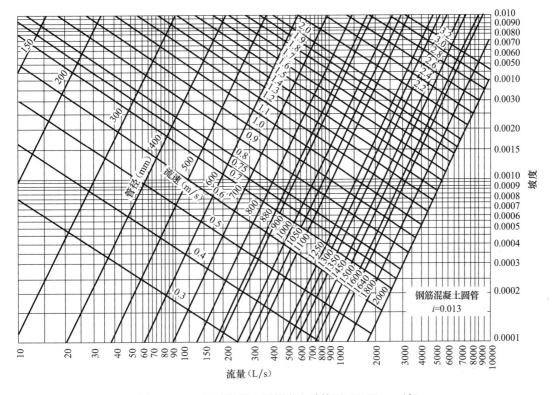

图6.7.3-1 钢筋混凝土圆管水力计算图（D以mm计）

在横坐标轴上找到 $Q=200L/$ 值，作竖线，在纵坐标轴上找到 $I=0.004$ 值，作横线。两线相交，得到 $v=1.17m/s$，D 值介于 $D=400\sim500mm$ 两斜线之间，须进行调整。

设 $D=400mm$，将 $Q=200L/s$ 值的竖线与 $D=400mm$ 的斜线交点，图中得到 $I=0.00092$，及 $v=1.60m/s$，此结果符合要求，但 I 与原地坡度相差较大，将增加管道埋深，不宜采用。

设 $D=500mm$，将 $Q=200L/s$ 值的竖线与 $D=500mm$ 的斜线相交，得到 $I=0.0028$，及 $v=1.02m/s$，此结果合适，故决定采用。

（3）规划设计步骤

1）划分排水流域和管道定线

根据小城镇规划和排水区的地形，划分排水流域。结合建筑物及雨水口分布，布置雨水管渠系统，绘制水力计算简图。

2）划分设计管段

把两个检查井之间流量没有变化且预计管径和坡度也没有变化的管段定为设计管段，并从上游往下游按顺序进行检查井的编号。

3）划分并计算各设计管段的汇水面积

各设计管段汇水面积的划分结合地形坡度、汇水面积的大小以及雨水管段布置等情况而划定。地形平坦时，可按就近排入附近雨水管道的原则，把汇水面积按周围管道布置，用分角线划分汇水面积；地形坡度较大时，应按地面雨水径流的水流方向划分汇水面积。并将每块面积进行编号，计算面积的数值标注在图中。汇水面积除街区外，还包括街道、绿地。

4）确定各排水流域的平均径流系数

通常根据排水流域内各类地面的面积数或所占比例，计算出该排水流域的平均径流系数。也可根据规划地区类别，采用区域径流系数。

5）确定设计重现期 P、地面集水时间

结合区域性质、汇水面积、地形及管渠溢流后的损失大小等因素，确定设计重现期 P。

根据该地区建筑密度情况，地形坡度和地面覆盖种类，街区设置雨水暗管与否等，确定雨水管道的地面集水时间。

6）求单位面积径流量

暴雨强度与径流系数的乘积，称为单位面积径流量。只要求得各管段的管内雨水流行时间，就可求出相应于该管段的值。

7）列表进行雨水管渠流量和水力计算，确定管渠断面尺寸、坡度、管底标高及管道埋深等值。

8）绘制雨水管渠平面图及纵剖面图。

（4）管道水力计算举例

【例 6.7-2】 已知 1）某小区局部地段其旁侧有河，河底标高 $-1.50m$，河床水位标高为 $-1.00\sim-1.50m$。

2）小区内地面高出道路 0.5m，小区内雨水管起点最小覆土 0.5m（冰冻线极值在地面下 0.57m）。小区内雨水水流长度 $200\sim250m$，平均坡降 $0.004\sim0.005$，地形平坦，无明显分水线。

3）该小城镇暴雨强度公式为 $q=880(1+0.86\lg P)/(t+4.6)^{0.62}$；

4）该区综合径流系数为 0.52；

5）设计重现期 $T=2a$。试进行该区雨水排水系统的水力计算。

【解】 1）因河床很浅，该区地形平坦低洼，部分管道在正常水位以下，对雨水排出不利，为控制管道埋深，避免修建众多雨水泵站，节约投资，尽量减少雨水汇流，靠重力流就近排出。根据小区内雨水排水情况，定出道路上雨水管最小覆土为 1.0m，最大管底高程控制在绝对标高－1.50m 以内。

2）该地区地形平坦，无明显分水线，故排水流域按城镇主要街道的汇水面积划分。其中某局部地段雨水管道布置和沿线汇水面积见图 6.7.3-2。

3）划分设计管段，并将设计管段的检查井依次编　图 6.7.3-2　雨水管道汇水面积划分
号，将各设计管段的长度记入表 6.7.3-3 中第 2 项。计算每一设计管段所承担的汇水面积，见表 6.7.3-2。

汇水面积计算表　　　　　　　　　　　　　　　　表 6.7.3-2

设计管段编号	本段汇水面积（$10^4 m^2$）	转输汇水面积（$10^4 m^2$）	总汇水面积（$10^4 m^2$）
1～2	4.6	0	4.6
5～2	4.4	0	4.4
2～3	11.6	9	20.6
6～3	2.2	0	2.2
7～3	2.2	0	2.2
3～4	—	25	25

4）根据街坊面积、地面坡度、地面覆盖及街坊内部雨水管渠情况，取地面集水时间为 10min，$m=2.0$。

5）重现期采用 2a，单位面积径流量为：

$$q_0 = \psi q = 0.52 \times \frac{880(1+0.86\lg 2)}{(t+4.6)^{0.62}} = \frac{1107.8}{\left(14.6+2\Sigma \dfrac{L}{60v}\right)^{0.62}}\left[L/(s \cdot ha)\right]$$

其中管段 2～3、7～3 汇水面积的径流系数因林木公园应重新计算数值，2～3 管段径流系数为 0.42、7～3 管段径流系数为 0.20。

6）已确定道路上雨水管最小覆土为 1.0m，故 1、5、6、7 点的覆土深度定为 1.0m。列表进行水力计算，结果见表 6.7.3-3 和图 6.7.3-3。

雨水管道水力计算表　　　　　　　　　　　　　　　　表 6.7.3-3

设计管段编号	管长 L（m）	汇水面积 F（$10^4 m^2$）	管内雨水流行时间（min）		单位面积径流量（L/s · $10^4 m^2$）	设计流量 Q（L/s）	管径 D（mm）	流速（m/s）
			$2\Sigma L/60v$	$2L/60v$				
1	2	3	4	5	6	7	8	9
1～2	120	4.6	0	3.92	109.29	502.7	800	1.02
5～2	265	4.4	0	9.01	109.29	480.9	800	0.98

285

续表

设计管段编号	管长 L (m)	汇水面积 F ($10^4 m^2$)	管内雨水流行时间（min）		单位面积径流量 (L/s·$10^4 m^2$)	设计流量 Q (L/s)	管径 D (mm)	流速 (m/s)
			$2\Sigma L/60v$	$2L/60v$				
1	2	3	4	5	6	7	8	9
2～3	375	20.6	9.01	10.50	65.52	1349.78	1200	1.19
6～3	250	2.2	0	9.58	109.29	240.44	600	0.87
7～3	250	2.2	0	11.26	42.03	92.48	400	0.74
3～4	175	25	12.93		73.75	1843.87	1400	1.21

坡度 I ‰	管道输水能力 (L/s)	坡降 (m)	设计地面标高（m）		设计管内底标高（m）		埋深（m）	
			起点	终点	起点	终点	起点	终点
10	11	12	13	14	15	16	17	18
1.5	512	0.18	2.35	2.35	0.55	0.37	1.80	1.98
1.4	494	0.37	2.15	2.35	0.35	−0.02	1.80	2.37
1.2	1350	0.45	2.35	2.30	−0.42	−0.87	2.77	3.17
1.6	246	0.40	2.15	2.30	0.55	0.15	1.60	2.15
2.0	93	0.50	2.45	2.30	1.05	0.55	1.40	1.75
1.0	1860	0.18	2.30	2.30	−1.07	−1.25	3.37	3.55

图 6.7.3-3 雨水管道水力计算结果图

6.8 小城镇合流制管网系统规划与水力计算

6.8.1 合流制管网系统的使用条件

（1）排水区域内有一处或多处水源充沛的水体，其流量和流速足够大，一定量的混合污水溢入水体后对水体的污染在允许范围内。

（2）街坊和街道建设比较完善，必须采用暗管（渠）排除雨水，而街道横断面较窄，管渠的设置位置受到限制。

（3）地面有一定的坡度坡向水体，当水体水位较高时，岸边不受淹没，污水中途不需要设置泵站提升。

(4) 水体卫生要求特别高的地区，污、雨水均需要处理者。

规划中考虑采用合流制排水系统时，必须要满足环境保护要求，充分考虑水体环境容量的限制，根据当地小城镇建设和地形条件合理选用。

6.8.2 合流制管网系统的布置

合流制管网系统除应满足管渠、泵站、污水处理厂、出水口等布置的一般要求外，尚应考虑以下要求：

(1) 管渠的布置应充分考虑生活污水、工业废水及雨水的顺利排除，结合地形以最短的距离坡向水体。支管、干管布置基本同雨水管渠布置方法相同。

(2) 沿水体岸边布置与水体平行的截流干管，在截流干管的适当位置设置溢流井，使溢流混合污水能顺利通过溢流井就近排入水体。

(3) 溢流井数目不宜过多，位置选择要恰当，并适当集中，最好靠近水体，以缩短排放管渠的长度，尽可能结合排涝泵站与中途泵站一起修建，降低工程造价。

(4) 在合流制管网的上游排水区域，如果雨水可沿地面的街道边沟排泄，则该区域可只设置污水管道。只有当雨水不能沿地面排泄时，才考虑布置合流管渠。

6.8.3 合流制排水管网水力计算

(1) 设计计算规定

1) 合流制排水管渠的设计充满度一般按满流考虑，即 $h/D=1$。

2) 合流管道（满流时）最小设计流速为 0.75m/s。晴天时，合流管内污水充满度较小，污水在管渠内沉淀而堵塞管道，需校核旱流量时管内流速，一般不宜低于 $0.2 \sim 0.5$m/s。

3) 最大设计流速、最小设计坡度、最小管径与最小埋深要求基本上和雨水管渠的设计相同。

(2) 水力计算内容

合流制排水管网水力计算内容通常包括：溢流井上游合流管渠的计算，截流干管及溢流井的计算，晴天旱流情况校核。

溢流井上游合流管渠的计算与雨水管网的计算基本相同，只是它的设计流量要包括雨水、生活污水和工业废水。

截流干管及溢流井的计算主要是合理地确定所采用的截流倍数，根据截流倍数确定截流干管的设计流量及通过溢流井的泄入水体的流量，然后进行截流干管和溢流井的水力计算。

晴天旱流量校核应使旱流时流速能满足污水管渠最小流速的要求。当不能满足这一要求时，可修改设计管段的管径与坡度。但由于河流管渠中旱流量相对较小，特别是在上游管段，旱流量校核往往不能满足最小流速的要求，此时可在管渠底设置缩小断面的流槽以保证旱流时的流速，或加强养护管理，利用雨天流量冲洗管渠，以防淤塞。

6.8.4 小城镇旧合流制排水管网系统的改造

目前，许多小城镇缺乏完善的排水系统，排水管网普及率约为 $40\% \sim 60\%$，多数为直

287

泄式合流制系统，对水体造成严重污染。随着小城镇经济的迅速发展，小城镇水环境污染加剧，在进行小城镇排水规划时，必须对原有的排水管渠进行改建。

（1）改合流制为分流制

一般将旧合流制管渠改建后作为单纯排除雨水（或污水）的管渠系统，另外新建污水（或雨水）管渠系统。这样，比较彻底地解决了污水对水体的污染问题。住房内部有完善的卫生设备；小城镇街道横断面有足够的位置，允许设置由于改建成分流制需增设的管道，并且施工中对交通不会造成较大影响；旧排水管渠输水能力不足，或管渠损坏渗漏比较严重，需彻底翻修，增大管径，铺设新管线。通常，在以上情况下可考虑将合流制改为分流制。

（2）保留合流制，修建截流干管

有的小城镇将合流制改为分流制往往很困难，并受到巨大投资的限制，短期内很难实现。所以，旧合流制排水系统的改造大多数改为截流式合流制。且截流干管的设置与小城镇河道整治及防洪、排涝工程规划结合起来。

为解决溢流对水体的污染，应对合流制溢流进行严格控制，其措施与方法有以下几点：

1）源控制

通过保持街道路面的洁净；经常冲刷沉积于管道内的沉积物及控制大气沉降物等，控制造成雨水径流污染的污染源。

2）优化流量调节、控制系统

加强改善现有管道系统的流量调节、控制系统，可以提高截流管的运载能力。例如运用在线与真时控制系统，调节截流管的流量，优化溢流时间与地点。

3）通常采取对溢流的混合污水进行适当处理

修建地下贮水池或管道贮存初期雨水，并进行格栅沉淀处理，在非雨季时慢慢泄空或利用。

4）对溢流的混合污水量进行控制

在土壤有足够渗透性且地下水位较低的地区，可采用提高地表持水能力和地表渗透能力的措施减少暴雨径流，从而降低溢流混合污水量。

6.9　排水泵站、管渠材料及管道附属构筑物

6.9.1　排水泵站

小城镇污水、雨水因受地形条件、地质条件、水体水位等因素的限制，不能以重力流方式排除，以及污水处理厂为了提升污水（或污泥）时，需要设置排水泵站。

排水泵站按排水的性质可分为污水泵站、雨水泵站、合流泵站和污泥泵站四类。按泵站在排水系统中所处的位置可分为中途泵站、局部泵站和终点泵站（图6.9.1）。按排水泵启动的方式可分为自灌式泵站和非自灌式泵站。为了使排水泵站设备简单、启动和管理方便，应首先考虑采用自灌式泵站。

排水泵站主要由泵房、集水池、格栅、辅助间及变电室组成。

排水泵站的型式主要根据进水管渠的埋深、进水流量、地质条件等而定。排水泵站按

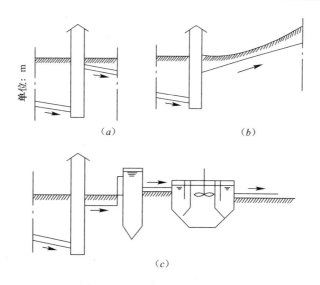

图 6.9.1 污水泵站的设置地点
(a) 中途泵站; (b) 局部泵站; (c) 终点泵站

泵房与集水池的组合方式分为合建式和分建式两种。当集水池很深,泵房很大时,宜采用分建式。按泵站的平面形状可分为圆形和矩形两种。对于雨水泵站,按水泵是否浸入水中可分为湿式泵站和干式泵站。

小城镇排水泵站宜单独设置,与住宅、公共建筑间距应符合有关要求,周围宜设置宽度不小于 10m 的绿化隔离带,以减轻对周围环境的影响。在受洪水淹没的地区,泵站入口设计地面高程应比设计洪水位高出 0.5m 以上,必要时可设置闸槽等临时防洪措施。

排水泵站占地面积随流量、性质等不同而相异。应参考全国市政工程投资估算指标的雨(污)水泵站用地指标(表 6.9.1),结合当地实际情况,分析、比较选定。

泵站建设用地指标(m²)　　　　　　　　　　　表 6.9.1

泵站性质	建设规模			
	Ⅰ	Ⅱ	Ⅲ	Ⅳ
污水泵站	2000~2700	1500~2000	1000~1500	600~1000
合流泵站	1500~2200	1200~1500	800~1200	400~800

注:① 建设规模:Ⅰ类:20 万~50 万 m³/d;Ⅱ类:10 万~20 万 m³/d;Ⅲ类:5 万~10 万 m³/d;Ⅳ类:0.5 万~2 万 m³/d。
② 表中指标为泵站围墙内,包括整个流程中构筑物和附属建筑物、附属设施等占地面积。
③ 小于Ⅳ类规模的泵站,用地面积按Ⅳ类规模的控制指标。大于Ⅰ类规模的泵站,每增加 10 万 m³/d,用地指标增加 300~400m²。

6.9.2 排水管渠材料

排水管渠必须满足一定的要求,才能保证正常的排水功能。如排水管渠必须具有足够的强度,以承受外部的荷载和管道内部的水压;能抗冲刷、防渗、耐磨损和防止腐蚀;内壁整齐光滑,水流阻力小;便于就地取材,以降低管渠的造价及运输和施工的费用。

目前常用的排水管渠主要是混凝土管和钢筋混凝土管、陶土管、金属管、砖石管渠及塑料管等。

289

（1）混凝土管和钢筋混凝土管

混凝土管和钢筋混凝土管在排水工程中应用极为广泛。多用于污水和雨水的排除。它们一般有承插式、企口式和平口式3种接口方式。混凝土管管径一般不超过600mm，长度不大于1m，适用于管径较小的无压管；当直径大于400mm时，一般做成钢筋混凝土管，长度为1～3m，多用在埋深较大或地质条件不良的地段。混凝土管和钢筋混凝土管可以在专门的工厂预制，也可以现场浇制。

（2）陶土管

陶土管是用塑性黏土焙烧而成。根据需要做成无釉、单面釉及双面釉的陶土管。陶土管的管径一般不超过500～600mm，有效长度为400～800mm，其接口形式有承插式和平口式等。适用于排除腐蚀性工业废水或铺设在地下水侵蚀性较强的地方。

（3）金属管

金属管有铸铁管和钢管。室外重力排水管道较少采用。只用在抗压或防渗要求较高的地方。如泵站的进出水管，穿越河流、铁路的倒虹管。

（4）大型排水管渠

排水管道的预制管径一般小于2m，当设计管道断面大于1.5m时，可建造大型排水管渠。常用材料有砖、石、陶土块、混凝土和钢筋混凝土等。一般现场浇制、铺砌和安装。

（5）其他

随着新型建筑材料的不断研制，用于排水管渠的材料日益增多。例如玻璃纤维钢筋混凝土管、玻璃纤维离心混凝土管和聚氯乙烯管等。

6.9.3　常用附属构筑物

（1）雨水口

雨水口是在雨水管渠或合流管渠上收集雨水的构筑物。地面及街道路面上的雨水经雨水口通过雨水连接管流入排水管渠。

雨水口一般应设置在交叉路口、道路两侧边沟的一定距离处及设有道路边石的低洼处。雨水口的形式与数量通常按汇水面积所产生的径流量确定。雨水口设置间距一般为25～50m，在低洼地段适当增加雨水口的数量。

雨水口由连接管和街道排水管渠的检查井连接。连接管的最小管径为200mm，坡度一般为0.01，连接到同一连接管上的雨水口不宜超过3个。

（2）检查井

检查井是排水管渠上连接其他管渠以及供养护工人检查、清通的构筑物。通常设在管渠交汇、变径、变坡及方向改变处，以及相隔一定距离的直线管段上。检查井在直线管段上的最大间距一般按表6.9.3采用。检查井有不下人的浅井和需下人的深井。

检查井最大间距　　　　　　　　　　　　　　　　　　表6.9.3

管径或暗渠净高（mm）	最大间距（m）	
	污水管道	雨水（合流管道）
200～400	40	50
500～700	60	70

续表

管径或暗渠净高（mm）	最大间距（m）	
	污水管道	雨水（合流管道）
800～1000	80	90
1100～1500	100	120
1600～2000	120	120

注：管径或暗渠净高大于2000mm时，检查井的最大间距可适当增大。

引自《室外排水设计规范》GB 50014—2006。

（3）跌水井

跌水井是设有消能设施的检查井。常用的跌水井有竖管式和溢流堰式。前者适用于管径等于或小于400mm的管道系统，后者适用于管径大于400mm的管道系统。当跌水落差小于1m时，一般只把检查井底部做成斜坡，不设跌水井。

（4）溢流井（图6.9.3-1）

图 6.9.3-1 溢流井

（a）截流槽式；（b）溢流堰式；（c）跳跃堰式

1—合流管渠；2—截流干管；3—排出管渠

在截流式合流制管渠系统中，通常在合流管渠与截流干管的交汇处设置溢流井。分为截流槽式、溢流堰式和跳跃堰式 3 类。

（5）出水口

出水口是使废水或雨水排入水体并与水体很好地混合的工程设施。其位置与形式，应根据出水水质、水体水位及其变化幅度、水流方向、主导风向、岸边地质条件及下游用水情况而定。并取得当地卫生主管部门和航运管理部门的同意。

雨水出水口一般都采用非淹没式，管底最好不低于多年平均洪水位，一般在常水位以上，以免倒灌。污水管的出水口一般都采取淹没式，出水口管顶高程在常水位以下，利于污水与水体充分混合。

常用的出水口形式有淹没式、江心分散式、一字式和八字式。

出水口最好采用耐浸泡、抗冻胀的材料砌筑。

（6）倒虹管

小城镇污水管道穿越河道、铁路及地下构筑物，不能按原有坡度埋设，而是按凹的折线方式穿越障碍物，这种管道称为倒虹管。倒虹管一般由进水管、下行管、水平管、上行管和出水管组成。图 6.9.3-2 为一穿越河道的倒虹管。

图 6.9.3-2　穿越河道的倒虹管

1—进水井；2—下行管；3—水平管；4—上行管；5—出水井

倒虹管应尽量与障碍物正交通过，以缩短倒虹管的长度。倒虹管的管顶与河床距离一般不小于 0.5m，工作管线一般不少于 2 条，但通过谷地、旱沟或小河时，可以敷设一条。倒虹管施工困难，造价高，不易管理维护，在小城镇排水规划时，应尽量少设倒虹管。

6.10　小城镇污水处理规划

6.10.1　小城镇污水的性质

（1）小城镇污水的污染指标

1）有毒物质

有毒物质指小城镇污水中含有各种毒物的成分与数量，用 mg/L 表示。这些有毒物质对小城镇生态环境有一定影响，如汞、镉、氰化物等。同时这些有毒物质也是有用的工业原料，有条件时应尽量加以利用。

2）有机物

小城镇污水中含有大量的有机物，当它排入水体后，使水中溶解氧降低，甚至完全缺氧。由于污水中有机物的种类繁多，成分复杂，直接测定污水中有机物的含量较为困难。一般采用生化需氧量（BOD）和化学需氧量（COD）两个指标，间接地表示污水中有机物。

生化需氧量（BOD）指水中有机物在有氧的情况下被微生物分解过程中所消耗的氧量。单位通常用 mg/L 表示，即单位体积污水所消耗游离氧的数量。化学需氧量（COD）指用强氧化剂—重铬酸钾氧化水中有机物所耗的氧化剂的当量，单位为 mg/L。化学需氧量（COD）高于生化需氧量（BOD）。

3）固体物质

污水中呈固体状态的物质，称为固体物质。它可分为悬浮固体物质与溶解固体物质两类。单位用 mg/L 表示，悬浮固体物质与溶解固体物质之和，称为总固体。

4）pH 值

表示污水呈酸性或碱性的标志。生活污水一般呈碱性，而工业废水则是多种多样，其中不少呈强酸性或强碱性。它对水环境的保护、污水处理工艺及水工构筑物有一定影响。

5）氮、磷

氮和磷属于植物性营养物质，是导致湖泊、水库等缓流水体富营养化的主要物质。

6）感官指标

小城镇污水呈现颜色、气味，影响水体的物理状态，降低水体使用价值。水温升高，使得水中溶解氧含量降低，破坏水环境的生态平衡。

以上是衡量污水水质的几项主要的常用指标，对于某些特殊水质，根据实际需要酌情考虑。

（2）小城镇污水的性质

小城镇污水水质完全不同于城市污水，各个小城镇之间的污水水质完全不同，没有类比性。小城镇污水的性质取决于其成分，不同性质的污水反映出不同的特征。它受小城镇性质和城镇现有的排水系统，特色工业废水量、水质，气温，水资源以及经济发展水平等因素的影响。

我国大多数小城镇属于综合性城市，即居住、商贸、工业混杂在一起，所以小城镇污水既具有生活污水的特征，又具有工业废水的特征。

生活污水含有碳水化合物、蛋白质、氨基酸、脂肪等有机物，具有一定的肥效，可用于农田灌溉。生活污水一般不含有毒物质，但含大量的细菌和寄生虫卵，其中可能包括致病细菌，具有一定危害，需处理。生活污水成分比较固定，只是各城市生活污水的浓度有所不同。

生产废水的成分主要取决于生产过程中所用的原料和工艺情况。其特点是所含成分复杂，变化大，多半具有危害性。只有根据每一工厂的具体情况来分析其污水的性质。

（3）小城镇污水排放标准

为了保护小城镇水环境，必须严格控制排入水体的污水水质。通常污水在泄入水体前，必须处理，以减少或消除污水对水体的污染。

1）凡直接排入市区污水管道内的污、废水要符合国家排放标准《污水排入城市下水道水质标准》CJ 343—2002 的要求。

2）凡有毒、有害及不易生物降解物质的工业废水，不允许直接排入市政排水管道，必须自行处理，达到国家标准《污水综合排放标准》GB 8978—1996 的要求。

3）排入受纳水体的污水水质，应符合国家标准《地面水环境质量标准》GB 3838—2002、《工业设计卫生标准》GBZ 1—2002、《海水水质标准》GB 3097—1997、《渔业水质标准》GB 11607—89 等的要求。

4）污水处理厂出水应满足《城市污水处理厂污水污泥排放标准》CJ 3025—1993 的要求。

（4）水体自净

水体具有一定净化水中污染物的能力，称为水体自净。水体自净过程很复杂，经过水体的物理、化学与生物的综合作用，使排入水体的污染物浓度，随时间的推移在向下游流动的过程中自然降解。经过一段距离后，水体逐渐恢复到未污染前的清洁状态。

水体自净能力有一定限度，即水环境对污染物质都有一定的承受能力，叫环境容量。如果水体承纳过多污水，则会破坏水体自净能力。随着小城镇发展，污水量不断增加，往往上游河流的污染尚未净化，又再次受到下游小城镇或工厂排出污水的污染，以致整段河流都处于污染状态。所以小城镇总体规划和排水工程系统规划，一定要充分考虑流域水体的环境容量，并从整个区域和流域来处理水污染控制问题。

6.10.2 小城镇污水处理与利用的基本方法

（1）污水处理方法

小城镇污水中含有许多有害及有用的物质，需经处理后才能排放。污水处理技术，就是采用各种技术与手段，将污水中所含的污染物质分离去除、回收利用，或将其转化为无害物质，使水得以净化。

现代污水处理技术，按其作用原理，可分为物理法、化学法和生物法三类。对于小城镇污水的处理，普遍采用物理法和生物法，化学法通常用于工业废水处理。

1）物理处理法

小城镇污水物理处理主要是利用物理作用去除水中呈悬浮固体状态的污染物质，在处理过程中不改变其化学性质。属于物理法的处理技术主要有以下几种：

① 筛滤（截留）　利用筛滤介质截留水中的悬浮物。属于筛滤处理的设备有格栅、筛网、滤池、微滤机等。

② 沉淀（重力分离）　利用污水中的悬浮物和水密度不同的原理，借助重力沉降（或上浮的作用），使其从水中分离出来。沉淀处理设备有沉砂池、沉淀池、隔油池、气浮池。

③ 离心与旋流分离　利用悬固体和废水质量不同造成的离心力不同，让含有悬浮固体或乳化油的废水在设备中高速旋转，结果质量大的悬浮固体被抛甩到废水外侧，使悬浮固体与废水通过不同的排出口得以分离。其处理设备有离心机、旋流分离器。

④ 气浮　将空气打入污水中，并使其以微小气泡的形式由水中析出，污水中密度接近于水的颗粒状的污染物质粘附到空气泡上，并随气泡上升至水面，形成泡沫浮渣而去除。根据空气打入方式的不同，气浮处理设备有加压溶气气浮法、叶轮气浮法和射流气浮法等。

⑤ 反渗透　用一种特殊的半渗透膜，在一定的压力下将水分子压过膜的一侧，而溶

解于水中的污染物质则被膜所截留，污水被浓缩，而被压透过膜的水就是处理过的水。

2）化学处理法

污水的化学处理法，就是通过投加化学物质，利用化学反应作用来分离、回收污水中的污染物，或使其转化为无害的物质。其基本工艺主要有：混凝法、中和法、氧化还原法、吸附法、离子交换法、电渗析法等。

3）生物处理法

污水的生物处理法，就是利用微生物的新陈代谢作用，使污水中的不稳定有机物降解和稳定的过程，主要去除污水中胶体和溶解性的有机物。

生物法分为自然生物处理与人工生物处理两类。自然生物处理就是利用土壤与水体中的微生物，在自然条件下进行的生物化学过程来净化污水的方法。人工生物处理是人为地创造微生物生活的有利条件，使其大量繁殖，提高污水净化效率。此外，根据微生物在分解氧化有机物过程中对游离氧的要求不同，生物法又可分为好氧生物处理和厌氧生物处理。污水处理常用好氧生物处理，高浓度有机废水及污泥处理常用厌氧生物处理。污水的好氧生物处理技术又分为活性污泥法和生物膜法两类。

① 活性污泥法　活性污泥法是在人工充氧条件下，对污水和各种微生物群体进行连续混合培养，形成活性污泥。利用活性污泥的生物凝聚、吸附和氧化作用，以分解去除污水中的有机污染物。然后污泥与水分离，大部分污泥再回流到曝气池，多余部分则排出活性污泥系统。活性污泥处理系统主要由反应器—曝气池、曝气系统、污泥回流系统、二次沉淀池等单元组成。这是目前使用很广泛的一种生物处理方法。

活性污泥法经过几十年的发展与变革，已出现多种运行方式。其工艺主要有：传统活性污泥法，BOD 去除率可达 90% 左右，适于处理净化程度和稳定程度要求较高的污水；分段进水活性污泥法、延时曝气活性污泥法，适于处理对处理水质要求高又不易采用污泥处理技术的小城镇污水和工业废水，水量不宜超过 $1000m^3/d$ 的污水；厌氧—耗氧活性污泥法（A/O）、间歇式活性污泥法（SBR）、AB 法、氧化沟法等。

② 生物膜法　生物膜法是采用各种不同载体，通过污水与载体的不断接触，在载体上繁殖生物膜，利用膜的生物吸附和氧化作用，降解去除污水中的有机污染物，脱落下来的生物膜与水进行分离。活性污泥处理法的工艺包括生物滤池（普通生物滤池、高负荷生物滤池、塔式生物滤池）、生物转盘、生物接触氧化设备和生物硫化床等。

③ 自然生物处理法　小城镇污水自然生物处理系统的特点，是利用生态工程学的原理及自然界微生物的作用对废水污水进行净化处理。在稳定塘、水生植物塘、湿地（天然的、人工的）、土地处理系统以及上述处理工艺的组合系统中，菌藻及其他微生物、浮游动物、底栖动物、水生植物和农作物及水生动物等进行多层次、多功能的代谢过程，可使污水中的有机物、N、P 等营养素的某些其他污染物进行多级转换、利用和去除，从而实现污水的无害化、资源化和再利用。因此，自然生物处理符合生态学的基本原理，且具有投资省、运行维护费用低、净化效率高等特点，在小城镇应优先使用。

自然生物处理的基本工艺包括土地处理系统（慢速渗滤、快速渗滤、地表漫流、湿地、地下渗滤）和稳定塘处理系统（厌氧塘、兼氧塘、耗氧塘、曝气塘、深度处理塘、控制出水塘、水生生物塘）两种。实际运用中，往往采用多种工艺的结合，如：稳定塘＋土地处理的复合工艺系统，不同稳定塘的串联系统等，充分发挥各自特点和优势，组合成优

295

化的工艺流程，使出水达到预定的标准。例如，我国目前广泛采用灌溉田技术，它是利用土地对污水进行天然处理一种设施。一方面利用污水培育植物；另一方面利用土壤和植物净化污水。

④ 厌氧生物处理法　厌氧生物处理法就是利用兼性厌氧菌在无氧的条件下降解有机污染物。主要用于处理高浓度、难降解的有机工业废水及有机污泥。厌氧生物处理法的基本工艺包括污泥消化法（消化池）、厌氧接触法（厌氧滤池、厌氧转盘）、厌氧污泥床（上流式厌氧污泥床、厌氧流化床）等。该法能耗低且能产生能量，污泥产量少。

（2）污泥处置与利用

污泥是污水处理过程中的副产物，约占处理水量的 0.3%～0.5% 左右。污泥中含有大量的细菌和寄生虫卵、有毒有害物质、有机物及重金属离子及 N、P、K 等有用物质。为满足环境卫生方面要求，污泥需要及时处理与处置，使污泥达到减量、稳定、无害化与综合利用的目的。

污泥处理的主要方法包括减量处理（如浓缩法、脱水等），稳定处理（如厌氧消化法、耗氧消化法），综合利用（如消化气利用、污泥农业利用等），最终处置（如干燥、焚烧、填埋、投海等）。污泥处理与利用方法的选择取决于当地条件、环境保护要求、投资情况、运行费用及维护管理等多种因素。污泥处理与利用的基本流程如图 6.10.2 所示。

图 6.10.2　污泥处理与利用的基本流程

6.10.3　小城镇污水处理方案的选择

（1）主要原则

小城镇污水处理耗资较大，运行管理费用较高，对环境卫生影响大。规划中必须慎重选择小城镇污水处理方案，并明确以下几个问题。

1）小城镇工业废水的处理

工业废水与生活污水一并处理与排放还是单独分散处理，通常除了大型集中的工业与工业区采用独立的污水处理系统外，对于多数分散的中小型工业企业的废水，大多采用与生活污水共同处理的方式。工业废水排入小城镇污水管网必须符合《室外排水设计规范》（GB 50014—2006）的规定，否则应在厂内设置局部处理设施，对生产污水进行处理，符合排入排水管道规定的要求后，再排入小城镇污水管道。

2）小城镇污水的水质特点

我国大多数小城镇以居民生活污废水为主，工业废水所占比重不大，城镇污水性质相差不大，一般 BOD 为 100～150mg/L，COD 为 250～300mg/L，SS 为 200mg/L 左右。当然也有部分小城市例外，在浙江省就有一些小城市由于乡镇企业的飞速发展而集中了大批具有地方特色的工业企业。这些小城镇的工业废水量所占比重就相当大。对于那些工业废水量所占比重较大从而影响到城市污水处理效果的小城镇来说，则应根据具体情况采取相应的措施，如将工业废水进行预处理后再进入城市污水系统或将工业废水集中进行工业废水的联片处理等。

由于不少小城镇的排水系统是雨污合流系统，而且年代已久，质量很差，有的还是砖石渠道，即使是管道也存在不少问题。这样的系统在雨季或在地下水位高的时候，大量雨水和地下水进入，造成污水的浓度很低。很多小城镇居民住宅的粪便污水是通过化粪池直接排入水体的（生活污水和化粪池出水相混合）。这种生活污水 BOD 的浓度很低，往往只有 30~40mg/L，对生化处理不利。

另外，气候炎热的地区、水资源丰富的地区以及经济发展水平较高的地区，用水量就大，排水量亦大，城市污水浓度相对较低。

3）贯彻"预防为主，综合治理"的方针

污水处理方案的选择在于最经济、合理地解决小城镇污水的管理、处理和利用问题。在研究小城镇污水处理与利用方案中，要全面规划、统一安排、综合治理、互相协作。

不同地区、不同等级层次和规模、不同发展阶段的小城镇排水和污水处理系统相关的合理水平，应根据小城镇经济社会发展规划、环境保护要求、当地自然条件和水体条件、污水量和其水质情况、水体自净、污水回用等综合分析和经济比较而确定。

4）合理决定污水处理程度

现代污水处理技术，按处理程度划分，可分为一级、二级和三级处理。

一级处理是去除污水中的漂浮物和悬浮物的净化过程，物理处理法大部分只能完成一级处理的要求。经过一级处理后的污水，BOD 去除率达 30% 左右，一般达不到排放标准。

二级处理是污水经一级处理后，用生物处理方法继续除去污水中胶体和溶解性有机物的净化过程。BOD 去除率达 90% 以上，有机物达到排放标准。

三级处理的目的在于进一步去除二级处理所未能去除的某些污染物质，所使用的方法随目的而异。一般情况下，小城镇污水通过一、二级处理后基本能达到国家规定的污水排放标准，三级处理用于对排放标准要求特别高的水体或为了使污水处理后回用。

污水处理程度受环境保护、当地具体条件、污水处理后供灌溉农田或养殖的可能性及污水处理投资等影响。

（2）污水处理工艺流程

随着我国经济的不断发展和人们环保意识的进一步增强，小城市（镇）的污水处理已经提到议事日程上来。针对小城市（镇）污水处理特点，制定切实可行的工艺方案已刻不容缓。在选择小城镇污水处理工艺时，一般要考虑以下条件：

1）处理工艺应具有较强的适应冲击负荷的能力，因为小城镇污水量昼夜变化大，从而水质波动较大。

2）要求管理简单、运行稳定、维修方便。这对于小城市尤为重要，因为小城镇往往技术力量比较薄弱。

3）所选择的处理工艺具有可以方便地改变其处理流程的能力。这主要为了满足数量众多的小城镇的各种不同需求。如：有的小城镇地处封闭水体，污水需要除磷脱氮；而有些小城镇附近有大江、大河，只需要处理 BOD 即可。这就要求所选择的处理工艺流程能很方便地创造好氧、缺氧、厌氧的环境。

4）建设费用和运行费用低

污水处理的方法较多，按照不同的分类标准可以分成不同的工艺流程。因此应该根据污水水质和回用水水质的要求，对水处理单元进行多种组合，通过技术经济比较来选择出经济可行的污水处理流程。

目前我国小城镇污水处理厂的工艺流程可按以下几种流程进行选择。分别如图6.10.3-1～图6.10.3-6所示：

图6.10.3-1　污水一级处理后排入稳定塘

图6.10.3-2　普通曝气工艺

图6.10.3-3　氧化沟工艺

图6.10.3-4　SBR工艺

其中氧化沟工艺具有：工艺流程简单，运行管理方便；运行稳定，处理效果好，BOD平均处理水平可达到95％左右；能承受水量、水质的冲击负荷，对浓度较高的工业废水有较强的适应能力；污泥量少、性质稳定；污泥产量少，从而管理简单，运行费用低；可以除磷脱氮；基建投资省、运行费用低，和传统活性污泥法工艺相比，在去除BOD、去除BOD和NH_3-N及去除BOD和脱氮三种情况下，基建费用和运行费用都有较大降低等特

图 6.10.3-5　AB 法工艺

图 6.10.3-6　A/O 法除磷工艺

点。在小城镇受到广泛运用。

　　而 SBR 工艺也具有工艺流程简单、管理方便、造价低。SBR 工艺只有一个反应器，不需要二沉池，不需要污泥回流设备，一般情况下也不需要调节池，因此要比传统活性污泥工艺节省基建投资 30% 以上，而且布置紧凑，节省用地。由于科技进步，目前自动控制已相当成熟、配套。处理效果好；有较好的除磷脱氮效果。SBR 工艺可以很容易地交替实现好氧、缺氧、厌氧的环境，并可以通过改变曝气量、反应时间等方面来创造条件提高除磷脱氮效率。污泥沉降性能好。SBR 工艺独特的运行工况决定了它能很好地适应进水水量、水质波动等特点。很适合小城市采用。

　　总之，小城镇污水处理应因地制宜地选择不同的经济、合理的处理方法，处于城镇较集中分布的小城镇应在区域规划的基础上联建区域污水处理厂；远期（2020 年）70%～80% 的小城镇污水应得到不同程度的处理，其中大部分宜为二级生物处理。

6.11　小城镇污水处理厂规划

　　小城镇污水处理厂是排水工程的重要组成部分。恰当地选择污水处理厂的位置，进行合理的水厂平面布置，对于小城镇规划的总体布局、小城镇环境保护、污水利用与出路、污水管网系统的走向与布置、污水处理厂的投资与运行管理等都有重要的影响。

6.11.1 污水处理厂厂址选择

污水处理厂的厂址选择应在整个排水系统设计方案中全面规划，综合考虑，要根据污染物排放量控制目标、小城镇布局、受纳水体功能及流量等因素来选择。当污水厂厂址有多种方案可供选择时，应根据各种方案的优缺点作综合评价，一般包括：投资与经营指标、土地及耕地的占有、施工难易程度及建设周期、节能分析、运行管理等，进行综合技术经济比较与最优化分析，并通过反复论证再行确定。厂址的选择应考虑以下原则：

（1）应与选定的污水处理工艺相适应，如选定土地处理系统为处理工艺时，必须有适当的面积。

（2）尽量做到少占或不占农田，且留有适当的发展余地。同时考虑便于污水灌溉农田，污水作农肥的利用，污水处理厂和出水口应选在小城镇河流的下游或靠近农田灌溉区，污水处理厂应尽可能与出水口靠近，以缩短输送距离。

（3）厂址必须位于集中给水水源下游，并应位于小城镇夏季最小频率风向的上风侧，与居住小区或公共建筑物有一定的卫生防护带，卫生防护地带一般采用 300m，处理污水如用于农田灌溉时，宜采用 500～1000m。

（4）厂址不宜设在雨季易受水淹的低洼处。靠近水体的处理厂，应选择在不受洪水威胁的地方，否则应考虑防洪措施。

（5）厂址应选择在工程地质条件较好的地方。一般选在地下水位较低，地基承载力较大，湿陷性等级不高，岩石较少的地层，以方便施工，降低造价。

（6）应结合小城镇规划要求，充分利用地形，应选择有适当坡度的地段，以满足污水在水处理流程上自流要求。用地形状宜是长方形，以便按污水处理流程布置构筑物。

（7）厂址一般尽可能地安放在各河系下游、城镇郊区。但是这种系统布局使污水厂距离再生水用户较远，需铺设的回用水管网费用相应增加，不利于污水的资源化。因此，在确定污水处理厂厂址时，还应对再生水的用户进行调查分析（小城镇中的自然水面、小河、绿地和工业再生水用户），并根据回用水的需求，在小城镇中适当位置设置污水净化厂（再生水厂），收集附近区域的小城镇污水，根据回用水质要求加以处理之后就近回用。

（8）厂址应考虑污泥的运输与处置，宜近公路与河流。厂址处要有良好的水电供应，最好是双电源。

（9）污水处理厂厂址的选择应结合小城镇总体发展规划，考虑长期发展的可能性，有扩建的余地。

6.11.2 污水处理厂的用地面积

小城镇污水处理厂占地面积与处理水量和采用的处理工艺有关。表 6.11.2-1 中列出不同规模、不同处理方法的污水厂用地指标，污水处理厂在规划预留用地面积时参考表中数值，并结合当地实际情况，分析、比较选取。

小城镇污水处理厂面积估算 $[(m^2 \cdot d)/m^3]$　　　　表 6.11.2-1

处理水量（m^3/d）	一级处理	二级处理（一）	二级处理（二）
1～2	0.6～1.4	1.0～2.0	4.0～6.0
2～5	0.6～1.0	1.0～1.5	2.5～4.0
5～10	0.5～0.8	0.8～1.2	1.0～2.5

注：一级处理工艺流程大体为泵房、沉砂、沉淀及污泥浓缩、干化处理等。
二级处理（一）工艺流程大体为泵房、沉砂、初次沉淀、曝气、二次沉淀及污泥浓缩、干化处理等。
二级处理（二）工艺流程大体为泵房、沉砂、初次沉淀、曝气、二次沉淀、消毒及污泥提升、浓缩、消化、脱水及沼气利用等。
表 6.11.2-1 引自《小城镇规划标准研究》。

6.11.3　污水处理厂的平面布置

污水处理厂的总平面布置包括：污水处理构筑物布置，各种管渠布置，辅助建筑物布置，道路、绿化、电力、照明线路布置等。污水处理厂厂区平面规划、布置中应考虑下列要求：

（1）根据污水处理的工艺流程，决定各处理构筑物的相对位置，相互有关的构筑物应尽量靠近，以减少连接管渠长度及水头损失，并考虑运转时操作方便。

（2）构筑物布置应尽量紧凑，以节约用地，但必须同时考虑敷设管渠的要求、维护、检修方便及施工时地基的相互影响等。一般构筑物的间距为 5～8m。对于消化池，从安全的角度出发，与其他构筑物之间的距离应不少于 20m。

（3）构筑物布置结合地形、地质条件尽量减少土石方工程量及避开劣质地基。

（4）厂内污水与污泥的流程应尽量缩短，避免迂回曲折，并尽可能采用重力流。

（5）各种管渠布置要使各处理构筑物能独立运转，当某一处理构筑物因故停止工作时，使其后接处理构筑物，仍能保持正常的运行。

（6）应设超越全部处理构筑物、全部排放水体的超越管。

（7）在厂区内还设有：给水管、空气管、消化气管、蒸汽管，以及输配电线路。这些管线有的敷设在地下，但大部分都在地上。对它们的安排，既要便于施工和维护管理，但也要紧凑，少占用地，也可以考虑采用架空的方式敷设。

（8）附属构筑物的位置应根据方便、安全的原则确定。

（9）在污水厂区内，应有完善的雨水管道系统，必要时应考虑防洪要求。

（10）道路布置应考虑施工中及建成后的运输要求，厂区加强绿化以改善卫生条件。

（11）考虑扩建的可能性，为扩建留有余地，作好分期建设的安排，同时考虑分期施工的要求。

总平面布置图可根据污水厂的规模，采用 1：100～1：1000 比例尺的地形图绘制（图 6.11.3）。

301

图 6.11.3　某小城镇污水厂总平面布置图

A—格栅；B—曝气沉砂池；C—初次沉淀池；D—曝气池；E—二次沉淀池；
F₁、F₂、F₃—计量堰；G—除渣池；H—污泥泵房；I—机修车间；J—办公及化验室等
1—进水压力总管；2—初次沉淀池出水管；3—出厂管；4—初次沉淀池排泥管；
5—二次沉淀池排泥管；6—回流污泥管；7—剩余污泥压力管

6.11.4　污水处理厂的高程布置

污水处理厂污水处理流程高程布置的主要任务是：确定各处理构筑物和泵房的标高以及其水面标高，从而能够使污水沿处理流程在处理构筑物之间通畅地流动，保证污水处理厂的正常运行。当地形有利，厂内有自然坡度时，应充分利用、合理布置，以减少填、挖土方量，甚至不用提升泵站。

为了降低运行费用和便于维护管理，污水在处理构筑物之间的流动，以按重力流考虑为宜（污泥流动不在此例）。为此，必须精确地计算污水流动中的水头损失。水头损失包括：污水流经各处理构筑物的水头损失、污水流经连接前后两个处理构筑物管渠（包括配水设备）的水头损失、污水流经量水设备的水头损失。

6.12　小城镇雨水资源和污水处理综合利用及优化规划

我国水资源缺乏，随着我国城市化进程的加快和国民经济的高速发展，水环境污染和水资源短缺日趋严重。目前，许多城镇由于水资源不足影响了当地的社会经济发展，全国每年因为水资源短缺而造成的经济损失高达 2000 多亿元。造成水资源紧张的主要原因：一是水资源总量先天不足；二是绝大部分的污水直接排入江河湖海中，造成水体污染，破

坏了天然水体的良性循环。水质日趋恶化，不能满足水体正常使用的功能要求。

同时，我国又是雨水资源丰富的国家，年降雨量达（619000×10）m³，然而由于没有很好利用，造成雨水资源浪费严重，使得许多缺水城镇一方面暴雨洪涝，另一方面旱季严重缺水。

小城镇排水工程规划应结合当地实际情况和生态保护，考虑雨水资源和污水处理的综合利用途径。

6.12.1 雨水利用

雨水利用尤其是城镇雨水的利用是从 20 世纪 80 年代到 90 年代发展起来的。

随着城镇化带来的水资源紧缺和环境与生态问题的产生，雨水利用逐渐引起人们的重视。许多国家开展了相关的研究并建成一批不同规模的示范工程。城镇雨水的利用首先在发达国家逐步进入到标准化和产业化的阶段。例如，德国于 1989 年就出台了雨水利用设施标准（D IN 1989），并对住宅、商业和工业领域雨水利用设施的设计、施工和运行管理，过滤，储存，控制与监测 4 个方面制定了标准。到 1992 年已出现"第二代"雨水利用技术。又经过近 10 年的发展与完善，到今天的"第三代"雨水利用技术，新的标准也正在审批中。

我国城镇雨水利用起步较晚，目前主要在缺水地区有一些小型、局部的非标准性应用。例如山东的长岛县、大连的獐子岛和浙江省舟山市葫芦岛等地有雨水集流利用工程。2001 年国务院批准了包括雨（洪）水利用规划内容的"21 世纪初期首都水资源可持续利用规划"，并且北京市政设计院开始立项编制雨水利用设计指南。

与缺水地区农村雨水收集利用工程不同，小城镇雨水的利用，涉及小城镇雨水资源的科学管理、雨水径流的污染控制、雨水作中水等杂用水源的直接收集利用、用各种渗透设施将雨水回灌地下的间接利用、城镇生活小区水系的合理设计及其生态环境建设等方面，是一项涉及面很广的系统工程。

小城镇雨水的利用不是狭义的利用雨水资源和节约用水，它还包括减缓城区雨水洪涝和地下水位的下降、控制雨水径流污染、改善城镇生态环境等广泛的意义。因此，它是一种多目标的综合性技术。目前雨水利用的应用技术可分为以下几大类：分散住宅的雨水收集利用中水系统；建筑群或小区集中式雨水收集利用中水系统；分散式雨水渗透系统；集中式雨水渗透系统；屋顶花园雨水利用系统；生态小区雨水综合利用系统（屋顶花园、中水、渗透、水景）等，充分利用雨水渗透绿地植被，减少硬地铺装，扩大雨水渗透能力，居住区地面水、雨水、污水等尽可能改造为景观水；雨水贮留供水系统，主要是以屋顶、地面集留，可提供家庭生活供水之补充水源、工业区之替代用水、防水贮水及减低城镇洪峰负荷量等多目标用途的系统。雨水的利用受气候、地质、水资源、雨水水质、建筑等因素的影响，小城镇的不同区域或项目之间，各种因素和条件的不同都能决定应采用完全不同的方案。

总而言之，小城镇雨水利用技术应避免生搬硬套，应该充分体现因地制宜、针对性强、灵活多样的特点。

目前，我国在雨水收集利用技术与规范，雨水回用于工业、商业和农业，雨水利用与建筑中水，城镇雨水的收集利用，雨水利用与生态环境，雨水水质控制，湿润与干旱地区的雨水利用，雨水利用与屋顶花园，雨水利用的法律与法规，雨水利用的市场化等方面进行深入研究，在应用中不断完善。

6.12.2 污水的综合利用

恢复我国水环境是解决我国水资源不足的根本所在。其主要途径就是在各小城镇修建和完善污水处理厂，提高污水处理程度，努力促进水的健康循环。

污水深度处理回用减少了城镇对自然水的需求量，减少了水环境的污染负荷，削减了对水自然循环的干扰，是维持健康水环境不可缺少的措施，是解决目前水资源缺乏的有力可行之策。污水的综合利用主要用于：

（1）回用于小城镇河湖、景观用水：使用回用水补充维持城镇溪流的生态流量，补充公园、庭院水池、景观用水，为创造城镇良好的水溪环境提供保障。

（2）回用于小城镇市政、杂用及绿化用水：小城镇污水经过深度处理后，可供建筑施工用水、浇洒冲洗街道马路、冲刷厕所、洗车、绿化景观等。

（3）回用于工业用水：目前，城镇用水的 80% 是工业用水，而工业循环冷却水占到工业用水的 60% 以上，是用水大户，且涉及电力、化工、冶金等许多行业。工业循环冷却水对水质的要求较低，处理过的城镇污水较容易满足工业循环冷却水补充水质的要求。将城镇污水经传统二级处理后回用于工业循环冷却水是目前最为经济可行的方案。

（4）补充地下水：即（a）补充地下水，建立地下水防护堤来防止水质恶化，避免盐碱水的侵入；（b）平整地表面，补充浅含水层。

（5）回用于农业用水：利用污水灌溉农田可以充分利用水肥资源发展生产，又可使污水资源化。

6.12.3 污水系统的优化规划

在污水深度处理、超深度处理、污水再生回用已经实用化了的今天，小城镇总体规划与给水排水系统规划都应当重新考虑，将污水的再生和回用放到重要位置上来。在进行排水系统规划时，应对整个小城镇的功能分区、工农业分布、排水管网及污水处理现状等做周密的调查，调查现有的和预测潜在的再生水用户的地理位置及水量与水质的需求，并将这种结果反映到给排水专业规划中。

按照传统规划方法，污水处理厂厂址要根据污染物排放量控制目标、城镇布局、受纳水体功能及流量等因素来选择，一般尽可能地安放在各河系下游、城镇郊区。但是这种系统布局使污水厂距离再生水用户较远，需铺设的回用水管网费用相应增加，不利于污水的资源化。因此，在确定污水处理厂厂址时，还应对再生水的用户进行调查分析（城镇中的自然水面、小河、绿地和工业再生水用户），并根据回用水的需求，在城镇中适当位置设置污水净化厂（再生水厂），收集附近区域的城镇污水，根据回用水质要求加以处理之后就近回用。恰当地确定排水分区、污水净化厂的位置，在进行新建和扩建污水处理厂的设计时，要近远期结合考虑污水回用的需要，选择污水深度处理系统，预留污水深度处理的发展用地，使污水处理、深度处理系统和回用系统的总投资之和为最小。

在进行排水管网的规划时，要把雨水、污水的收集、处理和综合利用结合起来，逐步转变目前的雨污水合流制或不完全分流制系统为完全的分流制系统。雨污水的分流有利于对不同性质的污水采用不同方法处理和控制，有利于雨水的收集、贮存、处理和利用，避免洪涝灾害，增加城镇可用水资源，同时也有利于减轻城镇水源污染。

在规划中还应该妥善处理和处置城镇污水处理厂产生的大量污泥，避免产生二次污染，危害小城镇的环境。目前较多的是将污泥填埋，这不但需要大量的土地，而且废弃了大量污泥资源。因此污泥处置的最终出路应该是作为农业肥料——充分利用污泥中富含的N、P、K等营养物质，既可避免污染，又可创造经济效益。

随着全球城镇化的发展，排水系统在社会可持续发展中起着越来越重要的作用，污水的资源化、污水的再生和利用既提高了水的利用率，又有效地保护了水环境，有利于实现小城镇水系统的健康、良性循环，从长远来看，这将是有效地解决我国水资源短缺和水环境恶化问题的优化途径。

区域统筹规划，合理布局，联合共享，切忌各镇规划各自为政，重复建设。

6.12.4 污水系统规划案例例解

某城镇现状人口为50000人，随着城镇的发展，规划近期人口规模为55000人；远期至70000人口控制为远景发展到80000人。城市总体规划阶段，在确定了用地功能分区布局与道路系统规划的基础上，进行该城区排水工程规划。

（1）规划基础资料收集

1）地理位置

南台镇位于辽宁中部海城市东北部，地理坐标为东经122°48′，40°55′，南距海城市区9km，北距鞍山城区5km，西与耿庄镇相邻。

2）自然资料

城镇地势由东北向西南倾斜，东部多丘陵，西部为平原，境内平均高程为38m，最高高程为50m，最低高程为31m。

城镇常年主导风向为南风与北风。

该城镇四季分明，冬季漫长寒冷，夏季炎热多雨，年平均降雨量711mm，年平均气温为8.4℃，7月份温度最高为34.7℃，一月份温度最低为－11.3℃，平均无霜期为160天，雨量公式为：

$$q = \frac{2191(1 + 0.7021)}{(t + 11)^{0.757}} \text{L/(ha} \cdot \text{s)}$$

最大冻土深度1.2m，城镇区内地质状况良好，地基承载力均在1kg/cm² 以上，地震基本烈度为7度。

3）镇域概况

该镇占地面积94km²，其中耕地面积为63km²。全镇总人口为5万，是海城市重要的产粮基地。其中二、三产业主要集中在镇区。

（2）排水工程资料

1）现状

镇域各村均无市政排水系统，雨水和污水主要靠自然坡度流入河沟、农田或渗入地下。建成区及老区，通过道路两侧排水明渠采用合流制排水方式；新区排水采用分流制，

305

生活污水管用水泥管排除，雨水管采用暗渠排除。

2）存在问题

村庄内道路路面部分为土路，每逢雨季，大街小巷积水漫溢，严重影响了农民的生活。

新区地势较高，致使雨水淤积不能充分排除。

（3）排水工程规划

1）排水体制

根据小城镇总体规划及排水专项规划，确定镇域排水体制为保留合流制，镇区排水体制为雨、污分流排水。

2）污水系统

污水量：按城市用水量的 90％估算，建成区的污水量近期为 8424m³/d，远期为 19375m³/d。

管网系统布置：排水管道根据地形及用地竖向规划进行布置。污水管宜顺地形布置，主干管主要布置在①乡镇企业城南面的城市干道；②环城西路；③玉梧公路—海达大道—五里沟；④老城中心区的东干渠；⑤玉陆路干渠；⑥外环东路干渠；⑦南流江北岸沿江路截流干管；⑧绿心区排洪沟两侧截流干管；⑨苗园路主干管等。由于污水管线较长，为了减少管道埋深，途中设置了 1 座污水提升泵站。排水管最小管径为 D300mm。排水管材采用钢筋混凝土管。

污水处理厂：根据风向，污水处理厂布置在干巴河下游，一级处理设施的处理能力为 38 万 t/d，二级处理设施的处理能力为 28 万 t/d，占地 28 公顷。污水经过处理后方可排入河内或灌溉农田和林地。

生活污水要经过化粪池处理，医院污水要经过源内处理达标后，方可排入市政管道。

3）雨水系统

雨水管渠系统布置：雨水排除应与防洪结合起来，充分利用地形，在地势较高的地方的雨水尽量就近自流排入河流。在地势较低的地方，尽量利用原有排水干渠、农灌渠和自然水沟把雨水相对集中到其出入口处，并设置雨水排涝泵站，本规划共设 6 个排水出口。

本区采用暴雨强度公式进行雨水管道计算。其中 $\Psi = 0.70$；重现期：干管 $P = 1$ 年，支管 $P = 0.5$ 年。

主要参考文献

1　车武，李俊奇. 从第十届国际雨水利用大会看城市雨水利用的现状与趋势水. 给水排水. Vol. 28, No. 3，2002

2　汪慧贞，车武，胡家骏. 浅议城市雨水渗透. 给水排水，2001，27（2）：4～7

3　车武，李俊奇等. 对城市雨水地下回灌的分析. 城市环境与城市生态，2001，14（4）：28～30

4　孙嘉，杨万东，史惠祥. 用 BOT 方式建设我国小型污水处理厂的探讨［J］. 给水排水，2002.28（10）：16～19

5　张杰，李捷，熊必永. 城市排水系统新思维. 给水排水. 28，11，2002

6　陈仁宗，李士畦，陈仁仲. 雨水贮留供水系统简介　水信息网. 2002－08－21，10：25：02

7　张忠祥，钱易. 城市可持续发展与水污染防治对策. 北京：中国建筑工业出版社，2000

8　郝明家，王莹. 城市水污染集中控制指南. 北京：中国环境科学出版社，1996

9　污水回用设计规范

10　周律. 城市污水高效低耗处理技术关键. 环境工程. 2001. 6，27～29

11　聂梅生. 美国污水回用技术调研分析　给水排水. 2001，9（27）

12　中国城市规划设计研究院等. 小城镇规划标准研究. 北京：中国建筑工业出版社，2003

13　孙慧修等. 排水工程. 北京：中国建筑工业出版社，2000

14　姚雨霖等. 城市给水排水. 北京：中国建筑工业出版社，2003

15　给水排水设计手册. 北京：中国建筑工业出版社，1988

16　戴慎志等. 城市工程系统规划. 北京：中国建筑工业出版社，1999

第 7 章　小城镇电力工程规划

电力工程设施是重要的基础设施。小城镇电力工程规划是小城镇规划的重要组成部分，小城镇电力工程总体规划也是县（市）域电力系统和电力网规划的重要组成部分。

小城镇电力工程既涉及城市电网，又涉及农村电网，包括农村电网多级电压的水电、火电发电设备、供电设备，以及用电设备。小城镇电网规模虽然较小，但却有其电源、负荷、网络等许多不同特性，不同小城镇的电网构成与电压等级也有差别。小城镇电力工程规划应从小城镇实际出发，充分考虑小城镇电网的不同特性与差别，使规划满足不同小城镇不同规划期限发展的不同需要。

7.1　规划原则与要求

（1）不同规划阶段小城镇电力工程规划，分别是不同规划阶段小城镇规划的重要组成部分。小城镇电力工程规划应依据不同规划阶段的小城镇规划编制，并以上一级电力工程规划和地区电力系统规划为指导，满足小城镇规划期经济社会发展需要和不同规划阶段规划的要求。

（2）小城镇电力工程规划编制阶段及规划期限同小城镇规划编制的规定。

（3）小城镇的供电电源，条件许可应优先选择区域电力系统供电，对规划期内区域电力系统电能不能经济、合理供到的地区的小城镇，应充分利用本地区的能源条件，因地制宜采用分布式能源，必要建设适宜规模的发电厂（站）作为小城镇供电电源，对于山区小城镇应充分利用可以利用的水电资源。

（4）对于较集中分布或连绵分布的小城镇，发电厂、水电站、110kV 以上变电站及其电力线路等电力工程设施应统筹规划，联合建设，资源共享。

（5）小城镇用电负荷预测应选两种以上方法预测，以其中一种以上方法为主，一种方法用于校核。

（6）小城镇电力工程规划，电网最高一级电压，应根据电网远期规划的负荷量和其电网与地区电力系统的连接方式确定。

（7）小城镇架空电力线路应根据小城镇地形、地貌特点和道路网规划沿道路、河渠、绿化带架设；35kV 及以上高压架空电力线路应规划专用通道，并应加以保护；镇区内的中、低压架空电力线路宜同杆架设，中心区繁华地段、旅游景区地段等应采用电缆埋地敷设，较重要地段也可采用架空绝缘线敷设。

（8）小城镇基础设施规划的其他共同原则。

7.2 规划内容、深度、方法与步骤

7.2.1 电力工程总体规划内容、深度、方法与步骤

（1）规划内容与深度

1）电力现状分析。

2）各规划期规划区电力负荷和用电量预测。

3）电源规划和电力平衡。

4）小城镇电网电压等级和变压层次的确定。

5）35kV及以上高压输配电网规划、10kV（6kV）中压配电网规划。

6）规划期发电厂、水电站、电力网主网变电站的厂址、站址选择和容量、规模确定。

7）35kV及以上高压线路径、位置与走廊宽度确定。

8）提出近期主要扩建、新建电力工程项目，做出近期建设投资估算。

9）小城镇电力工程总体规划图（图纸比例同小城镇总体规划图，一般为1：2000～1：5000），规划说明书、规划文本。

县（市）域城镇体系规划应编制县（市）域电力工程规划，其规划内容主要有以下方面：

1）县（市）域电力现状分析。

2）县（市）域电力负荷预测。

3）电源规划和电力平衡。

4）35kV及以上电力网主网规划。

5）县（市）域电力工程规划图（图纸比例同县（市）域城镇体系规划图，一般为1：50000～1：100000），规划说明书、规划文本。

（2）规划方法与步骤

1）现场调查，收集基础资料

向县人民政府计划、统计、城镇规划等行政主管部门和电力专业部门调查、收集县（市）域和镇区基础资料，包括地方统计年鉴、五年计划、十年规划人口、GDP、产业结构、三产比例、历史年份和现状基础年份用电负荷、用电构成、现状35kV及以上变电站和电厂（站）数量、规模与分布、现状电网地理接线图、专业部门规划等资料。

针对现状及其存在问题的分析，作现场踏勘与调查，绘制规划区范围主要电力设施现状分布图与高压线路现状图。

2）在分析、归纳、整理相关历史资料和现状资料的基础上，作用电负荷预测。

主要选用电力弹性系数法、回归分析法、增长率法、用户密度法等作多种方法宏观预测。

3）在负荷预测和电力平衡的基础上，做出电源规划。

根据负荷预测（适当考虑备用容量）和现有电源变电所、发电厂的供电能力及供电方案，进行电力电量平衡，测算规划期内电力、电量的余缺，提出规划年限内需增加电源变电所和发电厂的装机总容量。确定小城镇供电电源的类型和布局。

4）选定电压等级和变压层次

小城镇电网电压等级可根据国家标准电压 220kV、110kV、66kV、35kV、10kV 和 380/220V，结合所在地区规定的电压标准选择。一般宜选择 3～4 级 3 个变压层次。其中最高一级电压，根据其电网远期规划的负荷量和其电网与地区电力系统的连接方式确定。

5）高压输配电网和中压配电网规划方案的优化与论证

对于县城镇和中心镇电力网主网主要以 110kV 为主，含 35kV 的高压输配电网，酌情考虑中压配电网；对于一般镇电力网主网是以 35kV 为主高压输配电网和中压配电网。

进行多方案经济技术的初步比较，对优选方案的可行性进一步论证。

6）电力网主网主要电力设施选址，确定规划期新建、扩建变电站及数量。

7）确定高压线走廊

在包括接线方式在内的电力网主网规划优化的基础上，确定 35kV 及以上高压电力线路的规划控制走向、路径和位置，以及走廊的宽度。

对于必要的地下埋设高压电缆，应按相关统筹规划，留出规划控制的地下通道。

8）近期规划

结合小城镇总体规划的近期建设规划项目和用地开发，以及电力现状存在的问题，提出近期主要扩建、新建电力工程项目，做出近期投资估算。

9）完成电力工程总体规划图、规划说明书和规划文本。

10）整理规划基础资料、归档。

7.2.2　电力工程详细规划内容、深度、方法与步骤

（1）规划内容与深度

1）预测各用地地块、小区或规划范围用电负荷。

2）确定供本规划区（小区）的 35kV 及以上电源点的位置、面积和容量，以及外部电源线路路径。落实经过本规划区的高压电力线路走廊。

3）规划区（小区）中压配电网规划，包括网络结构、10kV（6kV）变电站位置、结线方式、用地面积、容量和数量确定，并落实到详细规划分图图则。

4）确定中压配电网的线路回数、导线或电缆规格，以及敷设方式，预留通道用地（对于简单小范围的详细规划，一般同时考虑低压配电网规划）。

5）电力工程详细规划的控制性详细规划与修建性详细规划中上述规划内容基本相同，后者规划内容尚强调工程量与投资估算，并且，后者其他规划深度也随着修建性详细规划的加深而加深。

6）电力工程详细规划图（图纸比例同详细规划图，电力工程控制性详细规划图纸比例为 1∶1000～1∶2000，电力工程修建性详细规划图纸比例为 1∶500～1∶2000），规划文本（仅电力工程控制性详细规划）与规划说明书。

（2）规划方法与步骤

1）现场调查，收集资料

主要调查了解规划区（小区）的现状和上一级规划供本规划区（小区）的 35kV 及以上电源（位置、用地面积、容量、线路路径）、穿越本规划区的高压线走廊、中压配电网现状、用电负荷现状，以及同类小区、同类用地规划建设用电水平和合理的技术指标。相

关资料画在规划工作图上。

2）用电负荷预测

主要选用分类用地综合指标和建筑面积负荷指标法，以及单耗法等预测方法，根据不同用地地块的不同用地性质分类和开发强度或不同用地开发的耗电分类，选择合适的指标预测。

3）中压配电网规划

在用电负荷预测的基础上，进行中压配电网规划方案优化选择，对推荐方案作进一步的技术论证，确定配电网 10kV（6kV）变电站位置、结线方式、用地面积、容量和数量，落实到分图图则。

4）电力工程管线规划

确定高压电力线路、中压配电网电力线路及其敷设方式、预留高压线走廊和中压管线通道用地。

5）工程量与投资估算

主要是电力工程修建性详细规划要求。

6）完成电力工程详细规划图、规划说明书和规划文本（规划文本仅指电力工程控制性详细规划）。

7.3 用电负荷预测

小城镇用电负荷预测是编制小城镇电力工程规划的基础。其预测的正确性，直接影响到小城镇电力网的技术经济指标的合理性，直接关系到小城镇电力工程的规划建设能否满足小城镇建设发展的要求。

电力负荷预测包括用电负荷和用电量的预测。

7.3.1 增长率方法预测

增长率法是根据事物发展的相关因素和事物本身发展规律的分析，求取或确定事物发展的宏观增长率、进行预测的宏观预测方法。这种预测方法适用于小城镇总体规划阶段的电力负荷预测，包括适用于县（市）域城镇体系规划中的县（市）域电力负荷预测。

增长率法中的增长率一般通过"弹性系数"或"平均增长率"来计算。因此，通常又分为弹性系数预测方法和平均增长率预测方法两种预测。

在小城镇总体规划中，电力负荷预测一般把县（市）域和小城镇电力负荷分为第一产业、第二产业负荷和第三产业及市政、生活用电负荷三大部分预测。

（1）电力弹性系数法预测

相关关系的事物之间，在其一定的发展阶段中，经常有一定的比例的发展平衡关系。

在经济预测中，简单地说，弹性系数是用来表示预测对象（因变量）的变化率与某一相关因素（自变量）的变化率的比例关系。

设 k_y、k_x 分别表示因变量与自变量的变化率，E 为弹性系数，则 $E=\dfrac{k_y}{k_x}$。

E 可为任意实数，$E>0$ 表示因变量与自变量的增大或减少的变化趋势相同，$E<0$ 则

表示其趋势不相同；$|E|>1$ 表示因变量的变化率大于自变量的变化率，$|E|<1$ 则表示因变量的变化率小于自变量的变化率。

电力弹性系数法主要用于第一、二产业负荷预测。其电力弹性系数是地区总用电量的平均年增长率之比。其值可根据县（市）域或小城镇的工业结构、用电性质、各类用电比重和发展趋势进行分析后，按下式确定：

$$弹性系数 \; e = 1 + \frac{(1+d)\delta}{d} \tag{7-1}$$

式中　d——工农业总产值的年平均增长率；

　　　δ——产值用电单耗的年平均变化率。

电力超前经济发展，一般在非饱和阶段 $e>1$，到增长趋向饱和阶段，$e<1$。在预测中应注意：

1）e 值应考虑不同规划期相关的发展目标和不同发展趋势，分期（近期、中期、远期）或分规划期若干年段计算和选取；

2）在缺乏统计数据的情况下，宜采用定性分析和定量比较相结合的方法，取定 e 值应作较详细的相关分析与类似比较，特别注意分析近年的增长规律和发展趋势，不同小城镇的不同需求特点和在所处电力网发展中的不同特性阶段；

3）在有较多的历史统计数据时，宜分析采用时序数学模型求出电力需求变化率，再求出其与相关因素工农业总产值变化率的比值（即 e 值）。

表 7.3.1-1 为我国与一些发达国家电力弹性系数的历史值比较。

我国与一些国家历史 e 值比较　　　　　　　　　表 7.3.1-1

国家 ＼ 历史年份	1951～1960 年	1961～1970 年	1971～1980 年
美国	2.23	1.87	1.26
前苏联	1.26	1.36	1.16
前西德	1.25	1.58	1.51
法国	1.77	1.21	1.59
日本	1.57	1.13	1.01
中国	2.24	1.66	1.22

小城镇第一、二产业用电量预测值可用下式计算：

$$A_{(m+n)} = A_m (1+d)^n \cdot \delta \tag{7-2}$$

式中　$A_{(m+n)}$——预测年份用电量；

　　　A_m——预测基准年份用电量；

　　　d——工农业生产总值年增长率；

　　　δ——电量弹性系数；

　　　n——预测年限。

对于小城镇第三产业和生活用电，可用综合用电水平法预测，即根据规划期人口数 N 及每人的平均用电量（或用电负荷）A_N 来推算小城镇或县（市）域规划范围的第三产业和市政生活用电量（或用电负荷）A，即

$$A = A_N \cdot N \tag{7-3}$$

A_N 值可对小城镇第三产业及生活用电的大量分项统计结果进行纵向（历年）和横向（各项比例）的分析对比、综合计算后取得，或直接调查分析比较类似小城镇的第三产业和生活用电水平的预测值选取。

上式计算应注意中、远期特别是远期 A_N 值的递增变化。由于远期小城镇经济社会发展、人民生活水平会有较大幅度地提高，第三产业及生活用电的比重将有较大变化，A_N 递增率的变化会较大。远期 A_N 值宜以与其相关的因素（如人口、第三产业比例、市政建设水平、人均收入、居住面积等）作自变量，A_N 作因变量，用回归分析建立数学预测模型的方法预测；也可参考国外同类 A_N 递变的情况，充分考虑 A_N 远期递增率变化的相关因素，采用外推法推测。

表 7.3.1-2 为小城镇第三产业及生活用电 2000～2020 年各分段年均增长速度的预测表。

小城镇第三产业及生活用电 2000～2020 年分段年均增长率预测　　表 7.3.1-2

人均第三产业及生活用电负荷	经济发达地区			经济发展一般地区			经济欠发达地区		
	小城镇规模分级								
	一	二	三	一	二	三	一	二	三
2000 年基值 [kWh/(人·a)]	350～400	320～370	270～370	290～340	270～310	220～270	230～280	200～240	150～190
平均年均增长率（%）									
2000～2005 年	9.5～10.5			8.5～9.5			9.0～10.0		
2005～2010 年	8.8～9.4			9.2～9.8			9.5～10.5		
2010～2020 年	8.2～8.8			8.8～9.2			8.9～10.2		
备注	人均市政生活用电负荷基值为有代表性的调查值或相关调查值的分析比较确定值								

小城镇电力工程总体规划当采用上述预测方法预测时，应结合小城镇的地理位置、经济社会发展与城镇建设水平、人口规模、居民经济收入、生活水平、能源消费构成、气候条件、生活习惯、节能措施等因素，综合分析比较，以现状用电水平为基础，对照表 7.3.1-3 的指标幅值范围选定。

小城镇规划第三产业及生活用电指标 [kWh/(人·a)]　　表 7.3.1-3

	经济发达地区			经济发展一般地区			经济欠发达地区		
	小城镇规模分级								
	一	二	三	一	二	三	一	二	三
近期	560～630	510～580	430～510	440～520	420～480	340～420	360～440	310～360	230～310
远期	1960～2200	1790～2060	1510～1790	1650～1880	1530～1740	1250～1530	1400～1720	1230～1400	910～1230

（2）平均增长率法预测

平均增长率预测法是在统计分析近年用电量平均增长率的基础上，采用相关综合分析，分阶段确定用电量的宏观增长率，再计算预测规划期用电量的一种方法。

313

小城镇电力平均增长率法预测可以根据小城镇规划期不同的发展阶段，分阶段确定相应年递增率，其用电量（用电负荷）可以按下式计算：

$$A_n = A(1+F)^n \tag{7-4}$$

式中 A——规划区某年实际用电量；

A_n——规划区框算到 n 年的用电量；

F——年平均递增率；

n——计算年数。

平均增长率法适用于各种用电规划资料暂缺的情况下，对远期综合用电负荷的匡算。

7.3.2 相关分析回归法预测

相关分析回归预测是根据相关的经济理论和历史数据，在分析肯定现象间存在着相关关系的前提下，通过回归分析，配合回归趋势线，建立数学模型，进行预测的方法。

相关分析回归预测通过相关分析确定现象之间相关关系及相关程度；通过回归分析，把散布的数据拟合回归线，建立回归方程数学模型。

研究以一种现象为自变量的相关分析回归法，为一元相关回归法，研究以两种或两种以上现象为自变量的相关分析回归法，为二元或多元相关回归法，并均有线性与非线性之分。

相关分析回归法预测可作为小城镇和县（市）域用电量（用电负荷）的宏观预测方法，酌情选择采用。以下着重介绍相关预测的理论。

（1）一元线性相关回归预测

一元线性相关回归是单因素相关回归。一般形式为：

$$Y = a + bX \tag{7-5}$$

式中 Y 为预测对象，随机变量，X 是影响它的主要因素，随机变量，a 和 b 为方程参数。

方程参数也可以利用最小二乘法加以估算，其求取公式为：

$$a = \overline{Y} - b\overline{X}$$

$$b = \frac{\sum x_i Y_i - \overline{Y}\sum X_i}{\sum X_i^2 - \overline{X}\sum X_i}$$

$$b = \frac{\sum x_i Y_i - \overline{X}\sum Y_i}{\sum X^2 - \overline{X}\sum X_i}$$

需要注意：

1）在建立回归分析数学模型之前，必须通过相关经济理论分析，也可观察数据散点图，把影响电信需求因变量的自变量搞清楚。

2）估计参数以后，还要对线性关系进行检验。检验方法有误差检验、相关性检验和显著性检验。但在相关分析和回归分析中用得最多的、最主要的是相关性检验。

相关性检验是采用相关系数 r 进行检验的。相关系数 r 是检验自变量 X 对因变量 Y 的相关性和判别两者相关程度的指标，同时，它也可以用来说明建立的回归数学模型的应用价值。

相关系数 r 的计算公式：

$$r = \frac{\sum (x_i - \bar{x})(t_i - \bar{Y})}{\sqrt{\sum (x_i - \bar{x})^2 (Y_i - \bar{Y})^2}}$$

式中

$$\bar{x} = \frac{1}{n} \sum X_i$$

$$\bar{Y} = \frac{1}{n} \sum Y_i$$

$$-1 \leqslant r \leqslant 1$$

n——观察数据点数；

X_i、Y_i——分别为相关因素和预测对象的观察值；

$\bar{X}$、$\bar{Y}$——分别为相关因素和预测对象观察值的平均值；

$r > 0$ 表示正相关，即 Y 随 X 增加而增加；$r < 0$ 表示负相关，也即 Y 随 X 增加而减少。$|r|$ 越趋近于 1，相关性越好。

（2）多元线性相关回归预测

多元线性相关回归方程的一般表示式：

$$Y = a + b_1 x_1 + b_2 x_2 + \cdots\cdots + b_m x_m \tag{7-6}$$

式中 Y 为预测对象（因变量），X_1、X_2……，X_m 均为影响因素（自变量），b_1、b_2，……，b_m 为方程参数。

在一般预测中，自变量选取首先要根据相关分析抓住主要因素，选取过多，方程很复杂，而且误差链增大，影响预测的精确度。

当 $m = 2$ 时，即为二元线性相关回归方程表示式：

$$Y = a + b_1 x_1 + b_2 x_2$$

式中参数 a_1、b_1 和 b_2 的确定，仍可用最小二乘法进行估算。通过对观察数据点 Y_i 分回归理论推算值 Y 之间的误差的平方和：

$S = \sum (Y_i - Y)^2 = \sum (Y_i - a - b_1 x_1 - b_2 X_2)^2$ 分别对各参数求偏导数，并令

$$\begin{cases} \dfrac{\partial s}{\partial a} = 0 \\ \dfrac{\partial s}{\partial b_1} = 0，\text{则得计算参程的联立方程：} \\ \dfrac{\partial s}{\partial b_2} = 0 \end{cases}$$

$$\begin{cases} na + b_1 \sum x_1 + b_2 \sum X_2 = \sum Y_i \\ a \sum X_1 + b_1 \sum X_1^2 + b_2 \sum X_1 X_2 = \sum X_1 Y_i \\ a \sum X_2 + b_1 \sum X_1 X_2 + b_2 \sum X_2^2 = \sum X_2 Y_i \end{cases}$$

式中 n——观察数据点数。

在多元线性相关分析中，用偏相关系数检验因变量 Y 与各变量 X_1、X_2……，X_m 之间的线性相关程度。

在计算偏相关系数中，要先计算单相关系数，单相关系数是两个变量（一个因变量和一个自变量）在拟合一元线性回归方程中求得的相关系数。

二元线性相关分析偏相关系数的计算公式为：

315

$$r_{yx_1 \cdot x_2} = \frac{r_{YX_1} - r_{YX_2} \cdot r_{x1x2}}{\sqrt{1 - rY^2 x_2} \cdot \sqrt{1 - rx_1^2 x_2}}$$

式中，$r_{yx_1 \cdot x_2}$，$r_{yx_2 \cdot x_1}$ 分别为 X_1 和 X_2 对 Y 的偏相关系数；r_{yx1}，r_{yx2}，r_{x1x2} 分别为 X_1 与 Y，X_2 与 Y 以及 X_1 与 X_2 之间的相关系数，并且：

$$r_{YX1} = \frac{\sum (y_i - \bar{Y})(X_1 - \bar{X}_1)}{\sqrt{\sum (Y_i - \bar{Y})^2 \cdot \sum (X_1 - \bar{X}_1)^2}}$$

$$r_{YX2} = \frac{\sum (y_I - \bar{Y})(X_2 - \bar{X}_2)}{\sqrt{\sum (Y_i - \bar{Y})^2 \cdot \sum (X_2 - \bar{X}_2)^2}}$$

$$r_{X1X2} = \frac{\sum (X_I - XY)(X_2 - \bar{X}_2)}{\sqrt{\sum (X_i - \bar{X}_1)^2 \cdot \sum (X_2 - \bar{X}_2)^2}}$$

一般可认为：偏相关系数 $\geqslant 0.7$ 为优度相关，$\geqslant 0.3 \leqslant 0.7$ 为中度相关，< 0.3 为低度相关，根据偏相关系数，略去低相关的因素，以抓准主要相关因素和达到简化方程的目的。

（3）一元非线性相关回归预测

一元非线性相关回归预测是建立回归数学模型的基本方法，大多与时间序列预测建立非线性数学模型的方法相似，可以参阅预测相关专著。其中常用的指数相关回归和幂函数相关回归也可通过两边取对数变为线性关系。

一般情况下，用数学回归方法预测，若能采用较多统计数据的分析计算，则更能真正地反映变量的变化规律。

7.3.3　按用地分类综合用电指标法预测

按用地分类综合用电指标法是编者结合《城市用地分类与规划建设用地标准》和城市规划实际，在大量调查和规划设计实践总结、资料分析的基础上，按城市规划用地和用电性质的统一分类，编制分类用地综合用电技术指标，1991 年提出，2013 年又按 GB 50173—2001 新标准调整的预测方法。这种预测方法的建筑面积负荷指标特别适合城镇新区用电负荷预测和详细规划用电负荷预测，也适用于市政设计的相关预测；而用地面积负荷指标也适用于总体规划阶段用电负荷预测的相互校核。二十多年来在城市规划部门和专业规划设计部门得到广泛应用。

这种预测方法是按城镇用地和用电性质的统一分类、用地性质和用地开发强度，逐块预测各用地地块负荷，再求出规划范围用电总负荷 P_Σ：

$$P_\Sigma = K_T \sum_{i=1}^{n} P_i \tag{7-7}$$

式中　P_i——i 地块的预测用电负荷；

　　　K_T——各地块用电负荷的同时系数；

　　　n——规划范围用地地块数。

在新区规划和详细规划中，可将用地地块的一般用户负荷和大用户负荷分别预测，一般负荷作为均布负荷，大用户作为点负荷。

均布负荷可采用综合用电指标法预测，可根据分类的单位建筑面积综合用电指标和用地地块建筑面积或分类的负荷密度指标和地块用地面积推算出分块用地负荷。

分类的单位建筑面积综合用电指标或分类负荷密度，可通过综合分析典型规划建设和建筑设计的有关用电负荷资料，或实际调查分析类似建成区的分类用电负荷得出。

表 7.3.3-1 为城镇规划分类综合用电指标。

城镇规划分类综合用电指标   表 7.3.3-1

序号	用地用电性质分类及其代号		综合用电指标	备注
1	居住用地 R	一类居住用地 R_1	高级别墅	$15\sim18W/m^2$	按每户 400m²，有空调、电视、烘干洗衣机、电热水器、电灶等家庭电气化、现代化考虑
			别墅	$15\sim20W/m^2$	按每户 250m²，有空调、电视、烘干洗衣机、电热水器、无电灶考虑
		二、三类居住用地 R_2、R_3	多层	$12\sim18W/m^2$	按平均每户 76～85m² 小康电器用电考虑
			中高层	$14\sim20W/m^2$	按平均每户 76～85m² 小康电器用电考虑
2	公共管理与公共服务设施用地 A	行政办公用地 A_1		$15\sim28W/m^2$	行政、党派和团体等机构用地
		文化设施用地 A_2		$20\sim35W/m^2$	新闻出版、文艺团体、广播电视、图书展览、游乐业设施用地
		教育科研用地 A_3		$15\sim25W/m^2$	高校、中专、科研和勘测设计机构用地
		体育用地 A_4		$14\sim30W/m^2$	体育场馆和体育训练基地
		医疗卫生用地 A_5		$18\sim25W/m^2$	医疗、保健、卫生、防疫、康复和急救设施等用地
		文物古迹用地 A_7		$15\sim18W/m^2$	
		社会福利用地 A_6 与宗教用地 A_9		$8\sim10W/m^2$	宗教活动场所、社会福利院等
3	商业服务业设施用地 B	商业用地 B_1		$18\sim32W/m^2$	零售、批发、餐饮、旅馆、宾馆
		商务用地 B_2		$36\sim44W/m^2$	金融保险、艺术传媒及其他商务
		娱乐用地 B_{31}		$15\sim25W/m^2$	
		公用设施营业网点用地 B_4		$20\sim35W/m^2$	
		其他服务设施用地 B_5		$8\sim15W/m^2$	
4	工业用地 M	一类工业用地 M_1		$20\sim25W/m^2$	无干扰、污染的工业，如高科技电子工业、缝纫工业、工艺品制造工业
		二类工业用地 M_2		$30\sim42W/m^2$	有一定干扰、污染的工业，如食品、医药、纺织等工业
		三类工业用地 M_3		$45\sim56W/m^2$	指部分中型机械、电器工业企业
5	物流仓储用地 W	一类、二类、三类物流仓储用地		$1.5\sim10W/m^2$	
6	道路与交通设施用地	交通枢纽用地 S_3	铁路、公路站、公交枢纽	$10\sim25W/m^2$	
			港口	(1) $100\sim500kW$；(2) $500\sim2000kW$；(3) $2000\sim5000kW$	(1) 年吞吐量 10～50 万 t 港口；(2) 吞吐量 50～100 万 t 港口；(3) 吞吐量 100～500 万 t 港口。不同港口用电量差别很大，实用中宜作点负荷，调查比较确定
		交通场站 S_4		$1.5\sim10W/m^2$	

317

续表

序号	用地 用电性质分类及其代号		综合用电指标	备　注
7	道路 广场 用地 S	道路用地 S_1 广场用地 S_4	$17\sim20kW/km^2$	kW/km^2 系规划范围考虑的该类用电负荷密度
	公用 设施 用地 U	供应设施用地 U_1	$830\sim850kW/km^2$	kw/m^2 系规划范围考虑的该类用地负荷密度
		环境设施用地 U_2	$3\sim10W/m^2$	
		消防用地 U_{31}	$8\sim15W/m^2$	

注：① 上表中综合用电指标除在备注中注明为规划范围该类用电负荷密度者等外，均为单位建筑面积的用电指标，上述指标考虑了同类负荷的同时率。
② R_1、R_2 中有服务设施用地，应按相应的用电指标考虑。
③ 地区与城镇建设的相关指标差别，应在具体分析基础上适宜调整。

新区详细规划用电负荷预测宜酌情采用详细的分类用电综合指标，详细分类用电综合指标可应用计算机储存、统计、分析有关用电资料，根据详细用电构成和地方实际情况，按照标准用地分类的小类编制得出。

点负荷的预测可依据项目建设规划相关资料，也可采用单耗法预测，即根据产品（或产值）的用电单耗和产品数量（产值）推算出企业大用户的全年用电量，并把电量推算为电力负荷。

表 7.3.3-2 为小城镇规划单位建筑面积用电负荷指标。

小城镇规划单位建筑面积用电负荷指标　　　　表 7.3.3-2

建设用地分类	居住建筑	公共建筑	工业建筑
单位建筑面积 负荷指标（W/m²）	$15\sim40$ （$1\sim4kW$/户）	$30\sim80$	$20\sim80$

注：表外其他类建筑的规划单位建筑面积用电负荷指标的选取，可根据当地小城镇的实际情况，调查分析确定。

小城镇详细规划，当采用单位建筑面积用电负荷指标预测用电负荷时，其居住建筑、公共建筑、工业建筑的规划单位建筑面积负荷指标的选取，应根据三大类建筑的具体构成分类及其用电设备配置，结合当地各类建筑单位建筑面积负荷现状水平，分析比较按表 7.3.3-2 选定。

7.3.4　负荷密度法预测

负荷密度法可作为一种简便的辅助预测方法用于小城镇总体规划的用电负荷估测和用电负荷预测校验。

小城镇总体规划，当采用负荷密度法进行负荷预测时，其居住、公共设施、工业三大类建设用地的规划单位建设用地负荷指标的选取，宜根据其具体构成分类及负荷特征，结合现状水平和不同小城镇的实际情况，比较分析按表 7.3.4 选定。

小城镇规划单位建设用地负荷指标　　　　　　表 7.3.4

建设用地分类	居住用地	公共设施用地	工业用地
单位建设用地负荷指标（kW/ha）	80～280	300～550	200～500

注：表外其他类建设用地的规划单位建设用地负荷指标的选取，可根据当地小城镇实际情况，调查分析确定。

7.4 电源规划

小城镇供电电源规划是小城镇电力规划的重要组成部分。小城镇供电电源的选择主要基于经济合理、环境影响，以及因地制宜、充分利用和开发当地动力资源的考虑。小城镇电源规划包括供电电源方案选择比较、电力电量平衡和电源规模确定。

7.4.1 小城镇供电电源分类与方案选择比较

小城镇供电电源有所在区域电力系统供电和小城镇及其邻近地区水电站、火电站供电两种。

（1）区域电力系统供电

区域电力系统具有容量大、运行稳定、安全经济、供电可靠性高、质量好，能适应小城镇快速发展多种负荷迅速增长的需要，对农业的季节性负荷适应能力强。在靠近大电网的地方，小城镇由区域电力系统供电要比其他电源优越得多。

不同地区乡镇负荷分布情况差别很大，区域电力系统向小城镇供电的经济合理范围应通过技术经济比较的方法确定，并应主要考虑：

1）区域电力系统现状与规划，与小城镇电力负荷中心的距离、建设投资和运行费用，以及网损率等。

2）小城镇及周边建小型电站条件与经济合理性。

（2）小城镇及其邻近地区联建的发电站供电

在近期区域电力系统还发展不到的地区，在有水力、煤炭、风力等动力资源的地方，小城镇宜利用当地能源，发展小水电、风力发电，以及太阳能电站，酌情建设小火电。

1）水电站供电

对具有丰富水力资源的地区，特别是地处偏僻山区的小城镇，充分利用水力廉价能源，建设小水电，见效快，成本低。对于这类地区小城镇应首先开发小水电，选择水电站供电。

2）火力发电厂供电

对于一定时期大电网未能延伸到或供电不足而影响小城镇经济发展和人民生活水平提高的地区，如果煤炭资源丰富，输煤、输电距离不长，因地制宜建设小城镇火电厂仍然是可取的，并且在县（市）域范围统筹规划，联建共享，但应作技术经济和环境影响分析论证。

3）风力发电站供电

风力发电站适用于风力平稳、负荷小而分散，远离电力系统的海岛、草原牧区和偏僻山区的小城镇供电。

风力发电站的特点是：容量小、运行人员少、管理简便、不消耗燃料，能充分利用天然资源，不污染环境，不需要兴建规模巨大的土建工程，发电成本大体与柴油发电相同。但电站出力很不稳定。

319

因此，小城镇供电电源一般在以下几种方案中选择：

① 区域电力系统供电；

② 区域电力系统供电为主，小城镇发电站供电为辅；

③ 独立小城镇发电站供电；

④ 小城镇小水电供电为主，区域电力系统供电为辅。

一般来说，小城镇区域电力系统供电与小型电站供电方案经济技术比较，当前者投资高、运行费用低，后者投资低、运行费用高时，偿还年限较短时宜选前者方案，偿还年限较长，则后者方案有利。经济技术比较的抵偿年限按下式考虑：

$$T = \frac{Z_1 - Z_2}{F_2 - F_1} \tag{7-8}$$

式中 Z_1、Z_2——分别为方案1和方案2的投资（万元）；

F_1、F_2——分别为方案1和方案2的年运行费用（万元）；

T——偿还年限。

7.4.2 电力电量平衡

小城镇电源规划中的电力电量平衡，一是根据小城镇电力负荷增长和小城镇现有变电所、发电厂的供电能力，进行电力电量平衡，框算出规划期内电力电量的余缺情况，以及规划期内需要增加变电所和发电厂的装机总容量；二是根据方案比较确定的供电电源方案，再进行电力电量平衡，测算出规划期内小城镇发电站新增装机容量和变电所建设容量。

小城镇电力电量平衡应注意以下方面：

（1）应有备用负荷，一般可取供电最大负荷的 $3\% \sim 5\%$；

（2）电力电量平衡，酌情考虑最大负荷月份或水电站出力最小月份的两种电力平衡。

（3）在电力平衡计算中，火电厂的工作容量一般当设备不受任何条件限制时，就是它的设备容量；否则，应从设备容量中减去因故不能发电的容量。对于水电站，一般按照设计枯水年进行电力平衡，其工作容量是指水电站设计枯水年参加电力平衡月份的工作出力加备用容量。

（4）在电力电量平衡中，由区域电力系统供电时，应以电力平衡为主，电量平衡为辅；在独立电网，特别是以小水电为主的电网中，其电力电量均应进行平衡。

表 7.4.2 为县（市）域和小城镇电力电量平衡表。

县（市）域、小城镇电力电量平衡表（kW、kWh）　　表 7.4.2

序号	分 项	近 期		中 期		远 期		备 注
		电力	电量	电力	电量	电力	电量	
（1）	规划区供电最大负荷和电量							
（2）	发电设备工作容量和发电量 1）现有水电 2）现有火电 3）规划水电 4）规划火电							

续表

序号	分 项	近 期		中 期		远 期		备 注
		电力	电量	电力	电量	电力	电量	
(3)	厂用电							
(4)	电厂供电能力							
(5)	区域电力系统供给的电力和电量							
(6)	电力盈亏(4)+(5)-(1)							
(7)	备用率% [(6)+(1)]/(1)×100%							

注：电力电量包括向邻近地区供电的电力电量。

7.4.3 发电厂与变电站选址与规划技术指标

（1）小城镇水电站站址选择与规划技术参数

1）选址条件

小城镇水电站站址选择应主要考虑以下方面：

① 距离小城镇较近。

② 在便于拦河筑坝的河流狭窄处，或水库下游处。厂址标高应高于水库溃坝水位以上。

③ 厂址符合建厂工程地质要求，地质条件良好，地耐力高，非地质断裂带及影响地段。

2）规划技术参数

表 7.4.3-1 为水电站规模划分

水电站规模划分 　　　　　　　　　　　表 7.4.3-1

规 模	大 型	中 型	小 型
装机容量（万 kW）	>15	1.2～1.5	<1.2

向小城镇供电小型水电站规模多数为几万千瓦至几千千瓦。

表 7.4.3-2 为 1000kW 以下水电站主要技术指标。

1000kW 以下水电站主要技术指标 　　　　　表 7.4.3-2

项　目	主要设备			
	水轮机			发电机 （kVA/台）
	水头（m）	流量［m³/(s·台)］	出力（kW/台）	
2×64kW 水电站	3.75～4.5	2.42～2.65	74.2～97.4	80
2×64kW 水电站	2.5～3.25	3.1～3.52	63.5～94.2	80
2×64kW 水电站	6～8	1.13～1.31	56～86	80
2×64kW 水电站	8～13	0.64～0.82	42～86	80
2×120kW 水电站	4.5～5	2.65～2.8	97.4～114	150

续表

项　　目	主要设备			
	水轮机			发电机
	水头（m）	流量［m³/(s·台)]	出力（kW/台）	（kVA/台）
2×120kW 水电站	3.25～3.75	3.52～3.79	94.2～117	150
2×120kW 水电站	13～21	0.82～1.04	86～177	150
2×120kW 水电站	22.5～32.5	0.45～0.54	80～147	150
2×192kW 水电站	3.75～5.5	5.48～6.3	170～228	240
2×192kW 水电站	32.5～43.5	0.59～0.62	147～220	240
2×192kW 水电站	42.5～57.5	0.62～0.72	147～344	240
2×280kW 水电站	25～35	1.0～1.18	212～350	350
2×384kW 水电站	35～45	1.18～1.34	352～514	480
2×384kW 水电站	57.5～65	0.72～0.76	334～414	480
2×600kW 水电站	45～62.5	1.34～1.58	514～857	750
10～12kW 水电站	1.5	0.968	10.5	15
15～20kW 水电站	2.5	0.966	18	25
25～30kW 水电站	3.5	1.140	30	35
35～45kW 水电站	4.5	1.295	43	50
40～50kW 水电站	6	1.1	49	60

322

（2）小城镇火电厂厂址选择与主要技术参数

1）厂址选择条件

① 小城镇发电厂选址应根据县（市）域电力系统规划和小城镇总体规划，因地制宜考虑。

② 输煤、输电距离较短（热电厂同时考虑热力负荷及距离要求）。尽量避免建造桥梁与隧道。

③ 节约用地，尽量用荒地、空地和劣地。

④ 厂址标高应高于百年一遇的洪水位。如厂址标高低于上述洪水位时，厂区应有可靠的防洪措施，或采取措施使主要建筑场地地坪不要低于上述要求。防洪堤堤顶标高应超过百年一遇洪水位 0.5～1.0m，并应一次建成。厂址靠山区时，应有防、排山洪的措施。

⑤ 充分掌握厂址范围内的地质构造和区域地质情况。在保证建筑物和构筑物安全和正常使用的前提下，尽量采用天然地基。

⑥ 应避开滑坡、岩溶发育地带、活动层和 9 度以上地震区，不选在有开采价值的矿藏上和有文化遗址以及需要大量拆迁建筑物的地区。厂址靠近山区时，应尽量避开有危岩、滚石地段。

⑦ 供水水源，必须落实可靠。在确定水源的供水能力时，应充分掌握当地农业、工业和生活用水情况，在规划部门的统一安排下，合理分配用水，并应考虑水利规划对水源变化的影响和水利资源的综合利用。直流供水应靠近水源。

⑧ 燃煤发电厂应有贮灰场。贮灰场可分期建设，其容量应能存放 10 年以上按规划容量计算的灰渣量。电厂选址同时考虑灰渣综合利用的用地。

⑨ 充分考虑出线条件，留有适当的出线走廊。

⑩ 充分考虑环境影响，满足环境保护要求。厂址应在城镇主导风向的下风向，并应有一定的防护距离，满足表7.4.3-3要求。

2）规划技术参数

发电厂卫生防护距离（m）　　　　　　　　　　　表 7.4.3-3

燃料工作质的灰分 A_p（%）	飞灰收回量为25%时的燃料消耗量（t/h）		
	3～12.5	12.6～25	26～50
10 以下	100	100	300
10～15	100	300	500
16～20	100	300	500
21～25	100	300	500
26～30	100	300	500
31～45	300	500	1000

表7.4.3-4为火力发电厂规模划分表。

火力发电厂规模划分　　　　　　　　　　　表 7.4.3-4

规 模	大 型	中 型	小 型
装机容量（万 kW）	＞25	2.5～25	＜2.5

表7.4.3-5、表7.4.3-6分别为中、小型发电厂厂址选择主要技术参数。

表7.4.3-7为中小型发电厂和相应的蒸汽参数。

中型发电厂厂址选择主要技术数据　　　　　　　　表 7.4.3-5

机组机型	装机台数	总容量（MW）	最大利用小时数	煤耗量（万 t/a）	厂区用地（公顷）	电厂最大耗水量		灰渣量（万方/年）	
						直流供水（t/s）	循环供水（t/h）	多管式除尘器（η=70%）	水膜式或电除尘器（η=95%）
31—6	4	24	4000	7.6	5～8	1.21～1.62 / 1.75～2.02	304～388 / 370～464	—	—
	6	36	4000	11.5	8～10	1.81～2.4 / 2.62～3.02	456～562 / 555～681	1.78	2.2
31—12	4	48	4500	15.7	8～10	2.13～2.86 / 3.12～3.6	420～600 / 640～720	2.44	3.01
	6	72	4500	23.6	10～12	3.2～4.3 / 4.67～5.4	780～900 / 960～1080	3.66	4.51
31—25	4	100	5000	31.3	10～13	4.2～5.58 / 6.06～7.0	968～1120 / 1196～1352	5.35	6.56
	6	150	5000	51.4	12～16	6.24～8.37 / 9.09～10.5	1452～1680 / 1794～2028	7.98	9.83
31—50	4	200	5500	64.6	15～20	8.5～11.4 / 12.4～14.4	1864～2180 / 2340～2656	10.02	12.34
51—25	4	100	6000	36.9	10～13	3.8～5.02 / 5.4～6.2	886～1016 / 1084～1216	5.72	7.05
	6	150	6000	55.4	12～16	5.7～7.5 / 8.2～9.4	1329～1524 / 1628～1824	8.61	10.59
51—50	4	200	6000	70.6	15～20	6.46～8.7 / 9.44～10.9	1460～1702 / 1824～2064	10.95	13.51

注：① 耗水量一栏表示 $\dfrac{\text{冬季我国北部地区—南部地区}}{\text{夏季我国北部地区—南部地区}}$
　② 循环供水量，在缺水地区可按减少10%考虑。
　③ 灰分按 A_p=20%计算。

小型发电厂厂址选择主要技术数据 表 7.4.3-6

类型	容量（kW）	装机台数	装机总容量（kW）	用水量（t/h）		厂区用地（公顷）	出线走廊宽度（m）	备 注
				一次循环方式	二次循环方式			
凝汽式发电厂	750	2	1500	720	50	1～2	10～30	
		4	3000	144	100	2～3	10～30	
	1500	2	3000	1100	60	3～4	20～50	
		4	6000	2200	120	4～5	20～50	
凝汽式发电厂	2500	2	5000	1800	90	4～5	20～50	
		4	10000	3600	180	5～6	20～50	
		6	15000	5400	270	5～7	20～50	
	6000	2	12000	2600～3100	200～220	4～6	50～100	
		4	24000	5200～6200	400～440	6～8	50～100	
		6	36000	7800～9300	600～660	8～10	50～100	
热电厂	1500	2	3000	37	37	3～5	20～50	供热能力 40t/h
	6000	4	24000	1600	200	6～8	50～100	供热能力 100t/h

中小型电厂容量和相应蒸汽参数 表 7.4.3-7

电厂分类	汽压（大气压）		气温（℃）		电厂和机组容量
	锅炉	汽轮机	锅炉	汽轮机	
低温低压电厂	14	13	350	340	1 万 kW 以下的小型电厂（1500～3000kW 机组）
中温中压电厂	40	35	450	435	1～20 万 kW 中小型电厂（6000～50000kW 机组）

（3）小城镇 35～220kV 电源变电站站址选择与规划技术参数

区域电力系统给小城镇供电的电源主要是 35kV 变电站、110kV 变电站和 220kV 变电站。

1）选址条件

① 根据县（市）域电力系统规划和小城镇总体规划用地布局和电力工程规划，选址接近用电负荷中心或网络中心，同时，酌情考虑 220kV、110kV 变电站的联建共享。

② 便于各级电压线路的引入和引出，进出线走廊与所址同时决定。

③ 交通运输方便，尽量靠近公路。

④ 节约用地，尽量用荒地、空地和劣地，不占或少占耕地。

⑤ 具有适宜的地质条件，避开滑坡、溶洞、断裂带，不选在有开采价值的矿藏上，避开文化遗址。

⑥ 尽量不设在污秽地区，如无法避免时，宜设在污源的上风侧。

⑦ 变电站站址不应为积水所渗浸，以免发生冲刷塌陷等情形。枢纽变电站站址地面标高应在百年一遇洪水位之上。其他变电站地面标高一般在百年一遇洪水位之上，否则应采取防护措施。

⑧ 站址选择应考虑对通信设施的干扰，与通信规划应协调。

⑨ 站址应有生产和生活用水的水源。

2）规划技术参数

变电站的用地面积与主变压器台数、容量、出线回路数、电气主接线形式，以及平面布置的条件有关。

表7.4.3-8为35～220kV变电站用地与相关技术参数。

35～220kV变电站用地与相关技术参数　　　　表7.4.3-8

电压 （kV）	主变压器台数及容量 （MVA）	出线回路数	母线接线	用地面积 （长×宽）（m²）
35	1×0.56～5.6	"T"接或线路变压器组		25×20
	2×0.56～5.6	"T"接或线路变压器组		40×32
	2×0.56～5.6	2	桥形接线	50×42
		4	单母线分段	53×52
110	1×5.6～15	110kV 1 35kV 2	"T"接或线路 变压器组	61×57
	2×5.6～15（双）	2	桥形接线	76×65
	2×5.6～15	110kV 2 35kV 4	桥形接线	103×78
		110kV 4 35kV 4	单母线分段	120×97
	2×20～60	110kV 6 35kV 6	双母线带旁路	202×119
220	2×120（单相）	220kV 6 110kV 4～6	双母线带旁路	253×182
	2×90	220kV 4 110kV 5	单母线分段带旁路	143×93
	2×120	220kV 4 110kV 4	单母线分段带旁路	154×100

表7.4.3-9为变电站、发电厂选址出线走廊宽度要求。

变电站、发电厂选址出线走廊宽度要求　　　　表7.4.3-9

线路电压（kV）		35	110	220
杆型		π型杆	π型杆	铁塔
杆塔标准高度（m）		15.4	15.4	23
水平排列两边线间的距离（m）		6.5	8.5	11.2
杆塔中心至走廊边缘建筑物距离（m）	Ⅰ	17.4	18.4	26.5
	Ⅱ	8.3	11.3	14.6
两回杆塔中心线之间的距离（m）	单回水平排列	12	15	20
	单回垂直排列	8～10	10	15
	双回垂直排列	10	13	18

注：Ⅰ：表示按倒杆要求计算。适用于线路通过规划区，而目前尚无房屋。
　　Ⅱ：表示按《电力线路防护规程》要求计算，适用于线路通过时已受建筑限制。

325

7.5　电力网规划

7.5.1　电力网规划应考虑的运行方式与联网

电力网规划首先要考虑电力网正常运行方式与事故运行方式。系统中有水电厂时，则应分别考虑设计枯水年、平水年、丰水年的系统运行方式。在技术经济比较时，以平水年的运行方式为基础，枯水年及丰水年作为系统供电可靠性及供电质量的校核。

小城镇电力网多数为区域大电网的组成部分，一些分散小城镇尚为独立的农村电力网。后者规划应考虑联网的可能性，促进联网运行。联网有下列作用：

1）提高供电可靠性和电能质量

联网后的农村电力网至少有 2 个以上的电源和多台机组。当任何 1 台机组故障或计划检修时，仍能连续供电，供电可靠性显著提高，而备用容量可以减少。联网后，系统容量很大，个别负荷的变动不致造成电压与频率的明显波动，在保证供电质量和电压水平的同时，降低网络损耗。

2）实行经济调度，充分利用小城镇动力资源

电能不能储存，分散小城镇的单独电厂（电站），不联网就往往造成容量大时电站发电无处用，容量小又不够用的情况。如能联网，进而和区域电力系统并列运行，实行经济调度，可使农村动力资源得到充分利用；同时可通过合理的调度负荷出力，削峰填谷，采用不同的运行方式调剂负荷余缺，提高电站运行率和设备利用率，使小城镇电力网的运行水平经济合理。

7.5.2　电力网电压等级的选择与确定

（1）小城镇电力网电压等级应符合国家标准电压等级。各级电压级间的级差不宜太小，一般选择：110kV 以下电压级差在 3 倍以上，110kV 以上电压级差在 2 倍左右。

表 7.5.2-1 为 220kV 以下发电机、变压器、变电设备额定电压。

220kV 以下发电机、变压器、变电设备额定电压　　　　　　表 7.5.2-1

受电设备额定电压交流（kV）	发电机线间电压交流（kV）	变压器线间电压（交流 kV）	
		一次线圈	二次线圈
3	3.15	3 及 3.15	3.15 及 3.3
6	6.3	6 及 6.3	6.3 及 6.6
10	10.5	10 及 10.5	10.5 及 11
—	15.75	15.75	—
35		35	38.5
66	—	66	69
110	—	110	121
(154)		154	169
220	—	220	242

注：① 变压器一次线圈栏为 3.15kV、6.3kV、10.5kV 及 15.75kV 电压，适用于直接连于母线或发电机线端的升压变压器及降压变压器。
② 变压器二次线圈栏内 3.3kV、6.6kV 及 11kV 电压，适用于阻抗电压在 7.5% 及以上的降压变压器。
③ 如证明在技术上和经济上有特殊优点时，水力发电机的额定电压允许采用非标准电压。

（2）选择电网的电压，应根据电网内线路送电容量的大、小和送电距离，进行方案比较，低电压方案优点不大或高、低电压两方案技术经济指标相近，应采用高电压方案，以利电网发展。

（3）在输送容量和距离一定的条件下选择电压等级时，应能保证电力与电能损失较小和供电的电压质量。

（4）新电压级的选择必须考虑与原有电压互相配合，以及实现逐步过渡的可能性与经济性。

一般电压等级初选，可以采用直接查表法。

表 7.5.2-2 为小城镇电网各级电压的输送容量和输送距离。

小城镇电网各级电压的输送容量和输送距离　　　　表 7.5.2-2

额定电压（kV）	输送容量（kW）	输送距离（km）
0～38	100 以下	0.6 以下
3	100～1000	1～3
6	100～1200	4～15
10	200～2000	6～20
35	2000～10000	20～50
63	3500～30000	30～100
110	10000～50000	50～150
220	100000～500000	100～300

对于 220kV 及以上电压级，当送电距离较长时，应按照系统稳定条件确定送电能力。在初步估算时，可按下式计算：

$$p_{jx} = k_1 \cdot k_2 \cdot p_{zr} \tag{7-9}$$

式中　p_{jx}——线路极限送电功率，万 kW；

　　　k_1——线路极限送电容量与距离的关系参数；

　　　k_2——串联电容不同补偿度的极限送电容量与未补偿前的送电容量的关系参数；

　　　p_{zr}——线路的自然功率。

上述 k_1、k_2、p_{zr} 可参阅有关专业资料，查图表求取。

实用中，可在查表初选的基础上，采用负荷矩校验选择，即在一定控制条件下，用负荷矩（输送容量和输送距离的乘积）校验选择电压等级。负荷矩法是在保证电压质量和一定输送容量及输送距离的前提下，使输电线路的电力和电能损失较小，小城镇电网一般采用允许电压降作为控制条件。

表 6.5.2-3 为 6kV、10kV 架空线路在电压降 10% 时的负荷矩。

表 6.5.2-4 为 35kV、110kV 架空线路在电压降 10% 时的负荷矩。

6kV、10kV 架空线路在电压降 10％时的负荷矩　　　表 7.5.2-3

导线型号	电压 cosφ	6kV							10kV						
		1.0	0.95	0.9	0.85	0.8	0.75	0.7	1.0	0.95	0.9	0.85	0.8	0.75	0.7
LGJ—16		1836	1724	1672	1630	1580	1550	1520	5100	4780	4640	4520	4380	4300	4240
LGJ—25		2840	2590	2466	2384	2300	2230	2160	7880	7140	6840	6620	6400	6200	6020
LGJ—35		3960	3460	3300	3160	3020	2900	2790	11000	9600	9160	8760	8400	8060	7760
LGJ—50		5720	4800	4440	4180	4000	3780	3600	15900	13300	12300	11600	11100	10500	10000
LGJ—70		8000	6320	5800	5620	5000	4740	4440	22200	17500	16100	15600	14000	13200	12500
LGJ—95		10900	8140	7280	6660	6160	5720	5320	30300	22600	20200	18500	17100	15900	14800
LGJ—120		13320	9480	8340	7560	6920	6240	5920	37000	26300	23200	21000	19200	17600	16400

35kV、110kV 架空线路在电压降 10％时的负荷矩　　　表 7.5.2-4

导线型号	电压 cosφ	35kV						110kV				
		1.0	0.95	0.9	0.85	0.8	0.75	0.7	1.0	0.95	0.9	0.85	0.8
LGJ—35		135	117	110	104	99	95	91					
LGJ—50		195	160	147	137	129	123	116	1920	1580	1420	1340	1260
LGJ—70		272	209	190	174	162	151	141	2690	2040	1840	1690	1570
LGJ—95		371	265	234	212	194	179	166	3560	2580	2270	2050	1880
LGJ—120		453	306	266	238	216	198	182	4480	2980	2580	2300	2090
LGJ—150		583	362	308	272	244	222	202	5760	3510	2980	2620	2350
LGJ—185		720	415	346	302	269	242	219	7120	4010	3330	2900	2580
LGJ—240									9060	4630	3760	3220	2840
LGJ—300									11300	5180	4130	3500	3070
LGJ—400									15100	5950	4630	3880	3350

7.5.3　容载比及其选择

国内外一般采用容载比来估算电网的供电能力，因而容载比是反映城镇电网供电能力的重要技术经济指标。

变电容载比是城镇变电容量（kVA）在满足供电可靠性基础上与对应的负载（kW）之比值。变电容载比是宏观控制变电总容量的指标，也是电力规划设计布点安排变电容量的依据。

在小城镇电力网规划中也可根据小城镇用电负荷预测和变电容载比的选择来确定其电网各电压等级的规划容量。

容载比的选择直接关系到电力网建设的投资与效益。容载比过大，电网建设早期投资增大，效益得不到应有发挥；容载比过小，电网适应性差，调度困难，甚至发生"卡脖子"现象。

变电容载比大小与计算参数有关，也与布点位置、数量、相互转供能力有关，即与电网结构有关。通过调整电网结构，例如增加变电站主变台数，次级电网增加转移负荷能力，借助运动和自动化减少转移负荷倒闸操作时间，以及提高各变电站的负荷预测和变电容量配置的准确性等可降低容载比要求，同时提高供电可靠性。

变电容载比可按下式估算：

$$R_s = \frac{k_1 \cdot k_4}{k_2 \cdot k_3} \tag{7-10}$$

式中 R_s——变电容载比值；

      k_1——负荷分散系数；

      k_2——功率因素；

      k_3——变压器最大负荷率；

      k_4——备用系数。

一般情况下，城镇电网 k_1 可取 1.05～1.15，对单个变电站可取 1，k_2 可取 0.9～0.95，k_3 可取 0.65～0.8，k_4 可取 1.05～1.2。

对照《城市电力网规划设计导则》的要求，考虑小城镇的特点和不同地区、不同类别、不同规模小城镇电力网结构的不同情况和供电可靠性的不同要求，县城镇、中心镇和经济发达地区较大规模的一般镇电力网规划的容载比可按以下要求参考选择：

220kV 电网为 1.6～1.8；

110kV 电网为 1.7～2.0；

10kV 电网为 1.8～2.5。

小城镇近期规划容载比可取下限，远期规划可取高一点，经济欠发达地区小城镇近中期容载比可酌情适当低于下限。

7.5.4 小城镇一次送电网规划

一次送电网包括与小城镇电网有关的 220kV 送电线路和 220kV 变电站或 110kV 的送电线路和 110kV 变电站，与小城镇电网有关的 220kV 或 110kV 送电网既是电力系统的组成部分，又是小城镇电网的电源。

一次送电网的结线方式应根据电力系统的要求和电源点（220kV 或 110kV 变电站和地区发电厂）的地理位置分布情况而确定。

由区域电力系统供电的小城镇电力系统规划，应根据小城镇规划各规划期的负荷预测和电力平衡，提出由区域电力系统供电的规模，并且一般根据县（市）域范围的电力规划，或相关较大范围区域电力规划，整体考虑确定供电小城镇的单独电源点或小城镇和其相邻地区的共同电源点的位置、变电站的电压等级、规模，以及相应电压等级的送电线路，在小城镇规划区范围的电源点选址在考虑选址条件时，应同时考虑小城镇规划用地布局及与通信等相关规划的协调，同时确定规划预留用地与线路敷设方式及规划高压线路走廊，在规划图上表明供电小城镇电源变电站送电线路与区域电力网的结线联系。

县城镇和中心镇的供电可靠性一般按城网的供电可靠性要求考虑，送电网的结构应满足 "$n-1$" 原则，即当电源点的一条电源送电线路或 1 台主变压器或地区发电厂内 1 台最大机组因检修或事故停电时，应能保持向所有用户正常供电。县城镇、中心镇电源点之间应按区域电力系统规划设计要求，加强和扩大网络联系。

小城镇电网电源点应尽量接近负荷中心，220kV 变电站一般在镇区边缘布置，相邻小城镇共用电源 220kV 变电站宜整体统一布局。220kV 变电站一般宜有两回电源进线，2 台主变压器，在其中 1 台主变计划检修或事故停运时，可依靠必要的次级电压电网的结构解决负荷的转移。近期规划或初期电网建设，电源可能先是一回进线、一台主变时，则更应在次级负荷侧加强与外来电源的联系，取得必要备用。

7.5.5　小城镇高压配电网规划

高压配电网也就是二次送电网，包括 110kV、66kV、35kV 的线路和变电所。

从简化变压层次、优化网络结构考虑，高压配电网电压等级最好选用一级，我国东北地区统一确定为 66kV，其他地区多为 110kV、35kV，用电负荷较大的小城镇一般为 110kV 或 110kV 和 35kV 并存，但远期规划宜逐步过渡到 110kV，避免重复变压。规模小、用电负荷较小的小城镇一般为 35kV。

小城镇高压配电网应能接受电源点所供出的全部容量，并能满足二次中压配电网的全部负荷。小城镇火力发电厂、水电站，由于容量不大，可直接接入相应的高压配电网，并宜简化电网结构，避免电磁环网，电厂的各段母线宜以放射线方式分别接入高压配电网的一个变电所，并设置解列点。

县城镇、中心镇高压配电网结构宜满足下列安全准则：当任何一条 35～110kV 线路或一台主变压器计划检修停运时或事故停运时能保持向用户连续供电、不过负荷、不限电。

高压配电网的 35～110kV 变电站一般应有两回进线，这两回进线可来自不同电源点或同一电源点的不同母线段，可以酌情考虑环网结线，开环运行，变电站一般配置 2 台同容量主变及相应电源进线。变压器在一定条件下，允许过负荷 30%，满足安全准则，规划中 2 台主变的利用率可取 65%。进线容量应与主变的过负荷能力相适应。

小城镇电力规划中，确定高压配电网结构，应与小城镇总体规划的用地规划相协调，在高压配电网优化的基础上，选择确定 35～110kV 变电站的位置和进出线走廊，以及预留控制用地。

35～110kV 变电站布点和网络优化可以应用数学模型、计算机辅助。按高压配电网中综合费用最小，数学推导可以得出，变电站的经济容量与供电距离及一定供电范围变电站的合理数量与负荷密度如下关系：

$$P = k_1 \sigma^{\frac{1}{3}} \qquad (7\text{-}11)$$

$$d = k_2 \sigma^{-\frac{1}{3}} \qquad (7\text{-}12)$$

$$N = k_3 \sigma^{\frac{2}{3}} \qquad (7\text{-}13)$$

式中　　P——变电站经济容量；

d——供电距离；

N——一定供电范围的合理变电所数量；

σ——负荷密度；

k_1、k_2、k_3——分别为相关系数。

上述关系式是静态模型推导得出来的，也即把规划期负荷密度 σ 看作不变值，实际上电力负荷密度 σ 是随空域（不同用地地块、地段）、时域（不同规划期限、年限）变化的二维问题，而且决定经济、合理的变电站容量和数量还必须同时考虑用地、进出线走廊等等多种其他相关制约因素。静态求解可以得出一定条件下的最优解，但特别对高负荷密度地区或对高负荷密度远期规划，存在变电所容量偏小、个数偏多、建设困难的问题。动态求解是在某些假设下，把空域问题转化为时域问题求解。

根据动态规划的最优化原理，最优策略是对任何一个时段 k，在满足负荷需要的前提下，使在其后各时段的投资和运行费用折算到 k 时段初的贴现值之和为最小，可以得出：

$$f_{(N_k)} = \min\{A(N_k, \Delta N_k) + B(N_k, \Delta N_k) + \beta^t f_{(N_{k+1})}\} \tag{7-14}$$

式中　$f_{(N_k)}$、$f_{(N_{k+1})}$——为第 k、$k+1$ 时段，投资和运行费用折算到 k 和 $k+1$ 时段初的贴现值；

　　$A(N_k, \Delta N_k)$——第 k 时段新建设备的投资折算到第 k 时段初的贴现值；

　　$B(N_k, \Delta N_k)$——原有的设备在第 k 时段发生的运行费用折算到本时段开始时的贴现值；

　　β——与投资收效率 i 有关设定值 $\beta = \dfrac{1}{1+i}$；

　　t——规划期分为几个时段，每个时段的年数。

同时假定，规划期外的状态对规划期内的决策不影响。即

$$f(N_{n+1}) = 0 \tag{7-15}$$

由式（7-14）、（7-15）构成函数递推方程动态规划模型。求解动态规划模型得到的 110kV 变电站主变经济容量和合理变电站个数则更接近实际。

上述相关规划理论方法在应用规划软件的情况下，能使规划方案优化更加科学。

较简单的小城镇高压配电网规划，通常可根据负荷预测和容载的要求，确定设备容量，调查对比分析同类规划变电站的合理供电半径，结合小城镇总体规划用地布局、负荷密度和负荷分布特点，划分 35～110kV 变电站供电范围，做多方案比较，选择确定变电站位置，确定变电站容量和预留用地面积，以及结线方式。

在同时具有 110kV 和 35kV 两种高压配电网的小城镇，10kV 的电压宜由 110kV 或 35kV 直降，避免重复降压，亦应尽量避免采用 110/35/10kV 的三线圈变压器。

高压配电线路主要为高压变电站的进线或变电站间联络线，采用架空线路时，以二回路为宜，采用电缆线路时，可为多回路。

高压配电网的高压进线原则接线如图 7.5.5-1～图 7.5.5-4，可按实际情况，灵活组合。

（1）单侧电源

图 7.5.5-1　放射形

图 7.5.5-2　放射形双 T 接

331

（2）双侧电源

电源站110kV　　　　　　　　　　　　　　　　　　电源站110kV

终端站

图 7.5.5-3　环形 T 接

电源站110kV　　　　　　　　　　　　　　　　　　电源站110kV

初期 ←　　　　　　　终端站　　　　　　　→ 初期

图 7.5.5-4　由二端单侧电源放射形单 T 接
过渡到双侧电源 T 接的结线

当 T 接 3 个及以上变电站时，宜双侧有电源，并且回路应分段。

规划区 35～110kV 架空线路应预留走廊。

7.5.6　小城镇中、低压配电网规划

中、低压配电网包括 10kV 线路、变配电站、开闭所和 380/220V 线路。

（1）中压配电网规划

较大规模和用电负荷的小城镇中压配电网应根据高压变电站布点、负荷密度和小城镇总体规划用地布局，划分供电分区，避免交错供电、近电远送。每个分区一般应有二路电源供电，供电分区的划分要考虑便于近期与远期的衔接与调整。

中压配电网的结构应有较大适应性、主干线的导线截面宜按远期规划负荷密度一次选定。当负荷密度增加到一定程度时，可插入新的 35～110kV 变电站，使主网结构基本不变。

县城镇、中心镇中压配电网应满足下列安全准则：任何一条 10kV 线路的出口断路器因计划停役时，保持向用户继续供电，事故停运时通过操作能保持向用户继续供电、不过负荷、不限电。

随着小城镇建设发展，小城镇负荷增长较快，供电可靠性要求也在不断提高，中压配电网规划新建与改造要考虑有较大的互通容量，以适应负荷的变化和供电可靠性的要求。

对于负荷密度较高，诸如开发区规划，在相同路径的 10kV 出线较多，出线走廊受条件限制，或变电站出线开关不足，转供负荷运行操作需要时，宜在开发区负荷集散中心建开闭所。

以下几种中压配电网主要结线方式，小城镇电力规划可根据不同地区、不同类型、不同性质、小城镇的供电规模不同要求，在技术方案比较的基础上，选择确定。

1）以高压变电站为中心的放射树枝形架空线结线方式，如图 7.5.6-1。适用于一般小

城镇。为了缩小线路自身检修和事故时的停电范围，应用断路器或隔离开关分段。分段距离应根据电网结构和负荷决定，各分段尽可能从不同的变电所或同一变电所的不同母线受电。

图 7.5.6-1　以高压变电站为中心的放射树枝形架空线结线

2）自不同高压变电站（或开闭所）或同一高压变电站的不同母线段引出的单环网结线方式，一般适用于供电可靠性要求较高的县城镇、中心镇。如图 7.5.6-2，图 7.5.6-3。

图 7.5.6-2　自不同高压变电站（或中压开闭所）
　　　　　　引出的单环网结线

图 7.5.6-3　自同一高压变电站不同母线段
　　　　　　引出的单环网结线

3）自两个高压变电站、中间经中压开闭所（在开闭所开环运行）的双射线双环网结线方式，适用于供电可靠性要求更高的如某些开发区的供电。为了加强环网结构，保证某一条线路出现故障时，各用户仍有较好的电压水平，或为了增加网络的灵活性和倒闸操作的方便，保证在更严重的故障情况下的供电可靠性。如图 7.5.6-4。

图 7.5.6-4　自两个高压变电站经中间中压开闭所的双射线双环网结线方式

4）开闭所结线方式

自同一中压开闭所不同母线段的放射形结线，要求开闭所母联开关可以并列操作，或自投时先切开关 1 或 2。如图 7.5.6-5。

母联断路器

断路器

图 7.5.6-5　自同一中压开闭所不同母线段的放射形结线

（2）小城镇低压配电网规划

低压配电线路停运只造成少量负荷的停电，小城镇低压配电网规划宜力求结线简单，安全可靠，一般采用以 10kV 变配电站为中心的单回路或二回路放射式，以及树枝放射式网。

低压配电网规划一般在小城镇市政工程规划设计和建筑单体设计中考虑。

低压配电网规划也应有其明确的供电范围，一般不跨越街区供电。

7.6　小城镇主要供电设施规划的相关要求

7.6.1　35～220kV 变电站规划的相关要求

（1）35～220kV 变电站的选址要求［详 7.4.3（3）］

（2）35～220kV 变电站的类型选择要求

小城镇区域电力系统供电的电源变电站和高压配电变电站一般采用户外型或半户外型布置，少数占地困难、环境要求高的情况也可考虑户内型。户内型 35～110kV 变电站的用地面积一般不宜超过表 7.6.1-1 的数值。

户内型 35～110kV 变电站用地控制面积　　　　　　　　　　　　表 7.6.1-1

变电站变电电压（kV）	110/35/10	110/10	63/10	35/10
用地控制面积（m²）	4000	2500	1000	800

（3）变电站的主变压器台数与单台变压器容量选择要求

变电站的主变压器台数（三相）不宜少于 2 台或多于 4 台；单台变压器（三相）容量一般不宜大于下列数值：

220kV　　　180MVA；

110kV　　　63MVA；

63kV　　　31.5MVA；

35kV   20MVA。

在一个小城镇电网中，同一级电压的主变压器单台容量不宜超过 3 种，在同一变电站中同一级电压的主变压器宜采用相同规格。

当变电站的容量已达到规划的最终容量后，如负荷继续增大，一般不宜采用在原变电站内扩建增容的措施。

（4）变电站布置的不同环境噪声要求

布置镇区的变电站的噪声应按照国标《声环境质量标准》GB 3096—2008 的规定，变电站的噪声满足表 7.6.1-2 的要求。

变电站的噪声要求   表 7.6.1-2

变电站 所在范围	限制噪声（dB）		
	白天 7：00～21：00	早晨/晚间 5：00～7：00 21：00～23：00	午夜 23：00～5：00
住宅区	50	45	40
住宅、学校区	55	50	45
商业、住宅区	60	55	50
工业、商业、住宅一般街区	65	60	55
主要街道两侧	75	65	55

（5）变电站布置的相关防灾要求

小城镇镇区变电站的变压器室的耐火等级应为二级；配电装置室，电容器室及电缆夹层应为二级；变电站与邻近建筑应符合消防防火间距要求。

小城镇镇区变电站的建筑物及高压电器设备均应根据其重要性按国家地震局公布的所在地区地震烈度等级设防。7 级及 7 级以上地震烈度地区的变电站建筑设计，应满足预防次生灾害的相关要求，电器设备应选用符合抗震技术条件要求的设备。

7.6.2 架空高压送、配电线路相关要求

（1）架空高压送、配电线路敷设的相关要求

经过小城镇镇区的架空高压送电、配电线路规划控制走廊应符合表 7.6.2-1 的规定。

一般城镇 35～500kV 高压线路走廊规划控制宽度   表 7.6.2-1

线路电压等级（kV）	走廊宽度值（m）	线路电压等级（kV）	走廊宽度值（m）
35	12～20	330	35～45
66～110	15～25	500	60～75
220	30～40		

注：表值为一般情况下的规划控制宽度。特殊情况和实际工程的线路走廊宽度应按工程设计计算确定。

通过镇区的高压配电线路，可采用双回路同杆架设。

经过镇区架空送电线路及高压配电线路的杆塔结构造型、色调应与环境协调，并适当增加高度、缩小档距、提高导线对地距离。

通过镇区的架空送、配电线路的杆塔选型应充分考虑减少走廊占地面积。

35kV 线路一般采用钢筋混凝土电杆；

63kV、110kV 线路可采用窄基铁塔或钢管型杆塔。

通过镇区的架空送、配电线路应适应小城镇的发展，积极采用新技术及新型设备器材。

（2）架空高压送、配电线路主干线导线截面选择的相关要求

小城镇的架空送电线路及高压配电线路主干线的导线截面选择除按电气、机械条件校核外，在同一电网内应力求一致，每个电压等级可按表 7.6.2-2 选用两种规格。

35～220kV 架空送、配电线路导线截面　　　　　　　表 7.6.2-2

电压（kV）	导线截面面积（mm²）				备　注
35	240/185	150	120	95	导线截面面积系按钢芯铝绞线考虑
66	300	240	185	150	
110	300	240	185		
220	400	300	240		

7.6.3　10（6）kV 变配电站与中低压配电线路规划的相关要求

（1）10（6）kV 变配电站规划的相关要求

小城镇 10（6）kV 变配电站应配合镇区改造和新区开发同时建设，变配电站布局与预留用地应在小城镇详细规划中落实。

小区规划一般考虑独建式 10（6）kV 变配电站，预留用地约 80～200m²；在县城镇、中心镇、大型一般镇中心区主要街道、路间绿地及主要住宅小区或建筑群中，也可采用电缆进出线的组合式箱式变电站。

小城镇 315kVA 及以下的配电变压器宜采用杆架式变压台，户外安装。

小城镇开发区等规划的 10（6）kV 开闭所的结线应力求简化，一般采用单母线分段结线，两路进线。开闭所宜结合变配电站建设。高压侧进出线装置应优先采用环网单元。

（2）中低压配电架空线路规划的相关要求

小城镇镇区中、低压配电架空线路应同杆架设；同杆并架的线路应同一电源。

小城镇镇区中、低压配电架空线路架设应与园林主管部门协商，通过适当提高导线对地高度和合理选择行道树树种，以及及时修剪树枝，确保导线对树枝的安全距离。县城镇、中心镇和其他有条件的小城镇宜采用绝缘架空线。

小城镇镇区道路至少有一侧考虑为电力线路的专用走廊，同侧人行道下为需考虑的电力电缆走廊。

小城镇镇区中、低压配电线路主干线导线截面不宜超过两种，并宜按表 7.6.3 选择。

中、低压配电线路导线截面　　　　　　　表 7.6.3

电压等级（kV）	线路类别	导线截面（mm²）				备　注
0.38/0.22	主干线	185/150	120	95	70	导线截面系按铝绞线考虑
10（6）	主干线	240	185	150		
	次干线	150	120	90		
	分支线	不小于 50				

（3）中、低压电缆线路规划的相关要求

以下情况中，小城镇中、低压配电线路宜考虑电缆线路：

1）县城镇、中心镇中心区繁华地段及镇容环境有特殊要求的地段；

2）旅游型小城镇的重点风景旅游区段；

3）历史文化名镇的历史街区；

4）供电可靠性要求较高的工业园区用户和其他重要负荷用户；

5）沿海地区易受风暴侵袭的小城镇重要供电区域；

6）其他经技术经济综合比较，采用电缆线路较合适的情况。

小城镇中、低压配电电缆线路路由选择应考虑安全、可行、维护便利及节省投资等条件，并与其他市政管线协调考虑。

小城镇中、低压配电电缆线路应按不同情况，采取不同敷设方式：

1）镇区人行道、公园绿地，以及公共建筑向边缘地带、小区道路一侧，应优先考虑直埋敷设。直埋敷设电缆同路径条数不宜超过6条。

2）不能直埋，且无机动车负载的通道，应采用电缆沟槽敷设，电缆沟槽敷设电缆同路径条数一般以4～8条为宜。

3）当中、低压配电电缆条数较多，且有机动车等重载的地段，如穿越道路电缆线路段，宜采用排管敷设。排管敷设电缆同路径条数一般以6～18条为宜。

4）当中、低压配电电缆线路跨越河流时，应尽量利用已有的桥梁结构；新建桥梁工程规划设计应同时考虑电力电缆等敷设要求。

5）水下敷设安装方式应根据具体工程特殊设计。

7.7　附　　录

7.7.1　附录1

见表7.7.1。

35～500kV 变电站站区用地面积参考值　　　　　表 7.7.1

变电站电压等级（kV）	主变压器容量及台数MVA（台数）	变电站站区用地面积（公顷）			备　注
		户外型	常规户内型	小型户内型	
35/10	6.3～20/2～3		1500	800	小型户内式变电站用地面积系简化结线、多层布置的变电站建筑面积
110(66)/10	20～50/2～3		2500	1000	
220/110(66、35)	90～180/2～3		4000	2000	
220/35/10	90～18/2～3		5000		
220/110(66、35)/10	90～180/2～3		6000		
330/110/10	90～240/2	4.8			
330/220/10	90～240/2	5.2			
500/200	750/2组	12			

337

7.7.2　附录 2

见表 7.7.2。

35～500kV 变电站主变压器一般设置范围　　　表 7.7.2

变电站电压等级（kV）	主变压器设置范围（台数×MVA）
500	2×500～4×1500
330	2×90～4×240
220	2×90～4×240
110	2×20～4×63
35	2×6.3～4×20

7.7.3　附录 3　电力变压器型号说明

电力变压器型号由两段组成，如型号 SSPSZL—240000/220。

型号第一段：表示变压器的型式及材料。

第一部分：表示相数

S——三相；

D——单相。

第二部分：表示冷却方式

J——油浸自冷；

F——油浸风冷；

S——油浸水冷；

N——氮气冷却；

P——强迫油循环；

FP——强迫油循环风冷；

SP——强迫油循环水冷；

G——干式。

第三部分：表示卷数

S——三卷（双卷不表示）。

第四部分：表示变压器的特性

Z——带负荷调压；

Q——全绝缘；

O——自耦，"O"放在型号第一位表示降压自耦变压器，"O"放在最后一位表示升压自耦变压器；

L——铝芯（铜芯不表示）。

型号第二段：表示变压器容量和电压

分子——额定容量（kVA）；

分母——额定电压（kV）。

7.7.4　附录4　6kV标准与非标准容量系列变压器技术参数

见表7.7.4-1，表7.7.4-2。

6kV标准容量系列变压器　　　　　　　　表7.7.4-1

型号及容量（kVA）	低压侧额定电压（kV）	连接组	损耗（kW）		阻抗电压（%）	空载电流（%）	总重（t）	轨距（mm）	参考价格（万元）
			空载	短路					
SJL$_1$—20	0.4	Y/Y$_0$—12	0.12	0.59	4	8	0.2	无	0.12
SJL$_1$—30	0.4	Y/Y$_0$—12	0.16	0.83	4	6.6	0.26	无	0.14
SJL$_1$—40	0.4	Y/Y$_0$—12	0.19	0.98	4	5.7	0.3	无	0.165
SJL$_1$—50	0.4	Y/Y$_0$—12	0.22	1.15	4	5.4	0.34	无	0.19
SJL$_1$—63	0.4	Y/Y$_0$—12	0.26	1.4	4	4.6	0.43	无	0.22
SJL$_1$—80	0.4	Y/Y$_0$—12	0.31	1.7	4	4.2	0.48	无	0.24
SJL$_1$—100	0.4	Y/Y$_0$—12	0.35	2.1	4	3.8	0.57	无	0.27
SJL$_1$—125	0.4	Y/Y$_0$—12	0.42	2.4	4	3.2	0.68	无	0.32
SJL$_1$—160	0.4	Y/Y$_0$—12	0.5	2.9	4	3.0	0.81	550	0.39
SJL$_1$—200	0.4	Y/Y$_0$—12	0.58	3.6	4	2.8	0.94	550	0.44
SJL$_1$—250	0.4	Y/Y$_0$—12	0.68	4.1	4	2.6	1.1	550	0.52
SJL$_1$—350	0.4	Y/Y$_0$—12	0.8	5	4	2.4	1.3	550	0.62
SJL$_1$—400	0.4	Y/Y$_0$—12	0.93	6	4	2.3	1.5	660	0.72
SJL$_1$—500	0.4	Y/Y$_0$—12	1.1	7.1	4	2.1	1.82	660	0.77
SJL$_1$—630	0.4	Y/Y$_0$—12	1.3	8.4	4	2.0	2	660	0.91
SJL$_1$—800	0.4	Y/Y$_0$—12	1.7	11.5	4.5	1.9	2.9	820	1.18
SJL$_1$—1000	0.4	Y/Y$_0$—12	2.0	13.7	4.5	1.7	3.44	820	1.35
SJL$_1$—1250	0.4	Y/Y$_0$—12	2.35	16.4	4.5	1.6	4.0	820	1.55
SJL$_1$—1600	0.4	Y/Y$_0$—12	2.85	20	4.5	1.5	5.2	820	2.04
SJL$_1$—630	3.15	Y/△—11	1.4	9.3	5.5	2.0	2.17	660	0.91
SJL$_1$—800	3.15	Y/△—11	1.7	11.5	5.5	1.9	2.73	820	1.18
SJL$_1$—1000	3.15	Y/△—11	2.0	13.7	5.5	1.7	3.33	820	1.35
SJL$_1$—1250	3.15	Y/△—11	2.35	16.4	5.5	1.6	3.98	820	1.53
SJL$_1$—1600	3.15	Y/△—11	2.85	20	5.5	1.5	4.72	820	2.04
SJL$_1$—2000	3.15	Y/△—11	3.3	24	5.5	1.4	5.4	1070	2.15
SJL$_1$—2500	3.15	Y/△—11	3.9	27.5	5.5	1.3	6.3	1070	2.63
SJL$_1$—3150	3.15	Y/△—11	4.6	33	5.5	1.2	7.2	1070	3.03
SJ—10	0.4	Y/Y$_0$—12	0.105	0.33	4.5	10	0.16	无	0.105
SJ—20	0.4	Y/Y$_0$—12	0.18	0.6	4.5	9	0.27	无	0.12
SJ—30	0.4	Y/Y$_0$—12	0.25	0.85	4.5	7.5	0.32	无	0.14
SJ—50	0.4	Y/Y$_0$—12	0.35	1.33	4.5	7	0.415	无	0.18
SJ—100	0.4	Y/Y$_0$—12	0.55	2.4	4.5	6	0.67	无	0.29
SJ—1000	0.4	Y/Y$_0$—12	3.5	15	4.5	4	3.5	820	1.4
SJL—1000	3.15	Y/△—11	4.1	14	5.5	5	4.18	820	1.34

339

6kV 非标准容量系列变压器

表 7.7.4-2

型号及容量 （kVA）	低压侧额 定电压 （kV）	连接组	损耗（kW）		阻抗 电压 （%）	空载 电流 （%）	总重 （t）	轨距 （mm）
			空载	短路				
SJL—75	0.4	Y/Y_0—12	0.49	1.7	4.5	6.5	0.46	无
SJL—180	0.4	Y/Y_0—12	0.95	3.6	4.5	6	1.07	
SJL—240	0.4	Y/Y_0—12	1.28	4.5	4.5	6	1.25	
SJL—320	0.4	Y/Y_0—12	1.4	5.7	4.5	6	1.59	
SJL—420	0.4	Y/Y_0—12	1.7	7.1	4.5	6.5	1.84	
SJL—560	0.4	Y/Y_0—12	2.25	8.6	4.5	6	2.33	
SJL—750	0.4	Y/Y_0—12	3.35	11.5	4.5	6	3.62	
SJ—75	0.4	Y/Y_0—12	0.49	1.88	4.5	6.5	0.58	无
SJ—180	0.4	Y/Y_0—12	1.0	4.0	4.5	6	0.91	660
SJ—240	0.4	Y/Y_0—12	1.2	4.9	4.5	6	1.17	660
SJ—320	0.4	Y/Y_0—12	1.5	6.2	4.5	5.5	1.37	660
SJ—420	0.4	Y/Y_0—12	1.9	7.7	4.5	5.5	2.1	820
SJ—560	0.4	Y/Y_0—12	2.3	9.4	4.5	5	2.25	820
SJ—750	0.4	Y/Y_0—12	2.85	11.9	4.5	4.5	2.13	820
SJ—1800	0.4	Y/Y_0—12	5.1	22	4.5	3.5	5.34	1070
SJ—3200	3.15	$Y/\triangle$—11	11	37	5.5	4	10.96	
SJ—5600	3.15	$Y/\triangle$—11	18	56	5.5	4	15.54	

7.7.5　附录 5　10kV 标准与非标准容量系列变压器技术参数

见表 7.7.5-1、表 7.7.5-2。10kV 变压器低压侧额定电压有 0.4kV、3.15kV、6.3kV 3 种。3.15kV、6.3kV 的变压器参数相同，只写出 6.3kV 为代表。

10kV 标准容量系列变压器

表 7.7.5-1

型号及容量 （kVA）	低压侧额 定电压 （kV）	连接组	损耗（kW）		阻抗 电压 （%）	空载 电流 （%）	总重 （t）	轨距 （mm）
			空载	短路				
SJL_1—20	0.4	Y/Y_0—12	0.12	0.59	4	8	0.2	无
SJL_1—30	0.4	Y/Y_0—12	0.16	0.83	4	6.6	0.26	无
SJL_1—40	0.4	Y/Y_0—12	0.19	0.98	4	4.7	0.3	无
SJL_1—50	0.4	Y/Y_0—12	0.22	1.15	4	5.4	0.34	无
SJL_1—63	0.4	Y/Y_0—12	0.26	1.4	4	4.6	0.43	无
SJL_1—80	0.4	Y/Y_0—12	0.31	1.7	4	4.2	0.48	无
SJL_1—100	0.4	Y/Y_0—12	0.35	2.1	4	3.8	0.57	无
SJL_1—125	0.4	Y/Y_0—12	0.42	2.4	4	3.2	0.68	无
SJL_1—160	0.4	Y/Y_0—12	0.5	2.9	4	3.0	0.81	550
SJL_1—200	0.4	Y/Y_0—12	0.58	3.6	4	2.8	0.94	550
SJL_1—250	0.4	Y/Y_0—12	0.68	4.1	4	2.6	1.1	550
SJL_1—315	0.4	Y/Y_0—12	0.8	5	4	2.4	1.3	550
SJL_1—400	0.4	Y/Y_0—12	0.93	6	4	2.3	1.5	660
SJL_1—500	0.4	Y/Y_0—12	1.1	7.1	4	2.1	1.82	660
SJL_1—630	0.4	Y/Y_0—12	1.3	8.4	4	2.0	2	660
SJL_1—800	0.4	Y/Y_0—12	1.7	11.5	4.5	1.9	2.9	820
SJL_1—1000	0.4	Y/Y_0—12	2.0	13.7	4.5	1.7	3.44	820
SJL_1—1250	0.4	Y/Y_0—12	2.35	16.4	4.5	1.6	4.0	820

续表

型号及容量 （kVA）	低压侧额定电压 （kV）	连接组	损耗（kW）		阻抗电压 （%）	空载电流 （%）	总重 （t）	轨距 （mm）
			空载	短路				
SJL$_1$—1600	0.4	Y/Y$_0$—12	2.85	2.0	4.5	1.5	5.2	820
SJL$_1$—630	6.3	Y/△—11	1.4	9.3	5.5	2.0	2.17	660
SJL$_1$—800	6.3	Y/△—11	1.7	11.5	5.5	1.9	2.73	820
SJL$_1$—1000	6.3	Y/△—11	2.0	13.7	5.5	1.7	3.33	820
SJL$_1$—1250	6.3	Y/△—11	2.35	16.4	5.5	1.6	3.98	820
SJL$_1$—1600	6.3	Y/△—11	2.85	20	5.5	1.5	4.72	820
SJL$_1$—2000	6.3	Y/△—11	3.3	24	5.5	1.4	5.4	1070
SJL$_1$—2500	6.3	Y/△—11	3.9	27.5	5.5	1.3	6.3	1070
SJL$_1$—3150	6.3	Y/△—11	4.6	33	5.5	1.2	7.2	1070
SJL$_1$—4000	6.3	Y/△—11	5.5	39	5.5	1.1	8.6	1070
SJL$_1$—5000	6.3	Y/△—11	6.5	45	5.5	1.1	10.2	1070
SJL$_1$—6300	6.3	Y/△—11	7.9	52	5.5	1.0	11.85	1070
SJL$_1$—8000	6.3	Y/△—11	9.4	70	10	0.85	13.7	1435
SJL$_1$—10000	6.3	Y/△—11	11.2	92	12	0.8	16.7	1435
SJL—20	0.4	Y/Y$_0$—12	0.2	0.6	4.5	10	0.25	
SJL—30	0.4	Y/Y$_0$—12	0.27	0.84	4.5	9	0.32	
SJL—50	0.4	Y/Y$_0$—12	0.39	1.3	4.5	8	0.43	
SJL—100	0.4	Y/Y$_0$—12	0.65	2.3	4.5	7.5	0.69	
SJL—1000	0.4	Y/Y$_0$—12	4.1	14	4.5	5	4.3	
SJL—1000	6.3	Y/△—11	4.1	14	5.5	5	4.2	
SFL—10000	6.3	Y/△—11	12	100	12			
SJ—10	0.4	Y/Y$_0$—12	0.13	0.34	4.5	10	0.16	
SJ—20	0.4	Y/Y$_0$—12	0.2	0.6	4.5	9	0.27	
SJ—30	0.4	Y/Y$_0$—12	0.27	0.85	4.5	8.5	0.32	
SJ—100	0.4	Y/Y$_0$—12	0.6	2.4	4.5	6.5	0.67	
SJ—1000	0.4	Y/Y$_0$—12	3.5	15	4.5	4	3.5	
SJ—1000	6.3	Y/△—11	3.7	15	5.5	5	3.5	

注：8000kV、10000kV 变压器尚有 SFL$_1$，SSPL$_1$ 两种型号。

10kV 非标准容量系列变压器　　　　　　表 7.7.5-2

型号及容量 （kVA）	低压侧额定电压 （kV）	连接组	损耗（kW）		阻抗电压 （%）	空载电流 （%）	总重 （t）	轨距 （mm）
			空载	短路				
SJL—75	0.4	Y/Y$_0$—12	0.51	1.7	4.5	7.5	0.46	无
SJL—180	0.4	Y/Y$_0$—12	0.95	3.6	4.5	7	1.07	660
SJL—240	0.4	Y/Y$_0$—12	1.28	4.5	4.5	7	1.26	660
SJL—320	0.4	Y/Y$_0$—12	1.4	5.7	4.5	7	1.59	660
SJL—420	0.4	Y/Y$_0$—12	1.7	7.05	4.5	6.5	1.84	820
SJL—560	0.4	Y/Y$_0$—12	2.25	8.6	4.5	6	2.33	820
SJL—750	0.4	Y/Y$_0$—12	3.35	11.5	4.5	6	3.62	820
SJL—1800	0.4	Y/Y$_0$—12	6.0	22	4.5	4.5	6.77	1070
SJL—1800	6.3	Y/△—11	6.0	22	5.5	4.5	6.17	1070
SJL—3200	6.3	Y/△—11	9.1	34	5.5	4.0	10.53	
SJL—5600	6.3	Y/△—11	13.6	53	5.5	4.0	15.5	
SFL—7500	6.3	Y/△—11	9.3	66.1	10	0.9		
SFL—15000	6.3	Y/△—11	14.3	116	10.5	0.8	20.9	

续表

型号及容量 （kVA）	低压侧额定电压 （kV）	连接组	损耗（kW）		阻抗电压 （%）	空载电流 （%）	总重 （t）	轨距 （mm）
			空载	短路				
SJ—75	0.4	Y/Y₀—12	0.55	1.88	4.5	7.5	0.53	无
SJ—180	0.4	Y/Y₀—12	1.1	4.6	4.5	6	0.91	660
SJ—240	0.4	Y/Y₀—12	1.2	5.1	4.5	6	1.17	660
SJ—320	0.4	Y/Y₀—12	1.5	6.2	4.5	5.5	1.37	660
SJ—420	0.4	Y/Y₀—12	1.9	7.7	4.5	5.5	2.06	820
SJ—560	0.4	Y/Y₀—12	2.3	9.4	4.5	5	2.25	820
SJ—750	0.4	Y/Y₀—12	2.85	11.9	4.5	4.5	2.93	820
SJ—1800	0.4	Y/Y₀—12	15.1	22	4.5	3.5	5.34	1070
SJ—180	6.3	Y/△—11	1.3	4.1	5.5	7	1.03	660
SJ—320	6.3	Y/△—11	2.0	6.2	5.5	6.5	1.58	660
SJ—560	6.3	Y/△—11	2.8	9.4	5.5	6	2.25	820
SJ—750	6.3	Y/△—11	3.3	11.9	5.5	5.5	3.32	820
SJ—1800	6.3	Y/△—11	5.5	22	5.5	4.0	5.34	1070
SJ—3200	6.3	Y/△—11	11	37	5.5	4	10.96	
SJ—5600	6.3	Y/△—11	18	56	5.5	4	15.5	

7.7.6　附录 6　35kV 标准与非标准容量系列变压器技术参数

35kV 变压器低压侧额定电压有 0.4kV、3.15（3.3）kV、6.3（6.6）kV、10.5（11）kV 4 种，3.15（3.3）kV、6.3（6.6）kV、10.5（11）kV 的变压器参数相同，只写 10.5（11）kV 为代表。见表 7.7.6-1、表 7.7.6-2。

1600kVA 以上容量变压器，高压侧额定电压有 35kV（降压变），38.5kV（升压变）两种。

35kV 标准容量系列变压器　　　　表 7.7.6-1

型号及容量 （kVA）	低压侧额定电压 （kV）	连接组	损耗（kW）		阻抗电压 （%）	空载电流 （%）	总重 （t）	轨距 （mm）
			空载	短路				
SJL₁—50	0.4	Y/Y₀—12	0.3	1.1	6.5	3.53	0.75	无
SJL₁—100	0.4	Y/Y₀—12	0.43	2.5	6.5	3.53	1.03	无
SJL₁—160	0.4	Y/Y₀—12	0.59	3.6	6.5	2.8	1.3	550
SJL₁—250	0.4	Y/Y₀—12	0.8	4.8	6.6	2.3	1.73	550
SJL₁—400	0.4	Y/Y₀—12	1.1	6.9	6.5	1.69	2.15	660
SJL₁—630	0.4	Y/Y₀—12	1.57	9.7	6.5	1.91	2.76	820
SJL₁—1000	0.4	Y/Y₀—12	2.2	14	6.5	1.5	4.08	820
SJL₁—1600	0.4	Y/Y₀—12	2.9	20.3	6.5	1.2	5.15	820
SJL₁—160	10.5	Y/△—11	0.64	3.8	6.5	2.8	1.46	550
SJL₁—200	10.5	Y/△—11	0.76	4.4	6.5	2.5	1.7	550
SJL₁—250	10.5	Y/△—11	0.88	5.0	6.5	2.3	1.9	550
SJL₁—315	10.5	Y/△—11	1.03	6.1	6.5	2.1	2.11	660
SJL₁—400	10.5	Y/△—11	1.2	7.2	6.5	1.89	2.4	660
SJL₁—500	10.5	Y/△—11	1.43	8.4	6.5	1.65	2.91	660
SJL₁—630	10.5	Y/△—11	1.7	9.7	6.5	1.87	3.21	820
SJL₁—800	10.5	Y/△—11	1.9	11.7	6.5	1.58	3.7	820
SJL₁—1000	10.5	Y/△—11	2.2	14	6.5	1.5	4.17	820

续表

型号及容量 （kVA）	低压侧额 定电压 （kV）	连接组	损耗（kW）		阻抗 电压 （%）	空载 电流 （%）	总重 （t）	轨距 （mm）
			空载	短路				
SJL₁—1250	10.5	Y/△—11	2.6	17	6.5	1.3	4.67	820
SJL₁—1600	10.5	Y/△—11	3.07	20	6.5	1.36	5.47	820
SJL₁—2000	10.5	Y/△—11	3.6	24	6.5	1.2	6.3	1070
SJL₁—2500	10.5	Y/△—11	4.2	27.9	6.5	1.2	7.04	1070
SJL₁—3150	10.5	Y/△—11	5.0	33	7	1.1	8.33	1070
SJL₁—4000	10.5	Y/△—11	5.9	39	7	0.9	9.56	1070
SJL₁—5000	10.5	Y/△—11	6.9	45	7	0.9	11.2	1070
SJL₁—6300	10.5	Y/△—11	8.2	52	7.5	0.7	12.82	1070
SFL₁—8000	11	Y/△—11	11	57	7.5	1.5	11.75	1435
SFL₁—10000	11	Y/△—11	11.8	68	7.5	1.5	13.65	1435
SFL₁—20000	11	Y/△—11	22	115	8	1.0	30.1	1435
SFL₁—31500	11	Y/△—11	30	117	8	0.7	40.5	1435

注：8000～31500kVA 变压器有 SFL₁、SSPL₁ 两种型号。

35kV 非标准系列变压器　　　　　　　　　　　　表 7.7.6-2

型号及容量 （kVA）	低压侧额 定电压 （kV）	连接组	损耗（kW）		阻抗 电压 （%）	空载 电流 （%）	总重 （t）	轨距 （mm）
			空载	短路				
SJL—180	0.4	Y/Y₀—12	1.2	3.6	6.5	8	1.62	550
SJL—320	0.4	Y/Y₀—12	1.8	5.7	6.5	7.5	2.25	660
SJL—560	0.4	Y/Y₀—12	2.75	9	6.5	6.5	3.66	820
SJL—750	0.4	Y/Y₀—12	3.75	11.5	6.5	6	4.18	820
SJL—1800	0.4	Y/Y₀—12	6.6	22	6.5	5.0	7.82	820
SJL—750	10.5	Y/△—11	3.75	11.4	6.5	6	4.75	820
SJL—1800	10.5	Y/△—11	6.6	22	6.5	5	7.66	820
SJL—3200	10.5	Y/△—11	9.7	34	7	4.5	11.92	1070
SJL—5600	10.5	Y/△—11	14	53	7.5	4.5	16.96	1070
SFL—15000	11	Y/△—11	16.1	92	8	1.0	20.1	1435
SFL—60000	11	Y/△—11			8.5		51.47	1435
SJ—75	0.4	Y/Y₀—12	0.7	1.88	6.5	7	1.1	无
SJ—180	0.4	Y/Y₀—12	1.5	4.1	6.5	7	1.5	660
SJ—320	0.4	Y/Y₀—12	2.3	6.2	6.5	6.5	2.61	660
SJ—560	0.4	Y/Y₀—12	2.85	9.4	6.5	6.0	3.01	820
SJ—750	0.4	Y/Y₀—12	3.5	11.9	6.5	5.5	3.28	820
SJ—1800	0.4	Y/Y₀—12	5.5	22	6.5	4.5	6.6	820
SJ—180	10.5	Y/△—11	1.5	4.1	6.5	7	2.37	550
SJ—320	10.5	Y/△—11	2.3	6.2	6.5	6.5	2.36	660
SJ—560	10.5	Y/△—11	2.85	9.4	6.5	6.0	2.23	820
SJ—750	10.5	Y/△—11	3.5	11.9	6.5	5.5	3.66	820
SJ—1800	10.5	Y/△—11	5.5	22	6.5	4.5	6.6	820
SJ—2400	10.5	Y/△—11	10	31.5	6.5	4.5	7.58	
SJ—3200	10.5	Y/△—11	11.5	37	7	3.5	9.17	
SJ—4200	10.5	Y/△—11	13	45	7	4.5	12.5	
SJ—5600	10.5	Y/△—11	15.5	52	7.5	4.0	16.1	
SF—7500	10.5	Y/△—11	21	75	7.5	3.5	19.05	
SF—15000	11	Y/△—11	39	122	8	3		
SF—45000	11	Y/△—11	88	224	8	2.2		

7.7.7　附录7　110kV 标准与非标准容量系列变压器技术参数

110kV 63000（60000）kVA 以上的容量的变压器，非国家定型产品，仅就国内已生产的 63000（60000）kVA 以上的变压器的一般参数列出供参考。见表 7.7.7-1～表 7.7.7-4。

变压器低压侧额定电压有 6.3（6.6）kV、10.5（11）kV、13.8kV 3 种，13.8kV 仅用于大容量发电机的升压变压器。6.3（6.6）kV、10.5（11）kV 的变压器参数相同，只写出 10.5（11）kV 为代表。

变压器分接头按国家标准（GB 1094—71）：升压型为 $121\pm2\times2.5\%/38.5\pm5\%/6.3$（10.5）kV。降压型为 $110\pm2\times2.5\%/38.5\pm5\%/6.6$（11）kV。表中只标出升压型。

110kV 标准容量系列双卷变压器　　　　　表 7.7.7-1

型号及容量（kVA）	低压侧额定电压（kV）	连接组	损耗（kW）		阻抗电压（%）	空载电流（%）	运输重量（t）	轨距（mm）
			空载	短路				
SFL₁—6300	11	Y₀/△—11	9.76	52	10.5	1.1	12	1435
SFL₁—8000	11	Y₀/△—11	11.6	62	10.5	1.1	13.6	1435
SFL₁—10000	11	Y₀/△—11	14	72	10.5	1.1	15.7	1435
SFL₁—16000	11	Y₀/△—11	18.5	110	10.5	0.9	19.7	1435
SFL₁—20000	11	Y₀/△—11	22	135	10.5	0.8	22.4	1435
SFL₁—25000	11	Y₀/△—11	31.1	190	10.5	0.7		1435
SFL₁—31500	11	Y₀/△—11	31.1	190	10.5	0.7		1435
SFL₁—40000	11	Y₀/△—11	41.5	204	10.5	0.7	41.7	1435
SFPL₁—50000	11	Y₀/△—11	49	250	10.5	0.75	41.7	1435
SFPL₁—63000	11	Y₀/△—11	60	297	10.5	0.61	56.3	2000×1435
SFZL₁—16000	6.3	Y₀/△—11	34	120	10.5	1.2	21.7	1435
SSPL₁—10000	6.3	Y₀/Y—10	14	72	10.5	1.1	15.74	1435
SSPL₁—20000	6.3	Y₀/△—11	22.1	135	10.8	0.8	22.52	1435
SSPL₁—63000	10.5	Y₀/△—11	68	300	10.5		55.7	2000×1435
SF—10000	11	Y₀/△—11	30	93	10.5	3.5	26.21	1435
SF—20000	11	Y₀/△—11	50	160	10.5	3	37.4	1435
SF—25000	11	Y₀/△—11			10.5			1435
SFP—20000	11	Y₀/△—11						1435
SSP—31500	11	Y₀/△—11	74	200	10.5	2.7	51.16	1435

110kV 非标准容量系列双卷变压器　　　　　表 7.7.7-2

型号及容量（kVA）	低压侧额定电压（kV）	连接组	损耗（kW）		阻抗电压（%）	空载电流（%）	运输重量（t）	轨距（mm）
			空载	短路				
SFPL₁—90000	10.5	Y₀/△—11	75	440	10.5	0.7	77.3	2000×1435
SFPL₁—120000	10.5	Y₀/△—11	100	500	10.5	0.65	83.7	2000×1435
SSPL₁—90000	13.8	Y₀/△—11	85	451	10.4		68.2	2000×1435
SSPL₁—150000	13.8	Y₀/△—11			13		108	2000×1435
SJ—5600	11	Y₀/△—11	25.5	62.5	10.5	4.5	29.6	1435
SJ—7500	11	Y₀/△—11	24	75	10.5	4	23.44	1435
SF—15000	11	Y₀/△—11	40.5	128	10.5	3.5	31.56	1435
SSP—40500	11	Y₀/△—11	110	230	10.5	2.3		1435
SSP—45000	11	Y₀/△—11	100	250	10.5	2.6	63.63	1435
SSP—60000	11	Y₀/△—11	130	310	10.5	2.5	76.81	1435
SSP—75000	11	Y₀/△—11	200	480	10.5	2.4		2000×1435
SSP—90000	11	Y₀/△—11	190	430	10.5	3	109.34	2000×1435

110kV 标准容量系列三卷变压器

表 7.7.7-3

型号及容量 (kVA)	额定容量比 高/中/低 (%)	额定电压比 高/中/低 (kV)	连接组	损耗 (kW) 空载	损耗 短路 高-中	损耗 短路 高-低	损耗 短路 中-低	阻抗电压 (%) 高-中	阻抗电压 高-低	阻抗电压 中-低	空载电流 (%)	运输重量 (t)
SFSL₁-6300		121/38.5/11	Y₀/Y₀/△-12-11	12.5	63	63	51	17	10.5	6	1.4	16
SFSL₁-8000		121/38.5/11	Y₀/Y₀/△-12-11	14.2	71.6	88.7	47.4	17.5	10.5	6.5	1.26	
SFSL₁-10000		121/38.5/11	Y₀/Y₀/△-12-11	17	91	89	69	17	10.5	6	1.5	25
SFSL₁-20000		121/38.5/11	Y₀/Y₀/△-12-11	50.2	150.7	131	94.5	18	10.5	6.5	4.1	32.8
SFSL₁-25000		121/10.5/6.3	Y₀/△/△-11-11	42.7	219	224	172	18	10.5	6	2.99	36.3
SFSL₁-31500		121/38.5/11	Y/Y₀/△-12-11	38.4	229	212	181.6	18	10.5	6.5	0.8	40.5
SFSL₁-40000		121/38.5/11	Y₀/Y₀/△-12-11									
SFSL₁-50000		121/38.5/11	Y₀/Y₀/△-12-11	53.2	350	300	255	17.5	10.5	6.5	0.8	
SFSLQ₁-63000		121/38.5/11	Y₀/Y₀/△-12-11	21.5	90	90	68	17	10.5	6	1.6	
SFSLQ₁-10000		121/38.5/11	Y₀/Y₀/△-12-11	30.5	120	120	94	17	10.5	6	1.2	25.6
SFSLQ₁-20000		121/38.5/11	Y₀/Y₀/△-12-11	34	155	150	112	17	10.5	6	1.2	
SFSLQ₁-31500		121/38.5/11	Y₀/Y₀/△-12-11	47.2	207	207	165	17	10.5	6	0.9	
SPSLQ₁-31500		110/38.5/6.3	Y₀/Y₀/△-12-11	47.2	207	207	165	17	10.5	6	0.9	

110kV 非标准容量系列三卷变压器

表 7.7.7-4

型号及容量 (kVA)	额定容量比 高/中/低 (%)	额定电压比 高/中/低 (kV)	连接组	损耗 (kW) 空载	损耗 短路 高-中	损耗 短路 高-低	损耗 短路 中-低	阻抗电压 (%) 高-中	阻抗电压 高-低	阻抗电压 中-低	空载电流 (%)	运输重量 (t)
SFSL₁-15000		121/38.5/11	Y₀/Y₀/△-12-11	22.7	120	120	95	17	10.5	6	1.3	29.8
SFSLQ₁-15000		121/38.5/11	Y₀/Y₀/△-12-11	30.5	120	120	94	17	10.5	6	1.2	
SFS-5600		121/38.5/11	Y₀/Y₀/△-12-11	30	69.5			17	10.5	6	5	31
SFS-7500		121/38.5/11	Y₀/Y₀/△-12-11	32	80			17	10.5	6	4.6	
SFS-15000		121/38.5/11	Y₀/Y₀/△-12-11	55	135			17	10.5	6	4	43.45
SFS-40500		121/38.5/11	Y₀/Y₀/△-12-11	130	290			17	10.5	6	3	61
SFS-45000.		121/38.5/11	Y₀/Y₀/△-12-11	130	300			17	10.5	6	3	81.7
SFS-60000		121/38.5/11	Y₀/Y₀/△-12-11	147	430			17	10.5	6	3	97.4
SFS-75000		121/38.5/11	Y₀/Y₀/△-12-11	200	480			20.6	12	7.5	2.5	102.1

三卷变压器阻抗电压的配置有升压型和降压型两种，表中写出升压型为代表。将高—中和高—低互换即为降压型。

如升压型 Uk 高—中＝17.5％；Uk 高—低＝10.5％；
Uk 中—低＝6.5％。

降压型 Uk 高—中＝10.5％；Uk 高—低＝17.5％；
Uk 中—低＝6.5％。

7.7.8 附录8 0.22～35kV 主干电力电缆截面

见表7.7.8。

0.22～35kV 主干电力电缆截面　　　　　　表 7.7.8

电压（kV）	电缆铝芯截面（mm²）			
0.38/0.22	240	185	150	120
10	300	240	185	150
35	300	240	185	150

7.7.9 附录9 不同电压等级导线与地面的最小距离

导线与地面的距离，在最大计算弧垂情况下，不应小于表7.7.9值。

导线与地面的最小距离（m）　　　　　　表 7.7.9

线路经过地区	线路电压（kV）					
	<1	1～10	35～110	220	330	500
人口集中地区	6.0	6.5	7.0	7.5	14.0	14.0
非人口集中地区	5.0	5.0	6.0	6.5	7.5	10.5～11.0
交通困难地区	4.0	4.5	5.0	5.5	6.5	8.5

注：①人口集中地区：居民区、工业企业地区、港口、码头、火车站、城镇等人口集中地区；
②非人口集中地区：上述人口集中地区以外的人口较少的地区；
③交通困难地区：车辆、农业机械不能到达的地区。

7.7.10 附录10 电力线路边导线与建筑物之间的最小安全距离

见表7.7.10。

电力线路边导线与建筑物之间的最小水平距离　　　　表 7.7.10

线路电压（kV）	<1	1～10	35	66～110	220	330	500
距离（m）	1.0	1.5	3.0	4.0	5.0	6.0	8.5

7.7.11 附录11 电力架空线与房屋建筑的间距

见表7.7.11。

电力架空线与房屋建筑的间距　　　　表 7.7.11

最小间隔距离	线路额定电压（kV）					
	1～15	20～35	60～110	220	330	500
在最大弧垂时的垂直距离（m）	3.0	4.0	5.0	6.0	7.0	9.0
在最大偏斜时的距离（m）	1.5	2.0	4.0	6.0	7.0	

7.7.12　附录12　中、低压电力直埋电缆与各种设施的最小净距

见表 7.7.12。

中、低压电力直埋电缆与各种设施的最小净距　　　　表 7.7.12

项　目　敷设条件	平行时（m）	交叉时（m）	项　目　敷设条件	平行时（m）	交叉时（m）
建筑物基础	0.5	—	排水明沟（平行时与沟边，交叉时与沟底）	1.0	0.5
电杆	0.6	—	水管，压缩空气管	1.0	0.5
与10kV以上电力电缆之间	0.25	0.5	可燃气体及易燃、可燃液体管道	1.0	0.5
通信电缆	0.5	0.5	道路（平行时与侧面，交叉时与路面）	1.5	1.0
热力管沟（包括石油管理）	2.0	0.5	铁路（电气化铁路除外）	3.0	1.0
树木主干	1.5	—	灌木丛	0.5	—

注：中、低压电力直埋电缆与树木主干的距离，不宜小于0.7m，特殊情况，可与有关部门协商，采取措施解决。

7.7.13　附录13　电力架空线与树木的最小垂直距离

送电线路通过林区，应砍伐出通道。通道净宽度不应小于线路宽度，如林区主要树种高度的2倍。通道附近超过主要树种高度的个别树木，应砍伐。树木自然生长高度不超过2m；导线与树木（考虑自然生长高度）间的垂直距离不应小于表7.7.13值。

电力架空线与树木之间的最小垂直距离　　　　表 7.7.13

线路电压（kV）	35～110	220	330	500
垂直距离（m）	4.0	4.5	5.5	7.0

7.7.14　附录14　电力架空线与树木间最小净距

电力架空线路通过公园、绿化区与防护林带，其与树木之间的净空距离，在最大计算风偏下，不应小于表7.7.14值。

电力架空线与树木间最小净距　　　　　　　　表 7.7.14

线路电压（kV）	<1	1～10	35～110	220	330	500
距　离（m）	3.0	3.0	3.5	4.0	6.0	7.0

7.7.15　附录15　电力架空线与街道行道树、果树、经济作物林、城镇灌木间的最小垂直距离

电力架空线路通过果林、经济作物林或灌木林，导线与果树、经济作物林、灌木林及街道行道树之间的最小垂直距离不应小于表 7.7.15 值。

电力架空线与果树、经济作物林、灌木及街道行道树之间的最小垂直距离　　表 7.7.15

线路电压（kV）	<1	1～10	35～110	220	330	500
垂直距离（m）	1.0	1.5	3.0	3.5	4.5	7.5

注：表中 35kV 及以下架空导线的最小垂直距离为最大计算弧垂情况下的垂直距离。35kV 及以下架空导线与街道行道树在最大计算风偏下的水平距离为：35kV 线路不应小于 3.5m；1～10kV 线路，不应小于 2.0m；1kV 以下线路，不应小于 1.0m。

7.7.16　附录16　架空电力线路与电视差转台、转播台的防护间距

不同电压等级的电力架空线路与无线电各波段电视差转台、转播台的防护间距应不小于表 7.7.16 值。

电力架空线路与电视差转台、转播台的防护间距　　　　表 7.7.16

	110kV	220kV～330kV	500kV
VHF（Ⅰ）	300mm	400m	500m
VHF（Ⅱ）	150m	250m	350m

7.7.17　附录17　架空电力线路对机场导航台、定向台的防护间距

不同电压等级的电力架空线路与机场导航台、定向台的防护间距不应小于表 7.7.17 值。

架空电力线路对机场导航台、定向台的防护间距　　　　表 7.7.17

电压等级（kV）	离开导航台距离（m）	离开定向台距离（m）
35	300	500
66～110	700	700
220～330	1000	700
500	1500	700
发电厂，有电焊和高频设备的单位	2000	2000

主要参考文献

1　王锡凡主编. 电力系统优化规划. 北京：水利电力出版社，1990

2　城市电网规划设计导则. 中国电机工程学会城市供电专委会

3 《城市电力规划规范》GB 50293—1999

4 洪向道主编. 小型热电站实用设计手册. 北京：水利电力出版社，1989

5 电力工程电气设计手册. 西北电力设计院. 北京：水利电力出版社，1989

6 霍宏烈，李全中编. 农村电力网规划. 北京：水利电力出版社，1990

7 刘仁根，汤铭潭主编. 小城镇规划标准研究. 中国城市规划设计研究院. 中国建筑设计研究院. 沈阳建筑工程学院编著. 北京：中国建筑工业出版社，2003（电子版）

8 汤铭潭. 开发区用电负荷预测. 上海：《供用电》1991.4

9 汤铭潭. 城市新区规划用电负荷预测. 北京：《城市规划》1992.3

10 汤铭潭. 开发区供电规划的几个问题.《河南电力》1992.3

11 汤铭潭. 城市供热规划的热源、环境分析与对策研究. 北京：《城市规划》1993.5

12 汤铭潭. 工业城市电力网电力系统难题破解.《走向新世纪》. 中国致公出版社，2001.《工程建设与设计》2000.12

13 汤铭潭. 小城镇电力、通信规划技术指标探析.《工程建设与设计》

第8章 小城镇通信工程规划

8.1 概 述

8.1.1 城镇通信发展与通信工程规划

当今信息社会，通信系统和通信网作为城镇重要基础设施，正在向数字化、智能化、综合化、宽带化和个人化迅猛发展。

现在城镇通信不仅涉及固定电话通信网，而且已越来越广泛地涉及移动通信网、广播电视网、计算机网、多媒体网等通信、信息网络。通信高新技术发展，使得传统的电信网在理论概念、技术、方法、业务、投资、管理和服务业方面，正在产生深刻的转变，对城镇通信规划产生深刻影响。

了解通信与通信网发展对城镇通信规划十分重要。展望通信发展，下一代电信网将是以数据业务，特别是 IP（Internet Protocol）业务为中心的多种业务融合，并将最终支持包括语音在内的所有业务的通信网络。

（1）电信网络演进与变革

国际上一般将电信网的长途网（长途端局以上部分、长途端局与市话局之间以及市话局之间的部分）称为核心网和转接网，余下的市话端局与用户之间的部分称为接入网；国内将市话端局以上部分称为核心网或转接网，而将市话端局或远端模块以下部分称为接入网。上述两种电信网划分方法基本上一致。

1）核心网演进

20 世纪 90 年代末，通信业务向宽带化、个人化、分组化发展已日益明显，以 Internet 和宽带移动通信为代表的数据业务和宽带业务的需求不断增加。

宽带网是通信发展的目标。从传统的电路交换网过渡到以 ATM/IP 为主导的分组化网，我国需 10～15 年以上的过渡期。城镇通信规划，近中期规划主要以前一网络为主，远期规划设计则应在不同程度上考虑和解决上述两种网络的融合与互通，最终完成由传统电路交换为基础的电信网向分组化的 ATM/IP 为基础的数据网的逐步过渡。

需要指出的是，数字技术的发展和全面采用，使电话、数据和图像信号可通过统一的编码，实现传输和交换；而光通信技术的发展，又为综合传送各种业务信息提供了必要的带宽和传输质量，成为三网业务的理想平台。同时，计算机软件技术的发展，使三大网络及其终端，可通过软件支持用户所需的各种不同业务，并且在 TCP/IP 协议的基础上，各种以 IP 为基础的业务都能在不同的网上实现互通。

2）接入网演进

目前核心网，波分复用（WDM）光传送网系统的带宽已达 400Gbit/s，网络容量正在高速增长，用户终端 CPU 性能不断翻番，企事业用户的接入正向 IP 快速汇聚，带宽快速增长，而中间传统铜缆接入网仅能满足话音和窄带通信，成为现代通信发展和全网带宽的瓶颈。因此，接入网的宽带化和 IP 化成为通信发展的必然。

（2）移动通信的发展

未来移动通信技术发展的主要趋势是宽带化、分组化、综合化和个人化。

移动通信技术随着有线网络的宽带化，也正向无线接入宽带化方向发展，传输速率从 9.6kbit/s 向第三代移动通信系统的最高速率 2Mbit/s 发展。

随着数据业务量主导地位的形成，如同前述，电路交换逐步过渡到以 IP 为基础的分组化网络，移动通信通用分组无线业务的引入，用户将在端到端分组传输模式下发送和接收数据。

未来网络可通过固定接入、移动蜂窝接入、无线本地环路接入等不同的设备接入核心网，实现用户所需的各种业务，在技术上实现固定通信和移动通信等不同业务的相互融合。

同时，移动 IP 是实现未来信息个人化的重要手段，移动智能网技术与 IP 技术的组合，将进一步推动城市和全球个人通信的发展。

（3）数据通信网的发展

我国各类数据网用户的年增长速率都在 3 位数。公用数据网先后建立分组数据网（X25）、数字数据网（DDN），帧中继和 ATM 宽带数据网，并且 ATM 网已具有相当的规模。统一的数据网应首先建立在 ATM 技术的基础上，可采用 ATM 多业务接入交换机在靠近用户处实现上述几种数据网数据业务的汇集。

目前 IP 组网方式主要是 IP over ATM（异步传输模式）、IP over SPH（同步数字系列）或 IP over WDM（波分复用）。3 种方式各有自己的定位和适用地方，主要表现在"速率颗粒度"和 QoS（Quality of Service）服务质量上，而 IP over DWDM（数字波分复用）代表着网络体系结构未来的发展方向。

IP 与 ATM 的结合是面向连接的 ATM 与无连接的 IP 的统一；IP 与 SDH 的结合，省掉了中间的 ATM 层，保留了因特网的连接特征，而从长远看，IP over WDM 是最简单直接的体系结构，省去中间的 ATM 与 SDH 层，它不仅可在 IP 层上实现电联网，而且能在光传送网（OTN）层面上实现光联网。

（4）多媒体通信的发展

多媒体通信是向用户广泛提供声、像、图、文并茂的交互式通信与信息服务。目前电信业是以单一媒体形式提供服务，不同时具备集成性、同步性和交互性，但多媒体发展必将成为城市及其小区信息基础设施的重要组成部分。也是三网融合的目标，多媒体业务有远程教育、远程医疗、家庭购物、家庭办公、视像自选，这些服务对现代化城镇来说，需求将会不断增加。

（5）其他通信发展

1）卫星移动通信

卫星移动通信对提供电信接入水平将起到进一步推动作用。正在研制新一代非同步轨道卫星系统可提供通信的全球覆盖，用手机可在全球任何地方通话。

2）有线电视电话

有线电视电话需要一个统一的网络结构，提供有线电视和语音电话，并增加电信网络的供给能力。

混合光纤/同轴电缆（HFC）和传统的有线电视网不同，HFC 允许双向通信并因此能提供电话和数据通信服务，提供高速 Internet 接入等宽带业务。HFC 中光纤连接到交换机到街区节点（光纤到街区或小区 FTTN），再由同轴电缆连接到用户家庭，用户端不必重新布线，充分利用现有电话设备。我国湖南省邮电管理局已建成 HFC 试验网应用支持双向通信的 750MHz 系统。

3）IP 电话

IP 电话以其低廉的资费吸引着越来越多的用户。目前的 Voice Over IP 都是建立在 IP 专网上的纯语音网络，能通过对全网的带宽情况和路由策略，做及时调整，提供接近电信级别的语音服务。

我国正处于信息通信需求极其旺盛、通信能力增长速度居世界首位这样一个关键时期。虽然，小城镇通信现状基础与发展较城市尚有较大差距，不同地区、不同类别小城镇间差别也很大，但时代的进步，将加快缩小上述差距，小城镇通信规划，既要从小城镇特点和实际考虑，又要有超前意识。按照技术先进性与经济合理性相统一，速度与效益相统一的原则，因地制宜，采用先进的规划理论与方法，解决好新问题。

8.1.2　小城镇通信规划内容与要求

（1）规划内容

小城镇通信工程规划以电信工程规划为主，同时包括邮政和广播、电视规划的主要内容。

小城镇电信工程规划一般分为总体规划和详细规划两个阶段。总体规划阶段主要规划内容应包括用户预测相关本地网规划、局所规划、传输网规划、线路与管道规划，以及移动通信规划。详细规划阶段主要规划内容除具体落实规划地块涉及的上述规划内容外，尚应包括相关用户接入网、配线网规划内容。

按照城市规划法的规定，城市和县级人民政府所在地镇的总体规划，应当包括市或县的行政区域的城镇体系规划。

县（市）域城镇体系规划中的通信工程规划内容一般包括城镇电信用户预测、本地网发展规划、传输网发展规划，以及主要邮政和广播、电视网络规划。

（2）规划深度要求

1）县（市）域城镇体系规划的通信工程规划

① 分析县（市）域通信发展现状，评价与社会经济发展的适应程度；

② 根据城镇体系布局和社会经济发展战略及通信事业发展趋势，以上一级通信网络规划为指导，编制、完善县（市）域本地网、传输网发展规划，以及主要邮政、广播、电视网络规划；

③ 布局县（市）域主要通信、广播电视设施。

2）小城镇总体规划的通信工程规划

① 依据小城镇总体规划，确定近、远期小城镇通信发展总目标，并通过电信需求的宏观预测，确定小城镇近、中、远期电话普及率和局所装机容量；确定移动通信、通信新业务、邮政、广播、电视发展目标和规模；

② 依据县（市）域城镇体系布局和小城镇总体布局，提出小城镇通信规划的原则及其主要技术措施；

③ 通过小城镇信息通信网规划方案的优化选择和局所、管道规划优化，确保主要通信设施布局和网络结构的先进性、合理性、经济性；

④ 确定电信与邮政局所选址和预留的规划用地；

⑤ 确定小城镇广播站及县城镇、中心镇电视台、站的配置与选址，拟定有线广播、有线电视网传输主干线路规划和管道规划；

⑥ 小城镇通信总体规划含远期、近期规划两部分，规划期限与小城镇总体规划期限一致，即远期为 20 年，近期为 5 年。近期规划主要是对小城镇近期通信需求作出预测，近期通信设施做出布局和发展规划，明确近期通信建设项目。

3）小城镇详细规划的通信工程规划

① 以小区和微观预测方法为主，预测规划小区或规划范围内的通信用户需求；

② 提出并优化相关用户接入网规划；

③ 落实总体规划在本规划范围内的相关局所位置、规模与用地；

④ 确定接入网规划中 OLT（Optical Line Terminal）光线路终端和 ONU（optical network unit）光网络单元的数量和分布。

4）确定通信线路路由、敷设方式、管道的位置、管孔数和埋深的基本要求；

5）落实相关邮政局所等主要营业点，移动通信、广播、电视规划中的相关设施。

8.2 用 户 预 测

预测是计划和决策的依据。小城镇电信设施需求量预测是小城镇电信规划的基础，是规划不可缺少的前期工作。规划的好坏在很大程度上取决于预测工作的好坏，预测数量不足，将不能满足城市社会和经济发展对通信的要求，直接影响进步和经济发展，同时给人们生活带来了很大不便；而需求预测过多，则以其为依据的规划和建设会造成严重的资源滥用和资源浪费。

8.2.1 电信预测基础

（1）电信预测分类

电信预测按网路和业务分，可分为：

1）市话网的业务预测；

2）长话业务预测；

3）非电话业务量预测；

4）公用电话业务预测。

小城镇电信预测最基本、最主要的是市话网业务预测。市话网业务预测按使用目的可分为：

1）电话需求量预测

① 县（市）域、小城镇镇区电话需求量预测；

② 详细规划范围、一个交换区、小区的电话需求量预测。

按预测的形式可分为：

① 宏观预测；

② 微观预测；

③ 小区预测。

按预测的期限可分为：

① 近期预测（3～5 年）；

② 中期预测（10 年）；

③ 远期预测（15～20 年）；

④ 远景预测（30～50 年）。

一般情况下，近、中期预测除用于局所近、中期规划外，主要用于交换与线路（含传输）设计。远期及远景预测用于局所、管道规划。

2）市话话务量预测

市话话务量预测包括市话平均每线话务量预测、长话话务量占市话话务量比例分析预测和市话局间话务量流向比例预测。

此外，还有其他业务对市话线路需求预测。上述业务预测最主要的是电话需求量即市话用户预测。

图 8.2.1-1 为本地网市内电话业务预测的主要内容。

图 8.2.1-1　市内电话网业务预测

因市话局间话务流量预测依赖局所规划的结果，图中前期市话话务量预测实际只做市话平均每线话务量预测。

（2）预测的一般步骤和要点

电信需求预测的一般步骤可分为：

1）根据不同规划和不同规划期等要求，确定预测的目的和对象；

2）根据预测目的，收集预测有关的资料；

3）根据相关分析，分类整理数据，分析数据，同时研究收集的数据对预测需求量变动的影响程度，对数据进行选择取舍，并确定其权数；

4）分析增长规律和影响预测对象的各个因素及其主次关系；

5）选择预测方法和建立预测数字模型，并通过数字演算，推算出模型中的参数；

6）计算预测值，分析讨论预测误差；

7）比较多种预测，修正并确定预测结果，编写预测报告。

按照预测步骤，在预测过程中要抓住下列要点：

1）分析相关因素，要注意有关的经济理论和实际经验，只有根据正确的经济理论确定的各经济变量间符合实际情况的关系预测才是可靠的。

2）注意分析各相关因素之间的相互作用，避免某一因素的影响重复作用，而造成较大的预测偏差。

3）在预测过程中，注意运用定性分析与定量计算相结合的方法，并根据实际情况，适用合适的预测技术。

4）预测结果应有一个明确的数量概念，同时也应提出动态条件下，各种可能的预测方案及其量值。

5）从规划范围按行政区域的预测（可同时从人口、工业等方面进行的社会经济研究）过渡到对应于未来电话区域的预测。

（3）预测资料的收集

小城镇电信需求预测是一门社会调查、分析与研究的科学，预测首先要收集有关资料。小城镇电信规划资料收集可结合小城镇规划资料的收集而共同进行，许多资料可直接从后者得到。表8.2.1为收集资料的内容和来源。

小城镇电信预测的主要收集资料 表8.2.1

资料类别	资料内容	资料来源
小城镇总体规划、详细规划资料	1. 相关小城镇总体规划、详细规划的文本及图纸； 2. 镇区道路及主要市政和基础设施规划图； 3. 人口密度图	县镇规划管理等部门
国民经济资料	1. 小城镇历年国民经济发展速度； 2. 小城镇历年工业总产值； 3. 小城镇历年人口增长速度，小城镇人口总数、职工总数； 4. 小城镇历年人均国民生产总值	县计划、经济、统计等部门
市内通信网资料	1. 通信网、通信设备历年发展情况； 2. 通信网现状； 3. 现有交换机设备容量和制式、实装率； 4. 话务量资料； 5. 待装用户、潜在用户资料； 6. 其他资料	县电信部门

（4）电话需求量的相关分析

1）电话的分类与电话普及率

电话是同时满足公众的经济方面需要的专业性设备和满足私人要求的家用（或住宅的）设备。其用户可分为住宅用户和专业用户两大类。其中对于工作需要的住宅用户，可以进行更细的分类区别，以使预测得到更高的准确性。

电话普及率一般也是用得最多的是综合普及率，可分为话机普及率和局号普及率两种：话机普及率按每百人拥有电话机数计算，用"部/百人"表示。

局号普及率按每百户拥有的局线数计算，用"局线/百人"表示。

此外，在预测中也常采用分类普及率。主要分住宅用户普及率和专业用户普及率：

住宅用户（或住宅电话）普及率，通常用每 100 个家庭的线对数来表示，也有用"部/百户"表示；

专业用户（或业务电话）普及率，通常用每 100 个职员的线对数来表示，也有用"部/百人"或"部/公顷"表示。

还有占比例很小的公用电话普及率，用"部/千人"或"部/公顷"表示。业务电话普及率还可按行业细分，用"部/行业人口"或"部/单位"表示。

在小区预测和微观预测中，微观电话发展指标或综合电话发展指标，实际上也是普及率的应用。通常按不同部门的在职人数，管理人员，不同用地功能的用地面积，不同建筑的建筑面积等指标计量。

普及率反映网路发展水平，它是从大量持续变化着的统计分析得出来的，对普及率的研究是电信预测工作的核心。

2) 电话普及率增长的一般规律

电话普及率增长的一般规律可以借助于电话网发展的 3 个特征阶段来描述。图 8.2.1-2 为电话网 3 个特征发展阶段示意图。

图 8.2.1-2　电话网 3 个特征发展阶段

① 开始阶段：缓慢的线性发展阶段。电话普及率低，并且增长缓慢，基本组成是行政机关、公共管理部门与工厂企业的业务电话，住宅电话较少，对广大住户来说，电话是奢侈品，而不是日用品。

② 迅速增长阶段：迅速增长，中段直线发展阶段。随着经济的发展，这一阶段除公务电话需求继续增长外，住宅电话已被认为是日用品得到大发展，并成为电话网迅速发展的推动力。

这个阶段新增用户发展很快，往往出现供不应求的情况，出现大量的待装户与潜在待装户。这一阶段电话普及率迅速增长。

这一阶段还可分为向上拐、直线、向下拐三个阶段，其中上拐点和下拐点是电话发展规律曲线的两个重要点。这一阶段的预测工作更为重要，预测对规划的影响更大。预测人员十分重视找出本地区这一阶段电话发展的上拐点和下拐点。

③ 饱和阶段：减速、平稳发展阶段。住宅电话密度达到 80%～100%，电话普及率高，逐渐饱和。网路按照适合于需求的供给量的稳定增长率发展，新的电话需求不再主要是住宅用户而变得更多样化：移机成为需求的重要部分；住宅电话出现第 2、第 3 对线；第三产业、服务性行业的高度发展改变专业公务电话需求。不断发展的新业务是为这一阶段的另一特点，这一阶段用户需求预测方法应作相应变化。

新业务主要有：

① N－ISDN（2B+D、3B+D）业务；

② B－ISDN（6－8MB）业务；

③ 智能用户电报；

④ G₄ 类传真；

④ G_4 类传真；

⑤ 可视图文；

⑥ 可视电话；

⑦ 会议电视系统业务；

⑧ 计算机互联网业务；

⑨ 用户点分布的有线电视网系统业务。

3）需求量若干相关因素分析

① 与经济社会发展水平的关系

与经济社会发展水平的关系反映在电话网发展的三个特征阶段的延续时间不同。

② 与国内生产总值的关系

国内生产总值和电话密度有密切关系，CCITT 根据 1975～1978 年有关统计，得出电话密度与人均国内生产总值的关系见图 8.2.1-3。

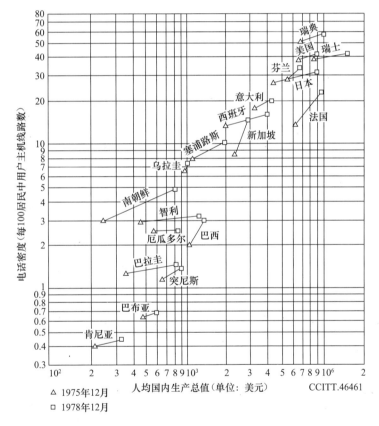

图 8.2.1-3　电话密度与人均国内生产总值的关系

在预测小城镇中期、远期电话增长时，常根据小城镇总体规划的中期和远期国民生产总值作相关预测。

4）与镇区人口及其就业人口比例、工作性质的关系

如前所述，住宅电话和业务电话的普及率一般都用一定人数的线对数表示。根据人口和电话普及率即可求得电话需求总数。在一定的预测期电话普及率下，人口越多，电话需

求量就越大；此外，从电话普及率的构成分类可知，就业人口比例越大以及从事管理工作或业务部门工作人员的比例越大，电话需求量也越大。

5）其他相关因素

除上述主要相关因素外，小城镇电信需求或其预测还与下列因素密切相关：

① 小城镇的规模、性质、作用和地位；

② 镇区用地布局和用地功能；

③ 小城镇平均家庭生活水平及其收入增长规律；

④ 第三产业和新部门增长发展规律；

⑤ 居住小区与公区建筑。

不难发现，小城镇电信需求与上述因素的密切关系在于上述因素反映决定电信需求的通信重要性，或与需求相关的经济状况和经济实力，或潜在需求。

8.2.2　宏观预测方法

（1）增长率法预测

1）弹性系数法

8.3.1 节介绍了电力负荷的弹性系数法和平均增长率法预测，电信需求的上述方法预测也有某些共同之处。

由于电信需求增长与工农业生产总值、国民生产总值、国民收入增长的密切相关关系，在电信弹性系数法预测中，常选后者为自变量，并且根据通信作为城镇主要基础设施超前于城镇国民经济发展的一般规律，一般 $E>1$，在大发展阶段以 1.3～2.0 为宜，到趋向饱和阶段，$E<1$。在应用中应注意：

① E 值应考虑不同规划期的发展目标和不同时期的相关发展趋势，分期或分年限计算和选取；

② 在缺乏统计数据的情况下，采用定性分析与定量比较结合的方法，取定 E 值应作较详细的相关分析与类似比较，特别注意分析近年的增长规律和发展趋势、不同城镇的需求特点和所处电信网路发展中的不同特性阶段。

③ 在有较多历年统计数据时，宜分析采用时序数学模型求出 K 值（其中 Kx 值也可利用城镇社会经济发展规划的预测计算数据），再求出 E 值。

表 8.2.2-1 为日本与韩国、中国台湾、香港、新加坡的电信历史 E 值比较。

日本与韩国、中国台湾、香港、新加坡电信历史 E 值比较　　　表 8.2.2-1

国家和地区	时期	弹性系数 E
日本	1959～1975 年	1.81
韩国	1949～1960 年	1.69
中国台湾	1958～1984 年	2.10
香港	1958～1978 年	2.32
新加坡	1968～1984 年	1.64

2）平均增长率法预测

平均增长率预测法是在统计分析近年市话平均增长率的基础上，采用相关综合分析，包括专家讨论等方式，分阶段确定市话用户的宏观增长率，再计算用户需求的一种方法。

确定市话用户的阶段平均增长率后，用户需求可采用下式计算：

$$Y = M(1+a)^t \qquad (8-1)$$

式中　Y——阶段末用户数；

　　　M——基础年用户数；

　　　a——该阶段平均增长率；

　　　t——该阶段的年数。

（2）普及率和分类普及率预测方法

普及率和分类普及率预测方法是采用电话普及率和分类普及率进行电话需求预测的一种常用预测方法。一般情况，普及率法用于宏观预测；分类普及率法除用于宏观预测外，也用于微观预测和小区预测；普及率和分类普及率可结合用于总体宏观预测。

1）普及率法预测

CCITT 提出，电话需求预测应采用普及率法并采用两个普及率进行测算：

① 对住宅用户，应用"线数/家庭"测算需求；

② 对专业用户（包括各种公务电话、工厂、商业用电话），应用"线数/雇员"测算需求。

表 8.2.2-2 为香港 1984～1992 年电话普及率及其构成。

香港 1984～1992 年电话普及率及其构成　　　　　表 8.2.2-2

年份（年）	人口（万）	局号普及率（%）	主机线数（万线）	专业电话普及率（%）	专业电话所占比例（%）	住房数（万户）	住宅电话普及率（%）	住宅电话所占比例（%）
1984	537	29.3	157.34	7.3	25	119.3	22	75
1985	542	30.7	166.23	7.8	25.5	123.2	22.8	74.5
1986	546	32.3	176.36	8.45	26.3	130	23.8	73.7
1987	553	33.9	187.47	9.2	27.4	134.9	24.6	72.6
1988	561	36.0	201.96	10.5	29.2	143.9	25.6	70.8
1989	574	38.2	219.27	12	31.4	151	26.2	68.6
1990	582	40.3	234.55	13.2	32.8	157.3	27.1	66.2
1991	580	42.7	247.66	14.4	33.7	165.7	28.3	66.2
1992	576	45.9	264.38	16	35.1	192	29.8	64.9

实例 2. 表 8.2.2-3 为普及率法宏观预测某市域中心城区、镇区的电话需求及设备容量。

普及率法宏观预测电话需求和设备容量　　　　　表 8.2.2-3

预测年（基础年或基础年后）	主机线普及率		主机线数（万线）			实装率（%）	实装（万门）	全市人口（万人）	全市主机线普及率（%）
	中心城区	镇区	中心城区	镇区	合计				
基础年	24.0	11	9.7	10.2	19.9	75	26.6	132.7	15.0
5 年	37.2	20	20.49	21.77	42.26	80	52.9	163.9	25.8
10 年	54.1	33	37.9	43.64	81.52	85	95.9	202.3	40.3
15 年	69.5	45	62.52	72.0	134.52	85	158.3	250	53.8

2）分类普及率法预测

分类普及率预测法是按分类的普及率进行预测的方法，在绝大多数场合较普及率法预测更切合实际。

分类普及率法先预测规划期内的家庭数（户数）和职员数，再按大量统计、分析和比较得到的线数/家庭和线数/职员的普及率指标，分别测算住宅用户和专业用户，上述两项之和即为预测的电话需求总数。

分类普及率法预测，相关的指标主要有：

居住区人口毛密度或人口净密度；

住宅电话普及率；

各类公务电话普及率；

公用电话普及率。

① 居住（小）区人口毛密度或人口净密度

人口毛密度：每公顷居住区用地上容纳的规划人口数量（人/公顷）。

人口净密度：每公顷住宅用地上容纳的规划人口数量（人/公顷）。

居住（小）区人口毛密度或人口净密度用于测算家庭户数。根据居住（小）区用地、住宅用地或规划的居住（小）区用地、住宅用地和人口毛密度或住宅用地人口净密度，即可求得居住人口、户数或规划的人口、居住户数。

② 住宅电话普及率

住宅电话用户包括其现有户、待装户和潜在待装户。住宅电话普及率建立在住宅电话宏观预测的基础上，一般是用时间序列法做近期回归预测，用相关法（主要与城市人均收入、国民收入相关）及类比法（与类似小城镇比较）预测中、远期发展。

③ 公务电话中各类用户普及率

根据我国情况，我国的市话部门按国家机关、制造业、建筑业、科学文化、文体、卫生、农林牧、第三产业分类统计公务电话数据。这些分类用户的普及率在典型调查，分析研究其增长规律的基础上确定，也可采用前述住宅电话普及率的办法确定。

表 8.2.2-4 为某市公务电话分类普及率指标，可作为小城镇公务电话普及率指标制定典型调查和用户分类方法的适当参考。

某市公务电话分类普及率指标　　　　　　　　　　　　表 8.2.2-4

主机线数/百人　年份　用户分类	1990 年	1995 年	2000 年	2020 年
国家机关	16	24	30～32	55～60
制造业、建筑业	10	15	20～22	28～32
科学文化、文体、卫生	7	14	22～25	32～35
农、林、牧	6	10	14～18	25～27
第三产业	8	15	25～30	45～50

3）公用电话普及率

公用电话一般是设在城镇道路旁，居民（小）区及各营业点、代办点的公用通话设备，包括投币电话和磁卡电话。公用电话占的用户比例很小，但它体现一个城镇电话的服务水平及其方便程度，公用电话普及率的确定基于相关服务水平的预测，也采用类比法确定。

8.2.3 微观预测方法

微观预测是根据用户调查数据、城市用地现状和用地规划等相关资料进行的较小范围、较细的一种预测方法。

微观预测测算的主要方法是分类用户增长率法。其计算公式为：

$$Y = A_1(1 + p)^t + A_2 \tag{8-2}$$

式中　Y——该类用户预测电话数；

　　　A_1——该类用户基年电话数；

　　　p——该类用户预测期的平均增长率；

　　　t——预测期年数；

　　　A_2——该类用户预测期的待装用户数。

预测总户数为预测的各分类用户数之和。另一常用的方法是等密度法。把用户密度图上的方格按其所属地块的用地功能和用地性质分类，每一方格按类别确定净增用户数并据实际修正，根据类别方格数和其每方格净增用户，可计算类别净增用户数。预测期总增加用户数为各类用户净增用户数之和。预测数即为预测范围基年用户数加上总增加用户数。

微观预测的步骤：

① 作用户密度图

一般把规划图底图分为边长 500m 的方格；

② 用户调查：实装户，待装户，新发展用户；

③ 采用测算方法测算；

④ 调整、确定用户密度图，得出预测结果。

微观预测一般采用计算机辅助预测。

小城镇通信微观计算机辅助预测见图 8.2.4。

8.2.4 小区预测方法

小区预测是一种结合现场情况，预测具体点和小区的电话需求的微观预测，亦称现场预测。小区预测是常用的预测方法，一般可直接用于规划和设计。

（1）预测小区的划分

小区划分的范围越小，预测越细，规划与设计则越准确、方便；但划分越细，预测的工作量也越大。一般其用户分布详略按照城镇详细规划和城镇修建性详细规划用地和建筑布局的详略要求。

日本早已实现固定配线区，其固定配线区也就是预测小区。

我国实现固定交接区配线。固定交接区按河流、绿地、铁路等自然界线及地形、道路、街区等条件和情况划分，一般固定交接区也是自然配线区。因此，从便于规划和工程设计考虑，按固定交接区或自然配线区划分预测小区是比较合适的。

小区划分也可考虑按照用户密度大小划分，用户密度大，小区划分得小一些，而用户密度小，小区则可划分得大一些。根据我国实际情况，一般 1 个小区在达到满足年限(15~20 年)时 200~800 线是合适的。而对于 100 线以上的单位，则可视为 1 个单独小区。

（2）小区预测的主要方法

当前，我国小区预测主要采用以下方法：

① 发函调查和实地调查

每隔 3～4 年，由电信部门向预测范围内的一些较大用户单位发出业务预测通知，要求用户的负责部门按规定的表格填写近期或若干年内需要的直通电话、中继线及非话业务线数量。一般发函调查取得的资料经过预测人员分析和纠正，可作为小区预测的依据；对重点用户或发函调查未取得满意结果的用户，可通过实地调查，取得较准确的小区预测依据。

② 对于现有用户、在建或即将建设的用户，按照分类的用户电话发展指标，估算各规划期的用户需求量。

③ 对于难以了解掌握的，但为数不少的各类零散用户，一般靠预测人员凭眼力撒点预测。

④ 对于中、远期的小区预测，一般按城市规划的用地性质和用地功能，自上而下逐级分类分配预测。

⑤ 现场预测总数与统计预测结果不符时，对照统计预测作自上而下和自下而上的比较修正。

提高小区预测水平应该从较多凭经验预测转到较多逻辑推理预测。对此，日本的小区预测可以作为借鉴。日本现场预测对为数不少的分散的业务电话和住宅电话有一套计算方法。首先把预测小区分为几种标准分类模式，再根据分类及其发展阶段，确定预测期的不同电话需要率。

表 8.2.4-1 为日本预测小区的若干标准分类模式。

日本预测小区的标准分类模式　　　　　　　　　　　表 8.2.4-1

标准模式分类		饱和时每公顷社会单位数		适应场合
		标准值	范围	
商业区	S1	90	60～120	村镇中心地区及相当的商业街
	S2	150	100～200	小城市中心地区及相当的商业街
	S3	200	150～250	中等城市中心地区或繁华商业街
	S4	250	200～300	大都市中心地区或繁华商业街
住宅区	R1	40	30～50	每户居住面积 $300m^2$ 左右
	R2	70	50～90	每户居住面积 $150m^2$ 左右
	R3	90	80～100	每户居住面积 $100m^2$ 左右
商混合住区	SR1	90	60～120	一般住宅区混合商业区
	SR2	150	120～180	繁华商业街混合住宅区

属上述标准模式的小区预测运用需要率增长曲线，它是根据业务电话和住宅电话普及率增长曲线，分解出按商业单位和住宅数随年头变化直至需要电话数接近饱和的需要率增长曲线。运用时以实际情况相符点为起点，找出按预测期增加的年头相应的需要率数据，再乘以按预测期实现的饱和率估算得到的社会单位数或住宅数即为需要预测的电话数。对于混合区，可按比例分别计算预测。

实用中，上述方法还可以运用需要率增长曲线数据表。

日本的预测小区按有无电话分类，可分为有效区和无效区两大类。有效区除分为上述几种标准模式外还可分为：

特殊区：大楼、大工厂、学校、神社、寺院、公共设施；

未来开发区：未来出现的住宅、工厂等建设开发区。

特殊区，按不同类别的标准预测；未来开发区，按规划内容，单独预测或参照相关标准模式预测。

实际上，我国运用不同时期的分类普及率和分类发展指标的小区预测，以及对城镇详细规划中的商住区、行政办公综合居住区和底商楼按比例及按预测年份的规划实现率，测算单类开发面积（用地面积或建筑面积），然后按发展指标单位预测商业用户、办公用户和住宅用户等，均与上述日本小区预测有许多相似之处。

我国城镇差别很大，不同地区、不同类型小城镇差别也十分明显。对于城市和小城镇的小区预测，都需要结合我国城市和小城镇现状和发展规划，在收集、研究和分析大量相关资料的基础上，系统归纳出有普遍代表性的用户分类和分级，并根据其增长发展规律，制定适用性较强的预测办法和不同年份、不同规划期的分类需要率和分类指标。

（3）小区预测指标的制定

小城镇小区预测指标可以按不同地区不同用户分类和用户性质分别制定，并可用分类普及率方法制定。

1）业务电话小区预测指标

单位用户宜按每百人占用电话数或每单位需要电话数作为需要率指标。

表8.2.4-2为某地县城业务电话小区预测指标。

某地县城业务电话小区预测指标　　　　　　　　　　　　　　　表8.2.4-2

用户性质分类		每百人需要局号数		
		基础年	近期	中远期
政府机关		15～25	35～45	50～65
商业	商场	6～12	10～15	12～20
	商店（1～2个门面）	0.8～1	1～2	1.5～2
宾馆、旅馆	高级宾馆	12～20	20～30	28～40
	普通宾馆	6～10	10～15	18～24
	普通旅馆	2～6	4～10	6～18
工厂	100人以下	1～3	3～5	4～8
	100～300人	3～5	5～8	8～14
	300～500人	5～8	10～12	14～18
学校	中学	4～6	7～10	10～18
	小学	2～3	5～8	8～12
	幼托	1～2	1.5～2	2～3

2）住宅电话小区预测指标

住宅电话小区预测指标可以按各类住宅分别制定。一般以每户（家庭）、每百户平均需用电话数作为需要率指标。

住宅电话小区预测指标制定应注意各类住宅的电话增长规律的差别，同时应根据不同城市、不同阶层人均收入及其增长趋势进行细致测算。一般来说，不同类别的住宅反映一定程度人均收入的一定差别，但需结合实际调查。

表 8.2.4-3 为某地县城各类住宅电话小区预测指标。

某地县城各类住宅电话小区　　　　　　　　　　表 8.2.4-3

住宅分类	每户（套）局号数		
	基础年	近期	中远期
别墅	1.5～2	1.8～2.5	2～3
高级住宅	1～1.2	1.2～1.5	1.5～2
普通住宅	0.6～0.9	0.9～1.2	1～1.5

3）公用电话小区预测指标

公用电话小区预测指标可以按不同城镇、不同地段的公用电话服务半径要求制定。

一般在城镇中心公用电话服务半径小一点；在其边缘地区公用电话服务半径大一些；郊区公用电话仅设在人口聚集点。

表 8.2.4-4 为某地县城公用电话小区预测指标。

某地县城公用电话小区预测指标　　　　　　　　表 8.2.4-4

所在城镇地段	预测需要率（局号/M）			备　注
	基础年	近期	中远期	
城镇中心	1/150～200	1/80～120	1/50～80	M 为服务半径
城镇边缘	1/250～300	1/150～200	1/120～150	
主要街道	1/400～500	1/250～300	1/120～150	M 为沿街长度
其他公共场所	根据设计要求			

（4）按建筑面积测算的小区预测方法

按建筑面积测算电信需求的小区预测方法是根据城镇用地规划或实际建筑，预测具体建筑点和小区电话需求的小区预测方法之一。可直接用于城市和小城镇电信工程的规划与设计。

我国香港特区和一些国家在 20 世纪 50 年代就开始采用，到 20 世纪 70 年代已是城镇电信需求的主要测算方法之一。其道理很简单，因为建筑有人住，有人办公，就会有电话需求。同样也总会有通信、信息等新业务需求。

这种方法特别适用于城镇规划的新区、开发区、城镇详细规划和城镇修建性详细规划的电话用户需求的预测。城镇新区和开发区没有历史统计资料，预测的主要依据是规划开发建设的各类不同性质和功能的建筑，并在城镇修建性详细规划中，有详细的建筑布局、建筑性质和建筑面积，在城镇详细规划中，有详细的用地布局、用地功能、用地性质、用地面积和容积率，因此，在上述情况下，按建筑面积测算的小区预测方法作为主要的预测方法，应该说是恰到好处的。

规划用地面积通过规划的容积率可以换算成预测采用的规划建筑面积。容积率即建筑面积毛密度，是每公顷居住用地上拥有的各类建筑的建筑面积（m²/公顷）也即总建筑面积与居住区用地面积的比值。容积率也表示用地的开发强度，在一定的前提下，也隐含电信用户需求潜在力的大小。

按建筑面积测算的小区预测指标可以采用类比法，由同类普及率指标或小区预测指标换算得到。

表 8.2.4-5 为按建筑面积测算的若干城市综合的小区预测指标。表中指标以 2005 年为预测年，并在调查、综合分析和预测若干城市相关用户需求的基础上得出。选择的若干城市综合分析有一定的典型性和代表性，但不可能代替标准制定的必须的大量调查与综合分析。值得指出的是，表 8.2.4-5 的指标仍然是着重于预测方法的引述。在目前无相关标准的情况下，可供相关规划设计的小区预测参考使用，表中数据可采用相关的实际城市规划指标，按实际规划的别墅的每户建筑面积，公寓的每套建筑面积等作适当调整，并宜根据不同城市、不同规划的实际情况修正，以选取指标更切合实际。

按建筑面积测算的若干城市综合的小区预测指标　　　　表 8.2.4-5

建筑、用户性质分类			需要率指标	
			①经济发达城市	②一般城市
住宅电话	别墅	①400~500m²/户	2.5~3 线/400~500m²	1.8~2 线/300~400m²
		②300~400m²/户		
		①200~300m²/户	1.8~2.4 线/200~300m²	1.3~1.5 线/200~250m²
		②200~250m²/户		
	公寓	120~140m²/套	2~2.5 线/120~140m²	1.8~2 线/120~140m²
		80~120m²/套	1.7~2.0 线/80~120m²	1.3~1.5 线/80~120m²
	楼房	140m²/户	1.6~1.8 线/140m²	1.3~1.5 线/140m²
		110~120m²/户	1.2 线/110~120m²	0.9~1 线/110~120m²
		60~90m²/户	0.9~1 线/60~90m²	0.8~0.9 线/60~90m²
业务电话	写字楼	高级	1 部/25m²	1 部/30m²
		普通	1 部/35m²	1 部/40m²
	行政办公楼	高级	1 部/30m²	1 部/35m²
		普通单位	1 部/40m²	1 部/45m²
	商业楼	大商场	1 线/60~100m²	1 线/80~130m²
		贸易市场	1 线/30~35m²	1 线/40~45m²
		商店	1 线/25~50m²	1 线/25~55m²
		金融大厦	1 部/25m²	1 部/30m²
		宾馆	1 部/20~25m²	1 部/25~30m²
		旅馆	1 部/40~45m²	1 部/45~50m²
	大工厂厂房	轻工业类	1 部/100~150m²	1 部/120~160m²
		重工业类	1 部/150~180m²	1 部/150~200m²

注：① 写字楼、行政办公楼、金融大厦、宾馆、旅馆、大工厂厂房的话机需要率换算为主线需要率应考虑小交换机影响。
　　② 住宅电话可由建筑面积换算为不同类别户数预测。

表 8.2.4-5 中写字楼、行政办公楼、金融大厦、宾馆、旅馆、大工厂的电话，一般在大于 200 门时，都装有用户小交换机，其话机需要率换算为主线需要率，应考虑小交换机影响。可以先分析计算其典型调查的话机分机与面积的关系，从分机数量确定小交换机容量，再计算中继线数，加上一定的直通电话与专线数即为预测主线数（一般可考虑每 10 门配一对中继线，一对直通线），然后从预测的主线数和计算建筑面积，推算出其主线需要率指标。

表 8.2.4-6 为小城镇按单位建筑面积测算电话需求分类用户指标。提供小城镇电信规划设计预测参考，其表值选取应结合小城镇的规模、性质、作用和地位、经济社会发展水平、居民平均生活水平及其收入增长规律、公共设施建设水平和第三产业发展水平等因素，综合分析比较选取。

小城镇按单位建筑面积测算电话需求分类用户指标（线/m²）　表 8.2.4-6

	写字楼办公楼	商店	商场	旅馆	宾馆	医院	工业厂房	住宅楼房	高级住宅	中学	小学
经济发达地区	1/25~35	1/25~50	1/70~120	1/30~35	1/20~25	1/100~140	1/100~280	1~1.2/户面积	1.2~2/200~300	4~8线/校	3~4/校
经济一般地区	1/30~40	0.7~0.9/25~50	0.8~0.9/70~120	0.7~0.9/30~35	1/25~35	0.8~0.9/100~140	1/120~200	1/户面积	1.2~1.7/200~280	3~5线/校	2~3/校
经济欠发达地区	1/35~45	0.5~0.7/25~50	0.5~0.7/70~120	0.5~0.7/30~35	1/30~35	0.7~0.8/100~140	1/150~250	0.8~1/户面积	1.2~1.5/200~250	2~3线/校	1~2线/校

（5）计算机辅助预测

计算机辅助预测不仅采用数学模型可进行宏观辅助预测，而且也同样可进行微观辅助预测和小区辅助预测。

1）微观预测计算机辅助预测

市话用户微观预测，一般统计计算工作量都很大，采用计算机辅助预测，首先根据预测流程，设计编制计算机程序，可以帮助整理基础数据，得出用不同色彩表示的密度图，调整和预测，并将预测结果汇总、打印和显示，同时，也为密度图的滚动修改创造便利条件。

图 8.2.4 为计算机辅助微观市话需求预测的计算流程框图。

2）小区预测计算机辅助预测

小区预测计算机辅助设计，采用等面积的方格密度图，一般近期预测方格边长代表实际距离 200m，远期 300m。

同时，采用用地性质分区矩阵。一般是在用不同颜色表示的用地分类的县城镇、中心镇用地规划图上，画上密度图标准方格，并根据小城镇用地分类和方格覆盖的地块，在方格中填入相应的地块用地性质代号，即可得用地性质矩阵。

小区计算机辅助预测一般采用微观预测方法中的等密度法，也可采用等密度饱和上限法。

等密度法数学模型为

$$Y = A + \Delta A_i \tag{8-3}$$

式中　A——该类地块方格基年值；

　　　ΔA_i——该类地块方格预测年增长值。

等密度饱和上限法采用如下增长曲线数学模型预测：

$$Y = \begin{cases} A_1 & M_i \leqslant A_1 \\ \dfrac{M_i - A_1}{1 + T_i e^{-\alpha_i t}} & M_i > A_1 \end{cases} \tag{8-4}$$

式中　A_1——该类用户的基年值；

　　　M_i——该类用户的饱和上限值；

输入基础年密度图和各方格类别矩阵

输入各类方格的净增用户数

基础年的密度图上加该类方格的净增用户数

进行人工调整

输出预测年的用户密度图

图 8.2.4　计算机辅助微观市话需求预测计算流程框图

T_i——该类用户的饱和年限；

α_i——该类用户的调整系数。

值得指出的是，在城市规划中，同一用地性质的不同地块，由于所处地段不同，可能会有不同的容积率等差别，也即会有不同电话用户密度的差别，因此，此种情况在等密度法预测中，应该注意酌情考虑不同分类，或者在人工调整中注意适当调整。

人工调整一般考虑以下原则：

① 在城镇中心和主要大街两侧的方格，容积率较大，用户密度较高，用户数应适当增加。

② 城镇边缘方格，用户数应适当减小。

③ 邻近两小区的方格，用户数逐渐增减，而不是突变。

④ 一般城镇新区，开发区要比旧城、旧镇改造区的方格用户数要大一些。

8.3 小城镇相关本地网规划

本地网原指一城一镇的电话网，随着通信发展，本地网现指在同一编号区域范围内，由若干端局，或者由若干端局和汇接局所组成的电话网，也即以长途终端电路管辖范围为一体的电话网。

8.3.1 本地网的类型

（1）我国的通信网结构

图 8.3.1 给出我国通信网结构及其三大组成部分。

长途电话网的结构是等级网，由一、二、三、四级长途交换中心及五级交换中心（即端局）组成。一级交换中心之间相互连接构成网状网；以下各级交换中心以逐级汇接为主，辅以一定数量的直达电路，构成复合型的结构。

一级交换中心在与国际网有关的京、津、沪、穗特大城市；二级、三级交换中心一般指在省级、地级城市；四级交换中心在县城。

凡属长途终端电路管辖范围，不论其从属哪一级交换中心，均属同一本地网；而四级交换中心以下，则不论内部组织结构、信息交换方式如何，均属同一本地网。

（2）本地网类型

根据原邮电部"调整长途编号区及长途区号的暂行规定"，我国的本地网主要可分为下述 3 种类型：

① 京、津、沪、穗特大城市本地网；

② 大城市本地网；

③ 中等城市本地网。

图 8.3.1 通信网的三大组成部分

　　我国小城镇电话网，主要属所属中等城市或地区（即小城镇所属地级市或地区）或直辖市的本地电话网。

8.3.2　本地网规划

　　本地网由基层网组成。县城网、县城外的其他小城镇网，以及乡镇网都是基层网。

　　中等城市（地级市）本地网有较多基层网，其中一个地级城市网，其他为县城网和小城镇（或乡镇）网。

　　基层网含有 1 个或若干个交换局所，县城型基层网可以有 1 个或几个局所，其他小城镇（或乡镇）型基层网一般只有 1 个交换局所。乡镇网一般采用远端数字模块，乡镇端局为 C_5 级。

　　基层网汇接局汇接网内端局间的出入话务。汇接局的有无或多少，与网的规模和设备制式有关。县城网和乡镇网无论作为本地网的基层网或为独立的市话网，均没有设汇接局的必要。汇接局的数量和位置根据电话网结构需要而定，可以设在县城和路由方便的乡镇，并与当地端局设在一起。

　　本地网的模块局一般设置在距离远、电话密度较低的郊区和乡镇。

　　图 8.3.2 为有城市型基层网的本地网。

　　小城镇的相关本地网规划除依据小城镇总体规划外，主要所属地（市）范围本地网规划为依据和指导，落实本镇基层网规划。

图 8.3.2　有城市型基层网的本地网

8.4　小城镇局所规划

8.4.1　规划内容和相关资料的收集

　　局所规划是本地网规划的核心。只有局所规划确定局所数量、终期容量、局址后，才能确定网络结构、传输规划、管道规划和线路网规划。

　　县城及县城外小城镇基层网的局所规划涉及小城镇局所用地和相应的管线系统，制约因素较多，应与小城镇用地规划密切配合。

　　局所规划又是市话线路网设计中的一个重要组成部分，它对市话线路网的构成和发展有着直接的影响。局所规划的目的是根据业务预测对局所作出长远的总体布局，为用户线路网规划、管道规划、传输规划和包括局间中继方式以及编号规划在内的市话网结构规划打下基础。

　　（1）局所规划的主要内容

　　1）研究小城镇规划分期内，局所的数量、位置及分区范围；

　　2）根据用户预测与用户预测密度图，研究线路网中心，勘定新建局所位置，确定终局容量规模（终局容量考虑期限至少 30 年）和远端模块设置，以及局所分期扩建方案。

（2）局所规划的资料收集

1）依据的小城镇总体规划资料：小城镇性质、特点、用地布局、规划范围、人口规模、经济和社会发展目标、分期建设；镇区道路规划；工程管线现状与规划；地形图。

2）镇区 110kV 以上变电站及其线路资料。

3）原有局所分布，局房可供发展的最大容量、交换区界、线路及设备资料。

局所规划通常采用的方法是在最经济局所容量的基础上，结合考虑其他相关因素，初步划出交换区界，然后寻找线路网中心，根据线路网的位置修正交换区界，并重新寻找线路网中心，这样反复几次，直到得出符合最经济局所容量、交换区界划分和理想线路网中心要求的局所分区方案。然后结合原有局所分布情况和动态变化情况，论证局所分区方案的合理性和可行性，再进一步勘定局址、确定局所的终局容量，按终局容量规划预留用地面积，做出各规划期的新建、扩建方案。

8.4.2 最经济局所容量

最经济局所容量直接关系到局所规划的优化和经济效益。

在局所数量不同的情况下，为用户线路、中继线路、交换设备、局房建筑等支付的各项费用和总费用也不相同。最经济局所容量是指总投资或总年经费现值最小时的平均局所容量。

市话网的投资总费用 A 可用下式表示：

$$A = A_1 + A_2 + A_3 + A_4 \qquad (8-5)$$

式中 A_1——用户线（含管道）费用；

       A_2——市话中继线费用；

       A_3——交换设备、电源及公用设备费用；

       A_4——局房建筑费用。

图 8.4.2-1 为局所数量与设备费用的关系图。表示在一定交换区范围内和一定的用户密度下，各种设备投资费用与局所数量的关系，并得出最经济局所数量。图中细线为采用用户光缆后的总投资和用户线路费用。

在相同交换区面积的条件下，用户数增加，用户密度增大，用户线投资将正比增加。最经济投资，就需增加局所数量。图 8.4.2-2 为不同用户密度的最经济局所数量投资曲线示意图（图中虚线表示采用光缆情况下，不同用户密度的最经济局所数量投资曲线）。

（1）解析法寻求最经济局所容量

寻求最经济局所容量有两种方法。其一解析法是根据一定的通用的用户分布模式，提出一个最经济局所容量的计算公式，代入具体参数，即可得出不同用户密度下相应的最经济局所容量。其二是计算机辅助局所规划的方法，即从每个城市的具体用户分布出发，利用计算机的逻辑功能，根据一定的输入条件和一系列完整的原始数据来提出和选择局所方案，并经过计算机高速运转和不同方案各种数据的经济比较，得出对应于该特定用户分布情况的最经济局所容量，同时可确定交换区界线和理想的线路网中心。

解析法因假设均匀用户密度分布或有规律的不均匀用户密度分布，与实际情况有一定出入，计算机辅助局所规划不受上述限制，描述更准确，且易结合考虑通信发展的其他影响和相关因素，但在目前没有对大量各种类型计算机辅助局所规划的结果综合分析研究的

369

图 8.4.2-1　局所数量与设备费用的关系

图 8.4.2-2　不同用户密度时，最经济局所数量投资曲线示意图

基础上，不易得出某些规律性的概念，而解析法较易做出某些定性分析与研究。局所规划方法着重介绍解析法，基础概念较清楚。

用户线平均长度

减小用户线的平均长度，可明显减少局所的用户线投资。

在均匀用户密度下，对于局所位于几何中的长方形交换区（图 8.4.2-3），当用户密度为 σ 时有：

全交换区用户线总长度

$$L = 4\int_0^{\frac{h}{2}}\int_0^{\frac{a}{2}} (x+y) \cdot \sigma \cdot \mathrm{d}x\mathrm{d}y$$

$$= \frac{\sigma}{4}(a^2h + ah^2) \tag{8-6}$$

• 用户线的平均长度

$$L_{平均} = \frac{\frac{\sigma}{4}(a^2 h + a h^2)}{\sigma a h} = \frac{a+h}{4} \tag{8-7}$$

当局所偏离几何中心（图 8.4.2-4），而其他条件不变时，计算可得用户线的平均长度为：

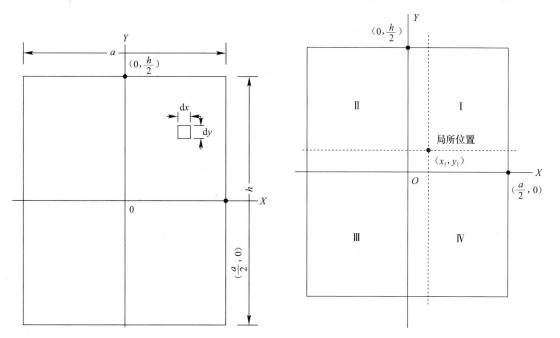

图 8.4.2-3　局所在几何中心位置时，求得　　　图 8.4.2-4　局所偏离几何中心位置时，求得
用户线的平均长度原理图　　　　　　　　　用户线的平均长度原理图

$$L_{平均} = \frac{a+h}{4} + \frac{x_1^2}{a} + \frac{y_1^2}{h} \tag{8-8}$$

可见局址偏离中心，用户线平均长度增加，并随偏离值的平方而增加。

上述公式是在均匀的用户密度的基础上得到的，实际工作中，往往由于交换区的形状不规则，用户密度不均匀，用户线实际长度往往大于理论值，因而实际工作中常采用在电缆配线图上对全部用户线长度进行统计后，求得用户线实际的平均长度，用作规划依据。

假设在一长方形的规划范围中，局所是均匀分布的，各局之间个个相连，任意两局所之间的中继线束的容量都相同（图 8.4.2-5），可推得中继线的平均长度：

$$L_{(中继线平均)} = \frac{A}{3} \cdot \frac{mn - \frac{m}{n}}{mn - 1} + \frac{H}{3} \cdot \frac{mn - \frac{n}{m}}{mn - 1}$$

当 $m = n$ 时

$$L_{(中继线平均)} = \frac{A+H}{3} \tag{8-9}$$

上式表明，在以上假设条件下，中继线的平均长度仅与规划范围的边长有关而与局所数量无关，并且进一步分析表明，如果 $\frac{A}{H} = 1$，$\frac{n}{m} = 1 \sim 2$ 时，上述结论与实际差别不大。这一结论对建立最经济局所容量的计算公式或进行投资估算是很有用的。

在实际工作中，由于用户密度分布是不均匀的，带来局所分布、中继线的数量也不均匀。

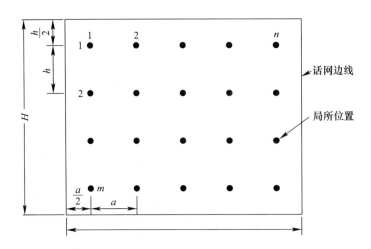

图 8.4.2-5　mn 个局所分布于长方形市话网范围

根据一些统计，80％以上的用户集中于 10％左右的城镇中心区，中继线的平均距离实际较小。

（2）解析法寻求最经济局所容量的应用

表 8.4.2-1 为通过解析法寻求最经济局所容量的典型实例分析。选取用户线、中继线总投资最小值时的局所容量为最经济局所容量，得出可作一定参考的最经济局所容量。

最经济局所容量及最佳交换区面积参考　　　　表 8.4.2-1

用户密度（户/公顷）	5	10	20	30	40	50
*最经济局所容量（户）	8000	10000	15000	20000	29000	35000
交换区面积（km²）	16	10	7.5	7.3	7.1	7

* 表中局所容量为实装用户数。

表 8.4.2-1 是在市话网营业区面积 400km² 、纵横制交换机与模拟传输条件下推算得出的，不同情况要具体分析：采用程控交换，局所容量增大、设备成本下降，是最经济且容量增大的方法；中继线采用光缆，成本大幅下降，但中继器较贵，最经济局所容量略增。实用中，尚应通过综合因素分析，得出最经济局所容量。表 8.4.2-2 为上述综合因素分析得出的规划局所最经济容量参考值。

最经济局所容量规划参考值　　　　表 8.4.2-2

用户密度（户/公顷）	5～20	30～40	50～60	70～80	80～120
最经济局所容量（万门）	2～3	4～5	6～8	10	15
交换区面积（公顷）	500～1000				

解析法应用应考虑以下步骤：

1）根据用户预测在 1：10000 或 1：25000 的规划地形图上绘出用户密度图，按地形、道路、用地地块划分的每用户小区面积为 15～30km²（郊区可大些）。

2）从用户密度图上统计，计算每个交换区与该交换区内基本营业区的面积和用户，并计算交换区的全部用户数及基本营业区的主要用户数和上述两区的用户密度。

3）比较全区及基本营业区的用户数与用户密度，如二者接近取全区数值，如差别大，则应取基本营业区数值，但其数不应低于总用户数的 80％，否则重新调整基本营业区，同时注意不同规划期营业区的动态变化。

4）确定新局

求出市话网规划范围平均用户密度，查出局所最经济容量，计算规划范围局所数。

$$规划期局所数 = \frac{规划范围的总用户数}{规划范围局所最经济容量} \qquad (8\text{-}10)$$

8.4.3 计算机辅助局所规划

计算机辅助局所规划的一种方法是模型优化，根据局所数量（或局所最经济容量）与设备费用等的函数关系，建立数学模型，直到确定局所最经济容量、局所最佳数量、局址、交换区、网络结构；另一种方法是采用启发式算法，从工程角度出发，在工程误差允许范围内简化一些计算步骤去求得上述一些结果。

启发式算法，从图8.4.3局所数量与设备的关系图出发，在总投资曲线接近二次曲线的基础上，采用逐步递增局所的方式，寻找全网的最佳局所数（可分别求出近期、中期、远期的局所最佳数），以及各局所容量。

图8.4.3为局所优化总程序框图。

总程序由多个子程序组成，主要子程序有：

局址优化程序；

交换局界程序；

多局制下的局所优化程序；

双因子法计算中继线数程序；

远端模块优化程序；

传输方式优化程序；

用户小区预测程序；

设备费用计算程序。

8.4.4 交换区界划分

交换区界划分应遵循以下原则：

1）交换区界应保持相对稳定，不能随意变动；

2）交换区界的划分应结合自然条件，如河流、湖泊、道路、铁路、绿化带、山脉等作为交换区界，使线路避免迂回绕道或穿越障碍物地带。原有交换区界没有结合自然条件，可结合扩建工程，并以远期局所规划为指导，逐步调整趋向合理。

3）交换区界应尽可能位于局间等距线上，以节省线路费用。

4）避免交换区呈狭长形和边缘过于曲折，交换区形状以接近正方形或正六角形较为经济。

图8.4.3 局所优化总程序框图

373

8.4.5　寻找理想线路网中心

理想线路网中心也是用户密度中心。局址规划在这一中心点上，用户费用最省。寻找理想线路网中心是规划和勘定局址的基础，也是局所规划的主要内容之一。

（1）单局制市话网寻找理想线路网中心

单局制市话网一般按地理条件寻找理想线路网中心。

1）道路为方格状

道路为方格状，区内无特别的自然地形时，可直接用坐标法求出用户线路网中心，即按道路的走向，分别作 x 轴和 y 轴，使 x、y 坐标轴两边的用户数量相等或接近，原点 O 即为理想线路网中心，如图 8.4.5-1。上述应在给出本交换区用户密度图（图 8.4.5-2）的基础上进行。

图 8.4.5-1　道路为方格状且没有障碍物时求线路网中心

374

1			1	1		1																2			Σ₁ 3	Σ₂

下表为用户密度图数据，按行列排列：

Σ₁＝每行或每列的和

Σ₂＝行或列累加和

总用户数=3682

试验点是在3682/2=1841附近，它在行和列的Σ₂的交叉点（由箭头表示）。

图 8.4.5-2　用户密度图

确定理论中心位置的步骤如下：

① 在带比例尺的交换区地图上划分出许多相等的正方形；

② 将交换区内远期预测用户数填入相应的各正方形格内，市内中继线和长途电路数可换算为等效用户数填入；

③ 计算每行和每列总用户数；

④ 在图上划一条垂直线，使左右两边的预测用户数相等；

⑤ 在图上划一条水平线，使图中上下两边的预测用户数也相等；

⑥ 两直线交点即为理论的线路网中心，但这种方法未考虑现有的用户电缆；

⑦ 为确定实际局址可选择一个或多个试验点。选择最终局址，必须将现有电缆路由、障碍物和新的道路等因素考虑在内，然后慎重地加以判断。

2）道路为放射状和环状

以环向道路为 x 轴，与其垂直的放射状道路为 y 轴，向左右、上下平行移动，如图8.4.5-3所示，若坐标轴两边用户数量相等或相近，两轴交点即为所求理想线路网中心。

3）道路无规律

路网不规则，如图8.4.5-4，可先以任意坐标轴找初步线路网中心，检查以该点为中心的道路12个方向的出线是否平衡，如不平衡，线路网中心应沿道路向用户数较多的方向移动寻找平衡，若不能平衡，应另设坐标轴，重复寻找直至找到平衡。

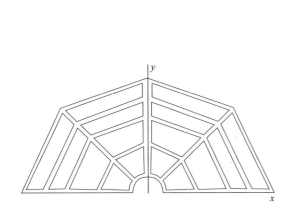

图 8.4.5-3　道路分布呈放射状与环状时
　　　　　　求线路网中心

图 8.4.5-4　道路毫无规则时，求线路网中心

4）交换区有障碍物阻碍线路

当交换区有城墙、公园、铁路、河流、湖泊、山丘等障碍物，线路必须迂回时，可先假定不存在障碍物的情况，求出初步线路网中心，然后根据不同情况，做出不同处理和修正：

① 障碍物骑象限、形状简单、范围较小或仅在一角（一个象限）或在边缘时，一般不需要修正；

② 障碍物较大，其范围跨越两个及以上象限，用户线必需绕过障碍物，使线路平均长度增加，应将需要迂回线路的用户设在障碍物的绕过点，重定新的线路网中心，直至找到接近理想的线路网中心。

图 8.4.5-5（a）在障碍物的端点 A 处作切线 AA'，其下线路都需经过 A 点，可作为 A 点用户修正线路网中心，O_1 点为修正后的线路网中心。

图 8.4.5-5（b）引到障碍物另一侧的用户线路，分别需绕过障碍物两端点 A 或 B 处，可先作切线 AA' 和 BB'，并使 AA' 至 x 轴与 BB' 至 CC' 轴距离相等，这样 N_1 的用户线路绕过 A 点，N_2 的用户线路绕过 B 点，用户线的平均长度（用户线路至原点距离）最短，N_3 可归到上面一个象限，重新求得修正后的线路网中心 O_1，以 O_1 点为基础，重复上述步骤，直至得到理想线路网中心。

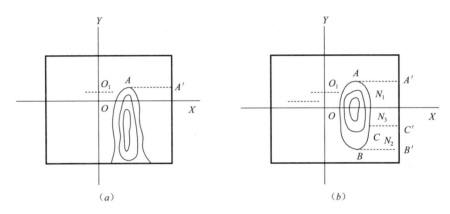

图 8.4.5-5 交换区内有较大的障碍物，用户线路网中心要修正的情况
（a）障碍物占两个象限且一端到交换区域边缘；（b）障碍物占两个象限

（2）多局制市话网理想线路网中心的寻求方法

多局制市话网中各交换区线路网中心的寻求方法尚要考虑局间中继线的影响。可以将局间中继线越过交换区界的那一点作为中继线的等效用户数所在的地点，再按寻找单局制线路网中心的方法得出线路网中心，在计算等效用户数时，应考虑到中继线与用户线在线径上的区别。

8.4.6 远端模块局规划

（1）设置条件

在城市郊区和离县域较远的小城镇，离市区或县域的局所较远，而其用户较集中但数量不足建设一个新局所时，建设远端模块局则较经济，以后视条件也可再发展为一个分局。

一般在下列情况下，宜规划建设模块局：

1）离局所超过经济距离，现有用户已超过 200 户，或经济技术比较，模块局较其他方式经济时；

2）虽在经济距离以内，由于管道不足和新设电缆困难，安装模块能带来较大经济效益的无线或缺线地区；

3）作为新建、扩建局所的过渡。

（2）最经济距离

采用模块局的费用计算公式（包含交换设备、房屋、电源及空调配线电缆及接口等费用）：

$$C_m = D \cdot n + 14.8 \cdot n \cdot \sqrt{\frac{n}{\sigma}} \tag{8-11}$$

式中　D——常数（1000 门时 $D=1640.7$，4000 门时 $D=1535.7$）；

n——用户数；

σ——用户密度（线/公顷）。

而采用直达线路时的费用计算公式

$$C'_m = 1093n + 1.2C \cdot n \cdot X + 95n \cdot X \tag{8-12}$$

式中　n——用户数；

C——常数；

X——离母局距离（$X<3\text{km}$　$C=92.3$；$3<X<3.9$　$C=124$；$3.9<X<4.8$　$C=182$；$4.8<X<5.8$　$C=254$）。

当 $C_m = C'_m$ 时，X 即为最经济距离。

$$X = \frac{D - 1093 + 14.8\sqrt{\frac{n}{\sigma}}}{95 + 1.2C} \tag{8-13}$$

表 8.4.6-1 为不同容量与用户密度下的临界经济距离。

（3）最经济容量与最经济服务面积

用户模块的容量越大，服务面积也越大。由模块局到用户配线电缆的平均长度就越长，电缆的平均年经费越大，而用户模块设备本身及相应的电源、房屋等项平均每户所需的年经费却随集线容量的加大而减少。找出两者年经费之和为最小值的用户模块局的容量即为用户模块局最经济容量。

可以推得模块局的最经济容量为

$$n_{opt} = \delta \cdot S_{opt} = 2.52\sqrt[3]{\delta \cdot (\frac{a_{c1} + a_{c2}}{b_L})^2} \tag{8-14}$$

式中　δ——用户密度（户/km²）；

a_{c1}——用户模块交换设备不变费用部分；

a_{c2}——电源设备、空调、房屋等的不变费用部分；

b_L——电缆年经费费用。

模块局的最佳面积 S_{opt}

$$S_{opt} = 2.52\sqrt[3]{\frac{a_{c1} + a_{c2}}{b_L \delta}^{2}} \tag{8-15}$$

377

不同容量与用户密度下临界经济距离

表 8.4.6-1

模块局容量（线）	用户密度 σ（线/公顷）										
	0.5	0.7	1	2	3	4	5	7	10	15	20
200	0.5线径 3.46	0.5线径 3.27	0.5线径 3.11	0.5线径 2.85	0.5线径 2.74	0.5线径 2.68	0.5线径 2.63	0.4线径 3.04	0.4线径 2.98	0.4线径 2.92	0.4线径 2.89
400	3.96	3.70	3.46	3.11	2.95	2.85	2.79	0.5线径 2.71	0.5线径 2.68	3.03	2.98
600	0.6线径 3.38	0.6线径 3.13	3.73	3.30	3.11	2.99	2.91	2.81	2.72	0.5线径 2.63	0.5线径 2.58
800	3.64	3.34	3.96	3.46	3.24	3.11	3.01	2.90	2.79	2.69	2.63
1000	3.86	3.53	0.6线径 3.24	3.60	3.35	3.21	3.11	2.97	2.85	2.74	2.67
1200	3.73	3.37	3.05	3.31	3.03	2.86	2.76	2.61	2.48	2.36	2.29
1400	3.91	3.52	3.18	3.42	3.13	2.95	2.83	2.67	2.53	2.42	2.32
1600	4.08	3.67	3.31	3.53	3.22	3.03	2.91	2.73	2.58	2.44	2.36
1800	4.25	3.81	3.42	3.64	3.31	3.10	2.97	2.79	2.63	2.48	2.39
2000	4.41	3.94	3.52	3.74	3.38	3.17	3.03	2.84	2.67	2.52	2.42
2200	4.55	4.06	3.63	3.83	3.46	3.24	3.09	2.89	2.72	2.55	2.45
2400	4.68	4.18	3.73	0.6线径 3.05	3.53	3.32	3.15	2.94	2.76	2.58	2.48
2600	0.7线径 3.78	4.29	3.82	3.12	3.60	3.36	3.20	2.99	2.79	2.62	2.51
2800	3.88	4.40	3.91	3.18	3.67	3.42	3.25	3.03	2.83	2.65	2.53
3000	3.97	4.50	4.00	3.24	3.74	3.48	3.30	3.07	2.87	2.67	2.56
3500	4.20	4.75	4.21	3.39	3.89	3.61	3.42	3.17	2.94	2.74	2.62
4000			4.40	3.52	0.6线径 3.13	3.73	3.53	3.27	3.03	2.81	2.67
5000			4.75	3.77	3.34	3.96	3.74	3.44	3.17	2.92	2.78
6000				4.01	3.52		3.92	3.59	3.31	3.03	2.87
7000				4.21	3.67			3.74	3.42	3.13	2.95
8000				4.40	3.85			3.87	3.53	3.22	3.03

用户线衰耗是按全部 7dB 设计的全塑电缆的传输衰耗 0.4mm 为 1.89dB/km、0.5mm 为 1.48dB/km、0.6mm 为 1.2dB/km、0.7mm 为 1dB/km，分配为主干为 80%，即 5.6dB，配线为 20%，即 1.4dB。

表 8.4.6-2 为分析参考的不同用户密度模块局最经济容量与服务面积。

模块局最经济容量与服务面积表　　　　　表 8.4.6-2

用户密度（户/公顷）	1	3	5	7	10	15	20	25	30	40	50
最经济容量（线）	1053	1519	1802	2016	2270	2599	2860	3080	3273	3603	3882
模块局交换区最经济服务面积（km²）	10.53	5.06	3.60	2.88	2.27	2.17	1.43	1.23	1.09	0.90	0.78

一般应考虑减小用户配线电缆的长度，服务面积不要太大。当用户密度为 5～10 户/公顷时选择较好的服务范围为 150～200 公顷，最佳容量为 1000～2000 门；当用户密度大于 15 户/公顷时，服务面积约为 100 公顷，最佳容量为 2000～3000 门。如果服务面积较大，应多设几个小型模块。

上述适用代替主干电缆的远端模块，如果模块局可能发展为端局或可能代替母局功能，则其容量除外。

8.4.7　局所选址及其交换区界划分

通信局所选址一般原则，应考虑环境安全、服务方便、技术合理和经济实用。电话交换局址选定尚应考虑：

（1）接近计算的线路网中心；

（2）避开靠近 110kV 以上变电站和线路的地点，避免强电对弱电干扰；

（3）避开地质危险地段，不利抗震地段，易受洪水、雨水淹灌地段、雷击区和有腐蚀气体或产生粉尘、烟雾、水汽较多工厂的常年下风侧；

（4）便于进局电缆两路进线和电缆管道的敷设；

（5）兼营业服务点的局所，一般宜在城镇中心区、商业区等有利于营业的地方选址，单局制局所一般宜在临近城镇中心选址；

（6）考虑近、远期结合，以近期为主，顾及远期，局所规模和占地范围宜留有发展余地。

在整个规划期内，市话局所分区方案应能适应各个时期城镇建设的发展计划，且能合理地满足不断发展的用户需要。

局所交换区域界线的划分，应结合自然地形特点，如河流、铁路、湖泊、公园、城墙和宽阔的绿化带等。使市话线路避免迂回绕道，以达到技术和经济的合理统一。交换区域的形状尽可能成矩形，最好接近正方形。

勘定各分区的线路网中心，同时考虑近期设局和远期用户的发展。

8.4.8　局所预留用地

局所预留用地面积，在参照有关规定和大量统计调查分析和计算设施各功能组成的建筑面积要求的基础上，研究平面布置和适宜建筑密度，并结合代表性城市多个实例分析计算初步得出，可供相关规划参考。

表 8.4.8-1 为小城镇电信局所各种生产机房面积要求。

小城镇电信局所各种生产机房面积要求　　　　表 8.4.8-1

局所规模（门）　建筑面积（m²）	≤2000	3000~5000	5000~10000	30000	60000	100000
市话程控交换机房	20~30	50	60~100	200	350	550
*长话程控交换机房	（500 路 50m²，1000 路 60~80m²，>1000 路时每增加 1000 路 20m²）					
文件室、控制室	20	20	40	120	140	160
空调机房		柜式空调	柜式空调	100	150	230
*汇接局			（300）	（450）	（600）	（700）
*有移动通信时		基站（30）	基站（40）	基站与交换（60）	（100）	（150）
计算机等	20	40	40	200	300	400
备用机房				420	640	940
话务员座席室监控室		40	60	座席数量多时，话务员座席室按 4~5m²/席计算		
电池	20	20	30	40	80	135
电力	20	20	30	32	60	95
变配电			100	230	415	500
柴油机			50	70	85	100
电源值班				30	40	50
测量室（MDF）	30	40	40	60	120	192
PCM 传输设备室			20	49	78	117
小计	130~140	230	470~510	1551	2458	3469
备注	局所有长话、汇接、移动、交换时应各增加的面积					

表 8.4.8-2 为小城镇电信局所辅助生产建筑面积的要求。

小城镇电信局所辅助生产建筑面积的要求　　　　表 8.4.8-2

局所规模（门）　建筑面积（m²）	≤2000	3000~5000	5000~10000	30000	60000	100000
职能办公室	30	40	60	150	210	260
会议室、值班室			100	200	300	400
*线路维护班			150	300~400	550	800
维护办公室		35	50	50	60	60
生活用房、车库		40	100	700	960	1200
小计	30	115	310	1100	1530	1920
备注	区间大局、中心局时应加线路维护班用房面积					

表 8.4.8-3 为小城镇常用规模电信局所预留用地。

小城镇常用规模电信局所预留用地　　　　表 8.4.8-3

局所常用规模（门）	≤2000	3000~5000	5000~10000	30000	60000	100000
用地面积 m²	1000~2000		2000~3000	4500~5000	6000~6500	8000~9000
备注	1. 用地面积同时考虑兼营业点需要； 2. 当局所为电信枢纽局（长途交换局、市话汇接局）时，4 万~7 万路端用地：20000~23000m²，2 万~3 万路端用地：15000~17000m²； 3. 表中所列规模之间大小的局所，预留用地可比较酌情预留					

8.5　小城镇及其相关的传输网、互联网与宽带网规划

小城镇电信网是以核心城市为中心的本地网的组成部分，其传输网也是上述传输网的组成部分。小城镇特别是城市郊区小城镇与所属城市传输网有更多的延伸关系。

传输网按传输制式可分为无线传输网、有线传输网，前者主要为卫星传送网、数字微波传输网和移动通信网，后者主要为电缆和光缆传输网。

按网络分可分为长途干线网（省际、省内干线网）、中继传输网和用户接入网。

随着通信发展，长途干线网主要是省际、市际骨干光缆网。

中继传输网规划宜在本地网、移动通信网、数据通信网的网络优化基础上，结合现状，得出规模容量再确定传输手段、制式、系统配置和设备。

中继传输网和用户接入网是城市电信网络的主要部分，其光缆网主要分核心骨干层与接入层。

核心骨干层：多数采用光缆，部分采用电缆（一般传输速率为 2Mb/s 及其倍数）。主要采用下列方式。

（1）同步传输：传输速率 155Mb/s、622Mb/s、2.5Gb/s、10Gb/s。

（2）ATM 传输。

（3）FDDI 传输，一般为高速数据传输。

接入层：

（1）一般每个中心局配建 2~4 个光缆环，每环 3~8 个节点。

（2）节点的服务区宜结合行政区、中心区划分，服务人口以 8000~12000 为宜，边缘区可适当减少，郊区以乡范围为宜。

从发展看，有条件的县城镇、中心镇中远期规划也要考虑互联网、宽带网规划。鉴于这方面国内实践很少，以下肇庆等城镇互联网、宽带网规划实践经验可供相关规划思路参考：

（1）互联网、宽带网统筹规划应依据城市规划和全社会业务需求预测，考虑宽带通信未来发展，语音、数据、视频图像的三网合一，并重点考虑电路交换网和 ATM/IP 为主导的分组化网的融合、互通和过渡。

（2）互联网、宽带网规划以光传输网为基础，建立资源共享的宽带通信平台，光缆传输网由中国电信核心主干网、含其他网络公司的骨干网和光接入网两大部分组成并分层规划。

（3）核心光缆主干网提供接入网或局域网前一级的包括互联网、宽带网业务在内的通信平台，核心网路由、光缆容量、光缆数量及其敷设管道应满足各网络运营商业务发展需要，提供各家网络运营商资源有偿共享。

（4）其他网络骨干网路由应向核心主干网的环形网主体靠拢，各网络交换局等中心节点，宜选近主体网的两个不同的路由，双线接入主体环，以既节省网络和管道建设投资，实行主体环的资源共享，又有利于形成其他网络本身的自愈环路，确保网络运行安全。

381

（5）接入网逐步实行光纤到路边、光纤到小区和光纤到用户，在有丰富网络资源的中国电信和有线电视网的基础上，区别小区不同用户的需求，以及相关网络公司经营的业务，考虑必要增加的光缆和管道容量。

（6）核心主干（骨干）层网和接入层网可同一路由，但一般不宜同一光缆，以便接入层可能的经常割接和维护，以及保证核心网的安全。

（7）合理利用和发挥现有光缆、管道设施的作用，包括现有光缆，主网及其接入点的合理改造利用的出租，以节省建设投资。

（8）接入网，每个环一般有 4～8 个 OLT，市中心区每 400～800m 接入一个 OLT，边缘区每 600～1200m 接入一个 OLT，各网络运营商应充分利用规划接入网，将各自经营相关业务接入到用户或基站。

（9）OLT 以下配线光缆。配线光缆接到各个大楼边、小区中心、移动基站控制点、CATV 分配器。配线光缆采用星型结构点点相连，各网络运营商设备不尽相同，宜采用大型 ODF（配线架），各设接入点。

（10）OLT 接入点一般选择原有小交换机用户，新建大楼与小区中心，及较大企事业单位等。

8.6　接入网规划与其相关的规划变革

8.6.1　接入网及其发展趋势

接入网（Access Network）是由业务节点接口和相关用户网络接口之间的一系列传送实体（如线路设施和传输设施）所组成，为传送电信业务提供所需传送承载能力的实施系统，可经由 Q3 接口进行配置和管理。它可将不同的业务通过业务节点连接到电信网中，不但能支持现有的各种业务和数字承载能力，同时也能支持宽带业务。接入网实际物理配置可以有各种不同程度的简化，针对目前的电话网来讲通常是指本地交换或远端交换模块至用户之间的部分。

电信网中由不同物理网络支撑的不同业务（话音、数据、图文）使得网络的资源很难得到共享，因而经营和维护的费用都很昂贵。从发展看，接入网作为连接核心网和用户终端之间的网络应与传送的业务无关，最终形成一个可承载包括话音、数据、图像、多媒体等各种业务的接入网络，即全业务网。全业务网将连接本地电话交换机、CATV 网前端、图像和信息服务设施以及移动交换机等，使用户能从各种不同服务器接入各种相应的业务。从而也将使电信网得到最大简化。

目前，我国接入网中数字化比例远比长途网和本地网低。小城镇电信网业务仍以电话业务为主，以模拟的铜缆双绞线为主，但随着小城镇建设和电信网的不断发展，小城镇各种新业务不断增加，要求电信网能够提供端到端的数字传输趋势也将成为必然。我国东部和中部的部分农村地区已基本上实现光纤到乡镇，并逐步实现光纤到村，小城镇也应考虑接入网规划。

8.6.2 小城镇接入网的模型与拓扑结构

（1）接入网范围

电信网由局间交换网、传输网和接入网组成，实现网络的信息传送是由许多交换机（电话、数字数据分组、移动电话等）、传输设备（有线传输设备、无线传输设备等）和用户终端设备组成。各种交换机之间的信息传送是由局间中继传输网完成的，而交换机到用户之间的信息传送则由接入网进行。因此，一个交换机或交换局覆盖的用户范围也即一个接入网范围。

宏观上讲接入网范围可以是一个城镇特定区域，微观上讲接入网范围可以是一个具体的交换区，如商业区、行政区、住宅区等。不同城镇、不同小区对电信业务的需求不同，接入网的接入模式和网络拓扑结构也不同。如业务需求要求较高的金融等商业区网路拓扑结构多采用环形，而住宅区网路拓扑结构则多采用星形。

（2）县城镇、中心镇接入网模型与网络拓扑结构

县城镇是县域政治、经济、文化中心，中心镇是县域中较大范围的农村经济、文化中心。我国东部经济发达地区一些县城镇和中心镇对通信的需求除总量相对较小外，业务种类需求与大中城市差别不大。中西部地区小城镇多为经济一般和欠发达地区小城镇，目前主要还是提高电话普及率，满足电话业务需求。

县城镇、中心镇一般设置 1~2 个电话交换局，大型县城镇设置 2~3 个电话交换局，县城周边的乡镇应根据情况选用光纤接入设备就近入局，相应的交换区服务半径一般为 5~15km。

根据相关分析研究，考虑发展与可靠性，县城镇、中心镇接入网的拓扑结构有条件时宜采用环形，也可酌情采用星形。主干光缆芯数应大于 24 芯，可考虑采用单模光缆，并留有一定数量的芯数作为保护。

对于县城镇、中心镇内的住宅区，如果能与广电部门联建 CATV 网络，则宜采用同缆分纤的方式。同时为兼顾电话和视频业务的通信质量，还应合理选择光节点的位置和每个光节点的用户数量。

对于县城镇、中心镇的工业、科技园区应尽量采用光缆环路。

8.6.3 小城镇接入网接入方式

接入网接入方式分有线接入方式和无线接入方式。前者包括铜缆接入、光纤接入、混合光纤铜缆接入，后者包括蜂窝无线接入、微波一点多址接入和卫星接入等。

小城镇接入网接入方式应根据不同地区、不同类别小城镇接入网接入方式的技术经济比较确定。一般可按以下不同分类考虑：

（1）东部经济发达地区小城镇

1）有线＋无线接入

综合利用有线（主要是光纤）的容量与带宽的优势以及无线覆盖所带来的灵活性，迅速满足用户近期窄带综合业务的需要。

2）光纤接入

满足宽带业务需要。

3）全程无线（蜂窝）接入

在水网、岛屿地区可考虑长远代替有线接入，在台风、洪涝灾害地区作为辅助和保护手段。

在急需的情况下临时提供服务，将来用光纤接入代替，无线设备移作他用。

（2）中部经济发展一般地区小城镇

1）全程无线（蜂窝）接入

充分发挥无线本地环路的固有优势，使整个接入网的组成更加灵活、可靠。既可作为有线接入的备用，又可作为独立接入手段。

2）全程无线（微波或微波＋蜂窝接入）

因地理条件和用户聚居地限制，采用微波设备可不受上述环境的制约，灵活组网。适合资金缺乏、用户数量较少的该类农村地区。

（3）西部经济欠发达地区

1）全程无线（微波或微波＋蜂窝）接入

利用各种无线本地环路代替有线接入，无论从经济、技术比较都适合该类地区中较多的地理、气候特殊性要求。

2）全程无线（卫星）接入

利用卫星通信解决该类地区内位置偏远、人口稀少的牧区通信，其覆盖距离远的优势是其他接入手段不可比拟的。

上述中部、西部地区大城市郊区小城镇和其他有条件的小城镇也可考虑有线＋无线接入方式和光纤接入方式。

8.6.4　接入网相关的电信网规划变革

接入网发展趋势是通信新业务发展的必然结果和未来全业务网发展的需要。通信技术发展、接入网概念引入，传统规划观念在许多方面不能适应未来的发展方向，以下许多方面的规划将发生变革：

（1）预测趋向多业务

传统预测只注重单一电话用户需求，而现在用户需求不仅是电话，还有语音、数据和视像等多方面的需求，同时依据历史数据进行电话用户数预测等的传统预测方法也不适应业务需求的变化，预测方法也需变革，如预测业务分类应根据新业务需求的特点，按业务需求进行分类调整、归并以及不同分类。

（2）局所规划趋向少局所、大容量、多模块

传统用户接入主要是考虑铜缆，而铜线的传输距离短，因而局所的设置较密，局点较多。为了提高传输的质量，保证电路的可靠性，一般采用全覆盖的中继方式，导致网结构十分复杂；引入接入网概念后，将使局界扩大，局容量增加，局数减少，从而使中继网和传输网的结构简化，网络管理更加容易。离开县城较远、规模较小的小城镇应尽量采用具有标准速率接口的远端模块，结合实际发展交换机远端模块，作为光纤延伸到用户的重要手段，在小城镇有其广泛应用，并在减少局所数量和优化网络结构以及方便维护管理方面起到重要作用。

另一方面，电话用户对局所的影响将不再是决定局址的关键因素，随主要业务成分变

化，依据电话用户密度中心确定局所位置的方法将逐渐被寻找用户业务的密度中心所替代。

（3）网络融合，联合建设

我国有线电视网正在覆盖到广大农村地区，农民对有线电视的需求一般高于对电话的需求，小城镇通信规划应考虑电信网与广播电视网、计算机网的融合，特别是电信网与CATV网联合建设，尽量实现光纤到村，既满足农民对电视需求，又带动电话普及率的提高，同时为将来实现窄带和宽带综合业务网接入创造条件。

（4）规划应为业务发展留有充分余地

接入网一般分为主干和配线两部分，主干部分和配线部分的网络结构根据用户分布、业务量大小等因素可分为环形和星形。主干部分在建设初期可以采用大芯数光纤，光纤芯数应该考虑预留备用和扩容的需要。局所重点局房传输机房的面积要增加，出局管孔的选择要考虑光缆需要留有充分余地。

（5）引入接入网概念的相关小城镇电信设施

引入接入网概念，小城镇传统电信设施发生变化。适应接入网发展趋势，对应的小城镇电信设施有：

1）本地网中心局

较大规模县城镇和县级小城市一般设1～2个中心局，其中心局容量一般为6万～10万门。中心局有一个较大的服务范围。

中心局之上有长途枢纽局和汇接局，设在本地网的中心城市。长途枢纽局一般设2个以上，设2个长途枢纽局时，一般一主一辅或二主互补互备。汇接局的功能有：

国内长途或国际长途汇接；

市话汇接；

互联网汇接或数据汇接。

2）市话端局

县城镇外较大规模小城镇一般设端局。端局的服务范围称为营业区。端局与中心局区别不大，上面的中心局也可称为端局。

3）模块局或OLT通信节点

模块局是端局向用户分配的第1个节点，其服务人口一般为4000～12000人。规模较小的小城镇一般设模块局。

模块局把电路交换的用户级尽量靠近用户的一方，采用光缆及大容量高速复用与选组级链接，较大幅度地减少用户线，节省用户线投资。

模块局容量一般为4000～6000门，并不超过8000门，初期依据用户需要常采用500～3000门，当需要容量超过8000门时，应改建为端局。

中远期接入网规划可采用OLT（Optical Line Terminal）光线路终端，连接各OLT节点的光缆环网，形成宽带通信平台，也即汇聚层，为各种业务提供自愈电路，各种通信业务（话音、数据、图像）均通过OLT接到ONU（optical distribution network）光网路终端，也即用户接入点。

4）用户接入点ONU

接入点ONU相当于话音通信中的交接间或交接箱，也相当于一个较大单位的用户交换机房，通过 ONU 连接用户终端设备。

表 8.6.4 为中远期规划小城镇 OLT、ONU 对应局所设施。

小城镇 OLT、ONU 对应市话设施 表 8.6.4

	OLT			ONU
对应市话设施	模块局（远端模块）		模块局（远端模块）	交接箱或交接间，部分远端模块
对应小城镇	较大规模建制镇	较小规模建制镇	一般建制镇	一般小城镇
备注	初期为模块局后期上升为端局，一般4万~5万门	少数后期上升为端局，一般1万~2万门	模块局，一般2000~6000门	模块局，一般2000门以下

8.6.5　光接入网的应用和规划设施优化

8.6.5.1　光接入网的应用

光接入网 OAN（Optical access network）是采用光纤传输技术的接入网。光接入网采用基带数字传输技术，并以传输双向交互式业务为目的，同时能以数字或模拟技术传输宽带广播式和交互式业务的接入传输系统。

光接入网是更新现有铜缆接入网，解决电信网发展瓶颈的重要途径，也是实现城市数字化的必经之路。光接入网把城市数字化推向路边、大楼和住宅。在城市和小区规划和建设中应用日益广泛。

1）应用目标

光接入网的应用目标主要以下几个方面：

① 支持新业务，特别是多媒体和宽带新业务；

② 延长传输距离，逐步减少小型交换机和远端交换模块，使电信网节点较少，覆盖区较大，结构更加简单；

③ 减少铜缆的维护运行费用，降低故障率，并为配线网提供经济的宽窄带混合接入结构；

④ 带宽可在用户间重新分配，不影响业务；

⑤ 光缆容量大，管孔数少，节约城市地下管道空间，并延长传输覆盖距离。

2）光接入网的应用类型

光接入网应用分为光纤到路边（ＦＴＴＣ）、光纤到楼（ＦＴＴＢ）和光纤到户（ＦＴＴＨ）或光纤到办公室（ＦＴＴＯ）三种类型。

① 光纤到路边（ＦＴＴＣ）：光纤到路边（Fiber to the carb）是指光网络单元设在路边的人孔或杆上分线盒，有时也可设在交接箱处。ＦＴＴＣ主要是点到点或点到多点树形一支分拓扑结构，用户为住宅用户和小企业用户。由于光纤靠近用户，具有光纤化带来的许多优点，对 2Mbit/s 以下的窄带业务来说，最经济。

② 光纤到楼（ＦＴＴＢ）：光纤到楼（Fiber to the Building）是指光网络单元在楼内，是点到多点结构，适用于远期规划和城市新区建设。

③ 光纤到户（ＦＴＴＨ）或光纤到办公室（ＦＴＴＯ）：光纤到户（Fiber to the Home）是点到多点结构的全光纤网络。带宽、传输技术等没有限制，适用新业务和发展长远目标；FTTO 是点到点或环形结构的全光纤网络，主要用于大企事业单位和远期规划。

8.6.5.2 光接入网相关规划设施优化

图 8.6.5 为国际电联 ITU 提出的光接入网功能参考配置图。

图 8.6.5 光接入网功能参考配置

图中光接入网的主要设施 OLT、ODN、ONU 及其优化和接入网相关局所及优化在下面作分别介绍。

图中，SN 为业务节点，SNI 为业务点接口，UNI 为用户网络接口，AF 为适配设施，S 为发送参考点，R 为接收参考点，a 为 ONU 与 AF 间参考点，V 为用户接入网与业务接点间参考点，T 为用户网络接口参考点，Q_3 为网管接口。

（1）局所

规划和维护有时将端局至用户间的电信网统称接入网，而且局所规划受接入网规划的影响较大，二者关系密切。

1）新建局所原则与选址

下列情况应规划新建局所：

① 原有局所容量不足、原地扩建困难；

② 安全要求；

③ 新区开发；

④ 网络结构的需要。

局址宜选在全网或新区的用户中心，并宜选在繁华商业区，靠近十字路口主要道路一侧。

2）局所优化的其他要求

① 局所数量减少，规模增大，大城市终局容量宜在 20 万以上；

② 应有多个大型局房，便于更换新型交换机；

③ 主干馈线至少有 50% 采用光缆传送，MOF 机架与出局管孔数及局前主干管道孔数可减少很多；

④ 应考虑用户线传输室、接入设备机房及各种新设备机房，如大型计算机房、电视会议室、遥测、遥控、远程教学、远程医疗等设施用房。

（2）OLT

OLT 是光线路终端（Optical Line Teminal），其作用是为光接入网提供网络侧与本地交换机之间的接口，并经一个或多个 ODN 与用户侧的 ONU 通信，OLT 与 ONU 之间是主从通信关系。OLT 可以分离交换和非交换业务，管理来自 ONU 的信令和监控信息，为 ONU 和本身提供维护和指配功能。OLT 可以直接设置在本地交换机接口处，也可以设置在远端，与远端集中器或复用器接口。

1）服务范围、服务人口

OLT 有一定的适宜服务范围，过大时增加配线投资，过小时由于 OLT 寻址安装困难，增加维护等费用。OLT 适宜服务范围主要考虑下列两个因素：

① 服务人口

通常情况下，OLT 平均服务人口以 8000～10000 人为宜，大城市市中心人口密度在 300 人/ha 以上较大时，OLT 服务人口可增至 20000 人。

② 与行政区或交换区、交接区相对应。

中小城市市区、郊区和农村应以居住区、镇、乡为 OLT 点。

规划应与现有设备改造一致：多数模块局和小容量的端局经改造即为 OLT 点，大多数原用户交换机容量大的（2000 门以上）也可改造为 OLT 点；容量小的可改造为 ONU 点，交接间大多可改为 ONU 点。

小城镇应设 OLT 点，规模较大镇如中心镇也可考虑设 2 个以上 OLT 点，OLT 点最终容量可以发展到 10000～30000 门。

2）设施用地与建筑面积

OLT 带有 ONU，应有 ONU 的一定数量的配线，一般约为 2000～4000 线，最多不超过 8000 线，最大出局线对 10000 对，按 800 对一列共需 12 列，MDF 需 3m 长（每米 4 列）。

考虑接入设备的传输、用户级共 2 列，主机房面积约需 20m²，MDF 面积约 15m²（10000 线），电源及其他设备 15m²，可以综合考虑规划 OLT 预留建筑面积 80～100m²。一般宜在商业、行政区选公建底层，居住区选独立通信间，并且容量可扩大，但不应超过 20000 对线，预留建筑面积约 300m²。

（3）ONU

ONU 是光网络单元（Optical network unit），其作用为光接入网提供直接的或远端的用户侧接口，位于 ODN 的用户侧。

ONU 的主要功能是终结来自 ODN 的光纤、处理光信号并为若干个小单位用户和居民住宅用户提供业务接口。ONU 的网络侧是光接口而用户侧是电接口，需要有光/电和电/光转换功能，还要完成对语声信号的数/模和模/数转换、复用、信令处理和维护管理功能。

ONU 可装在住宅楼，也可设在路边的人孔或线杆上的分线盒，有时也可设在交接箱处。ONU 到用户仍为双绞线铜缆，铜缆距离越短越好，市中心区不宜大于 500m，边缘区不大于 1000m，远郊农村不大于 3000m。主要视当地经济、社会发展水平而定。而传送宽带图像业务一般用同轴电缆。

ONU 点容量范围为 120～7000 线，有 128、256、512、1024、N×1024（N 为 1、2、3、4、5、6、7）多种型号供选择。

通常 1 个单位宜设置 1 个 ONU，128 型号 ONU 可以调整用户板，实际用户可为 6～128 线。公共建筑一个楼装置一个 ONU 是合适的，ONU 后的双绞线、同轴电缆综合布线，提供不同速率的业务。

住宅小区一般考虑 1～3 幢住宅楼设置 1 个 ONU。

（4）ODN

ODN 是光配线网（Optical distribution network）。ODN 为 OLT 与 ONU 之间提供光传输手段，其主要功能是完成光信号功率的分配任务，它由无源光元件如光缆、光连接器和光分路器等组成，网络通常为树形——分支结构。

ODN 的配置为点到多点的方式，多个 ODN 通过与光纤放大器结合起来延长传输距离和扩大用户数目。

OND 有单星形结构、树形结构、总线结构和环形结构，除单星形结构 ONU 与 OLT 间按点到点配置外，其余 3 种均按点到点配置，其中树形和总线形结构是两种基本的结构。ODN 的结构选择主要考虑用户所在地的分布、OLT 与 ONU 之间距离、不同业务的光通道、可用技术等多种因素。

8.6.6 光接入网的主干网与分配网规划

（1）光接入网主干光缆与配线光缆及其结构形式

电信网从端局到用户这一段称之用户环路，光接入网是由传统的用户环路发展而来，是用户环路的升级。

光接入网中从端局到用户，对应于主干（馈线）电缆、配线电缆是主干（馈线）光缆、配线光缆。原分路点或交接箱由远端或远端节点 RT/RN 代替，光纤继续向用户推进，目前主要是光纤到路边的分线盒，即业务接入点 SAP，该处设置光网络单元 ONU，以及完成光/电变换和分用等功能，最终目标则是将光纤推进到住宅用户，并且 ONU 也将设置在住宅处，也即完成光纤到户。

光接入网可由主干网和分配网组成。主干网可以由 3～8 个 OLT 点（最多不超过 12 个）连接成环形网即主干环。OLT 点有一定的服务范围和服务人口，在城市中心区主要考虑服务人口在城市边缘区，宜将服务人口与范围两者结合考虑。

光分配网 ODN（optical distribution network）有星形、树形、总线和环形 4 种形式。ODN 是从 OLT 到 ONU 并由无源光元件组成的光分配网络。

金融大厦、行政大楼等可设 1 个或几个 ONU，一般住宅楼和较小办公楼近期可几个楼设 1 个 ONU，中远期单独设 ONU，实现光缆到楼、光缆到户。

（2）光接入网主干网规划

图 8.6.6-1 为中小城市城区或近郊的典型接入网主干规划示意图。

389

城市边缘或近郊区可以考虑环形与星形结合的接入网拓扑结构。

图 8.6.6-2 为县域接入网主干网规划示意图。

　　 ▣ 交换局
　　 ○ OLT
　　 ● ONU

　　 ▣ 交换局
　　 ○ OLT
　　 ● ONU

图 8.6.6-1　中小城市城区和近郊区的典型
　　　　　 接入网主干网示意图

图 8.6.6-2　县域小城镇接入网主干网示意图

　　县域小镇接入网主干网采用以环形及环形与星形结合的拓扑结构。

　　光缆芯线规划设计

　　一般大中城市的中心局所服务面积为 $10\sim20km^2$，服务人口 10 万～30 万人，接入网采用 2～4 个光缆环，OLT 点为 8～32 个，每个 OLT 点的服务人口为 8000～30000 人。

　　大城市市区中心每环服务人口 6 万～12 万人，农村区域每环服务人口 8 万～16 万人，光缆环采用 2.5Gbit/s；每环服务人口小于 8 万人口的采用 622Mbit/s。

　　采用 2.5Gbit/s 光缆系统，提供 3 万话路，按 1∶4 集成比考虑，12 万话路，2 芯即满足电话需求，一般留有余地采用 4 芯，考虑初期投资不宜太大，可采用 622Mbit/s，今后再提升。数据通信约过 5 年将超过话音通信，中期规划 10 年考虑，则需 10～12 芯，初期考虑宽带普及率尚较低，一般需要 6～8 芯。

　　表 8.6.6-1 为按 2.5Gbit/s 光缆系统考虑的规划光纤芯数。

2.5Gbt/s 光缆系统规划光纤芯数　　　　　　表 8.6.6-1

服务人口 （万人）	光纤芯数（芯）						
	话路	数据	宽带	其他	公共芯	小计	采用
16	4	8	8	4	24	48	96
8	2	4	4	2	12	24	48

　　价格分析：

　　按光缆网两终端 4 个分插复用器计算，价格为：

　　SDH 2.5Gbit/s　共 351 万元，计每话路 117 元；

　　SDH 622Mbit/s　共 174.5 万元，计每话路 231.2 万元；

　　SDH 155Mbit/s　共 75.2 万元，计每话路 397.9 元。

　　上述价格为 1998 年的价格，现价因集成电路价格降低而降低。

根据上述分析，近期规划在一个环路中，小于 7000 话路，可采用 1×155Mbit/s；若达 14000 话路，需 2×155Mbit/s，则应采用 622Mbit/s。

目前，特别是城市郊区与农村，用户光缆环首先是满足电话需求，对于城市来说，由于电话网大部分已由铜缆满足，光缆环主要满足数据、IP 业务与宽带业务的需求。

上述三网光缆芯数规划考虑：

① 光纤分成 3 部分，近期 5 年内各占 $\frac{1}{3}$，中远期 10～15 年数据、IP 与宽带芯数的比例约 1：2：3。远期 15 年以后宽带大增长，而电话已趋饱和。

② 光纤分成 4 部分，即电话、移动通信、IP 与宽带（B－ISDN、VOD、CATV）近期各占 $\frac{1}{4}$，中远期 1：1：2：3，15 年后前 3 个比例基本不变，宽带则占 4（倍）以上。

考虑光缆更新，光缆满足期为 10～15 年，表 8.6.6-2 为小城镇相关本地网不同规模城市城郊光缆网规划芯数参考。

不同规模城市城郊光缆网规划芯数参考　　　　　　　　　　　　表 8.6.6-2

| 光缆网规模 | 特大城市 | | | 大城市 | | | 中城市 | | | 小城市（含县域） | |
	中心城区	边缘区	郊区（郊县）	中心城区	边缘区	郊区（郊县）	中心城区	边缘区	郊区	城区	郊区
3～4 个 OLT	96	24～36	24	72～96	24	24	24	24	24	12	24
5～8 个 OLT	144	36～48	36	96～120	36	36	36	36	24	24	24
9～12 个 OLT	192	48～72	48	120～144	48	48	48	48	36		

注：① 特大城市、大城市有 50% 的光缆芯为公共芯，若公共芯少，则规划芯数应减少。
　　② 郊县传输距离远，传输速率不小于 2.5Gbit/s。

（3）光接入网的分配网规划

ODN 的网络结构

1）星形结构

ONU 与 OLT 间专一光链路点到点配置，中间没有光分路器（OBD），传输距离远大于点到多点配置。

2）树形结构

点到多点配置的基本结构，利用 OBD 对下行信号进行分路，传给多个用户，同时也通过 OBD 将上行信号结合在一起传到 OLT。

3）总线结构

也是点到多点配置的基本结构，利用一系列串联的非平衡光分路器件从总线中检出 OLT 发送的信号，又能将每一 ONU 发送信号插入点线送回 OLT。

4）环形结构

也是点到多点配置，无源环形结构可视为无源总线结构的特例，提高网络的可靠性。

图 8.6.6-3 为 ODN 的 4 种结构图。

光接入网主干网和分配网规划中的 OLT 和 ONU 规划见 8.6.4。

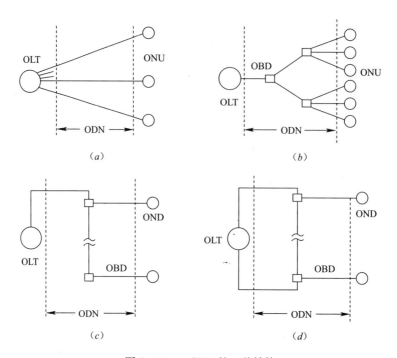

图 8.6.6-3　ODN 的 4 种结构

(*a*) 星形结构；(*b*) 树形结构；(*c*) 总线结构；(*d*) 环形结构

8.6.7　县域小城镇环形接入网规划案例分析

——以山东省曹县光接入主干网为例

曹县位于山东省菏泽地区，面积 1974km²，人口 136.65 万人（城镇 18.67 万人，农村 117.98 万人），近年来曹县经济开始较快发展，曹县通信接入主干网规划方法与探讨分四部分内容：

（1）规划步骤

1）准备与调研阶段

① 根据任务书，与地方部门商定规划原则，确定规划目标；

② 规划范围（县城、县郊、镇、乡）的实地勘察，资料收集（人口、用户、乡镇企业、单位）。

2）方案阶段

① 现状分析与用户调查；

② 确定接入网网路结构，路由；

③ 确定 OLT 数量；

④ 配合接入网规划，县城酌情做新局所规划，着重选址、规模、交换区界。

3）中间成果汇报及方案完善阶段

① 按环分工、补充调研；

② 修正网路结构，确定和调整 OLT 位置、数量及其分期建设；

③ 中间成果汇报、论证与完善。

4）最终成果阶段

① 完成规划图纸；

② 编写规划说明书。

（2）需求预测

人口预测宜尽量采用地方统计部门和城市规划管理部门提供的数据，表8.6.7-1为曹县相关人口预测。

2005年预测分析：县城住宅电话按80%家庭有电话考虑，办公电话，按工作就业人员占人口55%，并考虑外来企业与从业人员，平均每6人一线，公共电话按5线/1000人预测；郊区住宅电话普及率40%，办公电话就业人员每15人1线；镇区住宅电话普及率60%，办公电话就业人员每10人一线；农村按普及率增长预测。

非话业务在固定电话普及后，将有较大发展，近期主要考虑城镇，以及经济较快发展的村和少数专业户；窄带ISDN对照国内城镇相关发展，预测曹县2005年为1.5%~2%。

<table>
<tr><td colspan="6" style="text-align:center">曹县城区、郊区、镇区、农村人口预测（万人）　　表8.6.7-1</td></tr>
<tr><td>年份</td><td>城区</td><td>郊区</td><td>镇区</td><td>农村</td><td>备注</td></tr>
<tr><td>2000</td><td>8.2</td><td>3.7</td><td>10.8</td><td>114.3</td><td></td></tr>
<tr><td>2005</td><td>15</td><td>6.0</td><td>15</td><td>103</td><td></td></tr>
<tr><td>2010</td><td>23</td><td>7.0</td><td>19</td><td>93</td><td></td></tr>
<tr><td>2030</td><td>35</td><td>8.0</td><td>25</td><td>80</td><td></td></tr>
</table>

表8.6.7-2为曹县相关主线普及率预测。

<table>
<tr><td colspan="6" style="text-align:center">曹县城区、郊区、镇区、农村主线普及率预测（%）　　表8.6.7-2</td></tr>
<tr><td>年份</td><td>城区</td><td>郊区</td><td>镇区</td><td>农村</td><td>备注</td></tr>
<tr><td>2000</td><td>12</td><td>10</td><td>9</td><td>0.65</td><td rowspan="4">曹县城区2010年接近北京2000年水平，全县达到全国预测当年平均水平</td></tr>
<tr><td>2005</td><td>32.2</td><td>13.6</td><td>20</td><td>7</td></tr>
<tr><td>2010</td><td>43</td><td>20</td><td>30</td><td>15.4</td></tr>
<tr><td>2030</td><td>70</td><td>40</td><td>50</td><td>33.8</td></tr>
</table>

（3）乡镇接入主干网规划

曹县乡镇远期接入网规划如图8.6.7。

远期规划从实行光缆到乡，高起点，结合曹县人口密度较大和便于各乡镇行政和生产管理要求的实际考虑，选择环形结构。

全县乡镇远期光接入主干网分3个环网，2个支环网。每环设4~12个OLT，每个乡镇和建制镇设OLT并分别组成安全自愈网。OLT以下到用户网路采用星形结构。

光环容量测算主要基于固定电话主线测算，新业务测算结合地区实际，采用相关比较预测和增长规律预测。

光环芯数：

1环2005年采用155Mb/s华为设备，每2芯7296路，考虑光缆60%实用率，需16芯（提供58368路，利用率56.6%），2芯用于CATV，2芯用于移动通信，4芯用于专网，备用2芯，共24芯，拟选36芯，2010年采用622Mb/s。

表8.6.7-3为各环乡镇主线预测。

图 8.6.7　曹县远期接入网规划

曹县乡镇主线预测　　　　　　　　　　　　　　　　表 8.6.7-3

环　名	乡　镇	主线预测（线）		备　注
		2005 年	2010 年	
1 环	1 普连集	6500	12685	8 镇共 76000 人，最小 6235 人，最大 12793 人
	2 古营集	4700	9245	
	3 安仁集	3200	6235	
	4 侯集	4800	9460	
	5 苏集	6500	12793	
	6 龚楼	3500	6880	
	7 孙老集	5800	11395	
	8 王集	3700	7310	
	小计	38700	76003	
2 环	1 大义集	4700	9230	7 镇共 77800 人，最小 8800 人，最大 13600 人
	2 安蔡楼	6800	13260	
	3 青集	6600	12670	
	4 南集	4400	8490	
	5 仵楼	4400	8490	
	6 梁堤头镇	5600	10860	
	7 阎店楼	6400	12350	
	小计	38900	75350	
2 支环	1 朱洪庙	4200	8100	3 镇 33600 人，最小 8400 人，最大 12800 人
	2 邵庄	6400	12350	
	3 郑庄	6200	12030	
	小计	16800	32450	

续表

环 名	乡 镇	主线预测（线）		备 注
		2005 年	2010 年	
3 环	1 倪集	5300	10180	7 镇共 65600 人，最小 6800 人，最大 13600 人
	2 莘家	3700	6810	
	3 青岗集	4400	8490	
	4 申楼	3410	6580	
	5 韩集	5500	10670	
	6 砖庙	3700	7140	
	7 魏弯	6800	13120	
	小计	32810	62990	
3 支环	1 桃源集	4500	8690	5 镇共 43600 人，最小 4800 人，最大 13000 人
	2 常乐集	4700	9120	
	3 庄寨	6500	12670	
	4 大寨集	2400	4750	
	5 楼庄	3700	7250	
	小计	21800	42480	

3 支环按上述方法计算话路共需 10 芯（36480 话路，利用率 59.8%），2 芯用于 CATV，4 芯用于移动通信，6 芯用于专网，共 22 芯，拟选 24 芯。

2 环、3 环、2 支环均拟选 24 芯。

2、3 环中的公共部分为 48 芯。

（4）城、郊接入主干网规划

曹县的城区和郊区接入主干网规划因不是本次规划的重点，只提出考虑原则：

城、郊接入主干网采用环形与星形结合的网络结构，城区规划南、北两个环网，城郊采用星形环；由城区环网接出。

（5）借鉴与思考

曹县的乡镇接入主干网规划，与一般农村接入主干网规划主要采用星形或星形与环形结合的结构模式不同，而采用全部乡镇设 OLT，分组成环模式，通过投资、功能分析，这种模式为原经济和通信基础薄弱、现正处在较快发展阶段的县域小城镇现代通信建设提供了有益借鉴，其主要优点在于：

1）光缆线路代替常规建设的电缆线路，规划设施的高起点，不仅解决当前农村电话的普及与设施扩容，又为数据、图像通信新业务的发展创造条件，有利于通信快速发展的更新换代。

我国经济和通信基础落后，但正在较快发展的许多小城镇，如同曹县的一些小城镇，电话通信亟待加快普及。现有多数乡镇只有 500 门规模和 3～4 个通村方向电缆线路，每条线路容量只有 100～200 对线，远不能满足需求，按常规需敷设新的电缆线路，本次规划光缆直接代替电缆基于 3 个方面考虑：

一是避免几年后乡镇电缆到光缆的线路重复建设；二是建设成本投资分析得出，现采用架空光缆投资 ONU128、512 平均每线投资 1300～1500 元，且用户增加后，成本将降为 700～800 元，地方部门表示，根据当地现在经济发展，完全能够承受建设投资；三是受

395

周边地区城镇通信快速发展的带动和本身通信潜在需求的影响，上述小城镇近、中期新业务也会开始较快增长，提早实现光缆到乡，为乡镇近中期数据、图像通信的新业务发展创造有利条件，有利于通信快速发展的更新换代。

2）适应小城镇政治、经济体制改革的需要，同时便于镇区通信设备的运行维护。

每个乡镇设一个 OLT，星形连接多个 ONU 到乡镇用户。乡镇所在地也即乡镇范围的电话、数据、广播电视、声像等通信中心，这样便于乡镇政府机构与基层之间行政、经济等通信联系，同时也便于镇区通信设备的运行维护。

3）便于形成安全自愈网。

随着光缆成本下降，光缆环路的光缆投资占整个通信基础设施投资的比例已经较小，接入主干网的环形结构，对经济、社会正在较快发展的小城镇来说是可取的。环形结构，便于形成安全自愈网，有利于提高县域通信的可靠性。

8.7　管　道　规　划

8.7.1　通信管道及其分类

通信管道是电缆和光缆等多种信息传递介质的载体，通信管道规划基于通信线路网规划。

通信管道主要分通信主干管道和通信配线管道。

主干管道主要敷设主干电缆（光缆）、中继电缆（光缆）、长途电缆（光缆），以及各种专线电缆（光缆）。

配线管道主要敷设配线电缆、用户光缆，以及广播电视电缆（光缆）。

8.7.2　管道规划原则

（1）满足通信发展局间核心主干网线路地下敷设的需要；

（2）满足通信发展局与 OLT 间的接入网线路地下敷设的需要；

（3）满足 OLT 到 ONU、交接箱间及 ONU 到用户的用户线路地下敷设的需要；

（4）统筹规划下满足各家通信线路和广播电视网线路地下敷设的需要；

（5）依据道路网规划并与各工程专业管线相协调的原则；

（6）"光进铜退"的规划原则；

长距离敷设电缆的成本要比长距离敷设光缆并同时结合小范围敷设电缆的成本要高得多，后者还有效节约有色金属和管道地下空间资源，而且缩短与用户间的距离，有利于更好地开展数据业务。随着通信技术的发展，将有更多场合光缆代替铜缆；

（7）统筹规划、联合建设原则。

8.7.3　主干管道规划

（1）主干管道。一般采用局向用户辐射或环状建设方式。主干管道敷设有铜缆和光缆，前者一般采用树型结构和管孔逐渐递减的方式。

（2）目前，新设局所宜设电缆的主干长度一般不超过 2km，超过 2km 则经济和传输质量以光缆为优。

（3）主干管道路由按电信网网路（中继、长途、专用网路）优化路由，结合局所位置、小城镇道路网规划、管道现状，用户用地分布选择。

（4）局前管道规划设计。

小城镇2万门以下局所，一般应采用两端（方向）和单路由出局，如图8.7.3-1。

图 8.7.3-1　两方向与单路由出局

3万～6万门局所，一般采用两端（方向）和双路由出局，如图8.7.3-2。

图 8.7.3-2　两方向与双路由出局

397

8万门以上局所应采用3个以上方向，包括楼前、楼后、楼左、楼右，以降低每路出局孔数，保障路由安全，局所应尽量在十字路口与丁字路口布置，如图8.7.3-3。

图 8.7.3-3　3个方向及多路由出局

终局容量4万门及以上的局所应考虑局前道路两侧分设出局管道。

（5）主干管道管孔数的计算与分配应考虑局所终局容量、局所分布、道路两侧相关用户分布和用户业务预测、相关路由远期预留光缆比例等多种因素而确定。

用户电缆对数是按树枝形递减的，每到 1 个交叉路口递减 1 次。离局越远电缆平均对数越小，表 8.7.3 为近局管道理论计算的管孔需要数。

近局管道理论计算的管孔需要数　　　　　　　　表 8.7.3

容量（万门）	$\frac{1}{3}$ 总出局线对数（主干管道用户线对数）	$\frac{1}{3}×\frac{1}{2}$ 总出局线对数	离局 700m 以内（按近期计算）		离局 700m 以外（按近期计算）		建议采用管孔数	
			平均线对数	需要管孔数	平均线对数	需要管孔数	离局 700m 以内	离局 700~1500m
1	7000	3500	700	10	500	7	1×6+1×12	1×12
2	14000	7000	820	17	570	13	2×6+1×12	1×6+1×12
3	21000	10500	940	23	630	17	3×6+1×12	2×6+1×12
4	28000	14000	1080	26	780	20	3×6+1×12	2×6+1×12
5	35000	17500	1200	29	710	23	4×6+1×12	3×6+1×12
6	42000	21000	1300	33	820	26	5×6+1×12	3×6+1×12
8	56000	28000	1400	40	880	32	7×6+1×12	5×6+1×12
10	70000	35000	1500	47	940	37	7×6+1×12	5×6+1×12

注：① 表中管孔数为全部采用电缆时管孔数，考虑光缆，可分别按所占比例计算；

　　② 采用 "$\frac{1}{3}×\cdots$" 系出局按 2 方向 4 路由计算；

　　③ 离局 700m 以外，如仍为 4 路由，则应按表中孔数×0.6 取值；

　　④ 表中孔数已考虑其他所需孔数。

（6）主干管道规划考虑一次性投资建设需要，一般按 30~50 年考虑。

8.7.4　配线管道规划

（1）配线管道主要敷设接入点到用户的配线电缆、用户光缆，也包括广播电视用户线路；

（2）配线管道采用辐射建设方式；

（3）配线管道一般采用 12 孔以下塑料管；

（4）配线管道规划应与局所（含模块局）、OLT 和大型 ONU 规划相一致；

（5）在主干管道的上面建设配线管道，如图 8.7.4。一般主干管道埋深大于 800mm，

图 8.7.4　主干管道与配线管道建设方式示意图

因而在其上方建设配线管道有足够的余地,这种方法扩建配线管道不必破坏主干管道和新建人孔,因而节省投资,方便施工,减少接头。

8.8 邮政工程规划

8.8.1 邮政通信网和主要邮政设施

邮政通信网是邮政支局所及其他设施和各级邮件处理中心,通过邮路相互连接所组成的传递邮件的网络系统。邮政支局所是基本服务网点,其他邮政设施是邮政支局所功能的补充和延伸,以及服务范围的扩大,是邮政通信必不可少的物质基础。

县城镇邮政工程规划应主要考虑邮政处理中心和邮政局等邮政设施,其他镇邮政工程规划应主要考虑邮政支局和邮件转运站等邮政设施。

8.8.2 邮件处理中心设置与规模

邮件处理中心即邮件封发中心,也是邮政枢纽。

不同邮件处理中心的建筑规模应符合《邮件处理中心工程设计规范》YD 5013—95 的规定。

邮件处理中心建筑用房由生产用房、辅助生产用房、生产管理用房、生活用房和公用建筑等组成。

邮政通信枢纽局址除通信局所一般选址原则外,在邮件主要依靠铁路运输的情况下,应优先考虑在客运火车站附近选址,局址应有方便接发火车邮件的邮运通道,有方便出入枢纽的汽车通道;在主要靠公路和水路运输时,可在长途汽车站或港口码头附近类似选址;在上述选址困难时,可在较大规划范围内根据小城镇总体布局要求,交通方便及环境等要求进行多址比较选定,但在火车站或港口码头应有必要的转运场地。

8.8.3 邮政局所规划

(1)邮政局是县邮政部门的行政机关,邮政局一般共建邮政营业大楼,较多在县城中心区设置。

(2)邮政(电)支局所

小城镇邮政(电)支局的局址选择应以其邮电服务网点规划要求为主,既要着眼于方便群众,又要讲求经济效益;既要照顾到布局的均衡,又要利于投递工作的组织管理;既要考虑现状,又要符合长远发展要求。

邮政支局所设置要按服务半径、服务人口、业务收入 3 项基本因素考虑。

邮政支局(含邮政所)局所址选择应考虑以下原则:

① 局所址应设在镇行政、商业中心区、居民集中的居住小区、规模较大的工业园区、旅游小城镇文化游览区,以及其他较大公共活动场所等方便群众的地方;

② 局所址应有适合邮电局所建设的场地和地形;

③ 局所址设置应在交通便利,运输邮件车辆易于进出的地方;

④ 选址应考虑投资费用较少、经济合理的原则。

小城镇邮政（电）支局选址应纳入小城镇总体规划，其预留用地面积应结合当地实际情况按表 8.8.3 分类规定范围选取。

小城镇邮电支局预留用地面积（m²）　　　　　　表 8.8.3

支局级别　　用地面积　　　支局名称	一等局业务收入1000 万元以上	二等局业务收入500 万～1000 万元	三等局业务收入100 万～500 万元
邮电支局	3700～4500	2800～3300	2170～2500
邮电营业支局	2800～3300	2170～2500	1700～2000

8.9　广播电视规则

8.9.1　广播电视网及广播电视主要设施

广播电视网是小城镇现代通信网组成之一。远期广播电视网应与小城镇电信网、计算机网按三网合一统筹规划。

县城镇广播电视规划应考虑电视发射台（转播台）和广播、电视微波站，其选址应结合总体规划布局和相关标准技术要求。其他镇相关规划应考虑设广播站。

广播、电视台站选址要求：

（1）广播、电视台（站）应有安全的环境。应选择地势平坦，土质坚实的地段，应远离易燃、易爆的建筑物或堆积场附近。不应选择在易受洪水淹灌的地区。

（2）广播、电视台（站）应有较好的卫生环境，应远离散发有害气体、较多烟雾、粉尘、有害物质的工业企业。

（3）广播、电视台（站）址距重要军事设施、机场、大型桥梁等的距离不小于 5km；无线电场地边缘距主干铁路不小于 1km；距电力设施防护间距见表 8.9.1。

架空电力线路、变电所对电视差转台转播台无线电干扰的
防护间距标准（m）　　　　　　表 8.9.1

频段	架空电力线			变电所、站		
	110kV	220～330kV	500kV	110kV	220～330kV	500kV
VHF（Ⅰ）	300	400	500	1000	1300	1800
VHF（Ⅱ）	150	250	350	1000	1300	1800

架空电力线路经过电视差转台、转播台附近时，应尽量从电视差转台、转播台非主要接收方面一侧通过。

架空电力线路在局部地段可采用降低导线表面电场强度的措施，在变电所中可采用降低母线及设备引线表面电场强度的措施。

在沿海盐雾较严重的地区，不得减少防护间距。详见国际《架空电力线路与调幅广播收音台的防护间距》GB 7495—87。

8.9.2　广播电视线路规划

　　广播电视网规划应结合电信网规划考虑，广播电视网线路路由应同时结合小城镇电信网路由规划考虑，线路走向应避开与其无关的地区。

　　广播电视线路敷设可与通信电缆同管道，但不宜共管孔，也可与架空通信电缆同杆架设。

8.10　附录：若干规划技术经济指标

8.10.1　电信局所与干扰源的安全距离要求

　　电信局所与广播电视、雷达、电力、铁路安全间距如表8.10.1。

电信局所与广播电视、雷达、电力、铁路安全的距离（m）　　　　表8.10.1

广播电视	雷达	电力架空		电站		铁路		高速公路
		110kV	>220kV	发电站	变电站	电力机车	内燃机车	
300	500	100	300	500	500	500	300	100

8.10.2　通信地埋管道的埋深和坡度

　　管道埋深（管顶至路面）不宜小于0.8m，当水泥管、石棉水泥管和塑料管通信管道埋深无法满足表8.10.2路面至管顶最小深度时，可选用钢管，并满足表8.10.2相关埋深要求。管道埋深不宜超过1.2m，管道埋深同时还应考虑与其他地下管线交叉时的间距、地下水高度与冻土层深度对管道的影响。

　　管道敷设应有3‰~4‰的坡度，坡度不得小于2.5‰，以利渗入管内的地下水流入人孔，便于排水。

路面至管顶的最小深度（m）　　　　表8.10.2

类别	人行道下	车行道下	与电车轨道交叉（从轨道底部算起）	与铁道交叉（从轨道底部算起）
水泥管、石棉水泥管和塑料管	0.5	0.7	1.0	1.5
钢管	0.2	0.4	0.7	1.2

8.10.3　通信管道的人孔与手孔

　　（1）人（手）孔井的构造

　　人（手）孔井是管道的中转或终端建筑。地下光、电缆的接续、分支、引上、加感点以及再生中继器等都设置在人（手）孔井中或从人（手）孔井中接出去。它除了要适应布放光、电缆时的施工操作和日常维护以及对光、电缆检测的要求外，人（手）孔井在结构上还必须承载顶部覆土和可能出现的堆积物的压力，以及承受地面机动车辆高速行驶时产

401

生的冲击力。

人孔井由上覆、四壁、基础以及有关的附属配件，如人孔口圈、铁盖、铁架、托板拉环及积水罐等组成。其外形的立体构造如图 8.10.3 所示。

图 8.10.3 人孔及其与管道的结合

常用的人孔有砖砌人孔、混凝土人孔、装配式人孔 3 种构造。

砖砌人孔一般用于无地下水，或地下水位很低，而且在冻土层以下。在地下水位很高，冻土层又很深的地区，或土质和地理环境较差的地点，多使用混凝土或钢筋混凝土的人孔。

装配式人孔能在较短的时间内完成现场装配工作，减少施工对道路交通的影响。随着施工机械的改进，结构紧密、重量较轻的树脂混凝土装配式人孔目前已得到广泛应用。

（2）人（手）孔井的结构尺寸

各种型号人（手）孔结构尺寸如表 8.10.3。

各型通用设计人（手）孔结构尺寸（cm）　　　　表 8.10.3

人（手）孔型号		内部净空			上复厚	墙壁厚		基础厚	端壁宽			容纳管道最大孔数
		长 A	宽 B	高		砖砌	钢筋混凝土		直通端	拐弯端	进局端	
小号	腰鼓形直通	180	120	175	12	24	10	12	80			12
	腰鼓形拐弯	210	120	175	12	24	10	12	80	60		12
	腰鼓形十字	210	120	180	12	24	10	12	80	60		12
	局前	250	220	180	12	37	12	12	90		80	24
	长方形直通	180	120	175	12	37	10	12	120			12

续表

人（手）孔型号		内部净空			上复厚	墙壁厚		基础厚	端壁宽			容纳管道最大孔数
		长A	宽B	高		砖砌	钢筋混凝土		直通端	拐弯端	进局端	
大号	腰鼓形直通	240	140	175	12	24	10	12	100			24
	腰鼓形拐弯	250	140	175	12	24	10	12	100	80		24
	腰鼓形十字	250	140	180	12	24	10	12	100	80		24
	局前	437	220	180	12	37	12	12	100	100	80	48
	长方形直通	240	140	175	12	37	10	12	140			24
扇形	30°扇形	180	140	175	12	24	10	12	100			24
	45°扇形	180	150	175	12	24	10	12	100			24
	60°扇形	180	160	175	12	24	10	12	100			24
36孔大型	直通形	250	160	180	20	24	10	15	120			36
	分歧形	360	194	180	20	24	10	15	120	100		36
	十字形	360	194	180	20	24	10	15	120	100		36
	丁字形	310	194	180	20	24	10	15	120	100		36
48孔特大型	直通形	300	180	200	20	24	10	15	140			48
	分歧形	390	210	200	20	24	10	15	140	110		48
	十字形	390	210	200	20	24	10	15	140	110		48
	丁字形	350	210	200	20	24	10	15	140	110		48
特殊形（长方形缺一角）		220	200	180	12	37	12	12	100	80		24
手孔		120	90	110	12	24		12	90			4

注：① 腰鼓形人孔内宽系指人孔中间最宽处的尺寸；
　　② 扇形人孔的长度是指弯曲边的弦长。

403

8.10.4 通信管道常用管群组合

通信管道常用管群组合如表8.10.4。

通信管道常用管群组合　　　　表8.10.4

管孔数	管孔排列	管群组合尺寸（mm）		管群排列示意
		高度	宽度	
2	2孔卧铺	140	250	○○
3	3孔卧铺	140	360	○○○
4	4孔平铺	250	250	○○／○○
6	6孔立铺	360	250	○○／○○／○○
6	6孔卧铺	250	250	○○○／○○○

续表

管孔数	管孔排列	管群组合尺寸（mm）		管群排列示意
		高度	宽度	
8	8孔立铺	515	250	
8	8孔并铺	250	515	
9	9孔立铺	405	360	
10	10孔立铺	625	250	
12	12孔立铺	735	250	
12	12孔卧铺	515	360	
12	12孔并铺	360	515	
16	16孔叠铺	515	515	
18	18孔叠铺	780	360	
18	18孔并铺	360	780	
20	20孔立铺（甲式）	625	515	
20	20孔卧铺（乙式）	515	625	

续表

管孔数	管孔排列	管群组合尺寸（mm）		管群排列示意
		高度	宽度	
24	24孔立铺（甲式）	735	515	
24	24孔卧铺（乙式）	515	735	
30	30孔（乙式）	780	625	
30	30孔（丁式）	670	735	
36	36孔（乙式）	780	735	

注：表中所列为混凝土组装管孔，目前在我国城市规划及建设通信管道中，由于PVC、PE波纹管和梅花管等新型管材具有运输、安装方便，不渗漏、不堵塞、不易损坏等优点，已取代混凝土组装管孔。但上表所列安装尺寸对PVC、PE波纹管和梅花管仍具有指导意义。

405

8.10.5 邮政所设置标准

小城镇邮政局所设置标准如表8.10.5。

小城镇邮政所设置标准 表 8.10.5

人口密度（万人/km²）	800～2500	2500～5000	5000～10000	10000～20000	20000～30000
服务半径（km）	3.0～1.5	1.5～1.1	1.1～0.7	0.7～0.6	0.6～0.5

主要参考文献

1　通信网规划手册. CCITT. 北京：人民邮电出版社，1992

2　中国通信学会主编. 韦乐平编著. 光同步数字传输网. 北京：人民邮电出版社，1993

3　中国通信学会主编. 韦乐平编著. 接入网. 北京：人民邮电出版社，1997

4　纪越峰. 综合业务接入技术. 北京：北京邮电大学出版社，2001

5　中国城市规划设计研究院. 中国建筑设计研究院. 沈阳建筑工程学院编著. 刘仁根，汤铭潭主编. 小城镇规划标准研究. 北京：中国建筑工业出版社，2003（电子版）

6　侯文超. 经济预测理论方法及应用. 北京：商务出版社，1993

7　陈锡康等. 经济数学方法与模型. 北京：中国财政经济出版社，1983

8　汤铭潭. 城市通信需求动态定量预测和设施用地研究. 中国城市规划设计研究院. 1999，12

9　汤铭潭. 城市和小区现代信息网规划设计. 专利《工程建设与设计》，2001

10　唐叔湛，汤铭潭. 县域小城镇的环形接入主干光缆网规划探讨——以曹县光接入主干网规划为例. 《工程建设与设计》，2001

11　汤铭潭. 按建筑面积测算的城镇电信小区预测. 《中国科技发展精典文库》Ⅱ卷. 言实出版社，2003

12　我国接入网规划建设若干问题的研究. 邮电部规划研究院，1996，12

13　汤铭潭. 城市通信基础设施选址和用地剖析. 《城市规划》，2000，5

14　汤铭潭. 小城镇基础设施合理水平和量化指标编制研究. 《工程建设与设计》2002，5

15　汤铭潭. 新型工业城市公用网与专用网统筹规划. 《电信工程技术与标准化》，1992，3

16　汤铭潭. 论城市规划的多方法多方案预测研究. 《工程建设与设计》，2002，1

第9章 小城镇供热工程规划

供热是寒冷地区冬季维持人们日常生活、工作场所一定环境温度必需的，也是生产工艺中需要蒸汽的工业企业必需的。大力发展集中供热是我国城镇供热的基本方针。发展集中供热，提高供热效率对于保护环境和营造优越人居环境，提高经济效益、社会效益和环境效益，具有十分重要的意义。

属于国家规定采暖地区区划范围的小城镇，供热工程规划是主要工程规划之一。随着经济和社会发展，城镇对生活供热需求也在不断增加，供热地区范围也在扩大，供热规划范围也随之有扩大趋势。另一方面，供热包括生活采暖供热和工业生产供热。对于具有一定规模工业供热负荷的小城镇，工业热负荷也是考虑集中供热规划的主要因素。

9.1 基本要求与规划步骤

9.1.1 规划任务

根据当地气候条件，结合人们生活与生产供热需求，制定供热目标，确定集中供热对象、供热标准、供热方式；根据热负荷预测和小城镇所在区域供热共享条件，确定小城镇供热量、规划共享热源、热力设施和无共享条件的小城镇的规划热源及布局选址，集中供热规模和热网参数，布置供热设施和供热管网，提出相关节能、保温对策措施与供热设施的防护措施。

9.1.2 规划原则

小城镇供热工程规划应遵循以下原则。

1）符合国家能源政策与集中供热的原则。

2）传统能源与新型能源相结合，综合利用与改善环境相结合；以热电厂和集中供热锅炉房为主要供热热源；同时因地制宜综合开发利用地热、太阳能、工业余热、垃圾焚化厂余热等热源的原则。

3）依据小城镇总体规划，并与相关环境保护规划、电力工程规划、燃气工程规划、排水工程规划相协调的原则。

4）近期规划建设与远期规划建设相结合，工业与民用相结合，科学规划，分期实施的原则。

5）统筹规划，联建共享的原则。

6）采用新技术、新工艺、新材料、节省投资，降低成本，提高管网运行可靠性的原则。

9.1.3　规划内容与深度

（1）供热工程总体规划的内容与深度

1）规划及说明书

规划应包括：

① 预测热负荷。

② 选择供热热源和供热方式。

③ 确定热源的供热能力、数量、布局及其供热范围。

④ 布置重要供热设施和供热干线管网。

规划说明书应包括：

① 规划的依据、指导思想与规划原则及规划期限。

② 供热工程现状分析。

③ 规划期小城镇及供热划分区域的民用热负荷与工业热负荷及其预测方法和采用的热指标、热负荷曲线和热区图。

④ 热源规划方案及其技术经济比较。其包括可共享情况，区域统筹规划共享热源规模及向小城镇供热的能力、供热方式；无共享情况，小城镇集中供热热源的规模、布局、用地控制与供热方式等。

⑤ 供热管网规划说明，包括供热管网的热媒形式与参数，供热干线管网布局、走向与敷设要求。

⑥ 节能保温与防护对策措施。

2）规划图纸

供热工程总体规划图中应表示主要供热设施的位置、规模、用地，供热干线管网的布局、走向等。

图纸比例：1∶2000～1∶5000。

（2）供热工程详细规划的内容与深度

1）规划及说明书

规划应包括：

① 计算规划范围热负荷。

② 调整和布置规划范围供热设施和供热管网。

③ 进行供热管网水力计算。

④ 修建性详细规划除对上述规划内容按用地修建性详细规划内容细化外，尚应选择管道材料，进行工程投资估算。

规划说明书应包括：

① 规划依据、指导思想与规划原则。

② 供热工程现状分析。

③ 规划范围的民用热负荷和工业热负荷及其计算采用的方法与技术指标。

④ 规划范围的供热规划方案比较、细化与调整。包括主要供热及调配设施（集中供热锅炉房、尖峰锅炉房、热力站）的布局、规模与用地；供热管网布置、管道位置、走向与管径及相关水力计算说明。

⑤ 管道敷设方式及管材、埋深等要求。

⑥ 工程投资估算说明。

2）规划图纸

供热工程详细规划图中应表示主要供热及调配设施（集中供热锅炉房、尖峰锅炉房热力站等）的位置、规模及用地，供热管网管道走向、位置、管径、长度等。

图纸比例：

供热工程控制性详细规划图 1：1000～1：2000。

供热工程修建性详细规划图 1：500～1：2000。

9.1.4 规划步骤与方法

（1）明确规划任务、规划期等要求。

（2）搜集基础资料和现场踏勘。

基础资料包括：

1）小城镇总体规划、详细规划说明书、附件及相关图纸。

2）规划人口及分布。

3）工业、居住、公共设施等及地面积、容积率、性质与分类。

4）道路等级、红线与宽度。

5）地下管线与地下构筑分布。

6）地区能源平衡有关资料。

7）各类用户的燃气供应和利用现状，燃料历年增长情况、工艺上必须使用热力的企业调查资料。

8）可共享的邻近城镇热源现状与规划资料。

9）小城镇供热工程现状资料。

10）气象资料：气温、风向、最大冻土深度等。

11）水文地质资料：水源、水质、地下水位，主要河流的流量、流速、水位等。

12）工程地质资料：地震基本裂度、地质构造与土壤的物理化学性质等。

13）热源等设施可选址地点的地质构造资料等。

（3）进行小城镇供热工程规划。

图 9.1.4 为小城镇供热工程规划工作程序图。

小城镇供热工程规划对应主要规划内容的规划步骤与方法如下：

1）小城镇供热负荷的预测。首先结合小城镇发展的总目标对小城镇供热现状、自然环境进行分析研究，确定小城镇供热的对象和供热标准。在此基础上，根据小城镇发展总目标和小城镇规模，进行小城镇供热负荷的预测。

小城镇供热现状包括工业供热现状、采暖供热现状、生活热水及空调制冷的现状、锅炉现状、现有集中供热热源、供热管网现状等。

2）确定供热工程规划目标。在研究小城镇热能资源基础上，根据小城镇供热负荷，确定小城镇供热系统规划目标。

3）小城镇供热热源工程规划。小城镇供热热源工程规划，首先要进行小城镇有供热共享条件的区域热源与供热网络及没有供热共享条件的小城镇现状热源与供热网络的研

409

图 9.1.4　小城镇供热工程规划工作程序图

究。然后，根据小城镇供热工程规划目标、小城镇规划总体布局以及对小城镇热能资源的研究，进行热电厂、区域锅炉房等热源工程设施规划。按需要考虑热电厂作热源的小城镇在初步确定热电厂、区域锅炉房等技术方案之后，应及时征求规划主管部门和相关部门的意见，进一步作相关技术经济、环境论证比较。最后，由相关规定的主管部门按程序审批确定。

4) 小城镇供热网络与输配工程设施规划。根据小城镇规划总体布局、小城镇供热热源工程规划，结合小城镇供热热源和供热网络的现状进行小城镇供热网络与输配工程设施规划。

5) 分片供热管网与输配工程设施规划。对于共享供热的城镇密集区域和规模较大的小城镇可根据用地规划布局、区域和小城镇供热的对象和供热标准，估算分区供热负荷。然后，根据分区供热负荷分布、小城镇供热网络、输配工程设施规划以及用地规划布局，进行分区供热管网与输配工程设施规划。考虑小城镇地形地貌、小城镇布局形态等因素的影响，小城镇将采用不同的集中供热方式。因此，在这一步工作中，还包括本区范围内集中供热锅炉房等设施的布局。

6) 详细规划范围内供热管网规划。在进行此项工作前，先根据详细规划布局、供热的对象和供热标准，计算详细规划范围内的供热负荷。然后根据详细规划布局、供热负荷分布和分区供热管网与输配工程设施规划，进行详细规划范围内供热管网布置。详细规划范围内采用集中供热方式，在其规划范围内应包括集中供热锅炉房等设施布置。

9.2 小城镇热负荷预测

小城镇集中供热系统的热用户有采暖、通风、热水供应、空气调节和生产工艺等。这些热用户热负荷的大小及其性质是供热规划和设计最重要的依据，它关系到小城镇集中供热系统的使用效果和经济效益。因此，在进行热负荷预测之前，必须对所要进行规划区域的热负荷类型和预测办法有一个全面的了解。

9.2.1 热负荷分类

（1）按热负荷的性质分类

1）民用热负荷。它包括居民住宅和公共建筑采暖、通风、生活热水供应及空气调节。民用热用户通常以热水为热媒，使用热媒的参数（温度、压力）也较低。

2）工业热负荷。工业热负荷包括生产工艺过程中的用热，或作为动力用于驱动机械设备的用热。工业热用户常采用蒸汽为热媒，热媒的参数较高。工业区热负荷还应包括厂房采暖、通风热负荷和厂区的生活热水负荷。

（2）按用热时间和用热规律分类

1）季节性热负荷。采暖、通风和空气调节是季节性热负荷。季节性热负荷与室外温度、湿度、风向、风速和太阳辐射等气候条件有关，其中对它的大小起决定作用的是室外温度，因为全年中室外温度变化很大，一般只在某些季节才需要供热。季节性热负荷在一天中变化不大。

2）常年性热负荷。生活热水和生产工艺系统用热属于常年性热负荷。常年性热负荷的特点是：与气候条件关系不大，一年中用热状况变化不大，但全日中用热情况变化较大。

热水供应热负荷主要取决于使用的人数和生活习惯、生活水平、作息制度等因素。生产工艺热负荷取决于生产的性质、生产规模、生产工艺、用热设备的数量和生产作业的班次等因素。

9.2.2 热负荷预测与计算

热负荷反映了供热系统的热用户在单位时间内所需的供热量。小城镇供热系统工程规划，总热负荷应为采暖热负荷、通风热负荷、生活热水热负荷、空调冷负荷的较大值及生产工艺热负荷的总和，并可在分项预测基础上求取。

9.2.2.1 采暖热负荷预测与计算

采暖也称供暖，即用人工的方法使室内获得热量并保持一定的温度，以达到适宜的生活条件或工作条件的过程。目前，我国采暖地区城镇民用集中供热系统中，采暖热负荷占总供热负荷的 $80\% \sim 90\%$。

采暖热负荷的确定方法有设计计算法和规划预测法两种。

（1）设计计算法。当某一建筑物的土建资料比较齐全时，采暖热负荷可根据设计参数计算。计算法比较准确。一般民用建筑的采暖热负荷基本计算公式为：

$$Q'_n = Q'_1 + Q'_2 + Q'_3$$

$$(9-1)$$

411

式中 Q'_n——采暖热负荷（W）；

$\quad\quad Q'_1$——建筑物围护结构耗热量（W）；

$\quad\quad Q'_2$——冷风渗透耗热量（W）；

$\quad\quad Q'_3$——冷风侵入耗热量（W）。

以上三项耗热量中 Q'_1 占主导地位。

Q'_1 的计算方法为：

$$Q'_1 = (1 + X_g)\sum aKF(t_n - t'_w)(1 + X_{ch} + X_f) \quad\quad (9\text{-}2)$$

式中 K——某一围护结构（外墙、外窗、外门、屋顶等）和传热系数 $[W/(m^2 \cdot ℃)]$；

$\quad\quad F$——某一围护结构传热面积（m^2）；

$\quad\quad t_n$——采暖室内设计温度（℃），根据建筑物的用途按有关规范的规定选取；

$\quad\quad t'_w$——采暖室外设计温度（℃），我国主要城市的采暖室外设计温度值及采暖时间等资料见表 9.2.2-1；

$\quad\quad a$——围护结构的温差修正系数，当围护结构邻接非采暖房间时，对室外温度所作的修正，一般取 $a = 0.4 \sim 0.7$；

$\quad\quad X_{ch}$——朝向修正率，它考虑的是建筑物受太阳辐射的有利作用和房间的朝向所作的修正，朝向修正率的取值为：

$$\text{北、东北、西北} \quad X_{ch} = 0 \sim 10\%$$
$$\text{东南、西南} \quad X_{ch} = -15\% \sim -10\%$$
$$\text{南} \quad X_{ch} = -30\% \sim -15\%；$$

式中 X_f——风力附加率，只对建在不避风的高地、海岸、旷野上的建筑物，由于冬季室外风速较大，才考虑 $5\% \sim 10\%$ 的附加率；

$\quad\quad X_g$——高度附加率，当建筑物每层的高度大于 4m 时，每高出 1m 附加 2%。但总附加率不应大于 15%。

全国部分城市的采暖设计资料　　　　　　　表 9.2.2-1

城　市	采暖室外计算温度 t'_w（℃）	采暖天数 N（d）	采暖期室外平均温度（℃）
海拉尔	−34	213	−14.2
伊春	−30	197	−11.5
锡林浩特	−27	190	−10.3
阿勒泰	−27	176	−9.5
哈尔滨	−26	179	−9.5
佳木斯	−26	183	−10.2
齐齐哈尔	−25	186	−9.8
牡丹江	−24	186	−9.1
通化	−24	173	−7.4
长春	−23	174	−8.0
乌鲁木齐	−22	157	−8.5
通辽	−20	167	−7.3

城　市	采暖室外计算温度 t'_w（℃）	采暖天数 N（d）	采暖期室外平均温度（℃）
延吉	−20	174	−6.9
伊宁	−20	143	−4.4
沈阳	−19	152	−5.7
呼和浩特	−19	171	−5.9
哈密	−19	138	−5.6
赤峰	−18	160	−5.9
酒泉	−16	154	−4.3
榆林	−16	145	−4.5
银川	−15	149	−3.4
丹东	−14	151	−3.0
西宁	−13	165	−3.2
太原	−12	144	−2.1
喀什	−2	122	−2.4
大连	−11	132	−1.5
兰州	−11	135	−2.5
北京	−9	129	−1.6
天津	−9	122	−0.9
石家庄	−8	117	−0.2
济南	−7	106	−0.9
青岛	−6	111	0.9
昌都	−6	146	0.3
拉萨	−6	149	0.7
西安	−5	101	−1.0
郑州	−5	102	−1.6
徐州	−5	97	1.7
南京	−3	83	3.2

Q'_2 的计算方法为：

$$Q'_2 = 0.278 n_k V \rho_w C_p (t_n - t'_w) \tag{9-3}$$

式中　n_k——房间的换气次数，可取每小时 $n_k = 0.5$ 次左右；

　　　V——采暖建筑物的外围体积（m^3）；

　　　C_p——室外空气的定压比热，取 $C_p = 1.0 kJ/(kg \cdot ℃)$；

　　　ρ_w——采暖室外计算温度下的空气密度（kg/m^3）；

　　其他符号同前。

Q'_3 的计算方法为：

$$Q'_3 = N Q_m \tag{9-4}$$

式中　Q_m——建筑物外大门的基本耗热量（W）；

　　　N——外门附加率，多层民用建筑可取，$N = 2.0 \sim 3.0$；公共建筑厂房可取，$N = 0.5$。

（2）规划预测法（概算法）

概算法又称概算指标法。当已知规划区内各建筑物的建筑面积，建筑物用途及层数等基本情况时，常用热指标法来确定热负荷。建筑物的采暖热负荷 Q'_n（kW）可按下式进行概算：

$$Q'_n = q_f \cdot F \cdot 10^{-3} \tag{9-5}$$

式中　F——建筑物的建筑面积（m²）；

q_f——建筑物采暖面积热指标（W/m²），它表示每平方米建筑面积的采暖负荷，q_f 的值见表 9.2.2-2。

采暖热指标（q_f）推荐值（W/m²）　　　　表 9.2.2-2

建筑物类型	多层住宅	学校办公楼	医院	幼儿园	图书馆	旅馆	商店	单层住宅	食堂餐厅	影剧院	大礼堂体育馆
未节能	58~64	58~80	64~80	58~70	47~76	60~70	65~80	80~105	115~140	95~115	116~163
节能	40~45	50~70	55~70	40~45	40~50	50~60	55~70	60~80	100~130	80~105	100~150

注：①严寒地区或建筑外形复杂、建筑层数少者取上限，反之取下限。
②适用于我国东北、华北、西北地区不同类型的建筑采暖热指标推荐值。
③近期规划可按未节能的建筑物选取采暖热指标。
④远期规划要考虑节能建筑的份额，对于将占一定比例的节能建筑部分，应选用节能建筑采暖热指标。

表中 q_f 的取值有一定的范围，确定 q_f 值的方法为：

1）q_f 取值

① 对当地已建的采暖建筑进行调研以确定合理的 q_f 值。

② 如不具备上述条件，q_f 值可以遵循以下原则取值：严冬地区取较大值；建筑层数较少的取较大值；建筑外形复杂取较大值；建筑外形接近正方形取较小值。

2）采暖热指标

如同前述，我国建筑节能已越来越重视，采暖热负荷应预测结合我国国情和当地实际情况，区分节能建筑和未节能建筑不同指标预测，当采用面积热指标法预测规划采暖热负荷，面积热指标可结合小城镇实际情况选用表 9.2.2-2 推荐值。

9.2.2.2　建筑物通风热负荷

建筑物通风热负荷可采用建筑物通风热负荷系数法，预测公共建筑和厂房等通风热负荷。

通风热负荷的计算公式为：

$$Q_V = K_V Q_h \tag{9-6}$$

式中　Q_V——通风计算热负荷（kW）；

Q_h——采暖计算热负荷（kW）；

K_V——建筑物通风热负荷系数，一般可取 0.3~0.5。

9.2.2.3　生活热水热负荷

生活热水热负荷可采用生活热水热指标法预测。

生活热水平均热负荷公式为：

$$Q_{w \cdot a} = q_w A \cdot 10^{-3} \tag{9-7}$$

式中　$Q_{w \cdot a}$——生活热水平均热负荷（kW）；

q_w——生活热水热指标（W/m²）；

A——总建筑面积（m²）。

小城镇住区生活热水热指标应根据建筑物类型，采用实际统计资料确定或按表 9.2.2-3 推荐值结合小城镇实际情况，分别比较选取。

居住区采暖期生活热水日平均热指标推荐值（W/m²）　　　表 9.2.2-3

用水设备情况	热指标
住宅无热水设备，只对公共建筑供热水时	2～3
全部住宅有沐浴设备，并供给生活热水时	5～15

9.2.2.4　夏季空调冷负荷与❶冬季空调热负荷

可按表 9.2.2-4 推荐值，结合小城镇实际情况，分别比较选定预测。

空调热指标 q_a、冷指标 q_c 推荐值（W/m²）　　　表 9.2.2-4

建筑物类型		办　公	医　院	旅馆、宾馆	商店、展览馆	影剧院	体育馆
热指标	未节能	80～100	90～120	90～120	100～120	115～140	130～190
	节能	64～80	72～100	70～100	80～100	90～120	100～150
冷指标	未节能	80～110	70～100	80～110	125～180	150～200	140～200
	节能	65～90	55～80	65～90	100～150	120～160	110～160

注：① 表中指标适用于我国东北、华北、西北地区；其他地区指标按实地调查和类比分析确定。
　　② 近期规划可按未节能的建筑物选取空调热、冷指标。
　　③ 远期规划要按节能建筑的份额，对于将占一定比例的节能建筑部分，应选用节能建筑空调热、冷指标。

9.2.2.5　工业生产工艺热负荷

工业生产工艺热负荷可采用小城镇工业企业热负荷规划资料、同类企业热负荷比较法以及相关调查预测。生产工艺预测热负荷应为各工业企业最大生产工艺热负荷之和乘以同时使用系数。

415

9.3　小城镇集中供热热源规划

9.3.1　热源种类、供热方式与热源选择

在供热系统中，热源是很重要的，热源规划的是否合理将直接影响到整个供热系统的运行是否达到预期的目标。

9.3.1.1　热源种类

对于城镇密集地区和城市规划区域可以共享供热设施的小城镇来说，集中供热热源主要是热电厂和集中供热锅炉房；对于分散无共享供热条件的小城镇来说集中供热热源主要是集中供热锅炉房，有较大工业热负荷规模的大型工业型小城镇的集中供热也包括热电厂。

小城镇集中供热热源还包括工业余热、地热、太阳能、风能、电能、垃圾焚化厂余热等。

（1）热电厂

热电厂是联合生产电能和热能的火电厂，它是在凝汽式电厂的基础上发展而来的。在凝汽式电厂中，燃料燃烧产生的热能将锅炉内的水变成具有一定压力和温度的水蒸气，蒸汽经管道输送进入汽轮机膨胀做功，使汽轮机转子旋转并带动发电机产生电能。做过功的蒸汽由汽轮机尾部进入冷凝器，蒸汽放出汽化潜热变成水，汽化潜热的热量被冷却水带

---

❶　冬季空调热负荷指采用空调供热的部分建筑采暖热负荷。

走。凝汽式电厂的工作过程实际上是一个能量转换的过程，将不可避免地产生能量损失。凝汽式电厂的能量损失较大，假定用于发电的燃料发热量为 100%，一般凝汽式电厂的各种能量损失如下：

锅炉能量损失	10%～15%
管道热损失	1%～2%
汽轮机机械损失	1%～2%
发电机损失	1%
冷凝器热损失	40%～60%

凝汽式电厂的总能量主要损失在冷凝器部分。为了利用冷凝器中损失的这部分能量，采用热电联产方式，使热电厂的热效率大大高于凝汽式电厂。热电厂的形式主要有背压式和抽汽式两种供热机组。

1）背压式供热机组。排气压力大于大气压力的供热机组称之为背压式供热机组。背压式供热机组没有冷凝器，供用户的蒸汽压力即汽轮机尾部压力，通常为 0.4～1.3 绝对大气压。利用背压式汽轮机的排气进行供热，热电厂的热能利用效率最高，但热、电负荷常常互相制约。

2）抽汽式供热机组。从汽轮机中间抽汽供热的汽轮机称为抽汽式供热机组。抽汽式汽轮机后半部分可以有两级抽汽，一级抽汽口的抽汽压力较高，压力调节范围为 0.8～1.3 绝对大气压，主要解决工业用汽；二级抽汽口的抽汽压力较低，压力调节范围为 0.12～0.25 绝对大气压，主要解决采暖、通风等用热。

热电厂的供热量是根据最大小时热负荷来确定的，而供热能力是决定选择汽轮机供热机组的类型、台数的依据。部分国产汽轮机供热机组的主要技术参数见表 9.3.1。

部分国产汽轮机供热机组的主要技术参数　　　　　表 9.3.1

供热机组类型	型　号	额定功率（kW）	进汽压力（MPa）	进汽温度（℃）	进汽量（t/h）	抽汽压力（MPa）	抽汽量（t/h）	排汽压力（MPa）
背压式	B3—35/10	3000	3.5	435	57			0.8～1.3
	B6—35/10	6000	3.5	435	93			0.8～1.3
	B12—35/5	12000	3.5	435	114			0.4～0.7
	B12—35/10	12000	3.5	435	178			0.8～1.3
	B25—90/10	25000	9.0	535	200			0.8～1.3
单级抽汽	C3—35/10	3000	3.5	435	28	0.8～1.3	10	0.007
	C6—35/10	6000	3.5	435	60	0.8～1.3	20	0.007
	C12—35/10	12000	3.5	435	120	0.8～1.3	80	0.005
	C25—90/10	25000	9.0	535	160	0.8～1.3	50	0.005
	C50—90/10	50000	9.0	535	310	0.8～1.3	160	0.005
	C100—90/5	100000	9.0	535	550	0.3～0.5	180	0.005
两级抽汽	CC25—90—10/1.2	20000	9.0	535	155	1.0/0.12	50/40	0.005

（2）锅炉房

锅炉房的核心部分是锅炉，锅炉根据制备热媒的种类不同，可分为蒸汽锅炉和热水锅炉。蒸汽锅炉通过加热水产生高温高压蒸汽，向用户进行供热。热水锅炉不产生蒸汽，只提高进入锅炉水的温度，以高温水供应热用户。蒸汽锅炉通过调压装置，可向用户提供参数不同的蒸汽，还可通过换热装置向用户提供热水。因此，锅炉房可分为蒸汽锅炉房和热水锅炉房两类。

1）蒸汽锅炉房。根据热用户使用热媒的方式不同，蒸汽锅炉房可分两种主要形式：一种向系统的所有热用户供应蒸汽；另一种在蒸汽锅炉房内同时制备蒸汽和热水热媒，以满足生产工艺、生活用热、采暖、通风等各种类型热用户的要求。

2）热水锅炉房。热水锅炉房主要满足生活用热水、采暖、通风的热用户；生产工艺中仅需加热的工艺也可以采用热水锅炉。

热水锅炉房的出力通常以产热量表示。规模较小的锅炉房，供热量宜在 5.8～30MW，供热半径 1.0～2.0km 范围。规模较大的热水锅炉房，供热量往往超过 30MW，供热半径可达 3.0～5.0km。

9.3.1.2 供热方式与热源选择

（1）供热方式

小城镇供热方式可分为集中供热和分散供热，并应结合用户分布、供热条件和使用的燃料等相关因素确定。有条件采用集中供热的范围，应选择集中供热的方式，镇区边缘分散住宅可采用分散供热方式。

在有一定常年工业热负荷的城镇密集区小城镇宜选择联建共享热电厂集中供热。长江流域与黄河流域之间的一些县城镇中心镇供热可考虑采用"冷、暖、汽"三联供方式（模式）。

目前，我国热电厂的建设已从城市延伸到了乡镇工业区，如苏州地区的一些村镇办热电厂正在发挥着重要作用。热电厂的经济效益受到全年热负荷变化的影响，目前有些热电厂由于建设时对热负荷落实得不够，热负荷不足，热化系数大于或等于1，热价较高，所以热电厂的经济效益未充分发挥。因此在热电厂规划建设时，要发展多种供热负荷，提高热电厂年利用小时数。在有一定的常年工业热负荷而电力供应又紧张的地区，应建设热电厂。在主要供热对象是民用建筑采暖和生活用热水时，地区的气象条件，即采暖期的长短对热电厂的经济效益有很大影响。

在气候冷、采暖期长的地区，热电联产运行时间长，节能效果明显。相反，在采暖期短的地区，热电厂的节能效果就不明显，"热、电、冷"或"冷、暖、汽"三联供技术在夏季对一些用户供冷，能延长热电联产时间，提高热电厂的效率。

（2）主要热源的适用性与经济性比较

1）热电厂。热电厂实行热电联产，可有效提高能源利用率，节约燃料，同时产热规模大，能向大面积区域和用热大户供热。在有一定的常年工业热负荷而电力供应不足的地区，应建设热电厂。当主要供热对象是民用建筑和生活用热水时，地区的气象条件直接影响热电厂的经济效益。在气候冷、采暖期长的地区，热电合产运行时间长，节能效果明显。有些地方已开始尝试建设"热、电、冷"三联供系统，以提高热电厂的效率。

2）区域锅炉房与一般工业民用锅炉房。区域锅炉房与一般的工业和民用锅炉房相比，它的供热面积大，供热对象多，热效率高，机械化程度高。与热电厂相比，区域锅炉房节能效果较差，但是其建设费用少，建设周期短，能较快收到节能和减轻污染的效果。区域锅炉房建设运行灵活，除可作为中、小城市的供热主热源外，还可在大中城市内作为区域

417

主热源或过渡性主热源。

值得指出，除上述最主要的热源形式外，地热、太阳能、工业余热、垃圾焚化厂余热等热源形式也可利用。地热、太阳能作为绿色新能源，其开发利用日益受到重视，技术也逐渐成熟，而利用大量尚未被利用的工业余热是节约能源的一个重要途径。总之，上述热源形式的综合开发利用有利实现节约能源和环境保护。因此，有条件的小城镇，结合小城镇实际，在方案技术经济比较的基础上应尽可能选择上述形式热源的利用。

（3）主要热源的种类选择

热源种类选择，要结合具体情况，进行方案技术经济比较。规划中可以按以下不同分布形态，根据小城镇实际情况分别考虑。

1）城镇密集地区和城市规划区小城镇热源选择。这一类小城镇多具备区域供热设施共享条件，热源规划应按小城镇所在城镇密集区域供热规划考虑，或按所在城市总体规划的供热规划考虑，主要热源多为热电厂和集中供热区域锅炉房。供热区域为常年性热负荷时宜采用背压式或单级抽汽供热机组的热电厂；既有常年性热负荷又有季节性热负荷，且热负荷较大时宜采用两级抽汽供热机组；仅有较大季节性热负荷时，宜采用单级（低压）抽汽供热机组的热电厂。

2）分散无共享供热条件的小城镇。这一类小城镇多数为仅有采暖热负荷的小城镇，宜选择集中供热锅炉房为主要热源。有较大常年性工业热负荷和采暖热负荷的大型工业镇热电厂也在热源技术方案选择论证之列，如苏州地区乡镇工业区热电厂建设。

9.3.2　热源规模选择

（1）供暖平均负荷

按供暖室外设计温度计算出来的热指标为最大小时热指标。用最大小时热指标乘以平均负荷系数，即可得到平均热指标。平均负荷系数由式（9-8）得出：

$$\phi = \frac{t_n - t_p}{t_n - t_w} \tag{9-8}$$

式中　ϕ——平均负荷系数；

　　　t_n——供热室内计算温度（℃）；

　　　t_w——供热室外计算温度（℃）；

　　　t_p——冬季室外平均温度（℃）。

实际工作中，常应用平均热指标概念，以平均热指标计算出来的热负荷，即为供暖平均负荷，主热源的规模应能基本满足供暖平均负荷的需要。超出这一负荷的热负荷，为高峰负荷，则需要以辅助热源来满足。我国黄河以北地区供暖平均负荷可按供暖设计计算负荷的 60%～70% 计。

（2）热化系数

热化系数是指热电联产和最大供热能力占供热区域最大热负荷的比例。在选择热电厂供热能力时，应根据热化系数来确定。

针对不同供热的主要对象，热电厂应选定不同的热化系数。一般来说，以工业热负荷为主的系统，热化系数宜取 0.8～0.85。以采暖热负荷为主的系统，热化系数宜取 0.52～0.6。工业和采暖负荷大致相当的系统，热化系数宜取 0.65～0.75。稳定的常年负荷值越大，热化系数越高，反之，热化系数越低。

9.3.3 热源规划选址与用地预留

（1）热电厂的选址条件

1）厂址应符合城市规划的要求，并征得规划部门和电力、水利、环保、消防等主管部门的同意。

2）热电厂应尽量靠近热负荷中心。热电厂蒸汽的输送距离一般为3～4km比较经济。热水的输送距离最好在4～5km，一般可到10km。如果热电厂远离热用户，压降和温降过大，则会降低供热质量。与此同时，由于供热管网造价较高，如输热管道较长，将使热网投资增大，显著降低集中供热的经济性。

3）水陆交通方便。

4）供水条件良好。

5）要有妥善解决排灰的条件。

6）有方便的出线条件。

7）有一定的防护距离。

8）尽量占用荒地、次地和低产田，不占或少占良田。

9）厂址应避开滑坡、溶洞、塌方、断裂带、淤泥等不良地质的地段。

10）选址时也应考虑方便职工居住和上下班等因素。

（2）锅炉房的选址条件

1）靠近热负荷比较集中的地区。

2）便于引出管道，并使室外管道的布置在技术、经济上合理。

3）便于燃料贮运和灰渣排除，并使人流和煤、灰车流分开。

4）有利于自然通风与采光。

5）位于地质条件较好的地区。

6）有利于减少烟尘及有害气体对居民区和主要环境保护区的影响。全年运行的锅炉房宜位于居住区和主要环境保护区的全年最小频率风的上风侧；季节性运行的锅炉房宜位于该季节盛行风的下风侧。

7）有利于凝结水的回收。

（3）热电厂的平面布置与用地预留

热电厂由生产建筑和辅助建筑组成，平面布置示意如图9.3.3所示。生产建筑主要包括锅炉房、汽轮机房、主控室、配电和升压变电站、化学水处理间、输煤系统和冷却塔等；辅助建筑有机修、仓库、办公楼、食堂、宿舍等。

419

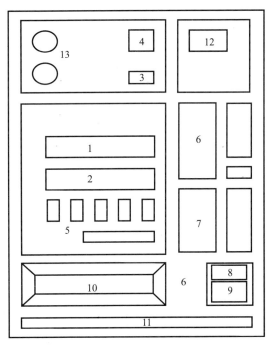

图 9.3.3 热电厂平面布置示意图

1—汽轮机房；2—锅炉房；3—主控楼；4—升压电站；

5—灰浆泵房；6—办公楼；7—水处理；8—修配厂；

9—材料库；10—煤场；11—卸煤设备；

12—水泵房；13—冷却塔

小型热电厂用地面积可按表9.3.3-1结合实际分析比较确定。

小型热电厂用地面积　　　　　　　　　　　　　　　表 9.3.3-1

热电厂规模（kW）	2×1500	2×6000	4×6000	2×12000	2×25000
厂区占地面积（万 m²）	1.5	3.5~4.5	6~8	6.5~7.5	7.5~8.5

（4）热水锅炉房的组成与用地预留

热水锅炉房包括锅炉间、辅助间和生活间。锅炉间为锅炉本体用房，一般锅炉台数应在2~4台之间。人工加煤的锅炉房，锅炉台数不宜超过5台；机械加煤的锅炉房，锅炉台数不宜超过7台。辅助间一般包括风机、水泵、水处理、计量及控制设备等用房。生活间包括办公室、休息室、更衣室、浴室等用房。

热水锅炉房用地应根据其规模大小预留。

1）热水锅炉房规模。

热水锅炉的出力通常以产热量表示。规模较大的锅炉房，供热量宜在5.8~8.0MW，供热半径在1.0~2.0km范围内，规模大的热水锅炉房供热量往往超过30MW，供热半径可达3.5~5.0km。

表9.3.3-2为热水锅炉房用地面积。

热水锅炉房用地面积　　　　　　　　　　　　　　表 9.3.3-2

锅炉房总容量（MW）	用地面积（万 m²）	锅炉房总容量（MW）	用地面积（万 m²）
5.8~11.6	0.3~0.5	58.0~116	1.6~2.5
11.6~35.0	0.6~1.0	116~232	2.6~3.5
35.0~58.0	1.1~1.5	232~350	4~5

2）热水锅炉房的用水量。热水锅炉房引出的供、回水管一般与室外热力管网直接连接。因此，初次投入运行时，充水量很大。运行时，热水锅炉房（包括室外热网）的补水量为总循环水量的1%~2%。

（5）蒸汽锅炉房组成与用地预留

蒸汽锅炉房组成基本同热水锅炉房组成。蒸汽锅炉的出力通常以每小时的蒸汽产出量表示。每小时每吨蒸汽的产热量约为0.58~0.7MW。蒸汽锅炉房的供热半径一般≤4.0km。表9.3.3-3为蒸汽锅炉房用地面积。

蒸汽锅炉房用地面积　　　　　　　　　　　　　　表 9.3.3-3

锅炉房额定蒸汽出力（t/h）	锅炉房是否有汽—水换热站	用地面积（万 m²）
10~20	无	0.25~0.45
	有	0.3~0.5
20~60	无	0.5~0.8
	有	0.6~1.0
60~100	无	0.8~1.2
	有	0.9~1.4

蒸汽锅炉房用水量包括以下两部分：1）送至热用户的蒸汽无法回收的数量；2）蒸汽泄漏的补水量，一般占总蒸汽量的 3%～5%。

有汽—水换热设备的，需考虑被加热水系统的补水量，其补水量为热水系统循环量的 1%～2%。

9.3.4 "三联供"规划

"三联供"是指冷、暖、汽联供系统。实现三联供一般是在基础设施比较好的城市和城镇密集地区，包括其中的县城镇中心镇。

城镇"三联供"系统是指城镇选用各类热源，使用一套系统解决城市供冷、供暖、供汽的问题。

（1）"三联供"的组成

"三联供"系统由五个单元组成，如图 9.3.4 所示。

图 9.3.4 "三联供"系统示意图

1—热源；2—一级蒸汽管网；3—冷暖站；4—二级蒸汽管网；5—供、回水管

1）热源。热源应根据具体情况而定，尽可能以热电厂作为冷、暖、汽三联供的热源。

2）一级蒸汽网。一级蒸汽网通常指到冷暖站的蒸汽输送分配管网。

3）冷暖站。冷暖站是冷、暖、汽三联供系统的核心部分，它由各种换热、制冷设备及附件组成。一般利用溴化锂吸收式制冷机作为制冷设备。

4）二级蒸汽网。二级蒸汽网是指从冷暖站至各用户的管网系统。二级管网中，蒸汽管主要用于生产工艺或某些生活用热。供、回水管主要用于空调用户；夏季，供水管输送冷冻水，供、回水设计温度为 8℃ 和 13℃，冬季，供、回水设计温度为 60℃ 和 50℃。此外，还可以设热水管将热水送至热水用户。

5）用户系统。用户系统主要为生产工艺用热、生活用热和空调系统。

（2）"三联供"的适用范围

三联供适合于夏季气候炎热、冬季比较寒冷、四季分明的地区。我国的长江流域至黄河流域之间的区域较适合三联供的模式。在这些地区，一年中夏季需要供冷和冬季需要供暖的累计时间大多在半年以上。这样，三联供管路系统的年利用率会很高。

（3）"三联供"系统的冷、热负荷估算

1）冷负荷估算。夏季空调用冷负荷，可采用冷负荷指标估算法，见表 9.3.4。

"三联供"系统冷负荷预测指标（W/m²）　　　　　　　表 9.3.4

建筑类型	宾馆高级公寓	办公楼图书馆	学校	住宅	医院	商场超市	体育馆	影剧院	饭店餐厅
冷负荷	100～120	120～150	160～200	90～110	130～160	200～250	200～240	300～400	150～180

2）夏季空调热负荷。冷暖站常采用蒸汽溴化锂吸收式制冷机，这种制冷机以热制冷，实际消耗的是蒸汽。根据目前蒸汽溴化锂吸收式制冷机的性能（双效机组），空调的冷负荷与消耗蒸汽量的热负荷相等。

3）冬季热负荷估算。冬季空调热负荷采用热指标方式估算。方法如下：

$$q_k = (1.3 \sim 1.5)q_f \tag{9-9}$$

式中　q_k——冬季空调热负荷面积热指标（W/m²）；

　　　q_f——冬季采暖热负荷面积热指标（W/m²）。

9.4　小城镇供热管网规划

供热管网（也称热力网或热网）是指热源向热用户输送和分配供热介质的管线系统，它包括输送热媒的管道及其沿线的管路附件和附属建筑物的总称。

9.4.1　供热管网的分类

根据热源与管网之间的关系，热力网可分为区域式和统一式，区域式管网仅与一个热源相连，只服务此热源所及的区域。统一式管网与所有热源相连，用户可以从任一热源获得热能供给，管网也允许所有热源共同工作。显然，统一式管网供热的可靠性高，但系统较为复杂。

根据热媒介质的不同，热力网可分为蒸汽管网、热水管网和混合式管网三种。根据用户对介质的使用情况，供热管网可分为开式和闭式。在开式管网中，热用户可以使用供热介质，如蒸汽和热水，系统须不断补充新的热介质。在闭式管网中，热介质只许在系统内部循环，不供给用户，系统只需补充运行过程中泄漏损失的少量介质。

此外，供热管网还可根据一条管路上敷设的管道数目，分为单管制、双管制和多管制。单管制的热力网在一条管路上只有一根输送热介质的管道，没有供介质回流的管道。此类型主要用于用户对介质用量稳定的开式热力网中。双管制的热力网在一条管路上有一根输送热介质管道的同时，还有一根介质回流管。此类型较多用于闭式热力网中。对于用户种类多，对介质需用工况要求复杂的热力网，一般采用多管制。多管制管网网路复杂，投资较大，管理亦较困难。

9.4.2　供热管网的形式

管网的形式按布置方式可分为枝状管网和环状管网；按管网输送的热媒可分为蒸汽管网和热水管网。一般情况下，蒸汽管网为单根管道（凝结水不回收）；热水管网为两根管道，一根供水管，一根回水管。

（1）枝状管网

枝状管网又可分为单级枝状管网和两级枝状管网。

1）单级枝状管网。从热源出发经供热管网直接到各热用户的形式称为单级枝状管网。枝状管网是呈树枝状布置的形式，如图 9.4.2-1 所示。

单级枝状管网布置简单，供热管道的直径随着离热源距离增大而逐渐减小。管道的金属耗量小，基建投资小，运行管理方便。但枝状管网不具后备供热能力。当供热管网某处发生故障时，在故障点之后的热用户将停止供热。因此，枝状管网一般只适用于规模较小、允许短时间停止供热的热用户的情况（如民用热用户）。

2）两级枝状管网。由热源至热力站或区域锅炉房的供热管道系统称为一级网；由热力站或区域锅炉房至热用户的供热管道系统称为二级网。两级枝状管网的规模较大，其形式如图 9.4.2-2 和图 9.4.2-3 所示。

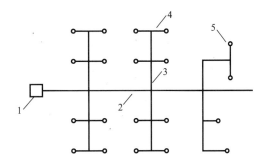

图 9.4.2-1　单级枝状管网

1—热源；2—主干线；3—支干线；4—用户支线；
5—热用户的用户引入口

注：双管网路以单线表示，阀门未标出。

423

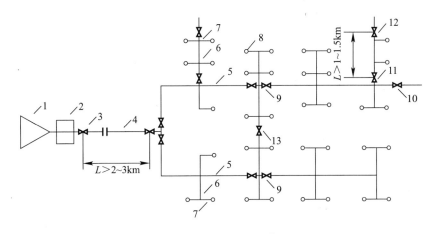

图 9.4.2-2　两级枝状管网

1—热电厂；2—区域锅炉房；3—热源出口阀门；4—输送干线的分段阀门；5—主干线；6—支干线；
7—用户支线；8—热力站；9、10、11、12—输配干线上的分段阀门；13—连通管

注：双管线路以单线表示。

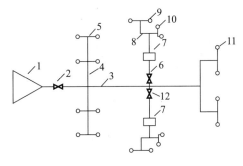

图 9.4.2-3　两级枝状管网

1—热电厂；2—热源出口阀门；3—主干线；4—支干线；5—分支管线；6—通向区域锅炉房的输配干线；
7—区域锅炉房；8—区域锅炉房供热范围内的管线；9、10—区域锅炉房供热范围内的用户引入口和热
力站；11—整个供暖季节只有热电厂供热的热力站；12—阀门

注：双管线路以单线表示。

（2）环状管网

环状管网一般应有两个以上的热源所组成的大型集中供热系统。如图 9.4.2-4 所示是一个多热源供热系统的环状管网示意图。实际上所谓环状仅仅是对主干线而言的。支干线和分支干线仍为枝状管网。环状管网的最大优点是具有很高的供热能力。同时，还可以根据热用户的热负荷变化情况，经济合理地调配供热热源的数量和供热量。当然，与枝状管网相比，环状管网的投资大，运行管理更为复杂，一般应有较高的自控或监控措施。目前，国内采用环状管网的实例尚不多。

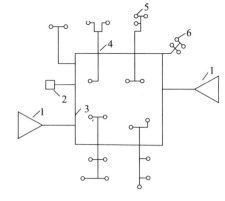

图 9.4.2-4　环状管网

1—热电厂；2—区域锅炉房；3—环状管网；
4—支干线；5—分支管线；6—热力站
注：双管网路以单线表示，阀门未标出。

9.4.3　供热管网选择

（1）热水供热系统

1）以采暖和热水供应热负荷为主的供热系统，一般均采用热水管网。

2）热水热力网宜采用闭式双管制。

3）以热电厂为热源的热水热力网，同时有生产工艺、采暖、通风、空调、生活热水等多种热负荷，在生产工艺热负荷与采暖热负荷供热介质参数相差较大或季节性热负荷占总热负荷比例较大且技术经济合理时，可采用闭式多管制。

4）当热水热力网满足下列条件时，可采用开式热力网：①具有水处理费用低的补给水源；②具有与生活热水热负荷相适应的廉价低位热能。

5）开式热水热力网在热水热负荷足够大时可不设回水管路。

（2）蒸汽供热系统

1）蒸汽供热系统一般适用于以生产工艺热负荷为主的供热系统。

2）蒸汽热力网的蒸汽管道，宜采用单管制。当符合下列情况时，可采用双管或多管制：①各热用户用蒸汽的参数相差较大，或季节性热负荷占总热负荷比例较大且技术经济合理时，可采用双管或多管制；②当热用户按规划分期建设时，可采用双管或多管制，这样可随热负荷的发展分期建设；③蒸汽供热系统中，如用户凝结水质量差，凝结水回收率低或凝结水能够回收，但凝结水管网技术经济比较不合算时，可不设凝结水管网。热用户应充分利用凝结水及其热量。

9.4.4　供热管网布置

供热管网的布置应根据热源布局、热负荷分布和管线敷设条件全面规划，同时协调园林绿地关系，掌握水文地质条件等多种因素，经技术经济比较后确定管网的布置方式。

（1）供热管网的平面布置要求

1）经济上合理。主干线力求短直，主干线尽量先经过热负荷集中区。

2）技术上可靠。供热管线应避开土质松软地区、地震断裂带、滑坡危险及地下水位高等不利地段。

3）供热管道走向宜平行于道路中心线，并尽可能敷设在车行道以外的地方；一般情况下，同一条管道应只沿街道的一侧敷设；供热管道应少穿交通线。地上敷设的供热管道不应影响环境美观，不妨碍交通。

4）通过非建筑区的供热管道应沿公路敷设。

5）供热管道与其他市政管线、构筑物等应协调安排，相互之间的距离应能保证运行安全和施工及检修方便。

6）供热管道穿越河流或大型渠道时，可随桥架设或单独设置管桥，也可采用虹吸管由河底通过。

（2）供热管网的竖向布置要求

1）地沟管线敷设深度应尽量浅一些，以减少土方工程量。为了避免地沟盖受汽车等动荷载的直接压力，地沟的埋深自地面至沟盖顶面不少于 $0.5\sim1.0m$。当地下水位高或其他地下管线相交情况极其复杂时，允许采用较小的埋设深度，但不少于 $0.3m$。

2）热力管道埋设在绿化带时，埋深应大于 $0.3m$。热力管道土建结构路面至铁路路轨基底间最小净距应大于 $1.0m$；与电车路基底为 $0.75m$；与公路路面基础为 $0.7m$。跨越有永久路面的公路时，热力管道应敷设在通行地沟或半通行地沟中。

3）热力管道与其他地下设备相交叉时，应在不同的水平面上互相通过。

4）当地上热力管道与街道或铁路交叉时，管道与地面之间应留有足够的距离，此距离根据不同运输类型所需高度尺寸来确定。如汽车 $3.5m$；电车 $4.5m$；火车 $6.0m$。

5）地下敷设时必须注意地下水位，沟底的标高应高于近 30 年来最高地下水位 $0.2m$ 以上，在没有准确地下水位资料时，应高于已知最高地下水位 $0.5m$ 以上，否则地沟要进行防水处理。

6）热力管道和电缆之间的最小净距为 $0.5m$，如电缆地带土壤受热的附加温度在任何季节都小于 $10℃$，且热力管道有专门的保温层时，则可减小此净距。

7）横过河流时应采用悬吊式人行桥梁和河底管沟方式。

9.4.5　供热管道敷设方式

供热管道敷设方式是指将供热管道及其附件按设计条件组成整体并使之就位的工作。供热管道敷设方式可分为地上（架空）敷设和地下敷设两类。

（1）地上敷设

按照管道支架的高度不同，可分为高、中、低支架三种地上敷设形式。

1）低支架敷设如图 9.4.5-1 所示，它是地上敷设中最经济的敷设方式。

2）中支架敷设如图 9.4.5-2 所示，管道保温结构底距地面净高为 $2.0\sim4.0m$。它适用于人行和非机动车辆通行的地段。

3）高支架敷设形式如图 9.4.5-2 所示，管道保温结构底距地面净高为 $4.0m$ 以上，适合供热管道跨越公路、铁路或其他障碍物时采用。但这种敷设形式的投资很大，应尽量减少采用。

地上敷设适用于下列场合：工厂厂区、地下水位高、年降雨量大、土壤土质差、地形复杂、地下管线设施密度大而难以采用地下敷设的地段。

（2）地下敷设

地下敷设可分为地沟敷设和直埋敷设。地下敷设不影响市容和交通，因而是城镇集中

425

图 9.4.5-1　低支架敷设

图 9.4.5-2　高、中支架敷设

供热管道首选的敷设方式。

1) 地沟敷设。地沟是地下敷设管道的围护结构物。地沟的作用是承受土壤压力和地面荷载并防止水的侵入。根据地沟的断面尺寸，可分为通行地沟、半通行地沟、不通行地沟。

通行地沟如图 9.4.5-3 所示。通行地沟内要保证工作人员直立行走。通行地沟的造价高，一般供热管道穿越交通干道时才采用。

半通行地沟如图 9.4.5-4 所示。在半通行地沟内留有高度 1.2～1.4m，宽度不小于 0.5m 的人行通道。操作人员可以在半通行地沟内检查管道和进行小型维修工作。半通行地沟适用于供热管道穿越交通干道而地下空间有限的场合。

图 9.4.5-3　通行地沟敷设

图 9.4.5-4　半通行地沟敷设

考虑城镇的发展，应采用综合管沟。综合管沟内，除了敷设供热管道外，还可以敷设上水管道、电缆线等。综合管沟的优点是便于维修管理，避免了各种管线敷设和维修要重复开挖路面的现象，如图 9.4.5-5 所示。

不通行地沟如图 9.4.5-6 所示。不通行地沟的断面尺寸小，它只保证管道施工安装的必要尺寸间距。不通行地沟的造价低、占地面积小，应是城镇供热管道经常采用的敷设方式。其缺点是管道检修时须掘开地面。

地沟通常设在土壤下面，管沟盖板覆土深度不宜小于 0.2m。地沟埋在土壤中的深度，应根据当地的水文气象条件，一般在冻土层以下和最高地下水位线以上。

图 9.4.5-5　综合管沟敷设

图 9.4.5-6　不通行地沟

2）直埋敷设。直埋敷设与传统的地沟敷设方式相比，具有占地面积少，施工周期短，使用寿命长等诸多优点。我国的供热管道直埋敷设技术于 20 世纪 80 年代自欧洲引入，经过几十年历程，取得了较大的发展，已得到了广泛的应用。

直埋敷设适用于供热介质温度小于 150℃的供热管道。因此，常用于热水供热系统。直埋敷设方式如图 9.4.5-7 所示。直埋敷设管道常采用"预制保温管"，它将钢管、保温层和保护层紧密地粘成一个整体，具有足够的机械强度和良好的防水性能。直埋敷设供热管道常采用工厂化生产，这既保证了质量又进一步缩短了管网的施工周期。直埋敷设方式代表了供热管道敷设方式的发展趋势。

图 9.4.5-7　直埋敷设

9.5 供热网路的水力计算

9.5.1 热水网路的水力计算

（1）水力计算的主要任务

热水网路水力计算的主要任务是：

1）按已知的热媒流量和压力损失，确定管道的直径。

2）按已知的热媒流量和管道的直径，计算管道的压力损失。

3）按已知的管道直径和允许的压力损失，计算或校核管道中的热媒流量。

根据热水网路水力计算的结果，不仅能确定管网各管段的管径，而且还可以确定网路循环水泵的流量和扬程。再在网路水力计算基础上绘出水压图，以确定管网与用户的连接方式，选择网路和用户的自控措施，还可以进一步对网路的运行工况进行分析，从而掌握网路中热媒流动的变化规律。

（2）网路水力计算的基本公式

在热力管路的水力计算中，通常把管路中水流量和管径都没有改变的一段管子称为一个计算管段。任何一个供热系统的管网都是由许多串联或并联的计算管段组成的。

计算管段的压力损失可用下式表示：

$$\Delta P = \Delta P_y + \Delta P_j = RL + \Delta P_j \tag{9-10}$$

式中　ΔP——计算管段的压力损失（Pa）；

　　　ΔP_y——计算管段的沿程损失（Pa）；

　　　ΔP_j——计算管段的局部损失（Pa）；

　　　L——管段长度（m）；

　　　R——每米管长的沿程损失（比摩阻）（Pa/m）。

其中的 R 可用下式计算：

$$R = 6.25 \times 10^{-2} (\lambda/\rho)(G_t^2/d^5) \tag{9-11}$$

式中　R——每米管长的沿程损失（比摩阻）（Pa/m）；

　　　d——管子的内直径（m）；

　　　ρ——水的密度（kg/m³）；

　　　G_t——管段内的水流量（t/h）；

　　　λ——管段的摩擦阻力系数。

热水网路的水流量通常以吨/时（t/h）表示。热水网路的水流速常大于 0.5m/s，它的流动状况大多处于阻力平方区，阻力平方区的摩擦阻力系数 λ 值可如下确定：

$$\lambda = 0.11 \cdot (d/K)^{-0.25} \tag{9-12}$$

式中　K——管壁的当量绝对粗糙度（m）；对热水网路，取 $K=0.5 \times 10^{-3}$m。将 λ 和 K 值代入（9-11）式得：

$$R = 6.88 \times 10^{-3} K^{0.25} \cdot [G_t^2/(\rho \cdot d^{5.25})] \tag{9-13}$$

$$d = 0.387(K^{0.0476} \cdot G_t^{0.381})/(\rho R)^{0.19} \tag{9-14}$$

$$G_t = 12.06 \times [(\rho R)^{0.5} d^{2.625}]/K^{0.125} \tag{9-15}$$

428

在设计中，为了简化繁琐的计算，通常利用水力计算图表进行计算（见表 9.5.1-1）。如在水力计算中，遇到了与表 9.5.1-1 不同管壁的当量绝对粗糙度 K_{sh} 时，根据式（9-13）的关系，应对比摩阻 R 进行修正：

$$R_{sh} = (K_{sh}/K_{bi})^{0.25} \cdot R_{bi} = mR_{bi} \tag{9-16}$$

式中　R_{bi}、K_{bi}——按表 9.5.1-2 查出的比摩阻和规定的 K_{bi} 值，（表中 K_{bi}＝0.5mm）；

　　　K_{sh}——水力计算时采用的实际当量绝对粗糙度（mm）；

　　　R_{sh}——相应 K_{sh} 情况下的实际比摩阻（Pa/m）；

　　　m——K 值的修正系数，见表 9.5.1-3；

水力计算图表是在某一密度 ρ 下编制的。如热媒的密度不同，但质量流量相同，则应对表中查出的速度和比摩阻进行修正。

$$v_{sh} = (\rho_{bi}/\rho_{sh}) \cdot v_{bi} \tag{9-17}$$

$$R_{sh} = (\rho_{bi}/\rho_{sh}) \cdot R_{bi} \tag{9-18}$$

式中　ρ_{bi}、R_{sh}、v_{bi}——表 9.5.1-1 中采用的热媒密度和在表 9.5.1-1 中查出的比摩阻及流速的值；

　　　ρ_{sh}——水力计算中热媒的实际密度（kg/m³）；

　　　R_{sh}、ρ_{sh}——相应于实际 ρ_{sh} 条件下的实际比摩阻（Pa/m）和流速（m/s）值。

在水力计算中要想保持表中的质量流量 G 和 R 不变，而热媒密度不是 ρ_{bi} 而是 ρ_{sh} 时，则对管径应根据式（9-14）进行如下修正：

$$d_{sh} = (\rho_{bi}/\rho_{sh})^{0.19} \cdot d_{bi} \tag{9-19}$$

式中　d_{bi}——根据水力计算表的 ρ_{bi} 条件下查出的管径值；

　　　d_{sh}——实际密度 ρ_{sh} 条件的管径值。

在水力计算中，不同密度的修正计算，对蒸汽管道是经常应用的。在热水网路的水力计算中，由于水在不同的温度下，密度差别较小，所以，实际工程设计计算中，往往不必做修正计算。

热水网路的局部阻力损失，可按下式计算：

$$\Delta p_j = \Sigma\zeta(\rho v^2/2) \tag{9-20}$$

在热水网路计算中，还经常采用当量长度法，即将管段的局部阻力损失折合成相当的沿程损失。当量长度 l_d 可由下式求出：

$$l_d = \Sigma\zeta(d/\lambda) = 9.1(d^{1.25}/K^{0.25}) \cdot \Sigma\zeta \tag{9-21}$$

式中　$\Sigma\zeta$——管段的总局部阻力系数；

　　　d——管道的内径（m）；

　　　K——管道的当量绝对粗糙度（m）。

表 9.5.1-2 中给出了热水网路一些管件和附件的局部阻力系数和 K＝0.5mm 时局部阻力的当量值。

如水力计算采用与表 9.5.1-2 不同的当量绝对粗糙度 K_{sh} 值时，根据式（9-21）的关系应对 l_d 进行修正。

$$l_{sh,d} = (K_{bi}/K_{sh})^{0.25} \cdot l_{bi,d} = \beta l_{bi,d} \tag{9-22}$$

式中　K_{bi}、$l_{bi,d}$——局部阻力当量长度表中采用的 K 值（表 9.5.1-2 中 K_{bi}＝0.5mm）和局部阻力当量长度（m）；

429

热水网路水力计算表

表 9.5.1-1

$(K=0.5\text{mm}, t=100℃, \rho=958.38\text{kg/m}^3=0.295\times10^{-6}\text{m}^2/\text{s})$

表中采用单位：水流量 G（t/h）；流速 v（m/s）；比摩阻 R（Pa/m）

公称直径	25		32		40		50		70		80		100		125		150		200		250		300	
外径×壁厚	32×2.5		38×2.5		45×2.5		57×3.5		76×3.5		89×3.5		108×4		133×4		159×4.5		219×6		273×8		325×8	
G	v	R	v	R	v	R	v	R	v	R	v	R	v	R	v	R	v	R	v	R	v	R	v	R
0.6	0.3	77	0.2	27.5	0.14	9																		
0.8	0.41	137.3	0.27	47.7	0.18	15.8	0.12	5.6																
1	0.51	214.8	0.34	73.1	0.23	24.4	0.15	8.6																
1.4	0.71	420.7	0.47	143.2	0.32	47.4	0.21	19.8	0.11	3														
1.8	0.91	695.3	0.61	236.3	0.42	84.2	0.27	26.1	0.14	5														
2	1.01	858.1	0.68	292.2	0.46	104	0.3	31.9	0.16	6.1														
2.2	1.11	1038.5	0.75	353	0.51	125.5	0.33	36.2	0.17	7.4														
2.6			0.88	493.3	0.6	175.5	0.38	53.4	0.2	10.1														
3			1.02	657	0.69	234.4	0.44	71.2	0.23	13.2														
3.4			1.15	844.4	0.78	301.1	0.5	91.4	0.26	17														
4					0.92	415.8	0.59	126.5	0.31	22.8	0.22	9												
4.8					1.11	599.2	0.71	182.4	0.37	32.8	0.26	12.9												
5.6							0.83	252	0.43	44.5	0.31	17.5	0.21	6.4										
6.2							0.92	304	0.48	54.6	0.34	21.8	0.23	7.8	0.15	2.5								
7							1.03	387.4	0.54	69.6	0.38	27.9	0.26	9.9	0.17	3.1								
8							1.18	506	0.62	90.9	0.44	36.3	0.3	12.7	0.19	4.1								
9							1.33	640.4	0.7	114.7	0.49	46	0.33	16.1	0.21	5.1								
10							1.48	790.4	0.75	142.2	0.55	56.8	0.37	19.8	0.24	6.3								
11							1.63	957.1	0.85	171.6	0.6	68.6	0.41	23.9	0.26	7.6								

续表

| 公称直径 | 25 | | 32 | | 40 | | 50 | | 70 | | 80 | | 100 | | 125 | | 150 | | 200 | | 250 | | 300 | |
| 外径×壁厚 | 32×2.5 | | 38×2.5 | | 45×2.5 | | 57×3.5 | | 76×3.5 | | 89×3.5 | | 108×4 | | 133×4 | | 159×4.5 | | 219×6 | | 273×8 | | 325×8 | |
G	v	R	v	R	v	R	v	R	v	R	v	R	v	R	v	R	v	R	v	R	v	R	v	R
12									0.93	205	0.66	81.7	0.44	28.5	0.28	8.8	0.2	3.5						
14									1.09	278.5	0.77	110.8	0.52	38.8	0.33	11.9	0.23	4.7						
15									1.16	319.7	0.82	127.5	0.55	44.5	0.35	13.6	0.25	5.4						
16									1.24	363.8	0.88	145.1	0.59	50.7	0.38	15.5	0.26	6.1						
18									1.4	459.9	0.99	184.4	0.66	64.1	0.43	19.7	0.3	7.6						
20									1.55	568.8	1.1	227.5	0.74	79.2	0.47	24.3	0.33	9.3						
22									1.71	687.4	1.21	274.6	0.81	95.8	0.52	29.4	0.36	11.2						
24									1.86	818.9	1.32	326.6	0.89	113.8	0.57	35	0.39	13.3						
26									2.02	961.1	1.43	383.4	0.96	133.4	0.62	41.1	0.43	16.7						
28											1.54	445.2	1.03	154.9	0.66	47.6	0.46	18.1						
30											1.65	510.9	1.11	178.5	0.71	54.6	0.49	20.8						
32											1.76	581.5	1.18	203	0.76	62.2	0.53	23.7						
34											1.87	656.1	1.26	228.5	0.8	70.2	0.56	26.8						
36											1.98	735.5	1.33	256.9	0.85	78.6	0.59	30						
38											2.09	819.8	1.4	286.4	0.9	87.7	0.62	33.4						
40													1.48	316.8	0.95	97.2	0.66	37.1	0.35	6.8	0.22	2.3		
42													1.55	349.1	0.99	107	0.69	40.8	0.36	7.5	0.23	2.5		
44													1.63	383.4	1.04	118	0.72	44.8	0.38	8.1	0.25	2.7		
45													1.66	401.1	1.06	123	0.74	46.9	0.39	8.5	0.25	2.8		
48													1.77	456	1.13	140	0.79	53.3	0.41	9.7	0.27	3.2		
50													1.85	495.2	1.18	152	0.82	57.8	0.43	10.6	0.28	3.5		
54													1.99	577.6	1.28	178	0.89	67.5	0.47	12.4	0.3	4		
58													2.14	665.9	1.37	204	0.95	77.9	0.5	14.2	0.32	4.5		

431

续表

公称直径	25		32		40		50		70		80		100		125		150		200		250		300	
外径×壁厚	32×2.5		38×2.5		45×2.5		57×3.5		76×3.5		89×3.5		108×4		133×4		159×4.5		219×6		273×8		325×8	
G	v	R	v	R	v	R	v	R	v	R	v	R	v	R	v	R	v	R	v	R	v	R	v	R
62													2.29	761	1.47	233	1.02	88.9	0.53	16.3	0.35	5		
66													2.44	862	1.56	265	1.08	101	0.57	18.4	0.37	5.7		
70													2.59	969.9	1.65	297	1.15	113.8	0.6	20.7	0.39	6.4		
78															1.75	332	1.21	126.5	0.64	23.1	0.41	7.1		
80															1.84	370	1.28	141.2	0.67	25.7	0.44	8.2		
90															1.89	388	1.31	148.1	0.69	27.1	0.45	8.6		
100															2.13	491	1.48	187.3	0.78	34.2	0.5	11		
120															2.36	607	1.64	231.4	0.86	42.3	0.56	13.5	0.39	5.1
140															2.84	874	1.97	333.4	1.03	60.9	0.67	19.5	0.46	7.4
160																	2.3	454	1.21	82.9	0.78	26.5	0.54	10.1
180																	2.63	592.3	1.38	107.9	0.89	34.6	0.62	13.1
200																			1.55	137.3	1.01	43.8	0.77	16.6
220																			1.72	168.7	1.12	54.1	0.85	20.5
240																			1.9	205	1.23	65.4	0.93	24.8
260																			2.07	243.2	1.34	77.9	1.01	29.5
280																			2.24	285.4	1.45	91.4	1.08	34.7
300																			2.41	331.5	1.57	105.9	1.16	40.2
340																			2.59	380.5	1.68	121.6	1.32	46.2
380																			2.93	488.4	1.9	155.9	1.47	55.9
420																			3.28	611	2.13	195.2	1.62	74
460																			3.62	745.3	2.35	238.3	1.78	90.5
500																					2.57	286.4		108.9

表 9.5.1-2

热水网路局部阻力当量长度表（$K_{bi}=0.5mm$）（用于蒸汽网路 $K=0.2mm$，乘修正系数 $\beta=1.26$）

名称	局部阻力系数 ζ	32	40	50	70	80	100	125	150	175	200	250	300	350	400	450	500	600	700	800
截止阀	4~9	6	7.8	8.4	9.6	10.2	13.5	18.5	24.6	39.5	—	—	—	—	—	—	—	—	—	—
闸阀	0.5~1	—	—	0.65	1	1.28	1.65	2.2	2.24	2.9	3.36	3.73	4.17	4.3	4.5	4.7	5.3	5.7	6	6.4
旋启式止回阀	1.5~3	0.98	1.26	1.7	2.8	3.6	4.95	7	9.52	13	16	22.2	29.2	33.9	46	56	66	89.5	112	133
升降式止回阀	1~7	5.25	6.8	9.16	1.4	17.9	23	30.8	39.2	50.6	58.8	—	—	—	—	—	—	—	—	—
套筒补偿器（单向）	0.2~0.5	—	—	—	—	—	0.66	0.88	1.68	2.17	2.52	3.33	4.17	5	10	11.7	13.1	16.5	19.4	22.8
套筒补偿器（双向）	0.6	—	—	—	—	—	1.98	2.64	3.36	4.34	5.04	6.66	8.34	10.1	12	14	15.8	19.9	23.3	27.4
波纹管补偿器（无内套）	1.7~1	—	—	—	—	—	5.57	7.5	8.4	10.1	10.9	13.3	13.9	15.1	16	—	—	—	—	—
波纹管补偿器（有内套）	0.1	—	—	—	—	—	0.38	0.44	0.56	0.72	0.72	1.1	1.4	1.68	2	—	—	—	—	—
方形补偿器																				
三缝焊管 $R=1.5$	2.7	3.5	4	5.2	6.8	7.9	9.8	12.5	17.6	22.1	22.1	33	40	47	55	67	76	94	110	128
锻压弯头 $R=(1.5\sim2)d$	2.3~3	—	—	—	—	—	—	12.5	15.4	19	19	28	34	40	47	60	68	83	95	110
焊管弯管	1.16	1.8	2	2.4	3.2	3.5	3.8	5.6	6.5	8.4	8.4	11.2	11.5	16	20	—	—	—	—	—
45°单缝焊接弯头	0.3	—	—	—	—	—	—	—	1.68	2.17	2.17	3.33	4.17	5	6	7	7.9	9.9	11.7	13.7
60°单缝焊接弯头	0.7	—	—	—	—	—	—	—	3.92	5.06	5.06	7.8	9.7	11.8	14	16.3	18.4	23.2	27.2	32
锻压弯头 $R=(1.5\sim2)d$	0.5	0.38	0.48	0.65	1	1.28	1.65	2.2	2.8	3.62	3.62	5.55	6.95	8.4	10	11.7	13.1	16.5	19.4	22.8
煨弯 $R=4d$	0.3	0.22	0.29	0.4	0.6	0.76	0.98	1.32	1.68	2.17	2.17	3.3	4.17	5	6	—	—	—	—	—
除污器	10	—	—	—	—	—	—	—	56	72.4	72.4	111	139	168	200	233	262	331	388	456
分流三通 直通管	1.0	0.75	0.97	1.3	2	2.55	3.3	4.4	5.6	7.24	8.4	11.1	13.9	16.8	20	23.3	26.3	33.1	38.8	45.7
分流三通 分支管	1.5	1.13	1.45	1.96	3	3.82	4.95	6.6	8.4	10.9	12.6	16.7	20.8	25.2	30	35	39.4	49.6	58.2	68.6
分流三通 直通管	1.5	1.13	1.45	1.96	3	3.82	4.95	6.6	8.4	10.9	12.6	16.7	20.8	25.2	30	35	39.4	49.6	58.2	68.6
分流三通 分支管	2.0	1.5	1.94	2.62	4	5.1	6.6	8.8	11.2	14.5	16.8	22.2	27.8	33.6	40	46.6	52.5	66.2	77.6	91.5

当量直径（m）

433

K_{sh}——水力计算中实际采用的当量绝对粗糙度（mm）；

$l_{sh.d}$　　相应 K_{sh} 值条件下的局部阻力当量长度（m）；

β——K 值的修正系数，其值可见表 9.5.1-3。

K 值的修正系数 m 和 β 值　　　　　　　表 9.5.1-3

K（mm）	0.1	0.2	0.5	1.0
m	0.669	0.795	1.0	1.180
β	1.495	1.26	1.0	0.84

当采用长度法进行水力计算时，热水网路中管段的总压降可用下式求得：

$$\Delta P = R + (l + l_d) = Rl_{zh} \tag{9-23}$$

式中　l_{zh}——管段的折算长度（m）。

在进行估算时，局部阻力的当量长度 l_d 可按管道实际长度 l（m）的百分数来计算。即：

$$l_d = \alpha_j \cdot l \tag{9-24}$$

式中　α_j——局部阻力的当量长度百分数（%），见表 9.5.1-4；

l——管段的实际长度（m）。

热网管道局部损失与沿程损失的估算比值 α_j　　　　表 9.5.1-4

补偿器类型	公称直径（mm）	α_j 值	
		蒸汽管道	热水和凝结水管道
输送干线			
套筒或波纹管补偿器（带内衬筒）	≤1200	0.2	0.2
方形补偿器	200～350	0.7	0.5
方形补偿器	400～500	0.9	0.7
方形补偿器	600～1200	1.2	1
输配管线			
套筒或波纹管补偿器（带内衬筒）	≤400	0.4	0.3
套筒或波纹管补偿器（带内衬筒）	450～1200	0.5	0.4
方形补偿器	150～250	0.8	0.6
方形补偿器	300～350	1	0.8
方形补偿器	400～500	1	0.9
方形补偿器	600～1200	1.2	1

（3）热水网路水力计算方法

在进行热水网路水力计算之前，应有热水供热网路的平面布置图（平面图上应标明管道上所有的附件和配件）、热用户热负荷的大小、热源的位置以及热媒的计算温度等。

1）确定热水网路中各个计算管段的计算流量。管段的计算流量就是该管段所负担的各个用户的计算流量之和，以此计算流量确定管段的管径和压力损失。

对只有供暖热水的供暖系统，用户的计算流量 G'_n（t/h）可用下式确定：

$$G'_n = \frac{Q'_n}{c(\tau'_1 - \tau'_2)} = A \frac{Q'_n}{(\tau'_1 - \tau'_2)} \tag{9-25}$$

式中　Q'_n——供暖用户系统的计算热负荷，通常可用 GJ/h、MW 或 Mkcal/h 表示；

τ'_1、τ'_2——网路的设计供、回水温度（℃）；

c——水的质量比热，$c=4.1868\text{kJ/(kg} \cdot ℃)=1\text{kcal/(kg} \cdot ℃)$；

A——采用不同计算单位的系数，见表 9.5.1-5。

不同计算单位的系数　　　　　　　　　　　表 9.5.1-5

采用的计算单位	Q'_n(GJ/h=10^9J/h) c [kJ/(kg·℃)]	Q'_n(MW=10^6W) c [kJ/(kg·℃)]	Q'_n(Mkcal/h=10^6kcal/h) c [kcal/(kg·℃)]
A	238.8	860	1000

对具有多种热用户的并联闭式热水系统，采用按供暖热负荷进行集中质调节时，网路计算管段的计算流量应按下式计算：

$$G'_{zh} = G'_n + G'_t + G'_r$$
$$= A\left(\frac{Q'_n}{\tau'_1 - \tau'_2} + \frac{Q'_t}{\tau'''_1 - \tau'''_{2,t}} + \frac{Q'_r}{\tau''_1 - \tau''_{2,t}}\right) \tag{9-26}$$

式中　G'_{zh}——计算管段的计算流量（t/h）；

G'_n、G'_t、G'_r——计算管段担负供暖、通风、热水供应热负荷的设计流量（t/h）；

Q'_n、Q'_t、Q'_r——计算管段担负供暖、通风、热水供应热负荷的设计热负荷，通常可用 GJ/h、MW 或 Mlcal/h 表示；

A——采用不同单位时的系数，见表 9.5.1-5；

τ'''_1——在冬季通风室外计算温度 $t'_{w,t}$ 时的网路供水温度（℃）；

$\tau'''_{2,t}$——在冬季通风室外设计算温度 $t'_{w,t}$ 时，流出空气加热器的网路回水温度，采用与供暖热负荷质调节时相同的回水温度（℃）；

τ''_1——供热开始（$t_w = +5℃$）或开始间歇调节时的网路供水温度（一般取 70℃），（℃）；

$\tau''_{2,t}$——供热开始（$t_w = +5℃$）或开始间歇调节时，流出热水供应的水—水换热器的网路回水温度（℃）。

在按式（9-26）确定计算管段的总计算流量时，由于整个系统的所有热水供应用户不可能同时使用，用户越多，热水供应的全天最大小时用水量越接近于全天的平均小时用水量。因此，对热水网路的干线，式（9-26）的热水供应计算热负荷 G'_r，可按热水供应的平均小时热负荷 $G'_{r,p}$ 计算；对热水网路的支线，当用户有储水箱时，按平均小时热负荷 $G'_{r,p}$ 计算；对无储水箱的用户，按最大小时热负荷 $G'_{r,max}$ 计算。

对具有多种用户的闭式热水供热系统，当供热调节不按供暖热负荷进行质调节，而采用其他方式，如在间接连接供暖系统中采用质量—流量调节，或采用分阶段改变流量的质调节，或采用两级串联或混联闭式系统时，热水网路计算管段的总计算流量，应首先绘制供热综合调节曲线，将各种热负荷的网路水流量曲线叠加，得出某一室外温度 t_w 下的最大流量值，以此作为计算管段的总计算流量。

2）热水网路的主干线及其沿程比摩阻。热水网路水力计算是从主干线开始计算的。网路中平均比摩阻最小的一条管线，成为主干线。在一般情况下，热水网路各用户要求预留的作用压差是基本相等的，所以通常从热源到最远用户的管线是主干线。

主干线的平均比摩阻 R 值，对确定整个管网的管径起着决定性作用。如选用 R 值越大，需要的管径越小，因而降低了管网的基建投资和热损失，但网路循环水泵的基建投资

435

及运行电耗随之增大。这就需要确定一个经济比摩阻，使得在规定的计算年限内总的费用最小。影响经济比摩阻的因素很多，理论上应根据工程具体条件，通过计算确定。

根据《城市热力网设计规范》CJJ 34—2002，在一般情况下，热水网路主干线的设计平均比摩阻，可取 40~80Pa/m 进行计算。《城市热力网设计规范》CJJ 34—2002 建议的数值，主要是根据多年来采用直接连接的热水网路系统而规定的。对于采用间接连接的热水网路系统，根据北欧国家的设计与运行经验，采用主干线的平均比摩阻值比上述规定的值高，有达到 100Pa/m 的。间接连接的热网主干线的合理平均比摩阻值，有待通过技术经济分析和运行经验进一步的确定。

3）根据网路主干线各管段的计算流量和初步选择的 R 值，利用表 9.5.1-1 的水力计算表，确定主干线各管段的标准管径和相应的实际比摩阻。

4）选用的标准管径和管段中的局部阻力的形式，查表 9.5.1-2，确定各管段局部阻力的当量长度 l_d 的总和，以及管段的折算长度 l_{zh}。

5）根据管段的折算长度 l_{zh} 以及由表 9.5.1-2 查到的比摩阻，利用式（9-23），计算主干线各管段的总压降。

6）干线水力计算完成之后，便可以进行支干线、支线等水力计算。应按支干线、支线的作用压差确定其管径，但热水流速不应大于 3.5m/s，同时比摩阻不应大于 300Pa/m（见《城市热力网设计规范》CJJ 34—2002 规定）。规范中采用了两个控制指标，实质上是对管径 $\geqslant DN400$ 的管道，控制其流速不得超过 3.5m/s（尚未达到 300Pa/m）；而对管径 $<DN400$ 的管道控制其比摩阻不得超过 300Pa/m（如对 $DN50$ 的管道，当 $R=300$Pa 时，流速 v 仅约为 0.9m/s）。

436

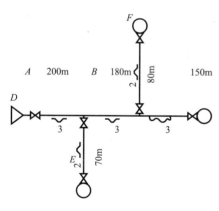

图 9.5.1 网络平面布置图

路的水力计算。

为了消除剩余的压头，通常在用户引入口或热力站处安装调压板、调压阀门或流量调节器。用于热水网路的调压板，一般用不锈钢或铝合金制成。不锈钢的调压板的厚度一般为 2~3mm，调压板通常安装在供水管路上，也可安装在回水管路上。

（4）热水网路水力计算例题

【例 9-1】 某工厂厂区热水供热系统，其网路平面布置如图 9.5.1 所示，网路的计算供水温度 $\tau_1'=130℃$，计算回水温度 $\tau_2'=70℃$，用户 E、D、F 的设计热负荷分别为 3.518、2.513 和 5.025GJ/h。热用户内部的阻力损失为 $\Delta P=5×10^4$Pa。试进行该网路的水力计算。

【解】 1）确定各用户的设计流量。对热用户 E

$$G_n' = \frac{Q_n'}{c(\tau_1'-\tau_2')} = A\frac{Q_n'}{(\tau_1'-\tau_2')}$$

$$= 238.8×\frac{3.518}{130-70} = 14(t/h)$$

其他用户和各管段的计算流量的计算方法同上。各管段的计算流量列入表 9.5.1-7 中。

2）热水网路主干线计算。因各用户内部的阻力损失相等，所以，从热源到最远用户

D 的管线的主干线。

首先取主干线的 $R=40\sim80\text{Pa/m}$ 范围之内,确定主干线各管段的管径。

管段 AB:$Q'_n=14+10+20=44\text{t/h}$

根据管段 AB 的计算流量和 R 值的范围,从表 9.5.1-1 中可确定管段 AB 的管径和相应的比摩阻 R 值。

$$d=150\text{mm};R=44.8\text{Pa/m}$$

管段 AB 中局部阻力的当量长度 l_d,可由表 9.5.1-2 查出,得:

闸阀 $1\times2.24=2.24\text{m}$;方形补偿器 $3\times15.4=46.2\text{m}$;

局部阻力的当量长度之和 $l_d=2.24+46.2=48.44\text{m}$;

管段 AB 的折算长度 $l_{zh}=200+48.44=248.44\text{m}$;

管段 AB 的压力损失 $\Delta P=Rl_{zh}=44.8\times248.44=11130\text{Pa}$

同样的方法,可计算主干线的其余管段 BC、CD,确定管径和压力损失。计算结果列于表 9.5.1-6 中。BC 和 CD 的局部阻力当量长度 l_d 值,如下:

热力网络主干线计算结果表 表 9.5.1-6

管 段	管径（mm）	直流三通（m）	异径接头（m）	方形补偿器（m）	闸阀（m）	总当量长度 l_d（m）
BC	125	$1\times4.4=4.4$	$1\times0.44=0.44$	$3\times1.25=37.5$		42.34
CD	100	$1\times3.3=3.3$	$1\times0.33=0.33$	$3\times9.8=29.4$	$1\times1.65=1.65$	34.68

3）支管计算

管段 BE 的压差为:

$$\Delta P_{BE}=\Delta P_{BC}+\Delta P_{CD}=12140+14627=26767\text{Pa}$$

设局部损失与沿程损失的估算比值 $\alpha_j=0.6$（见表 9.5.1-4），则比摩阻大致可控制为

$$R'=\Delta P_{BE}/l_{BE}(1+\alpha_j)=26767/70(1+0.6)=239\text{Pa/m}$$

根据 R' 和 $G'_{BE}=14\text{t/h}$,由表 9.5.1-5 得出:

$$d_{BE}=70\text{mm};R_{BE}=278.5\text{Pa/m};v=1.09\text{m/s}$$

管段 BE 局部阻力的当量长度 l_d,查表 9.5.1-2 得:

三通分流:$1\times3.0=3.0\text{m}$,方形补偿器 $2\times6.8=13.6\text{m}$;

闸阀:$2\times1.0=2.0\text{m}$;总当量长度 $l_d=18.6\text{m}$。

管段 BE 的折算长度 $l_{zh}=70+18.6=88.6\text{m}$

管段 BE 的压力损失 $\Delta P_{BE}=Rl_{zh}=278.5\times88.6=24675\text{Pa}$

用同样的方法计算 CF,计算结果见表 9.5.1-7。

水力计算表（例题） 表 9.5.1-7

管段编号	计算流量 G(t/h)	管段长度 l（m）	局部阻力当量长度之和 l_d（m）	折算长度 l_{zh}（m）	公称直径 d（m）	流速 v（m/s）	比摩阻 R（Pa/m）	管段的压力损失 ΔP（Pa）
主干线								
AB	44	200	48.44	248.44	150	0.72	44.8	11130
BC	30	180	42.34	222.34	125	0.71	54.6	12140
CD	20	150	34.68	184.68	100	0.74	79.2	14627

续表

管段编号	计算流量 G(t/h)	管段长度 l (m)	局部阻力当量长度之和 l_d (m)	折算长度 l_{zh} (m)	公称直径 d (m)	流速 v (m/s)	比摩阻 R (Pa/m)	管段的压力损失 ΔP (Pa)
支线								
BE	14	70	18.6	88.6	70	1.09	278.5	24675
CF	10	80	18.6	98.6	70	0.78	142.2	14021

　　城镇规划中，因许多规划项目具有不确定性，所以上述参数确定困难较大，为方便计算，通常多利用图表进行。规划热水管网的管径可查表 9.5.1-8，根据供热面积或供热负荷、管网供网水温度、流量选择确定。

热水管网管径估算表　　　　表 9.5.1-8

供热面积（万 m^2）	热负荷（MW）	供回水温差（℃）									
		20		30		40 (110～70)		60 (130～70)		80 (150～70)	
		流量 (t/h)	管径 (mm)	流量 (t/h)	管径 (mm)	流量 (t/h)	管径 (mm)	流量 (t/h)	管径 (mm)	流量 (t/h)	管径 (mm)
10	6.98	300	300	200	250	150	250	100	200	75	200
20	13.96	600	400	400	350	300	300	200	250	150	250
30	20.93	900	450	600	400	450	350	300	300	225	300
40	27.91	1200	600	800	450	600	400	400	350	300	300
50	34.89	1500	600	1000	500	750	500	500	400	375	350
60	41.87	1800	600	1200	600	900	600	600	400	450	350
70	48.85	2100	700	1400	600	1050	500	700	450	525	400
80	55.82	2400	700	1600	600	1200	600	800	450	600	400
90	62.80	2700	700	1800	700	1350	600	900	450	675	450
100	69.78	3000	800	2000	800	1500	600	1000	500	750	450
150	104.67	4500	900	3000	900	2250	700	1500	600	1125	500
200	139.56	6000	1000	4000	1000	3000	800	2000	700	1500	600
250	174.45	7500	2×800	5000	1000	3750	800	2500	700	1875	600
300	209.34	9000	2×900	6000	2×900	4500	900	3000	800	2250	700
350	244.23	10560	2×900	7000	2×900	5250	900	3500	800	2625	700
400	279.12			8000	2×900	6000	1000	4000	900	3000	800
450	314.01			9000	1000	6750	1000	4500	900	3375	800
500	348.90			10000	1000	7500	2×80	5000	900	3750	800
600	418.68					9000	2×900	6000	1000	4500	900
700	488.46					10500	2×900	7000	1000	5250	900
800	558.24							8000	2×900	6000	1000
900	628.02							9000	2×900	6750	1000
1000	697.80							10000	2×900	7500	2×800

　　注：当热指标为 70W/m^2 时，单位压降不超过 49Pa/m。

9.5.2　蒸汽网路的水力计算

　　（1）蒸汽网路水力计算公式

　　蒸汽供热系统的管网由蒸汽网路和凝结水网路两部分组成。热水网路水力计算的基本公式，对蒸汽网路同样是适用的。在计算蒸汽管道的沿程压力损失时，流量 G_t、管径 d 与

比摩阻 R 三者的关系式与热水网路水力计算的基本公式完全相同：

$$R = 6.88 \times 10^{-3} K^{0.25} \cdot [G_t^2/(\rho \cdot d^{5.25})] \tag{9-27}$$

$$d = 0.387(K^{0.0476} \cdot G_t^{0.381})/(\rho R)^{0.19} \tag{9-28}$$

$$G_1 = 12.06 \times [(\rho R)^{0.5} d^{2.625}]/K^{0.125} \tag{2-29}$$

式中　R——每米管长的沿程损失（比摩阻）（Pa/m）；

　　　d——管子的内直径（m）；

　　　ρ——管段中蒸汽的密度（kg/m³）；

　　　G_t——管段内的蒸汽质量流量（t/h）；

　　　K——管道的当量绝对粗糙度（m）。

在设计中，为了简化蒸汽管道水力计算的过程，通常也是利用计算图或表格进行计算。表 9.5.2-1 给出了蒸汽管径计算表。该表是按 $K = 0.2$mm，蒸汽密度 $\rho = 1$kg/m³ 编制的。

在蒸汽网路水力计算中，由于网路长，蒸汽在管道内流动过程中密度变化大，因此，必须对密度的变化予以修正计算。如计算管段内的蒸汽密度 ρ_{sh} 与计算采用的水力计算表的密度 ρ_{bi} 不相同，则应按下列公式对表中查出的流速和比摩阻进行修正：

$$v_{sh} = (\rho_{bi}/\rho_{sh}) \cdot v_{bi} \tag{9-30}$$

$$R_{sh} = (\rho_{bi}/\rho_{sh}) \cdot R_{bi} \tag{9-31}$$

式中　ρ_{bi}、R_{bi}、v_{bi}——表 9.5.2-1 中采用的热媒密度和在表 9.5.2-1 中查出的比摩阻和流速的值；

　　　　ρ_{sh}——水力计算中热媒的实际密度（kg/m³）；

　　　R_{sh}、v_{sh}——相当于实际 ρ_{sh} 条件下的实际比摩阻（Pa/m）和流速（m/s）值。

439

当蒸汽管道的当量绝对粗糙度 K_{sh} 与计算采用的蒸汽水力计算表中的 $K_{bi} = 0.2$mm 不符时，同样应按下式进行修正：

$$R_{sh} = (K_{sh}/K_{bi})^{0.25} \cdot R_{bi} \tag{9-32}$$

式中　R_{bi}、K_{bi}——按表 9.5.2-1 查出的比摩阻的规定的 K_{bi} 值，（表中 $K_{bi} = 0.2$mm）；

　　　　K_{sh}——水力计算时采用的实际当量绝对粗糙度（mm）；

　　　　R_{sh}——相应 K_{sh} 情况下的实际比摩阻（Pa/m）。

蒸汽管道的局部阻力系数通常用当量长度 l_d（m）表示，并按下式计算：

$$l_d = \Sigma\zeta(d/\lambda) = 9.1(d^{1.25}/K^{0.25}) \cdot \Sigma\zeta \tag{9-33}$$

式中　$\Sigma\zeta$——管段的总局部阻力系数；

　　　d——管道的内径（m）；

　　　K——管道的当量绝对粗糙度（m）。

室外蒸汽管道的局部阻力当量长度 l_d 值，可查表 9.5.1-1 热水网路局部阻力当量长度表。但因 K 值不同，需按下式进行修正：

$$l_{sh,d} = (K_{bi}/K_{sh})^{0.25} \cdot l_{bi,d} = (0.5/0.2)^{0.25} \cdot l_{bi,d} = 1.26 \cdot l_{bi,d} \tag{9-34}$$

式中　K_{bi}、$l_{bi,d}$——局部阻力当量长度表中采用 K 值（表 9.5.1-2 中 $K_{bi} = 0.5$mm）和局部阻力当量长度（m）；

　　　　K_{sh}——水力计算中实际采用的当量绝对粗糙度（mm）；

　　　　$l_{sh,d}$——相应 K_{sh} 值条件下的局部阻力当量长度（m）。

室外高压蒸汽管径计算表 （K=0.2mm，ρ=1kg/m³）

表中采用单位：水流量 G (t/h)；流速 v (m/s)；比摩阻 R (Pa/m)

表 9.5.2-1

公称直径	65		80		100		125		150		175		200		250	
外径×壁厚	73×3.5		89×3.5		108×4		133×4		159×4		194×6		219×6		273×7	
G	v	R	v	R	v	R	v	R	v	R	v	R	v	R	v	R
2.0	164	5213.6	105	1666	70.8	585.1	45.3	184.2	31.5	71.4	21.4	26.5				
2.1	171.7	5754.6	111	1832.6	74.3	644.8	47.6	201.9	33.0	78.8	22.4	28.9				
2.2	180.4	6310.2	116	2018.8	77.9	707.6	49.8	220.5	34.6	86.7	23.5	31.6				
2.3	188.1	6902.1	121	2205	81.4	774.2	52.1	240.1	36.2	94.0	24.6	34.4				
2.4	195.8	7507.8	126	2401	85	842.8	54.4	260.7	37.8	102.9	25.6	37.2				
2.5	204.6	8749.7	132	2597	88.5	914.3	56.6	282.2	39.3	110.7	26.7	41.1	20.7	21.8		
2.6	212.3	8816.1	137	2812.6	92	989.8	59.9	311.6	40.9	119.6	27.8	43.5	21.5	23.5		
2.7	221.1	9508	142	3038	95.6	1068.2	62.2	329.3	42.5	129.4	28.9	47	22.3	25.5		
2.8	228.8	10224.3	147	3263.4	99.1	1146.6	63.4	354.7	44.1	138.2	29.9	51	23.1	27.2		
2.9	237.6	10965.2	153	3498.6	103	1234.8	67.7	380.2	45.6	145.0	31.0	53.9	24	28.4		
3.0	245.3	11730.6	158	3743.6	106	1313.2	68	406.7	47.2	156.8	32.1	57.8	24.8	30.4		
3.1	253	12533	163	3998.4	110	1401.4	70.2	434.1	48.8	167.6	33.1	61.7	25.6	32.1		
3.2	261.8	13349	168	4263	113	1499.4	72.5	462.6	50.3	179.3	34.2	65.7	26.4	34.8		
3.3	269.5	14200	174	4527.6	117	1597.4	74.8	492	51.9	190.1	35.3	69.6	27.3	37.0		
3.4	278.3	15072	179	4811.8	120	1695.4	77	522.3	53.5	200.9	36.3	73.7	28.1	39.2		
3.5	286	15566	184	5096	124	1793.4	79.3	494.9	55.1	212.7	37.4	78.4	29	41.9		
3.6			190	5390	127	1891.4	81.6	588	56.6	224.4	38.5	83.3	30	44.1		

公称直径	65		80		100		125		150		175		200		250	
外径×壁厚	73×3.5		89×3.5		108×4		133×4		159×4		194×6		219×6		273×7	
G	v	R	v	R	v	R	v	R	v	R	v	R	v	R	v	R
3.7			195	5693.8	131	1999.2	83.8	619.4	58.2	237.4	39.5	87.2	30.6	46.1		
3.8			200	6007.4	135	2116.8	86.1	652.7	59.8	250.9	40.6	92.6	31.4	49		
3.9			205	6330.8	138	2224.6	88.4	688	61.4	263.6	41.7	97.5	32.5	51.7		
4.0			211	6664	142	2342.2	90.6	723.2	62.9	277.3	42.7	99.6	33.0	54.4		
4.2			221	7340.2	149	2577.4	97.4	835.8	66.1	305.8	44.9	112.7	34.7	58.8		
4.4			232	8055.6	156	2832.2	99.7	875.1	69.2	336.1	47.0	122.5	36.4	64.7		
4.6			242	8810.2	163	3096.8	104	956.5	72.4	366.5	49.1	133.3	38.0	70.1		
4.8			253	9584.4	170	3371.2	109	1038.8	75.5	399.8	51.3	145.0	39.7	76.4		
5.0			263	10407.6	177	3655.4	113	1127	78.7	433.2	53.4	157.8	41.3	84.3		
6.0					210	5262.6	136	1626.8	94.4	624.3	64.1	226.4	49.6	117.1	31.7	37
7.0					248	8232	170	2538.2	118	975.1	80.2	253.8	62.0	180.3	39.6	57
8.0					283	9359	181	2891	126	1107.4	85.5	401.8	66.1	204.8	42.2	64.4
9.0					319	11848	204	3665.2	142	1401.4	96.2	508.6	74.4	259.7	47.5	81.1
10.0							227	4517.8	157	1734.6	107	628.6	82.6	320.5	52.8	99
11.0							249	5468.4	173	2097.2	118	760.5	90.9	387.1	58	119.6
12.0							272	6507.2	189	2499	128	905.5	99.1	460.6	63.3	142.1

注：编制本表时，假定蒸汽动力黏滞性系数 $\mu=2.05\times10^{-6}kg\cdot s/m$，进行验算蒸汽流态，对流过渡区，对阻力平方区，摩擦系数用公式 $\lambda=[1.14+2lg(d/K)]^{-2}$ 计算，查得数值有误差，但不大于5%。

441

当采用当量长度法进行水力计算时，蒸汽网路中的计算管段的总压降 ΔP（Pa）为：

$$\Delta P = R(1 + l_d) = Rl_{zh} \tag{9-35}$$

式中　l_{zh}——管段的折算长度（m）。

（2）蒸汽网路水力计算方法

在进行蒸汽网路水力计算前，应根据供热管网总平面图画出蒸汽网路水力计算草图。图上标明各用户的计算热负荷（计算流量）、蒸汽的参数、各管段的长度、阀门、补偿器等管道附件。

1）蒸汽网路水力计算的任务。蒸汽网路水力计算的任务是，选择蒸汽网路各管段的管径，以保证各热用户对蒸汽流量的使用参数的要求。

2）蒸汽网路水力计算的步骤与方法。

① 根据各用户的计算流量，确定蒸汽网路各管段的计算流量。

各用户的计算流量，应根据各热用户的蒸汽参数及其计算热负荷按式（9-36）确定。

$$G' = A \frac{Q'}{r} \tag{9-36}$$

式中　G'——热用户的计算流量（t/h）；

　　　Q'——热用户的计算热负荷，通常用 GJ/h，MW 或 Mkcal/h 表示；

　　　r——用汽压力下的汽化潜热（kJ/kg）；

　　　A——采用不同计算单位的系数，见表 9.5.2-2。

不同计算单位的系数　　　　　　　　　　　　　　表 9.5.2-2

采用的计算单位	Q'(GJ/h=10^9J/h) r（kJ/kg）	Q'(MW=10^6W) r（kJ/kg）	Q'(Mkcal/h=10^6kcal/h) r（kJ/kg）
A	1000	3600	1000

蒸汽网路中各管段的计算流量是由该管段所负担的各热用户的计算流量之和来确定。但对蒸汽管网的主干线管段，应根据具体情况，乘以各热用户的同时使用系数。

② 定蒸汽网路主干线和平均比摩阻。

主干线应是从热源到某一热用户的平均比摩阻最小的一条管线。主干线的平均比摩阻 R_{pj}（Pa/m）按式（9-37）求得。

$$R_{pj} = \Delta P / \Sigma l(1 + a_j) \tag{9-37}$$

式中　ΔP——热网主干线始端与末端的蒸汽压力差（Pa）；

　　　Σl——主干线的长度（m）；

　　　a_j——局部阻力系数所占比例系数，按表 9.5.1-4 选用。

③ 进行主干线的水力计算。

通常从热源出口的总管段开始进行水力计算。热源出口蒸汽的参数已知，现需先假设总管段的末端蒸汽压力，由此得出该管段蒸汽的平均密度 ρ_{pj}（kg/m³）：

$$\rho_{pj} = (\rho_s + \rho_m)/2 \tag{9-38}$$

式中　ρ_s、ρ_m——计算管段始端和末端的蒸汽密度（kg/m³）。

④ 根据该管段假设的蒸汽平均密度 ρ_{pj} 和按式（9-37）确定的平均比摩阻 R_{pj} 值换算为蒸汽网路水力计算表 ρ_{pj} 条件下的平均比摩阻 $R_{bi \cdot pj}$ 值，通常水力计算表采用 $\rho_{bi}=1$kg/m³，得：

$$\frac{R_{bi \cdot pj}}{R_{pj}} = \frac{\rho_{pj}}{\rho_{bi}} \quad\quad (9-39)$$

$$R_{pj \cdot bi} = \rho_{pj} \cdot R_{pj} \quad\quad (9-40)$$

⑤ 根据计算管段的计算流量和水力计算表 ρ_{bi} 条件下得出的 $R_{bi \cdot pj}$ 值，按水力计算表，选择蒸汽管道直径 d、比摩阻 R_{bi} 和蒸汽在管道内的流速 v_{bi}。

⑥ 根据该管段假设的平均密度 ρ_{pj}，将水力计算表中得出的平均比摩阻 R_{bi} 和 v_{bi} 值，换算为在 ρ_{pj} 下的实际比摩阻 R_{sh} (Pa/m) 和 v_{sh} (m/s)。如水力计算表中 $\rho_{bi} = 1kg/m^3$，则

$$R_{sh} = \left(\frac{1}{\rho_{pj}}\right) \cdot R_{bi} \quad\quad (9-41)$$

$$v_{sh} = \left(\frac{1}{\rho_{pj}}\right) \cdot v_{bi} \quad\quad (9-42)$$

蒸汽热力网供热介质的最大允许设计流速，按《城市热力网设计规范》CJJ 34—2002，不得大于下列规定：

a. 过热蒸汽管道：公称直径$>DN200$ 的管道，80m/s；
　　　　　　　　　公称直径$\leq DN200$ 的管道，50m/s；

b. 饱和蒸汽管道：公称直径$>DN200$ 的管道，60m/s；
　　　　　　　　　公称直径$\leq DN200$ 的管道，35m/s。

⑦ 按所选的直径，计算管段的局部阻力总当量长度 l_d（查表 9.5.1-4），并按下式计算该管段的实际压力降 ΔP_{sh} (Pa)。

$$\Delta P_{sh} = R_{sh}(l + l_d) \quad\quad (9-43)$$

⑧ 根据该管段的始端压力和实际末端压力 $P_m = P_s - \Delta P_{sh}$，确定该管段的蒸汽的实际平均密度 ρ'_{pj} (kg/m³)。

$$\rho'_{pj} = (\rho_s + \rho'_m)/2 \quad\quad (9-44)$$

式中　ρ'_m——实际末端压力下的蒸汽密度 (kg/m³)。

⑨ 验算该管段的实际平均密度 ρ'_{pj} 与原假设的蒸汽平均密度 ρ_{pj} 是否相等。如果两者相等或差别很小，则该管段的水力计算过程结束。如果两者相差较大，则应重新假设 ρ_{pj}，然后按同一计算步骤和方法进行计算，直到两者相等或差别很小为止。

⑩ 蒸汽管路分支管线的水力计算。

蒸汽管路主干线所有管线逐次进行水力计算结束后，可以分支线和主干线节点处的蒸汽压力，作为分支线始端蒸汽压力，按主干线水力计算的步骤和方法进行水力计算。

9.6　集中供热系统的热力站

集中供热系统的热力站是供热网路与热用户的连接场所。

热力站根据热网工况和不同的条件，采用不同的连接方式，将热网输送的热媒加以调节、转换，向热用户系统分配热量，以满足用户的需求，并根据需要进行集中计量、检测供热热媒的参数和数量。

采用集中供热热力站，比分散供热用户热点方式能减轻运行管理和便于实现检测、计量和遥控，提高管理水平和供热质量。

443

9.6.1　热力站的分类

根据热力站的位置和功能的不同，可分为：

1）用户热力站（点）——也称为用户引入口。它设置在单幢建筑用户的地沟入口或该用户的地下室或底层处，通过它向该用户或相邻几个用户分配热能。

2）小区热力站（常简称为热力站）——供热网路通过小区热力站向一个或几个街区的多幢建筑分配热能。这种热力站大多是单独的建筑物。从集中热力站向各热用户输送热能的网路，通常称为二级供热管网。

3）区域性热力站——它用于特大型的供热网路，设置在供热主干线和分支干线的连接点处。

根据热力站的用户性质不同，可分为：

1）民用热力站，它主要是采暖、通风、热水供应热用户，一般为热水管网的集中供热系统。

2）工业热力站，它主要是生产工艺热负荷，一般为蒸汽管网的集中供热系统。

9.6.2　民用热力站

民用热力站的服务对象是民用用热单位（民用建筑及公共建筑），多属于热水供热热力站。图 9.6.2-1 所示是一个供暖用户的热力点示意图。热力点在用户供、回水总管进出口处设置截断阀门、压力表和温度计，同时根据用户供热质量的要求，设置手动调节阀或流量调节器，以便于对用户进行供热调节。用户进水管上应安装除污器，以免污垢杂物进入局部供暖系统。如引入用户支线较长，宜在用户供、回水管总管的阀门前设置旁通管。当用户暂停供暖或检修而网路仍在运行时，关闭引入口总阀门，将旁通管阀门打开使水循环，以避免外网的支线冻结。

图 9.6.2-1　用户引入口示意图

1—压力表；2—用户供回水总管阀门；3—除污器；4—手动调节阀；5—温度计；6—旁通管阀门

图 9.6.2-2 所示为一个民用热力站的示意图。各类热用户与热水网路并联连接。

城市上水进入水-水换热器 4 被加热，热水沿热水供应网路的供水管，输送到各用户。热水供应系统中设置热水供应循环水泵 6 和循环管路 12，使热水能不断地循环流动。当城市上水悬浮杂质较多、水质硬度或含氧量过高时，还应在上水管处设置过滤器或对上水进行必要的水处理。

图 9.6.2-2 的供暖热用户与热水网路是采用直接连接。当热网供水温度高于供暖用户设计的供水温度时，热力站内设置混合水泵 9，抽引供暖系统的网路回水，与热网的供水

图 9.6.2-2　民用集中热力站示意图（一）

1—压力表；2—温度计；3—热网流量计；4—水-水换热器；5—温度调节器；6—热水供应循环水泵；

7—手动调节阀；8—上水流量计；9—供暖系统混合水泵；10—除污器；

11—旁通管；12—热水供应循环管路

混合，再送向各用户。

图 9.6.2-3 所示为供暖系统与热水网路采用间接连接方式的热力站示意图。其工作原理和流程与图 9.6.2-2 相同，只是安装了为供暖系统用的水-水换热器和二级网路的循环水泵，使热网与供暖系统的水力工况完全隔绝开来。

445

图 9.6.2-3　民用集中热力站示意图（二）

1—压力表；2—温度计；3—流量计；4—手动调节阀；5—供暖系统用的水-水换热器；

6—热暖系统循环水泵；7—补给水调节阀；8—补给水泵；9—除污器；10—旁通管

9.6.3　工业热力站

工业热力站的服务对象是工厂企业用热单位，多为蒸汽供热热力站。图 9.6.3 所示为一个具有多类热负荷（生产、通风、供暖、热水供应热负荷）的工业热力站示意图。

热网蒸汽首先进入分汽缸 1，然后根据各类热用户要求的工作压力、温度，经减压阀（或减温器）调节后分别输送出去。如工厂采用热水供暖系统，则多采用汽-水式换热器，

图 9.6.3　工业蒸汽热力站示意图

1—分汽缸；2—汽-水换热器；3—减压阀；4—压力表；5—温度计；6—蒸汽流量计；7—疏水器；
8—凝水箱；9—凝水泵；10—调节阀；11—安全阀；12—循环水泵；13—凝水流量计

将热水供暖系统的循环水加热。

凝结水回收设备是蒸汽供热热力站的重要组成部分，主要包括凝结水箱、凝结水泵以及疏水器、安全水封等附件。所有可回收的凝水分别从各热用户返回凝结水箱。在有条件情况下，应考虑凝水的二次汽的余热利用。

工业热力站应设置必需的热工仪表，应在分汽缸上设压力表、温度计和安全阀；供汽管道减压阀后应设压力表和安全阀；凝水箱内设液位计或设置与凝水泵联动的液位自动控制装置；换热器上设置压力表、温度计。为了计量，外网蒸汽入口处设置蒸汽流量计和在凝水接外网的出口处设置凝水流量计等。

凝结水箱有开式（无压）和闭式（有压）两种。通常用 3~10mm 钢板制成。热力站的凝结水箱总储水量，根据《城市热力网设计规范》CJJ 34—2002，宜按 10~20min 的最大小时回水量计算。凝结水箱一般设两个，对单纯供暖用的凝结水箱，其水量在 10t/h 以下时，可只设一个。在热源的总凝水箱的储水量，根据我国《锅炉房设计规范》GB 50041—2008，一般按 20~40min 的最大小时回水量计算。

9.6.4　热力站的布置与建筑面积

（1）热力站的平面布置

图 9.6.4-1、图 9.6.4-2 分别为汽-水、水-水热力站平面布置示意图。

（a）

（b）

图 9.6.4-1　汽-水热力站平面布置示意图

（a）上层平面；（b）底层平面

图 9.6.4-2 水-水热力站平面布置示意图

（2）热力站的建筑面积要求

热力站一般为单独的建筑物，其所需要的建筑面积与热力站所服务的供热面积有关。见表9.6.4。一个居住小区一般宜设一个民用热力站。

热力站的建筑面积要求   表 9.6.4

规模类型	Ⅰ	Ⅱ	Ⅲ	Ⅳ	Ⅴ	Ⅵ
供热建筑面积（万 m²）	<2	3	5	8	12	16
热力站建筑面积（m²）	<200	<280	<330	<380	<400	≤400

447

第 10 章　小城镇燃气工程规划

　　燃气是指可以供城镇居民、工业企业、事业单位使用的各种气体燃料的总称。燃气是一种高效、无污染的清洁能源。小城镇燃气工程规划是能源规划的组成部分，是主要工程规划之一。燃气供应是小城镇市政公用事业和能源供应的组成部分，是小城镇的一项重要设施。

　　气体燃料较之液体燃料和固体燃料具有更高的热效率，其燃烧温度高，易于调节火力，使用方便，容易实现燃烧过程自动化。燃烧清洁卫生，可以利用管道和瓶装供应，可以满足多种生产工艺（如玻璃工业、冶金工业、机械工业等）的特殊要求，达到提高产量、改善劳动条件的目的。在人民日常生活中应用燃气作为燃料，对于改善人们生活条件，减少空气污染和保护环境，都具有重大的意义。

　　燃气化是实现小城镇现代化不可缺少的一个方面。城镇现代化的标志，主要是城镇基础设施的现代化。人们曾以使用自来水或使用电能来衡量小城镇开发深度和广度，而今世界各地都在多方面促进城镇燃料的气体化，燃气的使用普及率和耗用量，已被视为一个国家，一个城镇的经济和社会发展的重要象征。

10.1　小城镇燃气工程规划基本要求

10.1.1　规划任务

　　根据小城镇和区域燃料资源状况，选择和确定燃气气源，并根据用户需求和重要性合理确定燃气供应的主要供气对象和供气规模，进行燃气气源规划；确定各种供气设施的规模、容量；选择确定燃气管网系统；科学布置气源厂、气化站等产、供气设施和输配气管网；制定燃气设施和管道的保护措施。

10.1.2　规划原则

　　小城镇燃气工程规划应遵循以下原则。

　　1）根据国家能源政策和"多种气源、多种途径、因地制宜、合理利用能源"的方针，综合考虑当地的经济条件、气候条件、环保要求及燃气用量等，在经济技术比较基础上选择最经济有效的气源形成的原则。

　　2）依据小城镇总体规划，符合统筹兼顾、有利生产、方便生活、保护环境的原则。

　　3）近期规划建设与远期规划发展相结合，科学规划分期实施的原则。

　　4）有条件气源共享的小城镇，气源及相关设施应依据所在区域或城市的相关统筹规划的原则，同时结合燃气输配系统中的调峰手段和储存设施等情况，适当考虑机动气源的制取或来源，提高燃气供应可靠性原则。

5）燃气输配系统规划的供气规模应以需求和气源供给能力为依据的原则。

6）燃气管网规划应与道路和其他地下管线规划和协调的原则。

10.1.3 规划内容与深度

10.1.3.1 燃气工程总体规划内容与深度

（1）规划及说明书

规划应包括：

1）预测小城镇燃气用量。

2）选择气源，确定气源结构和供气规模。

3）确定气源厂、储配站、储灌站、气化站等主要供气设施的规模、用地与布局。

4）确定输配系统供气方式、管线压力级制，调峰方式。

5）布置燃气主干管网系统。

规划说明书应包括：

1）规划依据、指导思想与规划原则及规划期限。

2）燃气工程现状分析。

3）供气对象和供气范围，气化率指标，规划期燃气用气量及其预测方法和采用技术指标。

4）气源选择与供气规模论证及气源规划其他说明，包括气源厂、储配站、储灌站、气化站等主要供气设施的布局、规模、数量、用地控制。

5）调峰手段和储气容积。

6）燃气输配系统方案及技术经济比较及主干管网布置说明。

（2）规划图纸

燃气工程总体规划图。

图纸比例：1∶2000～1∶5000。

10.1.3.2 燃气工程详细规划内容与深度

（1）规划及说明书

规划应包括：

1）计算规划范围燃气用气量。

2）布置输配设施，确定其位置、规模和用地控制。

3）布置输配管网，进行管网水力计算。

4）修建性详细规划除对上述规划内容按用地修建性详细规划内容细化外，尚应选择管道材料，进行工程投资估算。

规划说明书应包括：

1）规划依据、指导思想与规划原则。

2）燃气工程现状分析。

3）规划范围各类用户用气量、总用气量及其计算方法和采用技术指标。

4）输配设施规划说明，包括涉及的储配站、储灌站、气化站、调压站等的布置、规模与用地控制。

449

5）输配管网规划说明，包括水力计算、管径确定、管道敷设方式及管材、埋深等要求。

6）工程投资估算。

（2）规划图纸

燃气工程详细规划图中应表示涉及的储配站、储灌站、气化站、调压站的分布、规模、用地，输配管道的走向、位置、管径、长度等。

图纸比例：控制性详细规划为 1∶1000～1∶2000。

燃气工程修建性详细规划：1∶500～1∶2000。

10.1.4　规划步骤与方法

（1）明确规划任务、规划期等要求。

（2）收集基础资料和现场踏勘

1）关于小城镇现状和近期、远景发展方面的资料：①小城镇总体规划说明书、附件及有关图纸；②小城镇人口及其分布状况；③乡镇工业规模、类别、数目及其分布状况；④公共建筑的数量及分布；⑤居住区建筑的层数、质量、面积和配套公共福利设施情况；⑥小城镇道路系统、道路等级、红线和宽度；⑦地下管道、人防设施等的分布情况；⑧对外交通和城镇内运输条件。

2）燃料资源和地区能源供应系统的有关资料：①地区能源平衡的有关资料；②各类燃气用户的燃料供应和利用的现状及其历年增长情况，尤其是工艺上必须使用燃气的乡镇工厂企业，应作为重点调查资料；③位于小城镇附近有可能向小城镇供应燃气的现状和发展资料；④已有燃气供应的小城镇，必须掌握燃气供应系统的现状和有关图纸，以及小城镇燃气的各种技术经济指标及主要设备技术性能等。

3）自然资料：①小城镇气象资料，如气温、地温、风向、最大冻土深度等；②小城镇水文地质资料，如水源、水质、地下水位、主要河流的流量、流速、水位等；③小城镇工程地质资料，如地震基本烈度、地质构造与特征、土壤的物理化学性质（地耐力、腐蚀程度、冻胀类别等）。

4）其他资料：①发展小城镇燃气所需要的原材料和设备供应的可能性；②小城镇燃气工程的施工能力和设备加工水平；③燃气副产品的产销平衡情况；④环境保护的要求和燃气厂进行"三废"处理的可能性。

（3）进行小城镇燃气工程规划

1）确定供气范围、供气对象和供气原则

小城镇规划供气范围一般为规划区，供气范围的确定主要取决于气源的供气能力和管网的供气能力。对于管道燃气而言，应根据气源的产气量选择邻近区域和小城镇作为供气范围，并考虑气源生产工艺和输配系统工艺的要求。

供气对象按用户类型，通常分为居民生活用户、公共建筑用户和工业企业用户。居民生活用户作为基本供气对象是优先安排和保证连续稳定供气的用户，公共建筑用户与生活密切相关，也是燃气供应的重要对象，工业企业用户主要指不宜单建气源厂、生产工艺必须使用燃气，使用燃气节能显著和经济效益较好的工业企业用户。

供气原则：

① 居民和公共建筑用户的用气原则

a. 优先满足城镇居民炊事和日常生活热水用气；

b. 应尽量满足供气范围内的各类公共建筑的用气需要；

c. 人工煤气一般不供锅炉用气，尤其不供季节性的供暖锅炉用气；

d. 天然气若气量充足，并经技术经济比较认为合理时，可发展燃气供暖，但要有调节季节不均衡用气的手段。

② 工业企业用户的供气原则

人工煤气：

a. 先满足工艺上必须使用煤气，但用气量不大，自建煤气发生站又不经济的工业企业用气。

b. 对工艺上必须使用煤气，但用气量较大的工业企业，是供应城镇燃气，还是自建煤气发生站，需进行技术经济比较，并考虑"三废"处理和运输等具体条件。

c. 对临近管网用气量不大的其他工业企业，如使用煤气可提高产品质量，改善劳动条件和生产条件的，可考虑供应煤气。

d. 根据我国的能源政策，以城镇燃气代替烧油和用电，经过技术经济比较，节能效果确实比较显著，气源和输配系统又具备条件的，可以考虑供应这类工业用户。

e. 宜供应远离城镇燃气管网的工业用户与将煤气大量用于加热的工业用户。

f. 油煤气不宜供应可以直接烧重油的工业企业。

天然气：

当天然气的气量充足时，供应范围可以比人工煤气适当放宽。同时，还可考虑供应下列用户：

a. 用气量较大又位于重要地段，改用气体燃料后能显著减轻大气污染的工业企业。

b. 能代替电力、冶金焦和其他优质燃料的工业企业。

c. 作为缓冲用户的工业企业，如电厂等。

2）各类用户用气量和总用气量计算

（详见 10.2 小城镇燃气用量计算）

3）燃气气源规划

包括提出共享和不共享情况的气源选择方案，确定气源规模和气源厂选址用地。

（详见 10.4 小城镇燃气气源规划）。

4）燃气输配系统规划

结合实际，进行燃气输配系统方案比较，输配系统设施与管网布置（详见 10.5 小城镇燃气输配系统）。

5）燃气管网水力计算与管径确定。

6）管网敷设规划与投资估算。

上述方法与步骤分别按燃气工程总体规划与详细规划的不同规划内容与深度要求选择进行。

10.2　小城镇燃气用量计算

小城镇燃气用量计算可按城镇燃气用量计算方法，结合小城镇实际计算。

451

10.2.1　用气量指标

用气量指标又称为耗气定额，是进行城镇燃气规划、设计，估算燃气用气量的主要依据。因为各类燃气的热值不同，所以，常用热量指标来表示用气量指标。

（1）居民生活用气量指标

居民生活用气量指标是指城镇居民每人每年平均燃气用量。

1）影响居民生活用气量的因素。影响居民生活用户耗气定额的因素主要有：住宅内用气设备情况，公共生活服务网的发展程度，居民的生活水平和生活习惯，居民每户平均人口数，地区的气象条件，燃气价格等。

2）居民生活耗气量指标。对于已有燃气供应的城市，居民炊事及生活热水耗气量指标，通常是根据实际统计资料，经过分析和计算得出；当缺乏用气量的实际统计资料时，可根据当地的实际燃料消耗量、生活习惯、气候条件等具体情况，参照相似城市用气定额确定。表 10.2.1-1 是我国部分城市和地区耗气量指标。

我国部分城市和地区耗气量指标　　　　　　　　　　　表 10.2.1-1

［单位：MJ/(人・年)、1.0×10^4 kcal/(人・年)］

城镇地区	有集中供暖的用户	无集中供暖的用户
东北地区	2303～2712（55～65）	1884～2303（45～55）
华东、中南地区	—	2093～2303（50～55）
北京	2721～3140（65～75）	2512～2931（60～70）
成都	—	2512～2931（60～70）
青海西宁市	3285（78）	—
陕西	2512（60）	—

注：燃气热值按低热值计算。

（2）商业公共建筑用气量指标

影响商业公共建筑用气量的因素主要有：城镇燃气供应状况，燃气管网布置与商业公共建筑分布情况，居民使用公共服务设施的普及程度、设施标准、用气设施的性能、效率、运行管理水平和使用均衡程度及地区气候条件等。

商业公共建筑用气量指标与用气设备的性能、热效率、地区气候条件等因素有关。表 10.2.1-2 为城镇商业公共建筑用气量指标。

城镇商业公共建筑用气量指标　　　　　　　　　　表 10.2.1-2

类别		用气量指标	单位	类别		用气量指标	单位
职工食堂		1884～2303	MJ/(人・年)	医院		2931～4187	MJ/(床位・年)
饮食业		7955～9211	MJ/(座・年)	招待所旅馆	有餐厅	3350～5024	MJ/(床位・年)
托儿所幼儿园	全托	1884～2512	MJ/(人・年)		无餐厅	670～1047	MJ/(床位・年)
	日托	1256～1675	MJ/(人・年)	宾馆		8374～10467	MJ/(床位・年)

注：燃气热值按低热值计算。

（3）工业企业用气量指标

工业企业用气量指标可由产品的耗气定额或其他燃料的实际消耗量进行计算，也可按同行业的用气量指标分析确定。

（4）建筑物采暖及空调用气量指标

采暖及空调用气量指标可按国家现行的采暖、空调设计规范或当地建筑物耗热量指标确定。

（5）燃气汽车用气量指标

燃气汽车用气量指标应根据当地燃气汽车的种类、车型和使用量的统计分析确定。当缺乏统计资料时，可参照已有燃气汽车的城镇的用气量指标确定。

10.2.2 年用气量计算

在进行城镇燃气供应系统的规划设计时，首先要确定城镇的年用气量。各类用户的年用气量是进行燃气供应系统设计和运行管理，以及确定气源、管网和设备通过能力的重要依据。

城镇燃气年用气量一般按用户类型分别计算后汇总。用户类型包括居民生活、商业公建、工业企业、采暖通风与空调、燃气汽车及其他。

（1）居民生活年用气量计算

居民生活的年用气量可根据居民生活用气量指标、居民总数、气化率和燃气的低热值按下列公式计算：

$$Q_a = 0.01 \frac{Nkq}{H_1} \tag{10-1}$$

式中 Q_a——居民生活年用气量（m³/年）；

N——居民人数（人）；

k——城镇居民气化率（%）；

q——居民生活用气量指标［MJ/（人·年）］；

H_1——燃气低热值（MJ/m³）。

（2）商业公共建筑用户用气量计算

$$Q = \Sigma q_i N_i \tag{10-2}$$

式中 Q——商业公共建筑总用气热量（MJ/h）；

q_i——某一类用途的用气耗热量；

N_i——用气服务对象数量。

（3）工业企业用气量计算

工业企业年用气量与生产规模和工艺特点有关，规划阶段一般可按以下3种方法估算：

1）比较已使用燃气且生产规模相近的同类企业年耗气量进行估算。

2）工业企业年用气量可利用各种工业产品的用气定额及其年产量来计算。工业产品的用气定额，可根据有关设计资料或参照已有用气定额选取。

3）在缺乏产品用气定额资料的情况下，通常是将工业企业其他燃料的年用量，折算成用气量，折算公式如下：

$$Q_y = \frac{1000 G_y H'_i \eta'}{H_1 \eta} \tag{10-3}$$

式中 Q_y——年用气量（Nm³/a）；

G_y——其他燃料年用量（t/a）；

H'_i——其他燃料的低发热值（kJ/kg）；

H_1——燃气的发热值（kJ/Nm³）；

η'——其他燃料燃烧设备热效率（％）；

η——燃气燃烧设备热效率（％）。

（4）房屋供暖用气量计算

房屋供暖用气量与建筑面积、耗热指标和供暖期长短等因素有关。

$$Q_c = F \cdot q \cdot n / H_L \cdot \eta \tag{10-4}$$

式中　Q_c——年供暖用气量（m³/a）；

F——使用燃气供暖的建筑面积（m²）；

q——耗热指标〔kJ/（m²·h）〕；

n——年供暖小时数（h）；

H_L——燃气低热值（kJ/m³）；

η——燃气燃烧设备热效率。一般可达70％～80％。

由于各地冬季供暖计算温度不同，所以各地耗热指标不同，一般由实测确定。房屋供暖耗热指标可参考表10.2.2。

房屋供暖耗热指标　　　　　　　　表 10.2.2

序　号	房屋类型	耗热指标/〔kJ/（m²·h）〕
1	工业厂房	418.68～628.02
2	住宅	167.47～521.21
3	办公楼、学校	209.34～293.08
4	医院、幼儿园	230.27～293.08
5	宾馆	209.34～252.21
6	图书馆	167.47～272.14
7	商店	210.27～314.01
8	单层住宅	293.08～376.81
9	食堂、餐厅	418.68～502.42
10	影剧院	334.94～418.68
11	大礼堂、体育馆	418.68～586.15

由于燃气供暖季节性强，在以人工燃气为主的情况下，若大面积利用燃气供暖将难以平衡季节性用气峰值，加上人工燃气成本高。因此，对燃气供暖用气量的确定，必须根据气源性质和规模综合考虑。一般情况下，它不是城镇用气量中的主要成分。

（5）燃气汽车用气量计算

因燃气汽车有利环境保护，所以应用逐渐增加。燃气汽车用气量可根据规划期燃气汽车数量（一般按燃气汽车占有率计算）和燃气汽车用气量指标计算。

燃气汽车用气量指标，应根据当地燃气汽车种类、车型和使用量的统计分析确定。当缺乏用气量的实际统计资料时，可根据小城镇具体情况，按以下燃气汽车的城镇用气量指标范围，分析比较确定：1）富康或捷达燃气出租车用气负荷指标：300～350MJ/100km；2）有空调燃气公交车用气负荷指标：1800～2000MJ/100km；3）无空调燃气公交车用气负荷指标：1000～1200MJ/km。

（6）未预见气量

未预见气量主要指管网的燃气漏损量和发展过程中未预见到的供气量。一般按总用气量的 3%～5%计算。

（7）总用气量计算

1）分项相加法。分项相加法适用于各类负荷，均可用计算方法求出较准确用量的情况：

$$Q = K \sum Q_i \tag{10-5}$$

式中　Q——燃气总用量；

　　　Q_i——各类燃气用量；

　　　K——未预见用气量，一般按总用气量的 3%～5%估算。

2）比例估算法

在各类燃气负荷中，居民生活用气和公共建筑用气一般可以比较准确地求出，当其他各类负荷不确定时，可以通过预测未来居民生活和公共建筑用气在总气量中所占的比例，求出总气量：

$$Q = Q_s / p \tag{10-6}$$

式中　Q——燃气总用量；

　　　Q_s——居民生活和公共建筑燃气用量；

　　　p——居民生活和公共建筑用气在总气量中所占的比例（%）。

燃气的供应规模主要是由燃气的计算月平均日用气量决定的。一般认为，工业企业用气、公共建筑用气、采暖用气以及未预见用气都是较均匀的，而居民生活用气是不均匀的。燃气的计算月平均日用气量可由下式得出：

$$Q = \frac{Q_a K_m}{365} + \frac{Q_a (1/p - 1)}{365} \tag{10-7}$$

式中　Q——计算月平均日用气量（m^3 或 kg）；

　　　Q_a——居民生活年用气量（m^3 或 kg）；

　　　p——居民生活和公共建筑用气在总气量中所占的比例（%）；

　　　K_m——月高峰系数（1.1～1.3）。

由上式计算出来的数据即可以确定城镇燃气的总供应规模，也就是城镇的燃气总用量。

在对城镇燃气输配管网管径进行计算时，需要利用的主要数据是燃气高峰用气量，可用下式计算：

$$Q' = \frac{Q}{24} K_d K_h \tag{10-8}$$

式中　Q'——燃气高峰小时最大用气量（m^3）；

　　　Q——计算月平均日用气量（m^3）；

　　　K_d——日高峰系数（1.05～1.2）；

　　　K_h——小时高峰系数（2.2～3.2）。

10.2.3　计算用量的确定

小城镇燃气的年用量不能直接用来确定小城镇燃气管网、设备通过能力和储存设施容积。决定小城镇燃气管网设备通过能力和储存设施容积时，需根据燃气的需求情况确定计算流量。

确定燃气小时计算流量的方法，基本上有两种：不均匀系数法和同时工作系数法。对于既有居民和公共建筑用户，又有镇区工业用户的小城镇，小时计算流量一般采用不均匀系数法，也可采用最大负荷利用小时法确定。对于只有居民用户的居住区，尤其是庭院管网的计算，小时计算流量一般采用同时工作系数确定。

（1）小城镇燃气管道的小时计算流量

采用不均匀系数法，可按下式计算：

$$Q_h = \frac{Q_y}{365 \times 24} K_{m\,max} K_{d\,max} K_{h\,max} \tag{10-9}$$

式中　Q_h——燃气管道的小时计算流量（m³/h）；

$\quad\quad Q_y$——年用气量（m³/a）；

$\quad K_{m\,max}$——月高峰系数（平均月为 1）；

$\quad K_{d\,max}$——日高峰系数（平均日为 1）；

$\quad K_{h\,max}$——小时高峰系数（平均时为 1）。

一般情况下：$K_{m\,max}=1.1\sim1.3$；$K_{d\,max}=1.05\sim1.2$；$K_{h\,max}=2.20\sim3.20$；供应户数越多，取值越低。

（2）庭院管网的小时计算流量

采用同时工作系数法，可按下式来计算：

$$Q_j = K\Sigma nq \tag{10-10}$$

式中　Q_j——燃气计算用量（m³/h）；

$\quad\quad K$——燃气灶具的同时工作系数（见表 10.2.3）；

$\quad \Sigma nq$——全部灶具的额定耗气量（m³/h）；

$\quad\quad n$——同一类型的灶具数；

$\quad\quad q$——某一种灶具的额定耗气量（m³/h）。

双眼燃气灶灶具的同时工作系数　　　　　　　表 10.2.3

灶具数 n	1	2	3	4	5	6	7	8	9	10	15	20	25	30
同时系数 K	1.00	1.00	0.85	0.75	0.68	0.64	0.60	0.58	0.55	0.54	0.48	0.45	0.43	0.40
灶具数 n	40	50	60	70	80	90	100	200	300	400	500	600	1000	
同时系数 K	0.39	0.38	0.37	0.36	0.35	0.34	0.33	0.31	0.30	0.29	0.28	0.26	0.25	

注：表中为每户装一个双眼燃气灶的同时工作系数。

10.3　小城镇燃气分类与质量要求

10.3.1　燃气分类

供应小城镇的燃气按其成因不同，可分为天然气、人工煤气和液化石油气等。

（1）天然气

其中包括纯天然气、含油天然气、石油伴生气和煤矿矿井气等。从气井开采出来的气田气或称纯天然气；伴随石油一起开采出来的石油气称油田伴生气。含石油轻质馏分的凝析气田气；从井下煤层抽出的矿井气。天然气的主要万分是甲烷，低热值约为 33494～41868kJ/Nm³。

我国天然气分布很广，储量丰富。随着社会主义建设的发展，天然气工业将成为重要的动力工业之一。同时，也将成为城镇燃气的重要气源之一。在四川、辽宁、天津、大庆等地已经应用天然气和油田伴生气，供应城镇用作燃料和化工原料。随着我国西气东输工程的建设，将带动我国城镇燃气事业的快速发展。

（2）人工燃气

人工燃气是从固体燃料或液体燃料加工中获取的可燃气体。根据制气原料的不同，人工燃气可分为煤制气、油制气和生物质制气等。根据制气方法的不同可分为固体燃料干馏燃气、固体燃料的气化燃气和重油蓄热裂解制气等。

人工燃气具有强烈的气味和毒性，含有硫化氢、萘、苯、氨、焦油等杂质，容易腐蚀及堵塞管道，因此，人工燃气需要经过净化后才能使用。

供应小城镇的人工燃气要求低热值在 14654kJ/Nm³ 以上。一般的焦炉燃气的低热值为 17585～18422kJ/Nm³，重油热裂解气的低热值为 16747～20515kJ/Nm³。

（3）液化石油气

液化石油气是在石油开采和对石油加工处理过程中（例如减压蒸馏、催化裂化、铂重整等生产工艺）所获得的副产品。它的主要成分是丙烷、丙烯、正（异）丁烷、正（异）丁烯、反（顺）丁烯等。这种液化石油气在标准状态下呈气相，而当温度低于临界值时或压力升高到某一数值时呈液相，它的低热值为 83736～113044kJ/Nm³。

供应小城镇燃气还可根据其热值的不同分为两大类：一类是低热值燃气，其热值为 14654kJ/Nm³，如煤制燃气；另一类是高热值燃气，其热值为 20515kJ/Nm³，如油制燃气、天然气和液化石油气等。

10.3.2 燃气质量要求

小城镇燃气是在压力状态下输送和使用的、具有一定毒性的爆炸气体。由于材质和施工方法存在的问题或使用不当，往往会造成漏气，有时会引起爆炸、失火和人身中毒事故。因此，在小城镇燃气规划中，必须充分考虑燃气质量问题。

供应小城镇的燃气的质量标准如下。

燃气组分的变化应综合下列要求：①燃气的华白指数波动范围，一般不超过±5%；②燃气燃烧性能的所有参数指标，应与用气设备燃烧性能的要求相适应。

人工燃气质量应符合下列指标要求：①低热值大于 14654kJ/m³；②杂质允许含量的指标（mg/m³）：焦油与灰尘应小于 10；硫化氢小于 20；氨小于 50；萘小于 50（冬季）或小于 100（夏季）；③含氧量少于 1%（体积比）；④限制一氧化碳含量。目前，各国对于城镇燃气中一氧化碳（CO）指标的规定很不一致，但都从安全卫生的角度出发，越来越严格。例如瑞士为 1.0%～1.5%，日本小于 8%，美国为 5%，我国略高于这些国家。

燃气应具有可以察觉的臭味。无臭或臭味不足的燃气应加臭，其加臭程度应符合下列要求：①有毒燃气在达到允许的有害浓度之前，应能察觉；②无毒燃气在相当于爆炸下限20%的浓度时，应能察觉。

10.4　小城镇燃气气源规划

燃气气源指向城镇燃气输配系统提供燃气的设施，主要包括煤气制气厂、天然气门站、液化石油气供应基地及煤气发生站、液化石油气气化站等设施。城镇统筹规划的小城镇气源规划就是依据统筹的城镇密集区域气源规划，论证确定其所规划小城镇的供气规模，并在小城镇布置燃气输入管道和储配设施；单独的小城镇气源规划就是选择小城镇气源，确定其规模，并在小城镇规划区进行合理布局。

10.4.1　城镇统筹区域与小城镇燃气气源设施

（1）天然气气源设施

天然气的生产和储存设施大都远离城镇，一般都是依据统筹规划，通过高压长输气管道来实现对城市及其所辖城镇地区（相邻城镇区域）的供应。天然气长输气管道的终点配气站称为城市或城镇接收门站，是城市或城镇的天然气输配管网的气源站，其任务是接收长输气管道送来的天然气，在站内进行净化、调压、计量后，进入城市和统筹规划的城镇燃气输配管网。

（2）人工燃气气源设施

人工燃气气源设施是城镇主要气源之一。

煤气厂按工艺设备不同，分为炼焦制气厂、直立炉煤气厂、水煤气型两段炉煤气厂和油制气厂等几种。水煤气型两段炉煤气厂和油制气厂可作为城市机动气源（或称调峰气源），也可作为城镇统筹规划及小城镇单独规划的主气源。

（3）液化石油气气源设施

液化石油气，具有供气范围、供气方式灵活的特点，适用于各种类型的城镇地区。但供气能力有限。

液化石油气气源设施可作为城镇统筹规划及小城镇单独规划的主气源，也可作为城镇密集地区统筹规划的调峰机动气源。

液化石油气气源包括液化石油气储存站、储配站、灌瓶站、汽化站和混气站等。其中液化石油气储存站、储配站和灌瓶站又可通称为液化石油气供应基地。液化石油气储存站是液化石油气的储存基地，其主要功能是储存液化石油气，并将其输送给灌瓶站、汽化站和混气站。液化石油气灌瓶站是液化石油气灌瓶基地，主要功能是进行液化石油气的灌瓶作业，并送到瓶装供应站或用户，同时也灌装气槽车，并将其送至汽化站和混气站。液化石油气汽化站是指采用自然或强制汽化方法，使液化石油气转变为气态供出的基地。混气站是指生产液化石油气混合气的基地。除了上述设施外，液化石油气瓶装供应站乃至单个气瓶或瓶组，也能形成相对独立的供应系统，但不是管道气源。

液化石油气供应基地的规模一般用年液化气供应能力来表示，有时也用储存能力表示。表 10.4.1 为几种液化石油气供应基地的有关指标。

液化石油气供应基地主要技术经济指标　　　　　　　表 10.4.1

供应规模（t/a）	供应户数（户）	日供应量（t/d）	占地面积（hm²）	储罐总容积（m³）
1000	5000~5500	3	1.0	200
5000	25000~27000	13	1.4	800
10000	50000~55000	28	1.5	1600~2000

10.4.2　气源选择

一个理想的气源方案，必须资源可靠，技术可行，有利于环境保护。同时，还应该达到正常的商业化运作。选择气源种类时应遵循以下原则：

（1）必须遵照国家的能源政策，因地制宜地根据本地区燃料资源的状况，选择技术上可靠，经济上合理的气源，并应充分利用可靠合理的外部气源。

（2）合理利用现有气源，这是发展城镇燃气的一条重要途径，应积极争取钢铁厂、炼油厂、化工厂等多余的可燃气体供应城市，做到物尽其用，发挥最大效益。在选择现有气源时，燃气的总气量、燃气的质量和供气的可靠性必须满足城镇燃气的要求。选择自建气源时，必须确定制气原料的供应和产品的销路。建设炼焦制气厂时，应特别注意对焦炭产品的产销平衡。

（3）确定气源的基本制气装置时，要结合城镇燃气输配系统中储存设施的情况，考虑建设适当规模的机动制气装置作为调峰手段，通常将基建投资大、生产机动性小的制气工艺作为城镇密集地区统筹规划燃气的主气源，基建投资小、生产调度灵活的制气工艺宜作机动气源。

（4）对较大范围城镇密集地区要根据燃气供应系统的规模、负荷分布、气源产量等情况，在可能条件下，力争安排两个以上气源。

（5）统筹规划城镇密集地区，当选择若干种气源联合运行时或调峰气源启动时，应考虑各种燃气之间的互换性，以确保用户灶具正常工作。

10.4.3　燃气厂和储配站厂（站）址选择

选择小城镇燃气源厂的厂址或储配站等的站址，一方面要从小城镇的总体规划和气源的合理布局出发，另一方面也要从有利生产、方便运输、保护环境着眼。厂（站）址选择有如下要求：

1）应符合小城镇总体规划的要求，并应征得当地规划部门和有关主管部门的批准。

2）尽量少占或不占农田。

3）在满足环境保护和安全防火要求的条件下，尽量靠近负荷中心。

4）交通运输方便，尽量靠近铁路、公路或水运码头。

5）位于小城镇下风向，尽量避免对小城镇的污染。

6）工程地质良好，厂址标高应高出历年最高洪水位 0.5m 以上。

7）避开油库、交通枢纽等重要战略目标。

8）电源应能保证双路供电，供水和燃气管道出厂条件要好。

9）应留有发展余地。

10）应符合建筑防火规范的有关规定。

10.4.4　燃气供应系统的组成

小城镇燃气供应系统由气源、输配和应用三部分组成，如图 10.4.4 所示。

在小城镇燃气供应系统中，气源就是燃气的来源，一般是指各种人工燃气的制气厂或天然气门站（天然气从远程干线进入城镇管网时的配气站简称门站）。输配系统是由气源到用户之间的一系列燃气输送和分配设施组成，包括燃气管网、储气库（站）、储配站和调压室。在小城镇燃气规划中，主要是研究有关气源和输配系统的方案选择和合理布局等一系列原则性问题。

图 10.4.4　小城镇燃气供应系统组成示意图

10.5　小城镇燃气输配系统

燃气输配系统是指从城镇气源开始到用户间的所有输送和分配储存设施与管网的总称。在这个系统中，输配设施主要有储配站、调压站和液化石油气瓶装供应站等。输配管网按压力不同分为高压管网、中压管网和低压管网。进行燃气输配管网规划，就是确定输配设施的规模、位置和用地，选择输配管网的制式，布局输配管网，并估算输配管网的管径。

10.5.1　燃气管道的分类与压力分级

（1）燃气管道分类

城镇燃气管道可以有不同分类。

1）按用途分为：长输气干线、城镇燃气管道和工业企业燃气管道。

2）按敷设方式分为：地下燃气管道和架空燃气管道。

3）按输气种类分为：天然气管道、液化石油气管道和人工煤气管道。

4）按输气压力分为：低压、中压、高压燃气管道。

（2）燃气管道的压力分级

我国城镇地区燃气管网管道压力 P 分为以下 5 级：1）高压燃气管道 A：$0.8MPa<P\leqslant1.6MPa$；2）高压燃气管道 B：$0.4MPa<P\leqslant0.8MPa$；3）中压燃气管道 A：$0.2MPa<P\leqslant0.4MPa$；4）中压燃气管道 B：$0.005MPa<P\leqslant0.2MPa$；5）低压燃气管道：$P\leqslant0.005MPa$。

小城镇燃气输气压力一般选择低压和中压，但要同时考虑将来发展的需要，城镇密集区域统筹燃气规划中，也涉及高压输气管道。

10.5.2　燃气管网系统形式

小城镇燃气管网系统一般采用单级系统和两级系统。

（1）单级系统

单级系统指只采用一个压力等级（低压或中压）来输送、分配和供应燃气的管网系统

（图 10.5.2-1 为低压单级管网系统）。低压单级管网系统输配能力有限，故仅适用于规模不大的小城镇。当供应范围较大却采用低压单级系统时，单位投资多且单位金属耗量较大，因此不经济。小城镇采用中压单级管网系统可解决这一问题，但技术要求较低压单级管网系统高。

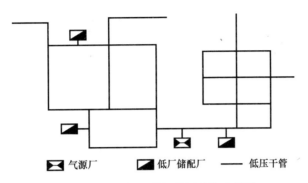

图 10.5.2-1　低压单级管网系统示意图

（2）中压—低压两级系统

中压—低压两级系统指采用中压和低压两个压力等级来输送、分配和供应燃气的管网系统（图 10.5.2-2）。中压—低压系统由于管网承压低，有可能采用铸铁管，以节省钢材；但不能大幅度升高运行压力来提高管网通过能力。

图 10.5.2-2　中压—低压两级系统示意图

10.5.3　燃气输配设施布置

10.5.3.1　燃气储配站

在小城镇燃气的供应中，不同季节和不同时间的用量是变化的，而气源的生产一般则是较为均衡的。为了保证各种类燃气用户有足够数量和正常压力的燃气，就需要对燃气进行储存，这就需要设置燃气储配站。

小城镇燃气储配站有以下三个功能：

1）储存必要的燃气量，用以调峰。

2）对多种燃气进行混合，达到适合的热值等燃气质量标准。

3）将燃气加压，以保证输配管网内适当的压力。

储配站的结构随储气工艺的不同而异。低压储配站一般包括低压储气罐、压缩机及压缩机房、变配电室、控制仪表室、站区燃气管道、给水排水、消防设施及生产和生活辅助设施等。高压储配站一般包括高压储气罐、调压器、冷却器、油气分离器、计量器、变配电室、控制仪表室、站区燃气管道、给水排水、消防设施及生产和生活辅助设施等。液化天然气储配站一般还设有液态天然气储罐、去除酸性气体装置、脱水装置和制冷液化装置等。

储配站的储气罐之间以及储气罐与其他建（构）筑物之间的距离应符合《建筑设计防火规范》GB 50016—2006 的有关规定。

10.5.3.2　燃气调压站

调压站按性质分为区域调压站、用户调压站和专用调压站。区域调压站是指连接两套输气压力不同的输配管网的调压站；用户调压站主要指与中压或低压管网连接，直接向居民用户供气的调压站；专用调压站指与较高压力管网连接，向用气量较大的工业企业和大型公共建筑供气的调压站。

调压站还可按调节压力范围分为高压调压站、中压调压站和低压调压站。

按建筑形式分为地上调压站、地下调压站和箱式调压站。调压站的主要设备是调压器调压站自身占地面积小，只有十几平方米，箱式调压站甚至可以安装在建筑物的外墙上。

布置调压站站址时应遵循以下原则：

1）调压站的供气半径以 0.5km 为宜。

2）调压站尽量布置在负荷中心。

3）调压站应避开人流量大的地区，并尽量减少对景观环境的影响。

4）调压站布置时应保持必要的防护距离，具体数据见表 10.5.3-1。

调压站与其他建筑物、构筑物的最小距离　　　　　　表 10.5.3-1

建筑形式	调压器入口燃气压力级制	最小距离（m）				
		距建筑物或构筑物	距重要建筑物	距铁路或电车轨道	距公路路边	距架空输电线
地上单独建筑	中压（B）	6.0	25.0	10.0	5.0	
	中压（A）	6.0	25.0	10.0	5.0	
	高压（B）	8.0	25.0	12.0	6.0	
	高压（A）	10.0	30.0	15.0	6.0	
地下单独建筑	中压（B）	5.0	25.0	10.0		大于 1.5 倍杆高
	中压（A）	5.0	25.0	10.0		

注：① 当调压装置露天设置时，则指距离装置的边缘。

　　② 重要建筑物系指政府、军事建筑、国宾馆、使馆、领馆、电信大厦、广播、电视台、重要集会场所、大型商店、危险仓库等。

　　③ 当达不到上表要求且又必须建筑时，采取隔离围墙及其他有效措施，可适当缩小距离。

10.5.3.3　液化石油气瓶装供应站

瓶装供应站主要为居民用户和小型公建服务，供气规模以 5000～7000 户为宜，一般不超过 10000 户。当供应站较多时，几个供应站中可设一管理所（中心站）。供应站的实际储存量一般按计算月平均日销售量的 1.5 倍计，空瓶储量按计算月平均日销售量的 1 倍计，供应站的液化石油气总储量一般不超过 10m³（15kg 钢瓶约 350 瓶）。

瓶装供应站的选址要点：

1）应选择在供应区域的中心，以便于居民换气。服务半径不宜超过 0.5～1.0km。

2）有便于运瓶汽车出入的道路。

3）瓶库与站外建、构筑物的防火间距不应小于表 10.5.3-2 的规定。

瓶装供应站的瓶库与站外建、构筑物的防火间距（m）　　　表 10.5.3-2

项　目	总存瓶容量（m³）	
	≤10	>10
明火、散发火花地点	30	35
民用建筑	10	15
重要建筑	20	25
主要道路	10	10
次要道路	5	5

注：总存瓶容量应按实瓶个数乘单瓶几何容积计算。

液化石油气瓶装供应站的用地面积一般在 500～600m²，而管理所面积略大，约为 600～700m²。

463

10.6　小城镇燃气管网的布置与敷设

10.6.1　燃气管网的布置

首先要保证安全、可靠地供给各类用户具有正常压力、足够数量的燃气；其次，要满足使用上的要求；同时，要尽量缩短线路，以节省管道和投资。

管网布置的原则是：全面规划，分期建设，近期为主，远近期结合。管网的布置工作应在管网系统的压力级制已原则上确定之后进行，其顺序按压力高低，先布置中压管网，后布置低压管网。对于扩建或改建燃气管网的小城镇，应从实际出发，充分利用原有管道。

（1）街区燃气管网布置

在小城镇里布置燃气管网时，必须服从镇区管线综合规划的安排。同时，还要考虑下列因素：

1）中压燃气干管的位置应尽量靠近大型用户，主要干线应逐步连成环状。低压燃气干管最好在居住区内部道路下敷设。这样既可保证管道两侧均能供气，又可减少主要干管的管线位置占地。

2）一般应避开主要交通干道和繁华的街道，采用直埋敷设以免给施工和运行管理带来困难。

3）沿街道敷设管道时，可单侧布置，也可双侧布置。在街道很宽、横穿马路的支管很多或输送燃气量较大，一条管道不能满足要求的情况下可采用双侧布置。

4）不准敷设在建筑物的下面，不准与其他管线平行上下重叠，并禁止在下列地方敷设燃气管道：①各种机械设备和成品、半成品堆放场地；易燃、易爆材料和具有腐蚀性液体的堆放场所；②高压电线走廊、动力和照明电缆沟道。

　　5）管道走向需穿越河流或大型渠道时，根据安全、经济、镇容镇貌等条件统一考虑，可随桥（木桥除外）架设，也可以采用倒虹吸管由河底（或渠底）通过，或设置管桥。具体采用何种方式应与小城镇规划、消防等部门协商。

　　6）应尽量不穿越公路、铁路、沟道和其他大型构筑物。必须穿越时，要有一定的防护措施。

　　（2）管道的安全距离

　　地下燃气管道与建（构）筑物基础及相邻管道之间的最小水平净距和最小垂直净距见表 10.6.1-1 和表 10.6.1-2。

地下燃气管道与建（构）筑物基础及相邻管道之间的最小水平净距（m）　　表 10.6.1-1

序　号	项　目		地下煤气管道（当有套管时，以套管计）			
			低压	中压	次高压	高压
1	建筑物的基础		2.0	3.0	4.0	6.0
2	热力管的管沟外壁、给水管或排水管		1.0	1.0	1.5	2.0
3	电力电缆		1.0	1.0	1.0	1.0
4	通信电缆	直埋	1.0	1.0	1.0	1.0
		在导管内	1.0	1.0	1.0	2.0
5	其他煤气管道	≤DN300mm	0.4	0.4	0.4	0.4
		>DN300mm	0.5	0.5	0.5	0.5
6	铁路钢轨		5.0	5.0	5.0	5.0
7	有轨电车的钢轨		2.0	2.0	2.0	2.0
8	电杆（塔）的基础	≤35kW	1.0	1.0	1.0	1.0
		>35kW	5.0	5.0	5.0	5.0
9	通信、照明电杆（至电杆中心）		1.0	1.0	1.0	1.0
10	街树（至树中心）		1.2	1.2	1.2	1.2

地下燃气管道与建（构）筑物基础及相邻管道之间的最小垂直净距（m）　　表 10.6.1-2

序　号	项　目		地下煤气管道（当有套管时，以套管计）
1	给水管、排水管或其他煤气管道		0.15
2	电缆	直埋	0.50
		在导管内	0.15
3	热力管的管沟底或顶		0.15
4	铁路的轨底		1.20

　　（3）小城镇庭院燃气管网布置

　　自街道燃气管网的引入口以后的室外燃气管网为庭院燃气管网。庭院燃气管网大都与建筑物平行铺设，离墙的最小距离为 2m，以防止管道漏气时燃气进入建筑物内。庭院燃气管网的设置要求和街道燃气管网相同。

10.6.2　燃气管道的敷设

　　敷设在室外的低压燃气管道可以采用承插式铸铁管或涂有沥青的钢管，而中压必须采用无缝钢管，并用焊接接头。在土质松软之处及易受振动之处，低压管亦采用无缝钢管。

燃气管道的埋设深度，应在冰冻线以下 0.1～0.2m，并须考虑到地面车辆负荷振动的影响：埋设在车行道下时，不得小于 0.8m，非车行道下不得小于 0.6m。

在穿过河道外露敷设时则需加以保护和保暖，以免损伤和冰冻。穿越铁路必须用钢套管。

在燃气中常含有水汽，为了排除由水汽形成的冷凝水，燃气管道的敷设坡度应不小于 0.003，并在燃气管低的地点设置凝液器。

10.7 小城镇燃气管网水力计算

燃气管道水力计算的任务，一是根据计算流量和规定的压力损失来计算管径，进而决定管道投资与金属消耗；另外是对已有管道进行流量和压力损失的验算，以充分发挥管道的输气能力，或决定是否需要对原有管道进行改造。因此，正确地进行水力计算，是关系到输配系统经济性和可靠性的问题，是小城镇燃气规划与设计中的一项重要工作。

10.7.1 燃气水力计算公式

（1）燃气在圆管中稳定流动方程式

在城镇燃气管网工程设计中，通常假定一段时间内流量不变，即将燃气在管内流动视为稳定流动。在多数情况下，管道内燃气的流动可以认为是等温的，其温度接近于埋管周围土壤的温度，因此决定燃气流动状况的参数为：压力 p、密度 ρ 和流速 w。

为了求得 p、ρ 和 w 必须有三个独立方程，对于稳定流动的燃气管道，可利用不稳定流动方程、连续性方程及气体状态方程组成如下方程组：

$$\left.\begin{aligned} \frac{\mathrm{d}p}{\mathrm{d}x} &= -\frac{\lambda}{d}\frac{w^2}{2}\rho \\ \rho w &= \mathrm{const} \\ p &= Z\rho RT \end{aligned}\right\} \tag{10-11}$$

由此为基准可推导出高压和中压燃气管道单位长度摩擦阻力损失的表达式为：

$$\frac{p_1^2 - p_2^2}{L} = 1.27 \times 10^{10} \lambda \frac{Q^2}{d^5} \rho \frac{T}{T_0} Z \tag{10-12}$$

式中　p_1——燃气管道始端的绝对压力（kPa）；

$\quad\quad p_2$——燃气管道末端的绝对压力（kPa）；

$\quad\quad Q$——燃气管道的计算流量（m^3/s）；

$\quad\quad d$——管道内径（mm）；

$\quad\quad \lambda$——燃气管道摩擦阻力系数，反映管内燃气流动摩擦阻力的无因次系数，其数值与燃气在管道内的流动状况、燃气性质、管道材质（管道内壁粗糙度）及连接方法、安装质量等因素有关；

$\quad\quad \rho$——燃气密度（kg/m^3）；

$\quad\quad T$——设计中所采用的燃气温度（K）；

$\quad\quad R$——气体常数 [$J/(kg \cdot K)$]；

T_0——标准状态热力学温度（273.16K）；

Z——压缩因子；当燃气压力小于 1.2MPa（表压）时，取 $Z=1$；

L——燃气管道的计算长度（km）。

低压燃气管道单位长度摩擦阻力损失的表达式为：

$$\frac{\Delta p}{l} = 6.26 \times 10^7 \lambda \frac{Q^2}{d^5} \rho \frac{T}{T_0} \tag{10-13}$$

式中　Δp——燃气管道摩擦阻力损失（Pa）；

λ——燃气管道的摩阻系数；

l——燃气管道的计算长度（m）；

Q——燃气管道的计算流量（m^3/h）；

ρ——燃气的密度（kg/m^3）；

d——燃气管道的内径（mm）；

T——设计中所采用的温度（K）；

T_0——标准状态下热力学温度（273.16K）。

（2）摩擦阻力系数 λ

燃气在管道中的运动状态不同，摩阻系数 λ 也不同。摩阻系数 λ 值与燃气的流态、管道的材料、管道制造和连接方式有关，也与安装质量有关。

不同流态时，低压管道单位长度的摩擦阻力损失按下列各式计算：

1）层流状态：$Re<2100$　$\lambda=64/Re$

$$\frac{\Delta p}{l} = 1.13 \times 10^{10} \frac{Q}{d^4} v \rho \frac{T}{T_0} \tag{10-14}$$

2）临界状态：$Re=2100\sim3500$　$\lambda=0.03+\dfrac{Re-2100}{65Re-10^5}$

$$\frac{\Delta p}{l} = 1.9 \times 10^6 \left(1 + \frac{11.8Q - 7 \times 10^4 dv}{23Q - 10^5 dv}\right) \frac{Q^2}{d^5} \rho \frac{T}{T_0} \tag{10-15}$$

3）紊流状态：$Re>3500$

a. 钢管

$$\lambda = 0.11 \left(\frac{k}{d} + \frac{68}{Re}\right)^{0.25}$$

$$\frac{\Delta p}{l} = 6.9 \times 10^6 \left(\frac{k}{d} + 192.2 \frac{dv}{Q}\right)^{0.25} \frac{Q^2}{d^5} \rho \frac{T}{T_0} \tag{10-16}$$

b. 铸铁管

$$\lambda = 0.102 \left(\frac{1}{d} + 5158 \frac{dv}{Q}\right)^{0.284}$$

$$\frac{\Delta p}{l} = 6.4 \times 10^6 \left(\frac{1}{d} + 5158 \frac{dv}{Q}\right)^{0.284} \frac{Q^2}{d^5} \rho \frac{T}{T_0} \tag{10-17}$$

式中　Re——雷诺数；

v——0℃、101.325kPa 时的燃气运动黏度（m^2/s）；

k——管壁内表面的当量绝对粗糙度，对于钢管取 0.2mm。

不同管材，高压和中压其单位长度摩擦阻力损失可按下列各式计算：

1) 钢管：

$$\lambda = 0.11\left(\frac{k}{d} + \frac{68}{Re}\right)^{0.25}$$

$$\frac{P_1^2 - P_2^2}{L} = 1.4 \times 10^9 \left(\frac{k}{d} + 192.2\frac{dv}{Q}\right)^{0.25} \frac{Q^2}{d^5}\rho\frac{T}{T_0} \tag{10-18}$$

2) 铸铁管：

$$\frac{\Delta p}{l} = 0.102236\left(\frac{1}{d} + 5158\frac{dv}{Q}\right)^{0.284} \tag{10-19}$$

$$\frac{P_1^2 - P_2^2}{L} = 1.3 \times 10^9 \left(\frac{1}{d} + 5158\frac{dv}{Q}\right)^{0.284} \frac{Q^2}{d^5}\rho\frac{T}{T_0} \tag{10-20}$$

式中　v——燃气的运动黏度（m^2/s）；

　　　k——管壁内表面的当量绝对粗糙度，对于钢管取 0.2mm。

在实际工程中，燃气管道水力计算并不是利用公式，而是常将上述公式制成图表（图 10.7.1-1～图 10.7.1-4）。这些图表是在如下条件制成的：$\rho=1kg/m^3$，$T=273.16K$，$Z=1$。运动黏度：人工燃气 $v=25\times10^{-6}m^2/s$，天然气 $v=15\times10^{-6}m^2/s$，气态液化石油气 $v=4\times10^{-6}m^2/s$。因此，在应用图表时，对 ρ、T、Z、v 应按实际数值进行修正。因后三项对城市管网计算影响不大，故一般不修正计算。ρ 的修正是将图上查得的结果乘以工程中采用的燃气密度，即为实际单位长度压力损失。

$$\frac{P_1^2 - P_2^2}{L} = \left(\frac{P_1^2 - P_2^2}{L}\right)_{\rho=1} \cdot \rho \tag{10-21}$$

$$\frac{\Delta P}{l} = \left(\frac{\Delta P}{l}\right)_{\rho=1} \cdot \rho \tag{10-22}$$

【例 10-1】

1) 已知人工燃气密度 $\rho=0.7kg/Nm^3$，运动黏度 $v=25\times10^{-6}m^2/s$，有 $\phi219\times7$ 中压燃气钢管，长 $L=200m$，起点压力 $P_1=150kPa$，输送燃气流量 $Q=2000Nm^3/h$，求 0℃时该管段末端压力 P_2。

【解】　按 $Q=2000Nm^3/h$ 及 $d=219\times7mm$，查附录燃气水力计算图，得密度 $\rho_0=2kg/Nm^3$ 时管段的压力平方差为

$$\left(\frac{P_1^2 - P_2^2}{L}\right)_{\rho_0=1} = 3.1(kPa)^2/m$$

密度修正　　　$\left(\dfrac{P_1^2 - P_2^2}{L}\right) = 3.1 \times 0.7 = 2.17 \ (kPa)^2/m$

代入已知值　　$\left(\dfrac{150^2 - P_2^2}{200}\right)_{\rho_0=0.7} = 2.17 \ (kPa)^2/m$

2) 已知人工燃气密度 $\rho_0=0.5kg/Nm^3$，运动黏度 $v=25\times10^{-6}m^2/s$，温度为 15℃，燃气流经 $L=100m$ 长的低压燃气钢管，当燃气流量 $Q=10Nm^3/h$ 时，管段压力降为 4Pa 输送，求该段管径。

【解】　已知 $\rho_0=0.5kg/Nm^3$，单位长度摩阻损失为

$$\left(\frac{\Delta p}{l}\right)_{\rho_0} = \frac{4}{100} = 0.04Pa/m$$

图 10.7.1-1　燃气管道水力计算图表（一）

图 10.7.1-2　燃气管道水力计算图表（二）

图 10.7.1-3 燃气管道水力计算图表（三）

469

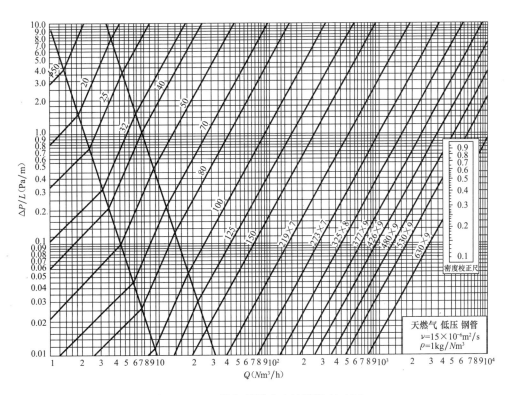

图 10.7.1-4 燃气管道水力计算图表（四）

由式（10-22）得

$$\frac{\Delta P}{L} = \left(\frac{\Delta P}{l}\right)_{\rho=1} \cdot \rho = \frac{0.04}{0.5} = 0.08\text{Pa/m}$$

据此及已知流量，查附录燃气水力计算图，得管径为 80mm。

10.7.2　燃气管道的压降与分配

城镇燃气规划中管网局部阻力一般不具体计算。高中压燃气管道的局部摩擦阻力损失可按沿程压力损失的 5％计算，低压燃气管网的局部摩擦阻力损失可按沿程压力损失的 10％计算。

高中压燃气管道的计算压力降（允许压力降），应根据气源厂（或天然气远程干线门站）、燃气储配站（高压或低压）、高压燃气调压室出口压力和高中压（或高低压、中低压）调压室的进口压力要求确定。

由燃气管道水力计算公式可以看出，如果管径相同，则压力降越大，燃气管道的通过能力也越大。因此，利用较大的压力降输送和分配燃气，可以节省燃气管道的投资和金属消耗。但是，对低压燃气管道来说，压力降的增加是有限度的。低压燃气管道直接与用户灶具相连接，其压力必须保证燃气管网内燃气灶具能正常燃烧。因此，低压燃气管道压力降的大小及其分配要根据城市的建筑密度、街坊情况、建筑层数和燃气灶具的燃烧性能等因素确定。

室外低压燃气管道允许压力降可按下式计算：

$$\Delta P = 0.75P_e \tag{10-23}$$

式中　ΔP——室外低压燃气管道允许压力降（Pa）；

　　　P_e——低压燃气燃具的定额压力（Pa），对于人工燃气 $P_e=0.8\sim1\text{kPa}$；天然气 $P_e=2\sim5\text{kPa}$；气态液化石油气 $P_e=2.8\sim3\text{kPa}$。

低压管网压力降分配应根据技术经济条件，选择最佳的分配比例，一般低压输配干管为总压降的 55％～75％。

10.7.3　环状管网计算

环状管网计算是选择管网最佳方案的一种手段。最佳方案一般应满足管网和调压室布局合理，保证供气安全可靠，投资和金属消耗最小等几个条件。

环状管网的计算，不仅要决定管径，还要使燃气管网在均衡的水力工况下运行。因此，环状管网的计算比简单的枝状管道计算复杂。在环状管网计算中，大量的工作是消除管网中不同气流方向的压力降差值，所以一般称为平差计算或调环。

平差计算的准备工作与计算步骤如下。

1）在已知用户用气量的基础上布置管网，并绘制管网平面示意图。管网布置应尽量使每环的燃气负荷接近，使管道负荷比较均匀。图上应注明节点编号、环号、管段长度、燃气负荷、气源或调压室位置等。

2）计算管网各管段的途泄流量。途泄流量只包括居民用户、小型公共建筑和小工业用户的燃气用量。如果管段上连接了用气量较大的用户，则该用户应看作集中负荷来计算。在实际计算中，一般均假定居民、小型公共建筑和小工业用户是沿管道长度方向均匀分布的。因此，环网内的燃气消耗量与环网管道的计算长度之比，即为管段单位长度的途泄流量。每段管道的途泄流量就等于该管段的计算长度与单位长度途泄流量的乘积。

3）计算节点流量。在环状燃气管网计算中，特别是利用电子计算机进行燃气环状管网水力计算时，常用节点流量来表示途泄流量。这时可以认为途泄流量 Q 相当于两个从节点流出的集中流量值。在燃气分配管网中，由于从分配管道接出的支管较多，途泄流量在管段总流量中所占比重较大，因此管段始端节点的流量为 $0.45Q$，而终端节点的流量为 $0.55Q$。就某一节点来说，节点流量为流入该节点所有管段途泄流量的 0.55 倍，加上流出该节点所有管段途泄流量的 0.45 倍，再加上该节点的集中流量。当转输流量在管段总流量中所占比重较大时，管段始端和终端节点的流量均可按 $0.5Q$ 计算。这时，某一节点的流量就等于与该节点相连之各管段途泄流量一半的总和，再加上由该节点流出的集中流量。

4）确定环状管网各管段的气流方向。在拟定气流方向时，应使大部分气量通过主要干管输送；在各气源（或调压室）压力相同时，不同气流方向的输送距离应大体相同；在同一环内必须有两个相反的流向，至少要有一管段与其他管段流向相反。一般以顺时针方向为（＋），逆时针方向为（－）。拟定后的气流方向应标注在管网示意图上。

5）求各管段的计算流量。根据计算的节点流量和假定的气流方向，由离气源点（或调压室）最远的汇合点（即不同流向的燃气流汇合的地方，也称零点）开始，向气源点（或调压室）方向逐段推算，即可得到各管段的计算流量。

推算管段流量，必须使流入节点的气量等于流出节点的气量，即 $\Sigma Q=0$。

当不计算节点流量时，管段计算流量 Q 可按式（10-24）计算：

$$Q = 0.55Q_1 + Q_2 \tag{10-24}$$

式中　Q_1——途泄流量；

　　　Q_2——转输流量。

6）初步计算。根据管网允许压力降和供气点至零点的管道计算长度（局部阻力通常取沿程压力损失的 10%），求得单位长度平均压力降，据此即可按管段计算流量选择管径。相邻管段的管径不宜相差太大，一般以相差一号为宜。

初步拟定的各管段管径也在管网示意图上注明。

7）平差计算。对任何一环来说，两个相反气流方向的各管段压力降应该是相等的（或称闭合差），即 $\Sigma \Delta P=0$。但要完全做到这一点是困难的，一般闭合差小于允许闭合差（10%）即可。各环的闭合差可由下式求得：

$$\frac{\Sigma \Delta P}{0.5\Sigma | \Delta P |} \times 100\% \tag{10-25}$$

式中　ΔP——各管段的压力降；

　　　$| \Delta P |$——各管段压力降的绝对值。

由于气流方向、管段流量均是假定的，因此按照初步拟定的管径计算出的压力降在环内往往是不闭合的。这就需要调整管径或管段流量及气流方向重新计算，以至反复多次，直到满足允许闭合差的精度要求。这个计算过程一般称为平差计算。

为了不破坏节点上流量的平衡，一般采用校正流量来消除环网的闭合差。

对于低压管网，校正流量可按下式计算：

$$\Delta Q = -\frac{\Sigma\Delta P}{1.75\Sigma\dfrac{\Delta P}{Q}} + \frac{\Sigma\Delta Q'_{nn}\left(\dfrac{\Delta P}{Q}\right)_{ns}}{\Sigma\dfrac{\Delta P}{Q}} \tag{10-26}$$

对于高中压管网，计算校正流量的公式为：

$$\Delta Q = -\frac{\Sigma\delta P}{2\Sigma\dfrac{\delta P}{Q}} + \frac{\Sigma\Delta Q_{nn}\left(\dfrac{\delta P}{Q}\right)_{ns}}{\Sigma\dfrac{\delta P}{Q}} \tag{10-27}$$

$$\delta P = P_1^2 - P_2^2$$

式中　$\Delta Q'_{nn}$、ΔQ_{nn}——邻环校正流量的第一个近似值；

$\left(\dfrac{\Delta P}{Q}\right)_{ns}$、$\left(\dfrac{\delta P}{Q}\right)_{ns}$——与该邻环共用管段的 $\dfrac{\Delta P}{Q}$ 或 $\dfrac{\delta P}{Q}$ 值。

【例 10-2】　计算图 10.7.3-1 所示低压环状煤气管网。图中已注明节点号、环号、管段长度和每环的煤气负荷，并给出了需要由管段 1-2、2-3、1-6 供应的环外邻近区域的负荷以及由节点 3、6 引出支线的负荷。煤气管网供应的是焦炉煤气，其重力密度 $\gamma = 0.46\mathrm{kg/m^3}$，运动黏度 $v = 25\times10^{-6}\mathrm{m^2/s}$。管网中的计算压力降 $\Delta P = 550\mathrm{Pa}$。

图 10.7.3-1　低压环状煤气管网

【解】

1）求各管段的途泄流量（见表 10.7.3-1、表 10.7.3-2）。

各环单位长度途泄流量计算　　　　　　　　表 10.7.3-1

环　号	环内总负荷（m³/h）	环内管段总长（m）	单位长度途泄流量 [m³/(h·m)]
Ⅰ	400	2000	0.2
Ⅱ	420	1400	0.3

各管段途泄流量计算　　　　　　　　　表 10.7.3-2

管　　段	管段长（m）	环内单位长度途泄流量 [m³/(h·m)]	环内管段途泄流量 (m³/h)	与管段靠近的环外途泄流量 (m³/h)	管段途泄流量小计 (m³/h)	备　　注
1～2	400	0.2	80	80	160	
2～3	600	0.2	120	120	240	
3～4	300	0.3	90	—	90	3～6为Ⅰ、Ⅱ环的公共管段
4～5	400	0.3	120	—	120	
5～6	300	0.3	90	—	90	
1～6	600	0.2	120	120	240	
3～6	400	0.2+0.3	200	—	200	

2）拟定气流方向。在距调压室最远处（4点）假定为零点位置，同时决定气流方向（见图10.7.3-2）。

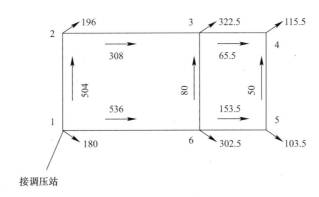

图 10.7.3-2　气流方向和管段计算流量结果

3）计算节点流量（见表10.7.3-3）

节点流量　　　　　　　　　表 10.7.3-3

节　点　号	相连管段	节点流量（m³/h）
1	1～2，1～6	160×0.45＋240×0.45＝180
2	1～2，2～3	160×0.55＋240×0.45＝196
3	2～3，3～4，3～6	240×0.55＋90×0.45＋200×0.55＋40＝322.5
4	3～4，4～5	90×0.55＋120×0.55＝115.5
5	4～5，5～6	120×0.45＋90×0.55＝103.5
6	3～6，5～6，1～6	200×0.45＋90×0.45＋240×0.55＋40＝302.5

4）推算各管段计算流量。根据节点流量和气流方向推算的管段计算流量见图10.7.3-2。

5）初步拟定管径。根据允许总压降550Pa和由供应点1到汇合点4的平均距离，并考虑局部阻力后计算允许单位长度压降，即

$$\frac{\Delta P}{l} = \frac{550}{1300 \times 1.1} = 0.38 \text{Pa/m}$$

根据允许单位长度压降和管段计算流量，由水力计算图表查得管径。

6）平差计算。用表格进行管网平差计算。先进行初步计算，再依次作校正计算。

在初步计算中，根据拟定的管径和管段流量计算管段压力降和各环压力闭合差。经初步计算，第 II 环闭合差为 15.2%，超过了允许误差范围。为分析其原因，计算由调压室至汇合点 4 的全部压降：

1-2-3-4　　$(20.4+13.2+9.3)\times1.1=47.19$

1-6-5-4　　$(33+6.3+7.6)\times1.1=51.59$

1-6-3-4　　$(33+2.64+9.3)\times1.1=49.43$

计算结果表明，总压降基本不超过允许总压降 550Pa。说明初步拟定的管径基本合适，无需调整管径，只需调整管段流量。

校正各管段流量后，再计算各环闭合差。结果为：第 I 环闭合差 0.5%，第 II 环闭合差 0.7%，已满足精度要求。

最后再核算总压降：

1-2-3-4　　$(20.8+13.8+10.5)\times1.1=49.6$

1-6-5-4　　$(32.4+6+6.8)\times1.1=49.7$

1-6-3-4　　$(32.4+2.4+10.5)\times1.1=49.8$

计算结果表明，闭合差和总压降均满足要求。

环状燃气管网的平差，需要进行反复的运算。对于较大的管网（环数很多的管网），利用手工平差时，往往要动员很多人力、花费很多时间。利用电子计算机平差不仅省时、省力，而且能保证较高的计算精度。因此，在管网平差计算中，电子计算机的应用日渐广泛。

主要参考文献

1　煤气设计手册编写组. 煤气设计手册. 北京：中国建筑工业出版社，1987

2　邓渊主编. 煤气规划设计手册. 北京：中国建筑工业出版社，1997

3　姜正侯主编. 燃气工程技术手册. 上海：同济大学出版社，1997

4　哈尔滨建筑大学等合编. 燃气输配. 北京：中国建筑工业出版社，1986

5　城镇燃气热力工程规范. 北京：中国建筑工业出版社，1997

6　王宁等编著. 小城镇规划与设计. 北京：科学出版社，2001

7　詹淑慧. 燃气供应 [M]. 北京：中国建筑工业出版社，2004

第 11 章　小城镇环境卫生工程规划

小城镇环境卫生直接反映小城镇镇容镇貌，直接关系到人们身心健康，关系到小城镇环境质量、人居环境和投资环境。小城镇环境卫生在促进小城镇经济社会发展中起着越来越重要的作用。小城镇环境卫生工程规划是小城镇重要基础设施和市政工程规划之一。

11.1　小城镇环境卫生工程规划基本要求

11.1.1　规划任务

小城镇环境卫生工程规划的主要任务是根据小城镇发展目标和规划布局，确定小城镇环境卫生设施配置标准和垃圾集运，垃圾粪便处理处置与综合利用方式；确定主要环境卫生设施的数量、规模；布置垃圾处理场等各种环境卫生设施，制定环境卫生设施的隔离与防护措施等。

11.1.2　规划原则

1）依据小城镇总体规划，并与环境保护规划，给水、排水工程规划相协调原则。

2）"环境卫生设施建设与小城镇建设同步发展"的原则，根据小城镇发展总体目标和现代化小城镇发展水平，合理规划、安排环卫建设项目，使环卫设施的数量、规模、功能、水平与小城镇现代化发展、生态平衡及人民生活水平改善相适应。

3）有效控制固体废物污染，实现减量化、资源化、无害化目标的原则，积极推进小城镇垃圾分类收集，加强废物综合利用，开发二次资源。

4）"全面规划、统筹兼顾、合理布局、美化环境、方便使用、整洁卫生、有利排运"的原则，按照小城镇生活垃圾收集、运输、处置系统的实际需要，合理配备各类环卫设施，数量充足、布局合理、相互配套。

5）垃圾处理场等主要环境卫生设施有条件共享的小城镇，应依据区域统筹规划实现联建共享的原则。

6）采用新技术、新工艺，依靠科学进步，推进小城镇垃圾收集、运输、处置方式变革的原则。

11.1.3　规划内容与深度

11.1.3.1　环境卫生工程总体规划内容与深度

（1）规划及说明书

规划应包括：

475

1) 预测固体废弃物产量、分析其组成和发展变化趋势，提出污染控制目标。

2) 确定固体废弃物的收运方案，选择其处理处置方法。

3) 确定公共厕所垃圾转运站布置原则与设置标准。

4) 确定垃圾无害化处理厂、垃圾卫生填埋场等主要环境卫生设施的规模、位置。

规划说明书应包括：

1) 固体废弃物组成与发展趋势分析，垃圾污染控制目标以及固体废弃物收运方案与处理处置方法选择。

2) 环境卫生设施规划方案及主要设施经济技术比较。规划方案包括主要环境卫生设施布局、服务范围、设置规模、设置标准、运作方式与用地范围、用地面积以及主要环境公共设施、其他环境设施规划。

3) 公共厕所布置及改造规划。

(2) 规划图纸

小城镇环境卫生总体规划图。

图中表示规划范围为规划末期小城镇主要环境卫生设施，包括涉及的生活垃圾转运站、生活垃圾卫生填埋场、生活垃圾焚烧厂、粪便处理厂、水土环境卫生工程设施的位置、用地及规模。

图纸比例：1∶2000～1∶5000。

11.1.3.2　环境卫生工程详细规划

(1) 规划说明书

规划应包括：

1) 预测规划范围的固体废物产生量。

2) 提出环境卫生控制要求。

3) 确定垃圾收运方式。

4) 拟定废物箱、垃圾收集点、垃圾转运站、公共厕所等设施布局，确定其位置、服务半径、用地、防护隔离措施等。

规划说明书应包括：

1) 规划的依据、指导思想与规划原则。

2) 环境卫生现状分析。

3) 规划范围的生活垃圾量、工业固体废物量及其预测方法与采用技术指标。

4) 环境卫生控制要求与垃圾收运方式。

5) 废物箱、垃圾收集点、垃圾转运站、公共厕所等环境设施布局、位置、服务半径、用地及防护隔离措施等。

(2) 规划图纸

小城镇环境卫生工程详细规划图中应表示规划范围垃圾转运站等环境卫生工程设施和公共厕所、生活垃圾收集点、废物箱等环境卫生公共设施的布局位置。

图纸比例：控制性详细规划为 1∶1000～1∶2000。

11.1.4　规划步骤与方法

通常，小城镇环境卫生工程规划工作按下列程序进行：

（1）总体规划阶段

1）收集小城镇环境卫生工程资料

小城镇环境卫生设施资料：小城镇环境卫生设施分布，包括小城镇现有垃圾处理场、堆埋场、收集点等设施的分布、数量、处理能力等；小城镇公共厕所、废物箱等设施的分布、数量、现状设置标准；小城镇环卫车停放场、洗车场等设施的分布、数量等；小城镇环卫机构的分布、数量等。

小城镇废弃物等资料：小城镇现状生活垃圾、建筑垃圾、工业固体废物、危险固体废物的产生量、产生源；小城镇现状垃圾的收集、运输、处理方式等资料。

2）小城镇固体废弃物产量预测

分析固体废弃物产生的现状与发展趋势，根据小城镇的规模与发展目标，预测小城镇近、远期各类废物量。

3）确定小城镇环境卫生设施规划目标

在小城镇环境卫生设施现状分析的基础上，根据对小城镇环境卫生的要求及近、远期各类废物量的预测，确定小城镇环境卫生设施规划目标。

4）规划布局小城镇环境卫生设施

根据小城镇总体规划、环境卫生设施规划目标与标准，结合环境卫生设施现状分布和用地规划布局，布置各类环境卫生设施，确定服务范围、设置规模、设置标准、运作方式、用地指标等，进行小城镇垃圾处理场、转运站等各类环境卫生设施的规划布局。

477

（2）详细规划阶段

根据小城镇详细规划布局和环境卫生设施标准，测算小城镇固体废弃物产量。结合规划范围空间布局，布置垃圾收运、公共厕所等环境卫生设施，并与详细规划空间布局彼此协调。

小城镇环境卫生设施工程规划工作程序框图见图 11.1.4。

图 11.1.4 小城镇环境卫生设施工程规划工作程序框图

11.2　固体废物量预测

11.2.1　固体废物分类

固体废物是指人类在生产建设、日常生活和其他活动中产生的污染环境的固态半固态废弃物质。固体废物的分类方法很多，通常按来源可分为工业固体废物、农业固体废物、城镇生活垃圾。工业固体废物源于矿业、冶金、石化、电力、建材等，根据其毒性与有害程度又可分为危险废物与一般废物。在小城镇环境卫生工程系统规划中，应主要考虑小城镇的生活垃圾的收集、清运、运输、处理、处置和利用，同时也应对小城镇的工业固体废物收运和处理以及危险固体废物的处理提出规划要求，以减少对城镇环境的影响。小城镇环境卫生工程系统规划所涉及的小城镇固体废物主要有以下几类：

（1）生活垃圾

生活垃圾是指小城镇日常生活中或者为小城镇日常生活提供服务的活动中产生的固体废物以及相关法规规定视为生活垃圾的固体废物。小城镇生活垃圾是小城镇固体废物的主要组成部分，其产量与成分随当地燃料结构、居民生活水平、消费习惯和消费结构、经济发展水平、季节和地域等不同而变化。生活垃圾中除了易腐烂的有机物与炉灰、灰土外，其他废品基本可以回收利用。小城镇生活垃圾处理是环境卫生工程系统规划的主要内容。

（2）普通工业垃圾

普通工业垃圾为允许与生活垃圾混合收运处理的服装棉纺类、皮革类、塑料橡胶类等工业废弃物。

小城镇垃圾包括小城镇生活垃圾和普通工业垃圾两大部分。小城镇垃圾是环境卫生工程系统规划的主要对象。

（3）建筑垃圾

指城镇建设工地上拆建和新建过程中产生的固体废物，随着小城镇建设步伐加快，建筑垃圾产量也有较大增长。建筑垃圾也属工业固体废物。

（4）一般工业固体废物

指在生产过程中和加工过程中产生的废渣、粉尘、碎屑、污泥等。其对环境产生的毒害比较小，基本上可以综合利用。

（5）危险固体废物

指列入国家危险物名录或者根据国家规定的危险物鉴别标准和方法认定的具有危险性的废物。主要来源于冶炼、化工、制药等行业，以及医院、科研机构等。由于危险固体废物对环境危害性很大，规划中在明确生产者作为治理污染的责任主体外，应有专门的机构集中控制。

11.2.2　生活垃圾量预测

小城镇生活垃圾量预测主要采用人均指标法和增长率法，规划时可以采用两种方法，结合历史资料进行校核。

（1）人均指标法

按有关资料统计，我国小城镇目前人均生活垃圾产量为 0.6～1.2kg/（人·d）左右。这个值的变化幅度大，主要受小城镇具体条件影响。由于小城镇燃料结构、居民生活水平、消费习惯和消费结构、经济发展水平与小城镇差异较大，小城镇人均生活垃圾产量比大中城镇要高，根据我国小城镇人均生活垃圾产量及其增长规律的调查资料统计结果，比较于世界发达国家小城镇生活垃圾的产量情况，我国小城镇人均生活垃圾规划预测人均指标以 0.9～1.4kg/（人·d）为宜，具体取值结合当地燃料结构、居民生活水平、消费习惯和消费结构及其变化、经济发展水平、季节和地域情况，分析比较选定。由人均指标乘以规划人口数则可以得到小城镇生活垃圾总量。

（2）增长率法

由递增系数，基准年数据测算规划年的小城镇生活垃圾总量。即：

$$W_t = W_0(1+i)^t \tag{11-1}$$

式中　W_t——规划年小城镇生活垃圾产量；

W_0——现状基年小城镇生活垃圾产量；

i——小城镇生活垃圾年增长率；

t——预测年限。

采用增长率法预测小城镇生活垃圾量，要求根据历史资料和小城镇发展的相关可能性，合理确定生活垃圾增长率。小城镇生活垃圾增长率随小城镇人口增长、规模扩大、经济发展水平、居民生活水平提高、当地燃料结构改善、消费习惯和消费结构及其变化而变，但忽略突变因素。分析国外发达国家城镇生活垃圾变化规律，其增长规律类似一般消费品近似S曲线，增长到一定阶段增长慢直至饱和，1980～1990 年欧美国家城市生活垃圾产量增长率已基本在 3% 以下。我国城市垃圾还处在直线增长阶段，自 1979 年以来平均为 9%。

根据小城镇的相关调查分析和推算，小城镇近期生活垃圾产量的年均增长率一般为 8%～10.5%。规划时小城镇生活垃圾增长率还应结合季节和地域情况，分析比较选定。生活垃圾预测应按不同时间阶段确定不同的增长率。

11.2.3　工业固体废物量预测

（1）单位产品法

即根据各行业的统计资料，得出每单位原料或产品的产废量。规划时，若明确了工业性质和计划产量，则可预测出产生的工业固体废物量。

（2）万元产值法

根据规划的工业产值乘以每万元的工业固体废物产生系数，则可得出工业固体废物产量。参照我国部分相关走势的规划指标，可选用 0.04～0.1t/万元的指标。当然最好先根据历年资料进行推算。

（3）增长率法

由式（11-1）计算。根据历史资料和小城镇产业发展规律，确定了增长率后计算。从1981 年至 1995 年的资料看，全国工业固体废物的产量逐年增长，但趋于平缓，年增长率为 2%～5%。

11.3　垃圾收运、处理与综合利用

随着我国城镇化进程的加快和小城镇人口的增加，小城镇固体废物的产量迅速增加，特别是小城镇生活垃圾已经成为中国小城镇环境的主要污染源之一。如何依靠科技进步，使小城镇固体废物收集、运输及处理处置系统科学化、系统化、规范化，实现小城镇固体废物处置"减量化、资源化、无害化"的目标，这是小城镇发展的一项重要的战略任务。

减量化：减少固态废弃物的产生量与排放量，通过从源头上控制固态废弃物的产生量与排放量，最大限度地合理开发利用资源。

无害化：不仅减少固态废弃物的数量和体积，还减少固态废弃物的种类，减低危险固态废弃物的危险性。

资源化：采取管理与工艺措施从固态废弃物中回收物质与能源，加速物质与能源的循环，创造有经济价值的广泛应用技术方法。主要有：物质回收、物质转换、能源转换。

11.3.1　生活垃圾的收集与运输

生活垃圾的收集与运输是指生活垃圾产生以后，由容器将其收集起来，集中到收集站后，用清运车辆运转至转运站或处理场。生活垃圾的收运系统是小城镇垃圾收集处理系统中的重要环节，对垃圾的处理方式有较大的影响。其费用通常占整个处理系统费用的 60%～80%。生活垃圾的收运方式通常受城镇地理、气候、经济、建筑分布、居民的文明程度与生活习惯影响。

小城镇应结合其具体情况，设置标准垃圾收集设施，逐步实现收集、清运的容器化、密闭化、机械化，减少暴露垃圾，以提高环境卫生质量。

（1）生活垃圾的收集

生活垃圾的收集是指将生产的垃圾用一定设施与方法将其集中起来，以便于以后垃圾的运输与处理。各地的具体情况不同，则垃圾的收集方式也有很多种，并且随着社会和技术进步，不断变化。现行的小城镇垃圾收集方式主要分为混合收集与分类收集两种类型，其中混合收集应用广泛，历史悠久。

混合收集是指将生产的各种垃圾混合在一起收集，这种方法简单、方便，对设施和运输的条件要求低，是我国小城镇常用的垃圾收集方法。生活垃圾的混合收集导致生活垃圾的高有机物含量、高水分、低热值、垃圾成分复杂等特点，致使出现垃圾的焚烧处理热值低、堆肥处理产品质量差、填埋处理污染大等问题，不便于垃圾后期处理与回收，提高了处理费用。

分类收集是指按垃圾的处理利用方式或不同产生源区域对垃圾进行分类收集。许多国家和我国部分城镇垃圾处理发展的历程表明：通过垃圾的分类收集，不仅回收了大量的资源，使垃圾资源得到充分的利用，而且大大地减少了垃圾的运输费用，简化了垃圾处理工艺，降低了垃圾的处理成本。该法克服了混合收集的弊端，取得了良好效果。

现阶段，各国采用的废物分类收集方法主要包括可直接回收的有用物质和其他废物分类存放（产生源分类收集方法），分类回收的废金属、废纸、废玻璃、废塑料等直接出售给有关厂家作为二次利用的原料；电池、灯管等有害垃圾进行焚烧单独处理；然后把其他有机垃圾（厨房垃圾）和无机垃圾（炉灰、灰土）分类收集，使其经过不同的工艺处理后得到综合利用。

生活垃圾分类收集应与垃圾的整个运输、处理处置和回收利用系统相统一。若在清运时无法分类清运，或没建立回收利用系统，则分类收集也就失去意义。所以规划时，应结合小城镇相关条件和实际情况，从小城镇垃圾管理的整个系统考虑选择收集方式。小城镇垃圾收集方式可按表 11.3.1 结合小城镇实际选择。

小城镇垃圾收集方式选择 表 11.3.1

		经济发达地区						经济发展一般地区						经济欠发达地区					
		小城镇规模分级																	
		一		二		三		一		二		三		一		二		三	
		近期	远期	近期	远期	近期	远期	近期	远期	近期	远期	近期	远期	近期	远期	近期	远期	近期	远期
垃圾收集方式	混合收集					●		●		●		●		●		●		●	
	分类收集	△	●	△	●		●		●		△	△	●	△		△		△	

注：△—宜设；●—应设。

垃圾收集过程通常有以下几种方式：

1）垃圾箱（桶）收集　这是最常用的方式。垃圾箱（桶）置于居住小区楼幢旁、街道、广场等范围内。一般是封闭的，并有一定规格，便于清运车机械作业。采用不同标志的垃圾箱可实现垃圾的分类收集。

2）垃圾管道收集　在多层或高层建筑物内设置垂直的管道，底层垃圾间里设垃圾容器。这种方式便于居民倾倒垃圾，但常因设计和管理上的问题，产生管道堵塞、臭气、蚊蝇滋生的现象。

3）袋装化上门收集　居民将袋装垃圾放置在固定地点，由环卫人员定时将垃圾取走，送至垃圾站或垃圾压缩站，将垃圾压缩后，集装运走。这种方式目前在我国小城镇大为推广，具有明显效益。它减少了散装垃圾的污染与散失，基本消除了居住小区、街道上的垃圾箱以及垃圾间，大大节省占地面积，并利于后续的清运，改善城镇卫生环境。

4）厨房垃圾自行处理　厨房垃圾通常占居民日常生活垃圾的 50% 左右，主要成分为有机物。在一些国家和我国个别小城镇采用厨房粉碎机，将厨房有机垃圾粉碎成较小颗粒，排入排水管道，送至污水处理厂。在能保证不堵塞管道和排水系统完善的小城镇采用此法，有利于垃圾的分类回收，并减少了垃圾总量。

5）垃圾气动系统收集　利用压缩空气或真空作动力，通过敷设在住宅区或城镇道路下的输送管道，把垃圾传送至集中点。这种方式主要用在高层公寓楼房和现代住宅密集区，具有自动化程度高、方便卫生的优点，大大节省了劳动力与运输费用，但一次性投资高。日前仅在欧美和日本使用。垃圾输送管道通常设在小城镇道路下面，管径500mm 左右，可设置不同的投入口，或按不同日期分类投放传送，如可燃垃圾或不可燃垃圾等。

（2）生活垃圾的运输

生活垃圾的运输是指从生活垃圾的收集点（站）把垃圾装运到转运站、加工厂或处理（置）场的过程。

垃圾清运应实现机械化，例如专有车辆、船只等。所以规划时，应保证清运机械通达垃圾收集点。清运车辆有小型（0.5t 左右）、中型（2～3t）、大型（4t）、超大型（8t）等。各城镇应根据具体情况选用清运车辆。我国城镇垃圾管理要求日收日清，即每日收集一次。清运车辆的配置数量根据垃圾产量、车辆载重、收运次数、车辆的完好率等确定。根据经验，一般大、中型（2t 以上）环卫车辆可按每 5000 人估算。

随着小城镇环境保护要求的提高，垃圾处理厂为解决垃圾运输车辆不足、道路交通拥挤、储运费用高等问题，在垃圾清运过程中设置转运站。转运站按功能可分为单一性和综合性转运站。单一性转运站只起到更换车型转运垃圾的作用，综合性转运站，可具备压缩打包、分选分类、破碎等一种或几种功能。通常生活垃圾经压实后，体积可减少60%～70%，从而大大提高了运输量。转运站的设置与位置的选定，应进行技术经济比较。从经济上讲，要保证中转运费小于直接运费，还要考虑交通条件、车辆设备配置等因素。

规划时，除了按要求布置收集点外，应考虑便于清运，使清运路线合理，发挥人力、物力作用。路线设计问题是一个优化问题，根据道路交通情况、垃圾产量、垃圾收集点分布、车辆情况、停车场位置等，考虑如何便于收集车辆在收集区域内行程距离最小，根据道路情况要做到以下几点：

1）收集路线的出发点尽可能接近车辆停放场。垃圾产量大和交通拥挤地区的收集点要在开始工作前清运，而离处置场或中转站近的收集点应最后收集。

2）路线的开始与结束应邻近小城镇主要道路，便于出入，并尽可能地拥有地形和自然疆界作为线路疆界。

3）在陡峭地区，应空车上坡、下坡收集，以利于节省燃料，减少车辆损耗。

4）路线应使每日清运的垃圾量、运输路程、花费时间尽可能相同。

11.3.2　固体废弃物处理和处置

（1）固体废弃物对环境的危害

固体废弃物集中了许多污染物成分，含有有害微生物、无机污染物、有机污染物以及其他放射性物质，产生色、臭物质等。其中有害成分会转入大气、水体、土壤，参与生态系统的物质循环，造成潜在的、长期的危害性。

固体废弃物对环境的危害主要表现在以下几方面：

1）侵占土地

随着城镇的发展与生活水平的提高，小城镇生活垃圾问题日益突出。据有关资料统计：20 世纪 90 年代以来，中国小城镇生活垃圾每年以 8%～10% 的速度递增。全国小城镇垃圾存量，现已达 60 亿 t，致使占全国小城镇总容量 2/3 的小城镇周围形成大量的垃圾山。目前全国小城镇垃圾所压占的土地面积高达 5 亿 m²。而中国的人均耕地面积不足 2 亩，远远低于世界人均耕地面积 4.75 亩的水平。

2）污染环境

垃圾污染环境是多维、立体的。即大气、水体和土壤都不同程度地遭受到垃圾的污染，形成一个"灾害链"。

① 固体废物在收运堆放过程中，颗粒物随风扩散；固体废物中的有机物变质散发出大量的有毒、有害的气体（如二氧化硫、氨气、二氧化碳），且臭气熏天，对城镇空气质量影响较大，直接影响城镇人民生活质量。

② 垃圾中重金属（汞、镉）及其他有毒、有害物质，随水注入地表水体（河流、湖泊）或渗入土壤地下水中，污染了水体和土壤，而这些有毒、有害物质通过食物链在人体内逐渐蓄积，将危害人的神经系统、造血系统，甚至引发癌症。此外，对草木和作物的生长都构成危害。

③ 固体废弃物的堆放，有损市容，影响小城镇景观，又容易传染疾病。

④ 由于小城镇垃圾中有机物含量较高，集中堆放容易形成厌氧环境，致使垃圾产生的沼气不断向外释放，一旦遇明火，就可能引起爆炸。

（2）固体废弃物处理和处置技术概述

固体废弃物的处理通常是指通过物理、化学、生物、物化及生化方法把固体废物转化为适于运输、贮存、利用或处置的过程，这是一个固体废物减量化、无害化、稳定化和安全化，加速废物在环境中的再循环，减轻或消除对环境污染的方法。固体废弃物处置是解决固体废弃物的最终归宿，使之在环境容量允许的条件下，置于一定的自然环境中。固体废弃物资源化是指从固体废弃物中回收有用的物质和能源，以减少资源消耗，保护环境，这是利于小城镇可持续发展的。

1）固体废弃物的处理

固体废弃物处理的总原则应首先考虑减量化、资源化，减少资源消耗和加速资源循环，后考虑加速物质循环，而对最终要残留的物质，进行最终无害化处理。防治固体废物污染，首先是要控制其产生量。例如，逐步改革小城镇燃料结构（包括民用与工业用），控制工厂原材料的消耗定额，提高产品的使用寿命，提高废品的回收率等。其次是开展综合利用，把固体废物作为资源和能源对待。实在不能利用的则经压缩和无毒处理后成为终态固体废弃物，然后再填埋或投海。目前主要采用的方法包括压实、破碎、分选、固化、焚烧、生物处理等。

① 压实技术

压实是一种通过对废物实行减容化，降低运输成本、延长填埋场寿命的预处理技术。压实是一种普遍采用的固体废弃物预处理方法。如汽车、易拉罐、塑料瓶等通常首先采用压实处理。适于压实减少体积处理的固体废弃物还有垃圾、松散废物、纸带、纸箱及某些纤维制品等。对于那些可能使压实设备损坏的废弃物不宜采用压实处理。

② 破碎技术

为了使进入焚烧炉、填埋场、堆肥系统等废弃物的外形尺寸减小，必须预先对固体废弃物进行破碎处理。固体废弃物的破碎方法很多，主要有冲击破碎、剪切破碎、挤压破碎、摩擦破碎等，此外还有专用的低温破碎和湿式破碎等。

③ 分选技术

固体废物分选是实现固体废物资源化、减量化的重要手段，通过分选将有用的充分选出来加以利用，将有害的充分分离出来；另一种是将不同粒度级别的废弃物加以分离。分选基本原理是利用物料的某些性质方面的差异，将其分选开。分选包括手工拣选、筛选、重力分选、磁力分选、涡电流分选、光学分选等。

④ 固化处理技术

固化技术是通过向废弃物中添加固化基材，使有害固体废弃物固定或包容在惰性固化基材中的一种无害化处理过程。经过处理的固化产物应具有良好的抗渗透性，良好的机械特性，以及抗浸出性、抗干湿、抗冻融特性。这样的固化产物可直接在安全土地填埋场处置，也可用做建筑的基础材料或道路的路基材料。固化处理根据固化基材的不同可以分为水泥固化、沥青固化、玻璃固化、自胶质固化等。

⑤ 焚烧技术

通过加温燃烧，使可燃固体废弃物氧化分解，转换成惰性残渣，焚烧可以灭菌消毒。焚烧可以达到减容化、无危害化和资源化的目的。焚烧可以处理小城镇垃圾、工业固体废物、污泥、危险固体废物等。焚烧处理的优点是：能迅速而大幅度地减少 $85\% \sim 95\%$ 的体积，质量减少 $70\% \sim 80\%$；可以有效地消除有害病菌和有害物质；生产的能量可以提供热与发电；另外焚烧法占地面积小、地址灵活。焚烧法的不足之处是投资和运行管理费用高，管理操作要求高；产生的废气处理不当，容易造成二次污染；对固体废物有一定的热值要求。随着小城镇实力的增强，焚烧将成为固体废物的一种主要的处理方式。

⑥ 热解技术

热解是将有机物在无氧或缺氧条件下高温（$500 \sim 1000$℃）加热，固体废物的有机物受热分解，转化为液体燃料或气体燃料，残留少量惰性固体。热解减容量达 $60\% \sim 80\%$，污染小，并能充分回收资源，适用于小城镇生活垃圾、污泥、工业废物、人畜粪便等。但其处理量小，投资运行费用高，工程应用尚处在起步阶段。热解是一种有前途的固体废物处理方式。

⑦ 生物处理技术

生物处理技术是利用微生物对有机固体废物的分解作用使其无害化。可以使有机固体废物转化为能源、食品、饲料和肥料，还可以用来从废品和废渣中提取金属，是固体废物资源化的有效的技术方法。目前应用比较广泛的有：堆肥化、沼气化、废纤维素糖化、废纤维饲料化、生物浸出等。

高温堆肥是指在有控制的条件下，利用生物将固体废弃物中的有机物质分解，使之转化成为稳定的腐殖质的有机肥料，这一过程可以灭活垃圾中的病菌和寄生虫卵。堆肥化是一种无害化和资源化的过程。固体废弃物经过堆肥化，体积可缩减至原有体积的 $50\% \sim 70\%$。堆肥化的优点是投资较低，无害化程度较高，产品可以用作肥料。不足之处是占地较大，卫生条件差。

2）固体废物最终处置

无论用什么办法处理固体废物，总有残留的物质无法利用或处理，它们被称为终态固体废弃物。终态固体废弃物的处置，是控制固体废弃物污染的末端环节，是解决固体废弃物的归宿问题。处置的目的和技术要求是：使固体废弃物在环境中最大限度地与生物圈隔离，避免或减少其中的污染组成对环境的污染与危害。一般可分为海洋处置和陆地处置两大类。

① 海洋处置

海洋处置主要分为海洋倾倒与远洋焚烧两种方法。海洋倾倒是将固体废弃物直接投入海洋的一种处置方法。海洋是一个庞大的废弃物接受体，对污染物质有极大的稀释能力。进行海洋倾倒时，首先要根据有关法律规定，选择处置场地，然后再根据处置区的海洋学特性、海洋保护水质标准、处置废弃物的种类及倾倒方式进行技术可行性研究和经济分析，最后按照设计的倾倒方案进行投弃。

海洋焚烧，是利用焚烧船将固体废弃物进行船上焚烧的处置方法。废物焚烧后产生的废气通过净化装置与冷凝器，冷凝液排入海中，气体排入大气，残渣倾入海洋。这种技术适于处置易燃性废物，如含氯的有机废弃物。

② 陆地处置

陆地处置的方法有多种，包括自然堆存、土地填埋、土地耕作、深井灌注等。

a. 自然堆存　指把垃圾倾卸在地面上或水体中，如弃置荒野地、洼地或海洋中，自然腐烂或发酵。这种方式是小城镇发展初期通常用的方式，对环境污染极大，现已被许多国家禁止。对于不溶或极难溶，不飞散，不腐烂变质，不产生毒害，不散发臭气的粒状和块状废物，如废石、炉渣、尾矿、部分建筑垃圾等，还是可以使用的。

b. 土地填埋　将固体废弃物填入确定的谷地、平地或废沙坑等，然后用机械压实后覆土，使其发生物理、化学、生物等变化，分解有机物质，达到减容化和无害化的目的。它也是固体废物最终处置方法，主要分两类，即卫生土地填埋，用于生活垃圾；安全土填埋，适于工业固体废弃物，特别是有害废物，它比卫生土地填埋建造要求更严格。

土地填埋适于各种废物，如生活垃圾、粉尘、废渣、污泥、一般固化块等。土地填埋的优点是技术比较成熟、操作管理简单，处置量大，投资和运行费用低，还可以结合小城镇地形、地貌开发利用填埋物。其缺点是垃圾减容效果差，占用大量土地；因产生渗沥水造成水体和环境污染，产生的沼气易爆炸或燃烧，所以选址受到地理和水文地质条件的限制。也是我国小城镇处理固体废弃物的主要途径和首选方法。

3）一般工业固体废物的处理利用

工业固体废物种类繁多，应根据每一种类的特点考虑处理方法，尽可能地综合利用，化废为宝。

4）危险废物的处理处置

危险废物处理宜通过改变其物理、化学性质，达到减少或消除危险废物对环境的影响。常用的方式有减少体积（如沉淀、干燥、分离）、有毒成分固化、化学处理、焚烧去毒、生物处理等。常用的处置方法有土地填埋、焚烧、投海或深井处置。

（3）小城镇生活垃圾处理方案的选择

20世纪60年代以来，由于垃圾问题的日益突出，各国均投入了大量的人力、物力、财力进行垃圾处理技术研究，并取得了一定的成功经验。目前被广泛应用的处理方法有卫生填埋、焚烧和高温堆肥等。

在小城镇生活垃圾处理方案的选择中，主要考虑5个方面因素：小城镇概况、技术、经济与财务、环境、法律与政策。在每次方案的选择前都应对这 5 个因素进行全面、详细的调查、分析与评价，并在此基础上选择出最适合本地区的生活垃圾处理方案。

1）小城镇概况评价

小城镇概况评价，包括：小城镇相关基础数据调查和小城镇垃圾状况调查两方面。

① 城镇基础数据调查

城镇基础数据调查包括自然环境条件（地形、气候、地质和水位等）、镇区的分布情况、人口的分布与密度、人口的预测与小城镇发展预测，现状和存在的问题等。

② 小城镇垃圾状况调查

通过小城镇垃圾状况分析，可以初步确定小城镇垃圾处理方式，以及处理场的处理规模。小城镇垃圾状况调查分析包括：垃圾产量和人均垃圾产量；垃圾成分调查，包括有机物、尘土、纸、塑料、橡胶、金属、玻璃及其他等物理成分，容重、含水率、热值及灼烧失重等垃圾的物理性质。在较准确地估算出现有垃圾产量的基础上，考虑人口的增长量、经济增长与消费类型的变化与资源回收和垃圾减量法规、政策的发展等，对未来垃圾产量做出预测。

2）技术评价

小城镇生活垃圾的处理是固体废物处理的重点，小城镇生活垃圾的处置最终要达到减量化、资源化和无害化的原则。我国目前垃圾处理方式中卫生填埋占 70%、高温堆肥 20%、焚烧及其他处理方法 10%。表 11.3.2 列有卫生填埋、焚烧和高温堆肥 3 种处理方法的比较。

三种垃圾处理方法比较　　　　　　　　　　　　　　　　　　表 11.3.2

	卫生填埋	焚　烧	高温堆肥
技术可靠性	可靠	可靠	可靠、国内有一定经验
操作安全性	较大，注意防火	好	好
选址	要考虑地理条件，防止水体污染，一般远离小城镇，运输距离大于 20km	可靠近城镇，运输距离小于 10km	避开住宅密集区，气味影响半径小于 200m，运输距离 2～10km
占地	大	小	中等
适用条件	适用范围广，对垃圾成分无严格要求，但无机含量大于 60%；征地容易，地区水位条件好，气候干旱、少雨的条件更为适用	要求垃圾热值大于 4000kt/kg；土地资源紧张，经济条件好	垃圾中可降解有机物含量大于 40%；堆肥产品有较大市场
最终处置	无	残渣需作处置占初始量的 10%～20%	非堆肥物需作处置占初始量的 25%～35%
能源化意义	部分有	部分有	有
资源利用	恢复土地利用或再生土地资源	垃圾分选可回收部分物质	作农肥和回收部分物质
地面水污染	有可能，但可采取措施防止污染		无
地下水污染	有可能，需采取防渗保护，但仍有可能渗漏	无	可能性较小

	卫生填埋	焚 烧	高温堆肥
大气污染	可用导气、覆盖等措施控制	烟气处理不当时有一定污染	有轻微气味
土壤污染	限于填埋区域	无	需控制堆肥有害物含量
管理水平	一般	较高	较高
投资运行费用	最低	最高	较高

小城镇生活垃圾收集无害化处理的工艺路线选择，应从本地区的经济状况，自然地理情况，以及生活垃圾的组成、热值和有机物含量等方面综合考虑。其中比较典型的垃圾处理工艺路线有4条：

① 转运＋卫生填埋；

② 转运＋焚烧＋卫生填埋；

③ 转运＋堆肥＋卫生填埋；

④ 转运＋焚烧＋堆肥＋卫生填埋。

3）经济与财务评价

垃圾的处理，通常不是从产品销售中获取收入，而是从公共资金和通过公共收费制度筹措资金。所以用传统的商业项目投资标准来进行经济与财务评价是不够的，应以全面的态度对待，不仅要看到它的工程经济效益，也要看到它的环境经济效益。

通常对于环境卫生领域的低收益项目，世界银行和其他金融机构，建议采用平均增量成本（动态单位成本）的方法进行评估。通过合理假设和一些限定条件，把成本与同一时间内项目的处理量联系起来，再通过对每个被选方案及延续现状的平均增量成本进行比较，确定最小成本的方案。

在取得不同方案的平均增量成本后，就可以与其技术性能和环境影响一起做综合评价，从而确定实施方案。

4）环境评价

环境评价可对建设项目的经济效益与环境效益进行评估、协调、找出最佳方案。其内容包括垃圾收运处理处置整个系统对环境的影响、所需投入、生态稳定性和当地公众认可程度等方面的比较。

5）法律与政策评价

我国于1995年颁布的《固体废物污染环境防治法》，是指导包括城镇垃圾在内的固体废物处理和处置的根本性法律。根据该法及国家其他相关法律、法规，住建部、国家环保部和科技部于2000年联合发布了《城市生活垃圾处理及污染防治技术政策》。除此以外，我国陆续制定了一批有关小城镇垃圾处理的环境标准。

在确定小城镇垃圾处理设施方案时，必须充分考虑以上法律、法规、政策和标准中的有关规定，这样才能使选择的方案符合实际要求。

通常一个小城镇垃圾处理方式也不是单一的，而是一个综合系统。因此选择小城镇生活垃圾的处理工艺要考虑多种因素，并利用科学的方法进行综合的评估，从而确定出最适宜本地区的小城镇垃圾处理方案，为日后的垃圾管理与资本运行管理，提供崭新的观念和依据。

11.3.3　垃圾污染控制与环境卫生评估指标

小城镇环境卫生污染控制目标的实现主要是通过小城镇环境卫生污染源头固体垃圾的有效收集和无害化处理来实现。并采用其有效率和无害化处理率作为评估指标。小城镇环境卫生垃圾污染控制目标可按表 11.3.3 指标，结合小城镇实际情况适宜制定。

小城镇生活垃圾治理将以净菜进城、材料回收和分类收集为基本手段，逐步实施总量控制。规划期内，应初步完成小城镇生活垃圾治理从末端处理到全面控制的转变过程。

普通工业垃圾治理的可持续发展应根据全面控制理论，以清洁生产、循环再生和污染控制为原则，减少生产过程中的废弃物产生量。但是，由于市场竞争激烈，受到生产成本的限制，全面推广清洁生产存在一定困难。从发达国家的经验来看，完全控制工业垃圾的产生需要一个相当长的过渡时期。在规划期内，仍应允许普通工业垃圾的产生，普通工业垃圾的产生量将随工业产值的增加而有所增加，但应对其增长幅度进行控制。

白色污染的治理应以全面控制为基本原则。将逐步用可降解塑料和其他清洁材料替代目前的一次性泡沫塑料餐饮具、塑料袋和其他塑料包装物。但由于替代材料成本较高，同时需要全国性的统一行动，因此，规划期内仍将以末端治理为主，提高废塑料的回收利用率。

小城镇环境卫生垃圾污染控制与环境卫生评估指标　　　　表 11.3.3

项目	经济发达地区						经济发展一般地区						经济欠发达地区					
	小城镇规模分级																	
	一		二		三		一		二		三		一		二		三	
	近期	远期	近期	远期	近期	远期	近期	远期	近期	远期	近期	远期	近期	远期	近期	远期	近期	远期
固体垃圾有效收集率（%）	65~70	≥98	60~75	≥95	55~60	95	60	95	55~60	90	45~55	85	45~50	90	40~45	85	30~40	80
垃圾无害化处理率（%）	≥40	≥90	35~40	85~90	75~85		≥35	≥85	30~35	80~85	20~30	70~80	30	≥75	25~30	70~75	15~25	60~70
资源回收利用率（%）	30	50	25~30	50	35~45		25	45~50	20~25	40~45	15~20	30~40	20	40~45	15~25	35	10~15	25~35

注：① 资源回收利用包括工矿业固体废物回收利用、结合污水处理改善能源结构、垃圾粪便产生沼气回收中的有用物质等。

② 小城镇生活垃圾分类收集率是指进行垃圾分类收集的小城镇垃圾量与全城镇垃圾产生总量的百分比。

11.4　小城镇环境卫生设施规划

环境卫生设施是指具有从总体上改善环境卫生、限制或消除生活废弃物危害功能的设备、容器、构筑物和建筑物以及场地等的统称。进行环境卫生设施的布局，确定用地范围、划分收集区域是小城镇环境卫生设施规划的重要内容。

11.4.1　小城镇环境卫生公共设施规划

小城镇环境卫生公共设施是设在公共场所、为公众提供服务的设施。环境卫生公共设施包括公共厕所、生活垃圾收集点、废物箱、粪便污水前端处理设施等。小城镇环境卫生公共设施规划应符合统筹兼顾、合理布局、美化环境、方便使用、整洁卫生，有利于排运的原则。

（1）公共厕所规划

公共厕所是社会公众使用、一般设置在道路旁或公共场所的厕所，是小城镇公共建筑的一部分，是小城镇中最重要的环境卫生设施。公共厕所设置数量、布局方式及建造标准，直接反映了小城镇的现代化程度与环境卫生面貌。

小城镇环境卫生设施规划中应对公共厕所的布局、建设、管理提出要求，统筹兼顾，合理规划。由于公共厕所的建设投资费用较高，占地面积也非常可观，所以如何既能满足城镇居民和流动人口的需要，又能节省用地是规划时应考虑的主要问题。另外，许多小城镇公共厕所少，且大多是旱厕，卫生面貌差，规划中应注意旱厕的改造，根据小城镇经济状况，逐步将旱厕改为水厕。

1）公共厕所设置位置

通常，小城镇在下列范围内应设置公共厕所：

① 广场和主要交通干道两侧；

② 车站、码头等重要公共建筑附近；

③ 风景名胜古迹游览区、公园、商业区、大型停车场及其他公共场所；

④ 新建住宅区和老居民区。

2）公共厕所设置数量

小城镇公共厕所设置数量，可参考下列要求：

① 镇区主要繁华街道公共厕所之间距离宜为400～500m；

② 一般街道宜为800～1000m；

③ 新建的居民小区宜为450～550m；并宜建在商业网点附近。

3）公共厕所建筑面积规划指标

① 新建的居民小区内公共厕所：千人建筑面积指标为6～10m²；

② 车站、码头、体育场（馆）等公共场所的公共厕所：千人（按一昼夜最高聚人数计）建筑面积指标为15～25m²；

③ 居民稠密区（主要指旧城未改造区）公共厕所：千人建筑面积指标为20～30m²；

④ 街道公共厕所：千人（按一昼夜流动人数计）建筑面积指标为8～15m²；

⑤ 城镇公共厕所建筑面积指标为30～50m²。

公共厕所的用地范围是距厕所外墙皮3m以内空地为其用地范围。如受到限制，则可靠近其他房屋修建。有条件的地区应发展附建式公共厕所，并结合主体建筑一并设计和建造。

4）公共厕所的建筑标准

小城镇公共厕所的建筑标准可参考城市公共厕所的建筑标准，即商业区、重要公共设施、重要交通客运设施、公共绿地及其他环境要求高的区域的公共厕所不低于一类标准；

主、次干路及行人交通量较大的道路沿线的公共厕所不低于二类标准；其他街道及区域的公共厕所不低于三类标准。

公共厕所的粪便严禁排入雨水管道、河流或水沟内。有污水管道的地方，应排入污水管道，没有污水管道的地区，应配建化粪池、贮粪池等粪便污水前端处理设施。

（2）生活垃圾收集点规划

生活垃圾收集点的规划应以方便居民生活，便于收集运输作业，具有可操作性和可实施性为基本原则，又要利于垃圾的分类收集和机械化运输。

1）生活垃圾收集点设置位置

供居民使用的生活垃圾收集点的位置要固定，一般设在居住区内或其他用地内，方便居民，并满足必要的交通运输条件。当设置在支路边时应不影响城镇景观环境的要求。

2）生活垃圾收集点设置数量

供居民投放垃圾的垃圾收集点服务半径一般不应超过 70m。服务半径超过 70m 时，应由清洁工人上门收集垃圾，居民小区多层住宅一般每 4 幢设一处垃圾收集点。

市场、交通客运枢纽及其他产生生活垃圾量较大的设施附近应单独设置生活垃圾收集点。

3）生活垃圾收集点类型

目前，小城镇生活垃圾收集点类型不一，在生活垃圾收集点有的直接放置垃圾容器，有的建造垃圾容器间。各城镇采取的生活垃圾收集点的具体形式应根据当地环境条件、经济发展水平和生活习性而定，逐步淘汰简易垃圾池、露天垃圾桶点、散装垃圾屋和其他不符合规划目标要求的垃圾收集方式。

医疗废物及其他危险物必须单独收集、单独运输、单独处理，不能混合于生活垃圾。

4）生活垃圾收集点的垃圾收集容器设置

垃圾收集容器泛指各种类型用于收集小城镇垃圾的容器，包括塑料垃圾袋、纸垃圾袋、塑料垃圾桶、金属垃圾桶、复合材料垃圾桶和用于收集垃圾的集装箱等。垃圾收集容器一般是封闭的，并有一定规格，便于清运车机械作业。采用不同标志的垃圾箱可实现垃圾的分类收集，如：厨房垃圾容器标志采用灰色，非厨房垃圾容器标志采用蓝色。可回收垃圾容器标志采用绿色，不可回收垃圾容器标志采用黄色，有毒有害垃圾容器标志采用红色。在住宅区进出口和公共场所设置有毒有害垃圾、玻璃回收容器和可回收垃圾容器。

生活垃圾收集点的垃圾容器的设置数量按服务范围内居民人数、垃圾人均产量、垃圾容重、垃圾容器大小与收集次数等计算。

① 生活垃圾收集点服务范围内的生活垃圾日产量

$$W = RCA_1 A_2 \tag{11-2}$$

式中　W——生活垃圾日产量（t/d）；

　　　R——服务范围内居住人口数（人）；

　　　C——实测生活垃圾单位产生量 [t/(人·d)]；

　　A_1——生活垃圾日产量不均匀系数，取 1.1～1.15；

　　A_2——居住人口变动系数，取 1.02～1.05。

② 生活垃圾收集点服务范围内的生活垃圾日排出体积

$$V_{ave} = W/(A_3 D_{ave}) \tag{11-3}$$

$$V_{max} = KV_{ave} \tag{11-4}$$

式中　V_{ave}——生活垃圾平均日排出体积（m^3/d）；

　　　A_3——生活垃圾容重变动系数，取 0.7～0.9；

　　　D_{ave}——生活垃圾平均密度（t/m^3）；

　　　K——生活垃圾高峰日排出体积的变动系数，取 1.5～1.8；

　　　V_{max}——生活垃圾高峰日排出最大体积（m^3/d）。

③ 生活垃圾收集点的垃圾容器设置数量

$$N_{ave} = A_4 V_{ave}/(EB) \tag{11-5}$$

$$N_{max} = A_4 V_{max}/(EB) \tag{11-6}$$

式中　N_{ave}——平时所需设置垃圾容器数量（个）；

　　　E——单个垃圾容器的容积（$m^3/$个）；

　　　B——垃圾容器填充系数，取 0.75～0.9；

　　　A_4——垃圾清除周期，d/次，当日清除 1 次时，取 1，当日清除 2 次时，取 0.5，每 2 日清除 1 次时，取 2，以此类推；

　　　N_{max}——生活垃圾高峰日所需设置垃圾容器数量（个）。

（3）废物箱规划

小城镇废物箱是设置在公共场合，供行人丢弃垃圾的容器，习惯上称为果皮箱。废物箱的设置应满足行人生活垃圾的分类收集要求，分类收集方式应与分类处理方式相适应。一般在小城镇街道两侧和各类交通客运设施、公共设施、广场、社会停车场等出入口附近、居民区和人流密集地区应设置美观密闭的废物箱。

车站、客运码头、广场、剧院、景区等公共场所应根据人流密度合理设置废物箱，镇区繁华街道设置距离宜为 35～50m，一般道路为 80～100m。在商业区和旅游景点宜选用大容量的不锈钢废物箱，在一般道路上可放置铝合金、玻璃钢和其他材料的废物箱。应对废物箱进行定时清扫、定期消毒，周围无溢漏垃圾、无蝇蛆。

11.4.2　小城镇环境卫生工程设施规划

环境卫生工程设施是指具有生活废弃物运转、处理及处置功能的较大规模的环境卫生设施。

环境卫生工程设施的选址应满足小城镇环境保护和城镇景观要求，并应减少其运行时产生的废气、废水、废渣等污染物对城镇的影响。生活垃圾处理、处置设施及二次转运站宜位于城镇规划建成区夏季最小频率风向的上风侧及城镇水系的下游，并符合城镇建设项目环境评价要求。

环境卫生工程设施运行中产生的污染物应进行处理并达到有关环境保护标准的要求。我国大多数小城镇环境卫生工程设施基础十分薄弱，整体现状水平相当落后。

（1）垃圾转运站规划

垃圾转运站是把用中、小型垃圾收集运输车分散收集到的垃圾集中起来，并借助于机械设备转载到有大型运输工具的中转设施。为减少垃圾运输费用，小城镇应考虑垃圾转运站，选址应靠近服务区域中心，要求交通便利、对居民和环境危害最少、不影响镇容的地方。

垃圾转运站的设置数量和规模取决于垃圾转运量、收集范围和收集车辆的类型等。垃圾转运量，应根据服务区域内垃圾高产月份平均日产量的实际数据确定，无实际数据时，按下式计算：

$$Q = \delta n q / 1000 \tag{11-7}$$

式中　Q——转运站的日转运量（t/d）；

$\quad\quad n$ ——服务区域内的实际人数；

$\quad\quad q$——服务区域内居民垃圾平均日产量 [kg/（人·d）]，按当地实际资料采用。无当地实际资料时，垃圾人均日产量可按 $0.9\sim1.4$ kg/（人·d）计，气化率低的地方取高值；气化率高的地方取低值；

$\quad\quad \delta$——垃圾产量变化系数。按当地实际资料采用。无当地实际资料时，δ 可取 $1.3\sim$ 1.4。

结合小城镇垃圾转运量等具体情况，小城镇垃圾转运站可参考下列规定进行规划：

1）每 $0.7\sim1.0$ km² 设置 1 座小型垃圾转运站，与周围建筑距离不小于 5m，用地面积不小于 100m²；供居民直接倾倒垃圾的小型垃圾收集、转运站，其服务半径不大于 200m，占地面积不小于 40m²。

2）用人力收集车收集垃圾的小型垃圾转运站，其服务半径宜为 $0.4\sim1.0$ km；用小型机动车收集垃圾的小型垃圾转运站，服务半径宜为 $2.0\sim4.0$ km。

垃圾转运站可采用容器式垃圾站和集装箱式垃圾站两种形式。垃圾收集除满足混合垃圾收集容器或混合垃圾集装箱的放置外，还必须留有垃圾分类收集容器或分类集装箱的放置空间，以便于逐步开展垃圾分类收集。

垃圾转运站的总平面布置结合当地情况，经济合理布置。作业区应布置在主导风向的下风向，站前布置应与小城镇道路、周围建筑物、周围环境相协调；站内排水系统应采用分流制。站内绿化面积为 $10\%\sim30\%$。对日转运量每天在 15t 以上的，应设置抽风除臭系统、给排水设施，以及供操作人员休息的更衣间和储存可回收物品的储藏室。

垃圾转运站应配备一定运输数量的运输车辆，配置数量可按下式计算：

$$M = \frac{Q}{nm}\eta \tag{11-8}$$

式中　M——转输车辆数量；

$\quad\quad Q$——日转运量；

$\quad\quad m$——运输车载质量；

$\quad\quad \eta$——备用车系数，取 1.2；

$\quad\quad n$——每辆车日转运次数，见式（11-9）。

$$n = \frac{T}{t} \tag{11-9}$$

式中　T——额定日运输时间；

$\quad\quad t$—— 一次作业时间。

（2）垃圾码头规划

垃圾码头的设置应符合下列规定：

1）在临近江河、湖泊、海洋和大型水面的小城镇，可根据需要设置以清除水生植物、漂浮垃圾和收集船舶垃圾为主要作业的垃圾码头以及为保证码头正常运转所需的岸线。

2）在水运条件优于陆路运输条件的小城镇，可设置以水上转运生活垃圾为主的垃圾码头和为保证码头正常运转所需的岸线。

3）垃圾码头应设置在人流活动较少及距居住区、商业区和客运码头等人流密集区较远的地方，不应设置在镇中心区域和用于旅游观光的主要水面，并注意与周围环境的协调。

4）垃圾码头综合用地按每米岸线配备不少于 $15\sim20m^2$ 的陆上作业场地，周边还应设置宽度不小于 5m 的绿化隔离带。码头应有防尘、防臭、防散落下河（海）的设施。

设置码头的岸线长度，应根据装卸量、船只吨位、河道允许船只停泊档数确定。码头岸线由停泊岸线和附加岸线组成。当日装卸量在 300t 以内时，按表 11.4.2-1 选取。当日装卸量超过 300t 时，码头岸线长度计算采用公式（11-10）并与表 11.4.2-1 结合使用。

$$L = Qq + I \qquad (11-10)$$

式中　L——码头岸线计算长度（m）；

　　　Q——码头的垃圾（或粪便）日装卸量（t）；

　　　q——岸线折算系数（m/t）；参见表 11.4.2-1；

　　　I——附加岸线长度（m）；参见表 11.4.2-1。

表 11.4.2-1

垃圾、粪便码头岸线计算表

船只吨位（t）	停泊档数	停泊岸线（m）	附加岸线（m）	岸线折算系数（m/t）
30	二	110	15～18	0.37
30	三	90	15～18	0.30
30	四	70	15～18	0.24
50	二	70	18～20	0.24
50	三	50	18～20	0.17
50	四	50	18～20	0.17

注：作业制按每日一班制；附加岸线系拖轮的停泊岸线。

（3）生活垃圾卫生填埋场规划

卫生填埋场是生活垃圾处理必不可少的最终处理手段，也是现阶段我国垃圾处理的主要方式。

1）建设规模与使用年限

卫生填埋场（厂）建设规模主要由日处理规模和总容量组成，两者要达到有机结合，应根据垃圾产量、场址自然条件、地形地貌特征、服务年限及技术、经济合理等因素综合考虑确定。根据中国小城镇垃圾卫生填埋工程建设标准研究，卫生填埋场建设规模确定为：

① 卫生填埋场建设规模分类：

Ⅰ类　总容量为 1200 以上（含 1200）$\times10^4m^3$；

Ⅱ类　总容量为 1200 以上（含 1200）$\times10^4m^3$；

Ⅲ类　总容量为 1200 以上（含 1200）$\times10^4m^3$；

Ⅳ类　总容量为 1200 以上（含 1200）$\times10^4m^3$。

② 卫生填埋场建设规模日处理能力分级：

Ⅰ 类　日处理量为 1200（含 1200）t/d 以上；

Ⅱ 类　日处理量为 500（含 500）t/d 以上；

Ⅲ 类　日处理量为 200（含 200）t/d 以上；

Ⅳ 类　日处理量为 200t/d 以下。

为了减少初期投资，发挥投资的规模效益，填埋场使用年限应大于 10 年，特殊情况下不应低于 8 年。但可根据实际情况，将填埋场库区工程分期建设，避免投资的浪费。

2）卫生填埋场的选址

卫生填埋场的选址是环境卫生工程系统规划中的一项重要的内容，是卫生填埋场建设的重要组成部分。好的选址不但可以有利于保护环境，而且可以节省工程投资。国外发达国家都非常重视卫生填埋场的选址，并将卫生填埋场的选址技术报告作为重要的文件向社会公开，广泛征求公众意见。我国小城镇卫生填埋场的选址应努力达到以下目标：最大限度地减少对环境的影响；努力减少投资费用；尽量使建设项目的要求与场地特点相一致，尽量得到当地社区的认可与支持。同时场址选择应考虑以下因素：

① 垃圾的性质：依据垃圾的来源、种类、性质和数量确定可能的技术要求和场地规模。

② 地形条件：能充分利用天然洼地、沟壑、峡谷、废坑，便于施工，便于排水，不易受洪水威胁的地方。

③ 水文条件：离河岸有一定距离的平地或高地，避免洪水漫滩，距人畜供水点至少500m。底层距地下水位至少 2m；厂址应远离地下水蓄水层、补给区；厂址周围地下水不宜作水源。

④ 地质条件：基岩深度大于 9m，避开坍塌地带、断层带、地震区、矿藏区、灰岩坑及熔岩洞区。

厂址应选择在工程地质条件较好的地方。一般选在地下水位较低，地基承载力较大，湿陷性等级不高，岩石较少的地层，以方便施工，降低造价。

⑤ 土壤条件：土壤层较深，但避免淤泥区；容易取得覆盖土壤，土壤容易压实，防渗能力强。

⑥ 气象条件：蒸发量大于降水量，暴风雨的发生频率低、具有较好的大气混合、扩散条件，避开高寒区。

⑦ 交通条件：具有可以使用的全天候公路，方便，运输距离短。

⑧ 区位条件：远离居民密集区，在夏季主导风向下方，距小城镇规划建成区应大于2km，距居民点应大于 0.5 km，远离动植物保护区、公园、风景区、文物古迹区、军事区。

⑨ 土地条件：容易征用土地和取得社会支持，并便于改造开发。

⑩ 基础设施条件：场址处应有较好的供水、排水、供电及通信条件。填埋厂排水系统的汇水区要与相邻水系分开。

3）卫生填埋场（厂）建设用地

卫生填埋场（厂）建设用地应遵循科学合理，节约用地的原则，以满足生产、办公、生活的需求。卫生填埋场地由于地形条件的差异，很难确定卫生填埋场（厂）建设用地指标，在一般情况下，卫生填埋场要满足使用 10 年以上，且卫生填埋场区每平方米占地应填埋 5～10 年垃圾或更多。在填埋区占地面积相同的条件下，填埋堆体高，填埋场区单位面积占地产生填埋容积就大。卫生填埋场用地面积可参考下式计算：

$$S = 365y\left(\frac{Q_1}{D_1} + \frac{Q_2}{D_2}\right)\frac{1}{Lck_1k_2} \tag{11-11}$$

式中　S——填埋场用地面积（m^2）；

　　　365——一年的天数；

　　　y——填埋场使用年限（a）；

　　　Q_1——日处理垃圾重量（t/d）；

　　　D_1——垃圾平均密度（t/m^3）；

　　　Q_2——日覆土重量（t/d）；

　　　D_2——覆盖土的平均密度（t/m^3）；

　　　L——填埋场允许堆积（填埋）高度（m）；

　　　c——垃圾压实（自缩）系数，$c = 1.25～1.8$；

　　　k_1——堆积（填埋）系数，与作业方式有关，$k_1 = 0.35～0.7$；

　　　k_2——填埋场的利用系数，$k_2 = 0.75～0.9$。

填埋场的面积布置除了主要生产区外，还应有辅助生产区：仓库、机修车间、调度室等；管理区：包括生产生活用房。填埋场的辅助建筑在满足使用功能与安全条件下，宜集中布置。填埋场的辅助建筑面积指标不宜超过表 11.4.2-2 所列指标。

垃圾填埋场附属建筑面积指标（m^2）　　　　　　　　　　　　表 11.4.2-2

日处理规模	生产管理用房	生活服务设施用房	日处理规模	生产管理用房	生活服务设施用房
Ⅰ类	1200～2500	200～600	Ⅲ类	300～1000	100～200
Ⅱ类	400～1800	100～500	Ⅳ类	300～700	100～200

注：① 生产管理用房包括：行政办公、仓库、机修车间、调度室、化验室、变配电房、车库、门房等。
　　② 生活服务设施用房：食堂、浴室和值班宿舍等。

生活垃圾卫生填埋场用地内绿化隔离带宽度不应小于 20m，并沿周边布置。另外，生活垃圾卫生填埋场四周宜设置宽度不小于 100m 的防护绿地或生态绿地。

填埋场填埋完工后，至少 3 年内（极不稳定区）封场监测，不准使用。经鉴定达到安全期方可使用，可用作绿化用地、造地用田、人造景园、堆肥厂、无机类物资堆放场等。未经长期观测和环境专业鉴定之前，填埋场绝对禁止作为工厂、住宅、公共服务、商业等建筑用地。

（4）生活垃圾焚烧厂规划

当生活垃圾热值大于 5000kJ/kg，且生活垃圾卫生填埋场选址困难时宜设置生活垃圾焚烧厂。

工程选址是垃圾焚烧厂设计和建设的基础，它直接影响到垃圾焚烧厂的环境、运行管理、工程投资与运行费用。生活垃圾焚烧厂选址的基本原则是：不影响自然生态环境和居民生活环境，不产生二次污染，投资小，运行费用低等。一般应考虑以下因素：

1）符合经济运距要求：应尽量靠近垃圾集中产生源，垃圾的平均单程运距不宜大于 15km。

2）具备交通运输条件：选择具有良好交通运输条件的位置。

3）满足环境保护要求：远离居民密集区，在夏季主导风向下方，距人畜居栖点 500m 以上。

4）最好靠近电网和热负荷需求中心地区，以利能源的开发和出售，提高垃圾焚烧厂的经济效益。

5）基础设施较齐全：场址处应有较好的供水、排水、供电及通信条件。附近具有较充足的水源，能满足用水需要。

6）具有较好的自然条件：尽可能选择人口密度低、土地利用价值小、场地开阔平整、地质条件好、征地费用小、施工方便的厂址。

7）有利于垃圾的综合利用：最好能靠近填埋场、堆肥厂等垃圾处理设施。

8）满足净空要求，工程选址应尽可能避开机场等有净空限制要求的控制范围。

生活垃圾焚烧厂综合用地指标采用 $50\sim200m^2/(t \cdot d)$，并不应小于 $1hm^2$，其中绿化隔离带宽度不应小于 10m 并沿周边布置。

（5）生活垃圾堆肥厂规划

生活垃圾中可生物降解的有机物含量大于 40％时，可设置生活垃圾堆肥厂。生活垃圾堆肥厂应位于小城镇规划建成区以外。堆肥厂建设用地应遵循科学合理，节约用地的原则，以满足生产、办公、生活的需求。生活垃圾堆肥厂综合用地指标拟采用 $85\sim300m^2/(t \cdot d)$，其中绿化隔离带宽度不应小于 10m 并沿周边布置。堆肥厂建设用地也可根据《环境卫生设施设置标准》CJJ 27—2012 的要求设置。

厂区用地面积为：

静态工艺面积＝（260～300）×处理能力（m^2）；

动态工艺面积＝（260～300）×处理能力（m^2）；

若建附属填埋场，则用地面积另计。

生产区面积包括处理设施、辅助设施、公用设施以及其间的道路、过渡段面积之和，一般不少于厂区总面积的 40％。

11.4.3 小城镇其他环境卫生设施规划

（1）车辆清洗站规划

机动车辆（客车、货车、特种车等）进入镇区或在镇区行驶时，必须保持外形完好、整洁。凡车身有污迹、有明显浮土，车底、车轮附有大量泥沙，影响镇区环境卫生和镇容的，必须对其清洗。通常在车辆进城的城区与郊区接壤处建造进城车辆清洗站。清洗站的规模与用地面积根据每小时车流量与清洗速度确定。镇区汽车清洗站宜与城镇加油站及停车场等合并设置，其服务半径一般为 0.9～1.2km。清洗站内设自动清洗装置，洗涤水经沉淀、除油处理后，就近排入城市污水管网。

（2）环境卫生车辆停车场规划

小城镇可根据自身需要决定是否设置环境卫生车辆停车场。环境卫生车辆停车场的规模由服务范围和停放车辆数量等因素确定，一般按每辆环境卫生作业车辆用地面积不少于

$150m^2$ 计算，数量指标可采用 2.5 辆/万人。

（3）环境卫生专用车辆通道规划

小城镇居住小区等道路规划应考虑环境卫生车辆通道的要求。

1）新建小区和旧镇区的改造相关道路应满足 5t 载重车通行。

2）旧镇区至少要满足 2t 载重车通行。

3）生活垃圾运转站的通道应满足 8～15t 载重车通行。

各种环境卫生设施作业车辆吨位范围如表 11.4.3。

各种环境卫生设施作业车辆吨位　　　　　　　表 11.4.3

设施名称	新建小区（t）	旧城区（t）	设施名称	新建小区（t）	旧城区（t）
化粪池 垃圾容器设置点 垃圾管道	≥5 2～5 2～5	2～5 ≥2 ≥2	垃圾转运站 粪便转运站	8～15	≥5 ≥5

通向环境卫生设施的通道应满足环境卫生车辆进出通行和作业的需要；机动车通道宽度不得小于 4m，净高不得小于 4.5m；非机动车通道宽度不得小于 2.5m，净高不得小于 3.5m。

机动车回车场地不得小于 $12m×12m$，非机动车回车场地不小于 $4m×4m$，机动车单车道尽端式道路不应长于 30m。

11.5　环境卫生管理机构及工作场所规划

凡是在小城镇或某一区域负责环境卫生的行政管理和环境卫生专业业务服务的组织称为环境卫生管理机构。环境卫生基层机构一般是指按街道设置的环境卫生机构。

环境卫生基层机构为完成其承担的管理和业务职能需要的各种场所称为环境卫生基层机构的工作场所。

小城镇规划必须考虑环境卫生机构和工作场所的用地要求。

11.5.1　环境卫生管理机构的用地

环境卫生基层机构的用地面积和建筑面积按管辖范围和居住区人口确定。并设有相应的生活设施。

环境卫生基层机构的用地指标可参考表 11.5.1 确定。

环境卫生基层机构的用地面积指标　　　　　　　表 11.5.1

基层机构设置数 （个/万人）	万人指标（m²/万人）		
	用地规模	建筑面积	修理工棚面积
1/(1～5)	310～470	160～204	120～170，100～200

注：表中"万人指标"中"万人"系指居住地区的人口数量。

11.5.2　环卫工作场所

（1）基层环卫管理办公用房

基层环卫管理办公用房是指用作清洁队所的管理用房及附属设施。其用地面积含清洁车辆停车场面积，建筑面积为 80m^2/辆，用地面积不少于 200m^2/辆。

（2）废弃物综合利用和环境卫生专业用品厂

废弃物综合利用和环境卫生专业用品工厂可根据需要确定建设项目，其用地应纳入小城镇总体规划。

11.5.3　环境卫生清扫、保洁人员作息场所

（1）清扫、保洁工人作息场所设置要求

露天作业的环卫清扫保洁工人工作区域内，必须设置清扫保洁工人作息场所，以供清扫保洁工人休息、更衣、淋浴和停放小型车辆、工具等。

（2）作息场所的设置指标

作息场所的面积和设置数量一般以作业区域的大小和环境卫生工人的数量计算（见表11.5.3）。

环境卫生清扫、保洁人员作息场所面积指标（m^2）　　　　表 11.5.3

作息场所设置数 （个/万人）	环境卫生清扫、保洁人员平均占有建筑面积 （m^2/人）	每处空地面积 （m^2）
1/(0.8～1.2)	3～4	20～30

注：表中"万人"系指工作地区范围内的人口数量。

（3）水上环境卫生作息场所

水上环境卫生作息场所按生产管理需要设置，应有水上岸线和陆上用地。为满足清理河道内垃圾，需按港道或行政区域设立船队。船队规模根据废弃物运输量等因素确定，每队使用岸线为 200～250m，陆上用地面积为 1200～1500m^2，内部设置生产和生活用房。

11.6　小城镇医疗卫生与建筑垃圾收运处理规划

11.6.1　小城镇医疗卫生垃圾收运处理规划

医疗卫生垃圾是指小城镇中各类医院、卫生防疫、病员修养、禽兽防治、医药研究及生物制品等单位产生的垃圾，包括手术残物、动物实验废物、废医用塑料制品、针管、有毒棉球、废敷料、感光乳液、废显影液等，另外还包括医院病房产生的住院病人生活垃圾。医疗卫生垃圾属于特种垃圾，按规定是不能进入小城镇垃圾主流的，而应予以专门处理。

（1）医疗卫生垃圾清运处理原则

医疗卫生垃圾应采用专用医疗卫生垃圾容器收集，并委托环卫部门指定的专业医疗卫生废物清洁公司密闭车辆上门收集运输，由环卫部门负责集中处理。

（2）医疗卫生垃圾收运方式规划

医疗卫生垃圾的收集运输设施应与处理设施配套规划，逐步实现医疗卫生垃圾收集容器化，垃圾运输密闭化和机械化。医疗卫生垃圾的收集采用专门容器，运输时连同容器一起运往医疗卫生垃圾焚烧厂。医疗卫生垃圾焚烧厂应设置垃圾容器清洗消毒设备，容器经

清洗消毒后返回医疗卫生垃圾收集点重复使用。

（3）医疗卫生垃圾处理方式规划

医疗卫生垃圾易采用集中焚烧处理，对焚烧尾气进行净化处理，以便减少环境污染，预防疾病流行，保护人民健康。

11.6.2 小城镇建筑垃圾和余泥土方收运处理规划

建筑垃圾为小城镇中新建、扩建、改建及维修建筑物和构筑物施工现场产生的垃圾。建筑垃圾又可以分为工程结构施工中产生的碎砖碎石和建筑物装修中产生的装修垃圾。本规划定义余泥土方为小城镇中新建、扩建、改建及维修建筑物和构筑物施工现场挖方过程中产生的多余土方。

（1）建筑垃圾和余泥土方处理原则

1）加强环卫部门对建筑垃圾和余泥土方收运处理过程的管理，做到"三个统一"，即统一管理、统一清运、统一安排消纳处理。

2）建筑垃圾的分类收集可参照国外推广绿色建筑工地的经验，将建筑垃圾分类回收处理。建筑垃圾的处理方式将从目前的单一填埋过渡到分类处理，逐步提高材料回收利用的比例。

3）余泥土方由规划国土局指定的余泥土方受纳场负责处置。

4）有毒有害垃圾和有机垃圾不得进入余泥土方受纳场，以免造成二次污染和影响回填工程质量。

（2）建筑垃圾的收运处理

在建筑施工过程中应配置垃圾分类集装箱，分拣出有用材料，实行分类收集和分类处理。有毒有害垃圾由环保局负责处理；可回收垃圾进入小城镇废品回收系统；易燃垃圾送垃圾焚烧厂；剩余部分运往指定的余泥土方受纳场。

11.7 小城镇粪便渣、污泥收运处理规划

公共厕所的粪便是小城镇主要的固体废物，极大地影响小城镇环境卫生。粪便的收集、清运、处理和处置是小城镇环卫工作的一项重要内容，应在小城镇环境卫生工程系统规划中给以明确的反映。

11.7.1 粪便收运

小城镇粪便来源于公共厕所和居民住宅厕所。城镇粪便主要有两种方式运出城镇：

（1）小城镇粪便直接或间接（经过化粪池）排入小城镇污水管道、进入污水处理厂处理；

（2）由人工或机械清淘粪井或化粪池的粪便，再由粪车汇集到小城镇粪便收集站，最后运至粪便处理站或农用。

由于我国目前小城镇污水管网与处理系统还不完善，所以第2种方式还将长期存在并发挥作用。小城镇粪便收运主要有吸粪车和人工掏粪2种形式。有条件的小城镇粪便收运

499

应采用吸粪车形式。

11.7.2 粪便处理技术概述

粪便资源化，用其作为肥料和土壤调节剂具有悠久的历史，但粪便中含有多种病原体，所以必须进行无害化处理。小城镇粪便的处置主要有：

（1）经处理后排入水体；

（2）经无害化处理后作为农用肥料、污水灌溉和水生物养殖。

粪便排入水体前，可排入污水处理厂处理，也可建单一的粪便处理厂处理。粪便处理厂采用物理、生物、化学的处理方法，将粪便中的污染物质分离出来，或将其转化为无害的物质，使粪便相对稳定，达到排放或使用要求。

粪便处理方法选择应考虑粪便的性质、数量及排放水体的环境要求。通常粪便处理工艺流程分为 3 阶段：

1）预处理：去除悬浮物，主要构筑物有：沉砂池、格栅、贮存调节池、浓缩池等；

2）主处理：使固体物质变为易于分离状态，同时使大部分有机物分解，主要构筑物有厌氧消化池，好氧生物处理构筑物或湿式氧化反应池；

3）后处理：将上清液稀释至类似小城镇生活污水的水质，采用小城镇生活污水处理的常规方法进行处理。

将粪便进行无害化处理后用于农业，可以化害为利，变废为宝，是我国粪便出路的最好方式。其基本方法有高温堆肥法、沼气发酵法、密封贮存池处理、三格化粪池处理等。

11.7.3 小城镇粪便收运处理设施规划

（1）化粪池

化粪池的功能是去除生活污水中可沉淀和悬浮的污物（主要是粪便），并储存和厌氧消化沉淀在池底的污泥。化粪池多设于建筑物背向大街的一侧靠近卫生间的地方，应尽量隐蔽，不宜设在人们经常活动之处。化粪池距建筑物的净距不小于 5m，距地下取水构筑物不小于 30m。

化粪池有矩形和圆形两种。对于矩形化粪池，当日处理污水量小于等于 10m³ 时，采用双格，其中第一格占总容积的 75%，当日处理水量大于 10m³ 时，采用 3 格，第一格容积占总容积的 50%，其余两格各占 25%。长度不得小于 1m，宽度不得小于 0.75m，深度不得小于 1.3m。

化粪池的总容积由有效容积和保护层容积组成，保护层容积根据化粪池大小确定，保护层高度一般为 250～450mm。有效容积由污水所占容积和污泥所占容积组成。即：

$$V = V_1 + V_2 + V_3 \tag{11-12}$$

$$V_1 = \frac{\partial \cdot N \cdot q \cdot t}{24 \times 1000} \tag{11-13}$$

$$V_2 = \frac{\alpha \cdot \partial \cdot N \cdot T \cdot (100 - b) \cdot K \cdot m}{(1-c) \times 1000} \tag{11-14}$$

式中 V——化粪池总容积（m³）；

V_1——污水部分容积（m³）；

V_2——污泥部分容积（m³）；

V_3——保护层容积，根据化粪池大小确定，一般保护层高度250～450mm（m³）；

N——设计总人数；

∂——使用卫生器具人数占总人数的百分比；

α——每人每日污泥量，生活污水与生活废水合流排放时取0.7L/(d·人)；分流排放时取0.4L/(d·人)；

t——污水在化粪池内停留时间，12～24h；

T——污水清掏周期，为3个月～1年；

b——新鲜污泥含水量，为95%；

c——化粪池内发酵浓缩后污泥含水率，为90%；

K——发酵后体积缩减系数，取0.8；

m——清掏污泥后遗留的熟污泥量容积系数，取1.2。

在没有污水管道的地区，必须建化粪池。有污水管道的地区，是否建化粪池视当地情况而定。

（2）贮粪池

一般建在郊区，周围应设绿化隔离带。贮粪池应封闭，并防止渗漏、防爆和沼气燃烧。贮粪池的数量、容量及分布，应根据粪便日储存量、储存周期和粪便利用等因素确定。

（3）粪便码头

设置要求同垃圾码头，但粪便码头周边还应设置宽度不小于10m的绿化隔离带。

（4）粪便处理厂

粪便处理厂的厂址选择应在整个环境卫生工程系统规划方案中全面规划，综合考虑。要根据粪便排放量控制目标、小城镇布局、受纳水体功能及流量等因素来选择。当粪便处理厂厂址有多种方案可供选择时，应根据各种方案的优缺点作综合评价，一般包括：投资与经营指标、土地及耕地的占有、施工难易程度及建设周期、节能分析、运行管理等，进行综合技术经济比较与最优化分析，并通过反复论证再行确定。

粪便处理厂选择原则为：

1）尽量做到少占或不占农田，且留有适当的发展余地。

2）厂址位于小城镇水体下游、城镇郊区，并在主导风向的下侧。

3）远离小城镇居住区与工业区，有一定的卫生防护距离。

4）厂址不宜设在雨季易受水淹的低洼处。靠近水体的处理厂，应选择在不受洪水威胁的地方。否则应考虑防洪措施。

5）厂址应选择在工程地质条件较好的地方。一般选在地下水位较低，地基承载力较大，湿陷性等级不高，岩石较少的地层，以方便施工，降低造价。

6）有良好的排水条件，便于粪便、污水、污泥的排放和利用。

7）根据小城镇总体发展规划，厂址的选择应考虑长期发展的可能性，有扩建的余地。

小城镇粪便处理厂占地面积与处理量和采用的处理工艺有关。表11.7.3中所列为部分处理厂所需的大体面积，作为估算粪便处理厂规划预留用地面积时的参考，厂区绿化面积不小于30%。

小城镇粪便处理厂部分工艺用地指标 [m²/(t·d)]　　　表 11.7.3

粪便处理方式	用地指标	粪便处理方式	用地指标	粪便处理方式	用地指标
厌氧（高温）	20	厌氧—好氧	12	稀释—好氧	25

主要参考文献

1　中国城市规划设计研究院等. 小城镇规划标准研究. 北京：中国建筑工业出版社，2003

2　戴慎志等. 城市工程系统规划. 北京：中国建筑工业出版社，1999

3　赵由才主编. 实用环境工程手册——固体废物污染控制与资源化. 北京：化学工业出版社，2002

4　城市环境卫生设施规划规范（GB 50337—2003）. 北京：中国建筑工业出版社，2003

5　国家环境保护总局污染控制司. 城市固体废物管理与处理处置技术. 北京：中国石化出版社，2000

6　赵由才，朱青山主编. 城市生活垃圾卫生填埋场技术与管理手册. 北京：化学工业出版社，1999

7　赵由才主编. 城市生活垃圾资源化原理与技术. 北京：化学工业出版社，2001

第 12 章 小城镇工程管线综合规划

12.1 概 述

目前我国小城镇的市政基础设施还比较薄弱。但从发展看，小城镇市政基础设施会逐步完善，小城镇与城市差别会逐步缩小。就一般的小城镇而言，主要有给水、雨水、污水、电力、电信等管线。有燃气条件和热力需求、设施较完备的小城镇还有煤气、热力管道。城镇基础设施的各单项工程，均由各专业设计人员结合现状进行规划设计。对于新区城镇建设，可以预先规划、设计好各单项工程管线。为了解决各管线之间的矛盾和冲突，应有秩序的组织安排，使之在平面走向、垂直标高、管线交叉等方面不互相干扰，便于施工建设，便于运转、维护和检修。这一项全面、综合地组织和安排各项市政设施工程管线的工作，即为城镇管线工程综合。

12.1.1 小城镇管线工程综合的意义

小城镇管线工程综合，对于城镇规划、城镇建设与管理方面都是很重要的。综合的目的是为了协调和解决各种管线在平面、空间及时间上的相互冲突和干扰，从而加速城镇各项建设的设计与施工的进度，避免对城镇人民生活造成影响和国家资金的浪费。因此，管线工程综合是小城镇规划的一个重要组成部分，同时，这不是某一个专业单位所能解决的，而需要城镇规划部门予以综合解决。

12.1.2 小城镇管线工程的分类及内容

（1）小城镇管线工程的分类有以下几种方法

1）按工程管线性能和用途分类

① 给水管道：包括工业给水、生活给水、消防给水等管道。

② 排水管道：包括工业污水（废水）、生活污水、雨水、降低地下水等管道和明沟。

③ 电力线路：包括高压输电、中低压配电线路。

④ 电信线路：包括市内电话、长途电话、电信网及其他通信线路、有线广播、有线电视等线路。

⑤ 热力管道：包括热水、蒸汽等管道。

⑥ 燃气管道：包括煤气、液化气、天然气等管道。

2）按工程管线输送方式分类

① 压力管道：指管道内流体介质由外部施加力使其流动的工程管线，通过一定的加压设备将流体介质由管道系统输送给终端用户。给水、热力、燃气管道多为压力输送管道。

503

② 重力自流管道：指管道内流动着的介质由重力作用沿其设置的方向流动的工程管线。这类管线有时还需要中途提升设备将流体介质引向终端。污水、雨水管道系为重力自流输送管道。

3）按工程管线敷设方式分类

① 架空线：指通过地面支撑设施在空中布线的工程管线。如架空电力线、架空电话线等。

② 地铺管线：指在地面铺设明沟或盖板明沟的工程管线，如雨水沟渠、地面各种轨道等。

③ 地埋管线：指在地面以下有一定覆土深度的工程管线。根据覆土深度不同，地埋管线又分为深埋和浅埋两类。划分深埋和浅埋主要决定于：Ⓐ有水的管道和含有水分的管道在寒冷的情况下是否怕冰冻；Ⓑ土壤冰冻的深度。所谓深埋，是指管道的覆土深度大于1.5m者，如我国北方的土壤冰冻线较深，给水、排水、煤气（指湿煤气）等管道属于深埋一类；热力管道、电信管道、电力电缆等不受冰冻的影响，可埋设较浅，属于浅埋一类。由于土壤冰冻深度随着各地的气候不同而变化，如我国南方冬季土壤不冰冻，或者冰冻深度只有十几厘米，给水管道的最小覆土深度就可小于1.5m。因此，深埋和浅埋不能作为地下管线的固定的分类方法。

4）工程管线弯曲程度分类

① 可弯曲管线：指通过加工措施易将其弯曲的工程管线。如电信电缆、电力电缆、自来水管道等。

② 不易弯曲管线：指通过加工措施不易将其弯曲的工程管线或强行弯曲会损坏的工程管线。如电力管道，电讯管道，污水管道等。

工程管线的分类方法很多，通常根据工程管线的不同用途和性能来划分。各种分类方法反映了管线的特性，是进行工程管线综合时的管线避让的依据之一。

（2）工程管线综合规划的主要内容

确定城镇工程管线在地下敷设时的排列顺序和工程管线间的最小水平净距、最小垂直净距；确定城镇工程管线在地下敷设时的最小覆土深度；确定城镇工程管线在架空敷设时的管线及杆线的平面位置及周围建（构）筑物、道路、相邻工程管线间的最小水平净距和最小垂直净距。

12.2 管线综合布置原则与方法

12.2.1 管线综合布置原则与规定

（1）规划中各种工程管线的平面位置和竖向位置均应采用城镇统一的坐标系统和高程系统。工厂内的管线也可以采用自己定出的坐标系统，但厂界、管线进出口则应与城镇管线的坐标一致。如存在几个坐标系统和标高系统，必须加以换算，取得统一。

（2）充分利用现状工程管线。当现状工程管线不能满足需要时，经综合技术、经济比较后，可废弃或抽换。

（3）管线综合布置应与总平面布置、竖向设计和绿化布置统一进行。应结合城镇道路网规划，在不妨碍工程管线正常运行、检修和合理占用土地的情况下，使线路短捷。

（4）管线敷设方式应根据管线内介质的性质、地形、生产安全、交通运输、施工检修等因素，经技术经济比较后择优确定。

（5）必须在满足生产、安全、检修的条件下节约用地。当技术经济比较合理时，应共架、共沟布置。

（6）管线带的布置应与道路或建筑红线相平行。同一管线不宜自道路一侧转到另一侧。

（7）管道内的介质具有毒性、可燃、易爆性质时，严禁穿越与其无关的建筑物、构筑物、生产装置及贮罐区等。

（8）平原城镇宜避开土质松软地区、地震断裂带、沉陷区以及地下水位较高的不利地带；地形起伏较大的山区城镇，应结合城镇地形的特点合理布置工程管线位置，并应避开滑坡危险地带和洪峰口。

（9）应减少管线与铁路及其他干管的交叉，沿铁路、公路敷设的工程管线应与铁路、公路平行。当工程管线与铁路、公路交叉时宜采用垂直交叉方式布置；受条件限制，可倾斜交叉布置，其最小交叉角宜大于 $30°$。

（10）当规划区分期建设时，管线布置应全面规划，近期集中，近远期结合。近期管线穿越远期用地时，不得影响用地的使用。

（11）工程管线综合布置时，干管应布置在用户较多的一侧或将管线分类布置在道路两侧，应减少管线在道路交叉口处交叉。当工程管线竖向位置发生矛盾时，宜按下列原则处理：

1）压力管线让重力自流管线；

2）可弯曲管线让不易弯曲管线；

3）分支管线让主干管线；

4）小管径管线让大管径管线。

（12）严寒或寒冷地区给水、排水、燃气等工程管线应根据土壤冰冻深度确定管线覆土深度；热力、电信、电力电缆等工程管线以及严寒或寒冷地区以外的地区的工程管线应根据土壤性质和地面承受荷载的大小确定管线的覆土深度。

工程管线的最小覆土深度应符合表 12.2.1-1 的规定。

工程管线的最小覆土深度（m）　　　　　　表 12.2.1-1

序号		1		2		3		4	5	6	7
管线名称		电力管线		电信管线		热力管线		燃气管线	给水管线	雨水排水管线	污水排水管线
		直埋	管沟	直埋	管沟	直埋	管沟				
最小覆土深度（m）	人行道下	0.50	0.40	0.70	0.40	0.50	0.20	0.60	0.60	0.60	0.60
	车行道下	0.70	0.50	0.80	0.70	0.70	0.20	0.80	0.70	0.70	0.70

注：10kV 以上直埋电力电缆管线的覆土深度不应小于 1.0m。

（13）工程管线在道路下面的规划位置，应布置在人行道或非机动车道下面。电信

505

电缆、给水输水、燃气输气、污雨水排水等工程管线可布置在非机动车道或机动车道下面。

（14）工程管线在道路下面的规划位置宜相对固定。从道路红线向道路中心线方向平行布置的次序，应根据工程管线的性质、埋设深度等确定。分支线少、埋设深、检修周期短和可燃、易燃和损坏时对建筑物基础安全有影响的工程管线应远离建筑物。布置次序宜为：电力电缆、电信电缆、燃气配气、给水配水、热力干线、燃气输气、给水输水、雨水排水、污水排水。

（15）工程管线在庭院内建筑线向外方向平行布置的次序，应根据工程管线的性质和埋设深度确定，其布置次序宜为：电力、电信、污水、排水、燃气、给水、热力。

当燃气管线可在建筑物两侧中任一侧引入均满足要求时，燃气管线应布置在管线较少的一侧。

（16）工程管线之间及其与建（构）筑物之间的最小水平净距应符合表 12.2.1-2 的规定。当受道路宽度、断面以及现状工程管线位置等因素限制难以满足要求时，可根据实际情况采取安全措施后减少其最小水平净距。

（17）对于埋深大于建（构）筑物基础的工程管线，其与建（构）筑物之间的最小水平距离，应按下式计算，并折算成水平净距后与表 12.2.1-2 的数值比较，采用其较大值。

$$L = (H - h)/\lg\phi + b/2 \tag{12-1}$$

式中　L——管线中心至建（构）筑物基础边水平距离（m）；

　　　H——管线敷设深度（m）；

　　　h——建（构）筑物基础底砌置深度（m）；

　　　b——开挖管沟宽度（m）；

　　　ϕ——土壤内摩擦角（°）。

对于埋深大的工程管线至铁路的水平距离可按下式计算：

$$L = 1.25 + h + b/2 \geqslant 3.75\text{m} \tag{12-2}$$

式中　L——管道中心到铁路中心距离（m）；

　　　h——枕木底至管道底之深度（m）；

　　　b——开挖管道槽的宽度（m）。

埋深大的工程管线至公路的水平距离，按下式计算，折算成净距与表 12.2.1-2 比较，采用其较大值。

$$L = 1 + b/2 \tag{12-3}$$

式中　L——管道中心到公路边的距离（m）；

　　　b——开挖管沟宽度（m）。

（18）当工程管线交叉敷设时，自地表面向下的排列顺序宜为：电力管线、热力管线、燃气管线、给水管线、雨水排水管线、污水排水管线。

（19）工程管线在交叉点的高程应根据排水管线的高程确定。工程管线交叉时的最小垂直净距，应符合表 12.2.1-3 的规定。

工程管线之间及其与建（构）筑物之间的最小水平净距（m）

表 12.2.1-2

序号	管线名称		1 建筑物	2 给水管 d≤200mm	d>200mm	3 污水、雨水排水管	4 燃气管 低压	中压 B	中压 A	高压 B	高压 A	5 热力管 直埋	地沟	6 电力电缆 直埋	缆沟	7 电信电缆 直埋	管道	8 乔木	9 灌木	10 地上杆柱 通信照明及<10kV	高压铁塔基础边 ≤35kV	>35kV	11 道路侧石边缘	12 铁路钢轨（或坡脚）
1	建筑物																							
2	给水管	d≤200mm	1.0																					
		d>200mm	3.0																					
3	污水、雨水排水管		2.5	1.0	1.5																			
4	燃气管	低压 p≤0.05MPa	0.7	0.5		1.0																		
	中压	0.005MPa<p≤0.2MPa	1.5	0.5		1.2		DN≤300mm 0.4																	
		0.2MPa<p≤0.4MPa	2.0			1.5																			
	高压	0.4MPa<p≤0.8MPa	4.0	1.0		2.0				DN>300mm 0.5															
		0.8MPa<p≤1.6MPa	6.0	1.5		2.0																			
5	热力管	直埋	2.5	1.5		1.5	1.0	1.5		1.5	2.0														
		地沟	0.5							2.0	4.0														
6	电力电缆	直埋	0.5	0.5		0.5	1.0	1.5	0.5	1.0	1.5	2.0													
		缆沟																							
7	电信电缆	直埋	1.0	1.0		1.0	0.5			1.0	1.5	1.0		0.5											
		管道	1.5											1.0											
8	乔木（中心）		3.0	1.5		1.5	1.2		1.0			1.5		1.0		1.0	1.5								
9	灌木		1.5	1.5		1.5						1.5		1.0		1.0									
10	地上杆柱	通信照明及<10kV	*	0.5		0.5	1.0			1.0		1.5		0.5		0.5	1.0	1.5							
	高压铁塔基础边	≤35kV		3.0		1.5				5.0		2.0		0.6		0.6				2.0	3.0				
		>35kV																				0.5			
11	道路侧石边缘		1.5	1.5		1.5	1.5			2.5		1.5		1.5		1.5		0.5		1.5					
12	铁路钢轨（或坡脚）		6.0			5.0								3.0		2.0				0.5					

注：* 见表 12.2.1-5。

工程管线交叉时的最小垂直净距（m）　　　　　　　　　　　　表 12.2.1-3

序号	下面的管线名称 净距（m） 上面的管线名称		1	2	3	4	5		6	
			给水管线	污、雨水排水管线	热力管线	燃气管线	电信管线		电力管线	
							直埋	管块	直埋	管沟
1	给水管线		0.15							
2	污、雨水排水管线		0.40	0.15						
3	热力管线		0.15	0.15	0.15					
4	燃气管线		0.15	0.15	0.15	0.15				
5	电信管线	直埋	0.50	0.50	0.15	0.50	0.25	0.25		
		管沟	0.15	0.15	0.15	0.15	0.25	0.25		
6	电力管线	直埋	0.15	0.50	0.50	0.50	0.50	0.50	0.50	0.50
		管沟	0.15	0.50	0.15	0.50	0.50	0.50	0.50	0.50
7	沟渠（基础底）		0.50	0.50	0.50	0.50	0.50	0.50	0.50	0.50
8	涵洞（基础底）		0.15	0.15	0.15	0.20	0.25	0.25	0.50	0.50
9	电车（轨底）		1.00	1.00	1.00	1.00	1.00	1.00	1.00	1.00
10	铁路（轨底）		1.00	1.20	1.20	1.20	1.00	1.00	1.00	1.00

注：大于 35kV 直埋电力电缆与热力管线最小垂直净距应为 1.00m。

（20）在交通运输繁忙或工程管线设施较多的机动车道、城镇主干道以及配合兴建地下铁道、立体交叉等工程地段，不宜开挖路面的路段，广场或主要道路的交叉处，需同时敷设两种以上工程管线及多回路电缆的道路，道路与铁路或河流的交叉处，道路宽度难以满足直埋敷设多种管线的路段，工程管线宜采用综合管沟集中敷设。

（21）综合管沟敷设应符合下列规定：

1）宜敷设电信电缆管线、低压配电电缆管线、给水管线、污雨水排水管线。

2）综合管沟内相互无干扰的工程管线可设置在管沟的同一个小室；相互有干扰的工程管线应分别设在管沟的不同小室。

电信电缆管线与高压输电电缆管线必须分开设置；给水管线与排水管线可在综合管沟一侧布置，排水管线应布置在综合管沟的底部。

3）工程管线干线综合管沟的敷设，应设置在机动车道下面，其覆土深度应根据道路施工、行车荷载和综合管沟的结构强度以及当地的冰冻深度等因素综合确定；敷设工程管线支线的综合管沟，应设置在人行道或非机动车道下，其埋设深度应根据综合管沟的结构强度以及当地的冰冻深度等因素综合确定。

（22）在特殊情况下，城镇各种工程管线可沿围墙、河堤、建（构）筑物墙壁等不影响城镇景观地段架空敷设。一般应符合下列规定：

1）沿城镇道路架空敷设的工程管线，其位置应根据规划道路的横断面确定，并应保障交通畅通、居民的安全以及工程管线的正常运行。

2）架空线线杆宜设置在人行道上距路缘石不大于 1m 的位置；有分车带的道路，架空线线杆宜布置在分车带内。

3）电力架空杆线与电信架空杆线宜分别架设在道路两侧，且与同类地下电缆位于同侧。

4）同一性质的工程管线宜合杆架设。

5）架空热力管线不应与架空输电线、电气化铁路的馈电线交叉敷设。当必须交叉时，应采取保护措施。

6）工程管线跨越河流时，宜采用管道桥或利用交通桥梁进行架设。

7）架空管线与建（构）筑物等的最小水平净距应符合表 12.2.1-4 的规定；架空管线交叉时的最小垂直净距应符合表 12.2.1-5 的规定。

架空管线之间及其与建（构）筑物之间的最小水平净距（m）　　表 12.2.1-4

名称		建筑物（凸出部分）	道路（路缘石）	铁路（轨道中心）	热力管线
电力	10kV 边导线	2.0	0.5	杆高加 3.0	2.0
	35kV 边导线	3.0	0.5	杆高加 3.0	4.0
	110kV 边导线	4.0	0.5	杆高加 3.0	4.0
电信杆线		2.0	0.5	4/3 杆高	1.5
热力管线		1.0	1.5	3.0	—

架空管线之间及其与建（构）筑物之间交叉时的最小垂直净距（m）　　表 12.2.1-5

名称		建筑物（顶端）	道路（地面）	铁路（轨顶）	电信线		热力管线
					电力线有防雷装置	电力线无防雷装置	
电力管线	10kV 及以下	3.0	7.0	7.5	2.0	4.0	2.0
	35～110kV	4.0	7.0	7.5	3.0	5.0	3.0
电信线		1.5	4.5	7.0	0.6	0.6	1.0
热力管线		0.6	4.5	6.0	1.0	1.0	0.25

注：横跨道路或与无轨电车馈电线平行的架空电力线距地面应大于 9m。

12.2.2 管线综合的编制方法

在管线综合规划阶段，一般要编制管线工程综合规划图及道路标准横断面图。下面，分别叙述具体编制方法。

（1）管线工程综合规划图

图纸比例通常采用 1：10000～1：5000。比例尺的大小随城镇的大小、管线的复杂程度等情况而有所变更，但应尽可能和城镇总体规划图的比例一致。图中包括下列主要内容：

1）自然地形

主要的地物、地貌，以及表明地势的等高线；

2）现状

现有的工厂、建筑物、铁路、道路、给水、排水等各种管线以及它们的主要设备和构筑物（如铁路站场、自来水厂、污水处理厂、泵房等）；

3）规划的工业企业厂址、规划的居住区、道路网、铁路等；

4）各种规划管线的布置和它们的主要设备及构筑物，有关的工程设施，如防洪堤、防洪沟等；

5）标明道路横断面的所在地段等。

管线工程综合规划图（以下简称综合规划图）的一般编制方法如下：

① 数字化地形图。可以更准确地描绘地形，否则会影响综合规划图的准确性。

② 将现有的和规划的工厂、道路网按坐标在平面图上绘出，并根据道路的宽度画出建筑线。如果在总体规划阶段还没有计算出道路中心线交叉点的坐标，则根据道路网规划图复制。

③ 根据现状资料，把各种管线绘入图中。

以上三项目前均可用计算机绘制。

④ 把规划和设计的管线的平面布置逐一绘入图中。这样，就可以从图上发现各项管线在平面布置上的问题，便于进行研究和处理。综合安排妥当，问题都已解决，然后标注必要的数据和扼要的说明。

编制综合规划图时，应结合道路网的规划。尽可能使各种管线合理布置，不要把较多的管线集中到几条道路上。综合规划图通常和绘制道路标准横断面图一起进行，因为在道路平面中安排管线位置与道路横断面的布置有着密切的联系。有时会由于管线在道路横断面中配置不下，需要改变管线的平面布置，或者变动道路各组成部分在横断面中的原有排列情况。

（2）道路标准横断面图

图纸比例通常采用 1∶200。图中主要内容：

1）道路的各组成部分，如机动车道、非机动车道（自行车道、大车道）、人行道、分车带、绿化带等。

2）现状和规划设计的管线在道路中的位置，并注有各种管线与建筑红线之间的距离。目前还没有规划而将来要修建的管线，在道路横断面中为它们预留出位置。

3）道路横断面的编号

道路标准横断面的绘制方法比较简单，即根据该路中的管线布置逐一配入道路规划所作的横断面，注上必要的数据。但是，在配置管线位置时，必须反复考虑和比较，妥善安排。例如，道路两旁行道树，若过于靠近管线，树冠易与架空线路发生干扰，树根易与地下管线发生矛盾。这些问题一定要合理地加以解决。

编制管线工程综合图纸时，通常不把居住区里的电力和电信架空线路绘入综合规划图中，而在道路横断面图中定出它们与建筑红线的距离，就可以控制它们的平面位置。因为几乎在每条道路上都架设架空线路，绘入综合规划图后，会使图面过于复杂。

工业区中的架空线路不一定架设在道路上面，尤其是高压电力线路架设以后再迁移就有一定困难，因此一般都将它们绘入综合规划图中（低压电力线路除外）。

在编制规划综合图纸的同时，应编写管线工程综合的简要说明书，内容包括所综合的管线、引用的资料和它们的准确程度，对规划设计管线进行综合安排的原则和根据、单项工程进行下阶段设计时应注意的问题等。

12.3　管线综合规划

小城镇的建设已被列入中国 21 世纪议程优先发展项目计划。而小城镇综合管线工程作为小城镇基础设施建设的重要组成部分，已经得到小城镇建设部门越来越多的重视。

小城镇综合管线工程建设项目实施前应首先做好小城镇管线综合规划，依据国家规划法及相关规划设计规范规定。小城镇管线综合规划是城镇规划的一门综合性专项规划，分为控制性详细规划阶段（规划综合）与修建性详细规划阶段（设计综合）。

12.3.1 管线综合控制性详细规划

工程管线综合控制性详细规划是对城镇工程管线的综合总体协调与布置。它是与城镇控制性详细规划同步进行的。需要了解城镇控制规划，即了解城镇的性质、国民经济与社会发展状况、自然环境、城镇建设的历史与现状等，取得详尽准确的基础资料是做好小城镇管线综合规划的基础，也是工程管线综合控制性详细规划和综合设计深化的基础。

（1）工程管线综合控制规划的基础资料

小城镇工程管线综合控制性详细规划的基础资料收集有以下几类：

1）城镇发展状况、自然状况及地形地理

我们可从城镇的地形图中了解到所规划城镇的地形、地貌、地面特性、河流水系等情况。工程管线综合中的排水与防洪管渠是重力自流管，而且排水与防洪管渠一般管径比较大，其布置受城镇所在地自然地形、地势影响，自然地形不但影响城镇排水走向，排水分区，还影响排水管渠的大小。在市政设施建设中，城镇排水建设投入较大，合理布置排水管渠是管线综合规划设计的前提，其余各规划管线一般为非重力流管线，受自然地形影响较小，规划设计时应遵循非重力流管线让重力自流管的原则，即进行管线综合规划设计时，应先考虑重力自流管线的布置。

城镇的气象资料、区域地理位置可以从市志或县志中获取，城镇的控制性详细规划说明书部分也应有关于这方面的资料。城镇因土壤和冰冻深度的不同，对给水、排水等管道的最小埋深及最小覆土深度有着不同的规定，了解城镇气象及区域地理位置，掌握国家和有关主管部门对工程规划管线敷设的规范，尤其是对当地工程管线布置的特殊规定的了解，是城镇工程管线综合规划竖向设计必须收集的基础资料。

城镇的基础设施建设周期长，费用高，这与当地地方财政收入息息相关，了解一个城镇的经济发展状况，宏观上确定城镇基础设施建设标准，原则上讲，规划的基础设施建设标准要求高，避免无规划，违反规划盲目建设。只顾眼前利益、城镇基础设施重复建设造成的资金浪费是坚决不可取的。另一方面，制定符合当地经济发展现状，经济的、合理的、可行的市政基础设施中的管线综合规划，必须深入了解所规划的城镇居民和地方财政收入状况，保证公用基础设施建得起，用得起。这样才能使基础建设投资得以有效地回收、再投入，步入良性循环状态。尤其是规划设计人员在做公用基础设施规划时，不但要依据城镇所处地理位置、地形、地貌状况确定城镇公用设施中的管线工程种类及分布，还应深入了解当地居民生活习惯，周边可利用的资源，能源状况，城镇产业结构，城镇所处镇域范围的功能等。有条件还应了解城镇周边大中型城镇经济发展状况，公用设施设置及使用状况，这些对城镇管线综合规划的总体布局是十分有利的。

2）城镇土地使用状况及人口分布资料

城镇的各类用地远期规划布局方面的资料可与控制性详细规划设计者沟通后获得，现状用地状况及城镇分区现状、人口分布情况需要我们规划设计人员做详细的现场调查，掌

511

握规划居住区、商业区、工业区及市政公用设施用地分布，初步确定综合管线主干管位置、走向，还可初步确定例如城镇市政供水水源地、高位水池、区域加压泵站、污水处理厂、城镇煤气供应站、市政供热管网换热站、热电厂、集中供热锅炉房、电厂、变电所等公用事业用地的位置。

3）各种工程管线现状和规划资料

各种工程管线现状分布，各工程管线专业部门对本部门近远期规划或设想的最近资料的收集，是做好管线综合控制性详细规划的前提。各类工程管线都有各自的技术规范要求，因此，收集工程管线控制规划专业基础资料均有各自的侧重点。工程管线综合规划收集资料应有一定的针对性，由于各工程管线可能涉及众多单位，项目的委托单位也可能不相同，要搞清楚资料的来源，有目的、有重点地收集资料，可提高工作效率，少走弯路。工程管线综合规划和各专项工程管线规划设计参与单位有多种合作关系。

一种是工程管线综合规划设计者只负责管线综合工程，城镇控制性详细规划，区域管线详细规划，工程管线专项规划均由其他单位进行，在这种情况下，工程管线综合规划的基础资料由委托方与每个设计单位联系获取，即可向规划管理部门收取城镇土地利用现状，由委托方提供最新的自然地形图资料，规划管理部门提供总体规划相关资料。各专业工程管线规划可向单项专业工程管线设计单位或部门收取。这种情况下，工程管线综合规划设计者的收集资料工作相应复杂、繁琐。

另一种情况是工程管线综合规划设计者，本人参与控制性详细规划的编制，并与专业工程管线规划设计人员共同编制工程管线综合规划，在进行工程管线综合规划时，已掌握大部分基础资料。由于委托方将城镇总体规划、城镇工程管线规划交与一个设计单位规划设计，这对于工程管线综合规划设计者来讲，收集资料相应的更方便，而且完整。对于小城镇来讲，许多小城镇都是新发展起来的，这种委托规划形式较为普遍。各工程管线资料的来源搞清楚后，给水、排水、供电、电信、供热、燃气等城镇工程管线综合总体规划所需收集的基础资料主要内容有：

① 给水工程基础资料：城镇现有、在建和规划的水厂，地面、地下取水工程的现状和规划资料，包括水厂的规模、位置、用地范围，地下取水构筑物的规模、位置，以及水源卫生防护带区域输配水工程管网现状和规划，包括配水管网的布置形式（枝状、环状等）、给水干管的走向、管径及在城镇道路中的平面位置和埋深情况。

② 排水工程基础资料：城镇现状和排水工程总体规划确定的排水体制（即采用雨污分流制还是雨污合流制）。现状和规划的雨水、污水工程管网，包括雨水、污水干管的走向，管径及在城镇道路中的平面位置，雨水干渠的截面尺寸和敷设方式，雨水、污水的干管埋深情况，雨水、污水泵站的位置，排水口位置，中途加压提升泵站位置及现状或规划建设污水处理厂的位置。

③ 供电工程基础资料：城镇现状和规划电厂、变电所的位置、容量、电压等级和分布形式（地上、地下）。城镇现状和规划的高压输配电网的布局，包括高压电力线路的走向、位置、敷设方式、高压走廊位置与宽度、高压输配电线路的电压等级、电力电缆的敷设方式（直埋、管路等）及其在城镇道路中的平面位置和埋深要求。

④ 通信工程基础资料：城镇现状和规划的邮电局所的规模及分布。现状和规划电话网络布局，包括城镇内各种电话（市区电话、农村电话、长途电话）干线的走向、位置、

敷设方式，电话主干电缆、中继电缆的断面形式，通信光缆和电话电缆在城镇道路中的平面位置和埋深情况。有线电视台的位置、规模，有线电视干线的走向、位置、敷设方式。有线电视主干电缆的断面形式，在城镇道路中的平面位置和埋深要求等。

⑤ 供热工程基础资料：城镇现状和规划的热源状况，包括热电厂、区域锅炉房、工业余热的分布位置和规模，地热的分布位置、热能储量、开采规模。现状和规划的热力网布局，包括热网的供热方式（蒸汽供热，热水供热），蒸汽管网的压力等级，蒸汽、热水干管的走向、位置、管径，热力干管的敷设方式（架空、地面、地下）及在城镇道路中的平面位置，地下敷设供热干管的埋深要求。

⑥ 燃气工程基础资料：城镇现状和规划燃气气源状况，包括城镇采用的燃气种类（天然气、各种人工煤气、液化石油气），天然气的分布位置，储气站的位置、规模。煤气制气厂的位置和规模，对置储气站的位置和规模，液化石油气气化站的位置及规模等。现状和规划的城镇燃气系统的布局，包括城镇中各种燃气的供应范围，燃气管网的形式（单级系统、二级系统、多级系统）和各级系统的压力等级，燃气干管的走向、位置、敷设方式，以及在城镇道路中的平面位置和埋深情况，各级调压设施的位置。

（2）工程管线总体协调

工程管线综合控制规划的第二阶段工作是对所收集的基础资料进行汇总，将各项内容汇总到管线综合平面图上，检查各工程管线规划自身是否有矛盾，更重要的是各工程管线规划之间是否有矛盾，提出管线综合总体协调方案，组织相关专业共同讨论，确定符合工程管线综合敷设规范，基本满足各专业工程管线规划的综合控制规划方案。在工程管线控制协调规划阶段，可按下列步骤进行规划设计：

1）制作工程管线综合控制规划底图

制作底图是一项比较繁重的工作，规划设计人员应对已收集到的各工程管线的基础资料进行第一次筛选，有选择地摘录与工程管线综合有关的信息，制作底图应当精心、细致、耐心地进行，做到既要全又要精。一张精炼的底图清晰明了地反映了各专业工程管线系统及其相互间的关系，是管线综合协调的基础。

底图的制作通常有两种方法：手绘法与机绘法。

① 手绘法：全部抄绘由手工完成，其具体操作步骤为：

（A）描绘自然地形。在硫酸纸上打好坐标高格网，然后把地形图垫在下面描绘，选择性地绘出主要河流、湖泊及表明地势的等高线和主要标高。这些内容比较确定，可直接用墨线绘出。

（B）描绘规划地形，将总体规划的土地使用图垫在硫酸纸下面，并对准坐标，把规划的工业仓储、居住、公共设施等各类用地、道路网、铁路等先以铅笔绘入底图，后用墨线绘制。

（C）根据现状和规划资料，将各种现状和规划工程管线主要工程设施，以及防洪堤、防洪沟等以铅笔绘入图中。手绘法主要通过以上三个步骤完成底图的制作。实际工作中，可能会碰到现状和规划的各种图纸比例不一致的问题，须将供抄绘的原图缩放到统一比例后再描绘底图，确保准确。

② 机绘法：将基础资料输入电子计算机，经过筛选完成底图制作，通过绘图仪器输出底图，具体操作步骤如下：

513

（A）将现状地形图通过扫描仪、数码相机或数字化仪输入计算机，转化成 CAD 状态下的 DWG 文件。扫描仪与数码相机输入迅速，一般输入的文件先转化成 JPG 或 BMP 格式的图像文件，应用相应软件如 PHOTOSHOOP 等，将输入的零碎图形进行整理，删减多余的信息后再转化成 CAD 状态下的 DWG 文件。分块扫描的地形图应用相关软件完成地形图的拼合的过程，经拼合的地形图，合并成一个图形文件，就得到了一份完整的地形底图，储存在计算机中。数字化仪输入较慢，甚至比手绘图还慢，但可做到取舍得当，重要的是可以边输入资料边归纳分层，为后续工作提供方便，例如可将地形、河流、等高线、地面高程、规划道路网及各种工程管线等分层输入。一般小城镇的工程管线输入量较少，故只需将现状地形图和总体规划道路网、工业仓储、居住、公共设施等各类用地以及河流、铁路等通过数字化仪输入计算机，而工程管线可依据各种工艺管线规划和环状路直接落到计算机中的规划平面图上即可，规模较大的城镇，地形复杂，工程管线繁多，用数字化仪直接输入，是效率较高的方式。

（B）输入计算机的底图信息量庞大，可根据河流、路网、标高、等高线、分区界、各类工程管线、主要工程设施的不同图层进行分层处理；逐一归类，当同一工程管线的现状与规划矛盾时，以规划为准，删除多余的信息，使底图尽量简明、清晰。

机绘法与手绘法对所收集的各类资料的取舍是一致的，手绘法是比较传统的做法，单就总体规划管线综合阶段而言，手绘法操作灵活，工期短，且效率高。但从工程管线综合的全过程来看，规划设计人员沟通、调整，与委托设计单位沟通、汇报，手绘法制成的规划综合底图需不断修改，这时手绘法完成的规划设计，每次修改或深化方案都要重新制作底图。机绘法随计算机应用的普及，逐渐成为规划设计的主要方法。虽然它初期投入工作量大，但成果图出图灵活，图面精确，效果好且易修改，易长久保存等特点，使机绘法已成为管线综合规划设计最常用的方法。

因此，从长远的观点来看，随着计算机的广泛应用，机绘底图在工程管线综合规划中应予推广。机绘法制图还要求规划设计人员掌握一定的计算机基础知识，如数据库软件的应用，图形处理软件的应用等。一些专业规划设计人员与软件设计人员密切配合，工程管线综合也有一些专用的软件系列。规划设计人员可予以考虑。为将来城镇建立工程管线数据库、统一安排、统一管理提供基础资料。

2）综合协调方案

通过制作底图的工作，工程管线在平面上相互的位置关系，管线和建筑物、构筑物及城镇分区的关系一目了然。下一步骤就是确定工程管线综合的基本原则，如从整个城镇工程管线上看，重力管（污水、雨水管）可将雨水管线布置在道路中间，而将污水管线布置在人行道一侧；可设置污水管线在高程上略比雨水管线深一些，在道路的一侧设采暖管线及给水管线，而道路的另一侧设置煤气管线、电力、电信管线等，这些原则在某一工程中对于管线综合规划设计人员来讲是一个自己设定的原则，它首先须遵循固定规范的要求，又应与这一工程的实际情况紧密结合。而这一自己设定的原则也不是一成不变的。例如，在某一道路上可布置采暖管线与电力、电信管线在道路的一侧，而将给水与煤气管线布置在道路的另一侧；由于污水与雨水管线最终出口不同，经重力计算后的管道埋深，可能出现雨水管线位于污水管线下部的情况。

另一方面，工程管线综合的基本原则还是在与城镇建设（规划）部门以及各单项工程规划设计人员不断沟通、协商的条件下确定的。每项工程管线综合的基本原则都贯穿于工程规划设计的整个过程。从规划综合草图的设计到邀集有关单位、设计人员讨论定案，直到工程管线综合规划成果的编制。

在工程管线综合原则的指导下，检查各工程管线规划自身是否符合规范，各管线之间是否有矛盾，制订综合方案，组织专业人员共同进行研究磋商，确定或完善综合方案。综合方案确定后在底图上用墨线绘出或计算机上调整定案后，输出工程管线综合规划图，标注必要的数据，并附注扼要的说明。

解决工程管线平面布置上矛盾的同时，还要检查管线在竖向有无矛盾。根据收集的基础资料，绘制主要道路（指地下埋管的道路）的横断面图；然后将所有管线按水平位置间距关系，寻找各自在横断面上的位置，根据管线综合有关规范，各专业工程管线的规范，当地有关规定，进行协调综合，提出管线在道路横断面上合理的位置排列，组织有关专业工程管理部门进行协商，完善和确定工程管线道路横断面的综合方案。

编制城镇工程管线综合控制性详细规划时，还应结合道路网的规划，尽可能使各种管线合理布置，还要把较多的管线集中到几条道路上，城镇工程管线综合控制性详细规划图应包括工程管线道路横断面图，因为在道路平面中安排管线位置与道路横断面的布置有着密切的关系，有时会由于管线在道路横断面中布置不下，需要改变管线的平面布置，或者与控制性详细规划设计人员沟通，变动道路横断面形式，调整机动车道、非机动车道、分隔带、绿化的排列位置与宽度及至调整道路宽度。一般工程管线均应埋在城镇道路控制红线以内，并与道路中心线平行，避免乱穿空地，大部分管线须考虑埋在人行道和非机动车道下面，考虑将检修次数少的管线布置在机动车道下，一般沿道路中心线至道路红线方向，按雨水、污水、给水、热力、煤气、电信、电力这样的次序平行布置各条管线。做出道路横断面图后，我们就不难发现，埋地管线与架空线路，埋地管线与树木之间，埋地管线与邻近建筑物的位置距离，一目了然。这里需要注意三点，一是在目前重视城镇绿化的现代化城镇建设中，城镇管线与道路两侧的行道树，在沿道路中心线的平行布置上，应保持一定的水平间距。若过于靠近管线，树冠易与架空线路发生干扰，树根易与地下管线发生矛盾。第二点，小城镇在初期建设的时候，由于资金投入少，部分电力、路灯照明及通信等管线都是架空敷设的，但随着城镇的发展，特别是现代城镇建设中对城镇景观的要求越来越高，所以在做管线综合设计时，有条件者应为这些架空管路日后改为埋地管线敷设，在管线综合规划图中预留平面布置的位置。第三点，城镇中的内河、截洪沟、过境干线铁路、公路等障碍人为地将城镇管线化分成几个区域，在确定城镇管线综合总体规划方案时，应注意与各专业工程管线设计人员及城镇建设（规划）部门及铁路、水利等部门及时沟通，共同协商工程管线穿越铁路、河流的位置及穿越形式，尽量避免或减少穿越铁路、河流的次数，应有序地、合理地设置穿越位置，可设置沟或在现有铁路涵洞、跨越河流的桥梁处统一安排部分工程管线穿越障碍物。

（3）小城镇工程管线综合控制性详细规划成果

经过汇总协调与综合，确定了工程管线综合总体规划方案，第三阶段的工作是编制城镇工程管线综合规划成果。

小城镇工程管线综合控制性详细规划成果有图纸和说明书两部分，图纸部分包括城镇管线综合总体规划平面布置图及工程管线道路标准横断面图，这两份内容的图纸可在一张工程管线综合总图上表示，图中还应有图例并附简明扼要的说明，规划综合平面图比例通常采用 1：5000～1：10000，比例尺的大小随城镇规模的大小、管线的复杂程度等情况而有所变更，但应尽可能与城镇控制性详细规划图的比例尺一致。

　　小城镇工程管线综合控制性详细规划成果随委托方式不同而略有差异，如果委托方委托规划设计部门作城镇控制性详细规划，工程管线综合规划包括在城镇总体规划成果中，说明书部分作为城镇控制性详细规划说明中的一个章节，应简明，出图比例应与控制性详细规划相一致；若委托方只委托规划设计部门作城镇工程管线综合控制性详细规划设计，则须有详细的综合规划设计说明书。另外，管线综合控制性详细规划图为便于存档、携带，往往除了要完成大比例的彩色挂图外，还可能出成 A3 纸幅面大小的小比例图纸，这时道路中的各工程管线可能因比例太小而无法看清其各种的位置关系。这里就需作局部街道及交叉路口的平面放大节点详图。附在管线综合总平面图后，图例及说明也可另出图。

　　1）小城镇工程管线综合控制性详细规划平面图中包括下列主要内容：

　　① 自然地形：包括主要的地貌以及表明地势的等高线。

　　② 城镇现状：包括现有的工厂、建筑物、铁路、道路、给水、排水等各类管线以及它们的主要设备和构筑物（如铁路站场、自来水厂、污水处理厂及泵房等）。

　　③ 规划的工业企业厂址、规划的居住区道路网、铁路等。

　　④ 各种规划工程管线的布置和它们的主要设备及构筑物等有关的工程设施及防洪堤、防洪沟等设施。

　　⑤ 标明道路横断面的所在地段等。

　　2）道路标准横断面图

　　图纸比例通常采用 1：200，图纸内容有：

　　① 道路的各组成部分，如机动车道、非机动车道、人行道、绿化分隔带、绿化带等，还应标出路灯及行道树的位置。

　　② 规划确定的工程管线在道路中的位置，包括沿道路中心线左右的横向定位以及距离路面的相对高差。

　　③ 道路横断面的编号。道路标准横断面的绘制方法比较简单，可参考总体规划路网布置图中道路横断面，只需根据该路段道路中的管线布置逐一配入道路规划所作的横断面。注上必要的数据。道路横断面的图中各种管线相对距离及与建筑物的距离，与绿化树木的距离，应符合各有关单项设计规范的规定。

　　绘制城镇工程管线综合总体规划图时，也可不把电力、电信架空线路绘入综合总体规划图中，而在道路横断面中定出它们与建筑线的距离，就可控制它们的平面位置，把架空线绘入综合规划图后，会使图面过于复杂。

　　3）小城镇工程管线综合控制性详细规划说明书

　　工程管线综合控制性详细规划说明书的内容包括所综合的管线，引用的资料和资料的准确程度，规划管线综合的原则和根据，单项专业工程详细规划与设计应注意的问题等。

12.3.2　管线综合修建性详细规划

　　工程管线综合修建性详细规划是小城镇详细规划中的一门专项规划，协调城镇详细规划中各专业工程详细规划的管线布置，确定各种工程管线的平面位置和控制标高。通常，工程管线综合修建性详细规划是在城镇详细规划和专业工程详细规划的后阶段进行，并反馈给各专业工程，协调修正各专业工程详细规划。编制工程管线综合修建性详细规划内容更加深入，与现状各种工程管线结合更加紧密。小城镇的一个新建区或局部组团往往需要编制修建性详细规划，这样，管线综合规划设计人员就结合新建区或局部组团编制的修建性详细规划，开展工程管线综合修建性详细规划的编制工作，规划一般也分三个阶段：① 基础资料收集；②汇总综合，协调定案；③编制规划成果。

（1）小城镇工程管线综合修建性详细规划的基础资料

小城镇工程管线综合修建性详细规划在实际操作中常有两种情况：一种是在城镇工程管线综合控制性规划完成的基础上，进行某一地域的工程管线综合修建性详细规划；另一种是该城镇未有城镇工程管线综合规划，直接进行某一地域的工程管线综合修建性详细规划。前者收集基础资料，相对比较简单，工作量少，原有的控制性详细规划的成果可直接利用，只需要进一步收集详细规划方面的资料，即可进行管线综合的修建性详细规划设计。后者收集基础资料，不仅需要详细规划方面的资料，而且还要总体规划有关的基础资料。下列是工程修建性管线综合详细规划所需的基础资料，它比编制控制性详细规划的内容更详尽。

1）自然地形资料：规划区内地形、地貌、地物，地面高程（等高线），河流水系等。这些资料一般由规划委托方提供的最新地形图（1：500～1：2000）上取得。

2）土地使用状况资料：规划区修建性详细规划总平面图（1：500～1：2000），规划区内现有的和规划的各类单位用地建筑物、构筑物、铁路、道路、铺装硬地、绿化用地等分布。

3）道路系统资料：规划区内现状和规划道路系统平面图（1：500～1：2000），各条道路横断面图（1：100～1：200），道路控制点标高等。

4）小城镇总体规划资料以及部分控制性详细规划的资料，还包括城镇工程管线排列原则与规定，本规划区内各种工程设施布局，各种工程管线干管的走向、位置、管径等。

5）各专业工程现状和规划资料：规划区内现状各类工程设施和工程管线分布，各专业工程详细规划的设计成果，以及相应有关技术规范。城镇给水、排水、供电、电信、供热、燃气等城镇常有工程管线综合详细规划需收集的基础资料。主要内容有：

① 给水工程管线综合资料：本规划区的供水水源，包括现有、在建和规划的地表水水厂、地下取水和净水构筑物的规模、位置，以及水源卫生防护带范围。本区现状和规划的高位水池、水塔、泵站等输配水工程设施的规模、位置，与管网系统的衔接方式。城镇给水总体规划确定在本区内的输配水干管走向、管径。本区现状给水详细规划的输配水管线的走向、平面位置、管径、控制点标高，以及各条给水管在道路横断面的排列位置。

② 排水工程管线综合资料：本规划区内现状和规划的排水体制（雨水分流制，或雨污水合流制）。城镇排水总体规划布局的雨污水干管渠的走向、管径。本区排水工程详细规划的雨污水管道沟渠的位置、管径（或沟渠截面）、控制点标高与埋深；以及各条排水管道、沟渠在道路横断面的排列位置。

③ 供电工程管线综合资料：本规划区现状和规划的电源（电厂，变电所）、配电所、开闭所等供电设施的位置、规模、容量、平面布置等。区内高压架空电力线路的走向、位

置、用地要求等。本规划区供电详细规划的输配电网布局，各种电力线路敷设方式（架空，直埋，管道等），线路回数，电缆管道孔数与断面形式，电缆或管道的控制点标高与埋深。

④ 通信工程管线综合资料：本规划区内现状和规划的电话局、所的数量、规模、容量、位置。本区电话网络规划布局与接线方式（架空、直埋、管道）、电话电缆管道孔数与断面形式、电缆或管道控制点标高与埋设方式。电缆接续设备（交换机，接线箱等）的数量、位置、容量。有线电视台、有线广播站台的布置，有线电视线路的分布、位置、敷设方式（架空，电缆直埋，光缆共用等）、线路数量、线路控制点标高与埋深。

⑤ 供热工程管线综合资料：本规划区内现状和规划的热电厂、集中锅炉房、热力站的位置与规模。热力网的形式与规划网络结构。本区详细规划的蒸汽、热水管道的压力等级、敷设方式（架空、地敷、地埋）、走向、管径、断面形式、控制点标高与埋深。

⑥ 燃气工程管线综合资料：本区现状和规划的燃气气源种类（人工煤气、天然气、石油液化气、沼气等）、气源厂位置与规模，城镇燃气网压力等级。本区燃气详细规划的供气工程设施（储气站、调压站等）的位置，规模、压力等级。燃气管网的布局，各种压力等级的燃气管道走向、管径、压力等级、敷设方式（一般均为地埋）与埋深。

（2）城镇工程管线详细综合协调

工程管线综合修建性详细规划的第二阶段是对基础资料进行归纳汇总，将各专业工程详细规划的初步设计成果按一定的排列次序汇总到管线综合平面图上。找出管线之间的矛盾，组织相关专业讨论调整方案，确定工程管线综合详细规划。第二阶段的工作可按以下步骤进行。

1）准备底图

操作过程和工程管线综合控制性详细规划的阶段相似，并且将图纸比例放大，深度加强。如果工程综合修建性详细规划是采用机绘法完成，则可以直接摘选总体综合成果中相应地域的信息，在计算机中继续深化，再输入城镇详细规划和各专业工程详细规划的初步设计成果等相关资料。

2）工程管线平面综合

通过前一步骤制作底图的工作，管线在平面上相互的位置与关系，管线与建筑物、构筑物的关系一目了然。第二步骤就是在工程管线综合原则的指导下，检验各工程管线水平排列是否符合有关规范要求，发现问题，组织专业人员共同进行研究和处理，制订平面综合的方案，从平面和系统上调整各专业工程详细规划。

3）工程管线竖向综合

前步骤基本解决了管线自身及管线之间，管线和建筑物、构筑物之间平面上的矛盾，本阶段是检查路段和道路交叉口工程管线在竖向上分布是否合理，管线交叉时垂直净距是否符合有关规范要求。若有矛盾，需制订竖向综合调整方案，经过与各专业工程详细规划设计人员共同研究、协调，修改各专业工程详细规划，确定工程管线综合修建性详细规划。

① 路段检查主要在道路横断面图上进行，逐条逐段地检核每条道路横断面中已经确定平面位置的各类管线有无垂直净距不足的问题。依据收集的基础资料，绘制各条道路横断面图，根据各工程详细规划初步设计成果中的工程管线的截面尺寸、标高检查两条管道

垂直净距是否符合规范，在埋深允许的范围内给予调整，从而调整各专业工程详细规划。

② 道路交叉口是工程管线分布最复杂的地区，多个方向的工程管线在此交叉，同时交叉口又将是工程管线各种管井密集的地区。因此，交叉口的管线综合是工程管线综合详细规划的主要任务。有些工程管线埋深虽相近，但在路段不易彼此干扰，而到了交叉口就容易产生矛盾。交叉口的工程管线综合是将规划区内所有道路（或主要道路）交叉口平面放大至一定比例（1：500～1：1000），按照工程管线综合的有关规范和当地关于工程管线净距的规定，调整部分工程管线的标高，使各条工程管线在交叉口能安全有序地敷设。

（3）小城镇工程管线综合修建性详细规划成果

小城镇工程管线综合修建性详细规划的成果主要有图纸和文本两个部分：

1）工程管线综合修建性详细规划平面图。图纸比例通常采用1：1000，图中内容和编制方法，基本上和管线综合修建性详细规划图相同，而在内容的深度上有所差别。编制综合修建性详细平面图时，需确定管线在平面上的具体位置，道路中心线交叉点，管线的起讫点、转折点以及工厂管线的进出口注上坐标数据。

2）管线交叉点标高图。此图的作用主要是检查和控制交叉管线的高程——竖向位置。图纸比例较综合详细规划平面图有所放大（在综合详细平面图上复制而成，但不绘地形，也可不注坐标。放大比例，分区域或道路交叉点进行绘制），并在道路的每个交叉口编上号码，便于查对。

管线交叉点标高的表示方法有以下几种：

① 在每一个管线交叉点处画一垂距简表（表 12.3.2-1），然后把地面标高、管线截面大小、管底标高以及管线交叉处的垂直净距等项填入表中。如果发现交叉管线发生冲突，则将冲突情况和原设计的标高在表下注明，而将修正后的标高填入表中，表中管线截面尺寸单位一般用毫米，标高等均用米。这种表示方法的优点是使用起来比较方便，缺点是管线交叉点较多时往往在图中绘不下。

垂距简表   表 12.3.2-1

名　称	截　面	管底标高
净距		地面标高

② 先将管线交叉点编上号码，而后依照编号将管线标高等各种数据填入另外绘制的交叉管线垂距表（表 12.3.2-2，以下简称垂距表）中，有关管线冲突和处理的情况则填入垂距表的附注栏内，修正后的数据填入相应各栏中。这种方法的优点是可以不受管线交叉点标高图图面大小的限制，缺点是使用起来不如前一种方便。

③ 一部分管线交叉点以垂距简表表示，另一部分交叉点编上号码，并将数据填入垂距表中。当道路交叉口中的管线交叉点很多而无法在标高图中注清楚时，通常又用较大的比例（1：1000 或 1：500）把交叉口画在垂距表的第一栏内（表 12.3.2-2）。采用此法时，往往把管线交叉点较多的交叉口，或者管线交叉点虽少但在竖向发生冲突等问题的交叉口，列入垂距表中。用垂距简表表示的管线，它们的交叉点既少，而且又都是没有问题的。

交叉管线垂距表　　　　　　　　　　　　　　　表 12.3.2-2

道路交叉口图	交叉口编号	管线交点编号	交点处地面标高	上　面				下　面				垂直净距(m)	附注
				名称	管径(mm)	管底标高	埋设深度(m)	名称	管径(mm)	管底标高	埋设深度(m)		
		3	1 2 3 4 5 6	给水 给水 给水 雨水 给水 电信				污水 雨水 雨水 污水 污水 给水					
		1		给水				污水					
		2		给水				雨水					
		3		给水				雨水					
		4		雨水				污水					
		5		给水				污水					
		6		雨水				污水					
		7		电信				给水					
		8		电信				雨水					
	5	1											
		2											

520

④ 不绘制交叉管线标高图，而将每个道路交叉口用较大的比例（1：1000 或 1：500）分别绘制，每个图中附有该交叉口的垂距表。此法的优点是由于交叉口图的比例较大，比较清晰，使用起来也比较灵活，缺点是绘制时较费工时，如果要看管线交叉点的全面情况，不及第一种方法方便。

⑤ 不采用管线交叉点垂距表的形式，而将管道直径、地面控制高程直接注在平面图上（图纸比例 1：500）。然后将管线交叉点两管相邻的外壁高程用线分出，注于图纸空白处。这种方法适用于管线交叉点较多的交叉口，优点是既能看到管线的全面情况，绘制时也较简便灵活。

表示管线交叉点标高的方法较多，采用何种方法应根据管线种类、数量、以及当地的具体情况而定。总之，管线交叉点标高应具有简单明了、使用方便等特点，不拘泥于某种表示方法，其内容可根据实际需要而有所增减。

3）修订道路标准横断面图。在编制工程管线综合修建性详细规划时，有时由于管线的增加或调整规划所作的布置，需根据综合详细平面图，对原来配置在道路横断面中的管线位置进行补充修订。道路标准横断面的数量较多，通常是分别绘制汇订成册。

在现状道路下配置管线时，一般应尽可能保留原有的路面，但需根据管线拥挤程度、路面质量、管线施工时对交通的影响以及近远期结合等情况作方案比较，而后确定各种管线的位置。同一道路的现状横断面和规划横断面均应在图中表示出来，表示的方法，或用不同的图例和文字注释绘在一个图中，或者将两者分上下两行（或左右并列）绘制。

4）工程管线综合修建性详细规划说明书

工程管线综合修建性详细规划说明书的内容，包括所综合的各专业工程详细规划的基本布局，工程管线的布置，国家和当地城镇对工程管线综合的技术规范和规定，本工程管线详细规划的原则和规划要点，以及必须叙述的有关事宜；对管线综合详细规划中所发现的目前还不能解决、但又不影响当前建设的问题提出处理意见，并提出下阶段工程管线设计应注意的问题等。

工程管线综合修建性详细规划的基本内容和方法，已如上述，关于所作图纸的种类，应根据城镇的具体情况而有所增减，如管线简单的地段，或图纸比例较大，可将现状图和规划图合并在一张图上。管线情况复杂的地段，可增绘辅助平面图等。有时，根据管线在道路中的布置情况，采用较大的比例尺，按道路逐条逐条地进行综合和绘制图纸。总之，应根据实际需要，并在保证质量的前提下尽量简化综合规划工作量。

12.4 小城镇工程管线综合规划例解

小城镇工程管线的规划有其特殊性，往往许多城镇发展较慢，随着近几年国家建设重点逐渐向小城镇转移，小城镇的建设正赶上这一时代发展的机遇，但是受资金及地方经济发展状况的制约，在小城镇市政公用设施建设上力求实用，但又不能只顾眼前利益，在工程管线规划设计建设上标准过低，造成重复建设和资金投入的浪费。以下我们选择了几个工程实例，由浅入深地介绍了小城镇工程管线综合规划情况。

521

12.4.1 A 城镇管线综合例解

A 城镇沿河呈条形分布，东部是集中的工业区，西部是居民区，规划功能分区十分鲜明，工程管线规划主要有工业给水管网、生活供水管网、污水管网、雨水管网及电力、电信工程管线。

依据地形，西部工业区污水管网主要是收集各厂矿企业污水，统一集中进行处理，包括部分生活污水，由于西部工业企业生产废水主要有两个大的工厂排出，经现场取样调查，其生产废水量较大，可集中进行处理。故本次规划在城镇西部设工业污水处理厂一座。而城镇东部污水主要以生活污水为主，可统一收集后进入生活污水处理厂进行处理。A 城镇的另一个特点是区域供水采用分质供水系统，生产需水量较大，沿河岸打井取浅层地表水，统一铺设工业生产供水管网，而居民生活用水水源则来自河流上游的水源地。这是一个典型的工业性城镇的工程管线规划布置范例。它的规划特点是在工程管线综合规划初期，应详细了解当地的实际情况，充分与当地政府及各大型企业沟通，只有这样才能完成一个科学的、切合实际的规划设计。

A 城镇电力及电信干线的敷设方式有两种，即埋地和架空方式。受资金的限制，大部分的电力、电信线路采用架空方式，建议城镇内新建小区采用地下电缆供电。

在工程管线综合规划上，本次规划考虑工业给水与生活给水管道在道路同侧铺设，污水管道与给水管道分别设置在道路的两侧，通信电缆电力线路分开敷设各走一侧，雨水管道布置在道路的中心，工程管线竖向综合应遵循前面所叙述的管线综合原则，城区雨水的排除应就近收集后排入河流中。原城区中部分合流制管道应逐步改造成分流制，新建城镇排水管网应采用分流制。

12.4.2　B 城镇管线综合例解

B 城镇呈山地丘陵地貌，地势南高北低，两条河流交叉于镇区中部，顺地势由北部流出城镇。B 城镇现状人口近 10 万人，在规划年限内，全镇人口将增加到 15 万人（含流动人口）。城镇内依山傍水，一座中型水库及城边山区的温泉为全镇提供了宝贵的旅游资源。镇内天然富饶的矿产，决定了全镇的主要财政收入来源于采矿业。B 城镇建制历史悠久，随着近几年来城镇建设步伐的加快，一座现代化的环境优美的新型城镇已逐步形成。

由于城镇地形、地貌的限制，镇区内人口规模相对较小，在工程管线规划中只考虑统一的给水、排水管线及电力、电信工程管线，由于该城镇位于北方，供暖只考虑设置区域供热、锅炉房，而不规划集中供热管网。同大多数小城镇一样，本次规划也不考虑燃气输送管线的规划。在规划年限内，居民自家配备石油液化气罐。燃料来自城区内的液化气站。

（1）给水工程规划

现状镇区内供水系统有四个，一个是镇自来水公司，为城镇主要供水单位，其余三个是各区域的企业自备水源供水系统。随着企业自备水源井的逐步衰减，水资源需统一管理。全镇供水将渐渐由镇自来水公司承担。配水管网在城镇中心区规划成环状网，以提高供水的安全可靠性。使区域供水趋于合理、节能。

全镇目前可利用的水源有两个，其一是城区西南部的水库，其二是地下水，水库水资源由省一级单位管理，其水资源主要供临近的两座大城市居民和工业用水，且用水指标已分配完，已无多余的水资源供给本城区。另外水库水质需经复杂的处理构筑物净化后才可饮用，且增加输水管线，增大供水的单价，不但投资高，也会增加城镇居民的负担。结合小城镇的财力和发展，规划采用地下水，作为城镇供水水源。

规划采用分区供水，城区东南部仍由现有供水系统供水，距城区中心地带较远的地区可就近打井，单独供水。城区中心地带原有供水能力不足，设施简陋，管网落后，可在城南就近开辟新的水源，完善城区供水管网，输水及配水管线应尽可能按现有或规划道路铺设，对城区中心供水要求高的地带敷设成环状网，改造城区自备水源供水管网，与市政供水管网相连，形成全镇统一的供水管网系统，改善区域供水不足、供水水质差的状况。

城镇消防供水按总体规划分区设置，根据规范规定其标准：1 万人以下居住区同一时间内的火灾次数为 1 次，1 次灭火用水量 10L/s，1～2.5 万人居住区同一时间内的火灾次数为 1 次，1 次灭火用水量为 15L/s。

（2）排水工程规划

镇区内两条河流是城镇污水的主要接纳水体，城镇排水管网系统虽经多年建设仍不十分健全，城区排水没有明显的分区划分界线，排水体制为合流制，城镇中的生活污水及雨水经合流制管道或明渠、暗渠就近直接排入水体。

规划城镇新建区一律采用雨、污分流制，已建成的城区，有条件者可由目前的合流制逐步改为分流制，部分改造确有困难的，可经截流合流制过渡到分流制，远期在城镇北部设污水处理厂一座。

排水规划依据城镇总体规划，城区内现有的给水、排水及防洪规划的有关文件、资料进行制定。

雨水排水系统规划，应合理选用暴雨强度公式，设计暴雨重现期为 $P=1$ 年，雨水排水管网是随着城区建设的发展而逐步完善的，雨水排除应就近排放，对极少数低洼处的雨水排放口应设控制阀门，汛期关闭阀门并采用临时泵排水。

污水排水系统规划首先应确定污水量。B 城镇污水量较少，可参照城区给水量，规划中生活污水量按生活给水量的 90％ 计，工业废水按工业用水量的 80％ 计，污水厂厂址的选择依据城区用地布局与地形条件，考虑近远期开发建设时序，保证卫生要求。规划污水处理厂厂址位于城区北部，污水处理达标后排入附近的河体内。

污水管道的布置是否合理、经济是设计污水管道系统的先决条件，是污水管道系统设计的重要环节。管道定线一般按总干管、干管、支管顺序进行。管道应尽可能地在路线较短、埋深较小的情况下，让最大区域的污水能自流排出。定线时通常还要综合考虑地形和水文地质条件、道路宽度、地下管道及构筑物的位置以及发展远景和修建顺序等因素。B 城镇，地形由南向北倾斜，为充分利用地形条件，降低管道埋深，污水干管顺地面坡度敷设，全镇分为四个排水分区，西部排水分区干管末端设提升泵站一座，各居民小区排水管道按排水分区直接或间接排入污水总干管，城区中心地带面积大，且东部排水分区污水干管流经城区中心地带。主干管汇集中部及东部两个分区的污水后，统一过河倒虹管。污水集水总干管接入污水处理厂前设总提升泵站。全镇污水经总提升泵站提升后，流入污水处理厂。工业企业废水含重金属，需单独设工业废水处理站，达标后方可排入市政排水管网。

（3）供电工程、电信工程规划

B 城镇供电电网线路基本采用架空方式，10kV 配电线路只有少量采用直埋方式设置，电信电缆选择比较永久的道路上敷设，这样便于施工维护、技术合理，经济上可行。而且有利于城镇远期的发展，便于近期、远期相结合。通信电缆与电力线路分开敷设，各走道路一侧。

收集到各种工程管线的规划后，进行工程管线的综合规划，B 城镇道路上工程管线较少，全区地势坡降较大，绘制统一的管网综合图，规划部门需综合各单项工程管线规划方案，定出管网综合的基本原则；如污水管道与雨水管道交叉时，污水管道位于下部；雨水管道位于规划道路中部，污水管道一般布置在规划道路右侧的人行道下。

12.4.3　某镇工业园区工程管线及综合规划例解

现在新建的工业园区或高新技术园区基本上是在小城镇的基础上逐步发展起来的。这些园区有一个共同的特点，就是距离大城市较近，建设标准较高，各种工程管线规划设计较完善，例如下面介绍的这一例子，是一个工业园区，位于一个小城镇内，结合地理状况，重新进行规划，原有的基础设施建设较少，近几年城镇发展较快，现已发展成一个高新工业园区，进驻园区的企业多为国内及国际知名的大企业。工业园区所在地理位置优越，交通十分便利，工业园区依托邻近城市。在工业园区建立初期就确定一个建设目标，即建成一个技术创新，产、学、研相结合的改革先试先行基地。强调环境及生态保护的原则，走可持续发展的道路。这一个小城镇的建设目标较高，地方经济财力也较雄厚。

在规划区发展目标指引下，园区工程管线规划相应地要求也比较高。本规划园区的工程管线有给水管网，园区绿化给水管网，污水管网，雨水管网，热力管网，燃气管网，电力外线，电信工程线缆 8 种工程管线。

园区内地势北高南低，东西高中部低，平均坡度 0.5%～3%，地势平坦开阔，园区北侧有 110kV 变电站一座。南侧有地下光缆、水源输水干管及燃气输气干管、城市热电厂一座，这些是园区开发建设的基础条件。园区内规划主干管道路红线宽度 42m，次干道宽 24m 和 21m。其中道路两侧绿化带及人行道宽均为 6m。为适应园区经济发展的需要，加强基础设施建设，建立完善高效的供水、排水、电力、供热、环卫、防洪、消防、环保等基础设施系统是建设现代化高新工业园区的重要组成部分。

(1) 给水工程规划

根据园区的位置、气候、工业性质、用地规模等确定区内供水标准，估算用水量，规划区内供水普及率为 100%。结合园区的绿化、景观道路，设置园区绿化用水管线，供水管网为环状网和枝状网相结合。园区内设一座地表水净水厂。

(2) 排水工程规划

依据国家环保政策和规范，排水体制采用雨、污分流制。

1) 污水工程

污水量按给水量的 80% 计算。规划近期在园区西南建一座污水处理厂，污水处理将达到二级处理标准，污水管线采用钢筋混凝土管，污水管道顺地势沿道路由北向南铺设，北部部分污水经提升后接入南部污水干管，工业污水排入需满足《污水排入城市下水道水质标准》的规定。

2) 雨水工程

园区内大部分地形坡度在 1%～3% 之间，属平坡地形，规划充分利用地形条件，减少土方工程量，划分 2 个排水分区。暴雨强度公式中，主干管设计重现期 $P=1.0$ a，干管设计重现期 $P=0.5$a，综合地面径流系数取 0.5，重要地区和积水地区设计重现期应取 $P=1.5$a。

(3) 电力工程规划

在园区北侧有 110kV 变电站一座，由北往南有两条 66kV 高压线，根据园区建设标准，确定园区为一类负荷，规划在园区北侧，高新九路旁新建一座 35kV 变电站，变电站将成为园区的电源点，输配 10kV 电缆线路，为园区提供安全可靠的电力资源，10kV 配电线路采用环状网布置，地埋敷设，分别通至各地块的 10kV 变电站，再由 10kV 变电站变压后供各用户使用。

(4) 电信工程规划

园区规划建设邮电支局一个，电话线路由园区东部接入，采用枝状、环状网埋地电信管道光缆铺设，通过电信总局实现与市话网程控联网，规划邮电支局建立微机处理系统，实现营业窗口与枢纽系统的联网。

有线电视线路采用地埋电缆铺设，电讯、通信光缆统一纳入沿路铺设的 18 孔电信排管。

(5) 供热工程规划

园区综合供热指标采用 80W/m²，近期启动地块供热来自园区南部的热电厂，远期建设供暖锅炉房一座。

为调节区域供热平衡，规划设热力站一座，占地约 100m²。供热热网与用户通过热力站连接，采暖供回水温度采用95~70℃，管网采用地下直埋敷设。加强热网保温性能，降低热网损失。

（6）燃气工程规划

园区燃气采用天然气，燃气气源从园区南部干管接入，管网采用环网方式，输送至用户，采用单级中压输配管网，经用户专用调压设施调至低压所需压力经计量后进入各地块用户。

燃气管网管材采用钢管埋地敷设，管网布置应严格遵守现行《城镇燃气设计规范》，确保安全距离。

（7）工程管线综合规划

由于园区工程管线较多，首先确定工程管线布置原则，原则一：可将热力管线、燃气管线及通信线缆放在道路的一侧，将给水、污水管线，电力电缆放置在道路的另一侧；原则二：将园区雨水排水管线位于道路中间；原则三：道路两侧各工程管线间距为1.5m，并且沿人行道及绿化带下部平行铺设；原则四：污水管道在与雨水管道及给水管道交叉时，应位于最下方；原则五：各工程管线施工过程中应在各地块相应位置预留过路支管，以利于地块口各工程管线的支管线接入，某镇工业园区管线综合规划见图12.4.3。

	规划污水管网		规划煤气管网		规划电力管网
P		2		5	
	规划雨水管网		规划给水管网		规划电信管网
Y		3		6	
	规划热力管网		规划绿化水管网		
1		4			

图12.4.3　某镇工业园区管线综合规划图

12.4.4　某镇工业区控制性详细规划管线综合例解

本例是一个小城镇工业区控制性详细规划，规划区域内地势变化较大，地形复杂。规划区内众多企业已经落户，工程管线主要有：给水、中水（工业企业用水）、污水、压力流排水、雨水、电力、电信、热力、燃气管道和排洪沟。本项规划各基础资料收集较复杂，合理的布置管线综合需要与规划部门很好地协商，还需走访各工业企业，收集的资料越详尽，工程管线综合规划才能更切合实际。

12.4.5　某镇修建性详细规划管线综合例解

本工程实例是一个复杂的区域管线综合，该区域位于某小城镇规划区中心，结合本区域修建性详细规划，区域内各工程管线与外部市政道路下的主管线有交叉。在区域内需综合的各种工程管线多达12种，这12种管线均为埋地管线，而架空铺设的电力及道明线路未在图中表示，在众多的工程管线中有污水管线，雨水管线，热力管线，给水及消防管线，还有各种工艺管线，做好复杂的区域管线综合，在熟悉前两节叙述的管线综合布置的原则与方法的同时还需具体了解每一种管线的功能，管线的接管点，确定各种管线的布置原则，经多次调整后得出最后的管线综合成果图。

就本例而言，第一步，我们先需确定与各工程管线相联结的各建筑物的定位坐标，标出区域道路的定位坐标及道路宽度，建筑物与道路之间的距离。第二步，需要对区域内道路竖向及各建筑物所在场地的平整标高有详细的了解，确定道路的坡向，区域排水方向，画出道路纵断面图。第三步，要了解规划区域周边工程管线干线的位置及连接点，各种边界条件了解得越细，对下面的管线综合越有利。

以上三个步骤是为管线工程综合做最初的准备，绘制出规划区域的道路竖向图及平面定位坐标图。接下来，我们就开始布置这十几条管线了，依据前面我们提到的工程管线综合布置原则里的一条，即先布置重力管线，后非重力管线的原则，可以先找出各建筑物的排水点，布置区域污水管网及规划区域内的雨水管网，再逐一布置热力管线，各种工艺管线，最后布置区域给水消防管线。各工程管线平面布置完成后，绘制各种工艺管线总平面布置图，确定每一条工艺管线拐点及交叉点坐标，标出各工艺管线相对距离及工程管线与道路中心线，建筑物边线的相对距离，完成了各种工程管线的平面定位后，下面的工作就是确定各工程管线的竖向埋深。标明各种工程管线拐点、交叉点的地面标高，管中心标高及管道埋深，标明了各管线的管径，坡度等相关数据，必要时需绘制主要干管的横断面图。

工程管线综合是一个繁琐、细致的工作，需要认真，在表达上要简洁、明了。工程管线交叉处，各管道埋深需多次调整，有时设置工程管线时不能满足工程管线交叉时最小垂直净距需要时，需作特殊的工程实施方案，例如增加套管，合并某些工程管线，使之位于同一管沟中统一埋设等。为了标明各种管线的平面定位及埋深等数据，有时要画出局部放大的节点图。

以上我们通过五个工程实例说明了小城镇工程管线规划中所遇到的从简单到复杂，从规划综合到设计综合在实际工程中的应用情况，工程管线规划碰到的实际情况还很多，但是只要掌握了各种工程管线规划原则和布置方法，了解每一次规划的范围，规划的深度，那么在实际工程中，所遇到的任何问题都会迎刃而解了。

主要参考文献

1　戴慎志主编. 城镇工程系统规划. 北京：中国建筑工业出版社，1999

2　王炳坤编. 城镇规划中的工程规划. 北京：中国建筑工业出版社，1999

3　裴杭编. 城镇规划. 北京：高等教育出版社，1988

4　胡修坤主编. 村镇规划. 北京：中国建筑工业出版社，1993

5　肖敦余，胡德瑞编. 小城镇规划与景观构成. 天津：天津科学技术出版社，1989

第 13 章 规划案例分析

从市政专项规划要求考虑，本章分别选取规划较复杂和有代表性的城镇密集地区小城镇和历史文化名镇旅游型特色小城镇基础设施规划案例。通过对上述规划案例的规划特征分析，目的比较不同地区、不同类别、不同发展时期和规划阶段的相关小城镇基础设施工程规划的基本要求与差异，通过不同案例分析找出如何使不同地区、不同类别相关规划更适合小城镇实际要求。

值得指出，本章案例分析仅作为规划方法的举例分析，对原规划内容作适当修改与删减，同时提出规划完善与规范化的若干参考与建议。

13.1 例1 城镇密集地区、城市郊区小城镇基础设施规划

容桂镇地处珠江三角洲腹地，位于顺德市东南，北隔德胜河与顺德市新城区相望，西邻顺德杏坛镇，东邻番禺，南接中山。

镇域地势西部略高，东部稍低，除马岗、小黄圃等有一些小山丘外，大部分土地属冲积平原，水网交织。

容桂镇由容奇、桂洲两镇强强合并而成。镇域总面积 7923.9 公顷，下辖 19 个居委会、7 个村委会，全镇户籍总人口 17.13 万，暂住人口 10.18 万，城镇建设用地 25.65km^2，总人口（含暂住人口）24.86 万。顺应顺德市城乡一体发展需要，远期在建设顺德市中心城市的过程中，容桂镇将撤镇建区，远期规划人口 45 万，用地 47km^2。

规划特征分析：

（1）本例为位于经济发达的珠三角城镇群、城市规划区，并在远期有条件成为中心城市组成部分的经济强镇，依托区域和城市基础设施条件好，特别是区域交通道路系统、电力系统等方面条件与大城市差别较小，结构比较复杂，不同等级设施齐全。

（2）基础设施规划起点要求高，既有近期主要的小城镇特点，又有远期更多城市的相关要求，规划需更多突出小城镇规划标准与城市规划标准的衔接与协调，强调近期规划与远期规划的衔接与一致。

（3）本例可作相关工程专项规划比较。

案例说明：

本例选自中国城市规划设计研究院深圳分院完成的顺德市容桂镇总体规划，为突出总体规划编制重点，编者对规划内容作了适当修改，对电力规划原 10kV 电压等级内容等作了较大删减。

13.1.1 综合交通规划

容桂镇综合交通规划主要包括两大部分，即城市对外交通和城市内部交通。其中城市

对外交通部分主要指容桂镇行政区域范围内的城区与周围城市、城镇之间的交通，包括公路、港门、货运中心、长途客运站等，城市内部交通部分主要指容桂镇内部的交通，包括城市道路、静态交通、公共交通及公交设施等，它们构成一个联系紧密的、有机的城市综合交通体系。

（1）规划目标

1）从广东省、珠三角、顺德市区域角度出发，将容桂镇交通体系融入大区域之中，建立以高速公路、城市快速路、水运为骨架的交通运输系统，形成与顺德市、珠三角和广东省运输体系相衔接，与香港水运相协调的综合交通运输体系。

2）积极、优先发展顺德市各城镇之间快速便捷的公共交通方式，确立现状 105 国道为以快速公共交通为主导的城市快速路，适度发展私人小汽车，逐步限制摩托车数量，形成多种交通工具协调发展的安全、经济的城镇客运公共交通体系。

3）建立与城镇布局和土地利用相适应，由城镇快速路、主干道、次干道和支路组成的结构合理的城市道路网络系统，满足城镇不断增长的交通要求，促进并引导城镇合理有序地发展。

4）加强视静态交通及配套建设管理，建立与土地利用性质、开发规模以及停车需求的时空分布相适应的城镇静态交通系统。

（2）对外交通规划

1）对外公路规划

容桂镇现状对外公路主要有 105 国道、碧桂公路两条，对外公路出入口有 4 个，现状 105 国道（广珠公路）在容桂镇境内全长约 6700m，为双向八车道，南可至中山市、珠海，经虎门大桥可至珠三角东部各城市，北部贯穿顺德市 5 个镇区至广州，是目前容桂镇主要的出入口公路，昼夜交通量达到 3.43 万辆（按标准车预算）。

现状碧桂路在容桂镇境内全长约 5500m，为双向四车道，南起桂洲大道，北部从顺德新城区边缘通过至顺德碧桂园。

根据顺德市交通系统规划，容桂镇对外交通干道系统形成"三纵一横"格局，即伦桂路、105 国道、碧桂路三纵和红旗路一横。远景还可考虑在顺德大学东侧、顺德客运港西侧之间建一座跨容桂水道的大桥，北接顺番公路，南经容桂镇东部至中山市的城市快速路，使容桂镇对外交通系统形成"四纵一横"格局。

伦桂路南起红旗路，北部从顺德市中心城区大良、伦教组团西侧通过至伦勒路，为连接顺德市中心城区各组团的城市快速路。

105 国道为纵贯顺德南北五镇区之间的以客运为主体的城市快速路。

碧桂路南段向南延伸至中山市，为以货运交通为主体的城市高速公路。

红旗路东起碧桂路，西经规划中的广珠高速，至顺德市杏坛镇。

2）港口

容桂镇现状港区位于容桂水道和顺德支流交汇处，港区范围包括：容桂水道东起眉蕉河口，西至马岗粮仓，全长 9km，河面宽 250～400m，常水深 8～10m，可通航 300～5000t 轮驳船，沿岸建有码头 48 座，泊位 64 个，多数码头可停靠 300～500t 轮船，最大可停靠 2000t 船舶。现状 105 国道以西码头多为小型散装杂货码头。顺德货柜码头位于 105 国道以东，眉蕉河口以西，是顺德市最大的集装箱货运码头，占地面积 9.7 公顷，其中露天场地 4.9 公顷,拥有进出口及内贸仓库 6 座,建筑面积 1 万 m²,码头直立式岸线 455m,码头一线吊机 9 台,可供 8 条船同时作业。港池水域宽裕,可常年停泊 2000t 的船舶。全年货物吞吐量可达 120 万 t,可处理 23 万个标准箱。主要航线有:容奇至广州、梧州、贵港、桂平、东莞、香港、澳门及珠江、东江、西江、北江和沿海线各港。

规划港口走集约化发展道路,充分发挥顺德货柜码头的作用,取消小型散装杂货码头,保留粮食码头等部分专用码头和轮渡客运码头。

远景在小黄圃片区北部预留为顺德高新技术产业开发园配套的专用港口和全市港口发展备用地。

3) 货物流通中心

货物流通中心是组织城镇货运的一种新的形式,是以货运车辆枢纽站为中心,包括仓库批发甚至包括小型加工和包装工场等组织在一起的综合性中心。容桂镇现状货运设施均为小型货运公司,分布于 105 国道南段,对交通影响大。容桂镇全年公路货物运输量为 65 万 t,规划货运中心位于碧桂路与桂洲大道交叉口的西北部,用地面积近 20 公顷。从远景发展来讲,碧桂路是容桂镇对外的主要货运高速公路,而 105 国道是以客运为主的快速路,货运中心的位置接近高速公路又位于城镇发展的边缘地带,对城镇内部交通影响小。同时货运中心的位置与工业区紧临,接近货源中心。因此,这种布置方式有利于货物流通的经济合理和货运车辆的集疏,并减少了中心城区交通的混乱。

4) 长途汽车客运站

容桂镇现状有容奇、桂洲两个汽车客运站。容奇客运站位于凤祥路,占地面积 2700m²。每天发出班次为 137 班,日发送旅客数为 1500 人,其中附设有超长途汽车站,主要发往四川泸州市、遂宁市、玄滩县等。桂洲客运站位于桂洲大道中,桂洲医院东侧,占地面积 3000m²,每天发出班次为 125 班,日发送旅客数为 500 人,主要发往周边市、镇。

现状容桂镇客运站设施陈旧,占地小,运量少,位于城市的中心商业地带,车辆进出困难,对城市交通影响大。现有客运站已不能满足城市发展的需要,现状容奇大桥边、南头路口等地段,非法营运现象较多,客运秩序较乱,影响了顺德大道交通的畅通。规划在东部片区红旗路与 105 国道立交路口东部新建容桂汽车客运站,为长途和中短途相结合的汽车客运站,用地面积为 5.3 公顷。另有市内公共交通设施相配套,现状的两个客运站规划改坐公交首末站。

(3) 道路交通规划

1) 现状分析

容桂镇现状主干路格局为三横四纵格局。三横为:容奇大道(容桂大道至碧桂路段)、桂洲大道(容桂大道至兴华工业区)、红旗路(桂洲中学至大福路),三横路网之间的间距接近 2000m,红旗路只修建了西半部分,东半部分与 105 国道尚未接通,也就是说现状东西向交通干道主要依靠容奇大道和桂洲大道。四纵为:容桂大道、凤祥路—振华路—文华路、105 国道(顺德大道)、碧桂路。

全镇现有 10 个停车场(包括临时停车场)。

存在的主要问题:

① 没有形成相对完整的道路系统

容桂镇现状南北交通干道有四条,东西向干道能与四条纵向道路相接的只有桂洲大道，因此东西交通不畅，桂洲大道压力大。由于容桂两镇长期分设，除主干道有所协调外，次干道、支路极不完整，没有相对完整的道路系统，道路错口多，新修建的次十道大部分为断头路，没有合理的路网间距，道路红线布置不合理。支路道路红线窄，路型弯曲，断头路多。

② 道路功能混杂，主要体现在如下两点：

a. 105 国道功能混杂，交通压力大，对镇内交通干扰大，分割镇区。现状过境交通大部分集中在 105 国道上，同时 105 国道也是镇内南北向的重要交通干道，造成过境车辆与镇内交通相互混杂，现桂洲大道与 105 国道为平交路口，南北、东西交通流量均较大，使该路口交通不畅。

b. 碧桂路作为规划过境高速公路，现状与中山没有联系，成为尽端路，使桂洲大道东段需承担部分过境交通的功能。

c. 停车场地及其他配套设施严重不足

容桂镇现有停车场大部分为临时停车场，主要利用路边旧城改造拆迁后未建设的土地临时停车，每个停车场占地面积小，大多为 1000m² 左右。

d. 缺乏公共交通，导致交通混乱

容桂镇现状公交线路的主要服务对象是容桂镇镇区与顺德其他各镇区之间的长距离出行，无区内公交线路。居民目前出行的主要交通工具为摩托车和自行车，自 1996 年以来，摩托车年均增长速度均在 15% 左右，目前拥有量达到 6 万多辆，常住人口户均拥有量达 1.2 辆。同时存在大量的非法营运摩托车辆，摩托车乱停、乱放现象严重，使镇区交通秩序混乱，交通环境恶化。

2）规划原则及目标

① 规划原则

a. 对道路及交通系统进行综合规划，满足总体用地布局对道路、交通设施的不同要求，为道路交通建设和规划管理提供科学的依据。

b. 适度超前，增加主次干道网密度，对中心城区以外区域亦进行路网控制。

c. 处理好内部道路与城市快速路的衔接，控制交叉口用地，减少快速路对城市内部交通的影响。

② 规划目标

a. 建成与城市社会经济发展相适应、布局合理、快捷畅通的道路网络系统以及完备的现代化道路交通设施。各项指标应达到国家相关规范要求。

b. 大力发展公共交通，适度发展私人小汽车，逐步控制摩托车数量，形成多种交通工具协调发展的安全、经济的城市客运公共交通体系。

c. 货运交通以专业运输为主，水运与陆运相结合，建立高效的城市货运体系。

d. 采用先进的技术装备和管理手段，逐步实现交通组织、交通管理现代化。

3）道路系统规划

① 路网规划

容桂镇镇域路网采用外环加方格网的布局形式，道路等级划分为 3 个层次 5 个等级，即高速公路、快速路、城镇内部道路 3 个层次和高速公路、快速路、主干道、次干道、支路 5 个等级。根据广东省交通网络规划，确定碧桂路为广州与珠海之间的高速公路。在容桂镇境内与红旗路立交规划有 1 个出入口，因此，对镇内交通分割极大，为此规划沿高速公路东西两侧各规划 1 条城市主干道（或称辅道）与镇内主次干道连接，容奇大道、新发路、桂洲大道 3 条主干道下穿通过高速公路，以解决东西交通分割状况。

规划对穿越镇区的快速路采用主（快速）、辅（常速）路的形式修建，以减少对镇区交通的影响。105 国道由于受道路红线宽度的限制，已无法在东西侧修建辅路，规划在其两侧修建 2 条与之平行的南北向次干道，将 105 国道上南北向镇内交通分离出来；伦桂路东侧规划辅路与城区主次干道相接，红旗路是连接 3 条纵向快速路的城镇快速路，规划与外环路相接，与容奇大道、伦桂路共同形成容桂镇外围环路。

中心镇区重点加强东西向主干道的规划，除容奇大道、桂洲大道、红旗路外，另外规划 3 条东西向主干道，南北向主干道以现有主干道为基础，另外规划 3 条南北向主干道，形成以快速路为支撑，主干道为骨架，主次干道等级明确，功能合理的路网系统，以满足各片区之间，以及片区内部的交通需求。

规划快速路和主、次干道总长约为 30.4km。其中中心城区干道网密度为 4.44km/km^2，人均道路广场用地面积为 20.24m^2/人。道路网规划指标见表 13.1.1-1。

道路网规划指标 表 13.1.1-1

道路等级	设车车速（km/h）	机动车道路（条）	红线宽度（m）	中心城区道路网密度（km/km^2）	建筑区退红线距离（m）
快速路	80	6～8	60～100	0.55	20～30
主干道	60	4～6	40～60	1.37	4～20
次干道	30～40	4	30～40	2.52	5～10
支路	20～30	2.3	16～25	3～4	3～8

531

② 道路规划管理要求

a. 经批准的城市道路红线宽度未经原审批机关批准不得调整修改。

b. 规划道路红线内不得修建任何建筑物、构筑物，包括临时性建筑物、构筑物。

c. 城市支路不能直接与快速路相接。快速路穿过人流集中的地区，应设置人行天桥或人行隧道。

d. 城市道路两侧的建筑物或构筑物，必须后退道路红线 3～30m，道路红线与建筑红线之间的退让间距，只能作为道路拓宽、防灾救灾、人流疏散和沿街绿化用地。

4）道路交通设施规划

城镇道路交通设施包括城镇道路设施和城镇交通设施。城镇道路设施主要包括：立交、渠化路口、高架路、桥梁、隧道等；城镇交通设施包括：社会公共停车场、公交站场、公共加油站、城镇广场等。

① 城镇道路设施规划

a. 道路交叉口规划

道路交叉口形式包括立体交叉口和平面渠化交叉口两种形式。其中立体交叉口划分为互通式立交和非互通式立交两种形式。平面渠化交叉口包括展宽式信号灯管理平面交叉口、平面环形交叉口、信号灯管理平面交叉口和不设信号灯的平面交叉口等形式。根据容桂镇的具体情况，规划重点处理好穿越城区的高速公路、快速路与城镇主次干道相交的交叉口形式。

105 国道（顺德大道）从容桂镇中部穿越，对镇区造成了较大的分割。规划 105 国道与红旗路相交的交叉口采用互通式交叉口处理形式。105 国道与其他主干道相交路口采用非互通式交叉口处理，即采取上跨或下穿的形式处理，并通过交叉口展宽设置右转匝道，左转交通需通过平行于 105 国道的辅道和互通式立交转换。次干道与 105 国道相交只能采取上跨或下穿形式处理，支路不与 105 国道相交，可采用尽端式处理。

碧桂路在中心镇区边缘通过，顺德中心区规划已确定碧桂路在中心区与顺番公路立交设一出入口，根据高速公路出入距离限制要求及容桂镇实际，规划在碧桂路与红旗路设一互通式出入口立交，容奇大道、新发路和桂洲大道采用下穿形式通过碧桂路。根据城镇道路系统规划和道路交叉口设置的规划原则，容桂镇道路交叉口设施规划见表 13.1.1-2～表13.1.1-4。

道路交叉口的形式　　　　　　　　　　　　　　表 13.1.1-2

相关道路	快速路	主干道	次干道	支路
快速路	A	A	A、F	—
主干道		A、B	B、C、D	B、D、F
次干道			B、C、D	C、D、E
支路				D、E

注：A 为立体交叉口；B 为展宽式信号灯管理平面交叉口；C 为平面环形交叉口；D 为信号灯管理平面交叉口；E 为不设信号灯的平面交叉口；F 为右进右出平面交叉口。

平面交叉口的规划通行能力及用地规模　　　　　　表 13.1.1-3

相交道路等级	交叉口形式					
	T 形灯控交叉口		十字形灯控交叉口		环形交叉口	
	通行能力	用地规模	通行能力	用地规模	通行能力	用地规模
主干道与主干道	3.3～3.7	0.50	4.4～5.0	0.65		
主干道与次干道	2.8～3.3	0.40	3.5～4.4	0.55	2.4～2.7	1.0～1.5
次干道与次干道	2.2～2.7	0.30	2.8～3.4	0.45	2.0～2.5	0.8～1.2

注：① 表中相交道路的进口道车道数：主干道为 3～4 条，次干道为 2～3 条。
② 通行能力按当量小汽车计算，单位为：千辆/小时。
③ 用地规模单位为：公顷。

立体交叉口通行能力及用地规模　　　　　　　　表 13.1.1-4

通行方式	立交形式	通行能力（当量小汽车/小时）	用地规模（公顷）
互通式	环形	5000～7000	2.5～3.0
	喇叭形	6000～8000	3.5～4.5
	苜蓿叶形	9000～13000	7.0～9.0
	定向形	13000～15000	8.5～12.5
非互通式	跨线桥	4000～6000	2.0～2.5
	部分定向形		2.5～3.0
	部分苜蓿叶形	6000～8000	3.5～5.0

b. 桥梁规划

现状容桂镇对外交通的桥梁共有 5 座，即北部有德胜大桥、容奇大桥、马岗大桥，南部有细滘大桥和南头大桥。规划新增对外交通大桥 4 座，其中顺德支流上新增 1 座，容桂水道上新增 2 座，桂洲水道新增 1 座，远景在容桂水道上预留 2 座大桥。

现状镇内主要水系眉蕉河上有机动车桥梁 2 座，人行桥 1 座，挡水坝桥 2 座，规划新增机动车桥梁 2 座。

规划桥梁的车道数量一般应与联接道路的车道数量相一致。

② 城市交通设施规划

a. 社会公共停车场规划

容桂镇现状公共停车场极为缺乏，停车场的规划建设必须作为一项重要项目实施，规划社会公共停车场分为外来机动车公共停车场和区内机动车公共停车场。外来机动车公共停车场设置在城市对外交通出入口附近，规划共计 4 处。市内机动车公共停车场主要设置在商贸、大型公建、交通枢纽、居住区等附近。服务半径在中心地区不大于 200m，一般地区不应大于 300m。规划社会公共停车场总用地面积为 38.9 公顷。考虑机动车数量的快速增加，可以利用区内支路设置咪表停车。同时严格按照表 13.1.1-5 的指标要求设置配建停车场。

配建停车场指标　　　　　　　　　　　　　　表 13.1.1-5

类别	单位	机动车
高中档旅馆（宾馆、招待所）	单位/客房	0.2～0.25
普通旅馆（招待所）	单位/客房	0.1～0.15
饭店、酒家、茶楼	车位/100m² 营业面积	1.7～1.8
政府机关及其他行政办公楼	车位/100m² 建筑面积	0.3～0.4
商业大楼、商业区	车位/100m² 营业面积	0.25～0.3
肉菜、农贸市场	车位/100m² 建筑面积	0.15～0.2
大型体育场馆 （场＞1500 座，馆＞4000 座）	车位/100 座	0.25～3
影剧院	车位/100 座	0.8～1.0
城市公园	车位/公顷占地面积	1.5～2.0
医院	车位/100m² 建筑面积	0.2～0.3
中学	车位/100 学生	0.3～0.35
小学	车位/100 学生	0.5～0.7
甲类居住小区（多高层）	车位/户	0.5～1.0
乙类居住小区（别墅式）	车位/户	1.0
工业厂房区	车位/100m² 建筑面积	0.08～0.1

b. 公交站场

公交站场包括公交首末站、枢纽站、中途站、公交停车场、保养场等设施。容桂镇公交线路规划应结合顺德市特别是大良区综合考虑，逐步形成区域性快速公交走廊，在容桂镇内形成中小巴系统，利用中小巴特有的灵活性，作为容桂镇常规公共交通的一种辅助方式。在容桂镇内主要公交线路上设置港湾式公交停靠站。规划将现状容奇、桂洲两处汽车客运站改为公交首末站，结合规划新建的容桂长途汽车客运站，规划公交枢纽站，便于长途与公交的接驳转换。

c. 公共加油站

根据国家标准，公共加油站按服务半径 0.9～1.2km 设置，中、小型站相结合，以小型站为主。根据昼夜加油的车次数，加油站用地面积为 1200～3000m²，选址应符合国家标准《小型石油库及汽车加油站设计规范》GB 50156—92 的有关规定。加油站的进出口宜设在城市次干路上，并附设车辆等候加油的停车道。附设机械化洗车的加油站，应增加用地面积 160～200m²。

d. 城镇广场

城镇广场是城市的"客厅"和"门户"，市民的"起居室"。分为交通集散广场和游憩集会广场两种。容桂镇以城市游憩集会广场为主，城镇广场总用地面积按规划城市人口每人 0.13～0.4m² 计算。容桂镇现状城镇广场有两个，即容桂广场和千禧广场。容桂镇城镇广场规划见表 13.1.1-6。

城市广场规划一览表　　　　　　　　　　　　　表 13.1.1-6

广场名称	用地面积（公顷）	规划位置
容桂广场（现状）	6.9	容桂大道中（现状）
千禧广场（现状）	1.47	振兴路（现状）
文塔广场（规划）	结合公园确定	文塔公园
南环广场（规划）	0.96	容桂大道北
滨河广场（规划）	1.64	容桂大道北端
南区广场（规划）	3.34	桂洲大道东（副中心区）
大福广场（规划）	1.22	大福

③ 道路交通设施规划管理要求

a. 城市道路交通设施用地不得擅自改变使用性质；

b. 规划确定的社会公共停车场，原则上不得综合开发，不能减少规划明确的面积；

c. 规划的公交站场用地不得改变其使用性质；

d. 城市道路根据公交线路规划，设置港湾式公交停靠站。

容桂镇总体规划道路交通规划图 13.1.1-1，见本书第 15 章彩图。

容桂镇总体规划道路横断面规划图 13.1.1-2，见本书第 15 章彩图。

容桂镇总体规划道路坐标图 13.1.1-3，见本书第 15 章彩图。

13.1.2　给水工程规划

（1）现状分析

容桂镇现有 3 座规模较大的水厂：容奇水厂、桂洲水厂、容里水厂，其中属容桂自来水公司管辖的水厂有 2 座，是容奇水厂和桂洲水厂。目前镇中心城区及 70% 的乡村由容桂自来水公司供水。

容奇水厂位于西堤四路上澳坊，现有水处理能力为 20 万 m³/d。桂洲水厂位于西堤四路穗香管理区，现有水处理能力为 6 万 m³/d。以上两座水厂均位于城市上游，水源水质良好，受城市排污影响小，是良好的取水点。目前实际平均日供水量 16 万 m³/d。

容里水厂位于容桂镇小黄圃北嘴庙头岗边，厂区面积 60 亩，供水范围 23km²。该水厂设计规模 20 万 m³/d，目前供水能力 16 万 m³/d。现实际平均日供水量为 6 万 m³/d。源水水质符合《地表水环境质量标准》GB 3838—2002）的 Ⅱ 类水质要求，供水水质符合《城市供水水质标准》CJ/T 206—2005 标准。

镇内水厂水源均取自容桂水道。

存在的主要问题：

镇域范围内有多家分属不同部门的水厂同时供水，相互间缺乏有机的联系。给水管网布置缺乏系统性，未形成全镇统一的供水管网，供水安全可靠性差。现该镇供水管网布局不合理的情况较为突出，均存在水厂有水供不出，而部分城区及乡村存在供水水压偏低、水量不足的问题。容奇水厂、桂洲水厂部分水处理设施的工艺及控制设施有待改造、更新。容里水厂取水点位于容桂镇的下游，原水受城市排污影响较大，随着城市排污量的增加，原水水质亦有恶化的趋势。

（2）用水量预测

根据规划预测指标，2020年规划人口规模控制为城镇人口45万人，城镇总人口50万人。规划工业用地面积766.45公顷。根据国标《城市给水工程规划规范》GB 50282—98确定用水量标准，计算用水量。

预测2020年容桂镇最高日用水量为39.5万 m^3，见表13.1.2-1。

容桂镇2020年用水量预测表　　　　表13.1.2-1

项目	指标	用水量标准	用水量
综合生活	50万人	400L/(人·天)	20万 m^3/d
工业	766.45公顷	200m^3/(公顷·天)	15.3万 m^3/d
其他		上述之和的12%	4.2万 m^3/d
合计			39.5万 m^3/d

注：① 综合生活用水为居民日常生活用水和公共建筑用水之和。
　　② 其他用水量为除综合生活用水和工业用水以外的其他项目用水及未预见用水。

（3）水源规划

容桂镇位于顺德市南部，西北江下游。顺德支流、容桂水道、桂洲水道四周环绕，上接西江干流之东海水道，下接西北江汇流之洪奇沥，地属珠江三角洲洪潮区。容桂镇四周水道的特点是流量大、潮汐现象明显，水质状况随丰枯水季节而变化，枯水期以有机污染为主，水质较清洁，丰水期以无机污染为主。

根据容奇水文站多年统计观测资料，多年平均降雨量1591mm，年最大降雨量2538mm，年最小降雨量1050mm。

表13.1.2-2为根据广东省水文局容奇水文站提供的资料。

环绕容桂镇河道水位及其流量表　　　　表13.1.2-2

水道名称	观测位置	水位（珠基）(m)				流量（Q）(m^3/s)			
		$P=1\%$	$P=2\%$	$P=10\%$	最枯	$P=1\%$	$P=2\%$	$P=10\%$	最枯
容桂水道	容奇水文站	3.83	3.70	3.38	0.41				
	龙涌段	4.88	4.71	4.33		6064	5704	4762	911
	容奇大桥	3.68	3.56	3.27		9712	9136	7626	1460
顺德支流	马岗大桥	3.98	3.85	3.50		3648	3432	2865	548
鸡鸦水道	华丰沙	4.79	4.63	4.25		9619	9048	7553	1446
桂洲水道	海尾	4.21	4.07	3.25		3164	2906	2484	476

容桂镇地处水网密布地区，水资源丰富，可提供充足的水量满足容桂镇的用水需求。

随着顺德市新城区的建设发展与容桂中心城区的建设发展，在城市污水处理厂未投入使用前，作为供水水源的容桂水道受污染程度将日渐加深，为了保证原水水质，应加强对容桂水道的污染控制。枯水期以有机污染控制为主，丰水期以无机污染控制为主。抓污染源头，加强对水道的清污工作，同时提高人们保护供水水源的意识，以确保其符合国家饮用水的水质标准。为提高容桂镇供水的安全保证率，可将容桂水道上游作为后备取水点。

（4）水厂及管网规划

根据规划用水量预测，2020 年容桂镇最高日用水量为 39.5 万 m^3。容桂镇现有 3 座规模较大的水厂：容奇水厂、桂洲水厂、容里水厂，供水能力分别为：20 万 m^3/d、6 万 m^3/d、16 万 m^3/d。3 座水厂的供水能力之和已达 42 万 m^3/d，可满足容桂镇 2020 年的用水需求。

3 座水厂的供水方式应为统一调度管理，互为补充，联网供水，以确保城市供水的安全可靠。

根据远期三大水厂统一管网、联合供水的情况，在现有给水管网的基础上，改造和逐步完善全镇域的供水管网，解决现有管网布局不合理的问题。严格按照国家有关供水管道建设规范，高质量、高标准建设安全的供水管网系统，同时不断完善供水管网系统的安全运行管理，确保不间断向用户供水。

针对饮用水水质要求的不断提高，水厂应增加直饮水设备的建设，对有条件的小区实行分质供水，饮用水直接饮用，并实现各小区直饮水管道联网。

容桂镇总体规划给水工程规划图 13.1.2，见本书第 15 章彩图。

13.1.3 防洪工程规划

（1）规划依据

1）《顺德市中心城区总体规划（1995～2010）》；

2）《桂洲镇水利会 2001～2005 年水利工程建设规划》（初稿）；

3）《桂洲镇水利会 2006～2015 年水利工程建设规划》（初稿）；

4）《顺德市桂洲镇、容奇镇内河涌整治排涝达标水力计算书》；

5）《容桂联围水利史料概述》；

6）《胜江围水利史料概述》。

（2）现状分析

容桂镇属珠三角洪潮区，地濒南海，四面环水，镇内河网密布，坡度平缓。因属亚热带季风气候，雨量充足，但分配不均匀，多集中于春夏季，形成秋冬干旱、春夏洪涝，春夏季又值台风季节，受海洋台风影响，珠江流域雨量大，西江、北江发洪下泻，加上潮汐顶托，往往出现特大洪水。洪峰多出现于每年六、七月份。

容桂镇现有容桂联围和胜江围的部分堤段。容桂联围围内有大小河涌 80 条，长度近140km，其中眉蕉河、龙华大涌、容桂大涌、海尾大涌、细滘大涌、容奇新涌、塘埗涌、小黄圃新涌、高黎上涌、高黎下涌、上涌河、下涌河为 12 条主干河涌。现主、支河涌的水质污染问题十分严重。

容桂联围干堤堤线总长 40.286km，现有水（船）闸 25 座，排水站 21 座。总的来说，该镇堤围长，老闸旧闸多，排涝标准仍低。

容桂镇排水站资料（略）。

（3）防洪标准

容桂镇是四周被水道围合的区域。防洪主要为防河洪。根据防洪标准和"桂洲镇水利2006～2015年水利工程建设规划"，2020年容桂联围防洪标准为100年一遇，容桂围堤全线按百年一遇设防。胜江围防洪标准为50年一遇，胜江围容桂堤段按50年一遇设防。

围堤内部排涝标准为10年一遇，24小时暴雨量1天排干。

（4）河涌改造及整治

根据土地开发建设，远期将容桂联围内原主干河涌中的上涌河、下涌河取消，保留其他10条主干河涌，非主干河涌中保留进潮涌，其他全部取消。远期将胜江围内属容桂镇区域的河涌全部取消。对保留的河涌截弯取直，进行疏挖，清理淤泥，搞好两岸绿化，并对眉蕉河、小黄圃新涌渠化整治，两岸砌石挡土墙，以保留各河涌现断面；及时清理岸边和河涌中的垃圾、杂物，抓污染源头，控制污染排放，采取开闸引水冲污、开机人工换水等措施，同时提高企业、个人的环保意识，以治理河涌污染，改善环境。

（5）防洪、排涝工程设施规划

按照100年一遇和50年一遇的防洪标准，将容桂联围全线和胜江围容桂堤段加固加高。堤围路面全面硬底化，堤围两侧填塘固基。堤脚险断抛石护岸，以提高防洪能力，确保容桂镇的安全。

远期保留的现状河涌，保留和新建与之对应的水闸和排水站，其他水闸和排水站逐步取消。对保留的水闸、排水站进行修建、改建，以达到规划排涝标准。

13.1.4 排水工程规划

1. 雨水工程规划

（1）现状分析

容桂镇绝大部分建成区都为雨、污合流管，雨水经合流管，就近排入附近水道和河涌。由于该镇地势低洼，坡度平缓，部分现有排水管排水不畅，局部地区在汛期出现水淹。

（2）排水体制选择

根据顺德市总体规划及国家有关排水体制的规定，容桂镇排水体制采用雨、污分流制。

（3）雨水量计算

采用广州市暴雨强度公式：

$$q = \frac{2424.17(1 + 0.533\lg T)}{(t + 11.0)^{0.668}}$$

式中　q——暴雨强度 [L/（s·公顷）]；

　　　T——重现期（年）；

　　　t——降雨历时（min）；

设计重现期取1年，地面流行时间（降雨历时）t 取10分钟。

设计雨水量公式：

$$A = \phi \cdot q \cdot F$$

式中　ϕ——径流系数，取值 0.65；

　　　F——汇水面积。

（4）雨水管渠规划

充分利用地形、水系进行合理分区，根据分散和直接的原则，保证雨水管渠以最短路线、较小管径把雨水就近排入附近水体。雨水管渠沿规划道路铺设，雨水尽可能采用自流方式排放，避免设置雨水泵站。

雨水就近排入围堤内河涌，然后排入围堤外水道，在围堤外水道水位低时，围堤内河涌水自流排入外水道，在围堤外水道水位高时，围堤内水经排涝泵站抽升排入外水道。

雨水防洪工程规划图 13.1.4-1，见本书第 15 章彩图。

2. 污水工程规划

（1）现状分析

容桂镇除容奇地区建有部分污水管外，其他绝大部分建成区都为雨、污合流管。而未建成区，如农田、鱼塘之类，则不存在排水管道。现状排水系统比较凌乱，设施简陋，污水未经处理就近直接排入河涌。目前容桂镇尚无一座城镇污水处理厂。

存在的主要问题：

容桂镇建成的部分污水管因堵塞而无法使用。所有生活污水和工业污水基本上未经任何处理直接排入水体，对水体造成污染。随着城镇的发展，排污增加，使周边水体水质逐年恶化，并威胁到城市供水水源。

（2）污水量预测

污水量计算取给水量的 85%，2020 年容桂镇总污水量为 34 万 m^3/d。

（3）污水管道及污水处理规划

根据《顺德市中心城区总体规划（1995～2010）》，容桂镇规划设立一座集中的城镇污水处理厂。污水处理厂位于容桂镇南部合胜围，为给水厂的下游，污水厂占地面积 20 公顷。全镇的污水经污水管道收集，全部汇入规划污水处理厂。污水经二级处理达标后，排入桂洲水道。

污水管道系统参照《顺德市中心城区总体规划（1995～2010）》，并结合本次规划污水量及路网变化的情况，沿规划路设置。设置时以排水线路短、埋深浅、管网密度均匀合理为原则。污水管道的埋深（标高）应在下一步专项工程规划中详细计算确定。污水管应根据埋深情况酌情设置污水中途提升泵站，泵站需保证有足够的用地。大型工业企业需自设污水处理设施，经处理满足国家规定的市政管道排放标准才可排入全镇市政污水系统。

容桂镇总体规划污水工程规划图 13.1.4-2，见本书第 15 章彩图。

（4）管网改造利用规划

对容桂镇的现状雨、污合流管，近期将其保留，在其排出口处建截流管，汇入规划的污水管道系统。晴天时，污水通过截流管汇入规划污水管道系统，最后汇入规划污水处理厂处理；雨天时，当混合污水量超过截流管的输水能力，混合污水由沿截流管设置的溢流井溢流，直排入河涌中。

远期雨、污分流形成后，保留部分现状合流管，将其改造为雨水管使用，雨水经雨水管直排入河涌。规划污水管只排污水。对容奇地区已建成的污水管进行清污，恢复排水后接入规划污水管。

容桂镇新建区严格执行雨、污分流制。

13.1.5 电力工程规划

13.1.5.1 现状分析

（1）供电电源

容桂镇位于顺德市域电网的东南部，其供电电源由网电、地方电厂及企业自备电厂三部分组成。

容桂镇域网供电电源主要引自北部大良220kV变电站，市地方电厂主要有德胜电厂、全顺电厂、宏图电厂，装机总容量为45万kW，其中宏图电厂为容桂镇地方电厂，装机5.1万kW，另外镇域内部分企业尚有自备机组，从供电能力及市场份额看，容桂镇供电电源主要以电厂供电为主。

（2）110kV变电站及系统网架

容桂镇域内现有110kV变电站3座，分别为容奇站、桂洲站、华容站，总装变容量300MVA。

1）110kV容奇站：该站位于镇中北部，1990年8月投运，现状装机2×50MVA，其110kV电源引自北部大良220kV变电站，并与110kV华容站联络，2回110kV进线，24回10kV出线，主要供原容奇片及容里居委会部分负荷。

2）110kV桂洲站：该站位于镇中西部，1982年8月投运，在2000年扩容改造后，现有主变2×50MVA，2回110kV进线，110kV电源引自全顺电厂及宏图电厂。19回10kV出线，主要供镇中西部负荷。

3）110kV华容站：该站位于镇东部，1999年1月投运，现状装机2×50MVA，2回110kV进线，110kV电源引自德胜电厂、宏图电厂，并与110kV容奇站联络，组成110kV网架。12回10kV出线主要供广珠路以东地区负荷。110kV变电站情况详见表13.1.5-1。

容桂镇110kV变电站现状　　　　　　　　　　　　　　表13.1.5-1

变电站名称	主变容量（MVA）	最高负荷（万kW）	备用容量（MVA）	位置	扩容能力	10kV出线（回路）
容奇站	2×50	5	37.5	容奇大桥	有	24
桂洲站	2×50	5	37.5	容桂广场对面	无	19
华容站	2×50	3.5	56.3	小黄圃龟山	无	12

容桂镇域内现有2回500kV架空线路，1回220kV架空线路、6回110kV架空线路、110kV及以上线路全部采用架空敷设，线路总长约37.6km。

1）500kV超高压输电走廊（沙江线）：该走廊位于镇东部，途经小黄圃、高黎、容里、容边、南区、海尾等地，2回500kV线路均为沙角电厂至江门500kV变电站超高压输电线路，走廊保护区宽度约80m。

2）220kV高压走廊（良小线）：该走廊位于镇东北部，途经小黄圃、高黎、华口等地，1 回 220kV 线路为大良 220kV 变电站至小缆 220kV 变电站输电线路，走廊保护区宽度约 46m。

3）110kV 高压走廊

110kV 良容线：由大良 220kV 变电站架空引至容奇 110kV 变电站，走廊保护区宽度 30m。

110kV 华容线：由华容 110kV 变电站架空引至容奇 110kV 变电站，走廊保护区宽度 30m。

110kV 电桂线：由全顺电厂架空引至桂洲 110kV 变电站，走廊保护区宽度 30m。

110kV 宏桂线：由宏图电厂架空引至桂洲 110kV 变电站，走廊保护区宽度 30m。

110kV 胜华线：由德胜电厂架空引至华容 110kV 变电站，走廊保护区宽度 30m。

110kV 宏华线：由宏图电厂架空引至华容 110kV 变电站，走廊保护区宽度 30m。

容桂镇 110kV 及以上高压走廊详见表 13.1.5-2。

容桂镇 110kV 及以上架空线路　　　　表 13.1.5-2

电压等级	线路名称	线路起止点	保护区宽度	回路情况	走廊位置
500kV	沙江Ⅰ线 沙江Ⅱ线	沙角电厂－江门 500kV 站 沙角电厂－江门 500kV 站	80	2	小黄圃、高黎、容里、容边、南区、海尾村
220kV	良小线	大良 220kV 站－小缆 220kV 站	46	1	小黄圃、高黎、华口
110kV	良容线	大良 220kV 站－容奇 110kV 站	30	1	德胜区、容奇大桥
	华容线	华容 110kV 站－容奇 110kV 站	30	1	小黄圃、容里、南区、红星、体育路
	电桂线	全顺电厂－桂洲 110kV 站	30	1	德胜区、马岗、幸福
	宏桂线	宏图电厂－桂洲 110kV 站	30	1	海尾、南区、中兴、红星、幸福
	宏华线	宏图电厂－华容 110kV 站	30	1	海尾、南区、容里、小黄圃
	胜华线	德胜电厂－华容 110kV 站	30	1	王沙、小黄圃、高黎

2000 年，容桂镇各类用户社会总用电量近 8.025 亿 kWh，全镇最高负荷达 16.7 万 kW（顺德市全市最高负荷接近 80 万 kW），其中，非普工业和工业用电比重最大，分别达到 39.7% 和 30%，各类用户用电量详见表 13.1.5-3。

2000 年容桂镇各类用户用电量统计表　　　　表 13.1.5-3

用户类别 供电范围	商业	大工业	非普工业	农业	住宅	总计
容奇片区（万 kWh）	3176.4	9912.9	5299.5	/	5028.4	2.342 亿 kWh
桂洲片区（万 kWh）	2336.6	14405.8	26544.9	38.7	13504.7	5.683 亿 kWh
全镇总计（万 kWh）	5513	24318.7	31844.4	38.7	18533.1	8.025 亿 kWh
各类用电比例（%）	6.87	30.30	39.68	0.048	23.10	100

从上表统计可以看出，工业用电占全镇总用电量的近 70%，居民生活及第三产业比重近 30%，而传统农业用电比重已降至不足 0.1%，容桂镇已成为顺德市重要的工业重镇。

（3）存在的主要问题

1）供电电源缺乏

根据《顺德市电网规划》，容桂镇宏图发电厂将于 2003 年关停，全顺电厂亦将随后关停，主力电厂中仅保留用于调峰及应急的德胜电厂，而随着燃油发电成本上升及网电降价的利差逐步显现，原来大量自发自用电的企业将改用网电。主要以地方电厂及自发自用机组为供电电源的容桂镇，面临极大的电能缺口，解决问题的惟一途径是大力增加网电供电量，保证现有及未来新增负荷需求。

2）输电网架薄弱

目前镇域内尚未建设 220kV 变电站及系统，主要网电从大良 220kV 变电站通过容奇 110kV 变电站供给。现状容奇、桂洲、华容站主变均为 2×50MVA，负荷较大的容奇、桂洲站备用容量均小于单台主变容量。如其中一台主变维修或事故状态停运时，另一台主变不能担负全部负荷，必须采取拉闸限电措施，从供电系统看，不满足"N−1"安全可靠运行准则，供电质量及安全可靠性不能得到有效保障。

13.1.5.2 负荷预测

（1）采用人均综合用电水平法预测

2000 年全镇总供电量 8.025 亿 kWh，根据人口普查结果，总人口约 27.3 万人，人均综合用电量约为 0.3 万 kWh，2010 年人均综合用电量取 0.5 万 kWh，2020 年人均综合用电量取 0.8 万 kWh，预测用电量及负荷情况详见表 13.1.5-4、表 13.1.5-5。

541

人均综合用电水平法预测情况表 表 13.1.5-4

年　份	2000	2010	2020	备　注
总人口（万人）	27.3	35	50	
人均综合用电水平（万 kWh）	0.3	0.5	0.8	
全镇总用电量（万 kWh）	8.025	17.5	40	
最大负荷利用小时（小时）	4800	5500	5800	
全镇最大电力负荷（万 kW）	16.7	32	69	

人均综合用电负荷指标法预测情况表 表 13.1.5-5

年份　　项目	2000	2010	2020
人均负荷指标（kW/人）	0.61	0.8～10	15～20
人口（万人）	27.3	35	50
负荷总量（万 kW）	16.7	28～35	75～100

（2）采用负荷密度法预测

参照《深圳市城市规划标准与准则》中相关负荷密度预测标准，根据本次规划用地性质及相关指标，预测负荷情况见表 13.1.5-6。

容桂镇负荷密度法预测负荷情况表　　　表 13.1.5-6

用地性质代码	用地性质	用地面积(ha)	负荷密度标准（kW/ha）		预测负荷（万 kW）	
			下限	上限	下限	上限
R	居住	1418.4	150	250	21.28	35.46
C	公建	414.29	400	700	16.57	29
M	工业	766.45	200	300	15.33	22.99
W	仓储	59.05	20	20	0.12	0.12
T	对外交通	75.85	15	15	0.11	0.11
S	道路广场	910.68	15	15	1.37	1.37
U	市政设施	71.68	150	150	1.08	1.08
E	发展备用地	505.39	150	150	7.59	7.59
总计		4421.79			63.45	97.72

备注：本表用地面积未含绿地、水域、农田保护用地。

上述预测标准参考了深圳市、东莞市、惠州市等相关负荷预测指标，从预测结果看，至 2020 年规划期末，全镇最低总负荷值将达 65～70 万 kW，最大负荷接近 100 万 kW（备用地等全部开发的最终负荷值）。人均负荷 1.5～2kW，负荷密度1.5～2.27 万 kW/km²。

13.1.5.3　电源与电网规划

（1）区域供电电源规划

顺德市近期将建设第一座 500kV 枢纽变电站，主变装机终期容量 3×1000MVA，该站位于德胜电厂以东，容桂镇东北部，其电源引自沙角电厂及江门 500kV 站。该站建成后，将大幅增加输变电能力，缓解近年顺德市网电严重不足的情况，使顺德市输电网络升至 500kV，成为顺德市网与广东省网联系的重要枢纽，大大提升全市网络供电能力及供电安全可靠性，成为全市经济持续高速发展的重要保障。

（2）220kV 电网规划

容桂镇远期总负荷约 65～70 万 kW，远期后 100 万 kW，需规划建设 2 座 220kV 变电站，作为容桂镇电网的重要电源点。

1）桂洲 1 号 220kV 变电站（220kV 高黎输变电工程）

规划在容桂镇东部高黎村附近选址建设 220kV 变电站，作为 500kV 顺德输变电工程的配套工程。该站建成后，有利于提高容桂镇的供电可靠性和供电质量。该工程首期规模为 2×180MVA，终期容量 3×180MVA，220kV 电源线从 500kV 顺德站出 2 回，长度为2×5km。220kV 桂洲 1 号站 110kV 出线共 11 回：计划第一期工程建设 6 回 110kV 线路，其中有 2 回路解口 110kV 胜华线（线路长约 1km），分别接入 110kV 华容站和德胜电厂；引 1 回路到 110kV 容奇站（路径长约 6km）；另双回路解口现在的 110kV 宏桂线（路径长约 10km）分别接入 110kV 桂洲站和善坦站；再引 1 回至现在的宏图电厂（路径长约7km）。另有双回路引至拟建的 110kV 容山站，其余 3 回路留作日后扩建之用。

2）桂洲 2 号 220kV 变电站

为满足 2010 年后容桂镇新增负荷需求，规划远期在容桂镇西部（规划金龙大道以西）建设桂洲 2 号 220kV 变电站，终期容量 3×180MVA，首期初装 2×180MVA，其 220kV 电源由西部规划杏坛 220kV 站架空引入，110kV 出线主要供桂洲 110kV 站，规划桂洲 2 号 110kV 站，并与规划善坦 110kV 变电站联络，组成 110kV 网架，该站与桂洲 1 号 220kV 变电站，从地理位置上形成东、西 2 个 220kV 电源支撑点，加上中部大良 220kV 变电站，组成三角形骨干 220kV 网架，其供电可靠性大大加强，系统结构坚固，充分保障网电输送能力，确保供电质量及安全可靠性，该站作为远期预留是十分必要的，需预留建站用地约 4 公顷。

（3）110kV 电网规划及近期建设

1）近期建设：近期容桂镇规划新建 110kV 变电站 1 座，扩建 2 座，把电厂升压站改造为降压站 1 座，新建 110kV 线路 2 回。将原 10kV 善坦开关站迁移改造成 110kV 善坦变电站，并解口 110kV 宏桂线；110kV 容奇站增容至 3×63MVA，详见表 13.1.5-7。

2000～2005 年容桂镇 110kV 输变电工程项目计划表　　　　表 13.1.5-7

| 序号 | 项目名称 | 建设规模 | | 总投资（万元） | 开工年份 | 投产年份 | 说明 |
		容量（MVA）	线路（kM）				
1	110kV 胜华线输电工程		7.8	820	2000	2001	德胜电厂至华容站
2	110kV 善坦站输变电工程	3×63	2	3000	2002	2002	现善坦开关站址（GIS）
3	110kV 容奇站增容工程	3×63	10	3000	2002	2002	增高黎站至容奇站线路
4	110kV 宏图输变电工程	2×63	0	2250	2005	2005	升压站改造为降压站
	110kV 容山输变电工程	3×63	16	4120	2008	2009	容山
小计			35.8	13190			

2）规划远期（2020 年）桂洲 2 号 220kV 变电站建成后，将现状桂洲开关站迁移改建为桂洲 2 号 110kV 变电站，装机 3×63MVA，该站 10kV 出线主要供容桂镇西部新开发区负荷，110kV 电源引自规划桂洲 2 号 220kV 变电站，并与桂洲 1 号 110kV 变电站联络，组成 110kV 网架。远期规划在容桂镇东部华口片区预留 1 座 110kV 华口变电站用地，装机按 3×63MVA 预留。110kV 电源引自桂洲 1 号（高黎）220kV 变电站，并与规划宏图 110kV 站联络，组成 110kV 网架，该站 10kV 出线主要供容桂镇东南部工业区用电。

3）远期 110kV、220kV 系统网架规划调整

规划远期（2020 年）三角形 220kV 电源支撑点形成后，其 110kV 系统网架将规划调整，容桂镇东部以桂洲 2 号 220kV 变电站为电源中心，主供容桂镇东部，桂洲 1 号、2 号及部分容山、善坦 110kV 站负荷，中部以大良 220kV 变电站为电源中心，主供容奇及部分容山、善坦 110kV 变电站负荷，西部以桂洲 1 号 220kV 站（高黎站）为电源中心，主供华容、华口、宏图及部分善坦 110kV 变电站负荷，远期容桂镇 220kV、110kV 变电站及系统网络见表 13.1.5-8。

远期（2010～2020）容桂镇 220kV、110kV 变电站装机情况统计表　表 13.1.5-8

年份	220kV		110kV							
	220kV 桂洲 1 号站	220kV 规划预留桂洲 2 号站	桂洲 1 号	容奇	桂洲 2 号	善坦	宏图	规划预留容山	华容	华口
2001	/	/	2×50	2×50	/	/	/	/	2×50	/
2010	2×180	/	2×50	3×63	2×63	2×63	2×63	2×63	2×50	/
2020	3×180	3×180	2×50	3×63	3×63	3×63	3×63	3×63	2×50	3×63

其中，220kV 规划预留桂洲 2 号 110kV 变电站、华口 110kV 变电站、规划预留容山 110kV 变电站、桂洲 2 号 110kV 变电站建设周期安排可根据当时实际发展情况决定，本次规划以远期负荷预测结果确定变电站数量、电压等级、装机容量、线路走廊等，便于总体规划中对场站用地、高压走廊等的控制。

4）高压走廊规划原则

结合城镇空间形态结构，在规划区内规划高压走廊，应树立先有走廊后有线路的观念。走廊应少占城市建设用地，主要走廊沿城区道路或山地，并满足城区景观要求。线路敷设考虑安全实用、美化环境、节约用地和经济承受能力，长远规划，远近结合，线路应在规划走廊内敷设。

规划 220kV 线路采用架空线路，导线截面不小于 2m×300m，尽量沿现状 220kV 走廊或城区边缘架设，220kV 架空线路下设保护区，保护区为边线外延 15m 形成的两平行线内的区域。

110kV 线路以架空为主，城区内采用铁塔线架，导线截面不小于 300m，下设保护区为边线处延 10m 形成的区域。线路走廊以沿城市边缘、组团间绿化带及隔离带为主，进入城区的线路沿道路绿化带架设。随着经济实力的增强，城镇发展的需要，中心区部分 110kV 线路应采用电缆埋地敷设。

5）无功补偿

无功补偿应根据就地平衡和便于调整电压的原则进行配置，可采用分散与集中补偿相结合的方式。集中安装在变电站内有利于控制电压水平，接近用电端分散补偿可取得较好的经济效益。开发区新建变电站必须同时安装补偿电容器，220kV 变电站有较多的无功调节能力，使高峰负荷时功率因数达 0.95 左右，补偿容量取主变容量的 20%。110kV 变电站补偿容量应使高峰负荷时功率因数达 0.95 左右，一般取主变容量的 15%。变电站安装的电容器应能根据运行需要投切。

容桂镇总体规划电力工程规划图 13.1.5，见本书第 15 章彩图。

13.1.6　通信工程规划

13.1.6.1　电信规划

（1）现状分析

全镇程控交换机容量已达 113100 门，实装电话数 74900 门，长话线路数量 55240 路端，市话普及率近 30%（以 2000 年人口统计 27.3 万人计）。

容桂镇现有交换机房分别为振华、桂新、容山、大福、容里、马岗、小黄圃、高黎、华口、南区、扁窖、海尾机房，其中振华、桂新、容奇为汇接局，机房间已建立光纤骨干传输网络。各机房装机见表 13.1.6-1。

容桂镇电信分局机房情况统计表   表 13.1.6-1

机房名称＼类别	装机容量	实装数量	长话数量	中继传输方式及路由
振华	26500	20800	2500	数字光纤传输 1）中继直通市局机房再转至其他机房； 2）中继经其他交换机房转至市局机房
桂洲（新）	24100	15400	18000	数字光纤传输 1）中继直通市局机房再转至其他机房； 2）中继经其他交换机房转至市局机房
容奇（山）	19000	9900	3600	数字光纤传输 1）中继直通市局机房再转至其他机房； 2）中继经其他交换机房转至市局机房
容里	13000	7900	1920	中继经桂洲机房转至市局及其他交换机房
大福	10900	7600	1440	中继经桂洲机房转至市局及其他交换机房
小黄圃	3000	2000	480	中继经振华机房转至市局及其他机房
海尾	2700	1900	480	中继经振华机房转至市局及其他机房
南区	2500	1700	480	中继经振华机房转至市局及其他机房
扁窖	2600	1800	480	中继经振华机房转至市局及其他机房
华口	1400	700	480	中继经振华机房转至市局及其他机房
立新路	3000	1800	480	中继经振华机房转至市局及其他机房
科龙	1500	1100	480	中继直通市局机房再转至其他交换机房
马岗	1900	1700	960	中继经桂洲机房转至市局及其他交换机房
高黎	1000	600	9600	中继经容里机房转桂洲机房再转至其他交换机房

全镇主要道路主干线路路由已建电信管道基本上组成了数字光纤传输为主的骨干传输网络。

存在的主要问题：

目前容桂镇接入网机房分布尚不完善。近期将继续增建凤祥南、细滘、立新路、高新技术开发园等接入网机房。另外，由于已实施邮电分营，桂新、容山机房将迁移，需选址迁改，进一步完善接入网机房的分布，达到镇域全覆盖是今后电信基础设施建设的重要内容。

容桂镇现状电信管道分布尚不完善，部分主干线路路由尚采用架空敷设，对线路安全构成影响，部分新建道路未同期建设电信管道，将对机房出线造成影响。建成区由于道路狭窄，增设机房时，出局管线亦成为瓶颈。振华局将逐步取代桂新、容山汇接局功能，建成中心汇接局，其网络结构调整的管道配套问题有待解决，光纤网络传输的管道配套等问题也十分突出。各电信网络营运商的管道未经统一规划，各自为政，自成体系，相互间互不配合，造成现状管道资源的破坏及浪费，对本已十分有限的空间资源带来不良影响。另外，施工过程中因资料调查不清，盲目"开挖"、"顶管"等，对现状管道造成破坏的情况也时有发生。

上述问题中最根本的原因是缺乏统一规划、统一设计、统一管理，其根源有运营体制、资金、机构管理程序、不平等竞争等诸多复杂因素。

（2）用户预测

根据本次规划提出的经济发展目标、人口规模、用地性质、功能分布及相关指标，采用单位用地面积用户密度法，预测规划区内用户数量。预测结果见表 13.1.6-2。

按单位用地面积密度指标法预测统计表   表 13.1.6-2

用地性质代码	用地性质	用地面积	占城市建设用地比例（%）	人均（m²/人）	市话指标	市话量（线）
R	居住用地	1418.40	33.82	32.05	150	212760
C	公共设施用地	414.29	6.67	6.32	200	82858
M	工业用地	766.45	15.68	14.86	50	38323
W	仓储用地	59.05	1.12	1.06	10	591
T	对外交通用地	75.85	0.34	0.32	30	2276
S	道路广场用地	910.68	20.32	19.26	10	9107
U	市政公用设施	71.68	1.47	1.39	30	2150
G	绿地	983.66	20.59	19.51		
E	水域	860.19				
D	农田保护	1759.59				
E	发展备用地	505.39			30	15162
总计						363225

上述预测指标及标准参照了深圳市、东莞市、惠州市等相关预测标准。从预测结果可以看出，远期容桂镇总用户数量约为 30～35 万，交换机总容量在 35～40 万门。

（3）交换机房规划

根据本次规划中市话用户数量预测和用户分布情况，及顺德市电信局容桂分局近期发展规划，同时考虑到现状接入网机房装机容量和位置分布情况，在本次规划中新增细滘、立新路、顺德高新技术产业开发园、凤祥南等 4 个光纤接入网机房。规划预留新发、昌明、新有、四基、大福等 5 个光纤接入网机房。光纤接入网机房需独立占地，占地面积约 300～500m²。新增及规划预留光纤接入网机房分布情况详见"电信工程规划图"，各机房规划装机容量详见表 13.1.6-3。

容桂镇各机房装机容量统计表   表 13.1.6-3

机房名称	2001 年装机	2010 年装机	2020 年装机
振华	26500	30000	100000
桂洲（新）	24100	15000	30000
容奇（山）	19000	1000	20000
容里	13000	15000	30000
大福	10900		20000
小黄圃	3000	5000	10000
海尾	2700	10000	20000
南区	2500	10000	20000
扁窖	2600	5000	10000
华口	1400	5000	10000

续表

机房名称	2001年装机	2010年装机	2020年装机
立新路	3000	20000	
科龙	1500	5000	10000
马岗	1900	5000	10000
高黎	1000	5000	10000
细窖		10000	
高新园		10000	
凤祥南		20000	
新发			10000
昌明			10000
新有			10000
四基			10000
大福基			10000

（4）电信管道规划

在现状电信管道的基础上建立并完善容桂镇电信管网，使各机房间管道相互连通，结合路网规划形成完整的电信网络传输体系，以满足容桂镇日益增长的各种电信业务（包括大量非话业务）的传输需求。

尽量保留现状电信管道，避免重复建设，节省电信管道建设投资。

利用本次规划对原有电信管道进行统一规划整改后，将大大改善原各电信网络营运商间各自为政、自成体系、互不配合等造成的管道资源破坏及浪费问题，从而提高电信部门的管理效率。

新建电信管道原则上布置在道路西侧、北侧人行道下。各管道间应相互连通形成网络。满足各种电信新业务、数据业务等大量非话业务及有线电视的需求，电信管道在规划设计过程中应留有一定数量的裕量。

电信管道采用PVC管群，埋深应符合有关规范要求。管径采用 $\phi114$ 及 $\phi56$，其比例原则上小管（$\phi56$）占总管孔数量的 $1/3 \sim 1/4$。

道路交叉口应预留足够数量的过路管，并根据有关要求预留足够数量的横过管。

（5）新业务发展规划

1）智能网建设。大力推动智能网建设的进程。智能网（IN）是一种运行与提供新业务的结构。IN发展将推动全球信息化的发展，为多媒体通信提供平台。IN和电信网（TMN）的结合将成为未来的信息通信结构。智能网引入智能化业务，它能提供如800业务、虚拟网络、广域集中交换、通用号码、呼叫号、移动电话、个人号码、900大众呼叫、呼叫分配等多个业务。容桂局是顺德市电信局的重点端局，届时智能网的建设将为容桂镇早日走上信息化起到十分重要的作用。

2）IP城域网。IP城域网是一高宽带（骨干点宽带为30G、骨干传输速率2.5G，高接入速率10M、100M、1000M）的数据交换网络，其交换技术采用的是IPOVERSDH传输技术。IP城域网从核心到接入实现宽带化、架构无阻塞数据承载平台，可以提供虚拟专用网（VPN）以大网高速上网，信息化小区、大厦、宽带数据中心等业务以及IP电话、IP传真、IP会议电视等基于IP技术的新业务。在这一全城互动的具备完善架构的高速网

547

络环境中，社会各行各业再不用费心费力组建自己的网络，完全可以通过该网的几十个 100Mbps 的接口和上千个 10/100Mbps 的接口开发出各具专业和行业的特色、经济高效、自己可控的信息应用网络。根据顺德市电信局近期发展计划，容桂分局被定为首批定点局。届时 IP 城域网的建成，将为容桂镇广大市民应用新业务，高速上网，高速网上交易提供了保证。

3）DDN、帧中继业务。DDN、帧中继等是金融、证券、外资机构等大型企业专线服务，为用户提供全数字、全透明、高质量的网络连接，传递各种数据业务。顺德高新技术开发园的建设对这一业务的需求将大量增加。近期容桂分局将继续抓好这一业务的发展和管理工作，使用户更满意和放心。

容桂镇总体规划电信工程规划图 13.1.6-1，见本书第 15 章彩图。

13.1.6.2 邮政规划

（1）邮政现状分析

顺德市容桂邮政分局现有本网营业点 5 个，社会代办所 11 个。

目前在城市繁华地段、住宅小区已出现邮政服务点不足的情况，且镇内门牌地址不规范，信报箱不统一，都给邮政业务的开展造成了相当的困难，同时也给群众造成了用邮不方便。

（2）邮政管所、服务网点规划

本次规划根据服务半径（1km）及服务人口（4 万人）的要求，规划新增邮政营业点 7 个，以解决邮政服务网点不足的问题。同时建议邮政所的建设在满足服务半径及服务人口的要求下尽量与城镇规划建设紧密结合，以方便群众用邮及更好地开展各项邮政业务。

同时应考虑远期邮政分局、邮政转运站等主要邮政设施的发展建设。

容桂镇总体规划邮政工程规划图 13.1.6-2，见本书第 15 章彩图。

13.1.6.3 广播电视规划

（1）现状概况

容桂广播电视站大楼坐落在容桂振华大道，占地 2500m²。有线电视拥有 5 万多用户，有线网络覆盖全镇城乡，传输超过 30 套电视节目。传输方式：主干道采用 750MH 光纤传送，支线采用 550MH 同轴电缆传送，网路架设采用地埋管道和架空网相结合。现状光纤主干线的传输总长度为 74km，其中地埋 26.5km，架空 47.5km，光接点 39 个。

（2）有线电视网规划

本次规划建议从广播电视大楼至各分中心采用一级星型光纤传输，从分中心至小区管理站再至各片区机房采用一级星型光纤传输，从片区机房至用户采用星树型同轴电缆传输。传输线路应结合城市改造工程与政务网的开通，逐步改造为穿管埋地敷设方式，以便于管理与维护。

有线电视传输所需的管道应与电信管道统一综合考虑，同期共同规划建设，共用人孔，尽量避免分别独自建设，以节约管道空间资源，减少投资。

13.1.7 燃气工程规划

（1）现状概况

容桂镇现状城市燃气气源是液化石油气，供气方式主要为瓶装气，也有少量瓶组管道供气。液化石油气主要来源于珠海、深圳等地的进口气，少量国内液化石油气作为补充。全镇液化石油气经营单位主要有两家：顺德市燃料石油化工有限公司和顺德市桂洲兴顺燃气有限公司。容桂镇目前尚无城市燃气管网。

（2）气源选择

液化石油气来源广泛，可从国内外进气。目前，深圳液化石油气低温常压储存站已投入使用，其储存量大、供气有保障，是珠三角的主要供气基地之一。同时，以液化石油气为气源，工艺简单、运行可靠且投资小。因此，选用液化石油气作为容桂镇近期气源。

天然气是一种热值高、清洁且便于输送的燃料。目前，以深圳秤头角为接收基地，以高压管覆盖珠三角的广东液化天然气项目前期工作正在进行。根据《广东省珠江三角洲液化天然气城市利用工程可行性研究报告》，2008年可向顺德市供应天然气。因此，选用天然气作为容桂镇远期气源。

管道气供不到的地方，采用液化石油气瓶装供气作为补充气源。

（3）用气量预测

1）预测计算参数

液化石油气：液态低热值为45.64MJ/kg，密度为557kg/Nm³（25℃状态下）；气态低热值为108.86MJ/Nm³，密度为2.39kg/Nm³。

天然气：低热值为32.02MJ/Nm³，密度为0.886kg/Nm³。

根据《顺德市管道燃气专项规划》，居民耗热定额取2936MJ/（人·年）〔70万kcal/（人·年）〕。

参照《顺德市管道燃气专项规划》，并结合本次规划具体情况，容桂镇2020年规划人口50万人。管道天然气气化率取80%，瓶装液化石油气气化率取20%，总气化率为100%。

2）用气量计算

参照《顺德市管道燃气专项规划》，公共建筑用户的耗气量按居民耗气量的40%计算。工业用户的耗气量按居民耗气量的20%计算。不可预见耗气量按居民、公共建筑和工业总用气量的5%计算。

根据规划人口、气化率和各类用户的用气比例，可计算出全镇的耗气量见表13.1.7。

2020年容桂镇用气量计算表　　　　　　　　　　　表13.1.7

项目	用气标准	总耗热量 （万MJ/年）	管道天然气用气量 （m³/d）	瓶装液化气用气量 （kg/d）
居民	2936MJ/（人·年）	146800	100476	17626
公建	居民用气量的40%	58720	40190	7050
工业	居民用气量的20%	29360	20095	3525
未预见	总用气量的5%	11744	8038	1410
合计		246624	168799	29611

2020年容桂镇年总用气量为246624万MJ。其中管道天然气为168799m³/d，瓶装液化气为29611kg/d。

549

3）计算流量

参照《顺德市管道燃气专项规划》，不均匀系数为：月不均匀系数 1.15，日不均匀系数 1.2，小时不均匀系数 3.2。

根据供气规模和不均匀系数，计算出规划期管道天然气的计算流量为：31059 标 m³/h。

（4）输配系统规划

1）压力级制

根据镇区的供气规模和供气半径，输配压力级制取中压一级。近期供应液化石油气时，其设计与施工均按能同时满足将来输送天然气的要求考虑，以便于将来与天然气并网。近期中压干管起点压力为 0.07MPa，中压支管末端压力不小于 0.03MPa。远期供应天然气时，中压干管起点压力为 0.3MPa，中压支管末端压力不小于 0.05MPa。调压采取楼栋调压低压进户或中压进户分户调压的方式。

2）输配系统组成

近期液化石油气输配系统由液化气气化站、储配站、中压管网、用户调压箱及庭院管、户内管组成；远期天然气输配系统由顺德市域天然气高压管网、高中压调压站、中压管网、用户调压箱及庭院管、户内管组成。

① 液化石油气气化站（远期改造为天然气调压站）

位于碧桂大桥南岸小黄圃地区，占地面积约 15000m²。设液化气压缩机、贮罐、气化器、调压器、流量计等设施。

远期将气化站改造为天然气高中压调压站，设过滤器、调压器、流量计等设施。

② 液化石油气储配站

保留位于兴华路的兴顺液化气储配站，向全镇供应瓶装液化气，作为管道气的补充气源。并在德胜工业区北、兴顺储配站、容里、汇源村、龙涌、马岗各设一个共计 6 个瓶装供应站。每个独立供应站占地面积约 2000m²。

③ 中压燃气管网

中压管网采取环状布置，规格为 DN150～DN500。沿碧桂路、容奇大道、红旗路、桂洲大道等主干道布置成大的主干环网，其他干管以此为基础相互成环。

根据《顺德市管道燃气专项规划》的天然气调峰方式，不考虑在容桂镇建设调峰设施，其所需的调峰储气，由上一级燃气系统，即顺德市域内的长输管线、管束和市域高压燃气管道联合储气解决。

近期气源为液化石油气，主要做好瓶装液化气供应站的规范建设和完善供气系统的管理工作；积极筹备小黄圃气化站的建设工作，在天然气到来之前，发展液化气管道集中供气工程，其站区基建设施要注意与天然气的衔接。镇内中压燃气管道要配合市政道路建设同步施工。

容桂镇总体规划燃气工程规划图 13.1.7，见本书第 15 章彩图。

13.1.8 环境卫生工程规划

（1）现状分析

2000 年容桂镇日均垃圾产生量为 380t。容奇片的垃圾收集至垃圾中转站后，由环卫车辆运往水上垃圾运输码头送至北滘垃圾处理场填埋处理。桂州片的垃圾收集至垃圾中转站后，运往镇内高黎村垃圾填埋场填埋处理。全镇共有垃圾中转站 17 个，分布在居民住宅、市场及商住区附近。现有临时垃圾填埋场 1 个，用地面积为 99000m²，位于容桂镇东部、高黎村委会、东堤四路附近。

容桂镇中心城区现有环卫队 3 个，环卫职工 408 人，周边居委会、村委会环卫队 18 个，环卫职工 448 人。全镇共有环卫机动车辆 81 台。

容桂镇现有公共厕所 30 座，主要分布在镇内主干道两旁及商住区内。粪便大部分采用无害化三级化粪处理。

存在的主要问题：

1）现状高黎垃圾填埋场地不够，只可供填埋一年多时间；

2）垃圾中转站数量少，分布不均匀，全镇有 17 个垃圾中转站，大部分位于原容奇片区，桂州片只有 2 个；

3）公共厕所分布不均，数量少；

4）市民的环境卫生意识差，乱丢、乱吐、乱倒、乱放等情况较多，城管监控力度不够。

（2）垃圾量预测

相关规划预测顺德市中心城区每人每日产生垃圾量为 1kg。据统计，目前我国城市人均生活垃圾产量为 0.6～1.2kg，其中南方城市比北方城市低，高收入城市比低收入城市低。根据城市生活垃圾减量化原则，规划确定容桂镇人均日垃圾产量为 1kg。那么在规划期末，容桂镇生活垃圾总量将达到 450～500t/d。

（3）垃圾处理工程规划

1）垃圾收运方式

容桂镇城市垃圾要实现分类收集，可大致分为 4 类：有机垃圾（厨房垃圾）、无机垃圾（灰土）、可回收垃圾（纸、玻璃、金属等）、有害垃圾（电管、电池等）。在公共场所和居民区设置不同标志的分类垃圾箱。

容桂镇城市垃圾主要通过密封垃圾车将各垃圾收集点的垃圾收运到垃圾转运站，然后通过垃圾压缩车运至垃圾处理场集中处理。

2）垃圾处理方式

根据垃圾分类收集方式，确定不同的垃圾处理方式。有机垃圾填埋或焚烧处理；无机垃圾填埋处理；医院垃圾必须焚烧处理；有害垃圾（电管、电池等）单独处理。容桂镇城市垃圾中的医院垃圾等有毒垃圾、有害垃圾及部分有机垃圾运至杏坛安富或北滘都宁垃圾处理厂填埋和焚烧处理，运输方式可以水运和陆运相结合。无机垃圾及部分有机垃圾可以在容桂镇垃圾处理场就近埋填处理。

3）垃圾填埋场

由于现状高黎垃圾填埋厂已接近饱和，必须重新选址新的垃圾填埋场。规划在容桂镇东部，眉蕉河以南、华口村附近建 1 处垃圾填埋场地。

（4）环境卫生公共设施规划

1）废物箱

废物箱是设置在公共场合，供行人丢弃垃圾的容器，一般设置在城市街道两侧和路口、居住区或人流密集地区。废物箱应美观、卫生、耐用、防雨、阻燃。废物箱设置间隔

551

规定如下：商业大街 25～50m；交通干道 50～80m；一般道路 80～100m，居住区内主要道路可按 100m 左右间隔设置。公共场所根据人流密度合理设置。

2）垃圾转运站及垃圾压缩站

小型垃圾转运站按每 0.7～1.0km² 设置 1 座，用地面积不小于 100m²，应靠近服务区域中心或垃圾产量最多的地方，周围交通比较便利。近期容桂镇规划新增垃圾转运站 8 座，使垃圾运转站达到较合理的服务半径。远期严格按上述标准设置。

3）公共厕所

按照全面规划，合理布局，美化环境，方便使用，整治卫生，有利排运的原则统筹规划，主要设置在广场、主要交通干道两侧、公共建筑附近、公园、市场、大型停车场、体育场（馆）附近及其他公共场所，以及新建住宅区及老居民区内。主要繁华街道公共厕所之间的距离宜为 300～500m，一般街道公厕之间的距离以 750～1000m 为宜。新建居民区为 300～500m（宜建在本区商业网点附近）。

13.2　例 2　历史文化名镇、旅游型小城镇基础设施规划

浙江桐乡的乌镇是国家级历史文化名镇，是富有江南水乡特色的旅游重镇。镇区总体规划远期人口 38000 人，用地面积 399.2 公顷。

规划特征分析：

（1）古镇保护是乌镇总体规划的重点和核心，基础设施规划建设在古镇保护中是古老街区重新焕发生机的重要手段。

（2）根据古镇的特点和古镇总体规划要求，乌镇基础设施规划思路突出重视与"开发新区、保护古镇"的规划思路相一致，旧镇基础设施建设与改造突出与古镇保护相协调。

（3）道路交通规划、给水、排水工程规划突出体现江南水乡特色和要求。防灾规划重视水网地带的防洪排涝和历史街区的消防。

（4）宜考虑旅游重镇对基础设施规划的不同要求。

案例说明：

本例选自杭州市城市规划院完成的乌镇总体规划。

由乌镇人民政府提供。编者对规划内容作有修改与删减。

13.2.1　道路交通工程规划

（1）现状分析

现有对外交通用地 12.93 公顷，包括汽车站、码头、过境道路。存在的问题：道路骨架不完整，等级不清晰、红线宽度较小，人均道路用地指标低、不能适应经济、社会发展需要。

（2）规划原则

1）规划道路应满足客、货、人流的安全和通畅，并能反映乌镇风貌，满足工程管线敷设的需要。

2）根据道路内外联系的方式和交通流向确定道路的性质、等级。

3）根据道路的功能、等级及交通方式确定道路断面形式。

4）根据交通源的分布，安排停车场、加油站等配套设施。

5）城镇道路网布置结合原有道路，尽可能保持与河道平行，构成一河一街，一河两路的水乡城镇道路特色。

6）城镇干道间距控制在500～700m之间，支路间距控制在150～200m之间。中心区道路网密度可适当加大。

（3）对外交通用地

1）规划原则

① 建设以公路运输为主，水路与陆路相结合的对外交通体系。

② 各类对外交通设施之间，应按联运要求设置必要通道。

③ 对外交通设置应与城镇功能布局密切配合，既要减少对城镇的干扰，有利于城镇的发展，又要交通顺畅，方便出行。

2）规划布局

① 公路

主要为姚震公路的建设，规划线路不变，断面拓宽为40～48m。

② 水路

规划镇区内河段不再作运输航道，主要为游览河道。

③ 交通设施

原镇汽车站位于子夜路北侧，规模较小，随着城镇的向南发展和规模的扩大，车站位置比较偏北，且对古镇的干扰较大，规划在新区内，镇政府西边设置1个汽车站，占地2.52公顷。规划在市河南部与运河交叉处向南约300m处设置1处码头，用于镇区内外水上物流，占地1.15公顷。

对外交通用地近期规划为7.5公顷，人均为3.0m²；远期规划为7.5公顷，人均用地为2.0m²；近远期分别占城镇建设总用地的2.7%和1.9%。

（4）道路广场用地

1）规划原则

① 路网布局有利于保护古镇，展示水乡城镇风貌，展示城镇历史文脉。

② 合理规划城镇路网结构，建立畅通的城镇干道骨架，提高城市道路的通行能力。

③ 确定合理的路网密度、宽度，满足城镇交通发展需求。

④ 合理安排城镇停车场，建立完善的交通管理体系。

2）规划布局

城镇道路基本采用方格网系统，组织"四横两纵"格局主干道网。"四横"即规划镇北路、规划工旅路、子夜路、隆源南路四条。"两纵"即隆源路和姚震公路。

道路等级按主、次、支三级设置，具体道路红线宽度见表13.2.1-1。

城镇主干道：24～48m；

城镇次干道：18～20m；

城镇支路：12～16m；

另沿市河两侧设7～10m步行道。

规划道路横断面见表13.2.1-2道路断面一览表。

城镇广场用地在新老城区结合处，浮澜桥港北侧，联新路以东地块，结合镇区的行政、文化中心设置，广场用地规模约 1.3 公顷。

规划在镇区内设置 3 处公共停车场，一处位于子夜路与姚震公路交叉口西北侧，现景区入口处，一处位于西栅原植材小学位置，另一处位于南部新区内旅游品市场西侧，用地共为 10.1 公顷。

道路规划一览表 　　　　　　　表 13.2.1-1

序号	道路名称	红线宽度（m）	断面代号	道路等级
1	姚震公路	40～48	A—A	主干道
2	镇北路	32	B—B	主干道
3	联新路	32	B—B	主干道
4	子夜路	24	C—C	主干道
5	镇东外环路	24	C—C	主干道
6	隆源南路	24	B—B	主干道
7	联合路	24	C—C	次干道
8	浮澜路	24	C—C	次干道
9	陈庄路	24	C—C	次干道
10	工农路	20	D—D	次干道
11	乌桃公路	20	D—D	次干道
12	仁济路	20	D—D	次干道
13	新华中路	20	D—D	次干道
14	新华南路	20	D—D	次干道
15	茅盾路	20	D—D	次干道
16	码头路	20	D—D	次干道
17	慈云路	20	D—D	次干道
18	镇南路	20	D—D	次干道
19	虹桥路	18	E—E	次干道
20	隆源路	18	E—E	次干道
21	甘泉路	16	F—F	支路
22	园中路	16	F—F	支路
23	市场路	16	F—F	支路
24	公园路	16	F—F	支路
25	幸福路	16	F—F	支路
26	茅盾西路	16	F—F	支路
27	府前路	16	F—F	支路
28	太平路	16	F—F	支路
29	石佛路	16	F—F	支路
30	双溪路	16	F—F	支路
31	通济路	16	F—F	支路
32	望佛路	16	F—F	支路
33	子夜南路	12	G—G	支路
34	红星路	12	G—G	支路
35	杏花路	12	G—G	支路
36	北大街	7～10	H—H	步行为主
37	新华路	7～10	H—H	步行为主
38	常青路	7～10	H—H	步行为主

道路断面规划一览表   表 13.2.1-2

序号	断面代号	红线宽度（m）	断面形式（m）
1	A—A	40～48	(5～6)＋4.5＋2＋(7.5～10.5)＋2＋ (7.5～10.5)＋2＋4.5＋(5～6)
2	B—B	32	4＋3＋2＋14＋2＋3＋4
3	C—C	24	4＋7＋2＋7＋4
4	D—D	20	3＋14＋3
5	E—E	18	3＋12＋3
6	F—F	16	2.5＋11＋2.5
7	G—G	12	2.5＋7＋2.5
8	H—H	7～10	—

图 13.2.1-1 为乌镇总体规划道路系统分析图。

图 13.2.1-2 为乌镇总体规划道路工程规划图。

13.2.2 给水工程规划

（1）现状分析

乌镇镇区供水平均日用水量大约为 0.5 万 t/d，而现状最高日用水量已达到 1.5 万 t/d，镇区普及率已接近 100%。水源来自镇区地下水，先后凿井 7 眼，其各深井井径为 300mm，井深 129～158m，取自深层地下水，其各深井情况见表 13.2.2-1。目前由于镇区地下水大量开采，造成静水位下降达 20m 左右，因而造成镇区自然地坪下降 0.8m，而且水质（含铁量超标）尚不能达到国家生活饮用水水质标准。

现状深井情况表   表 13.2.2-1

井号	位置	井位	井深（m）	静水位（m）	出水量（t/h）	备注
1	水厂内	D300	129	12.7	报废	
2	酒厂内	D300	150	21.2	报废	
3	吴家浜	D300	137	25	80	
4	新春村	D300	141	27～28	140	
5	观堂桥	D300	158	29.5	140	
6	凤仙新村	D300	/	31 左右	140	
7	虹桥村	D300	/	32 左右	140	

镇区设有自来水厂一座。厂内仅有 150m³ 水塔一座，起到管网蓄水调节作用，塔顶高 34m（相对地坪标高），供水压力为 0.25MPa。工业企业除丝厂部分取用地表水作为生产用水外，其余均使用各管井加入管网，水厂统一供水。镇区工业用水量所占比例达到总用水量的 60% 上下，因而季节性用水量差异较大。此外，水厂还向镇区外围、民丰村、环河村、东瑶村等部分农居供给生活用水。

镇区内主要道路下敷设有给水管，已初步形成较为完善的给水管网。DN150 以上主管总长达 10km。但因其管径偏小，不适应远期发展的供水需要，应分期分批调整管网，逐步达到合理运行。

（2）用水量预测

镇区供水规划远期人口为 3.8 万人，以总用地 399.2 公顷为镇区范围进行远期需水量预测。

预测方法按不同性质的规划用地面积，采用相应的用水比流量指标进行需水量估算，并适当考虑未预见需水量等因素，测算结果见表 13.2.2-2，则镇区 2015 年总需水量为每天最大流量 32300m³。

乌镇镇区规划需水量估算表　　　　　　表 13.2.2-2

用地性质	现状用地面积（公顷）	2015 年规划用地（公顷）	计算需水量标准	总需水量（m³/d）	
工业用地	69.08	80.80	1.2L/(s·ha)	8377.0	
居住用地	199.15	128.25	100m³/(d·ha)	12825.0	
公建用地	32.27	49.26	1.0L/(s·ha)	4567.0	
仓库	3.82	9.19	1.0L/(s·ha)	794	
对外交通	12.93	7.50	0.6L/(s·ha)	389.0	
公用、市政用地	0.96	4.80	0.6L/(s·ha)	249.0	
道路用地	32.5	57.30	2L/(m²·d)	1146.0	包括广场等
绿化用地	3.1	62.10	1.5L/(m²·d)	932.0	
小计	354.61	399.2		29279	
未预见部分	以 10% 计			2928	
总计				取 32300	为最大日需水量

（3）规划方案选择

根据桐乡至乌镇供水工程初步设计，从桐乡果园桥水厂出水总管中接出干管往北至湖盐公路，沿公路向西到环城西路交叉口，然后分两路分别通向乌镇和石门。其中乌镇方向由此交叉口向北沿湖盐公路和姚震公路到达乌镇。

其建设规模：工程供水总能力为 5.1 万 m³/d。其中乌镇为 3.1 万 m³/d。桐乡乌镇管线长 12.2km，其中 $DN1000$ 管 1182m，$DN800$ 管 4968m，$DN600$ 管 6065m。

从"初设"中，桐乡至乌镇输水管分两股水：1）至镇区 $DN400$ 一根。2）至乌镇公园 $DN300$ 一根。其供水计算压力为 15.9m（即 $H=0.159$MPa），其地坪标高为 3m（黄海标高）。若镇区采取管网直供。则供水压力需考虑管道沿途损失，并满足镇区 4~5 层住宅用水，则供水压力应达到 0.35~0.40MPa 才能满足用水需要。按照这次规划镇区需水量即设计规模为日最大流量 32300m³，再加上镇域 14 个村庄需水量日最大流量 2082m³，则总需水量为日最大流量 34400m³。考虑到供水需要满足最大日最大小时平均秒流量的供水状况，并以消防设计流量校核，为需在乌镇镇区东侧设置供水加压配水厂一座，并设置10%~15% 的调节水量（蓄水池 4000m³）这样才能满足供水需要。并预留水厂用地 1 公顷。另对居住用地不必再设置屋顶水箱（可避免水质二次污染）。原则上均采用加压配水厂直接供水为主，个别高层建筑可自行加压。

考虑到近期供水增长不会太快，而桐乡至乌镇的输水管网供水水压，还会超过0.20MPa，其水压基本上满足近期需要，故配水厂可暂不修建，但预留用地，以待需水量增加、水压不足时，再安排配水厂上马。

规划的配水管网系统，以生活与消防合并系统，采用环状与树枝状相结合的布局，并确定其主干管管径。

存在的问题：桐乡水厂分配到乌镇供水水量为 3.1 万 m³/d，尚不能满足乌镇远期 3.44 万 m³/d 的需要。虽差异不大，但考虑到配水管要满足最大小时平均秒流量的配水高峰用水 K=1.5 时，故宜通过供水加压站及水池调节才能满足供水需求。

图 13.2.2 为乌镇总体规划给水工程规划图，见本书第 15 章彩图。

13.2.3 排水工程规划

（1）雨水工程规划

1）现状分析

由于大运河历年洪水位有所提高：1990～1991 年最高水位为 4.58m（以吴淞标高计），1994 年为 5.00m，1999 年 5.58m。而镇区地坪标高一般在 4～4.2m（最低处），则镇区存在洪水季节受淹的可能。但镇区已采取一定的措施。即各河道，尤其是镇景区河道均设有挡水闸（或称控制闸）。其作用为一般大运河常水位时，镇区关闭挡水闸，控制河道水位为 4m。当超过 4.0m 时，开动排水闸阀向大运河泄水。若遭到大运河高水位时也采取内河提升排水至大运河。某些地块室外地坪偏低，虽然已建有若干合流管道，但镇区内因河道水位较高，排水管道无法顺利排到周围河道或池塘。因而低洼地带出现 0.1～1.2m 的积水。尤其渔业村一带较为严重，详见镇区积水情况，表 13.2.3。

557

镇区内积水情况表　　　　　　表 13.2.3

地点	转船湾	观音桥	凤仙新村	帮岸上	渔业村	染店弄	财神湾	三里塘
积水深（m）	0.2～0.6	0.2～0.6	0.2	0.1～0.4	0.8～1.2	0.2	0.3～0.5	0.1～0.3

2）规划设计雨水量

规划采用雨水重现期 P=1 年，地面径流系数，取用 $\phi=0.6～0.65$，道路取 $\phi=0.9$，地面径流时间 t 取 10～15min。

暴雨强度公式可借嘉兴市公式：

$$q = 3521.36(1 + 0.675 \lg P)/(t + 15.153)0.799[L/(s \cdot ha)]$$

$$Q = \phi \cdot F \cdot q(L/s)$$

其中　ϕ——径流系数；

　　　F——汇水面积（ha）；

　　　q——暴雨强度 [L/(s·ha)]；

　　　Q——设计雨水量（L/s）。

3）雨水排水方式

考虑到镇区景观水位的要求，保证景区河道常水位 4m（即黄海标高 2.13m），故应采取以下措施：

① 凡与大运河直接连通的河道水系均应采取闸板门，控制内河常水位。当内河水位超过 4.2m，不利于镇区雨水的排放时，应用泵提升排水，以控制河道水位。而将内河实际水位控制在 4～4.2m 左右。

② 因大运河洪水位逐年提高，1998 年已达到 5.58m（相当于黄海标高 3.71m），比内河常水位高出 1.08m。故对大运河采取防洪措施，是保证镇区规划用地不再受淹的重要措施。

③ 为使镇区规划用地内地表雨水自然排入镇区内河，则适当提高用地的地坪标高，是防止镇区受淹的重要措施。规划考虑到内河保持常水位 4.0～4.2m，则规划用地标高应≥5.0m，才能维持雨水就近以重力排向内河水体。则凡现状地坪标高不足 5.0m 地块则应采取填高土方才能作为规划用地付诸实施。

图 13.2.3-1 为乌镇总体规划雨水防洪工程规划图，见本书第 15 章彩图。

（2）污水工程规划

1）现状分析

目前污水排放仅依靠部分道路，新华路、大桥路等 D230～D300 合流管沟，总长大约 5～6km，都以合流管接纳零散的污水直排就近河道。近期仅修建一根隆源路南北向 D600 合流管，接纳路东西侧沿线的雨污水后排放。由于污水直接排入河道，长期造成河道污染，也使大运河的水质逐年恶化。

2）规划期污水量预测

由于污水量预测属总体规划阶段，只能根据规划用地等级选取适宜的污水等级比流量指标，按中小城镇的估算指标进行估算。又因分项估算各污水量尚有困难。一般只按最高日用水量打折的 70％ 为估算值。则乌镇镇区平均日污水量规模初步估算为 21000m³/d（扣除道路绿化用水）。

3）污水排水方式

规划对地块污水实行管网收集，形成完整的排水系统，详见污水规划总平面图。随着道路的逐步建设同步埋设污水管道，实施时应考虑主干管先行，次干管、支管逐渐形成。由于污水管位埋深过大，造价昂贵，技术上也有困难。这次污水系统中途设提升泵站两座，以汇集西侧污水倒虹管过市河再汇集到污水处理厂。

根据预测平均日污水量 2.1 万 m³/d 作为污水处理问题的总设计规模，可分期建成。建议一期修建为 1.1 万 m³/d。污水处理厂实行两级生化处理工艺。基本流程为：提升泵站—格栅—沉砂池—机械沉淀—生物处理—两级沉淀—消毒等流程。处理后的污水排放标准，要视接纳水体的功能级别及环境容量由当地环保部门审查同意，才能付诸实施。污水处理厂设在市河下游，厂区预留用地 2 公顷。

对于工厂车间排出的污水，应符合排入城市下水道的水质标准。即国家污水综合排放标准（GB 8978—88）三级标准。对有毒有害物质及重金属离子超标项目，应按照 GB 8978—88 第一、二污染物有关控制指标，严格实行厂内预处理，再排入城市污水管道。

图 13.2.3-2 为乌镇总体规划污水工程规划图，见本书第 15 章彩图。

13.2.4　电力工程规划

（1）现状概况

近年来乌镇电力工程发展较迅速，现乌镇镇区西侧设有乌镇变电所（35kV），其容量为 4 万 kVA，承担镇区片及原民合、新生、炉头、民兴 4 乡镇的供电负荷，并计划废除 35kV 变电所，新建 110kV 变电所。

（2）用电负荷预测

根据用地规划提供的资料对规划期内分项需电量进行预测。用电负荷测算，在考虑地块容积率的基础上，按单位用地面积上的用电负荷推算。

乌镇镇区用电负荷预测　　　　　　　　　　　　　　　　　表 13.2.4

用地性质	用地面积（公顷）	用电负荷指标（kW/ha）	规划用电负荷（万 kW）
工业用地	80.80	400～500	3.23～4.04
居住用地	128.25	250～300	3.21～3.85
公共设施用地	49.26	300～450	1.59～2.38
市政公用设施用地	4.8	300	0.15
对外交通用地	7.50	300	0.23
仓储用地	9.19	250～500	0.23～0.46
道路用地	57.30	20	0.12
绿地	62.10	20	0.12
小计	399.2		8.88～11.35
未预见量	以 10% 计		0.89～1.14
合计			9.77～12.49
同时率	0.65		6.35～8.12

（3）电网规划

根据镇区用电负荷测算为 6.35～8.12 万 kW，加上镇域各村庄 1.33～2.06 万 kW，目前乌镇变电所为 35kV，4 万 kVA 容量不能满足用电需求。故应逐步扩大供电量，根据远期需要，除原 35kV 变电所近期维持使用，远期可集中在规划站址（见规划图）建设 110kV 变电站 3×5 万 kVA 或 3×4 万 kVA，35kV 供电主要酌情在镇域考虑。

图 13.2.4 为乌镇总体规划电力工程规划图。

13.2.5 通信工程规划

13.2.5.1 电信工程规划

（1）现状

乌镇电信局现有装机容量为 1.2 万门。主要供镇区范围，已安装 5900 户，普及率 38 部/100 人。2002 年计划达到 1.07 万部。镇局位于镇中心区子夜路北侧，1990 年建局总出线 15 孔（往西 9 孔，往东 6 孔），目前主要以架空线路为主，近期已建埋地管道有：

1）乌桃路（西边工业区），路西人行道 6 孔。

2）大桥路，路北人行道 6 孔。

3）隆源路，路西人行道 6 孔。

另外，原民兴乡已装 2000 门，原民合乡已装 3000 门，但不属乌镇电信局服务范围。电信宽带网也已开始兴建，现已有 90 个用户。

（2）用户预测

通信需求量以固定电话装机需求量进行预测。预测指标均按居住户数为基础进行。镇区 2015 年规划人口 3.8 万人，按户均 3.5 人，则规划户数为 10860 户。

固定电话装机指标按户均 1.2 门计算，以住宅装机量占镇区装机总量的 60% 计，则乌镇镇区的固定电话需求总量为 2.172 万门。

（3）局所、管道规划

按照镇区的通信需求量预测 2.172 万门，并考虑镇域范围通信需求量预测 0.931 万门，合计 3.103 万门，远期规划原局扩容至 5～6 万门。镇区管网系统均采用埋地敷设，外部由桐乡引来的乡域架空线酌情保留使用。

13.2.5.2　广播电视工程规划

（1）现状

有线电视由桐乡以光缆引入到镇广电站（站址位于镇中心区北花桥西侧，建筑面积 180m²，2 层）。镇区由站出线 10 芯光缆，镇区共有民兴、北庄、陈庄、西滨等 8 个光结点，再延伸至农村 11 个光结点（其中原民合有 5 个光结点）。

广电服务镇区 6000 户，普及率 100%；农村 4200 户，普及率 30%，总普及率为 57%。镇区线路部分埋地，部分架空，乡域均为架空线路。

（2）用户预测

按照镇区用地规划的人口容量估算，规划的 2015 年镇区人口为 3.8 万人，总户数 10860 户。有线电视装机指标按户均 2 个计算，住宅终端数按占镇区总量的 90% 计，则乌镇镇区有线电视终端总需求量为 24133 个。另考虑到镇域农村需要 15482 个，则广电站总设备容量为 39615 个。

（3）有线电视网站规划

规划在原广电站址，扩建有线电视终端的有线广电站，占地 0.3～0.4 公顷，镇区有线电视网与电信管道同沟敷设。在规划道路上预留通信管沟位置，以适应逐步发展的分期建设。乡域采用架空线路。

13.2.5.3　邮政工程规划

本规划缺邮政工程规划，宜主要补充镇区邮电支局、邮政转运站规划布局及邮政所布点要求。

图 13.2.5 为乌镇总体规划电信广电工程规划图。

13.2.6　燃气工程规划

（1）现状概况

乌镇民用及工业燃料均以瓶装液化石油气为主。

（2）用气量预测

规划乌镇居民耗热指标为 2302MJ/（人·年）。

居民耗热与商业、工业耗热比值为 1：0.5：0.4，详见表 13.2.6。

乌镇镇区规划燃气需求量预测　　　　　　　　表 13.2.6

人　口	3.8 万人
居民耗热指标	2302MJ/（人·年）
居民耗热量	8.75×10^7 MJ/年
居民：商业：工业	1：0.5：0.4
规划总耗热量	1.66×10^8 MJ/年

则镇区加镇域各村庄预测总燃气需求量为 2.19×10^8 MJ/年。

（3）天然气工程规划

根据天然气工程实施计划，不久即可在省北部地区先后通气，规划乌镇的燃气采用天然气接管一次性实施，近期不再建设液化气气化站。本规划对天然气管道进行安排，预留管道位置。规划在镇南部，公路西侧（详见规划图）设置一座中低压调压站，镇区天然气由中压调为低压供气。

图13.2.6为乌镇总体规划燃气工程规划图。

13.2.7 环境卫生工程规划

（1）现状及分析

现状环境卫生设施数量不足，环境卫生条件较差，不能适应旅游经济和社会发展要求。

（2）规划目标

提高镇区环卫水平，实现城镇社会、经济、环境三大效益全面提高，改善城镇环境面貌，塑造历史文化名镇形象，使乌镇成为清洁、卫生、优美、文明、典雅的城镇。

（3）规划及措施

1）规划建设垃圾处理站；

2）生活垃圾实行袋装定点收集；

3）镇区重要道路每隔 $80\sim100$m 设废物箱1处；

4）镇区设20个公共厕所，以生态公厕为主；

5）镇区道路及公共场所定时清扫，按时浇洒道路绿地，保持环境卫生，市场摊位和经营场地随时收集废弃物；

6）加强环卫管理机构建设和居民环境卫生意识。

（环境卫生规划尚应按规范要求补充生活垃圾量等预测、环卫设施规划等主要内容，突出规划重点）

第 14 章　小城镇基础设施规划导则综合示范应用分析

　　我国小城镇规划及其标准、导则研究基础十分薄弱，长期以来，小城镇规划缺乏统一的规划标准、导则，加上不同地区、不同类别小城镇的差异性、复杂性，各地在小城镇规划内容、深度掌握和操作上差别很大，一些规划不能很好起到小城镇建设的"龙头"作用。为了改变这种被动局面，国家从"九五"到"十五"期间在小城镇重点和攻关研究课题中规划标准与导则研究都占有很大的比重。

　　本章选择明城镇国家"十五"小城镇集成技术综合示范应用中的基础设施规划导则综合示范，一方面是便于读者了解通过示范应用对相关标准、导则研究课题成果的实践验证，另一方面，示范应用分析又是通过理论与实践更好地结合，便于读者加深理解导则对规划的分类指导，使标准、导则研究成果在规划中得以熟练运用。

　　明城镇地处珠江三角洲城镇密集区的西部，佛山市高明区的中心腹地。是全国重点镇，国家小城镇经济综合开发示范镇，也是广东省小城镇健康发展综合试点镇。明城镇基础设施规划建设标准和导则试点示范与应用分析突出以下方面：

　　（1）城镇密集地区小城镇跨镇区域基础设施的共建共享应用；

　　（2）小城镇基础设施综合布局与统筹规划标准导则的应用；

　　（3）经济发达地区远期有条件成为中小城市的综合试点示范小城镇的基础设施规划技术指标应用比较与印证及与城市相关标准的衔接。

　　图 14.0-1　明城镇镇域土地利用规划图，见本书第 15 章彩图。

　　图 14.0-2　明城镇主要基础设施分布综合图，见本书第 15 章彩图。

14.1　明城镇道路交通规划导则示范应用

14.1.1　明城镇交通现状与规划概况

　　（1）明城现状交通概况

　　目前，道路交通是明城镇最主要的交通运输方式。根据规划，全高明区最主要的道路都将经过明城，如高明大道西、和合东路及规划中的广明高速公路、珠三角外环高速公路等，令明城的交通区位优势明显，对外交通便捷。

　　随着镇区规模的扩大，城镇产业结构的调整，以及交通出行方式的逐步改变，明城现有的道路交通设施远未能满足今后发展的需求。主要表现在：

　　1）高明大道西紧贴明城镇区，在北部是东西向通过，从长远的考虑，影响了镇区的扩大发展，高明大道西作为过境公路，货车较多，交通流量大，制约了镇区往北拓展。

　　2）镇区内旧区道路等级低，路况较差，与新区的道路衔接不畅，影响了道路的通达性。

3）镇区内的公共交通设施建设滞后，如缺乏公共广场、停车场等。

（2）明城道路网结构布局规划概况

1）规划原则

① 与上层次规划相衔接。将佛山、高明一级的道路交通规划在本次规划中予以贯彻落实或调整，保证道路交通规划的连续性。

明七路现状　　　　　　　　　　　　　城五路现状

② 与周边如人和、更楼、沧江工业园等地区的区域路网相协调，统一考虑城镇建设区与发展备用地的道路衔接。

③ 与土地利用、生态环境协调发展。结合城镇用地布局、功能分区进行道路交通规划，合理分布道路交通流向流量，促进城镇健康持续发展。

④ 有效组织各种运输方式之间的联系，使道路系统与用地功能有机地结合起来，做好内外分流、客货分流，机动车与非机动车分流，并且通过交通管理措施，提高整体交通效率。

⑤ 注重系统性和综合性。以系统综合的观点对镇域道路网络、交通设施和交通管理进行综合部署，提高城市运行效率。

2）道路网结构布局

明城的南北均是山地，镇区处于高明中部，是连接高明东西部的门户，发挥着"承东启西"的重要作用。这一客观条件决定了明城"东—西"向的主要交通联系方向。

从镇域范围来看，规划主要强化了明城的横向交通联系，如高明大道西、和合东路、杨更线等。从镇区范围来看，规划主要形成了"五横六纵"的主干路网结构。

五横：青玉喜路—城六路（横向段）、明二路、高明大道西、明九路、和合东路；

六纵：城二路、城六路（纵向段）、城七路、城十路、城十三路、城十九路。

14.1.2　试点示范应用分析

（1）对外交通规划导则试点示范与应用分析

按照小城镇交通道路规划标准、导则研究中的一般规定条款：

"小城镇对外交通运输方式主要为公路、铁路、水路方式，并应结合自然地理和环境特征等因素合理选择。"

563

"小城镇所辖地域范围内的可涉及的公路按其在公路网中的地位分为干线公路和支线公路，并可分为国道、省道、县道和乡道；按技术等级划分可分为高速公路、一级公路、二级公路、三级公路和四级公路。"

由于地理区位等诸多因素，同时沧江河流经明城，因此，历史上水路交通曾一度是明城的主要交通出行方式。然而随着机动车的发展，水路交通迅速萎缩，交通出行方式逐步由水路转向了陆路。

从明城的区位来看，铁路和水路运输都不发达，主要的对外交通包括高速公路和公路两大类：

1) 高速公路

从整个珠三角和大佛山的区域范围规划来看，有两条规划中的高速公路将经过明城，并在明城相互交汇。广明高速公路、珠三角外环高速公路对高明经济的发展起着关键的作用，同时更是构筑佛山"五纵九横"干线公路网格局的重要组成部分。

广明高速公路——是广州至高明更楼交通联系的快速通道。规划从明城北部通过，在洞脚村附近设置明城出入口，直接连接高明大道西和明二路两条主干道。

珠三角外环高速公路——规划呈南北向从明城东北部的农田保护区穿过，往北连接高要，往南通往鹤山、江门。规划在明城以北约 2km 处与广明高速公路交汇，设置互通立交。

2) 公路

按照小城镇交通道路规划标准、导则研究中的条款要求：

"小城镇内的主要客运交通和货运交通应各成系统，货运交通不应穿越城镇中心区和住宅区，对外交通系统应有方便的、直接的联系。"

"对原穿越镇区的过境公路段应采取合理手段改变穿越段道路的性质与功能。"

明城的主要公路包括高明大道西、和合东路、杨更公路和明富路：

高明大道西——即原来的 S272 省道，肇珠公路（肇庆—珠海），现更名为高明大道，是贯穿高明全区东西的最主要交通干道，同时也是高明"T"字形产业带的依托。规划高明大道成为明城的最主要对外交通干道，往东连接荷城、人和等，往西连接新圩、更楼等，道路红线宽度为 80m，控制宽度 110m。

和合东路——即原来的 S113 省道，广高公路，现更名为和合东路（人和—合水），是高明中西部另一条东西向的交通干道，同时也是明城"五横"路网的重要组成部分，往东连接人和，往西可直接至更楼。道路红线宽度为 80m。

杨更公路——即 X525 县道，处于明城中南部，呈东西向横穿明城，往东连接杨梅，往西连接更楼。道路红线宽度为 15m，控制宽度 35m，双向两车道。

城二路——是 X498 县道（明富路）的改线，穿过农田保护区，连接河南和明东工业组团及富湾镇，是河南新区的主要出入口之一。道路红线宽度为 40m。

高明大道位于明城镇区的北部，紧接镇区，多年来是明城依赖发展的主要吸引源之一。近年来，由于明城工业发展迅猛，用地需求增大。因此规划将工业布局在高明大道以北的广阔用地，形成了高明大道将镇区和工业区分隔南北的布局。由于目前明城仍处于发展的起步阶段，仍需要依靠区域的交通干道带动发展，因此，目前高明大道横穿镇内的格局对明城仍然是有利的。规划到明城的工业发展具备一定规模时，可以考虑将高明大道向北迁入工业区内的明二路，实现省道的改线。同时将高明大道的线路通过断面改造等措施，建成适合镇内使用的城镇道路，从而继续促进明城的发展。

（2）镇区道路交通规划导则试点示范与应用分析

1）道路等级划分

按照小城镇交通道路规划标准导则研究中的条款要求：

小城镇道路分级应符合表 14.1.2-1 的规定。

小城镇道路分级　　　　　　　　　　　　　　　　　　表 14.1.2-1

镇等级	人口规模	道路分级			
		干路		支（巷）路	
		一	二	三	四
县城镇	大	●	●	●	●
	中	●	●	●	●
	小	●	●	●	●
中心镇	大	●	●	●	●
	中	●	●	●	●
	小	—	●	●	●
一般镇	大	○	●	●	●
	中	—	●	●	●
	小	—	○	●	●

注：其中●—应设，○—可设。

由于明城目前的发展速度快，对道路交通设施的要求较高，且规划中至 2020 年明城将发展成为一个具有近 20 万人的中等城市，为了保证规划的延续性和适用性，规划对全镇的道路等级提高至城市的标准，分为主干道、次干道和支路三个等级。其中对老镇区的道路以保留维护疏通为主要手段，加强了与新区道路网络的衔接。

① 主干道主要承担对外交通和镇域跨组团间的长距离交通服务和货运交通服务。

城五路（南段）：是少数现状已建成的主要交通干道，主要连接明北工业组团、河北及河南居住组团。道路红线宽度为 40m。

城七路：位于城镇中部，串联了四个组团，是明城未来发展最重要的南北向交通干道，道路红线宽度为 40～60m。

城十路、城十三路：串联智能工业组团、河北及河南居住组团的主要干道。道路红线宽度为 40m。

城十八路：是广明高速公路明城出入口的连接线，将明二路及高明大道两条横向的主干道与出入口联系起来。道路红线宽度为 40m。

青玉喜路—城六路：是明城北部的明东工业组团向东的主要出入口，直接与沧江工业园（东园）连接。道路红线宽度为 40～50m。

明二路：是横向贯穿明城北部的最主要交通干道，往东连接人和、沧江工业园（东园），西面与广明高速公路明城出入口及高明大道相接。道路红线宽度为 40～50m。

明九路：是横贯河南新区的城市主干道，是带动河南新区开发的主要元素。道路红线宽度为 40m。

② 次干道是承担各组团之间及组团内部的长距离交通联系，并对快速交通进行集散，它与主干道一同构成了城镇的道路骨架。主要包括青玉一、二、三路，明一路、明六路、明七路、明八路、明十路、城喜路、城十二路、城十九路等。道路红线宽度为 20～40m。

③ 支路的功能是汇集交通和疏散次干道的交通车流，提供居住区、商业区和工业区内部的联系，限制穿过性交通出入。道路红线宽度为 10～20m。

2）道路规划技术指标应用

小城镇交通道路规划标准、导则研究中关于道路规划技术指标的主要要求如下：

小城镇道路规划技术指标应符合表 14.1.2-2 规定。

小城镇道路规划技术指标　　　　　　　　　　表 14.1.2-2

规划技术指标	道路级别			
	干路		支（巷）路	
	一级	二级	三级	四级
计算行车速度（km/h）	40	30	20	—
道路红线宽度（m）	24～32（25～35）	16～24	10～14（12～15）	≥4～8
车行道宽度（m）	14～20	10～14	6～7	3.5～4
每侧人行道宽度（m）	4～6	3～5	2～3.5	—
道路间距（m）	500～600	350～500	120～250	60～150

注：① 表中一、二、三级道路用地按红线宽度计算，四级道路按车行道宽度计算。
　　② 一级路、三级路可酌情采用括号值，对于大型县城镇、中心镇道路，交通量大、车速要求较高的情况也可考虑三块板道路横断面，加宽路幅可考虑≥40m，但不宜>60m。

在快速工业化的过程中，居民交通出行方式已经逐步改变，而道路横断面的设置也越来越关注行人、公共交通及货运交通之间的相互关系。规划中根据明城镇不同功能区的需要，同时考虑到明城将来发展成为一个以工业发展为主的中等城市的需求来设置道路的横断面，如工业组团的道路注重货运交通，镇区内部则注重小汽车和人行交通，而滨水区则更注重人的步行交通需求。有所侧重地设置道路的横断面形式，体现了城镇生活的人性化。

考虑到远期明城城市工业发展的需要，按照主干道、次干道和支路三个等级的划分，主干道的宽度为 40～60m，次干道的宽度为 20～40m，支路的宽度在 10～20m 之间。对照小城镇交通道路规划标准研究，与其中的条款要求是相符合的。

3）道路网布局标准的应用

明城是一个新兴的工业型城镇，工业区是基于对镇区依托的基础上发展起来的，因此，工业区与镇区的道路网络连在一起，密不可分。但从工业区和镇区的角度来看，两者对道路网络布局的要求是不尽相同的。工业区要求道路直、宽，车辆通过便利。而镇区根据不同的分区对道路的要求也不一样，如商业街区的道路不宜太宽，尺度要适宜，才能有利于商业气氛的营造；生活区的道路应该绿化繁茂，机动车道与非机动车道应该分开，车辆车速应控制较低。

在规划中，针对明城不同的分区，在道路布局、道路宽度、道路断面、道路选线等各个方面，都做出了不同的选择。

① 河网地区

小城镇交通道路规划标准、导则研究中提出了对河网地区道路布局的要求如下：

道路宜平行或垂直于河道布置；

对跨越通航河道的桥梁，应满足桥下通航净空的要求，并应与滨河路的交叉口统筹考虑；

桥梁的车行道和人行道宽度应与两端相连道路的车行道和人行道等宽，桥梁建设应满足市政管线敷设的要求。

沧江河从明城的镇区流过，旧时曾是明城的主要对外交通通道，码头密布。现在沧江河的水上交通已经基本上被公路所取代了。然而沧江仍然是明城主要的景观要素，因此，规划中在沧江沿岸的道路都是平行河道布置的，且道路等级不高，以适应作为景观路的要求。

② 旧区改造

小城镇交通道路规划标准、导则研究中提出了对老城区道路的要求：

"当旧镇道路网改造时，在满足道路交通的情况下，应兼顾旧镇的历史、文化、地方特色和原有道路网形成的历史；对有历史文化价值的街道应适当加以保护。"

明城镇历史上曾是高明政治、经济、文化中心，迄今已有500年的历史了。现在老城区内还保留着昔日的景象。为了保护明城的历史文脉，在城市发展的同时保留城市的记忆，规划中对老城区主要采取保留和维护的方式进行改造。其中对老城区的道路如明七路等，以疏通和完善为主，仅根据车辆通行的需要，对路面进行重新铺设，而不改变其道路宽度，保持与路旁建筑的良好尺度感。另外，对老城区内部的一些具有特色的街、巷，如青石路，石头路等，更是加强保护。尽量减少水泥路面，避免破坏老城区的整体风格。

③ 工业区

规划中，明城工业区的道路选线尽量采用直线路，既保证了车辆的良好通过性，也保证了用地的方正。当道路选线遇到山体湖泊时，在遵循节约用地的原则下，适当采用弯道路网。另外，工业区内的道路等级也分为主干道、次干道和支路，有利于园区内部的交通组织。

（3）交通设施规划导则试点示范与应用分析

1）运输站场

按照小城镇交通道路规划标准、导则研究中提出对公共运输站场的条款：

"小城镇应结合公交换乘枢纽设置公路长途汽车客运站，县城镇和中心镇应设长途客运站1~2个，其中1个为中心站，镇区人口5万以上至少应有1个4级或4级以上的长途客运站；一般镇宜设1个长途客运站，并宜结合公交站设置。"

"小城镇应按不同类型、不同性质规模的货运要求，设置综合性汽车货运站场或物流中心，以及其他经过车辆集中经营的场所。"

"小城镇公路汽车客运站、汽车货运站场等公共运输站场预留用地面积，按相关规范规定。"

考虑到明城的迅速发展及未来中等城市的发展规模，为了加强明城作为高明中部枢纽的作用，提高明城的综合服务能力，规划在高明大道西的南侧新建一处汽车客货运站场，占地面积约4.7公顷。

另外，随着工业的发展，明城的人口规模和消费能力必然发生较大的变化，商贸服务业的发展是客观需要。再者在农产品批发市场建设方面，明城也具有良好的条件，交通便捷、农产品产量大、品种全、靠近高明城区及珠三角。此外随着明城本身的工业及沧江工业园的快速发展，明城凭借其中心位置、便捷的高速公路和省道等交通条件和土地优势，

567

抢占市场先机，可以形成高明农副产品和工业产品的展销中心和物流枢纽中心。规划在广明高速公路明城出入口的东侧，邻近高明大道处设置一处大型的仓储物流园区，占地15.35 公顷，可服务明城及周边地区。

2）停车场

按照小城镇交通道路规划标准、导则研究的相关要求：

"城镇镇内公共机动车停车场和非机动车停车场宜结合镇区中心及公共设施设置，居住小区内的停车设施宜结合实际需要设置，不计入停车用地。"

对于明城来说，小汽车交通必将逐渐成为主流，城市停车场用地的需求也不断增大。在按规划要求设置必需的配建停车场的基础上，社区公共停车场的设置主要分布在公共设施、商业区外围及公园等较大交通吸引源附近。明城镇共规划 6 处社会公共停车场，总占地面积约 1.81 公顷。

3）加油站

按照小城镇交通道路规划标准研究的相关要求，结合明城当地的实际，规划提出了对公共加油站设置的要求，与标准的要求是相一致的。

城市公共加油站主要布置在车辆出入便捷的地方，尽量避免加油站对城市交通的影响和干扰，同时要保证加油站的安全可靠，避免其对周围环境的影响。

加油站布置应大、中、小相结合，以小型为主，服务半径一般为 900～1200m，新建的加油站用地面积按表 14.1.2-3 标准控制。

加油站用地面积标准控制表　　　　　　　　　　　表 14.1.2-3

昼夜加油的车次数	300	500	800	1000
用地面积（ha）	0.12	0.18	0.25	0.30

规划全镇共设 6 个加油站，总面积约 3.6 公顷。

（4）应用的分区相容性和过境道路改线建议

1）分区相容性

对于像明城这样的工业型小城镇来说，其城镇的功能分区相对简单，工业区、商业区、居住区……分得比较清晰，而各个功能区对城镇道路的要求是不相同的，但作为整个城镇的道路网络，它又是一个完整的整体。这就要求在道路网络规划的时候，对不同的功能区采用不同的道路选线、道路宽度、道路断面形式。

工业区的道路应该选线较直，断面上应该突出机动车辆通行的需要，减少非机动车道和人行道的宽度，同时在道路两侧设置足够宽度的绿化隔离带，保证将道路对两侧建筑物的影响减至最低。

而居住区对地形的要求相对较低，道路选线应该适应城镇地形地貌的变化，例如河流、山体等，都是道路选线设计当中可以利用的元素，从而在路网布局上创出自身的特色。而在道路断面上，城镇道路的设计应该在机动车和非机动车、步行交通之间取得平衡，既要保证机动车的良好通过，也要注意小城镇当中对非机动车和步行交通的需求。

无论是工业区还是居住区，在全镇的角度来看，所有的道路是一个整体，构成一个完整的道路网络，相互的衔接和过渡是很重要的。从宽的道路过渡到窄的道路，从高等级的道路过渡到低等级的道路，从工业区的道路过渡到居住区的道路……不同的道路衔接必须是顺畅和便捷的，否则就破坏了路网的整体性。

2）过境道路的改线

小城镇的发展最初大多都是依靠某一个吸引源而生的，而在众多的吸引源当中，过境交通是最普遍的一种。依靠过境交通带动整个城镇的发展，甚至影响到整个城镇的布局是相当普遍的。

过境交通干道对城镇的影响是有正负两个方面的。在城镇发展的初级阶段，城镇需要依赖过境道路带来的交通区位优势，从而带动了城镇的工业、商贸业发展。因此这个时期大多城镇都是沿路发展的。当发展积累到一定的阶段，城镇由沿路发展改为向纵深发展，对过境干道的需求逐渐降低，甚至过境交通成为影响城镇发展的因素。这时便需要对过境干道进行改线，为城镇发展预留更大的空间。

从规划来看，横穿明城镇区的高明大道是明城长期以来赖以发展的经济大动脉，明城商贸城、酒店、工业区等都是沿高明大道布置的。从目前的发展来看，高明大道仍然是拉动明城发展的一个重要吸引源，大大提高了明城区位上的交通优势。然而，当2020年明城发展成为一个中等城市之后，高明大道穿越镇区，影响镇区南北交通联系的问题将逐渐突出，届时必将成为制约明城镇品位提升的重要因素。因此，规划在远期考虑将高明大道的过境功能外迁至工业区内的明二路，这样既可以让过境公路的带动作用继续发挥，又不至于影响明城镇区的环境和品位提升，有利于明城镇的长远发展。

图14.1.2为明城镇道路交通系统规划图，见本书第15章彩图。

14.2 给水工程规划导则试点示范与应用分析

14.2.1 规划导则试点示范

（1）规划内容

供水现状分析、用水量预测、水资源与用水量供需平衡分析、水源选择、水资源保护、给水系统布局、输水管道和给水管网布置。

（2）用水量与水资源：明城镇远期用水量预测为14万 m^3/d，近期为6万 m^3/d。

水资源比较充足，明城由高明水厂供水，高明水厂扩建后供水能力可达22万 m^3/d，以西江为水源，取水口在西江边扶丽滩。

（3）给水系统

明城镇给水工程是所属高明区给水系统的组成部分，由高明区统筹规划水厂、输水管道等设施，明城给水设施主要是输水管道及以下部分给水系统设施，包括输水管道、配水厂（备用水厂）、给水管网。规划由高明水厂向西部的中心城区供水的原有主干管为 $DN600$；现规划在明二路增加2条向明城供水总干管，管径为 $DN1000$。以明阳山森林公园为界线分南北两个区供水，北部片区是一条 $DN400 \sim DN600$ 的主干管沿城二路、青玉二路、城六路、明二路、明三路、明喜路、城十路、明九路敷设成环状供水；南部片区是一条 $DN200 \sim DN800$ 的主干管沿城二路、和合东路敷设成环状供水。（注：近期规划范围边界上的供水管网先按枝状施工，远期根据规划管线连成环状供水。）

整个管网系统采用低压制，局部采用临时高压。

14.2.2　示范应用分析与建议

按照小城镇给水系统工程规划标准（建议稿）和小城镇基础设施综合布局与统筹规划导则的要求，明城镇给水工程规划侧重于以下方面规划标准和导则条款的应用与分析。

（1）用水量预测

"小城镇用水量预测宜采用 2 种以上的方法预测比较，不同性质用地的用水量，可按不同性质用地用水量指标预测确定。"

明城镇给水工程规划用水量预测符合上述条款要求，其预测一是采用综合用水量指标预测，二是采用按不同性质用地用水量指标预测。选择远期相关指标时，同时考虑与城市相关标准要求的衔接。按不同性质用地用水量指标预测的预测指标与结果见表 14.2.2。

不同用地用水量指标法用水量预测　　　　　　表 14.2.2

序　号	用地名称	用地面积 (ha)	用水量指标 [m³/(公顷·d)]	用水量 (m³/d)
1	居住用地	373.57	110	41092.7
2	公共服务设施用地	125.57	100	12557
3	工业用地	624.05	120	74886
4	仓储用地	15.36	30	460.8
5	道路广场用地	225.41	20	4508.2
6	对外交通用地	86.23	50	4311.5
7	市政公用设施用地	118.82	30	3564.8
8	绿地	205.77	30	6173.1
9	水域和其他用地	11810.23	0	0
10	规划总用地	13585		147554.1

（2）水资源与用水平衡

"小城镇水资源和用水量之间应保持平衡，当小城镇之间用同一水源或水源在规划区以外，应进行区域或流域范围的水资源供需平衡分析。"

"选择小城镇给水水源，应以水资源勘察或分析研究报告和小城镇供水水源开发利用规划、有关区域、流域水资源规划为依据，并满足小城镇用水量和水质等方面的要求。"

"小城镇水源为远距离引水时，应进行充分的技术经济比较，并对由此可能引起的引入地、引出地生态环境及人文环境的影响进行充分的论证和评价。"

"小城镇在合理开发利用水资源的同时，应提出水源卫生防护的要求和措施，保护水资源，包括保护植被，防止水土流失，控制污染，改善生态环境。"

"小城镇水源地应设在水量、水质有保证和易于实施水源环境保护的地段。"

"小城镇给水系统工程规划宜结合水环境污染治理规划统筹考虑。"

对照上述条款，明城镇给水工程规划水资源与用水量之间平衡及远距离引水的论证与评价应以高明区城镇体系规划或区域规划的给水工程规划为基础和指导，并同时以西江流域相关规划为依据。建议在明城镇扩大范围的总体规划调整中补充完善相关内容。

（3）给水系统

"城市规划区范围小城镇和城镇密集分布的小城镇给水系统一般应为城市、城镇群统筹规划联建共享给水系统的组成部分，而不是单独组成的一个系统。"

　　明城镇给水工程是高明区统筹规划、共建共享区域给水系统的组成部分，在明城镇的给水系统工程规划中，应结合明城镇实际，重点考虑其供水的可靠性与安全性。

　　明城镇自来水全部由高明水厂供应，除高明区用水量平衡外，考虑突发事件等情况下的供水的可靠性，明城镇给水工程规划尚应规划明城镇备用水厂，一是规划镇区老水厂作为明城南部片区备用水厂或配水厂，目前明城镇区沧江河北岸的老水厂，水厂供水能力为4000m³/d，供水量仅能满足中心城区的生活用水，同时由于沧江河受其两岸工业污废水的污染，水质极差已停产，应结合沧江河水环境污染治理规划保护沧江河水源，提高沧江河水质等级。二是规划北部供水片区的配水厂，以提高明城镇供水可靠性与安全性。

　　"小城镇给水系统工程输配水系统规划内容应包括：输水管渠、配水管网布置与路径选择，以及管网水力计算。"

　　"小城镇输水管线规划优化应基于以下基本要求：

　　1）符合区域统筹规划和小城镇总体规划要求；

　　2）尽量缩短管线长度，减少穿越障碍物和地质不稳定的地段；

　　3）在可能的情况下，尽量采用重力输水或分段重力输水；

　　4）输水干管一般应设两条，中间设连通管；采用一条时，必须采取保证用水安全的措施；

　　5）输水干管设计流量应根据小城镇的实际情况，无调节构筑物时，应按最高日最高时用水量计算；有调节构筑物，应按最高日平均时用水量计算，并考虑自用水量和漏失量；

　　6）当采用明渠时，应采取保护水质和防止水量流失的措施。"

　　"小城镇配水管线布置规划优化应基于以下基本要求：

　　1）符合小城镇总体规划要求，并为供水的分期发展留有充分余地；

　　2）干管的方向与给水的主要流向一致；

　　3）管网布置形式应按不同小城镇、不同发展时期的实际情况分析比较确定，根据条件逐步形成环状管网；

　　4）管网布置在整个给水区域，要保证用户有足够水量与水压；

　　5）生活饮用水的管网严禁与非生活饮用水管网连接；

　　6）有消防给水要求的县城镇、中心镇和较大规模小城镇管道最小管径宜采用100mm，其他小城镇管道最小管径可采用75mm。"

　　明城镇输配水工程规划包括输水管渠、配水管网布置与路径选择以及管网水力计算，输水管线规划优化符合高明区区域相关统筹规划和明城镇总体规划要求。规划设有两条输水干管；配水管线布置符合明城总体规划要求，并为供水的分期发展留有充分余地，干管的方向与给水主要流向一致，管网布置形式近期枝状，远期形成环状管网。

14.3　排水工程规划导则试点示范与应用分析

14.3.1　规划导则示范应用

（1）规划内容

包括排水现状分析、划定排水范围、预测排水量、确定排水体制、排放标准、排水系统布置、污水处理方式和雨污水综合利用。

（2）排水现状存在的问题

工业废水和生活污水未经处理直接排入水体，造成水源污染严重。

由于各村的自主发展，市政建设各自为政，排水缺乏统一规划，大多数村都是雨污合流，没有完善的污水管网系统。

随着城市化进程的加快，大量农田被改为建设用地，水塘水沟被填埋，城镇不透水性面积急剧增加，使地面径流量加大，极易短时间内达到洪峰流量。

（3）排水量与排水体制

1）污水量计算

各项参数：

污水日变化系数取 1.3，污水渗透率取 1.1，污水的排放系数为 85％，远期污水处理率 100％。

远期污水处理量为 $14 \times 10^4 \div 1.3 \times 1.1 \times 100\% \times 85\% = 10.7 \times 10^4 \mathrm{m}^3/\mathrm{d}$，取 $10 \times 10^4 \sim 12 \times 10^4 \mathrm{m}^3/\mathrm{d}$。

2）雨水流量计算

采用佛山市暴雨强度公式，即：

$$q = \frac{958(1 + 0.63\lg p)}{t\,0.544}[\mathrm{L}/(\mathrm{s} \cdot \mathrm{ha})]$$

设计重现期 P 取一年；

地面集水时间取 5～10 分钟；

设计雨水流量采用 $Q = \psi \cdot q \cdot F$（L/s），其中综合径流系数取 0.7。

3）排水体制

分流制：

规划新建地区的排水体制为分流制，包括岗边工业组团、城南新区和物流园区等新建地区。

合流制：

规划旧区为雨污合流制。

（4）排水系统

1）污水排放系统分区及管网

明城镇共划分 4 个污水系统：中心旧城区、西部、东北部和南部。

① 中心旧城区污水系统

该区（粉红色区域）为雨污合流制。地势北高南低，东高西低，现规划沿城五路的现状合流管收集雨污水，在城五路与明七路交界处增设溢流井，再沿明七路敷设截污管。旱季的时候，雨污水沿截留管排至 W2 污水提升泵站，最后排往污水处理厂；雨季的时候，大量的雨污水由雨水提升泵站 Y4 排出沧江河，被溢流井截留下来的污水沿截污管排至 W2 污水提升泵站，最后排往污水处理厂，主干管道为 D600，管渠 BH5.0×2.0。

② 西部污水系统

此区（黄色区域）地势由东向西坡降，现规划沿明二路平行敷设污水主干管，收集南北两边支管的污水，向东经过 W1 污水提升泵站排往污水处理厂，主干管道为 $D400 \sim$

*D*1500。

③ 东北部污水系统

此区（绿色区域）地势由北向南坡降，现规划沿城喜路平行敷设污水主干管，收集东西两边支管的污水，向南排往污水处理厂，主干管道为 *D*400～*D*1500。

④ 南部污水系统

此区（蓝色区域）地势由南向北、由东向西坡降，现规划沿明八路、城二路、和合东路平行敷设污水主干管，收集支管的污水，经过 W2 污水提升泵站排往污水处理厂，主干管道为 *D*400～*D*1500。

2）污水处理厂规划

明城规划 1 个污水处理厂。

污水厂设在明二路与城二路交界处。分三期建设，近期规模为 2 万 m³/d；中期规模为 6 万 m³/d；远期规模为 10 万 m³/d，占地 8 公顷。

3）污水泵站的设置

规划设置 2 座污水提升泵站，确保污水输送到污水厂处理。

表 14.3.1-1 为污水泵站一览表。

污水泵站情况一览表　　　　　　　　　　表 14.3.1-1

泵站编号	服务范围（km²）	流量（L/s）	占地（ha）	备注
W1	3.52	350	0.18	规划近期完成
W2	6.70	600	0.24	规划远期完成

4）雨污水排放系统分区及管网

明城共分 8 个雨水系统：北部 2 个片区、中心城区、西部 2 个片区、南部新城中心区 3 个。

雨水管径的坡度最小不能小于 0.001。

① 中心城区雨水系统

该区（蓝色区域）地势北高南低，东高西低，现状是雨污合流渠，现规划按原有排水系统走向把雨水收集到城五路的主管上，再向南排往雨水提升泵站 Y4。此站为现状城北电排站。主干管道为 *D*800，管渠 BH5×2。

② 西部片区雨水系统一

此区（浅黄色区域）地势由北向南、由东向西坡降，现规划在城十八路敷设雨水主干管，再向南排往雨水提升泵站 Y1。主干管道为 *D*800，管渠 BH2.0×1.6。

③ 西部片区雨水系统二

此区（红色区域）地势由北向南、由西向东坡降，现规划在高明大道敷设雨水主干管，沿地势走向排往雨水提升泵站 Y2，主干管道为 *D*800，管渠 BH2.0×1.4。

④ 南部新城中心区雨水系统一

此区（深黄色区域）地势由南向北、由西向东坡降，规划沿明八路敷设雨水主干管道把雨水收集到雨水提升泵站 Y3，此站为现状海园电排站。主干管道为 *D*800，管渠 BH2.0×1.4。

⑤ 南部新城中心区雨水系统二

此区（紫色区域）地势由南向北、由西向东坡降，规划沿明八路敷设雨水主干管道，把雨水收集到雨水提升泵站 Y5，此站为现状城南电排站。主干管道为 $D800$，管渠 2.2×1.6。

⑥ 南部雨水系统三

此区（浅蓝色区域）地势由西向东坡降，规划沿和合东路敷设雨水主干管把雨水收集到该区东边的河塘。主干管为管渠 $5.0 \times 4.0 \sim$ 管渠 1.0×4.0。

⑦ 北部新城中心区雨水系统一

此区（绿色区域）地势由西向东坡降，该区现状有一条沿明二路自西向东敷设的管渠 $4.0 \times 2.0 I = 0.0009$ 的雨水方涵。方涵收集南北支管的雨水再向东排往现状河流，最后汇进沧江河，主干管道为 $D800$，管渠 4.0×2.0。

⑧ 北部新城中心区雨水系统二

此区（粉红色区域）地势由北向南、由西向东坡降，现规划沿城六路敷设雨水主管渠，排往雨水提升泵站 Y6，主干管道为 $D700$，管渠 2.0×1.6。

5）雨水泵站设置

雨水泵站设置如表 14.3.1-2 所示。

雨水泵站设置一览表　　　　　　　　　　　表 14.3.1-2

泵站编号	服务范围（km²）	流量（L/s）	占地（ha）	备　注
Y1	1.47	9066	0.65	规划近期完成
Y2	1.78	11310	0.77	规划近期完成
Y3	1.34	11310	0.77	现状海园电排站，远期需要扩建
Y4	1.60	9588	0.70	现状城北电排站，符合规划要求
Y5	2.16	11452	0.77	现状城南电排站，符合规划要求
Y6	2.39	13599	0.81	规划远期完成

14.3.2 示范应用分析与建议

按小城镇排水系统规划标准（建议稿）和小城镇基础设施综合布局与统筹规划导则的要求，侧重于以下方面规划标准、导则条款的应用：

（1）排水体制

"小城镇排水体制应根据小城镇总体规划、环境保护的要求、当地自然条件和废水受纳体条件、污水量和其水质及原有排水设施情况进行选择，经技术经济比较确定。"

"小城镇排水体制原则上一般宜选分流制，经济发展一般地区和欠发达地区小城镇近期或远期可采用不完全分流制，有条件时宜过渡到完全分流制，某些条件适宜或特殊地区小城镇宜采用截流式合流制。并在污水排入系统前应采用化粪池、生活污水净化沼气池等方法进行预处理。"

明城镇排水工程规划的旧城区排水体制规划在选择雨污合流制方案的同时，建议结合远期旧镇改造论证不完全分流制技术方案的可能性。

（2）排水系统和废水受纳体

"位于城镇密集区的小城镇排水系统工程设施应按其区域统筹规划，联建共享。"

"污水受纳水体应满足其水域功能的环境保护要求，有足够的环境容量，雨水受纳水体应有足够的排泄能力或容量；受纳土地应具有足够的环境容量，符合环境保护和农业生产的要求。"

"小城镇废水受纳体宜一般在小城镇规划区范围内选择，并应根据小城镇性质、规模、地理位置、自然条件，结合小城镇实际，综合分析比较确定。"

明城镇沧江河系西江支流，作为经处理达标后的污水受纳体，选择在其城镇下游的合适位置排放，能满足其水域功能的环境保护要求，有足够的环境容量；作为雨水受纳水体也有足够的排汇能力或容量。

（3）污水排除系统优化

"小城镇综合生活污水量宜根据小城镇综合生活用水（平均日）乘以小城镇综合生活污水排放系数确定。小城镇综合生活污水排放系数应根据小城镇规划的居住水平，给排水设施完善程度与小城镇排水设施规划的普及率，结合第三产业产值在国内生产总值中的比重确定，一般可在 $0.75 \sim 0.9$ 范围比较选择确定。"

"小城镇污水量计算应考虑污水量总变化系数，并按下列原则确定：

1）小城镇综合生活污水量总变化系数，应按《室外排水设计规范》GB 50101—2005 的有关规定确定。

2）工业废水量总变化系数，应根据小城镇的具体情况按行业工业废水排放规律分析确定，或比较相似的小城镇分析确定。"

"小城镇污水排除系统应根据小城镇及相关城镇群规划布局，结合竖向规划和道路布局、坡向以及污水受纳体和污水处理厂位置进行流域划分和系统布局。"

"较密集分布的小城镇污水处理厂应统筹规划、联建共享；分散独立分布小城镇污水处理厂的规划布局，应根据小城镇规模、布局及其污水系统分布，结合污水受纳体的位置、环境容量和处理后的污水污泥的出路经综合评价后确定。"

不同地区、不同等级层次和规模、不同发展阶段小城镇的排水和污水处理系统相关的合理水平，应根据小城镇的经济社会发展规划、环境保护要求、当地自然条件和水体条件，污水量和水质情况等综合分析和经济比较，按表 14.3.2 要求选定。

小城镇排水系统工程规划应结合当地实际情况和生态保护，考虑雨水资源和污水处理的综合利用途径。

对照上述规划标准导则，明城镇污水排除系统分析：

1）明城镇不同时期污水处理率应满足表 14.3.2 经济发达地区不同规划期污水处理率的要求。表 14.3.2 不同程度污水处理率是针对小城镇特点和实际情况，采用不同程度污水处理方法后可达到的污水处理率。

2）根据远期污水量预测，结合区域相关统筹规划，明城镇远期规划 $10 \times 10^4 \sim 12 \times 10^4 \, \mathrm{m^3/d}$ 污水处理规模，占地 8 公顷的污水处理厂是适宜的。

3）考虑明城雨量较充沛，多年平均降雨量为 1654mm，降雨在空间的分布尚较均匀，但工业用水、河湖景观用水等用水量均较大，应酌情考虑雨污水综合利用，雨水收集主要用于河湖景观用水，同时应逐步提高工业用水的重复利用率和农业灌溉用水的生产效率及输水渠系的利用系数。

小城镇排水体制、排水与污水处理规划要求

表 14.3.2

小城镇分级 分项	经济发达地区						经济发展一般地区						经济欠发达地区					
规划期	一		二		三		一		二		三		一		二		三	
	近期	远期	近期	远期	近期	远期	近期	远期	近期	远期	近期	远期	近期	远期	近期	远期	近期	远期
排水体制原则　1. 分流制　2. 不完全分流制	△	●	△	●	○₂	△₂	△₂	●	○₂	●	○₂	△	○₂	●	○	△	○ 部分	△₂
合流制																		
排水一般原则　排水管网面积普及率（%）	95	100	90	100	85	95~100		100	80	95~100	75	90~95	75	90~100	50~60	80~85	20~40	70~80
不同程度污水处理率（%）	80	100	75	100	65	90~95		100	60	95~100	50	80~85	50	80~90	20	65~75	10	50~60
统建、联建、单建污水处理厂	△	●	△	●	○	●	○	●	○	●	○	●	○	△	○	△		△
简单污水处理																	低水平	较高水平

注：① 表中○—可设；△—宜设；●—应设。

② 不同程度污水处理率指采用不同程度污水处理方法达到的污水处理率。

③ 统建、联建、单建污水处理厂指郊区小城镇，小城镇群应优先考虑统建，联建污水处理厂。

④ 简单污水处理指经济欠发达，以及环保部门推荐的几种备用的简单污水处理厂条件的小城镇，选择采用简单、低耗、高效的多种污水处理方式，如氧化塘、多级自然处理系统、管道污水处理系统，以及实用新型污水处理技术。

⑤ 排水体制的具体选择除上表要求外，同时应根据总体规划和环境保护要求，综合考虑自然条件、水体条件、污水量、水质情况、原有排水设施情况、技术经济比较后确定。

⑥ 小城镇分级见 2.2.1 总则 2.2.1.13。

14.3.3　污水处理应用技术示范

"小城镇污水处理应因地制宜地选择不同的经济、合理的处理方法；远期（2020年）70%～80%的小城镇污水应得到不同程度的处理，其中较大部分宜为二级生物处理。"

明城镇污水处理规划按上述小城镇规划及相关技术标准相关要求，相关污水处理工艺技术可主要依托重庆大学主持的小城镇基础设施关键技术研究课题成果和航空工业设计研究院环保技术中心的纯氧生化污水处理国家专利先进技术。经考证，后者可适用于明城镇的污水处理，纯氧生化污水处理工艺技术如下：

（1）工艺技术

纯氧生化污水处理工艺是在传统的活性污泥法和生物膜法生化处理工艺技术的基础上发展起来的高强度、无臭气污染、动力消耗低的综合环保型新一代生化污水深度处理工艺技术。

空气中近80%的组分为氮气，所有采用空气曝气方式的污水处理工艺，在处理污水的同时会释放大量臭气，污染处理站周边空气，在消除水污染时却造成新的大气污染；空气中大量的氮气组分对氧的溶解还会具有一定的阻隔作用，从而降低生物处理效率；此外，对于采用鼓风机、水下曝气机供气的污水处理工艺，大量的氮气组分会大大增加鼓风设备、曝气装置的规模，并消耗大量的动力。

随着环保标准的不断升高，近几年国内外开始采用纯氧生化工艺处理污水，由于微生物在高浓度含氧环境里具有更高的活性，污水处理的深度、效率都远远高于空气曝气工艺，利用纯氧处理污水可以达到更高的出水排放标准，污泥产量也远远低于采用空气曝气工艺。

早期的纯氧生化污水处理工艺流程布置类似于普通曝气活性污泥法，虽然具备高效、节能、无大气污染的特点，但存在处理设施分割复杂、管路较多以及池水较浅致使氧气的利用率不高的问题。

纯氧生化污水处理工艺，将混悬反应、接触反应、澄清叠层设置，使新充氧的污水位于底部，以提高氧气的利用率，并有利于活性污泥的回流。

纯氧生化污水处理装置将全部污水处理工艺设施、装备集装配置，省却各反应室、池之间的管路，可有效地减少设备体积、构筑物容积、降低工程设备投资和占地，简化工程建设施工。

（2）工艺技术路线

生物吸附→活性污泥→接触氧化→接触过滤→接触消毒

纯氧生化工艺各工段微生物生化过程如图14.3.3-1所示。

生物吸附段：主要对原污水中的有机质进行以生物吸附为主的去除，以高负荷方式运行，微生物生化过程位于图中A段。

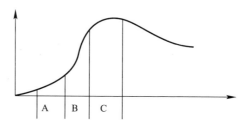

图14.3.3-1　微生物生化过程图

活性污泥段：主要对有机质进行以生物降解为主的去除，以中负荷方式运行，微生物生化过程位于图中B段。

577

接触氧化段：主要对有机质进行进一步的生物降解去除，以低负荷方式运行。微生物生化过程位于图中 C 段。

（3）工艺技术原理

纯氧生化污水处理工艺基本技术原理和工艺过程为：

1）生物吸附处理

利用纯氧生化活性污泥段回流的混合悬浮活性污泥对原污水中的有机质进行以絮凝吸附为主的去除。

生物吸附处理工艺主要在初沉池内进行。

2）活性污泥处理

在高浓度溶解氧的环境中，形成高浓度活性污泥混悬液，利用活性污泥混悬液中微生物的高度生化活性对污水中的有机质悬浮物、肢体物进行以降解为主的去除。

活性污泥处理工艺主要在纯氧生化处理池的混悬反应室内进行。

3）接触氧化处理

在高浓度溶解氧的环境中，微生物在立体网状专用生化填料层上形成优质固定生物膜，利用生物膜微生物的高度生化活性对经过活性污泥环境下处理过的污水进行进一步深度生化处理。

接触氧化处理工艺主要在纯氧生化处理池的生化填料层内进行。

4）接触过滤处理

经纯氧生化处理后的污水加药混合后进入接触过滤池，滤层利用微絮凝和接触吸附作用去除污染物，药物电解质水解形成极性水合离子，压缩肢体悬浮污染物、游离微生物及细菌粒子表面双电层，降低其 ξ 电位，使之脱稳而相互凝聚，药剂的水解及悬浮污染物、游离微生物及细菌粒子的凝聚作用在污水到达滤层时最为强烈，滤层中已截留的凝聚体及滤料颗粒本身作为凝聚中心，在滤层中产生相当于高浓度的微絮凝作用，其结果是，污水中悬浮污染物颗粒、游离微生物及细菌被滤层有效地截获并纳留。同时，污水中悬浮污染物胶体颗粒、游离微生物及细菌在经过极性的有机或无机物颗粒滤层时，在静电作用下，粒子被极性的滤料颗粒所吸附截留，其余无极性的粒子也会在布朗运动作用下，当其与滤料颗粒充分接近时，由于范德华力使悬浮污染物颗粒、游离微生物及细菌被滤料颗粒吸附截留。

接触过滤处理采用低负荷升流式过滤、重力式强制反冲洗方式运行，主要在接触过滤池进行。

（4）工艺流程

纯氧生化污水处理工艺流程设计原则为：

1）确保污水处理站高效、稳定地运行，污水处理后达到排放及回用标准的要求；

2）选用定形及标准设备，以降低工程装置造价，方便维护，做到工程布局与占地面积经济合理；

3）合理配置工艺设备、设施，以节省运行电耗，降低污水处理费用；

4）确保污水处理站边界噪音达到规定要求，不产生臭气；

5）利用水力自调、自平衡专利技术，提高装置自动化水平，以节约运行管理人工成本费用。

578

本污水处理站工程设计采用纯氧生化污水处理技术，污水处理工艺流程详见图14.3.3-2。

图 14.3.3-2 纯氧生化污水处理工艺流程框图

（5）工艺设计思路

好氧采用纯氧氧化处理工艺，这是一种具有活性污泥法高去处率和生物膜法处理深度高特点的工艺，其优点如下：

1）制氧机分离出的大量氮气组分根本不接触污水，不会受到臭味污染，所以采用纯氧生化污水处理工艺可以从根本上克服空气曝气释放大量臭气、污染大气的问题。

2）纯氧生化污水处理工艺，综合了活性污泥法高去处率和生物膜法处理深度高的特点，利用微生物在高浓度含氧环境里会具有更高活性的特点，使污水处理的深度、效率都远远高于空气曝气工艺。

3）微生物在高浓度含氧环境里的深度代谢作用，可以有效地降低处理后出水的残余氨氮和磷含量，配合处理后出水高溶解氧的特点，更有利于提高排入水体的自净能力和水质。

4）常规污水处理工艺会产生大量的剩余污泥，采用纯氧污水处理工艺，由于微生物在高浓度含氧环境里会具有更高的活性，其呼吸代谢作用的深度更深，相应地，其最终剩余污泥的产量更低，污泥的无机化程度更高。

14.4 供电工程规划导则试点示范与应用分析

14.4.1 规划导则示范应用

（1）规划内容

包括供电现状分析、用电负荷预测、电力平衡、确定电源和电压等级，电力网主网规划及主要供电设施配置、确定高压线走廊，提出近期主要建设项目。

（2）供电现状分析与用电负荷预测

1）电源变电站现状

目前为明城镇提供电力供给的变电站有两座，分别为 220kV 高明站和 110kV 明城站。

579

220kV 高明站：位于荷城镇西南，明城镇东面，距离明城站 7.5km，占地面积为 47215m²，电压等级为 220/110/10kV，主变容量为 300MVA。

110kV 明城站：位于明城镇中心，占地面积为 8671m²，电压等级为 110/35/10kV，主变容量为 1×40MVA＋1×31.5MVA，供电范围为明城、新墟。

2）高压线路现状

110kV 高明甲、乙线（高明变电站——明城变电站）；

110kV 明更线（明城变电站——更楼变电站）；

110kV 高更线（高明变电站——更楼变电站）。

（3）存在的问题

1）110kV 明城站目前只有 220kV 高明站一个电源供电，供电可靠性低；

2）随着明城镇经济的发展，原有的电网不能适应经济发展的需求，而且目前工业园区发展较快、规模较大，需要的配套电网建设资金较大；

3）用电负荷预测

负荷预测采用分类用地用电指标和用电密度法等 2 种以上方法预测，并比照同类小城镇用电负荷增长水平，结合佛山市高明区供电部门预测负荷水平，预测远期（2020 年）明城镇用电负荷为 18.5 万 kW。

（4）供电系统规划

1）110kV 容载比取 1.8，则规划容量为 360MVA，可利用现有的 110kV 明城站（1×31.5＋1×40）MVA 扩建至 3×63MVA，近期先上（1×31.5＋1×40＋1×63）MVA。按高明"十五"规划，在明城站西北面新建一座 110kV 冲坑站。由于当地土地开发问题使该方案缺乏可行性。规划在镇区东北部新建一座 110kV 明城二站，规划容量为 3×6.3 万 kVA，近期先上 1×6.3 万 kVA，等以后镇区发展逐渐形成规模的时候再上，以全面满足明城镇的发展。规划明城二站的电源由 220kV 高明站及更楼镇的规划 220kV 白石站提供。规划 110kV 变电站按占地面积为 1 公顷预留控制，但建议新建 110kV 变电站采用 GIS 设备，以减少变电站占地面积。各变电站按一次规划，分期建设。

2）罗格、南中片电源由高明站提供改为由人和镇规划新建的 110kV 禄堂站提供。

明城镇 110kV 变电站规划见表 14.4.1。

明城镇 110kV 变电站规划　　　　　　表 14.4.1

设　备	电压等级	户外型面积（m²）	容量（MVA）	
			现有	扩建至终期
明城站	110/35/10	10000	1×31.5＋1×40	3×63（近期先上 1×63＋1×40＋1×31.5）
明城二站	110/10	10000	—	3×63（近期先上 1×63）

3）线路改造

① 110kV 高压线采用架空线路，架设于道路东侧或南侧，或架设于道路中间绿化带区；

② 原有的 35kV 线路改为沿规划道路东侧或南侧架空敷设；

③ 110kV 及 35kV 单回路或同杆多回路架空线高压走廊宽度为 15～25m；

④ 迁建和新建线路均集中预留线路走廊，线路走廊可沿镇区内道路和绿化带敷设。

14.4.2 示范应用分析与建议

按小城镇供电系统工程规划标准（建议稿）和小城镇基础设施综合布局与统筹规划导则的要求，侧重于以下方面规划标准、导则的应用分析：

(1) 用电负荷预测

"小城镇用电负荷预测方法，总体规划宜主要选用电力弹性系数法、回归分析法、单位用地面积用电综合指标法、增长率法；详细规划宜主要选用单位建筑面积用电指标法、单耗法。"

"用电负荷预测一般应选两个以上方法预测，以其中一种以上的方法为主，一种方法用于校核。"

"小城镇总体规划，当采用负荷密度法进行负荷预测时，其居住、公共设施、工业三大类建设用地的规划单位建设用地负荷指标的选取，应根据其具体构成分类及负荷特征，结合现状水平和不同小城镇的实际情况，按表14.4.2-1分析、比较选定。"

小城镇规划单位建设用地负荷指标 表 14.4.2-1

建设用地分类	居住用地	公共设施用地	工业用地
单位建设用地负荷指标（kW/ha）	80～280	300～550	200～500

注：表未列其他类建设用地的规划单位建设用地负荷指标的选取，可根据当地小城镇实际情况，调查分析确定。

对照上述导则条款，明城镇供电工程规划用电负荷预测分析建议如下：

1) 规划宜留有一定弹性考虑，远期用电负荷结果以适当幅值范围为好。

2) 分类用地用电负荷密度预测结果偏低，主要是公共设施和工业用地负荷指标偏低，而居住用地指标稍高，应作适当调整。

3) 人均用电量预测方法宜用于结果校验。

(2) 电源规划与电力平衡

"小城镇的供电电源，条件许可应优先选择区域电力系统供电，对规划期内区域电力系统电能不能经济、合理供到的地区的小城镇，应充分利用本地区的能源条件，因地制宜地建设适宜规模的发电厂（站）作为小城镇供电电源。"

"小城镇发电厂和电源变电站的选择应以县（市）域供电规划为依据，并应符合厂、站建设条件，线路进出方便和接近负荷中心等要求。"

"小城镇供电总体规划应根据负荷预测（适当考虑备用容量）和现有电源变电站，发电厂的供电能力及供电方案，进行电力电量平衡，测算规划期内电力、电量的余缺，提出规划年限内需增加电源变电所和发电厂的装机总容量。"

对照上述标准条款，对明城镇供电工程相关规划提出以下分析建议：

1) 明城镇供电电源选择区域电力系统供电是适宜的，供电规划应以佛山市和高明区相关规划为指导，并与相关规划相衔接。

2) 明城供电工程规划应补充电力平衡内容，作为电力网规划依据。

(3) 电压等级选择与电力网规划

"小城镇规划中电力网规划应含以下内容：

1) 电压等级的选择；

2）结线方式的选择；

3）变电站的布局和容量的选择；

4）电力网主要输配线路布置；

5）专项规划尚应包括无功功率补偿。"

"小城镇电力网规划优化应在电源选择、用电负荷预测、电力平衡、电压等级选定的基础上，以远期规划为主，近期规划与远期规划结合，进行多方案经济技术比较。"

"小城镇电力网规划优化应同时遵循以下原则：

1）电网设施合理水平与小城镇经济社会发展水平相适应原则；

2）"N-1"电力可靠性原则；

3）分层分区供电，避免重叠，交错供电原则；

4）因地制宜、经济、合理原则；

5）网络建设可持续发展原则。"

"小城镇电力网规划应根据规划区内的规划期负荷分布、负荷密度、地理条件和小区及用地地块的远期发展情况，结合现状，经方案技术经济比较划分 35kV 供电区、110kV 供电区。"

对照上述标准条款，对明城镇供电工程规划提出以下分析建议：

1）明城镇结合产业调整除保留生产工艺所必要保留的 35kV 电压等级外，远期城区原则上取消 35kV 电压等级，以减少城网变压层次，降低电力线损。

2）在电源选择、用电负荷预测、电力平衡、电压等级选定的基础上，以远期规划为主，近远期规划结合，进行规划优化方案比较，并宜作以下规划调整：

① 远期规划明城 220kV 变电站 1 个（根据高明区域相关统筹规划，确定 2×120MVA 或 3×120MVA），预留用地 2 公顷，并与 220kV 高明站、白石站相连接、周边 220kV 站可根据高明区域电网统筹规划酌情提供明城一小部分负荷。

② 明城 220kV 站可酌情提供部分 10kV 负荷，110kV 明城站和明城二站远期规划容量可调整为 3×50MVA，为远期及远期后供电负荷增长留有适当余地。

（4）高压电力线路走廊

"小城镇规划区架空电力线路应根据小城镇地形、地貌特点和道路网规划，沿道路、河渠、绿化带架设。"

不同地区、不同类型、不同规模小城镇电力线路敷设方式应根据小城镇的性质、规模、作用地位、经济社会发展水平，结合小城镇实际情况，按表 14.4.2-2 的要求选择。

小城镇电力线路敷设方式　　　　　　　　　　　　　表 14.4.2-2

电力线路分项	小城镇分级								
	发达地区			经济发展一般地区			欠发达地区		
	一	二	三	一	二	三	一	二	三
	中心区、新建居住小区								
10kV、（6kV）、380/220V 中、低压电力线路	近期电缆或架空绝缘线；远期电缆	近期架空绝缘线；远期电缆或架空绝缘线	近期架空绝缘线；远期电缆	远期电缆或架空绝缘线	远期电缆或架空绝缘线	远期架空绝缘线			

电力线路分项	小城镇分级								
	发达地区			经济发展一般地区			欠发达地区		
	一	二	三	一	二	三	一	二	三
35kV 以上高压 电力线路	1. 架空、杆塔敷设，预留高压线走廊。 2. 规划新建 35～110kV 高压架空电力线路不应穿越小城镇中心区和重要风景旅游区，上述地区和对架空裸导线有严重腐蚀性地区应采用地下电缆。 3. 220kV 架空高压电力线路及过境 220kV 以上高压架空线路应在镇区外预留通道								

注：① 镇区非中心区、新建居住小区的 10kV 以下电力线路敷设方式宜根据小城镇实际情况，比较中心区、新建居住小区的要求选择。

② 小城镇分级见 2.2.1 总则 2.2.1.13。

"小城镇 35kV 以上高压架空电力线路走廊的宽度的确定，应综合考虑小城镇所在地的气象条件，导线最大风偏，边导线与建筑物之间的安全距离，导线最大弧垂、导线排列方式以及杆塔型式，杆塔档距等因素，通过技术经济比较后确定，镇区内单杆单回水平排列或单杆多回垂直排列的 35kV 以上高压架空电力线路的规划走廊宽度应结合所在地的地理位置、地形、地貌、水文、地质、气象等条件及当地用地条件，按表 14.4.2-3 的要求选定。"

小城镇 35kV 以上高压架空电力线路规划走廊宽度　　　　　　表 14.4.2-3

线路电压等级（kV）	高压架空电力线路走廊宽度（m）
35	12～20
66、110	15～25
220	30～40

对照上述标准条款和相关规划调整，明城镇供电工程规划尚应补充、调整预留的高压电力线路走廊。

14.5 通信工程规划导则试点示范与应用分析

14.5.1 规划导则示范应用

（1）现状分析与用户预测

电信现状概况：

在明城镇的中心有一个明城电信支局，明城镇现有电信局所共四个：分别为明城局、翁岗站、狮岗站和光明站。2003 年交换机容量为 0.9827 万门，实装容量 0.7103 万门。电话主线普及率为 23%，住宅普及率为 80%。规划区现有微波通道一条，从荷城黄翁山至明城电信局。

存在的问题：

1）有些局管辖区域过大，不能满足迅速发展的需要；

2）光缆建设发展缓慢，现有光缆以 4 芯、8 芯、16 芯、48 芯为主，光缆覆盖面不能满足光接入点发展的要求，也不符合光纤到路边，光纤到楼，光纤到用户的要求；

583

3）瓮岗站与狮岗站之间距离过近，出线重复较多，造成线路浪费；

4）服务网点少，不能满足用户的要求。

邮政现状概况：

明城镇现有邮政局一座，位于明七路，用地面积为 700m²，服务范围为全镇。服务种类为直递、包裹、特快、保险等 100 多种。各年业务量如表 14.5.1-1。

明城镇各年邮政业务量 表 14.5.1-1

	1999 年	2000 年	2001 年	2002 年
业务量（万元）	29	35	53	62

存在的问题：

① 自电信、邮政分家后，邮政用地目前比较紧张，明城镇到目前还没有一座用于业务的综合大楼，邮政用地的不足阻碍了邮政业务的发展；

② 由于地理位置比较偏僻，出入交通不发达，邮政局知名度较低，也阻碍了邮政业务的发展。

电信用户预测：

电信用户预测采用不同分类用地用户密度指标法预测。不同分类用地用户密度法预测如表 14.5.1-2。

不同分类用地用户密度法预测 表 14.5.1-2

	用地面积（公顷）	预测指标（门/公顷）	预测容量（门）
居住用地	373.57	120	44829
公共服务设施用地	125.57	80	10046
工业用地	624.05	50	31203
仓储用地	15.35	10	154
道路广场用地	225.41	10	2255
市政设施用地	118.82	10	1189
对外交通用地	86.23	10	863
绿化用地	205.77		0
总计	1774.77		90539

上述密度法预测交换机容量约为 12 万门。

同时采用电话增长率法预测，并比照同类城镇预测水平，取定本规划区预测交换机容量为 14 万门。

（2）电信、邮政规划

电信规划：

1）根据预测用户数量，可在原有的明城局（电信支局）进行扩建，容量扩至 8 万门。另新建一座电信支局，规划容量为 6 万门，预留建筑面积为 10000m²。

2）原狮岗站迁至东南的居住用地并进行扩建，原瓮江站在原地进行扩建，规划终期扩容至 2 万门。

3）按服务半径 2km 标准合理规划设置远端模块局，每个容量为 1 万门，规划终期扩容至 2 万门，其位置宜设于用户密度中心和线路网中心。共需新建 5 个远端模块局，预留建筑面积 100～150m²，可附设在建筑物内，规划区内共设置 7 个远端模块局。

4）电信管孔宜与道路施工同步建设，一般布置在道路西侧和北侧人行道下，所有市政道路建成的电信管孔，必须满足各类公共信息的要求，合理分布管孔资源。

5）微波传输方向应预留空间保护通道。在传输轴线带宽 100m 内建高层建筑时，应征得邮电部门的同意。

邮政规划：

本地区的人口密度为 1 万人/km²，按服务半径 1.4km 设置邮政支局，规划新建一座邮政支局，预留用地面积为 5000m²。邮政所服务半径按 0.7km 设置，规划共设置 8 个邮政所，邮政所可附设于建筑物首层，预留建筑面积为 200～300m²。

14.5.2　示范应用分析与建议

当今信息化时代通信发展很快，加上我国现尚无城镇通信工程规划规范，城乡规划中通信规划更无统一标准、导则指导和依据，各地规划很不规范。

针对明城镇通信工程规划，按照小城镇通信系统工程规划建设标准（建议稿）和小城镇基础设施综合布局与统筹规划导则，侧重以下方面标准和导则条款的应用分析与建议：

（1）规划内容

"小城镇通信工程规划应以电信工程规划为主，同时包括邮政、广播、电视规划的主要相关内容。"

"小城镇电信工程规划的主要内容，总体规划应包括用户预测，局所规划，中继网规划，管道规划和移动通信规划。详细规划阶段除应具体落实规划地块涉及的上述规划内容外，尚应包括用户网优化和配线网规划。"

对照上述标准条款明城镇通信规划宜作以下规划内容补充：

1）局所规划应区分电信支局与交换端局；

2）酌情补充移动通信规划等内容；

3）补充广播电视规划的主要内容。

（2）用户预测

"小城镇电信规划用户预测，总体规划阶段以宏观预测为主，宜采用时间序列法、相关分析法、增长率法、分类普及率法等方法预测；详细规划阶段以小区预测、微观预测为主，宜采用分类单位建筑面积用户指标、分类单位用户指标预测，也可采用计算机辅助预测。"

"电信用户预测应以两种以上方法预测，并一种以上方法为主，一种方法可作为校验。"

"常用电话综合普及率，宜采用局号普及率，并应用'局线/百人'表示。"

"当采用普及率法作预测和预测校验时，采用的普及率应结合小城镇的规模、性质、作用和地位、经济、社会发展水平、平均家庭生活水平及其收入增长规律、第三产业和新部门增长发展规律，综合分析，按表 14.5.2-1 指标范围比较选定，并允许必要适当调整。"

小城镇电话普及率预测水平（线/百人）　　　　　表 14.5.2-1

小城镇规模分级	经济发达地区			经济发展一般地区			经济欠发达地区		
	一	二	三	一	二	三	一	二	三
远期	68～75	62～70	50～62	58～65	50～60	40～52	44～54	40～50	32～42

注：小城镇规模分级详见 2.2.1 总则 2.2.1.13。

对照上述标准条款，建议：

1）明城镇电话综合普及率宜采用局号普及率并应用"局线/百人"表示，以规范化。

2）对照标准要求，原规划配置密度法预测指标单位宜为"线/公顷"，再考虑实装率由"线"测算为设备容量"门"。

（3）局所规划与相关本地网规划

"小城镇电话网，近期多数应属所在中等城市或地区（所属地级市或地区）或直辖市本地电话网，少数宜属所在县（市）本地电话网，但发展趋势应属所在中等城市或地区本地电话网。"

"属中等城市本地网的小城镇局所规划，其中县驻地镇规划 C_4 一级端局；其他镇规划 C_5 一级端局（或模块局）；中远期从接入网规划考虑，应以光纤终端设备 OLT（局端设备）或光纤网络单元 ONU（接入设备）代替模块局。"

对照上述标准，明城镇远期规划 C_4 一级端局，电信支局为营业性单位名称，规划局所名称"电信支局"应为"端局"。根据远期用户预测规划 8 万门、6 万门 2 个端局是合适的。规划区内其他局所和远端模块局宜酌情考虑，一般规模不超过 6000 门为宜，远期应以 OLT 或 ONU 代替。

（4）管道规划

"小城镇通信线路应以本地网（Local Net）通信传输线路为主，同时也包括其他各种信息网线路和广播有线电视线路，小城镇通信管道也应包括上述几种线路网管道。"

"小城镇通信线路按敷设方式分类，应包括架空通信线路和地下通信线路。"

"不同地区、不同类型、不同规模小城镇的通信线路敷设方式应根据小城镇的性质、规模和作用地位、经济社会发展水平、用户密度，结合小城镇实际情况，按表 14.5.2-2 要求选择。"

小城镇通信线路敷设方式　　　　　　　　　　　　　　表 14.5.2-2

敷设方式	发达 一近	发达 一远	发达 二近	发达 二远	发达 三近	发达 三远	一般 一近	一般 一远	一般 二近	一般 二远	一般 三近	一般 三远	欠发达 一近	欠发达 一远	欠发达 二近	欠发达 二远	欠发达 三近	欠发达 三远
架空电缆											○		○		○		○	
埋地管道电缆	△	●	△	●	部分△	●	部分●	●	部分△	●		△		●		△		部分△

注：① 表中○—可设，△—宜设，●—应设。
② 表中宜设、应设埋地管道电缆，主要指县城镇、中心镇、大型一般镇中心区和新建居住小区及旅游型小城镇而言，对县城镇、中心镇、大型一般镇非中心区和新建居住小区和非旅游型小城镇，可根据小城镇实际情况比较表中要求选择。
③ 小城镇分级见 2.2.1 总则 2.2.1.13。

明城镇电信规划原则上与上述条款吻合。但一般仅城市 60m 宽以上道路的电信管道为两侧布置。

（5）邮政与广播电视规划

"县总体规划的通信规划，其邮政局所规划主要是邮政局和邮政通信枢纽局（邮件处理中心）规划，其他镇邮政局所规划主要是邮政支局（或邮电支局）和邮件转运站规划。"

"县邮政通信枢纽局址除应符合通信局所的一般原则外，在邮件主要依靠铁路运输的情况下，应优先在客运火车站附近选址，并应符合有关的技术要求，在主要靠公路和水路运输时，可在长途车站或港口码头附近选址；预留用地面积应按设计要求或类似比较确定。"

"小城镇邮电支局，预留用地面积应结合当地实际情况，按表 14.5.2-3 分析、比较选定。"

邮电支局预留用地面积（m²） 表 14.5.2-3

支局级别 用地面积 支局名称	一等局业务收入 1000 万元以上	二等局业务收入 500～1000 万元	三等局业务收入 100～500 万元
邮电支局	3700～4500	2800～3300	2170～2500
邮电营业支局	2800～3300	2170～2500	1700～2000

"县总体规划的通信规划应在县驻地镇设电视发射台（转播台）和广播、电视微波站，其选址应符合相关技术要求。"

从明城镇城镇性质和远期发展考虑，明城镇邮政与广播电视规划应对照上述条款作适当补充、完善。

14.6 燃气工程规划导则试点示范与应用分析

14.6.1 规划导则示范应用

（1）供气方式

根据明城镇实际发展情况，在液化天然气进入明城之前，供气方式仍采用瓶装液化石油气为主。考虑到明城近期的发展规模不大，在远期天然气市政管道建成之前，明城近期的燃气供给方式采取瓶装液化石油气供给的方式。暂不考虑镇域内自建气站供应管道燃气的形式。

规划远期的燃气供给方式按专项规划采用管道天然气供应方式。随着大规模市政燃气管网的形成，瓶装液化气的供应站将逐步向郊区转移。以供市政天然气管道供应不到的地区使用。

（2）用气方式

用气指标：

本次规划按《佛山市城镇燃气发展规划纲要》2003 年，并切合明城的实际情况，确定明城镇居民用户的用气指标为 2930MJ/人·年（70 万大卡/人·年）计。

公共建筑和工业用户的用气指标按照《城镇燃气设计规范》GB 50028—93 选取。用气不均匀系数：

1）居民用户和公共建筑用户的用气不均匀系数

城镇燃气用户的用气工况具有月不均匀性、日不均匀性和时不均匀性。月高峰系数主要受气候影响，日高峰系数主要受居民生活习惯和公共建筑用气的不均匀性等因素的影响，而时高峰系数主要受居民生活用气的不均匀性等因素的影响。影响高峰系数的因素既多且复杂，很难从理论上计算。明城镇目前管道燃气的使用还没起步，缺乏具有代表性的统计数据。因此，本次规划采用《佛山市城镇燃气发展规划纲要》（2003 年）中的数据，确定居民用户和公共建筑用户的不均匀系数如下：

$$K_月 = 1.20, K_日 = 1.15, K_时 = 2.7$$
$$K_月 \cdot K_日 \cdot K_时 = 3.7$$

2）工业用户的时不均匀系数

小型工业企业用户用气时高峰系数按生产班次考虑：一班制取 3.0，两班制取 1.5，三班制取 1.0。大型工业企业用户按三班制考虑。考虑到明城今后的工业企业的发展情况主要以轻工业为主，本次规划工业用户的时不均匀系数取 1.0。

气化率：

按《佛山市高明区燃气专项规划》，确定明城镇规划末期整个镇域的天然气管道气化率为 60%。其中镇中心区的气化率达 100%。镇郊采用液化瓶装石油气的供应方式。

（3）燃气输配系统

输配系统压力级制：

根据远期天然气供气规模和供气半径，明城天然气供气压力级制定为中压（A）一级系统。高中压调压站进口压力≥0.4MPa，出口压力<0.4MPa。中压干管末端压力不小于0.04MPa，中压支管末端压力不小于 0.03MPa。

调压设施：

按《佛山市高明区燃气专项规划》，初步确定远期在明城镇区东北部建设高中压调压站一座，以迎接沿着广明高速路敷设的天然气高压管线。调压站占地面积约 1500m²。流量按专项规划确定为 35900m³。调压站的选址以及与周围建筑物、构筑物的防火间距应严格遵守《城镇燃气设计规范》GB 50028—93（2002 年版）中的规定。

管网布局：

从高中压调压站接出的中压燃气干管采用 DN450 管径。其余的中压燃气干管规格由DN100～DN300 不等。管道布置按照城市道路交通规划进行，并严格遵循《城镇燃气设计规范》，保证其安全距离。中压干管尽量靠近居民区以节省投资，同时应尽量布置成环状以提高供气的安全性。远期明城的供气管网考虑与相邻的人和镇燃气管道相接，增加供气的安全和稳定。

14.6.2　示范应用分析建议

（1）规划内容与规划原则

"小城镇燃气系统工程规划的主要内容包括：预测小城镇燃气用气量，进行小城镇燃气供用平衡分析，选择确定燃气气源，确定主要设施建、构筑物（气源厂＜站＞、调压站等）的位置、用地，提出小城镇燃气供应系统布局框架，布置输气和供气管网。"

"小城镇燃气系统工程规划的范围与小城镇总体规划范围一致，当燃气气源在规划区以外时，规划范围内进镇输气管线应纳入小城镇燃气工程范围。"

"小城镇的燃气系统工程规划应符合安全生产、保证供应、经济合理和保护环境的总体要求。"

"小城镇燃气系统工程规划应依据国家能源政策，同时应依据小城镇总体规划和详细规划，并与小城镇的能源规划、环境保护规划、消防规划相协调。"

"位于城镇密集区的小城镇燃气系统工程设施应结合其区域相关规划统筹规划，联建共享。"

明城镇燃气工程规划基本与上述条款要求符合，根据相关条款要求，应将规划范围内进镇天然气长输高压管道纳入明城镇燃气工程范围。

（2）燃气气源选择

"小城镇燃气气源资源应包括符合国家城镇燃气质量要求的可供给居民生活、商业、工业生产等各种不同用途的天然气、液化石油气、煤制气、油制气、矿井气、沼气、秸秆制气、垃圾气化气，也包括有条件利用的化工厂的驰放气。"

"小城镇燃气系统工程规划应根据国家有关政策，结合小城镇现状和气源特点，以及本地区燃料资源的情况，在合理开发利用本地燃气资源的同时，充分利用外部气源，通过远近期结合、多方案技术经济比较、选择确定气源。可选择的气源应主要包括：

1）天然气长输管道供气（NG）；

2）压缩天然气供气（CNG）；

3）液化天然气供气（LNG）；

4）液化石油气供气（LPG）；

5）液化石油气混空气供气（LPG & Air）。"

"当近期或远期小城镇有天然气供应计划时，应根据小城镇的年用气量，天然气长输管道的距离，调峰量的需求及调峰方式，对以下供气方案作经济技术比较选择：

1）天然气长输管道供气；

2）压缩天然气供气；

3）液化天然气供气。"

明城镇燃气工程规划燃气气源选择符合上述条款要求。

（3）用气量预测及供用气平衡

"小城镇用气量应根据用气需求预测，并结合当地的具体条件，供气原则和供气对象确定。"

"小城镇燃气用气量应包括以下方面：

1）居民生活用气量；

2）商业、公建用户用气量；

3）工业企业生产用气量；

4）采暖通风和空调用气量；

5）燃气汽车用气量；

6）其他用气量。"

"小城镇各种用户的燃气用气量，应根据燃气发展规划和用气量预测指标确定。"

"小城镇居民生活和商业的用气量指标，应根据当地的居民生活和商业已有燃料消耗量的统计数据分析确定；当缺乏用气量的实际统计资料时，小城镇居民生活的用气量指标可根据小城镇具体情况，按 2000～2600MJ/（人·年），比较分析确定；小城镇商业的用气量一般情况可按总用气量为居民生活用气量的 1.25～1.75，商业的用气量一般占总用气量的 8%～25% 比较分析预测。第三产业较发达的旅游、商贸型小城镇应在实际调查及同类对比分析的基础上，确定其商业用气量占总用气量的合适预测比例。"

"小城镇燃气管道的计算流量应按计算月的小时最大用气量计算。当采用不均匀数法，确定小城镇燃气小时计算流量时，居民生活和商业用户用气的高峰系数，应根据小城镇各类用户燃气用量（或燃料用量）的变化情况，分析比较确定；当缺乏用气量的实际统计资料时，小城镇的居民生活和商业用户用气的高峰系数，可根据小城镇具体情况，按以下指标范围，分析比较确定：

1）镇区人口 1～5 万的小城镇

K_m——月高峰系数，1.20～1.40；

K_d——日高峰系数，1.0～1.20；

K_h——小时高峰系数，2.5～4.0。

2）镇区人口 5～10 万的小城镇

K_m——月高峰系数，1.25～1.35；

K_d——日高峰系数，1.10～1.20；

K_h——小时高峰系数，2.0～3.0。"

"小城镇燃气气源资源和用气量之间应保持平衡，当小城镇应用外部气源时，应进行外部气源相关供需平衡分析，根据供需平衡分配的供气量，提出小城镇供用气平衡对策。"

明城镇燃气工程规划用气量预测及采用指标符合上述条款的原则要求，但选用居民生活用气量指标应考虑城镇的差别，采用的预测指标尚应在比较分析论证后作适当调整。

（4）输配系统及输配主要设施

"小城镇的燃气输配管网压力级制可以采用一级系统或两级系统。

1）相应的一级系统应包括：

中压 A 一级系统；

中压 B 一级系统；

低压一级系统。

2）相应的两级系统应包括：

中压 A——低压两级系统；

中压 B——低压两级系统。"

"小城镇燃气输配系统一般应由（门站）、燃气管网、储气设施、调压设施、管理设施、监控系统等共同组成。"

"小城镇燃气输配系统门站和储配站站址选择应符合以下要求：

1）符合城镇规划、城镇安全的要求；

2）站址应具有适宜的地形、工程地质、供电、给排水和通信等条件；

3）门站和储配站应少占农田、节约用地并应注意与城镇景观等协调；

4）门站站址应结合长输管线位置确定；

5）根据输配系统具体情况，储配站与门站可合建；

6）储配站内的储气罐与站外的建、构筑物的防火间距应符合现行国家标准《建筑设计防火规范》GBJ 16 的有关规定。"

明城镇燃气工程规划输配系统及其主要设施规划基本符合上述条款要求，考虑供气的可靠性，酌情在高中压调压站站址附近宜同时设置储气站，并增加相关用地的预留。

14.7 防灾减灾工程规划导则试点示范与应用分析

14.7.1 规划导则应用示范

（1）防洪规划

防洪规划原则：

1）防洪（潮）规划，应遵循"堤库结合、泄蓄兼施、以泄为主"的方针，统筹兼备，合理规划，确保重点，近远期结合的治理原则。

2）工程防治措施与非工程防治措施结合并举，相辅相成。

3）应研究超标洪、潮的防治对策与措施，降低超标洪、潮灾害损失。

防洪标准：

1）根据国家防洪工程设计规范的规定，将各镇按城镇人口划分等级：明城为三等，三等城镇防洪（潮）标准为 50 年一遇，防山洪 10 年一遇。

2）治涝（排水）标准：镇区按暴雨强度公式计算管径。按 10 年一遇 24 小时暴雨计算，建成区采用 1 天排干，其他地区按实际情况采用 1～2 天排干，逐步达到 1 天排干。

防洪措施：

1）通过仁坑水库、官迳水库、高田水库等水库蓄水，中下游沧江河段的防洪堤联防，其防洪能力可达到 50 年一遇的标准。

2）按 50 年一遇标准续建西江大堤，对沧江河两岸加固除险，同时按规划整治线整治沧江河道，增加泄洪能力。

3）重建改建沧江河两岸排涝站。

4）在山边添加排洪沟，使山上的洪水在排洪沟的疏导下，排到沧江河里去。

（2）消防规划

消防站点规划：

按照规范，标准型普通消防站的消防责任区面积以 4～7km² 为宜，因此确定全镇划分 2 个消防责任区。

根据国家《消防站建筑设计标准》和《城镇消防站布局与技术装备配备标准》的规定，规划分别在城八路与明十路交汇处和城交路与明喜路交汇处布置一处标准消防站，每处承担服务范围为 4～7km² 的城区消防管理任务，总用地面积 5.7 公顷。

1）消防安全布局要求

① 城镇总体功能分区消防安全布局要求：在城镇总体布局中，必须将生产易燃易爆化学物品的工厂、仓库设在城市边缘的独立安全地区，并与人员密集的公共建筑保持规定的防火安全距离，对布局不合理的城中村、旧镇区，严重影响城镇消防安全的工厂、仓库，必须纳入近期改造规划，有计划、有步骤地采取限期迁移或改变生产使用性质等措施，消除不安全因素。

② 危险品站库消防安全布局要求：在城镇规划中，应合理选择液化石油气供应基地、

储配站、气化站、瓶装供应站、天然气调压站和汽车加油、加气站的位置，使其符合防火规范要求，并采取有效的消防措施，确保安全。

③ 危险品转运设施消防安全布局要求：装运易燃易爆化学物品的专用车站、码头必须设置在城镇或港区的独立安全地段，且与其他物品码头之间的距离与主航道之间的距离均应有严格的规定。

④ 城镇建筑消防安全布局要求：城镇内新建的各种建筑，应建造一级、二级耐火等级的建筑，严格限制三级建筑。原有耐火等级低，相互毗连的建筑密集区或大面积旧城区，必须纳入城镇近期改造规划。积极采取防火分隔、提高耐火性能、开辟消防车通道等措施，逐步改善消防安全条件。

⑤ 地下空间安全布局要求：地下交通隧道、地下街道、地下停车场的规划建设与城市其他建设应有机地结合起来，合理设置防火分隔，疏散通道、安全出口和报警、灭火、排烟等设施。安全口必须满足紧急疏散的需要，并应直接通到地面安全地点。

⑥ 物流、人流中心消防安全布局要求：城镇设置物流中心、集贸市场和营业摊点时，应确定其设置地点和范围，不得堵塞消防车通道和影响消火栓的使用，在人流集中的地点如车站、公路客运站、码头、口岸等，应考虑设置方便旅客等候和快速疏散的广场和通道。

2）消防供水规划

按照城镇消防供水标准规范的要求，明城镇近期、远期采用同一时间发生火灾次数为2次，一次灭火用水量为55L/s，灭火时间为2小时，消防用水量为792m³。根据该用水量来确定明城镇消防供水标准。管网建设除应满足最大小时生活用水量和工业企业生产用水量外，仍应保证全部消防用水。

根据规范规定，市政消火栓间距不得大于120m，距路边不应超过2m，十字路口50m范围内设置市政消火栓，距宽大于或等于60m的城镇道路，应在道路两旁设置消火栓。旧区因道路狭窄，消火栓间距可适当缩小至80~100m。

注意保护和利用自然水体，作为消防补充水源。区内排洪河冲或自然水塘，应加以合理利用，在适应位置开辟消防车通道，并设置消防取水口。

规划在明城镇内近期设置消防固定取水点1个，选址在天后宫靠近沧江河，即城五路与明七路交界处沿岸边设置。要求取水点应设立明显标志，严禁违章占用或堆放物品，保证有不小于5m的消防通道供消防车驶近取水，并统一管理和维护。以便在这些取水点附近建筑发生火灾时，可以安全、快捷地使用这些消防供水水源。

（3）防震抗震规划

规划原则：

通过采取防震抗震措施，逐步提高城镇综合抗震能力，减轻地震灾害的影响，使城镇遭受基本烈度地震时，要害系统不遭受较严重破坏，使人民生活基本正常。

规划措施：

1）防震指挥中心

设立指挥中心1处，负责制订地震应急方案，在收到临震预报时，负责向全镇发布命令，统一指挥人员疏散、物质转移和救灾组织。

2）避震疏散通道

规划主要道路，包括交通性干道、生活性干道作为主要的疏散通道，一些连接疏散场地的次干道为次要疏散通道，使居民在灾害发生时能安全、便捷地疏散。

3）疏散场地

规划中，将城镇公园、广场、运动场、学校操场、河滨及附近农田、绿地作为避震疏散场地。在分区规划中应合理组织疏散通道，使避震疏散场地服务半径小于500m，并保证每人1.5m² 的避震疏散用地。

4）生命线系统及建筑物设防

规划生命线系统，包括政府机关、供水、供电、通信、交通、医疗、救护、消防站等作为重点设防部门。要求生命线系统的工程按各自抗震要求施工，并制定出应急方案，保证地震时能正常运行或及时修复。

建筑物必须按抗震烈度6度设防，并符合国家和当地规范，主要疏散通道两侧建筑应按要求退后，高层建筑必须有一定的广场或停车场设计。

5）救灾物资仓库

明城镇物流园区内应设立各种紧急救援物资仓库。

6）次生灾害的防护

震后易发生火灾、水灾、瘟疫；防止火灾、水灾造成的危害，防止瘟疫发生。危险品仓库必须远离居民生活区设置，并保持一定的防护距离。水源周围不准设置有污染的仓库和工业区。

7）地震防护及管理

必须高度重视防震工作，作好抗震规划。在相关部门协调下，建立起完善的管理系统和抗震设施，减少灾害影响。

593

（4）人防规划

规划原则：

遵循"从实际出发，统一规划，突出重点，平战结合，同步实施"的原则，充分发挥人防工事在平战时期的社会效益和经济效益。

规划内容：

总体防护，通过城镇总体防护规划，保证城镇具有总体防护能力。具体措施如下：

1）控制镇区人口密度和建筑密度，使镇区人口密度合理分配。

2）按平战结合的要求，完善城镇道路，保证城镇对外道路的通畅。

3）旧镇改造、新区开发，应有一定的绿地和空地，加强防空、防火、抗灾能力。

4）积极防护，严格伪装，加强防卫，适时疏散重要物资。

5）完善人防通信、警报系统，增强人防通信、警报系统的抗毁能力。

6）城镇给水、排水、供电、供气和通信管网，在满足作战时生产和生活需要的前提下，同时考虑防火、防灾等要求。

7）新建工厂，储存易燃、易爆、有毒物品的仓库应远离城镇人口密集区，对原有的进行搬迁和控制其数量、规模，加强防护管理，提高抗毁能力。

人防工程设施规划：

根据人防工程条件要求，按规划期末总人口18万人中的40％留城、1.5m²/人计算，规划人防工程总面积约11万 m²。

1）人防指挥所工程：设人防指挥所1座，用地1000m²。

2）防空专业队工程：根据需要设立防空专业队、通信专业队、抢险抢修专业队、运输专业队、消防专业队、治安专业队。

3）医疗救护工程：设立中心医院、急救医院。

人防工程的实施：

人防工程原则上与城市建设相结合予以实施。

1）利用国家拨款、地方财政支持、人防自筹等方式筹集资金，修建一批大中型平战结合的人防骨干工程。

2）结合居住和公共建筑的建设，修建平战结合的两用防空地下室。

3）结合城镇大型公共设施的建设、汽车站、体育场馆等，修建平战两用的防空地下室。

14.7.2　应用示范分析与建议

（1）规划内容与基本要求

"小城镇防灾减灾工程规划应包括地质灾害、洪灾、震灾、风灾和火灾等灾害防御的规划，并应根据当地易遭受灾害及可能发生灾害的影响情况，确定规划的上述若干防灾规划专项。"

小城镇防灾减灾工程规划应包括以下内容：

1）防灾减灾现状分析和灾害影响环境综合评价及防灾能力评价；

2）各项防灾规划目标、防灾标准；

3）防灾减灾设施规划，应包括防洪设施、消防设施布局、选址、规模及用地。以及避灾通道、避灾疏散场地和避难中心设置；

4）防止水灾、火灾、爆炸、放射性辐射、有毒物质扩散或者蔓延等次生灾害，以及灾害应急、灾后自救互救与重建的对策与措施；

5）防灾减灾指挥系统。

明城镇综合防灾规划，根据当地遭受灾害及可能发生灾害的影响情况，确定规划专项为消防、抗震人防等规划专项，其中人防主要是考虑远期明城有条件发展成为中小城市及明城的城镇性质确定而增加的。

（2）防洪规划

"小城镇防洪工程规划应以小城镇总体规划及所在江河流域防洪规划为依据，全面规划、综合治理、统筹兼顾、讲求效益。"

"小城镇防洪规划应按现行国家标准《防洪标准》GB 50201 的有关规定执行；镇区防洪规划除应执行本标准外，尚应符合现行行业标准《城市防洪工程设计规范》GB/T 50805—2012 的有关规定。"

"小城镇防洪规划应根据洪灾类型（河〈江〉洪、海潮、山洪和泥石流）选用相应的防洪标准及防洪措施，实行工程防洪措施与非工程防洪措施相结合，组成完整的防洪体系。"

"小城镇防洪规划应与当地江河流域、农田水利、水土保持、绿化造林等的规划相结合，统一整治河道，确定修建堤坝、圩垸和蓄、滞洪区等工程防洪措施。"

"邻近大型或重要工矿企业、交通运输设施、动力设施、通信设施、文物古迹和旅游设施等防护对象的镇区和村庄，当不能分别进行防护时，应按就高不就低的原则确定设防标准及设置防洪设施。"

对照上述条款要求，明城镇防洪规划提出的防洪标准和防洪措施是适宜的，但宜补充与当地江河流域、农田水利、水土保持、绿化造林、景观等规划相结合，统一整治河道等的工程防洪措施。

（3）消防规划

"小城镇消防规划应包括消防站布局、选址、规模、用地规划以及安全布局和确定消防站、消防给水、消防通信、消防车通道、消防装备等内容。"

"小城镇消防安全布局应符合下列规定：

1）现状中影响消防安全的工厂、仓库、堆场和储罐等必须迁移或改造，耐火等级低的建筑密集区应开辟防火隔离带和消防车通道，增设消防水源；

2）生产和储存易燃、易爆物品的工厂、仓库、堆场和储罐等应设置在镇区边缘或相对独立的安全地带；与居住、医疗、教育、集会、娱乐、市场等之间的防火间距不得小于50m；

3）小城镇各类用地中建筑的防火分区、防火间距和消防车通道的设置，均应符合现行国家标准《农村防火规范》GB 50039—2010 的有关规定。"

"小城镇消防给水应符合下列规定：

1）具备给水管网条件时，其管网及消火栓的布置、水量、水压应符合现行国家标准《农村防火规范》GB 50039—2010 的有关规定；

2）不具备给水管网条件时，应利用河湖、池塘、水渠等水源规划建设消防给水设施；

3）给水管网或天然水源不能满足消防用水时，宜设置消防水池，寒冷地区的消防水池应采取防冻措施。"

"消防站的设置应根据小城镇的性质、类型、规模、区域位置和发展状况等因素确定，并应符合下列规定：

1）大型镇区消防站的布局应按接到报警5min内消防人员到达责任区边缘的要求布局，并应设在责任区内的适中位置和便于消防车辆迅速出动的地段。

2）消防站的主体建筑距离学校、幼儿园、医院、影剧院、集贸市场等公共设施的主要疏散口的距离不得小于50m；

镇区规模小尚不具备建设消防站的条件时，可设置消防值班室，配备消防通信设备和灭火设施。

3）消防站的建设用地面积宜符合表14.7.2的规定。"

消防站分级及用地分级 表 14.7.2

消防站类型	责任区面积（km²）	建设用地面积（m²）
标准型普通消防站	≤7.0	2400～4500
小型普通消防站	≤4.0	400～1400

明城镇消防规划与上述条款要求基本符合，但远期规划尚应增加一处消防站。

（4）震灾防御

"位于地震基本烈度为6度及以上（地震动峰值加速度值≥0.05g）地区的小城镇防灾减灾工程规划应包括抗震防灾规划的编制。"

"抗震防灾规划中的抗震设防标准、建设用地评价与要求、抗震防灾措施应根据小城

595

镇的防御目标、抗震设防烈度和国家现行标准确定，并作为强制性要求。"

"小城镇抗震防灾应达到以下基本防御目标：

1）当遭受多遇地震（"小震"，即 50 年超越概率为 63.5%）影响时，城镇功能正常，建设工程一般不发生破坏；

2）当遭受相当于本地区地震基本烈度的地震（"中震"，即 50 年超越概率为 10%）影响时，生命线系统和重要设施基本正常，一般建设工程可能发生破坏但基本不影响小城镇整体功能，重要工矿企业能很快恢复生产或经营；

3）当遭受罕遇地震（"大震"，即 50 年超越概率为 2%～3%）影响时，小城镇功能基本不瘫痪，要害系统、生命线系统和重要工程设施不遭受严重破坏，无重大人员伤亡，不发生严重的次生灾害。"

"在进行抗震防灾规划编制时，应确定次生灾害危险源的种类和分布，并进行危害影响估计。

1）对次生火灾可采用定性方法划定高危险区，应进行危害影响估计，给出火灾发生的可能区域；

2）对小城镇周围重要水利设施或海岸设施的次生水灾应进行地震作用下的破坏影响估计；

3）对于爆炸、毒气扩散、放射性污染、海啸等次生灾害可根据实际情况选择评价对象进行定性评价。"

"小城镇地震次生灾害防御规划应根据次生灾害特点，结合小城镇发展提出控制和减少致灾因素的总体对策和各类次生灾害的规划要求，提出危重次生灾害源的防治、搬迁改造等要求。"

明城镇防震规划基本符合上述条款要求，但应首先明确城镇抗震设施烈度、防御目标并据此和根据国家现行标准，确定和明确抗震设防标准、建设用地评价与要求、抗震防灾措施作为强制性要求。

图 14.7.2 为明城镇综合防灾规划图，见本书第 15 章彩图。

14.8　环境卫生工程规划导则试点示范与应用分析

14.8.1　规划导则应用示范

（1）生活垃圾量预测及设施规划

1）生活垃圾按每人每天产生 0.8kg 计算，根据规划人口，近期垃圾产生量为 93.6～104t/d，远期为 166.4～201t/d。

居住区垃圾采用垃圾桶分类收集的方式，避免垃圾的再次污染。生活垃圾由垃圾屋至垃圾转运站再至垃圾处理场。

工业垃圾的处理由环保、环卫部门统一收集管理；含重金属污染、有毒、含放射性的工业垃圾不得进入垃圾填埋场，应由工厂本身进行特殊处理。

医疗垃圾由各医疗单位自行集中，由环卫部门统一清运并单独进行处理。

对病死牲畜和动物尸体，为防止传染病的流行，应作集中高温火化处理。

2）垃圾转运站一般在居住区、工业区的市政用地中设置。小型转运站每 $0.7\sim1km^2$ 设置 1 座，用地面积不小于 $100m^2$，与周边建筑物间隔不小于 $5m$；中型转运站每 $10\sim15km^2$ 设置 1 座，面积为 $1500\sim3000m^2$。

规划期内明城镇需小型垃圾转运站 14 座，中型垃圾转运站 1 座。

3）垃圾填埋场

明城镇镇域西南部规划佛山市垃圾填埋场 1 处，总占地面积约 97.82 公顷，服务明城镇及整个佛山市。

（2）环卫设施配置

1）按城镇人口每 5 万人设 1 处环卫管理站，平均用地 0.3 公顷，责任范围 $5.5km^2$。2020 年明城镇需建设环卫管理站 4 个，总用地约 1.2 公顷。

2）环卫工人按总人口 4‰ 计算，以城镇人口每 1 万人设 1 个休息场所，每处休息场所面积 $20\sim30m^2$，则 2020 年需环卫工人约 720 人，需设 15 个环卫工人休息场所，总建筑面积 $400\sim600m^2$。

3）按城镇人口每万人 2.5 辆环卫车辆计算，2020 年需配备 40 辆环卫机动车辆。

4）环卫停车场用地按每大型车辆用地面积不少于 $150m^2$ 计，2020 年共需 $6000m^2$ 环卫停车场用地，在环卫停车场内可兼顾安排机械车辆维修用地。

（3）公厕设置

根据原建设部（1989）建标字第 131 号之《关于城市环境卫生设施设置标准的要求》，统筹布局公厕。2020 年，按城镇人口 $3000\sim5000$ 人设置 1 座公厕，每座建筑面积 $40m^2$，共需公厕约 36 座，建筑总面积约 $1500m^2$。

公共厕所一般设置在广场和主要交通干道两侧，车站、公园、市场、游乐场、体育场、展览馆等公共场所和公共建筑附近，老居民区应按规范安插公厕。

公厕粪便的处理，应严禁将粪便直接排入雨水管、河道和水沟内，全部采用无害化处理后排入下水道，送入污水处理厂统一处理。

14.8.2 示范应用分析与建议

（1）规划内容和规划基本要求

小城镇环境卫生工程规划的主要内容应包括固体废弃物分析，污染控制目标，生活垃圾量、工业固体废物量和粪便清运量预测，垃圾收运，垃圾、粪便处理处置与综合利用，以及环境卫生公共设施规划和环境卫生工程设施规划。

小城镇环境卫生工程规划应依据和结合小城镇总体规划、县（市）域城镇体系规划和小城镇环境保护工程规划。

小城镇环境卫生工程规划应按照以下原则：

1）"全面规划、统筹兼顾、合理布局、美化环境、方便使用、整洁卫生、有利排运"的原则；

2）固体废物处理处置逐步实施"减量化、资源化、无害化"的原则；

3）"规划先行、建管并重"的原则；

4）"环卫设施建设与小城镇建设同步发展"的原则；

5）与小城镇发展、生态平衡及人民生活水平改善相适应的原则。

位于城镇密集区小城镇环境卫生工程设施应按其区域统筹规划，联建共享。

对照上述条款的要求，明城镇环卫规划尚应补充固体废弃物分析、污染控制目标、工业固体废物量和粪便清运量预测等相关内容。

（2）生活垃圾量、工业固体废物量预测及粪便清运量预测

小城镇生活垃圾量、粪便清运量预测主要采用人均指标法和增长率法，工业固体废物预测主要采用增长率法和工业万元产值法。

当采用人均指标法预测小城镇生活垃圾量时，生活垃圾预测人均指标可按 0.9～1.4kg/（人·d），结合当地经济发展水平、燃料结构、居民生活水平、消费习惯和消费结构及其变化、季节和地域情况，分析比较确定。

当采用增长率法预测小城镇生活垃圾量时，应根据垃圾量增长的规律和相关调查，按不同时间段确定不同的增长率预测。

建议明城镇生活垃圾量、粪便清运量和工业固体废物量预测可按上述条款要求，结合明城镇的实际情况采用合适的方法与相关规划技术指标。

（3）垃圾与粪便收运、处理及综合利用

小城镇垃圾收运、处理处置与综合利用规划应包括垃圾污染控制目标；废物箱、垃圾箱的布局要求，垃圾转运站、公厕、环卫管理机构的选择、选址及服务半径、用地要求；垃圾处理与综合利用方案选择及相关设施选址与用地要求。

小城镇固体废物应逐步实现处理处置"减量化、资源化、无害化"，清运容器化、密闭化、机械化的环境卫生目标。

小城镇垃圾收集应符合日产日清要求，生活垃圾应按表 14.8.2-1 要求，结合小城镇相关条件和实际情况分析比较选择收集方式；经济发达地区小城镇原则上应尽早实现分类收集，经济发展一般地区和经济欠发达地区小城镇远期规划应逐步实现分类收集。

小城镇垃圾收集方式选择   表 14.8.2-1

		经济发达地区						经济发展一般地区						经济欠发达地区					
		小城镇规模分级																	
		一		二		三		一		二		三		一		二		三	
		近期	远期	近期	远期	近期	远期	近期	远期	近期	远期	近期	远期	近期	远期	近期	远期	近期	远期
垃圾收集方式	混合收集									●		●		●		●		●	
	分类收集	●	●	●	●	△	●	△	●	●		△		●		△		△	

注：① △—宜设，●—应设。
　　② 小城镇分级按 2.2.1 总则 2.2.1.13。

小城镇生活垃圾分类收集应与分类处理方式相适应，与垃圾的整个运输、处理处置和回收利用系统相统一。

小城镇生活垃圾处理应禁止采用自然堆存的方法，而应采用以卫生土地填埋为主进行处理，有条件的小城镇经可行性论证也可因地制宜地采用堆肥方法和焚烧方法处理；乡镇

工业固体废物（固体危险废弃物除外）应根据不同类型特点，考虑处理方法，尽可能地综合利用。

小城镇环境卫生工程规划的垃圾污染控制目标可按表14.8.2-2控制与评估指标，结合小城镇实际情况适宜制定。

小城镇垃圾污染控制和环境卫生评估指标　　　　　　　　　表 14.8.2-2

项目	经济发达地区						经济发展一般地区						经济欠发达地区					
	小城镇规模分级																	
	一		二		三		一		二		三		一		二		三	
	近期	远期	近期	远期	近期	远期	近期	远期	近期	远期	近期	远期	近期	远期	近期	远期	近期	远期
固体垃圾有效收集率（%）	65~70	≥98	60~65	≥95	55~60	95	60	95	55~60	90	45~55	85	45~50	90	40~45	85	30~40	80
垃圾无害化处理率（%）	≥40	≥90	35~40	85~90	25~35	75~85	≥35	≥85	30~35	80~85	20~30	70~80	30	≥75	25~30	70~75	15~25	60~70
资源回收利用率（%）	30	50	25~30	45~50	20~25	35~45	25	45~50	20~25	40~45	15~20	30~40	20	40~45	15~20	35~40	10~15	25~35

小城镇宜采用高温堆肥法、沼气发酵法、密封储存池处理、三格化粪池处理等方法，达到粪便无害化处理，资源化利用。

小城镇环境卫生工程规划宜按上述条款要求，补充确定垃圾收集方式、垃圾污染控制目标以及粪便无害化处理、资源化利用方法等内容。

（4）环境卫生公共设施和工程设施

小城镇环境卫生公共设施和工程设施规划应包括确定不同设施的布局、选址服务范围、设置规模、设备标准、用地指标等内容。同时，应对公共厕所、粪便蓄运站、废物箱、垃圾容器（垃圾压缩站）、垃圾转运站、（垃圾码头）、卫生填埋场、（堆肥厂）、环境卫生专用车辆配置及其车辆通道和环境卫生基地建设的布局、建设和管理提出要求。

小城镇环境卫生公共设施和工程设施，应满足小城镇卫生环境和景观环境及生态环境保护的要求；环境卫生公共设施应方便社会公众使用。

小城镇公共厕所应结合旧镇改造旱厕逐步改造为水厕，小城镇公共厕所沿路设置可按表14.8.2-3要求，结合小城镇实际情况选择。

小城镇公共厕所沿路设置间距（m）　　　　　　　　　表 14.8.2-3

	镇区干道		支　路
	非繁华段	繁华段	
设置间距	600~800	500~600	800~1000

注：① 小区公共厕所宜结合公共设施与商业网点设置；
　　② 县城镇、中心镇、旅游型小城镇、商贸型小城镇宜按上表较高标准设置；
　　③ 结合周边用地公共厕所设置标准和独立式公共厕所用地面积可按《城市环境卫生设施规划规范》的较低标准设置。

小城镇商业区、居住小区、市场、车站、码头、体育文化场馆、社会停车场、公园及景区等人流集散场所附近应设置公共厕所。

小城镇宜设置小型垃圾转运站，选址应靠近服务区域中心，交通便利，不影响镇容的地方，并设置绿化隔离带。

小城镇采用非机动车收运生活垃圾的方式时，生活垃圾转运站服务半径宜为 0.4～1km；采用小型机动车收运方式时，其服务半径宜为 2～4km。

城镇密集地区小城镇生活垃圾卫生填埋场应统筹规划联建共享。

明城镇环境卫生工程规划的垃圾填埋场等规划符合上述条款要求，但一些设施配置宜按上述条款要求适当调整。

图 14.8.2 为明城镇环境卫生设施规划图，见第 15 章彩图。

第 15 章　小城镇基础设施规划例图

15.1　规划理论基础的例图

图 1.5.2-1　唐山市市域城镇重要基础设施综合图（2003～2020）
图 1.5.2-2　四川省会东县县域主要基础设施综合规划图

15.2　规划案例的分析附图

15.2.1　城镇密集地区、城市郊区小城镇总体规划中的基础设施规划例图

图 13.1.1-1　容桂镇总体规划道路交通规划图
图 13.1.1-2　容桂镇总体规划道路横断面规划图
图 13.1.1-3　容桂镇总体规划道路坐标图
图 13.1.2　　容桂镇总体规划给水工程规划图
图 13.1.4-1　容桂镇总体规划雨水防洪工程规划图
图 13.1.4-2　容桂镇总体规划污水工程规划图
图 13.1.5　　容桂镇总体规划电力工程规划图
图 13.1.6-1　容桂镇总体规划电信工程规划图
图 13.1.6-2　容桂镇总体规划邮政工程规划图
图 13.1.7　　容桂镇总体规划燃气工程规划图

15.2.2　历史文化名镇、旅游型小城镇总体规划中的基础设施规划例图

图 13.2.1-1　乌镇总体规划道路系统分析图
图 13.2.1-2　乌镇总体规划道路工程规划图
图 13.2.2　　乌镇总体规划给水工程规划图
图 13.2.3-1　乌镇总体规划雨水防洪工程规划图
图 13.2.3-2　乌镇总体规划污水工程规划图
图 13.2.4　　乌镇总体规划电力工程规划图
图 13.2.5　　乌镇总体规划电信广电工程规划图
图 13.2.6　　乌镇总体规划燃气工程规划图

15.3 小城镇基础设施规划导则综合示范应用分析的例图

图 14.0-1 明城镇镇域土地利用规划图

图 14.0-2 明城镇主要基础设施分布综合图

图 14.1.2 明城镇道路交通系统规划图

图 14.8.2 明城镇环境卫生设施规划图

图 1.5.2-1 唐山市市域城镇重要基础设施综合图（2003～2020 年）

图例

高等级公路	供水分片边界	220kV架空电力线路及引导路径	县域界线
二级公路	1万kW规模以上水电站	110kV架空电力线路及引导路径	
三级公路	220kV变电站	水系	
水库及其他主要饮用水源保护地	110kV变电站	建制镇、乡镇居民地	

图 1.5.2-2 四川省会东县县域主要基础设施综合规划图

图 13.1.1-1　容桂镇总体规划道路交通规划图

图 13.1.1-2 容桂镇总体规划道路横断面规划图

图 13.1.1-3　容桂镇总体规划道路坐标图

图 13.1.2　容桂镇总体规划给水工程规划图

图例

现状合流管渠
规划雨水管渠
宽度×高度(mm)
坡度
水闸
排水站
雨水泵站
规划联围
水域

609

图 13.1.4-1 容桂镇总体规划雨水防洪工程规划图

图 13.1.4-2 畚柱镇总体规划污水工程规划图

图 13.1.5 容桂镇总体规划电力工程规划图

图 13.1.6-1　容桂镇总体规划电信工程规划图

图 13.1.6-2 容桂镇总体规划邮政工程规划图

图 13.1.7 容桂镇总体规划燃气工程规划图

图 例

液化石油气气化站
（近期）

天然气高中压调压站
（远期）

液化石油气储配站
（远期）

液化石油气瓶装供应站

中压天然气管

高压天然气管

DN200 管径（mm）

水域

图 13.2.1-1 乌镇总体规划道路系统分析图

至吴江

N

P

P

H-H道路横断面1:200

G-G道路横断面1:200

F-F道路横断面1:200

E-E道路横断面1:200

D-D道路横断面1:200

C-C道路横断面1:200

B-B道路横断面1:200

A-A道路横断面1:200

图　例

Ｐ　停车场

码头

汽车站

河道

镇区范围

至桐乡

图 13.2.1-2　乌镇总体规划道路工程规划图

至湖州

至吴江

N

617

图 例

旅游发展用地　　　市政用地
居住用地　　　　　对外交通用地
商业金融用地　　　城市广场用地
行政办公用地　　　停车场用地
文化娱乐用地　　　道路用地
中、小学及幼儿　　公共绿地
园用地
医疗卫生用地　　　河道、水体
仓储用地　　　　　发展用地
工业用地　　　　　规划给水管
规划预留管位　　　加压泵站
　　　　　　　　　（规模3.44万t/d）

图 13.2.2　乌镇总体规划给水工程规划图

图 13.2.3-1　乌镇总体规划雨水防洪工程规划图

图 13.2.3-2　乌镇总体规划污水工程规划图

图 13.2.4　乌镇总体规划电力工程规划图

图 13.2.5　乌镇总体规划电信广电工程规划图

至湖州

至吴江

N

图 例

旅游发展用地　　市政用地

居住用地　　　　对外交通用地

商业金融用地　　城市广场用地

行政办公用地　　停车场用地

文化娱乐用地　　道路用地

中、小学及幼儿
园用地　　　　　公共绿地

医疗卫生用地　　河道、水体

仓储用地　　　　发展用地

工业用地　　　　规划燃气管道

天然气调压站

至桐乡

图 13.2.6　乌镇总体规划燃气工程规划图

图 14.0-1 明城镇镇域土地利用规划图

图例：

P-居住用地
C1-行政办公用地
C2-商业金融业用地
C3-文化娱乐用地
C4-体育用地
C5-医疗卫生用地
C7-文物古迹用地
C8-其它公共设施用地
M1-一类工业用地
M2-二类工业用地
M3-三类工业用地
G1-公共绿地
G3-防护绿地
S2-道路广场用地
S3-社会停车场用地

T2-公路用地
L1-供应设施用地
L2-公共交通用地
L4-环境卫生设施用地
L6-殡葬设施用地
#1-普通仓库用地
E1-水域
E2-耕地
E4-山体
E6-村镇建设用地
E8-露天矿用地
备用地
镇界
规划边界

图 14.0-2 明城镇主要基础设施分布综合图

图 例

U1-供应设施用地
U2-公共交通设施用地
U4-环境卫生设施用地
U6-殡葬设施用地
E1-水域
高压线
镇界
规划边界

图 14.1.2 明城镇道路交通系统规划图

图例：高速公路　过境公路　主干道　次干道　支路　● 主要道路交叉口　E1-水域　镇界

图14.8.2　明城镇环境卫生设施规划图